人类的演化

〔美〕罗伯特·博伊德　琼·西尔克　著

张鹏　韩宁　译

商务印书馆
创于1897
The Commercial Press

W. W. Norton & Company has been independent since its founding in 1923, when William Warder Norton and Mary D. Herter Norton first published lectures delivered at the People's Institute, the adult education division of New York City's Cooper Union. The firm soon expanded its program beyond the Institute, publishing books by celebrated academics from America and abroad. By midcentury, the two major pillars of Norton's publishing program—trade books and college texts—were firmly established. In the 1950s, the Norton family transferred control of the company to its employees, and today-with a staff of four hundred and a comparable number of trade, college, and professional titles published each year—W. W. Norton & Company stands as the largest and oldest publishing house owned wholly by its employees.

Editor: Eric Svendsen
Project Editor: Rachel Mayer
Editorial Assistant: Lindsey Thomas
Manuscript Editor: Candace Levy
Managing Editor, College: Marian Johnson
Managing Editor, College Digital Media: Kim Yi
Production Manager: Eric Pier-Hocking
Media Editors: Toni Magyar and Taci Quinn
Mrketing Manager, Anthropology: Meredith Leo
Design Director: Rubina Yeh
Designer: Alexandra Charitan
Photo Editor: Evan Luberger
Photo Researcher: Ted Szczepanski
Permissions Manager: Megan Jackson
Permissions Clearing: Bethany Salminer
Composition: Brad Walrod/Kenoza Type, Inc.
Illustrations: Imagineering Art
Manufacturing: Transcontinental Interglobe, Inc.

The text of this book is composed in Century Schoolbook with the display set in Gotham and Trade Gothic.

Permission to use copyrighted material is included in the credits section of this book, which begins on page A15.

Library of Congress Cataloging-in-Publication Data

Boyd, Robert, Ph. D.
    How humans evolved/Robert Boyd, Joan B. Silk, Arizona State University.—Seventh edition.
        pages cm
    Includes bibliographical references and index.
    ISBN 978-0-393-93677-3 (pbk.: alk. paper)
1. Human evolution.   I. Silk, Joan B.   II. Title.
    GN281.B66 2015
    599.93′8-dc23   2014027463

W. W. Norton & Company, Inc., 500 Fifth Avenue, New York, NY 10110-0017

wwnorton. com

W. W. Norton & Company Ltd., Castle House, 75/76 Wells Street, London W1T 3QT

1 2 3 4 5 6 7 8 9 0

罗伯特·博伊德（Robert Boyd），亚利桑那州立大学人类演化和社会变迁学院教授。曾撰写过多部演化理论方面的论著，主要关注合作行为的演化以及文化在人类演化中的作用。他的著作《文化与演化过程》（*Culture and the Evolutionary Process*）荣获史戴利奖（J. I. Staley Prize），与他人合著了《基因之外：文化如何改变人类演化》（*Not by Genes Alone*）。除此之外，他还发表了大量学术论文并编辑了多部图书。

琼·西尔克（Joan B. Silk），亚利桑那州立大学人类演化和社会变迁学院教授。主要研究领域为猴类和猿类的社会生活，对坦桑尼亚贡贝溪国家公园（Gombe Stream National Park）的黑猩猩、博茨瓦纳和肯尼亚的狒狒进行了长期的野外研究工作。同时，她还对如何用演化理论来解释人类行为有所研究。与他人合作编著了《灵长类社会演化》（*The Evolution of Primate Societies*），发表过多篇学术论文。

目　录

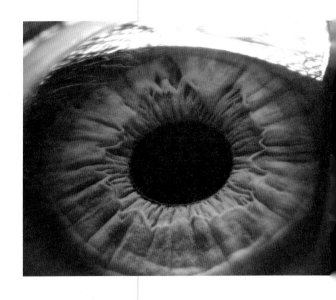

译者序

　　翻译这本书的初衷是希望为相关专业的本科生和研究生提供一本人类学的教材，但本书的内容也适合对人类演化感兴趣的大众读者。原著英文版曾经是译者学习人类学的启蒙读物，译者2012年将这本书原版首次引入国内的人类学课程时，发现学生反响较好，于是计划翻译这本书。这本书自1997年首次印刷发行，随后分别于2000年、2003年、2006年、2009年和2011年多次再版，2014年更新到第7版，成为近年来在国际上评价最好的演化人类学教材之一。2015年商务印书馆争取到本书的中文版权，联系我们翻译这本书。于是，持续5年的翻译校审工作就这样开始了。

　　本书共16个章节。长春光华学院外国语学院的韩宁老师负责翻译了其中8个章节，包括第1、2、5、7、8、9、15、16和序言部分；张鹏负责组织翻译其他8个章节和附录部分，筹集出版经费以及和出版社对接，其实验室的5位研究生参与了部分章节的初稿翻译工作，其中廖志洁同学翻译了第3和6章，丁振芳同学翻译了第4和14章，胡凯津同学翻译了第10和11章，杨丹禾同学翻译了第12和13章，马晓晨同学翻译了附录部分。张鹏汇总所有章节后进行了3次校稿。

　　在本书的翻译及校稿过程中，译者团队得到了很多人的帮助，在此一并表示感谢。感谢中国科学院古脊椎与古人类研究所倪喜军研究员和中山大学李法军教授审读体质人类学的相关内容，感谢中山大学范朋飞教授审读灵长类的相关内容，感谢中国科学院动物研究所刘志瑾副研究员审读遗传学的内容，感谢翻译专业金石雨女士校对中英文化差异性表述，感谢中山大学20余名本科生同学试读本书并给出修改建议，感谢广东长隆慈善基金会、中山大学为本书提供支持和出版经费。该教材涉及人类学、心理学、生物学、考古学等文理学科综合内容，如果读者对该书第7版中译本的译文质量给予肯定的评价，自然是全体参与翻译和校对人员之功，而若有任何错讹、疏漏，应归于译者团队学力不逮，诚恳倾听读者指教。在翻译过程中，得闻近期本书英文版已更新至第8版，未能及时更新，也请读者们谅解。

　　希望读者通过此书了解人类学学科，一起思考人类从哪里来，为什么是我们现在这个样子，未来人类会是什么样子。

译者　谨识

2021年夏

本书着重论述了塑造人类演化的过程。书的内容和作者的研究兴趣以及其所受的专业训练有关。作为人类学家，我们对人类自身的演化历史以及当下人类社会的多样性非常感兴趣。作为演化生物学家，我们研究演化如何塑造自然万物。在本书中，我们综合了这两个视角，参考了目前演化理论、种群遗传学以及行为生态学研究中取得的理论与实证结果，来阐释人类的演化历史。书中描述了人类这一演化分支自出现到如今所发生的改变，并探讨了为什么会发生这些变化。我们试图通过探究引发改变、产生适应性、塑造身体形态以及行为的过程，为古生物学家和考古学家费尽洪荒之力挖掘出的骨头赋予生命。我们还特别关注了演化在塑造当代人类行为中的作用。在社会科学领域，对使用演化思维来解释人类行为仍存在很多争议，但是我们认为必须公开而明确地面对这些问题。读者对本书前六版的正面评价告诉我们，这样的研究方法值得肯定。

写一本关于人类演化的教科书所面临的问题是：许多话题存在着争议。就新物种如何形成，如何分类，演化生物学家持不同意见；灵长类大的脑容量是否是对社会或生态挑战的适应，互惠行为在灵长类社会中究竟是否有重要作用，对于这些问题，灵长类学家也在不断争论；古生物学家对早期人科物种之间的分类关系以及现代人类的出现也有分歧；研究现代人类的学者对人种的含义和意义、文化在塑造人类行为和心理方面的作用、现代人类行为的诸多方面的适应性意义以及其他方面仍各持己见。有时候，以多种不同方式解读同样的材料也能各自有理有据，而另一些情况下，几种事实之间似乎相互矛盾。教材编写者在面对此类不确定性时可能会有两种不同的处理方法，他们会衡量证据、提供最契合现有证据的观点，并忽略其他的可能性。或者，他们会提供相对立的观点，评估每一个观点下的逻辑因果，解释现存的数据如何支撑每一个观点的立场。在本书中，我们选择的是第二种处理方法。之所以冒着让文本变得复杂、让寻求简单答案的读者失望的风险，是因为我们相信这有助于理解科学是如何运行的。学生们需要看到理论是如何发展的，数据是如何积累的，理论与数据是如何相辅相成地帮助我们解释世界如何运作。我们希望学生哪怕忘掉将在本书中学到的许多事实，也要长久地记住这一点。

第七版的新内容

有关人类演化的研究是个不断变化的领域。我们才完成本书的第一稿，研究人员们就取得了从根本上改变我们对人类演化认识的发现。为了跟上人类演化研究的新发展，我们需要经常更新教科书的内容。尽管我们对全书做了多处改动以反映新发现，更明确地阐释概念，提高文本的流畅性，但是熟悉先前版本的读者们会发现最具实质性的改变是在第三部分"人类谱系的历史"和第四部分"演化与智人"。

像往常一样，第三部分收入了新的化石发现。例如，第十章增加了对南方古猿的形态学以及食谱更广泛的描述；第十二章加入了与一种来自德马尼西、脑容量很小的古人类有关的内容；第十三章大部分都做了修改，展示了一些对现代人类和灭绝的古人类的遗传分析的新观点。我们现在已经有了尼安德特人和丹尼索瓦人的高解析度基因组数据，这些数据为研究人类在晚更新世的演化提供了丰富的信息。迅速积累的考古证据表明现代人类行为于七万多年前出现在非洲，接着扩散到南亚，最后在大约四万年前到达了欧洲。第十三章中展现了这个时间顺序：从非洲开始，之后传遍亚洲和欧洲。

在第四部分，我们做了几个重要的改动。第十四章我们加入了人类和类人猿基因组比较研究的成果，这种比较研究测量了现代人类与类人猿的遗传差异，为我们提供了一些这些差别的功能性意义。此外，本版的第十六章内容是全新的，该章节的内容关注的是人类如何变得与地球上所有其他生物如此不同。我们认为，人类的独特性是我们的认知能力超过其他生物的产物，比起其他生物来说，我们能够在更大规模上与非亲属进行紧密的合作，同时，我们却比其他生物更加依赖从文化上获取的信息。前几个版本中第十六章的大多数内容已经被压缩到第十五章。

本书为本科生设计，为了帮助学生们有效地使用本书，我们设计了许多版块。我们保留了"核心观点"论述（用蓝绿色的字体印刷），我们建议学生们使用这些核心观点去追踪重要的概念与事实，去架构自己的材料综述。重要术语第一次出现时会用加粗黑体表示，读者们可以在"名词解释"中找到这些术语的定义。每一章后面都列有讨论习题，旨在帮助学生综合课文中呈现的材料，其中有的问题为了帮助学生回顾事实材料，而大多数问题旨在帮助学生思考学过的理论原理或研究过程。许多问题的答案是开放式的，我们鼓励学生们把自己的价值观与判断运用于课文中呈现的材料。有些学生告诉我们，他们发现这些问题对熟练掌握材料或准备考试很有帮助。为了方便学生们深入钻研每章的问题，我们在每一章的"延伸阅读"版块提供了相应的参考书目。

本书插入了丰富的照片、示意图和表格，这些插图为文字补充了视觉信息。对于有的主题，一图抵千言——跃入眼帘的指猴比任何描述性陈述更让学生们觉得豁然开朗，图片能让学生们更清楚地了解，南方古猿的盆骨比黑猩猩的盆骨更接近现代人类的盆骨。第一部分中的演化过程图表是为了帮助学生们形象化地认识自然选择如何起作用而设计的，用来描述人类化石的图形按比例尺绘制，每一个都是按同一个方向、同一比例绘制的，这应该能帮助学生们比较不同人科成员的化石。经常有人建议我们不要在本科教材中使用图表，但是，我们认为图表能帮助学生们更充分地理解内容，比起语言描述，我们更容易记住通过图像展现的数据。

教学辅助材料

访问 wwnorton.com/instructors 下载资料。

爱提问软件（INQUIZITIVE）

"爱提问"是一个便捷、有效的学习工具，通过针对每一个学生个性化的小测验问题帮助学生理解重要的学习目标。"爱提问"中也融入了有趣的游戏元素，让学生学习时更有动力。

"爱提问"里囊括了各种类型的问题，用不同的方法检测学生，同时丰富用户体验。详细的反馈信息能帮助学生理解他们所犯的错误，回归到正确的道路上来。其中动画、视频以及其他形式的资料能让学生在回答问题的时候复习核心概念。

"爱提问"容易使用，教师可以随时在其中布置问题，或者使用直观的工具制定学习目标，学生可以在电脑、平板电脑、手机上进入"爱提问"，随时随地进行学习。

学生的"爱提问"序列号可以和课本打包在一起，或者可以单独购买。可联系 W.W.Norton 的代理或访问 www.wwnorton.com 了解更多详情。

学生登录密码

如果学生需要购买"爱提问"的序列号，他们可以在当地大学书店购买或者订购一张序列号卡，或者立刻在网上订购，订购网站 http://inquizitive.wwnorton.com/evolve7。

课程包

诺顿免费为教师或学生提供课程包，他们可获得多种形式的诺顿网上课程或混合课程，包括黑板、网络课程平台、模块化面向对象的动态学习环境、画布、天使和D2L（均为软件）。只要轻松地从教师网站下载一下，教师们就可以将高质量的诺顿电子媒介带入一个新的或者已有的网络课程（不需要额外的学生密码）。内容包括新的以及参与式视觉问题，尤其是为远程和混合学习环境而设计的问题。还可以将诺顿动画与视频影像融入课堂教学中。当然，教师们还可以从中得到题库、测验试题以及学生学习问题。我们课程包里的所有视频材料都是ADA（自动数据采集）兼容的材料。

以动作视频表现的体质人类学

这个新的视频流服务可以通过诺顿课程包以及诺顿教师网站获得。精选一些学科范围内1到7分钟的视频片段，但主要来自古生物学和灵长类学，便于教师讲解核心观点，并能激发课堂讨论。我们还提供了便于剪切、粘贴的链接，可以放到网课、校园学习管理系统、课程介绍、发给学生的文字资料或课堂展示中。所有视频都通过诺顿播放，免费以及值得信赖的广告也来自诺顿。所有视频都ADA兼容。

可以从W.W.Norton获得视频，可供在教室或个人网上使用或通过校园网络学习平台使用。

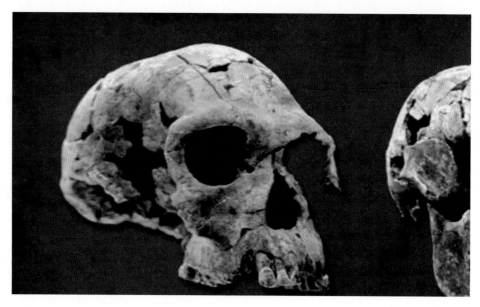

为本教材制作了精选动画，从W.W.Norton或教师DVD获得。

以动画表现的体质人类学

通过诺顿课程包或者从诺顿教师网站可以获得新的动画视频，这些动画都简洁而易于使用，是课堂上或远程学习环境下用于解释概念的极佳素材，所有视频都ADA兼容。

幻灯片包和幻灯片升级服务

该服务由波士顿大学的杰里米·德席尔瓦（Jeremy DeSilva）准备。

这一版的幻灯片保持丰富的插图格式以及广泛的讲座笔记，旨在以丰富视觉的形式覆盖核心材料，使用课文中的照片和艺术，这些幻灯片让每一章节的概念变得栩栩如生。这些幻灯片还包括笔记形式的讲义。为了有助于包括学科内的新内容，每个学期我们将提供额外的整套更新讲座、笔记以及评价材料，覆盖当前突破性的研究，这些资料在教师资源网站均可下载。

艺术作品的JPEG格式文件

为了帮助你提高课堂教学质量，所有的艺术以及照片的JPEG格式文件均可从诺顿教师网站下载。

教师手册

教师手册由萨福克郡社区大学的凯瑟琳·多瑞斯（Kathleen Doresch）、圣安东尼奥市得克萨斯大学的艾斯里·赫斯特（Ashely Hurst）、世纪大学的格雷格·莱顿（Greg Laden）、圣安东尼奥市得克萨斯大学的玛利·克莱塔（Mary Kelaita）和利安德拉·布里奇曼（LeAndra Bridgeman）等准备。

教师手册提供了每一章节的核心观点的综述，对学生们难理解的话题的补充解释，以及课后学习问题的答案。相关文件均可从诺顿教师网站下载。

试题库

试题库由萨福克郡社区大学的凯瑟琳·多瑞斯、圣安东尼奥市得克萨斯大学的艾斯里·赫斯特、世纪大学的格雷格·莱顿、圣安东尼奥市得克萨斯大学的玛利·克莱塔和利安德拉·布里奇曼准备。

试题库为教师们提供每章将近60道多选题和论文问题（依照话题和难易程度组织）。这个版本里每一个章节的新内容和升级的问题，按照布鲁姆式教育目标分类法，对课文每一个问题关键的学习目标，均可从"考试视野评价套装"（Exam View Assessment Suit）以PDF或各种文字处理器兼容的格式下载。

电子书：同样赞的书，价格超优惠

这是个价格公道而方便的选择，诺顿电子书保留了纸质图书的内容与设计，还容许学生们轻松记笔记、标记、搜索文本，需要的时候还可以打印出来。

致谢

过去的15年中，许多同事给我们提供了新的信息、有益的评价以及评判性的视角，丰富了本书的内容。感谢所有回复我们要求，为我们提供照片，确认意见、参考资料以及观点的人们。感谢科蒂斯·米瑞审读本书第七版第十三章样稿，感谢金·希尔审读第十六章。感谢克里斯多夫·柯克审读本书第六版第五章，感谢利安娜·纳什审读第四章和第八章，感谢罗伯托·德尔加诺审读第六章和第七章，感谢卡罗尔·沃德与杰里米·德席尔瓦为第九章做的贡献。在第四版中，劳拉·麦克拉奇在第十章的第三纪中新世猿部分给我们提供了相关资料，丹·费斯勒与大卫·施密特提供了第十六章的资料，科密特·安德森为第十七章的图表提供了原始资料。史蒂文·瑞兹尼克审读了我们有关鳉鱼胎盘快速演化的讨论，那些鳉鱼是他的研究对象，而且，他还为我们提供了一张图片。莱斯利·艾洛为有关古人类发育的讨论提供了帮助。在第三版中，卡罗拉·鲍里斯、柯林·查普曼、理查德·克莱因、查瑞·诺特、莎莉·麦克布瑞提、莱恩·帕洛比特、史蒂夫·平克、卡林·史通沃德与伯纳德·伍德提供了许多帮助，在此一并感谢。在第二版中，汤姆·普卢默、丹尼尔·伯文尼里、比弗利·斯卡斯曼与帕特里夏·莱特为我们提供了大量帮助，在此也一并感谢。本书第一版也得到了很多人的帮助，他们是莱斯利·艾洛、莫尼克·博格霍夫·莫德、斯科特·卡罗尔、多萝西·切尼、葛林·康罗伊、马丁·达利、罗宾·邓巴、林恩·费尔班克斯、珊迪·哈考特、克里斯汀·霍克斯、理查德·克莱因、菲里斯·李、南希·莱文、杰夫·朗、约瑟夫·曼森、亨利·麦克亨利、约翰·米塔尼、乔斯利·佩西、苏珊·佩里、史蒂夫·平克、汤姆·普卢默、泰伯·拉斯姆森、马克·里德利、艾伦·罗杰斯、罗伯特·塞法思、弗兰克·萨洛维、唐·西蒙斯、艾伦·沃克、蒂姆·怀特以及马格·威尔森，感谢他们的帮助。

有多位学者为本书以前版本的部分章节或全部章节审稿，在这里向以下的各位表示感谢：斯蒂芬妮·安妮蒂斯、萨德·巴特利特、安玛莉·比斯利、勒内·鲍比、巴里·博金、道格·布罗德费尔德、布莱斯·卡尔森、乔伊斯·陈、玛格丽特·克拉克、朱莉·考马克、道格拉斯·克鲁斯、罗伯托·德尔加多、亚瑟·德班多、查尔斯·爱德华兹、唐纳德·加夫、勒妮·加西亚、苏珊·吉布森、彼得·格雷、马克·格里芬、柯瑞娜·冈瑟、莎伦·古尔斯基、金·希尔、安德鲁·欧文、特赖因·约翰森、安德里亚·琼斯、芭芭拉·金、理查德·克莱因、克里斯汀·克鲁格、达雷尔·拉·隆、克拉克·拉森、林奈特·雷迪、约瑟夫·洛伦兹、劳拉·麦克拉奇、拉让·马克考米克、伊丽莎白·米勒、香农·米尔斯、约翰·米塔尼、皮尔·莫瑞-简森、莫舍尔·马丁·穆勒、马瑞林·诺孔克、安·帕尔科维奇、阿曼达·沃考特·帕斯基、詹姆斯·派特森、迈克尔·皮初思维斯奇、芭芭拉·昆比、乌尔里希·瑞查德、迈克尔·罗伯逊、迈克尔·施拉齐、莉莎·夏皮罗、艾瑞克·史密斯、克雷格·斯坦福、霍斯特·斯蒂克莉丝、琼·斯蒂文森、马克·斯托金、瑞贝卡·斯托里、瑞贝卡·斯顿夫、罗杰·沙利文、亚宁娜·瓦尔多斯、蒂姆西·韦弗、伊丽莎白·维斯、吉尔·温瑞克、帕特里夏·莱特。还有几位匿名的人士也阅读了前几版并提供了建议。尽管我们的稿子一定没有让所有读过并评论过稿子的人满意，但是在修改稿子的过程中，所有的评论都非常有帮助。

理查德·克莱因为本书的第三部分提供了许多非常好的化石绘画，我们一直对此慷慨之举心存感激。我们还要特别鸣谢内维尔·艾格纽以及盖提自然保护所允许我们使用拉托利自然保护项目的图片作为第二版的封面。

许多本书的读者都对插图质量提出了赞誉，对此，我们必须感谢众多朋友和同事，是他们给我们提供了照片，他们是：鲍勃·巴利、卡罗拉·鲍里斯、柯林·查普曼、尼克·布勒通·琼斯、苏·波尼斯基、莫尼克·博格霍夫·莫德、理查德·布赖恩、斯科特·卡罗尔、马瑞娜·考兹、戴安妮·多兰、罗伯特·吉布森、彼得·格兰特、金·希尔、凯文·亨特、琳恩·伊莎贝尔、查尔斯·简森、艾利克斯·凯斯尼克以及他的行为生态学研究团队成员，南希·莱文、卡劳·李梅拉、乔·曼森、弗兰克·马洛威、劳拉·麦克拉奇、比尔·麦克格鲁、约翰·米塔尼、克劳迪欧·诺盖拉、莱恩·帕洛比特、苏珊·佩里、克雷格·斯坦福德、凯伦·斯垂尔、艾伦·沃克、凯瑟琳·韦斯特、约翰·耶伦。另外，感谢肯尼亚国家博物馆允许我们翻印了几张照片。

我们还要感谢我们之前任教的加州大学洛杉矶分校（University of California, Los Angeles）的成千上万的学生们和几十名助教，多年来，他们使用了本书的不同版本作为教学资料。学生们对原始讲稿笔记、文本初稿和前六版的评价对我们很有帮助，我们基于这些反馈修改、重写了本书的部分章节。感谢助教们帮助我们找到需要确认、更正或者重新考虑的文本。

我们感谢诺顿的所有人员，他们帮助我们做出了这本书，我们尤其要感谢杰出的编辑们：雷欧·韦格曼、皮特·莱瑟、阿伦·哈瓦斯卡斯、艾瑞克·思文德森。我们还要感谢优秀的编辑助理：林赛·托马斯。我们还要感谢那些见证这本书诞生的所有人：艾瑞克·皮埃尔-霍金、蕾切尔·梅尔、埃文·鲁博格、泰德·斯泽潘吉以及劳拉·马斯奇。特别鸣谢凯瑟琳·多瑞斯、阿斯利·赫斯特、格雷格·拉登、玛丽·克莱塔、伊丽莎白·俄哈特、克里斯蒂娜·格拉西、特雷西·白辛格、杰里米·德席尔瓦、利安德拉·布里奇曼、希瑟·沃尼、勒妮·加西亚、蒂姆西·韦弗以及劳里·瑞兹斯曼，感谢他们帮助我们制作并检测这一版以及近几版的教师用资料包。

绪论：为什么研究人类的演化？

> 人类的起源已被证明——形而上学一定会繁荣——了解狒狒的人，对形而上学的贡献将会胜过洛克。
>
> ——查尔斯·达尔文，编号 M 的笔记本，1838 年 8 月
> （Charles Darwin, *M Notebook*, August 1838）

1838 年，达尔文发现了自然选择这一演化规律，改变了我们对自然世界的认识。达尔文当时 28 岁，距他结束环球航行仅仅过去了两年，他曾以博物学家的身份乘坐"小猎犬号"（H. M. S. Beagle）进行了为期 5 年的环球航行（图 1）。环球旅行中的观察与经历让达尔文确信生物学物种会随着时间演变，新物种将会在已有物种的基础上演变而来，他积极地探求着一个能把这个过程描述清楚的解释。

同年 9 月末，达尔文读了托马斯·马尔萨斯（Thomas Malthus）的《人口论》（*Essay on the Principle of Population*）。马尔萨斯（图 2）认为人口会不断增长直到受到饥荒、贫困和死亡的限制。达尔文意识到马尔萨斯的逻辑也可以运用到自然世界中，对他提出自然选择理论具有重要的启发作用。在接下来的一个半世纪里，遗传学方面的发现不断地为达尔文的理论提供了支持，同时在对多种生物的研究中找到了更多的证据。时至今日，达尔文的生物演化理论已经成为理解地球生命的基础。

本书讲述的是人类的演化，我们将花大量的篇幅解释自然选择以及其他演化过程如何塑造了我们人类这一物种。在开始之前，需要思考一下为什么应该关心这个话题。你们当中很多人努力钻研这本书是为了达到演化人类学本科课程的要求，读这本书是为了得高分。我们作为这门课程的老师，支持你们这种学习动机。然而，你有更好的理由关心塑造人类演化的过程：理解人类是如何演化的对理解人类现在的外表及其行为举止非常重要。

达尔文从一开始就很清楚演化对于认识人类的深邃含义。这一点我们是从他

留下的记录了个人想法的笔记本中获知的。本序的引语就选自他在1838年7月开始记的M笔记。在这本笔记里他字迹潦草地记录下了他有关人类、心理学、科学哲学的想法。在19世纪，对人类思想的研究受形而上学影响较大。因此，达尔文认为因为自己相信人类是从类似狒狒的生物演化而来的，那么，如果想了解人类，了解狒狒应该比了解英国哲学家约翰·洛克（John Locke）的所有作品更重要。

达尔文的推理很简单。这个星球上每一个物种都是通过同样的演化过程而崛起的。这些进程通过塑造生物的形态、生理、行为，使得每种生物成为现在这个样子。那些形成人类独特特征的过程也同样对其他物种起作用。如果我们理解人类在什么条件下演化以及人类演化的过程，那么我们就具备了科学地了解人类本性的基础。不了解人类的演化而试图去解读人类的思想，正如同达尔文同年10月写在另一个笔记本里的一样："就好像不懂力学而对天文学迷惑不解一样。"这表明，达尔文意指的是他的演化理论在生物学和心理学的作用与牛顿运动定律在天文学的作用相同。数千年来，观星者们、牧师们、哲学家们、数学家们努力去理解行星的运动，却均不成功。直到17世纪末，牛顿发现了力学定律并揭示了所有行星纷繁复杂的"舞蹈"如何可以用几个简单过程的运动得以解释（图3）。

同理，理解演化过程使得我们能够解释复杂惊人的生物构造以及生物多样性的缘由，并理解人类为什么是现在这个样子。由此，理解自然选择和其他演化过程如何塑造人类这个物种，这就与所有涉及人类的学科相关。这个广阔的知识领域包括医药学、心理学、社会科学，甚至人文学。在学术界以外，理解我们自己的演化史能帮助我们解答在日常生活中遇到的很多问题。其中有的问题会相对琐碎：为什么我们在热或者紧张的时候会出汗？尽管许多物质诸如盐、白糖、脂肪会导致疾病，为什么我们还嗜食它们（图4）？为什么我们人类比起爬山来更擅长跑马拉松？其他的问题则相对深邃：为什么只有女人能给婴儿哺乳？为什么我们会衰老并最终死亡？为什么世界上的人们外貌看起来如此不同？进化论对所有这些问题提供了答案和深刻见解。衰老最终导致死亡，是人类和大多数其他生物演化而来的特征，理解自然选择如何塑造生物的生活史可以告诉我们为什么人终有一死，为什么我们的寿命约为70岁，而有些物种的寿命比我们短。在如今这个惧怕种族冲突和人们日益尊重文化多样性共存的年代，我们不断被提醒着人类物种内部有着许多的差异。演化分析显示，在人类群体中的遗传差异相当小，我们有关种族、族群划分的概念是依据文化而非生物事实划分的。

所有这些问题都涉及人类身体的演化。然而，理解演化也是我们理解人类行为和人类思想的重要组成部分之一。宣称理解演化将有助于我们理解现代人类行为，比宣称理解演化将有助于理解人类的身体功能要更加具有争议性。但是，它不应该受到非议。与内分泌系统、神经系统以及协调我们行为的身体所有其他组成部分一样，人类大脑是演化而来的复杂器官。演化过程铸就了黑猩猩和蝾螈的大脑，同样也铸就了人类的大脑，而大脑又控制了我们的行为，因此理解演化能够帮助我们理解人类的思想和行为。

图1

约30岁时的查尔斯·达尔文。此时，他刚从"小猎犬号"航海旅途中回来，仍在忙着整理他的笔记、画作和采集到的大量动植物标本。

图2

托马斯·马尔萨斯是《人口论》的作者。1838年查尔斯·达尔文读了这本书，对其提出自然选择理论具有深刻影响。

图3

艾萨克·牛顿爵士发现了天体力学的定律，这套理论解答了长久以来有关行星运动的谜题。

图4

对我们的祖先来说，嗜好白糖、脂肪和盐也许是具有适应性的行为，他们难以获得甜的、油腻的和咸的食物。我们继承了这些饮食嗜好，但如今获得这些食物变得容易，结果我们中的许多人因此遭受肥胖症、高血压和心脏疾病的折磨。

图5

西方思想的核心争论之一是人类本性。人究竟在根本上是有道德但却被社会腐蚀了的生物，还是没有道德观念而被文化传统、社会苛评、宗教信仰社会化的产物？

西方思想辩论的核心之一在于人类本性。有一种观点认为人类在本质上是诚实、慷慨以及合作的生物，但会被不道德的经济与社会秩序所腐蚀。与此相对立的观点则认为人类本质上没有道德观念，以自我为中心，只是反社会冲动受到了社会压力而抑制。这个问题普遍存在。有的人认为儿童天生野蛮，只有通过父母的持续管教才能变得文明，而有的人则认为儿童天生温和，只是在成长过程中暴露于如玩具枪和暴力电视节目等负面社会影响而变得暴力、具有竞争性（图5）。同样的二分法贯穿在许多政治和经济思想中。经济学家相信人是理性和自私的，但是其他社会科学学科的学者，尤其是人类学家和社会学家却质疑，甚至排斥这种假设。我们可以永无止境地提出有关人类本性的有趣问题：在大多数社会中，女性抚育孩子、男性打仗这个事实是否意味着男女存在天生固有的体质差异？为什么男性通常觉得年轻女子更有魅力？为什么有的人忽视甚至虐待自己的孩子，而有的人则领养并悉心抚养不是他们自己的孩子？

理解人类演化并不能揭示所有这些问题的答案，或者甚至无法为其中任何问题提供一个完整的答案。然而，我们将看到，理解演化能为所有这些问题提供有益而深刻的见解。演化学说的方法论并不是说行为是"基因决定的"或者学习与文化的作用不重要。事实上，我们将论证学习与文化在人类行为塑造中起着至关重要的作用。生活在不同时代和不同地点的人类，其行为差异主要源于对不同社会和环境条件的灵活适应。理解演化恰恰非常有益，因为它能帮助我们理解为什么人在不同条件下做出不同反应。

本书概述

人类是生物演化的产物。无论是300万年前穿越过非洲稀树草原、直立行走的猿类动物，还是3500万年前攀缘在遍布世界的巨大热带森林树冠间、外表类似猴子的动物，甚至是1亿年前恐龙时代的一种体型小、下蛋、捕食昆虫的夜行性哺乳动物，今天的每一个人都与它们血脉相承。要理解人类现在是什么，我们需要了解这些演变是如何发生的。在本书中，我们将分四大部分讲述这个故事。

第一部分：演化如何起作用

经过一个多世纪的研究，我们如今已经对演化的作用机制有了清晰的认识。从猿到人涉及许多新的、复杂的适应。例如，为了双足直立行走，人类身体的许多部位都不得不做出协调性改变，包括脚、腿、骨盆、脊柱和内耳等部分。要理解新物种如何产生，一定要先理解自然选择如何导致如此复杂的结构变化，以及在这个过程中为什么遗传系统起到至关重要的作用。理解这些过程可以帮助我们根据现存物种的特征重建生命的演化历史。

第二部分：灵长类生态学与行为

这一部分将讲述演化如何塑造非人灵长类的行为——这可以帮助我们从两种视角理解人类演化。首先，人类是属于灵长类的成员：比起狼、浣熊以及其他哺乳动物，我们与其他的灵长类更加相似，尤其是类人猿。通过研究灵长类的形态和行为如何受生态条件影响，我们可以确定人类的祖先大概是什么样子，以及他们是怎样被自然选择改变的。其次，我们之所以研究灵长类，是因为它们极其多样，社会行为尤为不同。有的离群索居，有的生活在以配偶为基础的群体里，有的则生活在有着许多成年雄性和雌性个体的大群体里。基于从这些物种得来的研究数据，我们可以去阐释自然选择如何塑造了不同的社会行为。接下来，我们就可以运用这些观点去解读古人类的化石记录以及现代人类的行为（图6）。

第三部分：人类谱系的历史

一般的理论规律不足以帮助我们完全理解包括我们人类在内的物种演变历史。由当年类似于鼩鼱的生物演变成人类要经历许多小步骤，每一步都受到特定的非生物因素和生物因素的影响。为了理解人类的演化，我们不得不重新构筑人类的实际历史和演化发生时的环境状况。这些历史大部分记录在化石里。这些矿物质化了的骨头碎片，经由古生物学家辛苦收集并组合在一起，形成了连接早期哺乳动物到现代人类的史料。地质学家、生物学家和考古学家的工作使我们可以重新建构人类演化过程中所经历的环境（图7）。

第四部分：演化与智人

最后，我们把注意力转向智人，即现代人类：为什么我们是现在这个样子？为什么人类有着如此多样的变化？我们如何获得了自己的行为模式？演化如何塑造了人类心理和行为？我们如何选择配偶？为什么人类存在杀婴现象？为什么人类成功地栖息在地球的每一个角落，而其他物种的分布范围却相对有限？理解进化论以及人类演化史是回答诸如此类问题的基础，至于为什么这么说，我们会在书中加以详细解释。

人类发展史是一部伟大的历史，它并不简单，自然科学中的物理学、化学、地理学等以及社会科学中的心理学、经济学和人类学，都是它汲取知识的来源。学习这本教材将是个巨大的工程，但会让你很有收获，你对塑造人类演化的过程以及在人类发展过程中发生的历史事件了解得越多，就越能明白我们从哪里来，以及为什么我们是现在这个样子。

图6

我们可以根据现生灵长类动物的行为，比如图上这只黑猩猩，来理解行为如何由演化过程塑造成形，进而去解读古人类化石记录，并借此洞悉现代人类的行为。

图7

研究人员历尽艰难险阻从非洲、欧洲和亚洲多个地区挖掘出的化石为我们提供了人类作为一个物种的历史记录。在两百万年前的非洲，有几种直立行走的类人猿物种，但是，它们的脑容量还是和猿的脑容量差不多，行为模式也类似猿类。这些是能人（*Homo habilis*）化石残骸，有人认为这个物种是现代人类的祖先。

第一部分

演化如何起作用

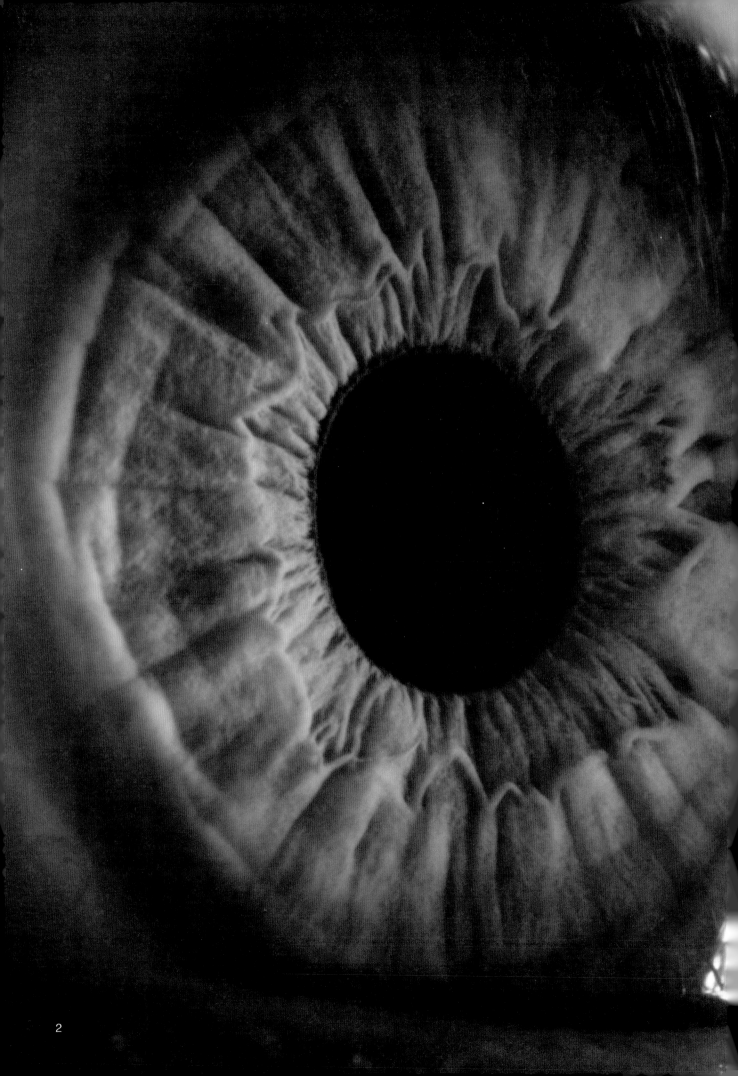

2

第一章　自然选择

本章目标

本章结束后你应该能够掌握

- 描述一下为什么对生物多样性的现代理解是基于查尔斯·达尔文的理论。

- 解释竞争、变异与遗传如何通过自然选择而导致演化。

- 明白为什么自然选择有时能让物种更好地适应其所在的环境。

- 理解为什么随着时间推移，自然选择能让物种改变或者让物种保持不变。

- 解释为什么自然选择能产生像人类眼睛那样复杂的适应性结构。

- 明白为什么自然选择通常在个体层面而不是群体或者物种层面起作用。

达尔文之前的学者们对适应性的解释

动植物以其微妙而独特的方式适应各自的生存条件。即便是马虎的观察者也能看到生物具有适应生存环境的优良能力。例如，鱼类显然适于水下生存，某些花的外形决定了其专门由某种昆虫授粉。更细致的研究表明生物不仅仅是适应于它们的生存环境：每个个体就像一台复杂的机器，由许多构造精良的部件或者说**适应**（adaptations）组成，这些组成部分通过相互作用帮助生物生存并繁衍下来。

人类的眼睛就是一个适应的典型例子。眼睛超级有用：凭借双眼我们自如地在自然环境中移动，找到诸如食物、配偶等重要资源的位置，并避开捕食者、悬崖等危险。眼睛的结构极其复杂，由许多相互依存的部件构成（图1.1）。光线透过一个透明的开口进入眼睛，接着穿过一个叫作虹膜的隔膜，虹膜调节进入眼睛的光量，使得眼睛能在更广的光亮范围条件下发挥功能。光线接着穿过晶状体，之后便在位于眼睛后部表面的视网膜上投射出一个聚焦的影像。接着，几种不同类型的感光细胞把图像变成神经脉冲，该脉冲包含了关于颜色与亮度的空间模式信息。这些感光细胞对光的敏感度比最好的胶片还要高。眼睛的每一个细微构造最终实现了眼睛的功能：视觉。如果我们再深入探索这些构造中任何一个组成部分，我们会发现它们也由相互作用的复杂部件组成，我们可以通过其各自功能了解这些部件。

人类眼睛与其他动物眼睛的不同点恰好说明每一种生物都面临着不同的问题。比如人类和鱼类的眼睛（图1.2）。人类和其

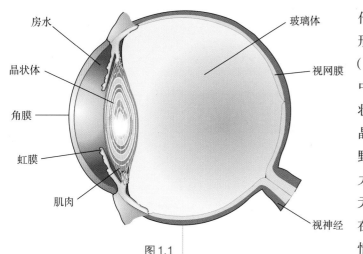

图 1.1

人类眼睛的横切面。

房水
晶状体
角膜
虹膜
肌肉

玻璃体
视网膜
视神经

他陆生动物眼睛的晶状体就好像照相机的镜头，它的形状就好像一个压扁的橄榄球，表面和内部的折射率（测量屈光能力的度量单位）都相同。相比之下，鱼眼中的晶状体是一个球体，位于视网膜曲率的中心，晶状体的折射率从晶状体表面到中心平稳地增加，这种晶状体叫作球面梯度晶状体，它提供了全角180°视野范围的清晰图像，焦距很短，且具有很强的聚光能力——这些都是理想的特征。像我们一样的陆生生物无法使用这样的构造，因为光从空气穿透角膜（覆盖在瞳孔外面的透明的膜）时会因为折射而弯曲，这个情况限制了其余晶状体的构造。相比之下，光从水里穿过水生动物的角膜不是弯曲的（不会发生折射现象），它们眼睛的构造就利用了这一点。

达尔文之前，没有对生命体完美适应其环境的科学解释。

许多19世纪的思想家意识到，眼睛是复杂的适应性表现，需要有与自然界中其他物体不同的解释。这并不能简单地说适应性本身是复杂的，因为自然界中还存在许多其他复杂的物体。适应需要一种特殊的解释，是因为它的复杂形式特殊且很不可思议。例如，科罗拉多大峡谷两岸岩壁的岩石层层重叠，覆盖着金色和粉色，呈现出错综复杂的结构（图1.3）。然而，如果在不同的地质时期看科罗拉多大峡谷，它的样貌也许就会相当不同——岩石壁的形态、色调都会是另一个样，然而我们依然会把它当作一个峡谷，只是现在这个独一无二有着不同着色构造的科罗拉多大峡谷就可能不存在了。但是，在美国西南部干燥沙石之地，仍然有可能存在一个五彩斑斓的壮丽峡谷；而且，事实上，在风与水作用下，这一区域产生了几个其他类似的峡谷。相比之下，眼睛的结构只要有任何一个实质的改变，就将丧失功能，我们就不再能把它看作是眼睛。如果角膜是不透明的，或者晶状体没长在视网膜旁边正确的位置上，眼睛就不能把视觉影像传输到大脑。自然过程绝不可能任意地把各个零部件组合在一起便形

图 1.2

（a）像其他陆生哺乳动物一样，人类的眼睛有多个屈光的元件，光线（虚线表示）进入眼睛后，在角膜处先折射一次，然后在进入和离开晶状体时再次折射。（b）相比之下，光线在进入鱼眼的晶状体后一直在折射。因此，鱼眼的聚焦距离短，聚光能力强。

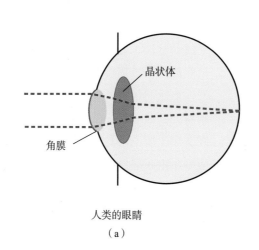

晶状体
角膜

人类的眼睛

（a）

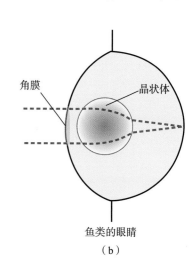

角膜
晶状体

鱼类的眼睛

（b）

成有着精密结构的眼睛，只有精准地将各个有用部件组合到一起才能被视为功能完备的眼睛。

在达尔文所处的年代，大多数人不会对这个问题产生困扰，因为他们相信适应性是神灵创造的结果。实际上，神学家威廉·佩利（William Paley）在1802年出版的《自然神学》（*Natural Theology*）一书中通过讨论人类的眼睛来辩护神的存在。佩利认为眼睛显然是为看见东西而设计的，自然世界中并没有找到设计者，那么一定存在着一个神圣的、超越自然的设计者。

尽管当时大多数科学家都认同这个推理，但仍有极少数的人，例如查尔斯·达尔文，去寻求了其他的解释。

图1.3

虽然科罗拉多大峡谷具有惊人的地质特征，但是，它的复杂程度远远不如眼睛。

达尔文的适应理论

家人期望达尔文成为医生或者牧师，但是，他却革新了科学。

查尔斯·达尔文出生在英格兰一个富裕、政治自由的知识分子家庭。像许多那个年代富裕的男人一样，达尔文的父亲希望自己的儿子成为一名医生。但是，达尔文没有通过当时著名的爱丁堡大学医科学院的考试，只好去了剑桥大学，顺从家人的意愿去做一名教区牧师。基本上，他都不能算是一名优秀的学生——他不喜欢学希腊语和数学，而是更喜欢徒步在剑桥周边的田野里寻找甲虫。毕业后，达尔文的一位植物教授，约翰·史蒂文斯·亨斯洛（John Stevens Henslow）为他提供了一个机会，推荐他以博物学家的身份去"小猎犬号"船上工作，去追寻他对博物学的热爱。

"小猎犬号"是一艘皇家海军的军舰，它的使命是花二到三年的时间绘制南美洲海岸的地图，然后返回伦敦，完成环球航行（图1.4）。达尔文的父亲不准他去，希望他能认真对待他在教堂的职业生涯，但是达尔文的舅舅（同时也是他未来的岳父），乔赛亚·韦奇伍德二世（Josiah Wedgwood Ⅱ）插手了此事。结果，这次航行成了达尔文人生的转折点。在航行期间的工作确立了他作为一名有经验的博物学家的声誉，通过观察活着的动物以及动物化石，达尔文最终说服自己，动植物有时会随着时间慢慢地改变，这样的演变是理解新物种如何形成的关键。这种观点被当时大多数科学家排斥，更是被普通民众当作异端邪说。

达尔文的假设

达尔文的适应理论基于三个假设：（1）生存斗争；（2）适者生存；（3）变异可遗传。

1838年，"小猎犬号"返回伦敦不久，达尔文提出了一个简单的机制来解释物种是如何随着时间改变的。他的理论基于以下三个假设：

图1.4

"小猎犬号"在南美洲火地岛（Tierra del Fuego）海岸的比格尔海峡（Beagle Channel）。

(a)

(b)

图1.5

（a）加拉帕戈斯群岛，远离厄瓜多尔的海岸线，是许多独特动植物种类的家园。（b）记载在查尔斯·达尔文《"小猎犬号"航行的动物学》（*The Zoology of the Voyage of H. M. S. Beagle*, 1840）中的仙人掌地雀。

1.种群扩张的能力是无限的，而对应环境的承载力却总是有限的。

2.种群内的个体之间存在着变异，且这些变异会影响个体的生存和繁殖能力。

3.这些变异可以由父母传给后代。

第一个假设的意思是种群数量会一直增加，直到被不断减少的自然资源所限制。达尔文把由此导致的对资源的竞争叫"生存斗争"。例如，动物需要食物来保证生长和繁殖。当食物充足的时候，动物的数量会不断增加，直到当地食物不足以供给它们时停止。因为资源总是有限的，所以一个种群内并不是所有个体都能存活和繁殖。第二个假设指出，在同样的环境里，某些个体将拥有的一些特征可以让它们比其他个体更加成功地生存和繁殖。第三个假设认为，如果这些优越的特征被后代继承，那么这些特征将更加普遍地存在于后代中。这样，在生存和繁殖中有优势的特征将在种群中保存下来，同时，不利于生存和繁殖的特征将会消失。达尔文用**自然选择**（natural selection）这个词语来形容这一过程，这个词语是他类比当时人们对动植物的人工选择育种而刻意给出的。实际上，更恰当的词语应该是"由变异和选择性保留而形成的演化"。

通过自然选择而适应的一个例子

当代学者对达尔文雀的观察为自然选择如何产生适应提供了一个绝佳范例。

在首次发表于1887年的自传中，达尔文声称他在厄瓜多尔（República del Ecuador）的加拉帕戈斯群岛（Galápagos Islands）上观察到了几种雀类（现在称为"达尔文雀"），这些雀类所展现出的引人深思的适应模式对其演化理论的发展起着至关重要的作用（图1.5）。但是，最近公开的文献表明实际上达尔文在岛上那段时间，并没有弄清楚加拉帕戈斯群岛上的这些雀类，它们对他发现自然选择规律几乎没起什么作用。但不可否认的是，达尔文雀在大多数生物学家心中占有特殊的地位。

普林斯顿大学的两位生物学家——彼得（Peter）和罗斯玛丽·格兰特

图1.6

中地雀（*Geospiza fortis*）。

（a） （b）

图 1.7

（a）1976年3月的大达夫尼岛，一年雨水充沛后的样貌。（b）1977年3月一年几乎无雨后的样貌。

（Rosemary Grant）夫妇——在加拉帕戈斯群岛其中一个岛上对一种达尔文雀的生态与演化进行了研究。这一研究堪称具有里程碑意义，因为其展现了达尔文的三大假设如何导致演化。他们研究所在的大达夫尼岛（Daphne Major）是中地雀的栖息地，中地雀是一种主要靠吃种子为生的小鸟（图1.6）。岛上中地雀的总体数量约为1500只，在研究期间，每年格兰特夫妇和同事们都要对这个岛上几乎每一只中地雀进行捕捉、测量、称重以及佩戴脚环环志。他们还跟踪记录了中地雀的生存环境特征，例如不同大小种子的空间分布，另外，他们还观察记录了鸟类的行为。

格兰特夫妇的研究工作开始几年后，大达夫尼岛遭遇了一场严重的干旱（图1.7）。干旱期间，植物结出的种子数量锐减，小而软、容易啄食处理的种子很快被中地雀吃光了，只剩下大的、外壳坚硬而难处理的种子（图1.8）。格兰特夫妇通过中地雀的脚环追踪不同个体在干旱期间的命运，通过对中地雀做的常规测量让他们能够比较干旱期间存活下来的鸟和没能熬过干旱而死去的鸟的特征差异。另外，他们还详细记录了环境参数，从而能够确定干旱如何影响了中地雀的栖息地。正是这些大量的数据让格兰特夫妇得以将自然选择对大达夫尼岛上鸟类的影响记录了下来。

格兰特夫妇的数据揭示了达尔文的假说中所描述的情况如何导致了适应。

达尔文的三个假设在大达夫尼岛上的事件中都有所体现。首先，岛上的食物不足以满足整个种群取食，许多个体因此没能熬过干旱。该岛从1976年开始变得干旱，将近过了两年才因下雨而改善，结果导致大达夫尼岛上中地雀的种群数量从1200只降到了180只。

其次，岛上鸟的喙深（喙基部从顶到底的深度）在个体间存在着差异，这个差异影响了鸟的生存。在干旱开始前，格兰特夫妇和他们的同事们就已经发现喙深大的鸟比喙深小的鸟更容易处理大而坚硬的种子。喙深大的鸟通常主要吃大种子，而喙深小的鸟通常取食小种子。在图1.9a中透明的柱状条表示干旱

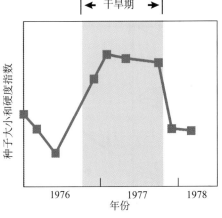

图 1.8

两年干旱期间，大达夫尼岛上可获得的种子的大小和硬度增加了，因为鸟儿们几乎吃光了所有小而软的种子，剩下的主要是较大、较硬的种子。此示意图上的每一个点代表某一个给定时间对应的种子大小和硬度的指数。

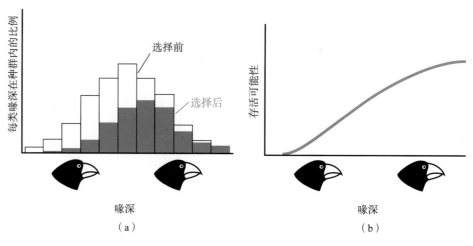

图 1.9

方向性选择导致大达夫尼岛中地雀的喙深平均值增加。（a）每个柱状条的高度表示鸟的数量，横轴表示喙深，向右表示喙深增加。透明柱状条表示干旱开始前不同喙深的鸟的数量分布。每个喙深类别下，鸟的数目都有一定的减少。分布的峰值往右移动，表明平均喙深有所增加，因为喙深大的鸟比喙深小的鸟在干旱状况下更容易存活。（b）显示了不同喙深的鸟的存活可能性。喙深小的鸟比喙深大的鸟的存活可能性低。

发生以前种群中喙深的分布状况。柱状条的高度代表鸟的数量，每个柱状条表示一定范围的喙深，例如，8.8 到 9.0 毫米的范围，或 9.0 到 9.2 毫米的范围。干旱期间，从前数量相对充足的小种子减少了，迫使喙深小的鸟改吃较大而较硬的种子。喙深小的鸟明显处于劣势，对它们而言，要啄开这些种子难度更大。在干旱期间，种群内个体的喙深分布状况发生了改变，因为喙深大的鸟比喙深小的鸟存活下来的可能性更高（图 1.9b）。深色柱状条表示幸存种群中喙深的分布情况。由于有许多个体死亡，每个范围内所剩下的个体数目都有所减少。同时，死亡率并不是随机的。喙深小的鸟死亡的比例远远超过喙深大的鸟。结果，深色柱状条整体分布向右移动，这意味着种群中的个体平均喙深增加了，即干旱过后幸存下来的种群中的平均喙深大于干旱前同一种群中的平均喙深。

最后，后代与父母有相似的喙深。格兰特夫妇捕捉雏鸟并给雏鸟佩戴脚环，同时记录、识别雏鸟的父母，当雏鸟长成成鸟时，再将其捕获并进行测量。通过这一系列操作，格兰特夫妇发现，平均来看，喙深大的父母生育的后代也有着较大的喙深（图 1.10）。被调查的鸟是从干旱后幸存的鸟中抽选出的，它们的平均喙深比岛上原有的鸟要大，而且，因为后代遗传了

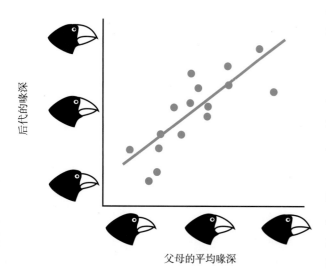

图 1.10

若父母的喙深超过平均喙深，其后代的喙深也倾向于超过平均喙深。图中每一个点代表一个后代。纵坐标为后代喙深，横坐标为父母双方的平均喙深。

父母的特征，幸存个体的后代的平均喙深比干旱前的鸟的平均喙深要大。这就意味着经过自然选择岛上中地雀的**形态学**（morphology，一个生命体的大小、形状以及构成特征）发生了变化，变得能更好地适应环境。这个过程历经两年多，整个种群中的平均喙深增长了 4%（图 1.11）。

当最普遍的类型是最好的适应性状时，自然选择会维持现状。

根据前文所述，我们已经了解到大达夫尼岛上的中地雀种群为了应对生存环境的变化而发生了演化，也看到了自然选择如何在其中起了作用。但这样的过程会永远持续吗？如果如此，那么最终所有鸟都会有喙深足够大的喙来啄开最大的种子。然而，喙深大的缺点与其优点一样突出。例如，格兰特夫妇指出，比起喙深小的鸟，喙深大的鸟更难以从雏鸟长成成鸟，可能是因为喙深大的鸟需要更多的食物以维持生命（图1.12）。根据演化理论可以推测，随着时间变化，自然选择使得种群的平均喙深变大，直到其代价超过其优越性为止。在这种情况下，拥有平均喙深的鸟将最有可能生存及繁殖成功，喙深过大或者过小的将处于劣势。如果实际情况和预测的一样，那么喙深大小将不再改变，便可认为种群的喙深达到**平衡**（equilibrium）状态，促成这种平衡状态的过程被称为**稳定选择**（stabilizing selection）。需要注意的是，尽管种群中喙特征的平均值在这种状态下不继续改变，但自然选择依然在继续进行。自然选择不仅能够改变一个种群，同样也能够让种群保持一致。

如果喙深这个特征对生存没有影响（或者说自然选择不偏向某种喙深），那么喙深则会保持不变，不同喙深的鸟都有可能一代接一代地活下去，而且，喙深也会保持不变。如果自然选择是唯一影响喙深的因素，这个逻辑便是对的。然而，种群的**性状**（traits）或者**特征**（character）还受到其他因素的影响，而且会

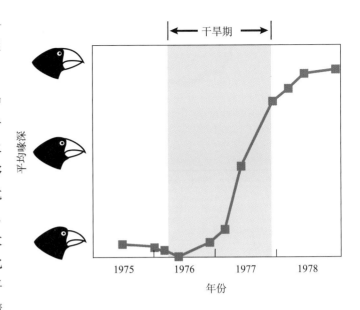

图1.11

在1975~1978年干旱期间，大达夫尼岛上的中地雀种群的平均喙深增加了。图中每一个点代表当时种群的平均喙深，位置越高，喙深越大。

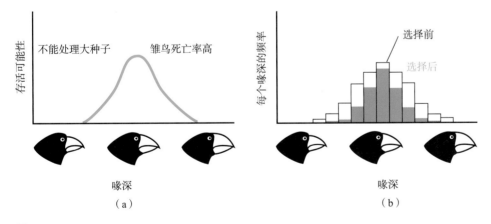

图1.12

当有着最普遍喙深的鸟最有可能生存和繁殖时，自然选择会使平均喙深保持不变。（a）喙深大于或者小于平均值的鸟比起有着平均喙深的鸟存活可能性更小。喙深小的鸟不能处理大而硬的种子，喙深大的鸟不大可能活到成鸟阶段。（b）透明柱状条代表自然选择前喙深的分布，深色柱状条代表自然选择后的分布。正如图1.9所示，自然选择后，种群中鸟的数量减少。但因为有着平均喙深的鸟更有可能存活，因此，喙深分布的峰值不变，平均喙深也保持不变。

图 1.13

大达夫尼岛上 1975~2001 年喙大小的平均值变化趋势。

以不可预料的方式发生变化。我们将在第三章中更深入地讨论这些过程。现在需要记住的是长远来看，种群并非保持一成不变。

演化不必总是造成同一方向的改变。

自然选择没有预见性，它仅是造成生命体改变以让其更好地适应环境。环境通常会随时间推移而波动，当环境发生波动时，自然选择便会追随这些波动。在过去25年中，我们在大达夫尼岛上的中地雀中观察到了这种波动。在这段时间里，有持续干旱的时候（1976~1978），但是也有持续潮湿多雨的时候（1983~1985）。在湿润的年份，小而软的种子异常地丰富，自然选择偏向喙深小的鸟类，喙深的大小发生了逆向改变，与干旱年份的自然选择作用相反。如图1.13所示，格兰特夫妇在大达夫尼岛上研究中地雀期间，喙大小的平均值上下浮动。

物种是指有着许多不同类型个体的种群集合体，其随着时间推移可能改变也可能不变。

格兰特夫妇在大达夫尼岛上的研究展示出物种不是一成不变的。正如同达尔文假设中描述的那样，物种的一般特征会一代代地发生改变。然而，在达尔文之前，人们认为物种是不变的，和我们对几何形状的认知一样：一只鸟就像三角形一样，不会改变它的属性。如果一个三角形多了一条边，它不会是一个改良的三角形，而是一个矩形。对于达尔文以前的生物学家来说，一只发生过改变的鸟，就不再是一只鸟了。后来,著名的演化生物学家恩斯特·梅耶（Ernst Mayr）把这种在达尔文之前认为物种不可改变的观点称为"本质主义"（essentialism）。根据达尔文的理论，物种是一个动态种群中个体的集合。只有在最普遍类型的个体一直稳定受自然选择偏爱时，某个物种的特征才会在一段时间内保持不变。源于自然选择的停滞期（保持不变）和改变期，都需要以自然选择的观点解释。停滞期不是物种的自然状态。

个体选择

适应源于个体间的竞争，而非整个种群或者物种之间的竞争。

自然选择产生对个体有利的适应，但这样的适应也许会让种群和物种受益，也有可能不使其受益。在中地雀的喙深演化这个例子中，自然选择的确有可能使得岛上的中地雀比别的食种鸟类更有竞争优势。然而，事实未必如此。自然选择引发的一些形态或者行为上的改变，经常会能够提高个体的繁殖成功率，但却降低了整个居群、种群和物种的繁殖成功率。

对几乎所有的生命体而言，个体所繁育的后代数量都要比维持物种所需的数量多很多，这是一个很典型的个体利益和群体利益相冲突的例子。比如说，一

图 1.14

一只雌性青长尾猴（Blue Monkey）抱着它的宝宝。

只雌猴一生平均可以繁育10个后代（图1.14），在一个稳定的族群中，也许这些后代只有2个可以成活和继续繁殖，从物种层面来看，其他8个后代是浪费资源。它们与本物种其他成员竞争食物、水和休息的地点。不断增长的种群数量会导致对环境资源的过度利用，因此，对于物种本身而言，雌性个体生育较少的后代看起来更有利于物种的延续。然而，这样的情况不会发生，因为个体的自然选择偏向于能够繁育更多后代的雌性。

要弄明白为什么针对个体的自然选择会导致这样的结果，我们先来看一个简单的假设案例。假设某种猴子的雌性生育10个后代便可使个体繁殖成功率最大化，生育多于或者少于10个后代的雌性将在下一代留下更少的后代。我们进一步假设，对于物种整体来说，如果每只雌性只繁殖两个后代时，物种灭绝的可能性最低。现在假设有两类雌性，其种群大部分由只繁殖两个后代的低生育能力雌性组成，只有少数几只高生育力的雌性，每只繁殖10个后代（fecundity，**繁殖力/生育力**，是人口统计学家用于表示生育能力的专业术语）。生育力高的雌性生下的雌性后代生育力高，生育力低的雌性生下的雌性后代生育力低，因此，下一代中高生育力雌性的比例将增加。因为，高生育力的雌性繁殖后代的数量超过低生育力的雌性，经久历时，高生育力的雌性在种群中的数量将迅速增加。随着生育能力增高，种群数量将迅速增加，并有可能耗尽可获得的资源，种群耗竭资源将增大物种灭绝的概率。然而，这个事实与灭绝前繁殖能力的演化无关，因为自然选择由个体竞争而产生，而非物种之间的竞争而产生。

自然选择在个体层面发生作用这一概念是理解适者生存的关键。在第七章中讨论社会行为的演化时，我们将遇到其他几个关于自然选择提高个体成功率却降低种群竞争能力的例子。

复杂适应的演化

中地雀喙深演化的例子展现了自然选择如何促成一个种群迅速发生适应。喙深更大的喙使得鸟生存得更好，喙深更大的鸟因此很快在种群中占主导地位。喙深是一个相对简单的特点，不像眼睛的适应那么复杂。然而，自然选择导致的微小变异经过累积后能导致复杂的适应。

为什么小的变异很重要

变异的两种类型：连续性变异和非连续性变异。

在达尔文时代，人们认为大多数变异都是连续的。人类的身高分布便是**连续性变异**（continuous variation）的一个例子。人类身高平稳地分布，从高到矮。然而，与达尔文同时代的人们还知道**非连续性变异**（discontinuous variation），也就是说，有几个明显不同的类型，而没有过渡类型。在人类当中，身高同样也可以归为非连续性变异。例如，有一种叫作软骨发育不全的遗传性疾病，患病的人比其他人更矮，胳膊和腿也更短，而且还有其他一些鲜明的特征。非连续性变异在自然中通常非常罕见，然而，许多达尔文时代的人相信新物种随非连续性变异应运而生。

非连续性变异对于复杂适应并不重要，因为复杂适应极其不可能由单一跳跃步骤而产生。

与大多数同时代人不同，达尔文认为非连续性变异在演化中并不起重要作用。牛津大学生物学家理查德·道金斯（Richard Dawkins）在他的著作《盲钟表匠》（*The Blind Watchmaker*）中用一个假设的例子演示了达尔文的推理。道金斯回忆起一个古老的故事，故事讲述的是一群猴子坐在打字机边愉快地打字，猴子们没有阅读和书写的能力，它们只是随意地敲击键盘，但若是有足够的时间，让故事情节继续发展，猴子们会打出莎士比亚所有的伟大作品。道金斯指出这在宇宙的整个生命时间进程中不大可能发生，更不要说在某只猴子一生的短暂时间里能产生这种结果。为了表明为什么演化需要如此长久的时间，道金斯给这些文盲猴子一个更简单的任务：从《哈姆雷特》（*Hamlet*）里挑出一行让它们打 "Methinks it is like a weasel"（第三幕第二场）。为了把给猴子的问题更加简化，道金斯提出可以不管大、小写的区别，并且可以省略除空格键外的所有标点符号，在这个短语中，包括空格共有 28 个字符。因为在字母表中有 26 个字符和 1 个空格，每当猴子打一个字符，只有 1/27 的概率能打到正确的字符，第二个字符正确率也只有 1/27，同样，第三个字符正确率为 1/27，一直依次类推到第 28 个字符，这样猴子任意敲击键盘打出正确顺序的概率是 1/27 乘 28 次 1/27，即：

$$\underbrace{\frac{1}{27} \times \frac{1}{27} \times \frac{1}{27} \times \cdots \times \frac{1}{27}}_{28次} \approx 10^{-40}$$

这是一个非常小的数值。要想知道猴子正确打出这个句子的概率到底有多小，我们先假设有一台最快的电脑（比任何目前存在的电脑都快），每秒发出1万亿（10^{11}）个字符，这台电脑在地球形成时就在运行，即大约40亿年或10^{17}秒，那么通过任意敲击键盘正确打出这行"Methinks it is like a weasel"，哪怕一次，这个可能性在整个地球历史中也不到万亿分之一。打出整部剧就更是异想天开地不可能了。尽管《哈姆雷特》是一个非常复杂的事物，但是，它的复杂程度还是比不上人类的眼睛。像人类眼睛这样的结构绝对不是一次成形的结果。如果它是，那么它会像天体物理学家弗雷德里克·霍伊尔（Frederick Hoyle）说的："像一阵吹过丛林后院的飓风，碰巧组装起一架波音747。"

自然选择引发的小的随机改变经过累积后会产生复杂适应。

达尔文认为，连续性变异对于复杂适应的演化是至关重要的。对此，道金斯再次提供了一个例子来进行阐释。同样，我们先假设一间满是打字机和猴子的房间，但这次的游戏规则有所改变。首先，猴子随意打出28个字符，第二轮，它们尝试打出同样的那串包含字母和空格的字符。大多数句子只是复制前面的一串，但是因为有时会犯错，有些字符会有点小小的改变，通常只是改变一个字母。在每一次尝试后，驯猴人选择最接近莎士比亚句子"Methinks it is like a weasel"作为所有猴子下一轮模仿的范本，这个过程一直重复直到猴子们打出正确的一串字符。要算出猴子具体需要多少次尝试才能打出正确字符顺序，道金斯对此进行了计算机模拟。最初随意胡乱打出的字符是：

WDLMNLT DTJBKWIRZREZLMQCO P

尝试1次后，道金斯得到了：

WDLMNLT DTJBSWIRZREZLMQCO P

尝试10次后：

MDLDMNLS ITJISWHRZREZ MECS P

尝试20次后：

MELDINLS IT ISWPRKE Z WECSEL

尝试30次后：

METHINGS IT ISWLIKE B WECSEL

尝试40次后：

METHINKS IT IS LIKE I WEASEL

确切的句子在尝试43次后达到目标。道金斯说他的1985年版的苹果电脑只花了11秒就完成了这个任务。

由于自然选择是一个累积的过程，因此可以从很小的任意改变产生极其复杂的结构。就像打字的猴子展现的一样，单一随意敲击字符打出正确句子的可能性微乎其微。然而，许多小的随意改变将大大有利于增加概率，繁殖和选择的结合使得打字的猴子们积累这些小的改变直到打出理想句子。

为什么中间过渡步骤受到了自然选择的偏爱？

演化成复杂的适应需要自然选择偏爱所有中间过渡步骤。

对打字的猴子的例子有个令人信服的反证。随着时间推移，自然选择可以导致复杂的适应，但需要每一个小的改变都是适应性的变化。尽管在猴子打字的例子中每一步都导向结果，但是许多人认为要组成一个像眼睛这样复杂的器官并不是每一个改变都必不可少。只有所有组织配合形成后，眼睛才能够发挥作用；否则，一个不完整的眼睛将比没有眼睛更糟糕！那么，只形成到5%的眼睛到底有没有好处？

达尔文认为，拥有5%的眼睛特征比没有眼睛更好，因为这些变异是为了能够看见或者感知自然界中的光。自然界有非常多的微小变异，这每一个小的变异都受自然选择而有所偏向，最终积累出了令人叹为观止的、复杂的眼睛。现生的软体动物中有着多种感光器官，为这个过程提供了许多阶段的例子：

1. 许多无脊椎动物有一个简单的感光点（图1.15a）。这类光感受器是从普通的表皮细胞（通常是生化机制为感光的纤毛细胞），演化了多次而形成的。当光强改变的信息有用时，演化就更偏向这些细胞对光更敏感的个体。例如，光强下降也许常常表明捕食者就在附近。

2. 通过让感光细胞集中在凹陷中（见图1.15a），生命体将获得有关光强变化方向的一些额外信息。生命体表面是可改变的，在这些信息改变重大的环境中，那些具有光感受器凹陷的个体将受到自然选择的偏爱。例如，移动的生命体比静止的生命体也许更需要知道它们面前正发生什么事情。

3. 经历一系列小步骤，光感受器凹陷的程度可能会加深（图1.15b），每一步都有可能受到自然选择的偏爱，因为每一步可以使个体获得更好的导向性信息。

4. 如果眼窝程度够深（图1.15c），就能够在感光组织上形成影像，就好像针孔相机在摄影胶片上形成影像一样。在细节影像有用的环境中，自然选择可能接着偏向与之配套的复杂神经结构来解读这个影像。

5. 接下来一个步骤是形成一个透明盖子（图1.15d）。这也许会受到自然选择的偏爱，因为它保护眼睛的内部，防止寄生虫进入和机械损伤。

6. 晶状体可以通过逐渐改进透明盖或者眼睛内部结构演化而成（图1.15e和图1.15f）。

演化产生适应的过程像一个修补匠，而非一个工程师。新生命体是由现存生命体的点滴改变创造出来的，而不是由一个干净的石板开始。显然许多有益的适应可能无法出现，因为某些变异没有受到自然选择的偏爱，在演化的道路上被阻断。达尔文的理论解释了复杂适应性选择如何通过自然过程产生，但是它不能预测每一个，甚至大多数可能将会出现的适应。这个世界并不是众多可能世界中最完美的，而只是众多可能世界中的一个。

有时不相关联的物种，独立地演化出了同样复杂的适应性特征，这表明通过自然选择而演化的复杂适应并非纯属巧合。

自然选择像一个修补匠般构建了复杂的适应，这会让你觉得复杂适应的组装是个碰运气的活儿。如果哪怕只有一步没被自然选择青睐，适应就不会发生，这样的推理暗示复杂的适应纯属巧合。尽管运气的确在演化中起非常重要的作用，但不应该低估累积而成的自然选择的威力。自然选择是强有力的促成复杂适应的过程，最佳的证据来自于一个叫作**趋同**（convergence）的现象，即在不相关联的动物群中，有着相似适应性变化的演化。

澳大利亚和南美洲的有袋类动物和世界其他地区的有胎盘类动物之间的相似性便是趋同演化的一个好例子。在世界绝大部分地区，哺乳动物主要是**有胎盘类**

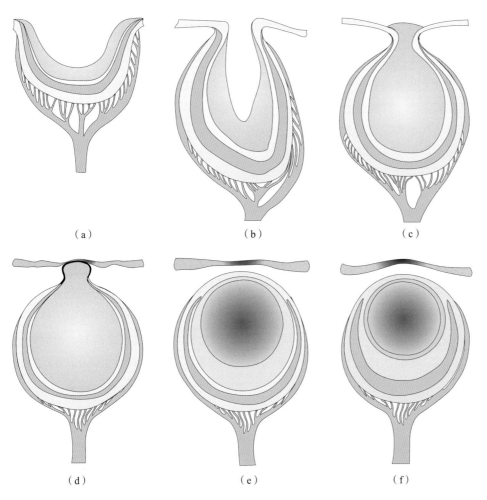

（a） （b） （c）

（d） （e） （f）

图 1.15

现存腹足类软体动物的"眼睛"展示了从简单眼杯到照相机式眼睛的所有中间步骤：（a）笠螺（*Patella* sp.）的眼窝；（b）贝氏翁戎螺（*Pleurotomaria beyrichii*）的眼窝；（c）加州鲍鱼（*Haliotis* sp.）的针眼眼睛；（d）一只珠螺（*Turbo creniferus*）闭着的眼睛；（e）染料骨螺（*Murex brandaris*）的有晶状体的眼睛；（f）大西洋犬蛾螺（*Nucella lapillus*）的有晶状体的眼睛。（晶状体在e和f图中为阴影部分）

图 1.16

20世纪初期还生活在塔斯马尼亚的袋狼（根据最后一只存活的该动物照片绘制）。它与北美和欧亚大陆的狼的相似性表明了自然选择的威力，自然选择创造了复杂的适应性变化。它们的最近共同祖先也许是一种像鼩鼱那样体型小的食虫生物。

哺乳动物（placental mammals），于漫长的怀孕期间在子宫里孕育胎儿。然而，在有胎盘类哺乳动物演化之前，澳大利亚和南美洲就从泛大陆分离开了。在澳大利亚和南美洲，**有袋类**（marsupials，无胎盘类哺乳动物，比如在身体外部的袋子里抚育后代的袋鼠）逐渐成为哺乳动物的主要类群，填补了所有哺乳动物的空缺。例如，在澳大利亚有一种叫作袋狼的有袋类动物，看起来非常像欧亚大陆的狼，甚至在脚和牙齿这样的细节特征上都相像（图1.16），这些袋狼20世纪30年代灭绝了。与此类似，在南美一种袋剑齿虎独立演化出与1万年前漫步在北美的剑齿虎相同的适应性变化。考虑到有袋类和有胎盘类哺乳动物的最近共同祖先是1.2亿年前一种体型小、夜行性、食虫的类似鼩鼱的动物，这些相似性就更加能够给人留下深刻印象了。自然选择一步一步地把"鼩鼱"变形，每一步都受到自然选择的偏爱，"鼩鼱"最后变形成剑齿虎，而且变了两次，这绝不可能是巧合。

眼睛的演化提供了另一个趋同演化的好例子。前文提到球面梯度晶状体对于水生生物来说非常有用，因为它具有良好的聚光能力并可提供全角180°视野的清晰图像。带晶状体的复杂眼睛在演化关系较远的水生动物中独立演化了8次：在

图 1.17

在几种不同的水生动物身上，独立演化出带晶状体的复杂眼睛。这样的动物包括伸口鱼（a）和鱿鱼（b）。

（a）

（b）

鱼类中演化了一次，在头足类软体动物（如鱿鱼）中演化了一次，腹足纲软体动物（如大西洋犬蛾螺）演化了数次，在环节虫中演化了一次，在甲壳纲动物中演化了一次（图1.17）。这些是非常不同的生物，它们的最近共同祖先是一种没有复杂眼睛的简单生物。然而，在每一种以上提到的动物中，它们都演化出非常相似的球面梯度晶状体。而在其他水生动物中却未发现这种晶状体结构。尽管貌似是偶然组装出复杂的适应，自然选择成功地在每一种生物中完成了同样的设计。

演化的速率

自然选择会造成演化改变，这一改变比平时在化石记录中观察到的改变迅速得多。

在达尔文时代，认为自然选择有可能把黑猩猩演化成人，并且只需要几百万年的时间就能完成是不可思议的。尽管人们今天普遍更加认同进化论，许多人仍认为自然选择的演化是一个像冰川移动一样缓慢的进程，需要数百万年才能完成可察觉到的改变。这些人常常怀疑自然选择没有足够的时间完成在化石记录里观察到的改变。然而，在接下来的几章中，我们将看到大多数科学家现在相信人类是从一种类似于猿的生物演化而来的，这个演化过程只用了500万到1000万年。事实上，一些在现代种群中观察到的选择性适应的速率远远比上述的变化要快得多。困惑之处并不是自然选择是否有足够的时间产生我们可观察到的适应；真正的困惑是：为什么在化石记录里观察到的改变如此缓慢？

格兰特夫妇在达尔文雀身上观察到的喙形态演化提供了一个快速演化改变的例子。大达夫尼岛上的中地雀是生活在加拉帕戈斯群岛上14种达尔文雀中的一种。有证据表明所有14种达尔文雀都是从大约50万年前迁徙到新出现岛屿的某个南美种的后代（图1.18）。50万年并不是一段很长的时间。仅仅50万年，自然选择有可能创造出14个种吗？

要回答这个问题，让我们计算下中地雀需要花多长时间，才能在喙尺寸和体重方面接近与它亲缘最近的大地雀（图1.19）。大地雀的体重比中地雀重75%，喙深比中地雀大20%。根据前文中格兰特夫妇的数据，1977年旱灾期间的两年里，中地雀的喙尺寸增加了4%，身体的尺寸也增加了相应的量。按照这个速率，彼得·格兰特计算出自然选择需要花30到46年时间将中地雀的喙尺寸和体重增加到大地雀的水平。但是，这些改变是应对异常环境危机而发生的改变，实际上自然选择通常不会不断地往一个方向推动改变。加拉帕戈斯群岛上的演化改变似乎是分成两个阶段的，先朝一个方向变化，接着朝另一个方向改变。因此，让我们假设发生在1977年的喙尺寸的改变只是每个世纪发生一次，那么中地雀要变成大地雀需要花大约2000年的时间，这依然是一个很迅速的进程。

当物种侵入新的栖息地，在别的地方也可以看到类似速率的演化改变。例如，大约10万年前，一群马鹿先是侵占了如今位于法国沿海的泽西岛（the island of Jersey），接着大概是被不断上涨的海水孤立在了岛上。大约6000年后这个岛

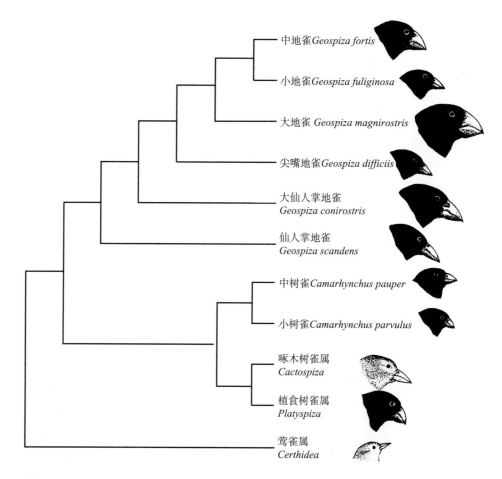

图 1.18

通过分析达尔文雀的蛋白质多态性我们可以追踪达尔文雀不同种之间的关系。在种类史树形图上个别种之间联系紧密，这些种间的基因比别的种相似，因为它们拥有一个更近代的共同祖先。这个种类史树不包括达尔文雀的 14 个种中的 3 个。

图 1.19

大地雀的喙深比它的近亲中地雀大将近 20%。以 1977 年旱灾期间观察到的演化速率，彼得·格兰特计算出在不到 46 年的时间内，自然选择可以把中地雀变成大地雀。

再次与大陆相连接时，这种马鹿的体型已经缩到了一只大狗的尺寸。密歇根大学（University of Michigan）的古生物学家菲利普·金格里克（Philip Gingerich）搜集了 104 个物种侵入新栖息地的案例，对演化改变速率进行了分析。这些速率在每年 0（即没有改变）到高达 22% 之间，平均值为每年大约 0.1%。

格兰特夫妇观察到的中地雀的变化相当简单：鸟的体型和喙都变大了。虽然更复杂的改变通常需要更长的时间发生演化，但是有几种证据显示选择能在相当短的时间里产生大的改变。

人工选择提供了一系列证据。几千年来人类通过驯养植物和动物，一直在实施人工选择，在这个时期的大部分时间里，这些选择没有固定方向。有许多人们熟知的例子，例如，人们相信所有家养的狗都是狼的后代。科学家们不确定狗是什么时候被驯化的，但很可能是 1.5 万年前，这意味着经历了几千代，人工选择把狼变成了北京哈巴狗、小猎犬、灵缇犬、圣伯纳犬（瑞士阿尔卑斯山僧侣饲养的一种狗）。实际上，这些品种的狗都是相当近期才出现的，而且大多数还是定向培育的产物。达尔文最喜欢的人工选择的例子是家鸽的驯化过程。在 19 世纪，驯养鸽子是个流行的嗜好，工人们竞相养出抢眼的品种（图 1.20）。

（a）

（b）

（c）

（d）

图1.20

在达尔文的年代，鸽子爱好者们创造出了许多新品种的鸽子，包括（a）球胸鸽、（b）扇尾鸽、（c）瘤鼻鸽，这些品种全部都来自于（d）野生原鸽。

这些人创造出一群各种样子的鸽子，它们都是从长相普通的野生原鸽繁衍而来。达尔文指出，这些驯化的鸽子长得如此不同，以至于若是在自然中被发现，一定会被生物学家分类为不同种的成员，然而，它们只是人工选择在几百年的短暂时间内创造的产物。

近期对一群种间亲缘关系密切的若花鳉属（*Poeciliopsis*）鱼类的研究也把复杂特征迅速演化记录在案（图1.21）。在中美洲和墨西哥的热带低地小溪、高海拔湖泊、沙漠泉眼和溪水中都能找到这些小鱼。这个属中的所有种都是营卵胎生或假胎生繁殖，可以直接产下幼鱼，但是受精和生产的顺序不同。在大多数种类中，雌性在受精前便将营养物质注入卵子中，之后随着幼鱼的发育，卵内的营养物质被逐步消耗掉，因此孵出的后代比卵子要小。然而，在少数几个种中，雌性通过类似于胎盘的组织给未出生的后代不断提供其卵内发育所需的营养物质。它们出生时的重量是受精卵的100多倍。加州大学河滨分校的生物学家大卫·雷兹尼克（David Reznick）和他的同事们的研究表明，这些类似于胎盘的组织在若花鳉属的三个不同类群的物种中是独立演化的。遗传学数据表明，其中一种从没有该组织的祖先演化成当下的种只用了75万年；另外两个种则用了不到240万年的时间。这些估算的时间实际代表这些种最后拥有共同祖先的时间，这些时间就是演化出类似胎盘组织所需的时间上限。这些鱼繁殖

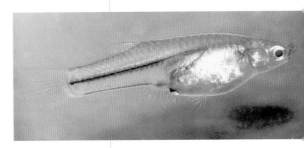

图1.21

若花鳉属的西域若花鳉（*Poeciliopsis occidentalis*）。

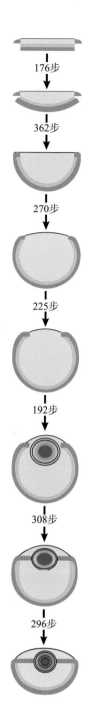

図 1.22

本图展示了计算机模拟眼睛演化的顺序。两个相邻图案之间的数字代表每一代演变1%所需要经历的步数。第一个阶段，眼睛是一个扁平的感光细胞，如同一片薄片夹在一层透明的保护层和深色色素层之间。最终，眼点变深，晶状体弧度向外弯曲，半径加长。这个过程每次变化1%，涉及大约1800次的改变。

出下一代需要的时间约半年到一年，所以，这个复杂的适应性变化不到100万代就演化出来了。

第三个系列证据来自于复杂特征演化的理论研究。瑞典隆德大学（Lund University）丹–埃里克·尼尔森（Dan-Eric Nilsson）与苏珊娜·佩尔格（Susanne Pelger）对水生生物的眼睛演化进行了数学建模。他们从有简单眼点的种群开始，这里所说的眼点是一片扁平感光组织，像三明治一样夹在一层透明的保护膜和一层深色色素层中间。接着考虑眼点形状每一个最小可能（1%）变形对眼睛分辨力的影响。他们先确定哪一个1%的改变对眼睛分辨力起到最积极的影响，接着一遍又一遍地重复这个过程，在每一个步骤竭尽每一种可能的方法对这个新结构进行1%的变形。结果见图1.22。经过538次改变后，演化出一个简单的凹面眼杯；经过1033次改变后，出现了原始的针孔眼睛；经过1225次改变后，创造出一个椭圆形晶状体的眼睛；经过1829次改变后，这个过程终于停止了，因为小的改变不再增加分辨力。最终的结果是演化出了像鱼和其他水生生物的球状晶状体。正如同尼尔森和佩尔格指出的那样，1829次1%的改变加起来促成了质变。比如，1829次1%的改变会把人类10厘米长的食指拉长到8000千米，这大约是从洛杉矶到纽约的往返距离。尽管如此，即使对选择的力量进行保守估测，尼尔森和佩尔格计算出这一变化只需要364,000代即可完成。对于每代寿命短的生命体来说，不到100万年，眼睛的结构就可以从一个简单的眼点演化成完整的眼睛，这个时间在演化史中只是弹指一挥间。

相比之下，化石里观察到的变化要慢得多。在过去200万年里，人类的脑容量增加了1倍——每年递增0.00005%。这比加拉帕戈斯群岛鸟喙的变化慢1万倍。此外，化石材料几乎都是慢速变化的证据。但是我们会发现化石数据是不完整的。在演化史中毫无疑问会出现快速适应变化，但是断续的化石材料无法给我们提供证据。

达尔文理论在解释变异时的困境

1859年，达尔文出版的《物种起源》是当时最畅销的书。他提出新物种或巨大改变是由很多微小变异积累形成的假说，但在当时并没有得到很多人的支持。绝大多数学者认为新的物种是现有物种变化形成的，许多科学家认同自然选择是导致器质性改变的最重要因素（虽然到了20世纪初，这一共识也发生了破裂，尤其是在美国）。仅有少数人支持达尔文关于微小变异积累形成巨大改变的解释。

达尔文不能说服他同时代的人们演化是通过小的改变积累而来的，因为他不能解释演化是如何获得的。

达尔文的批评者们反对达尔文的出发点是：融合遗传（下面一个段落将描述）和选择都会不可避免地减少种群中的差异，使得自然选择无法继续。这些是达尔文毕生无法解决的强有力的反对，因为他和他同时代的人们那时还不懂遗传机制。

每个人都会容易观察到后代继承父母亲的特征。大多数人，包括达尔文都相信这个现象是由**融合遗传**（blending inheritance）造成的，这种遗传模式认为，父亲和母亲各自贡献一部分的遗传物质混合或者融合在一起决定后代的特征。在《物种起源》发表后不久，一位名叫弗莱明·詹金（Fleeming Jenkin）的苏格兰工程师发表了一篇文章，文章明确表示融合遗传可能促使的变化极少，使自然选择难以起作用。下面的例子说明为什么詹金的论据令人信服。假设达尔文雀中的一个种的种群显现出两种体貌：高和矮。再假设有一位生物学家控制它们的交配，每次都是一个高的个体与一个矮的个体进行交配。因为融合遗传，接下来所有的后代将是同样的中等个头，它们的后代也和它们的身高一样，经过仅仅一代，种群中身高的差异将消失。随机交配，同样的情况也会发生，只不过花的时间会长一些。如果遗传只是单纯地融合父母的特征，那么詹金的论述就对了。然而，在第三章中我们将看到，后代身高是父母中间值可以由遗传解释，但并不是两种身高的融合。

由于自然选择是通过从种群中消除变异起作用，这又引发了另一个问题。例如，经历几代的历程后，喙深较小的鸟比喙深较大的鸟更有可能死亡的话，最终所有剩下的鸟都将是喙深较大的，个体间的喙尺寸将几乎没有差别，也就是没有变异。而达尔文的第二条假设认为没有变异就没有自然选择引发的演化。例如，环境改变了，小喙的个体比起大喙个体更容易存活下来。种群中的喙尺寸不会变小，因为已经没有小喙个体了。自然选择破坏了创造适应所需要的变异。

更糟糕的是，詹金还指出，达尔文没有解释一个种群如何演化出超过其变异范围的适应。复杂适应性的累积演化需要种群变化范围远远超出祖先特征的变异范围。自然选择可以从一个种群里剔除一些特征，但是，它如何产生最初种群里没有的新特征？这个明显的矛盾是解释演化逻辑的严重阻碍。除非有一个创造新变异的机制，否则大象、鼹鼠、蝙蝠、鲸怎么可能都从一个古代类似鼩鼱的食虫动物演化而来？同样，所有不同品种的狗怎么可能从狼这一共同祖先衍生而来（图1.23）？

达尔文和他的同代人知道有两种变异：连续性和非连续性。由于达尔文相信复杂适应只有通过小变异的积累才会发生，他认为非连续性变异并不重要。然而，许多生物学家认为非连续性变异是演化的关键，因为它解答了融合遗传影响的问题，就像19世纪动物饲养者所称的"变种"那样。下面这个假设的例子阐明了原因。假设一群绿色的鸟进入了一个新环境，而红色的鸟更适应这个环境，达

（a）

（b）

（c）

图1.23

（a）狼是所有狗的祖先；（b）贵宾犬；（c）圣伯纳犬。这些变化经历了数千代的人工选育。

尔文的批评者们相信任何新的变异，比如稍微更红一些的鸟，只会有很小的优势，而且会很快被融合遗传所淹没。相比之下，一只全身都是红色的鸟才会有足够大的选择优势克服融合遗传的影响，从而在种群中增加它出现的频度。

达尔文留下的信件里表明这些批评让他非常担忧；尽管他尝试了各种反证，但是，他从未找到一个满意的反证。要解开这些难题需要对遗传学的理解，而遗传学是在《物种起源》发表半个世纪以后人类才弄明白的知识。正如我们将看到的，直到20世纪遗传学家才逐渐理解变异是如何得以保持的，达尔文的演化理论才得到了普遍的接受。

关键术语

适应

特征

非连续性变异

自然选择

特点

趋同

形态学

物种

有胎盘类哺乳动物

平衡

繁殖力

有袋类动物

稳定选择

连续性变异

融合遗传

学与思

1. 尽管在种群中某个特征有个体差异，但有时也会被观察到后代在这一特征上与其父母并不相似。假设中地雀喙深大小便是如此。

（a）后代喙深的示意图与父母喙深相比较看起来会是什么样子？

（b）用示意图画出种群中各阶段鸟的喙深：(i) 干旱前的成年个体；(ii) 干旱一年存活下来的成年个体；(iii) 幸存者的后代。

2. 许多种的动物有同类相食的行为。这种行为当然减少了这个物种存活的能力。同类相食有可能是自然选择造成的吗？如果是，有什么适应性优点？

3. 一些昆虫外表看似粪便。自达尔文开始，生物学家们把这种现象解释为一种伪装：自然选择偏向最像粪便的个体，因为可以降低它们被吃掉的可能性。最近的哈佛大学古生物学家斯蒂芬·盖伊·古尔德（Stephen Gay Gould）反对这个解释，他的论点是一旦演化出来，尽管选择可以完善这样的拟态，但并不能直接导致拟态的首次出现。古尔德问道："怎么样才能判断某一形态有5%像一块粪便？"（理查德·道金斯，1996，《盲钟表匠》，纽约：诺顿，第81页）你能否想出一个理由为什么看起来有5%像一块粪便比看起来根本不像粪便要好？

4. 19世纪晚期，一位名叫赫蒙·邦珀斯（Hermon Bumpus）的美国生物学家收集了大量在一次严重冰暴中丧生的麻雀。他发现长着中等长度翅膀的鸟在死鸟中很罕见。这是什么类型的自然选择？这个自然选择的事件对这个种群的平均翅长有什么影响？

延伸阅读

Browne, J. 1995. *Charles Darwin: A Biography*, vol. I: *Voyaging*. New York: Knopf.

Dawkins, R.1996. *The Blind Watchmaker: Why the Evidence of Evolution Reveals a Universe without Design*. New York: Norton.

Dennett, D. C. 1995. *Darwin's Dangerous Idea: Evolution and the Meanings of Life*. New York: Simon & Schuster.

Ridley, M. 1996. *Evolution*. 2nd ed. Cambridge, Mass.: Blackwell Science.

Weiner, 1994. *The Beak of the Finch: A Story of Evolution in Our Time*. New York: Knopf.

本章目标

本章结束后你应该能够掌握

- 描述孟德尔的实验如何揭示了遗传逻辑。

- 解释孟德尔法则如何通过细胞复制机制实现。

- 理解决定不同特征的基因为何有时是相关联的。

- 解释DNA特性如何与基因在遗传中的作用保持一致。

- 描述基因如何控制蛋白质结构并影响生物特征。

- 解释基因调控如何使同一基因控制身体许多不同部位的发育和功能。

孟德尔遗传学	分子遗传学
细胞分裂和染色体在遗传中的作用	

孟德尔遗传学

尽管19世纪参加进化论辩论的主要人物中没有一个人知道基因，但当时一位生活在斯洛伐克的无名修道士格雷格尔·孟德尔（Gregor Mendel），却做出了关键的实验，该实验有助于人们理解遗传到底如何起作用（图2.1）。孟德尔出身农民家庭，被老师们公认为是一名极其聪明的学生，他考上维也纳大学学习自然科学。大学期间，孟德尔从欧洲杰出科学人物那里得到了一流教育，不幸的是，孟德尔有极其严重的神经质症：每次他要面对考试，就会出现生病等生理问题，需要花上几个月才会恢复。结果他被迫离开大学，进了布尔诺（Brno）的修道院，原因或多或少是他需要一份工作。到了那里孟德尔继续学习遗传学，继续发展他在维也纳大学培养出来的兴趣。

孟德尔通过精心设计的植物实验，发现了遗传的作用。1856年到1863年间，孟德尔使用普通的食用豌豆做实验（图2.2），他只用两种形态或者称两种**变体**（variants）就分离出几个特征。例如，他研究的一个特征就是豌豆的颜色。这个特征有两种变体：黄色和绿色。他还研究了豌豆纹理，这也是有两种变体的特征：表面皱缩的和平滑的。孟德尔培育了一批豌豆植株，在这些特征上都是纯合子，即这些特征从一代到下一代没有改变。例如，将结绿色豌豆的植株之间**杂交**（crosses），后代也总会结绿色豌豆，而将结黄色豌豆的植株之间杂交，后代也总会结黄色豌豆。孟德尔在这些不同种类纯合基因的豌豆间做了大量杂交实验。

在做详述之前，我们需要确立一个方法追踪杂交的结果。基

图2.1

格雷格尔·孟德尔，大约1884年，放弃他的植物实验15年后。

因学家把最初的亲本称作F$_0$代，亲本的子代称为F$_1$代，依次类推。这样，纯合基因品种豆苗构成了F$_0$代，由杂交无变异品种双亲培育的豆苗构成了F$_1$代。F$_1$代的子代是F$_2$代。

在孟德尔用豌豆做的一组实验中，绿色变体和黄色变体之间进行的一系列杂交获得的子代全都结黄色豌豆，只与其中一个亲本植株性状相同（图2.3）。孟德尔的下一步实验是在这些杂交的子代中进行杂交。当F$_1$代（都结黄色种子的）杂交后，一些子代结出了黄色的种子，另一些结出了绿色的种子。与以前大多数人用植物杂交做的实验不同，孟德尔进行了许多这些类型的杂交，并仔细清点、记录每一种个体豆苗产出下一代的数目。这些数据显示，在F$_2$代中，每出现一个结绿色种子的植株，就会有三个结黄色种子的植株。

孟德尔总结出了解释这个实验结果的两条规律。

从实验结果中，孟德尔总结出两个有深刻见解的结论：

1.从生命体观察到的性状由两个因子共同决定：一个从母本那里遗传而来，一个从父本那里遗传而来。后来美国遗传学家摩根（T. H. Morgan）把这些因子命名为**基因**（genes）。

2.当**配子**（gametes）（卵子和精子）形成时，这两个因子（或者基因）中的每一个，都有同等机会传递到配子中。现代科学家把这叫作**自由组合**（independent assortment）。

这两个规律解释了孟德尔培育实验的结果，它们是理解变异如何被保留的关键。

细胞分裂和染色体在遗传中的作用

几乎40年无人理会孟德尔的结果。

孟德尔认为他的发现非常重要，于是，1866年他发表了实验结果，并寄了一份文章的副本给一位非常著名的植物学家卡尔·威廉·冯·内格里（Karl Wilhelm von Nägeli）。内格里正在研究遗传学，本应该明白孟德尔实验的重要性，然而，内格里无视了孟德尔的作品，也许是因为孟德尔的实验结果和他自己的结果相矛盾，也许是因为孟德尔是个名不见经传的修道士。这之后不久，孟德尔被选举为他所在的修道院院长，被迫放弃了实验。他的观点直到20世纪才浮出水面，那时，几个植物学家独立地重复了孟德尔的实验，并重新发现了遗传规律。

1896年，荷兰植物学家雨果·德·弗里斯（Hugo de Vries）在不知道孟德尔实验的情况下，用罂粟重复了孟德尔的实验，然而，他没有立即发表实验结果，而是耐心地等待着，直到用30种不同的植物实验重复了结果。1900年，正当雨果·德·弗里斯打算寄出描述他实验的手稿，一个同事寄给了他一份孟德尔

图2.2

孟德尔的遗传学实验是用普通菜豌豆进行的。

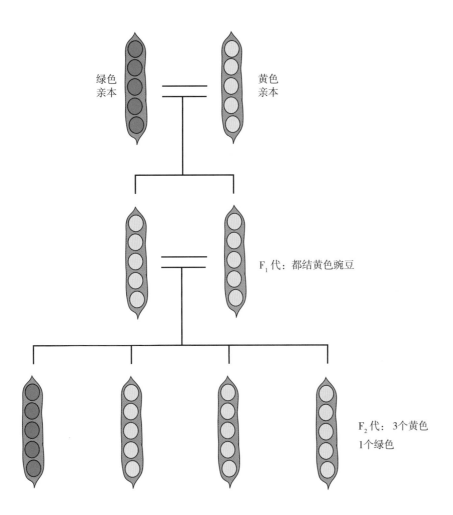

绿色亲本　　　　　　黄色亲本

F₁代：都结黄色豌豆

F₂代：3个黄色
1个绿色

图2.3

在孟德尔的一个实验中，杂交结绿色和黄色种子的子代纯合基因系培育出的所有子代都结黄色豌豆，把这些F₁个体植株杂交，培育出的子代结黄色和绿色豌豆的比例是3：1。

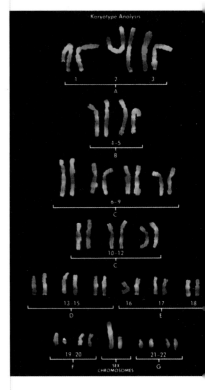

图2.4

当人类细胞开始分裂时，细胞核里会出现23对染色体，其中包括一对性染色体（图中所示的性染色体为XY，代表男性）。将染色体染色后，我们可以根据它们的形状和斑带格局来区分不同的染色体。

的论文。可怜的德·弗里斯，他新鲜出炉的成果已经晚了30年！大约在同一时期，另外两位欧洲植物学家，卡尔·柯林斯（Carl Correns）和埃里克·契马克（Erich Tschermak）也重复了孟德尔的实验，得出了类似的结论。他们也发现成果被人抢先发现了。柯林斯和契马克优雅地承认孟德尔发现遗传规律的首要地位，但是，德·弗里斯却没有那么宽宏大量，在他的植物遗传论文中没有引用孟德尔，他还拒绝签署一份请愿，该请愿提议为纪念孟德尔的成就，要在布尔诺修建一座纪念碑。

　　孟德尔的实验结果再次被发现后，得到了广泛的接受，因为科学家们已经知道了染色体在配子形成过程中的作用。

　　1900年，当孟德尔的实验被再次发现的时候，几乎所有生命体都由细胞构成的观点已广为人知，而且，细致的胚胎学研究已经显示所有复杂生命体中的细胞都是由一个单细胞通过细胞分裂而产生的。在孟德尔最初发现遗传规律到进入20世纪该规律再次被发现之间，细胞解剖学的一个极其重要内容被发现了：**染色体**（chromosome）。每一个细胞里都含有染色体，呈丝状，在细胞分裂的过程中会发生复制（图2.4）。而且，科学家们还了解到在形成配子的特殊细胞分裂过程中，染色体也会发生复制。这个研究为孟德尔的结果提供了一个简单的物质解释。目前我们所认识到的细胞分裂模式是由几个不同科学家的工作一点点累积而来的，我们会在以下的章节中对此进行总结。

有丝分裂和减数分裂

普通细胞分裂叫作有丝分裂，生成两份存在于细胞核中的染色体。

动植物生长时，它们的细胞要分裂。每个细胞里面都有一个叫作**细胞核**（nucleus）的结构（图2.5）；当细胞分裂时，其细胞核也要分裂。普通细胞的分裂过程叫作有丝分裂。在有丝分裂初期，在细胞核的里面开始形成一些团状物质，这些团状物质逐渐凝结成几个线性的染色体，在显微镜下，可以通过染色体的形状以及被染色的方式进行区分辨别（染色是在实验室里给细胞加的染

图2.5
在所有动植物中，每个细胞中含有一个细胞核（在放大的图片中正中央那个红色的深色圆形就是细胞核）。细胞核里含有染色体。

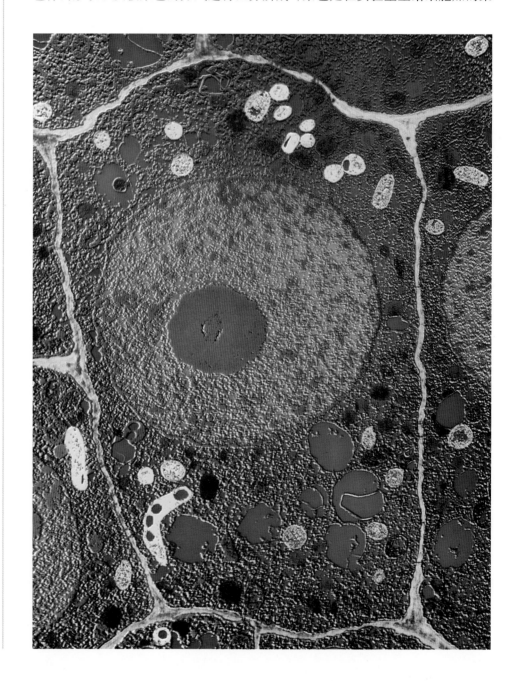

料，这样，研究人员就能区分一个细胞不同的部分）。不同的生命体有不同数量的染色体，但是在**双倍体**（diploid）生命体中，染色体呈**同源对**（homologous pairs）（每对拥有相似形状和染色模式）。所有的灵长类都属于双倍体生物。但是，其他生命体有各种各样的排列，双倍体生物的细胞中染色体对的数量也有所不同。果蝇类（*Drsophila*）有 4 对染色体，人类有 23 对，还有些生物的染色体更多。

有丝分裂的两个特征显示，染色体对生命体特征起到决定性作用。首先，最初一对染色体被复制，每一个新的子代细胞拥有和母细胞中一份一模一样的染色体。这意味着当生命体通过一系列有丝分裂而生长发育的时候，每一个细胞将拥有当卵子和精子结合时而产生的相同染色体。其次，甚至当细胞还没有分裂的时候，组成染色体的物质就已经存在了。细胞分裂的时间非常短，大多数时间它们处于"休息"状态，起到细胞该起的功能，这类细胞有肝细胞、肌肉细胞、骨细胞等。在分裂间期，看不到染色体，然而，构成染色体的物质一直在细胞中存在。

减数分裂，即生成配子的特殊细胞分裂过程中，染色体中只有一半从父母细胞中传到配子。

有丝分裂过程中活动发生的顺序与减数分裂相当不同，减数分裂是形成配子的特殊分裂形式，减数分裂的关键特征是每一个配子只含有每对同源染色体的一条，而经历有丝分裂的细胞却有一对同源染色体。只含有同源对的一条染色体的**细胞叫作单倍体**（haploid）（图2.6）。当孕育一个新的个体时，从父亲而来的单倍体精子与从母亲而来的单倍体卵子结合，产生一个双倍体**接合子**（zygote），即受精卵。受精卵是一个单个的细胞，它接下来一次又一次地进行有丝分裂生成几百万个细胞，构成一个完整的个体。

染色体和孟德尔的实验结果

孟德尔的两个规律可以从基因存在于染色体上的假设推导而得。

1902年，距孟德尔研究结果被重新发现不到两年，哥伦比亚大学的一名年轻的研究生沃尔特·萨顿（Walter Sutton）建立了染色体和孟德尔遗传定律揭示的遗传特性之间的联系。孟德尔的两个遗传定律中的第一个阐述生命体表现的性状由从父母双方的每一方获得的因子决定，这个概念与基因位于染色体上的想法相契合，因为个体从父母每一方各继承一份染色体。观察到的表型特征由父母双方的基因决定，这个概念与有丝分裂的观察相一致：有丝分裂把一份含有父母双方染色体的基因传给每一个子代细胞，于是，每一个细胞都含有母亲和父亲双方染色体的副本。孟德尔第二个原理阐述基因自由分离。减数分裂生成配子，配子只带有来自于每一个同源对中两个可能染色体中的一个，这一观察包含两个概念：（1）基因是从父母双方遗传而来，（2）每一个基因传递给配子的可能性等同。并

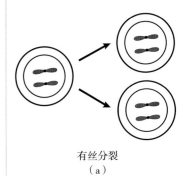

双倍体母细胞　双倍体子代细胞

有丝分裂
（a）

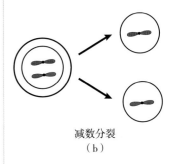

双倍体母细胞　单倍体配子

减数分裂
（b）

图2.6

双倍数细胞有 *n* 对同源染色体；在不同物种当中 *n* 相去甚远，但是，图中设定 *n*=1。同源对染色体在某些位置上携带的等位基因不同。（a）有丝分裂复制染色体。（b）减数分裂产生的配子仅携带染色体的每个同源对的一条染色体。

不是所有人都同意萨顿，但是接下来的15年间，摩根和他在哥伦比亚大学的同事们做了许多实验，都证明萨顿是对的。

某个基因的不同变体称为"等位基因"，有两份同样等位基因的个体是"纯合体"，带有不同等位基因的个体是"杂合体"。

为了更清楚地了解染色体和孟德尔豌豆实验之间的关系，我们需要引入一些新的术语。基因这个词用于指染色体携带的物质。后面我们会讲到，基因是由一个叫作DNA（脱氧核糖核酸）的分子构成的。**等位基因**（alleles）指同源染色体的相同位置上控制相对性状的一对基因。当一个生物体带有一对完全相同的等位基因时，则该生物体就该基因而言是**纯合的**（homozygous），被称为该基因的纯合体；当个体含有两个不同副本的等位基因时，就该基因而言便是**杂合的**（heterozygous），被称为该基因的杂合体。

假设亲本这一代所有的结黄色种子的个体带有两个黄色豌豆颜色的基因，每一条染色体里有一个。我们使用符号 *A* 表示这个等位基因，则这些豌豆植株在豌豆颜色的表达上是纯合子（*AA*），呈黄色。所有的结绿色豌豆的植株有着不同等位基因，用 *a* 表示，所以，结绿色豌豆的植株就是 *aa*。我们将看到这是与孟德尔模型一致的唯一模板。如果我们将两个结黄色豌豆的豆苗杂交或者将两个结绿色豌豆的豆苗杂交会发生什么呢？因为它们是纯合体，所有黄色亲本繁殖的配子都将带有等位基因 *A*，这就意味着杂交两个 *AA* 亲本的所有子代将也是等位基因 *A* 的纯合体，因此，都会结出黄色豌豆。同理，所有携带等位基因 *a* 的亲本繁殖的配子将携带等位基因 *a*；当两个 *aa* 亲本结合，它们将只会繁殖带有绿色豌豆的 *aa* 个

图 2.7

在孟德尔的实验中，豌豆两个纯合杂交系长出全结黄色豆子的子代，*AA* 纯合子的所有配子都带有 *A* 等位基因。同理，纯合子 *aa* 亲本的所有配子都带有 *a* 等位基因，从一个 *AA* × *aa* 杂交而来的所有受精卵都从亲本的一方得到一个 *A*，从另一方得到一个 *a*。这样，所有 F₁ 子代都是 *Aa*，因为 *A* 是显性基因，它们都结黄色种子。

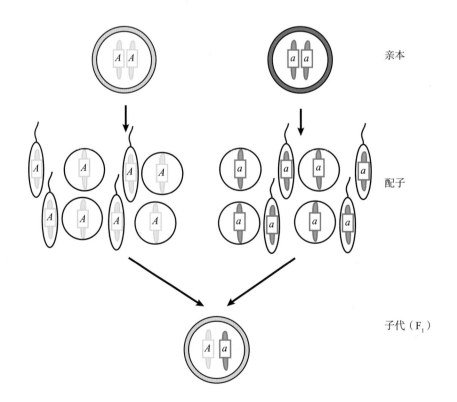

亲本

配子

子代（F₁）

体。这样，我们就能揭示为什么每一个类型真实遗传了亲本特征。

显性纯合体父母和隐性纯合体父母之间杂交，在F₁代中繁殖的全是杂合体。

接下来让我们来思考一下一个纯合基因的绿色亲本和一个纯合基因的黄色亲本之间的杂交（图2.7），结绿色豌豆的亲本只产生 *a* 配子，黄色的亲本只产生 *A* 配子。因此，它们的每一个子代从其中一个亲本继承了一个 *a* 配子，从另一个亲本那里继承了一个 *A* 配子。根据孟德尔的模型，F₁代的个体将是 *Aa*。考虑到孟德尔发现这样杂交的所有子代都是结黄色豆子的，那这些结黄色豆子的植株一定都是杂合体。为了描述这些结果，基因学家使用下列四个术语：

1.**基因型**（genotype）指一个个体携带的基因或者等位基因的特定组合。

2.**表现型**（phenotype）指生命体可观察到的特征，例如，孟德尔实验中豌豆的颜色。

3.等位基因 *A* 为**显性**（dominant），因为带有 *A* 型基因黄色豌豆的纯合体和杂合体都具有同样的表现型。

4.等位基因 *a* 为**隐性**（recessive），因为它在杂合体中对表现型没有作用。

如表2.1所示，*AA* 和 *Aa* 个体表现型相同但是基因型不同，通过个体的可观察到的特点或者表现型，并不一定能得知它的基因组合或者基因型。

表2-1

基因型	表现型
AA	黄色
Aa	黄色
aa	绿色

孟德尔豌豆颜色实验中的基因型和表现型之间的关系。

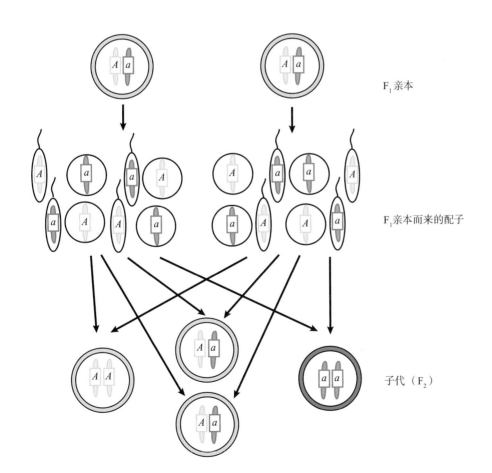

F₁亲本

F₁亲本而来的配子

子代（F₂）

图2.8

孟德尔豌豆实验中，F₁杂合体产生子代的表现型为3∶1（黄∶绿），所有亲本都是杂合体，即 *Aa*。这就意味着每一个亲本繁殖的配子中的一半带有 *A* 等位基因，另一半带有 *a* 等位基因，这样，1/4 的合子将是 *AA*，1/2 会是 *Aa*，剩下的会是 *aa*。因为 *A* 是显性基因，所以 3/4 的子代（1/4*AA* + 1/2*Aa*）将结黄色种子。

可以预测，杂合体亲本杂交培育出的后代中会有三种基因型。

现在来看一下孟德尔实验的第二个阶段：把F_1代的成员相互杂交培育出F_2代（图2.8）。我们已经看到F_1代中每一个个体都是杂合的，基因型为Aa，这意味着它们的配子中有一半包含一个带有A等位基因的染色体，另一半是带有a等位基因。（注意，减数分裂生成单倍体配子。）如果我们从F_1代产生的配子中随机配对，那么后代中有1/4的个体基因型将会是AA，1/2将会是Aa，1/4将会是aa。

要理解F_2代中 $1:2:1$ 的比例，画一个像图2.9那样的事件树很有帮助。首先挑出父本配子，F_1代中每一个雄性都是杂合体：其染色体上携带一个A等位基因和一个a等位基因，那么获得带有一个A的精子的可能性为1/2，获得带有一个a的精子的可能性为1/2。假如你碰巧选了一个A，现在选择母本配子，同样有1/2的概率得到A，1/2的概率得到a，得到两个A的可能性就是

Pr（AA）= Pr（A来自于父本）× Pr（A来自于母本）= 1/2 × 1/2 = 1/4

如果你多次重复这个过程——先挑选雄性配子接着挑选雌性配子——繁殖的F_2个体大约有1/4会是AA，同理，有1/4会是aa，一半是Aa。因为有两种方法组合A和a等位基因：A来自母方，a来自父方，或者反之亦然。因为AA和Aa

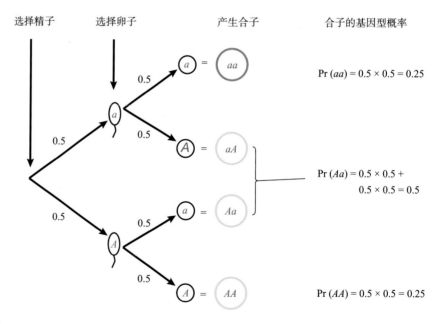

图2.9

这个事件树解释了为什么F_2代中存在一个 $1:2:1$ 基因型比例。想象一下首先通过选择一个精子接着选择一个卵子而形成接合子，每一个分支上的数字代表给进行这一分支结果选择的可能性，分支末端的圆圈代表生成的合子，圆圈的颜色是表现型：黄色或绿色的豌豆。第一个节点代表选择一个精子，有50%的概率选择一个携带等位基因A的精子，50%的概率选择一个带有等位基因a的精子。接下来选择一个卵子。同样，有50%的概率选择每一种等位基因的卵子，这样，获得一个A精子和一个A卵子的可能性是 $0.5 × 0.5 = 0.25$，同样，获得一个a卵子和一个a精子的概率是 $0.5 × 0.5 = 0.25$。同样的计算显示有25%的概率获得一个a精子和一个A卵子，25%的概率获得一个A精子和一个a卵子。因此，获得一个Aa接合子的可能性是50%。

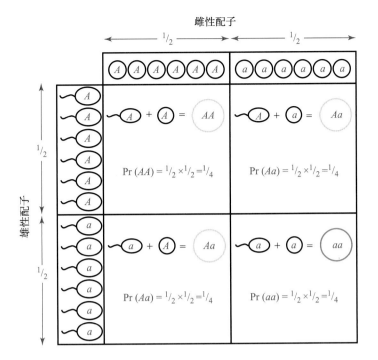

雌性配子

图2.10

这个图表叫庞氏表，它提供了另外一个方法展示为什么在F₂代的子代中有一个1∶2∶1的基因型比例。横轴一分为二反映的是同等比例的A和a卵子，竖轴根据携带每一个等位基因的精子比例来划分，同样也是一分为二。横线和竖线相交的区域给出的是四个可能受精情况得出的接合子比例：AA = 0.25（四分之一），Aa = 0.25 + 0.25 = 0.50（两个四分之一），aa = 0.25（四分之一），这样，接合子的基因型呈1∶2∶1比例。

个体都结黄色种子，在F₁亲本产生的子代中，种子表现型黄∶绿 = 3∶1。另一个将这个结果形象化表示的方法就是画一个叫作**庞氏表**（又称**棋盘法**）（punnett square）的图，如图2.10所示。

连锁与重组

孟德尔还做了涉及两个性状的实验，他认为这些实验显示了不同性状的自由分离。

孟德尔还做了涉及两个性状的实验。例如，他杂交了豌豆颜色和纹理两个方面性状不同的纯合体。他把产光滑、黄色种子的豌豆植株和产皱皮纹路、绿色种子的植株杂交，所有的F₁代的个体都结出光滑、黄色的种子，但是，F₂代的个体呈现出下列比例：

9光滑的黄色∶3光滑的绿色∶3起皱的黄色∶1起皱的绿色

这个实验很重要，因为它表明有性繁殖可以将影响不同特征的基因重新洗牌然后搭配出新的组合，这个现象叫作**重组**（recombination）。这个过程对于维持自然种群的个体差异非常重要。我们将在第三章讨论这个问题。

孟德尔的实验中亲本为两种性状（豌豆颜色和种子纹理）的纯合体，即等位基因为纯合子：如黄色种子的基因为AA，绿色种子为aa。影响种子纹理的等位基因一定也是纯合子。让我们假设一下，产光滑种子的亲本是BB，而产起皱种子的亲本是bb，那么，在亲本这一代中，只有两个基因型：AABB以及aabb。到了F₂这一代，有性繁殖产生了所有16种可能的基因类型以及两种新的表现型：光滑的绿色豆子以及起皱的黄色豆子。详情将在知识点2.1中给出。

知识点 2.1 基因重组详述

要进一步理解基因重组，首先要清楚孟德尔的双性状实验、自由分离以及染色体之间的关系。孟德尔将黄色光滑（$AABB$）的亲本同绿色起皱（$aabb$）的亲本杂交后繁殖出 F_1 代。黄色光滑亲本只产生带有 AB 的配子，而绿色起皱亲本只产生 ab 的配子；因此 F_1 代所有成员就是 $AaBb$。如果我们假定决定种子颜色和种子纹理的基因均独立进入配子，那么 F_1 代的配子中就会有4种类型——AB、Ab、aB、ab——每种都有1/4的可能（图2.11）。

利用这个信息，我们可以画一个庞氏表，预测 F_2 代中每一个基因类型比例（图2.12）。我们把纵轴和横轴按每一类型配子出现频率的比例划分，在这个例子中，将每一个轴划分为四等分。由横轴和纵轴交叉而形成的矩形区域给出每个16种可能受精事件产生的接合子的比例。因为这个矩形中每一个格子的面积都一样，仅只是通过计算包含每个表现型的方块数量，我们就可以确定表现型的比例。有9个黄色光滑种子的方块，3个黄色起皱种子的方块，3个绿色光滑起皱种子的方块，1个绿色起皱种子的方块。这样孟德尔观察到的9∶3∶3∶1的表现型比例与基因在不同染色体自由分离的假设一致。如果控制这些特征的基因没有自由分离，表现型比例就会不同，下面我们将看到这一点。

在减数分裂过程中，染色体会不时地发生损坏、断裂，等位基因可能发生交换。这个过程叫作互换，能够生成亲本原先没有的基因组合的染色体（见后文）。在接下来的例子中，F_1 代所有个体基因都是 $AaBb$，现在假设种子控制颜色和种子纹理的基因在同一条染色体上，当染色体在减数分裂过程中被复制，假设 r 是发生互换的比例（图2.13），而 $1-r$ 就是未互换的比例，接着染色体自由分离进入配子。亲本代有的染色体类型有 AB 和 ab，各自在 $(1-r)/2$ 配子里出现；新的重组类型 Ab 和 aB 各自在 $r/2$ 配子里出现（图2.14）。

现在我们可以使用一个庞氏表来计算 F_2 代中16种可能基因型的频率（图2.15）。和先前一样，横轴与竖轴的划分与每一种类型的配子相对频率对应，由这些交叉的格子线围成的矩形区域给出了每一种基因型的频率。如果重

图2.11

这个事件树表明，当两种性状的基因由不同染色体携带的时候，F_1 亲本的一方产生所有四种可能的配子的概率是相同的。第一个节点代表携带种子颜色（A 或者 a）基因的染色体的分配情况，第二个节点代表携带种子纹理（B 或者 b）基因的染色体的分配情况。边上的数字代表对这一节点选择的可能性。每条边末尾的圆圈代表生成的配子。

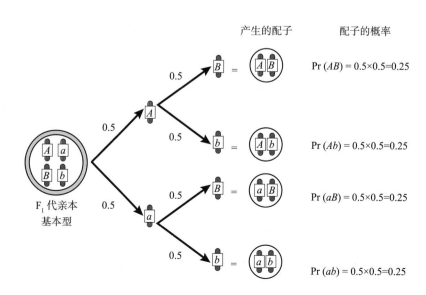

产生的配子 配子的概率

F_1 代亲本
基本型

$\Pr(AB) = 0.5 \times 0.5 = 0.25$

$\Pr(Ab) = 0.5 \times 0.5 = 0.25$

$\Pr(aB) = 0.5 \times 0.5 = 0.25$

$\Pr(ab) = 0.5 \times 0.5 = 0.25$

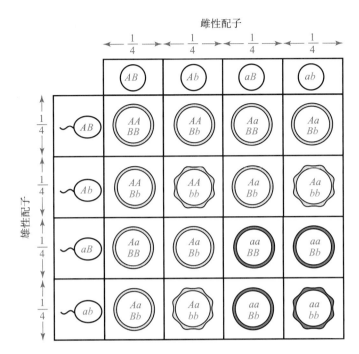

雌性配子

图 2.12

这个庞氏表显示了决定两个性状（种子颜色和种子纹理）的基因由不同染色体携带时，F₂代的子代表现型为9：3：3：1的比例。每个方块中的圆圈表明与每个基因型相关的表现型，即颜色（绿色或者黄色）以及种子纹理（起皱还是光滑）。

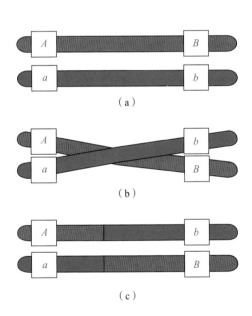

图 2.13

减数分裂过程中的互换现象有时导致重组并产生新的性状组合，假设A等位基因生成黄色种子，a等位基因生成绿色种子，而B等位基因生成光滑种子，b等位基因生成起皱种子。（a）一个个体携带一个AB染色体，一个ab染色体。（b）减数分裂期间，染色体分裂，发生互换。（c）现在A等位基因与b配对，a等位基因与B配对。

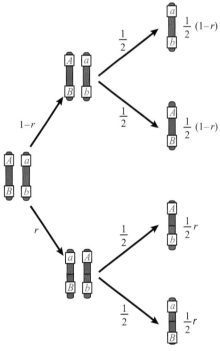

图 2.14

该事件树展示了当两个基因由同一条染色体携带时，如何计算产生的每一种配子的可能性。第一个节点代表是否发生交换现象：其中一个分支代表发生交换现象产生新特征的组合，其可能性为r，另一分支代表不发生交换现象，可能性为1-r。在第二个节点，染色体随机分配到配子。每条分支上给出的数值代表从先前节点达到那条分支的可能性，沿每条分支可能性推演出形成每一种基因型的可能性。

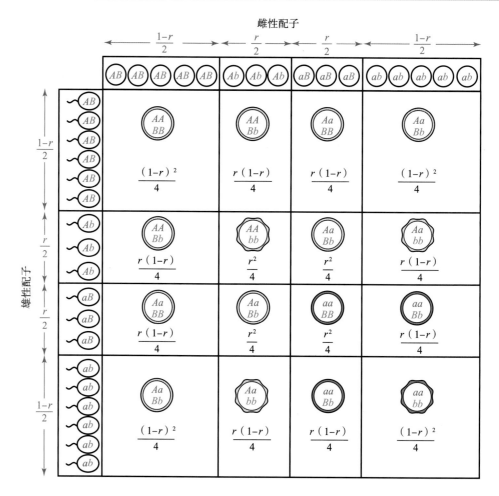

图2.15

这个庞氏表展示了当种子颜色和纹理由同一个染色体携带时如何计算F_2代中子代的基因型频率，横轴根据每一个类型卵子的比例划分：AB、Ab、aB和ab。当基因由同一染色体携带，每一个类型配子的频率如图2.14所示计算。竖轴根据每一个类型精子的比例划分，横轴依照每一类型的卵子划分，横、竖轴交叉线围成的长方形区域给出的是16种可能受精事件产生的合子的比例。

组率低，大多数F_2代成员将会有三种基因型——$AABB$、$AaBb$和$aabb$——就好像只有两个等位基因，AB和ab，然而，如果重组率高，将会产生更多的新基因型。

表现型9∶3∶3∶1的比例告诉我们正如同孟德尔第二遗传定律表明的那样，决定种子颜色和纹理的基因各自自由分离。因此，知道一个配子有A等位基因，我们并不知道它是B还是b；携带这些任一等位基因的可能性完全相等。孟德尔通过实验相信所有性状可以自由分离。然而今天我们知道只有当决定性状的等位基因在不同染色体上，才能发生性状分离。

基因排列好像一根绳子上的串珠。

实验表明某个性状的基因在某条染色体的某个特定位置上，这样的位置叫作**位点**（locus，复数形式为loci）。位点在染色体上排列成一条线，就好像一根绳子上的串珠。某个特定的位点也许会有几组等位基因。不论基因编码是绿色还是黄色的种子，种子颜色的基因总在某个特定染色体的同样位置。由于生命体的染色体不止一对，也许种子颜色的位点位于一条染色体上，而种子纹理的位点位于另一条染色体上。染色体上携带的所有基因称作**基因组**（genome）。

如果性状受到位于同一染色体上的不同基因影响，那么就有可能不会自由分离。

只有当影响性状的位点在不同的染色体上时，孟德尔的结论才是正确的，因为相同染色体的位点之间的连锁可以改变分离的模式。当不同性状的位点出现在相同染色体上，它们被称为**连锁的**（linked）；不同染色体上的位点被称为**不连锁的**（unlinked）。你也许认为在同一条染色体上的两个位点会总是一起分离，仿佛它们是一个基因一般。若这是对的，那么从父母的一方获得某个特定染色体的配子就会获得父方或母方染色体内全部相同的基因，不会发生重组。然而，当它们在减数分裂期间被复制的时候，染色体频繁地纠缠在一起并且会发生断裂，因此，染色体就并不总是保持完整，染色体上的某个基因有时会从同源对中的一条染色体转移到另一条上（见图2.13）。我们把这个过程叫作**交换**（crossing over）。连锁减少了重组的比例但是不完全消除重组。重组在相同染色体的两个位点上产生新基因组合的比例取决于互换事件发生的可能性。如果两个位点在染色体上位置靠得很近，罕有互换现象，重组的比例会低。如果两个位点位置相离甚远，那么交换现象就会普遍而且重组的比例将接近不同染色体上基因的重组比例。这个过程在知识点2.1已经充分地探讨。

分子遗传学

基因是包裹在染色体中一段叫作DNA的长链分子片段。

在20世纪的前半叶，生物学家对减数分裂和有丝分裂期间的细胞进行了大量的研究，并开始理解了繁殖的化学原理。例如，到1950年时，研究人员已经知道染色体包含两个结构复杂的分子：蛋白质和**脱氧核糖核酸**（deoxyribonucleic acid，或DNA）。尽管当时对DNA具体是如何含有并传送生命必不可少的信息仍不清楚，但是孟德尔假设的遗传因子已被确定是DNA，而非蛋白质。1953年，剑桥大学两位年轻的生物学家弗朗西斯·克里克（Francis Crick）和詹姆斯·沃森（James Watson）有了革新生物学的发现：他们推论出了DNA的结构。沃森和克里克对DNA结构的阐述是引发科研狂潮的源泉，这些研究在分子层面上为理解生命如何发挥作用提供了深邃而有力的解释。现在我们已经知道了DNA如何储存信息，这一信息如何控制生命的化学原理，这些知识解释了孟德尔豌豆实验的遗传模式，以及为什么有时候有新的变异。

理解基因的化学本性对人类演化的研究至关重要：（1）分子遗传学将生物学和化学、物理学联系起来；（2）分子方法帮助我们重新构建人类谱系演化史。

从沃森和克里克的发现里诞生的现代分子遗传学，是一个伟大而振奋人心的学科，这一领域每一年都有新发现，这些新发现揭示了生命体在分子层面的运行方式。这些知识具有深远的意义，因为它将生物学与化学和物理学联系了起来。科学最宏伟的目标之一就是为世界如何运作提供一个单一而一致的解释性框架。我们想把进化论放进这个科学解释的宏伟方案中。进化论不仅能够解释动植物新物种是如何出现的，而且还能够解释更广阔范围的演化现象：从星星与星系的起源到复杂社会的崛起。正因为现代分子生物学将物理和地球化学演化与达尔文演化学说的过程联系了起来，它才具有深远而重要的意义。

分子遗传学还为生物学家和人类学家提供了数据，帮助他们重构演化史。就像我们将在第四章中看到的，比较不同物种的基因序列让我们能够重新构建它们的演化历史。例如，这些数据分析告诉我们，人类与黑猩猩拥有共同祖先的年代比人类或者黑猩猩两者分别与大猩猩拥有共同祖先的年代更近。同样的数据告诉我们黑猩猩和人类最近的共同祖先生活在500万~700万年前之间。物种内DNA序列的差异同样也承载了很大的信息量。在第十三章中我们将看到在人类内部的基因变异格局使得人类学家们弄明白了第一批现代人类什么时候离开了非洲，以及去了哪里。在第十四章中，我们将看到基因变异格局还提供了有关自然选择如何在人类中塑造变异的重要线索。

在这部分，我们简洁精练地介绍分子遗传学，目的是提供更多的背景资料，使学生能够理解人类演化的分子生物学证据。想要了解更多有关分子遗传学和它对人类社会的重要意义，可以查阅本章结尾的延伸阅读部分。

基因是DNA

DNA通常适于成为遗传的化学基础。

DNA结构的发现对遗传学至关重要，因为这个结构本身暗示遗传应该如何发挥作用。每一个染色体包含单个长约两米的DNA分子，该分子在细胞核里折叠起来。DNA分子包括两条长链，每一条链有一个由脱氧核糖和磷酸交替形成的"骨架"，和每个糖相连的是四种分子中的一种，这四种分子称作碱基，分别是**腺嘌呤**（adenine）、**鸟嘌呤**（guanine）、**胞嘧啶**（cytosine）、**胸腺嘧啶**（thymine）。DNA的两条链由一种叫作"氢键"的化学纽带非常微弱地连接在一起，氢键连接不同链上的碱基。胸腺嘧啶只与腺嘌呤结合，胞嘧啶只与鸟嘌呤结合（图2.16）。

DNA不断重复的四碱基结构使得分子可以成为许多不同的形式，每个DNA形状完全像用字母表里的字母书写的信息，用四碱基的每个首字母表示它们（T代表胸腺嘧啶，A代表腺嘌呤，G代表鸟嘌呤，C代表胞嘧啶）。由此，

TCAGGTAGTAGTTACGG

是一条信息，而

ATCCGGATGCAATCCA

是另一条信息。因为一条染色体里的DNA便可以容纳百万个碱基，这为几乎是无限的不同信息提供了空间。

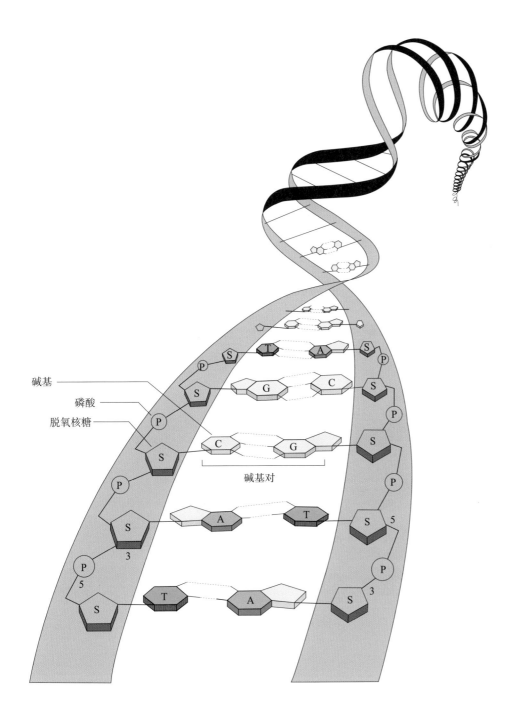

图 2.16

DNA 的化学结构包含两个长长的由脱氧核糖和磷酸交替形成的骨架。四个碱基——腺嘌呤、鸟嘌呤、胞嘧啶、胸腺嘧啶——各连接在每一个糖上。这两条链由氢键在某一对碱基之间相互连接（虚线），胸腺嘧啶只与腺嘌呤结合，而鸟嘌呤只与胞嘧啶结合。

碱基

磷酸

脱氧核糖

碱基对

　　如果这些信息不是随着时间逐渐储存下来，它们会是无序的，信息也不会真实地传递；DNA储存信息的能力是独一无二的。DNA分子能够在自然界里保持稳定的化学结构。DNA不是唯一带有许多替代形式的复杂分子，但是，很多复杂分子结构不太稳定，这样的分子不适合携带信息，因为在分子朝着更加稳定的结构转变过程中，信息往往会被歪曲。DNA的特点是可以形成无限数量的形式，而且同时保持稳定。

　　除了如实地储存信息，遗传物质还必须是可复制的。若是没有自我复制的能力，遗传信息就不能传给后代，自然选择就不可能实现。DNA通过一个高度有效率的分子机制在细胞里复制：首先它像拉链一样松开两条链，接着，在其他独特的分子机制的辅助下，它为每一条链添加补充的碱基，直到建成两个完全相同的

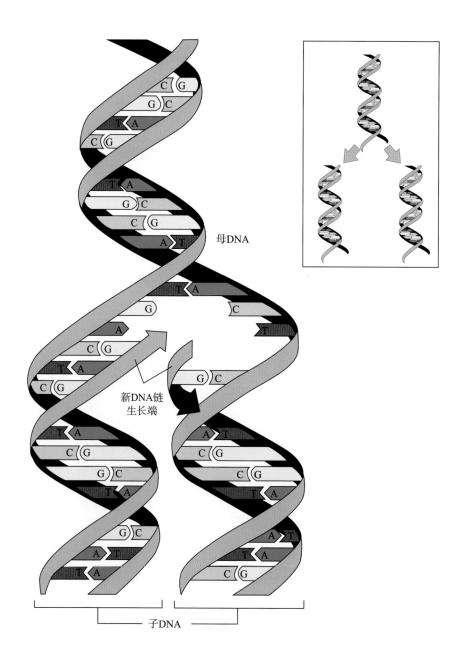

图2.17

当DNA复制时，母DNA的两条链分离，形成两条子DNA链。

母DNA

新DNA链
生长端

子DNA

糖和磷酸盐骨架（图2.17）。还有一些机制"校对"复制的信息并纠正出现的错误，这些校对机制令人吃惊地出色；每十亿个复制的碱基中，它们只会出现一个错误。

DNA内编码的信息以几种不同的方式影响表现型。

DNA要在演化中起重要作用，不同的DNA信息必须形成不同表现型。具体形式较为复杂，因为DNA以几种不同方式影响表现型。接下来介绍三种最重要的DNA影响表现型的方式：

1. DNA在蛋白质编码基因（或称蛋白质编码序列）里指定蛋白质的结构。蛋白质在生命机制中起着许多重要的作用，尤其是许多蛋白质为**酶**（enzymes），而酶又调控生命体中许多生化机制。

2. 调控基因（或称调控序列）中的DNA决定一个蛋白质编码基因里的信息在何种条件下将被表达。调控基因在细胞发育过程中对塑造细胞分化起到至关重要的作用。

3. DNA指定几个不同种类核糖核酸（RNA）分子的结构，核糖核酸在发挥细胞功能上起到重要作用。例如一些RNA分子在蛋白质的合成机制上起重要作用，以及一些RNA分子辅助调节其他基因的表达。

某些编码蛋白质的基因

被称为酶的蛋白质影响一个生命体的生化机能。

生命体的细胞和器官由大量的化合物构成，这些化合物的结合赋予了每个生命体独特的形式与结构。所有生命体都使用同样的原材料，但是，它们达成的最终结果不同。这是如何发生的？

答案是细胞里的酶决定将构建细胞的原材料如何构建（图2.18）。理解酶如何决定生命体特征的最好方法，是把一个生命体的生化机制想象成一棵枝杈横生的树。酶起到的是开关的作用，确定在每个节点会发生什么以及这之后细胞里将存在什么化学物质。例如，葡萄糖是许多细胞的食物，即它是组成分子结构的能量和原材料来源。葡萄糖最初也许会经历许多速率较慢的反应，只有特定催化酶的存在才使反应发生得足够迅速以改变细胞化学反应过程。例如，某些酶促成对葡萄糖代谢，释放它储存的能量。在第一个枝节末端，有另一个节点代表所有涉及第一个枝节产物的反应，不同种类的酶将决定下一步会发生什么。

这个图已经是大大简化了的图。生命体实际上吸收不同种类的化合物，每一种化合物都涉及一个被生物化学家称作路径的分支，该路径错综复杂。真正的生

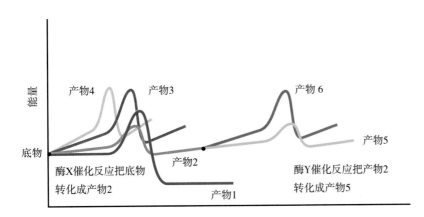

图2.18

酶通过催化某些化学反应而控制细胞的化学结构。在这个假设的例子中，提供最初原材料（称为底物）的分子可以经历4个不同反应产出不同分子，标以产物1到4，然而，因为酶X介入，产出产物2的反应比其他反应快得多（因为这个反应所需的激活能量最低），所有底物被转化成产物2。产物2接着经历两个不同的反应产出产物5和6，酶Y的介入降低了产出产物5反应的激活能量，使得产出产物5的反应更加迅速地继续进行，而且只产出产物5。这样，酶将产物和反应物连接到可以满足特定化学功能的途径上，比如从葡萄糖提取能量。

化路径非常复杂。有一套酶阻止葡萄糖产生能量。而另外一套酶则使葡萄糖分子形成糖元。糖元是一种起到能量储存功能的淀粉。还有一套酶会促进纤维素的合成，纤维素是一种形成植物结构物质的复杂分子。从DNA的复制、细胞分裂到肌肉运动和收缩，酶在所有的细胞过程中都起着不可或缺的作用。

蛋白质在生命机制中所起的其他几个重要作用。

某些蛋白质在活的生命体中有着重要的结构功能。例如，你的头发主要是由一种叫作"角蛋白"的蛋白质构成，你的韧带和跟腱由另外一种叫作"胶原蛋白"的蛋白质增强。另外一些蛋白质像微小的机械新装置，完成许多重要的功能。有的像一些微小阀门，起到调控进出细胞物质的功能，还有另外一些，比如胰岛素，起到把化学信号从身体的一部分传输到另一个部分的功能，或者扮演对

图2.19

所有氨基酸都有同样的化学骨架（图中标蓝的部分），但连接到骨架侧边的R基（图中标棕褐色的部分）的化学结构不同。

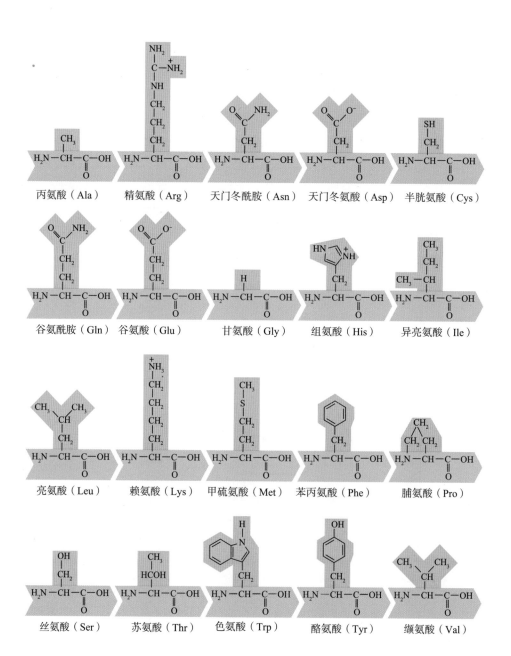

这些信息做出反应的受体。

蛋白质中氨基酸的序列决定了蛋白质的性质。

蛋白质是由氨基酸制成。有20种不同的氨基酸分子。所有氨基酸都有同样的化学骨架，但是它们连接到骨架侧边的链的化学成分不同（图2.19）。氨基酸侧链的序列称为蛋白质的**一级结构**（primary structure），它使蛋白质的组成不尽相同。你可以把一个蛋白质想象成一列火车，火车有20节不同种类的车厢，每一个车厢代表一个不同的氨基酸，一级结构就是按照每节车厢出现的顺序列出的车厢类型的单子。

当蛋白质实际发挥功能时，它们是以复杂的方式折叠着的。这个折叠蛋白质三维形状称作**三级结构**（tertiary structure），对其催化功能有重大作用。蛋白质折叠的方式取决于构成其第一级序列的氨基酸序列。这意味着酶的功能取决于构成它们的氨基酸的序列。（蛋白质还有二级结构，有时有四级结构，为了简洁明了，我们这里将忽略这些分级。）

图2.20展示了血红蛋白分子的折叠形式，血红蛋白是把氧气通过红细胞从肺部传输到各个组织的一种蛋白质。这种蛋白质折叠成一个大致球形的样子，在其中心附近，蛋白质上有结合氧气的部位。**镰刀状红细胞贫血症**（sickle-cell anemia）在西非和美国黑人人群中很普遍，这是由于血红蛋白中氨基酸一级序列中的一个改变而造成的。在正常的血红蛋白分子中，第六个氨基酸是谷氨酸，但是，在患有镰刀状红细胞贫血症的人中，缬氨酸替代了谷氨酸的位置，就这样一个替换改变了分子折叠的形式，并减弱了蛋白质与氧气结合的能力。

DNA指定蛋白质的一级结构。

现在我们回到最初的问题：包含在DNA里的信息（它的碱基序列）如何确定

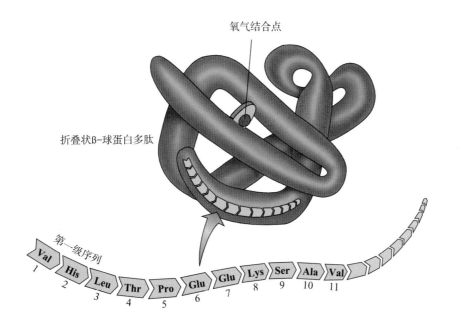

图2.20

血红蛋白是位于红细胞上传送氧气的一种蛋白质，图中展示了其一级结构和三级结构。一级结构是构成蛋白质的氨基酸序列，三级结构是蛋白质折叠成的三维结构。

蛋白质的结构？DNA以四个字母组成的字母表编码信息。研究人员们确定这些字母组合成三个字母的"单词"，称为**密码子**（codons），每一个密码子指定一个特定的氨基酸。因为有4个碱基，就有64种三字母组合的可能密码子（第一个碱基的4种可能性乘4得第二个，再乘4得第三个，或者$4 \times \times 4 \times 4 = 64$）。在这些密码子中，61个被用于编码20种生成蛋白质的氨基酸。例如，密码子GCT、GCC、GCA和GCG都是丙氨酸的编码，GAT和GAC是天门冬酰胺的编码，等等。剩下的3个密码子是"标点符号"，意义是"开始，这是蛋白质的开始"或者"停止，这是蛋白质的末端"。因此，如果你能够识别碱基对，要确定DNA上编码的是什么蛋白质就是一件简单的事情了。

你也许会想：为什么几个不同的密码子编码成相同的氨基酸？这个看似"多余的"方案起到了重要的功能。因为许多过程可以破坏DNA，使得一个碱基被另一个替代，多个对应的密码子降低了随机变化改变蛋白质的第一级序列的概率。蛋白质是一种复杂的适应，所以我们预期到多数变化是有害的。但是，由于有多余的密码子，许多替换对某个特定段DNA的表达没有影响。最常用的氨基酸通常对应有最多的密码子，这个多此一举的重要性由此更加凸显。

DNA被转译为蛋白质前，它的信息起初是被转录成信使RNA。

DNA可以被看作是一套构造蛋白质的指令，但是真正合成蛋白质的工作是由其他分子执行的。通常，当一个DNA某一段的副本在细胞核里被制造出来，充当信使或者化学中介的时候，把DNA转译成蛋白质的第一步就发生了。这个副本是**核糖核酸**（ribonucleic acid）或称作RNA。除了有一个稍微不同的化学骨架，以及用尿嘧啶（U）替代胸腺嘧啶外，RNA与DNA类似。RNA有几种形式，多数用来辅助蛋白质合成。第一步使用的RNA的形式是**信使RNA**（messenger RNA，mRNA）。

核糖体接着通过读取基因的信使核糖核酸副本合成某个特定的蛋白质。

同时，氨基酸分子与一种叫作**转运RNA**（transfer RNA, tRNA）的RNA结合。每一个tRNA分子携带三个碱基，称为**反密码子**（anticodon）（图2.21）。每一个类型的tRNA与一种氨基酸对应，氨基酸的密码子与tRNA上的反密码子结合。例如，丙氨酸密码子之一是GCU，GCU只与反密码子CGA对应。这样，带有CGA反密码子的tRNA只和丙氨酸结合。

这个过程的下一步需要**核糖体**（ribosome）的参与。核糖体是小分子**细胞器**（organelle），由蛋白质和RNA组成，细胞器是起到特定功能的细胞成分，其功能类似于像肝脏这样的器官在整个身体里发挥的功能。mRNA首先与核糖体在一点相接，按每次一个密码子的单位移动。在这期间，当mRNA的每一个密码子与核糖体结合，一个携带反密码子的tRNA就从细胞里面复杂的化学物质中被提取出来，并与mRNA配对。tRNA另一端氨基酸则从tRNA上脱离，并粘到多肽链的一

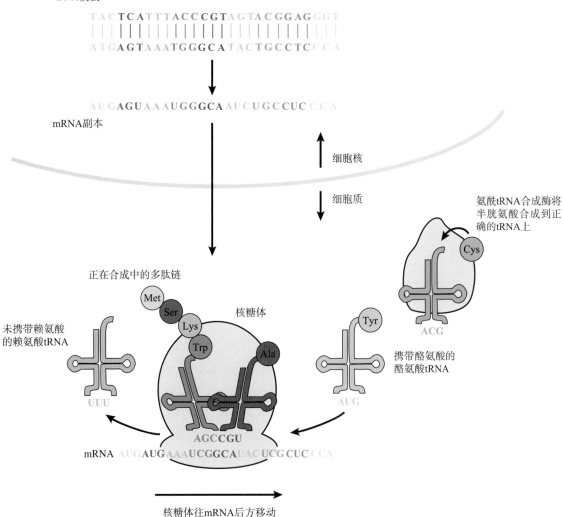

图 2.21

DNA 里编码的信息以下列方式确定蛋白质结构。在细胞核里，mRNA 是从初始 DNA 片段处转录而来。mRNA 由诸多三碱基密码子编码。图中给每一个密码子均标示了不同颜色。例如，AUG 作为起始的信号，同时编码甲硫氨酸，AGU 编码丝氨酸，AAA 编码赖氨酸。mRNA 接着转移到细胞质中。在细胞质里，氨酰 tRNA 合成酶使 tRNA 与对应氨基酸粘连，氨基酸的 mRNA 密码子将与 tRNA 上的反密码子配对。例如，半胱氨酸的 mRNA 的密码子是 UGG，对应的反密码子是 ACC，因为 U 与 A 相对，而 C 与 G 相对。在本图中，配对的 mRNA 密码子和 tRNA 反密码子标上了同样的颜色。蛋白质的合成过程很复杂，涉及专门的酶。一旦这个过程开始了，mRNA 的每个密码子都与核糖体结合。接着，配对的 tRNA 与 mRNA 结合，氨基酸相连不断增长多肽链，tRNA 被释放，核糖体转化下一个密码子，整个过程不断重复。

端。这个过程以每一个密码子为单位重复，一直持续到 mRNA 分子的末梢穿过核糖体。这样，一条多肽链便诞生了，为合成蛋白质的下一步做好准备。

在真核细胞里，蛋白质的 DNA 编码被称为内含子的非编码序列打断。

到目前为止，我们对蛋白质合成的描述适用于几乎所有生命体。但是，这个信息大部分是通过对大肠杆菌（*Escherichia coli*）的研究了解到的。大肠杆菌是生活在人类肠道里的一种细菌，与其他细菌一样，大肠杆菌属于**原核生物**（prokaryote），因为它没有染色体或者细胞核。在原核生物中，编码特定蛋白质的DNA序列不会被打断，一段DNA为RNA提供转录的模板，接着RNA被翻译成蛋白质。多年以来，生物学家认为**真核生物**（eukaryote）（如有染色体和细胞核的植物、鸟类、人类）都是如此。

从20世纪70年代开始，新的重组DNA技术为分子遗传学研究真核细胞创造了条件。这些研究揭示，在真核细胞里，DNA片段编码成一种蛋白质的过程几乎总是被叫作**内含子**（intron）（编码蛋白质的序列称为外显子）的非编码序列打断一次或多次。真核细胞中蛋白质合成包括一个额外步骤：在整个DNA被转录为mRNA之后，mRNA中的内含子序列会被剪掉，剩下的mRNA部分重新接回，接着被运送出细胞核，参与到蛋白质合成中。

选择性剪接使得同一DNA序列编码出不止一个蛋白质。

当内含子被剪掉后，mRNA重新接回，但不是所有的外显子都被接回。这意味着同样DNA排序可以产出许多不同的mRNA，并为许多不同蛋白质编码。图2.22展示了该运作方式。我们假设一个蛋白质有四个外显子（彩色标识），三个内含子（灰色标识）。整个DNA的序列被转录成RNA，然后内含子被消除。剩下的外显子总是以它们最初的顺序接回在一起，但是并不是所有的外显子都包括在每一个新的RNA分子里。通过把不同的外显子包括在最终的RNA里，可产生不同的蛋白质。

选择性剪接似乎非常重要。据估计人类基因组中超过一半的蛋白质编码序列可以编码不止一种蛋白质，有的多达10种。一些生物学家认为这种灵活性在多细胞生命体里很重要。多细胞生命体需要不同类型蛋白质发挥各种不同的细胞功能。这种假设的拥护者们认为内含子在真核生物起源时便已出现。另一些生物学家则认为内含子是保留在真核生物DNA里微微有害的片段，因为它们的群体大小比原核生物要小得多。我们将在第三章中介绍，小群体屈于称为遗传漂变的随机非适应性演化过程，遗传漂变通常与自然选择背道而驰。在个体数以亿计的细菌群体中，漂变的作用弱，而自然选择消除了内含子。在群体数量小得多的真核生物群体中，漂变强到足以保留内含子。

调控序列控制基因表达

在调控基因中的DNA序列决定蛋白质编码基因什么时候得以表达。

大肠杆菌的基因调控是一个展现调控基因中的DNA序列如何控制基因表达的好例子。大肠杆菌使用糖和葡萄糖作为主要能量来源，当葡萄糖短缺时，大肠杆菌可以转而采用其他糖，比如说乳糖，但是，这种转换需要几种酶才能实现代谢。这些乳糖酶的基因一直都存在，但是当有足够的葡萄糖时，它们没有得到表

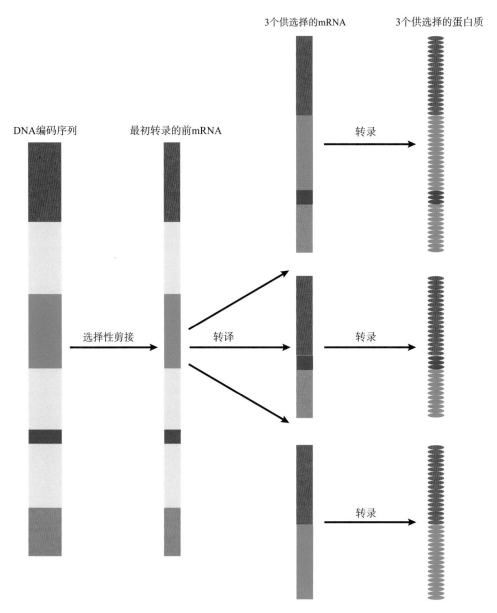

DNA编码序列　　　最初转录的前mRNA　　　3个供选择的mRNA　　　3个供选择的蛋白质

选择性剪接　　　　转译　　　　转录

转录

转录

图2.22

一种假定的蛋白质，有四个外显子（红、绿、蓝、棕）和三个内含子（灰）。整个DNA序列转录成一个前mRNA分子。内含子被剪断后，外显子接回，生成三个不同的mRNA，它们被转译为三种不同的蛋白质。

达。假如不需要这些酶的时候它们仍表达出来，将会是一种浪费，因此在此情况下不表达则显得非常高效。整个基因的表达只有当葡萄糖供应短缺且有足够乳糖存在时才可能出现。有两个调控序列位于蛋白质编码基因的附近，蛋白质编码基因把氨基酸序列编码成三种乳糖代谢所需的酶。在环境中有葡萄糖的时候，**阻遏蛋白**（repressor）通过与两个调控序列中的一个结合，防止蛋白质编码基因被复写（图2.23a）。当没有葡萄糖的时候，阻遏蛋白改变形状，在调控序列里不与DNA结合（图2.23b）。第二个调控序列与**激活蛋白**（activator）结合。在乳糖存在时，激活蛋白与这个DNA序列结合，使蛋白质编码基因转录的比例大大提高（图2.23c）。这两个特定调控基因决定阻遏蛋白和激活蛋白对蛋白质转录的影响，

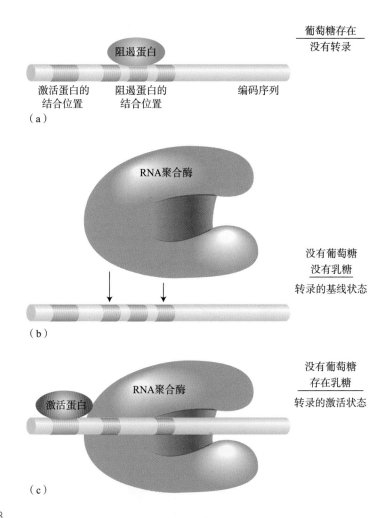

图2.23

这张图显示了大肠杆菌里与激活蛋白和阻遏蛋白结合的调控序列如何控制消化乳糖所需酶的表达。（a）当葡萄糖存在，阻遏蛋白与调控序列结合，以防止RNA聚合酶从DNA模板创造出一个mRNA。（b）当没有葡萄糖，也没有RNA聚合酶可以结合的乳糖时，代谢乳糖所需的基因得以表达，但是，是在一个低（基准）水平表达。（c）当乳糖存在，激活蛋白可以与调控序列结合，从而大大增加RNA聚合酶绑定的比例并提高基因表达的水平。

这意味着调控基因里的DNA序列影响表现型并造成变异。所以，调控基因屈从于自然选择，就如同蛋白质编码基因屈从于自然选择一样。

在人类和其他真核生物里，一个给定蛋白质编码基因的表达总是被许多调控序列影响，这些调控序列的位置与它们调控的编码序列相距相当远，调控基因产生的蛋白质会以复杂的方式相互作用。因此，多种蛋白在相隔甚远的位置与DNA序列结合可能起到的作用是激活或者抑制某个特定蛋白质编码基因。然而，基本原理通常相同：在一定条件下调控基因里的DNA序列与蛋白质结合，接着影响某个蛋白质编码基因的表达。

多种调控序列的存在允许基因表达的**组合调控**（combinatorial control）。在大肠杆菌中，阻遏蛋白和激活蛋白的结合意味着代谢乳糖所需的基因在特定组合条件下合成相应的酶，该条件为：乳糖存在，葡萄糖缺乏。这是个简单的例子。基因表达的组合控制在真核细胞里更加复杂：有可能有几十种催化剂以及多种不同影响基因表达的组合。

基因调控允许细胞在复杂的如人类这样的多细胞生命体内进行细胞分化。

复杂的多细胞生命体由许多不同种类的细胞构成，每一种细胞都具有自己特定的化学机制：肝脏和胰腺里的细胞分泌消化酶，神经细胞往全身传输电信号，肌肉细胞通过机械运动对这些信号做出反应，等等。然而，在一个单一的个体中，所有细胞都有完全一样的基因。细胞之间功能不同，是因为不同类型的细胞被激活的基因不同。

我们可以从脊椎动物神经系统的发育中了解这一切是如何运作的。在所有脊椎动物胚胎发育过程中的某个时刻，将要形成脊髓的细胞会分化并形成神经管。这个结构一端，有种特别的细胞分泌一种称为"音猬因子"（Sonic Hedgehog）的分子（与电子游戏人物刺猬索尼克同名）。靠近这个信号分子来源的细胞体周围音猬因子高度密集；距离更远的细胞周围音猬因子密集度较低。音猬因子的密集影响这些未来神经细胞的基因表达。低密集度促使成为控制肌肉的运动神经原细胞基因表达；更高的密集度促使细胞形成大脑和脊髓的神经原基因的表达。

单个信号可以触发几件复杂的事，如把一个细胞转化成一个肝脏细胞或者一个神经细胞。由于一个基因的表达影响其他基因表达，这又依次影响额外几组基因的表达，例如，一个调控蛋白名为PAX6编码的基因对于发育中的眼睛中的细胞分化非常重要。若在一只果蝇触角的一个细胞里，人工激活PAX6基因，将导致合成一个调控蛋白，这将引发井喷般的基因表达，最终，这会让大约2500个其他基因参与表达并且在果蝇的触角上发育出一只额外的眼睛。

并不是所有的DNA都编码蛋白质

某些DNA序列编码一些功能性RNA分子。

信使RNA并不是RNA的唯一重要形式，有的RNA分子与蛋白质捆绑在一起执行各种各样的细胞功能。核糖体就是个例子，**剪接体**（spliceosome）也一样。剪接体是剪接RNA、去除内含子的细胞器。长期以来人们知道一些DNA编码成这些RNA，但是，过去认为位于外显子外面的基因组的高达98%只不过是"垃圾DNA"，并没有真正的功能。然而，近期的研究已经揭示至少一半的基因组是作为**非编码RNA**（noncoding RNA, ncRNA）表达的。一种称为**微小RNA**（microRNAs, miRNAs）的ncRNA在调控mRNA转译成蛋白质的过程中起重要作用。这些序列转录生成的miRNAs离开细胞核，之后与mRNA分子结合，控制mRNA被转译为蛋白质的速率，为调控基因表达提供一个选择性机制。与调控序列非常相似，一些mRNA在调控复杂生命体的发育以及细胞分化中起重要作用。更长的RNA片段称为**长链非编码RNA**（long noncoding RNA, lncRNA），它具有广泛的功能，也许对发育过程中的基因表达调控非常重要。

染色体还包含简单重复序列的长链。

内含子并不是唯一一种不参与合成蛋白质的DNA。染色体也包含许多由简单重复模式组成的DNA。例如，果蝇有一个长DNA片段，该片段由单一重复的腺嘌呤和胸腺嘧啶构成：

... ATAATATAATATAATATAATATAATATAATATAATATAAT ...

在所有真核生物中，在特定染色体上的特定位置都可以发现DNA简单重复序列。

至此，在探讨内含子、外显子和重复序列的过程中，我们对基因的整体把握可能还有些不清楚，这里再总结一下。

总而言之，染色体包含一个超级长的DNA分子。基因是在DNA上的一个短的片段。经过适当编辑之后，一个基因的DNA转录成信使RNA，信使RNA接着被转译成蛋白质，蛋白质的结构由这个基因的DNA序列决定。蛋白质通过选择性催化某些化学反应以及通过构成细胞、器官、组织的结构成分而决定生命体的特征。带有不同DNA序列的基因促成带有不同催化行为和结构特点的蛋白质的合成。许多生命体形态或者行为的改变可追溯到建构它们的蛋白质和基因的变异。需要记住的是，演化存在着一个分子基础。我们将在第三章学习的种群遗传结构便是以本章讨论的分子和基因的物理和化学特性为基础的。

关键术语

变体	隐性	三级结构
杂交	庞氏表	血红蛋白
F_0代	重组	镰刀状红细胞贫血症
F_1代	位点	密码子
F_2代	基因组	核糖核酸
基因	连锁的	尿嘧啶
配子	不连锁的	信使RNA
自由组合	交换	转运RNA
染色体	脱氧核糖核酸	反密码子
细胞核	核糖体	有丝分裂
碱基	细胞器	双倍体
腺嘌呤	原核生物	同源对
鸟嘌呤	真核生物	减数分裂
胞嘧啶	内含子	单倍体

胸腺嘧啶	外显子	接合子
蛋白质编码基因	阻遏蛋白	等位基因
酶	激活蛋白	纯合的
调控基因	组合调控	杂合的
生化路径	剪接体	基因型
蛋白质	非编码RNA	表现型
氨基酸	微小RNA	显性的
一级结构	长链非编码RNA	

学与思

1.解释为什么孟德尔遗传学定律遵循减数分裂的机制。

2.孟德尔做了追踪种子纹理（起皱或是平滑）的遗传实验。首先，他培育出了无变异遗传系（纯合体）：结平滑种子的亲本繁殖的子代结平滑种子，结起皱种子的亲本繁殖结出的子代结起皱种子。当孟德尔杂交两种豌豆植株时，所有的子代都结平滑种子。那么哪一个特性是显性的？当他对F₁代进行杂交时，结果如何？若是他把F₁代个体和结平滑种子的纯合体（像亲本植株一样）的个体进行杂交，结果会是怎样？若是将F₁代和结起皱种子的纯合体进行杂交，结果又会是怎样？

3.孟德尔还做了追踪两个特征的实验。例如，他培育出平滑–绿色和起皱–黄色的纯合体，接着

进行杂交，繁殖出F₁代。F₁代个体的表现型是什么？他接着将F₁代个体进行杂交培育出F₂代。假设决定种子颜色与种子纹理的基因位点在不同染色体上，算出F₂代四个表现型的每一个表现型比例。假设两个基因位点在同一染色体上且非常接近，计算近似比例。

4.鸟类和哺乳动物有生理机制使得它们能够将体温保持在空气温度以上。它们被称作恒温动物。像蛇和其他爬行动物这样的冷血动物通过靠近或远离热源调节体温。运用你所学过的化学反应知识，做出一个假说，解释为什么动物有控制体温的机制。

5.为什么DNA那么适合于携带信息？

6.回忆一下有关交换现象的讨论，试解释为什么内含子可能会增加周围外显子重组的比例。

延伸阅读

Barton, H. H, D. E. G. Briggs, J. A. Eisen, D. B.Goldstein, and N. H. Patel. 2007. *Evolution*. Woodbury, N. Y. : Cold Spring Harbor Press.

Maynard Smith, J.1998. *Evolutionary Genetics*. 2nd ed. New York: Oxford University Press.

Olby, R.C.1985. *Origins of Mendelism*. 2nd ed. Chicago: University of Chicago Press.

Snustad, D.P.,and M.J.Simmons. 2006. *Principles of Genetics*. 4th ed. Hoboken, N.J.:Wiley.

Watson, J.D., T.A. Baker, S.P. Bell, A. Gann, M. Levine, and R. Losick. 2008. *Molecular Biology of the Gene*. 6th ed. San Francisco: Pearson/Benjamin Cummings.

第三章　现代综合进化论

群体遗传学
现代综合进化论

自然选择与行为
适应的限制性

群体遗传学

　　表型的演化改变反映了种群遗传组成的变化。在第二章的孟德尔实验中，我们已简单介绍了基因型和表型的区别：表型指生命体可观察的性状表现；基因型指遗传因子的组成。基因型和表型并非绝对的一对一关系。如在孟德尔实验中，豌豆的两种颜色（黄色和绿色）表型实际对应有3种基因型（AA、Aa 和 aa；图3.1）。

　　根据基因的遗传性可知，演化的过程必然涉及种群内的基因组成。当演化使得生命体的形态特征——如达尔文雀的喙——发生改变时，控制该性状的基因在群体内的比例必然也发生变化。为了理解孟德尔遗传定律如何解决达尔文进化论的问题，我们将进一步介绍种群遗传组成在自然选择下的变化，这也是**群体遗传学**（population genetics）的主体内容。

图 3.1

豌豆有着许多对立的性状，因此很适合成为孟德尔植物实验的对象。例如，豌豆的颜色要么是黄色，要么是绿色，从来没有中间色型。

群体中的基因

生物学家用基因型频率来描述群体的遗传结构。

为了更容易理解种群中基因的变化，我们先考虑一个仅由染色体某个基因位点控制的性状。苯丙酮尿症（PKU）是人类疾病中的一种遗传性氨基酸代谢缺陷疾病，由一个常染色体上的基因决定。PKU基因（隐性基因）纯合子个体缺乏苯丙氨酸代谢中的一个重要的酶，这使得PKU儿童血液中的苯丙氨酸含量升高，导致智力低下。幸运的是，低苯丙氨酸饮食可保证PKU患者能和常人一样成长和生活。

演化过程是如何控制PKU基因在种群中的分布的呢？回答这一问题的第一步是描绘有害基因的分布。群体遗传学家用基因型频率来描述，即某基因型在种群中所占比例。在这里，我们把正常等位基因（显性基因）记为 A，PKU基因记为 a。假设我们做了个1万人的调查，并确定了各基因型的人数。遗传学家可用生物化学方法确定每个人某个基因位点的基因型。表3.1所示是每个基因型的人数和在该群体中的频率。（在现实人群中，1万人中只有1个PKU纯合子个体，这里使用的数量是为了便于运算。）

因为每个个体都有基因型，因此，所有基因型频率相加必然等于1.0。我们将只跟踪每个基因型的频率而非个体数量的变化，用频率描述种群基因组成时可忽略种群大小，便于比较大小不同的种群。

确定基因型频率随时间的变化是进化论的目标之一。

众多事件都会影响动植物种群代际间的基因型频率变化。群体遗传学家将这些过程归类为一系列的演化机制，或说"演化动力"。其中最重要的包括：有性繁殖、自然选择、突变和遗传漂变。以下将介绍有性繁殖和自然选择对基因和基因型频率的改变，下一章则进一步介绍突变和遗传漂变的作用。

表3.1　一万人中三种基因型的分布

基因型	个体数量	基因型频率
aa	2,000	freq (aa) = 2,000/10,000 = 0.2
Aa	4,000	freq (Aa) = 4,000/10,000 = 0.4
AA	4,000	freq (AA) = 4,000/10,000 = 0.4

随机交配和有性繁殖如何改变基因型频率

有性繁殖相关的事件都可能导致种群基因型频率的改变。

我们首先看看孟德尔所观察到的遗传模式产生的影响。假设两性在选择配偶时并不考虑对方是否是PKU患者，而是随机选择交配对象。理解随机交配的影响很关键，因为大多数基因在交配中都是随机分配的。虽然人类选择配偶时可以谨慎避开某些遗传性状（如PKU），但人类有3万多个遗传位点，他们不可能对每一个位点基因都进行挑选。随机交配对任何配子都是平等的。这和牡蛎将其卵子和精子释放到海里随机组合成受精卵的过程差不多。

确定有性繁殖对基因型频率的影响的第一步是计算配子库中PKU基因的频率。

将这一过程分为两步有助于我们更好地理解基因分离是如何影响基因型频率的。首先确定交配群体中的配子的PKU基因的频率。表3.1已给出了亲代中3种基因型的频率，由此我们可以确定子代F_1的基因型频率。首先计算出配子库中每个等位基因的频率（即**基因频率**）。记A和a的频率分别为p和q（$p + q = 1$），如果所有个体产生的配子数都一样，那么

$$q = \frac{\text{含}a\text{基因的配子数}}{\text{总的配子数量}}$$

a配子只能由Aa和aa个体产生，所以a配子的数量即是Aa和aa亲代数量分别与所携带a的数量的乘积之和，分母则是所有亲代产生的配子数，即：

$$q = \frac{\left(\begin{array}{c}\text{每个}aa\text{型亲本}\\\text{所产的含}a\text{基}\\\text{因的配子数}\end{array}\right)\left(\begin{array}{c}aa\text{型亲}\\\text{本数量}\end{array}\right) + \left(\begin{array}{c}\text{每个}Aa\text{型亲本}\\\text{所产的含}a\text{基}\\\text{因的配子数}\end{array}\right)\left(\begin{array}{c}Aa\text{型亲}\\\text{本数量}\end{array}\right)}{(\text{每个亲本所产的配子数})(\text{亲本总数量})} \quad (3.1)$$

将上面的公式简化一下，我们先检查一下相关个体的数量。假设总个体数为1万，那么aa亲代个体数即为aa基因型频率乘以总人数1万，同理，也可以计算出Aa亲代个体数。假设每个个体产生2个配子，那么aa个体将产生2个a配子，Aa个体则产生1个a配子和1个A配子（0.5×2），因为它产生A和a的概率是一样的。于是（3.1）公式变换成：

$$q = \frac{\{2\,[\text{freq}\,(aa) \times 10{,}000] + (0.5 \times 2)\,[\text{freq}\,(Aa) \times 10{,}000]\}}{2 \times 10{,}000}$$

分子和分母可同时约去 $2 \times 10{,}000$，得到：

$$q = \text{freq}\,(aa) + 0.5 \times \text{freq}\,(Aa) \tag{3.2}$$

可以发现，这一公式并不包含种群数量和平均每个个体产生的配子数量。正常情况下，这两个因素都没有影响。因此，只要一个位点上只有两个等位基因，该公式就可以用于计算任意种群中配子的基因频率。需要记住的是，这一公式是按照孟德尔遗传定律和统计 a 配子数得到的。

利用（3.2）公式和表3.1的数据，我们可以得出该群体中 $q = 0.2 + (0.5 \times 0.4) = 0.4$，$p = 1-q = 0.6$。可以发现，配子库的基因频率和亲代的基因频率相同。

下一步是计算受精卵的基因型频率。

现在我们已经计算出配子库中PKU基因的频率，接下来可得出受精卵的基因型频率。如果受精卵是由任意两个配子结合产生，类似孟德尔杂交实验的树状图即可表现受精卵形成过程。首先选一个配子（设为卵子），这个配子携带 a 基因的

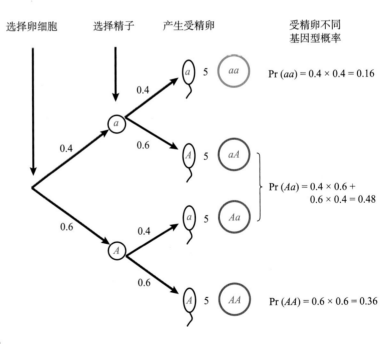

图3.2

展示了如何计算随机交配产生的受精卵的基因型频率。在这一配子库中，a 的频率为0.4，A 的为0.6。第一个节点表示卵子的选择，卵子携带 a 或 A 的概率分别是40%和60%。第二个节点表示精子的选择，同样，其携带 a 或 A 的概率分别是40%和60%。我们可以计算出每个基因型产生的概率，例如，得到 aa 受精卵的概率是 $0.4 \times 0.4 = 0.16$。

第一部分　演化如何起作用

概率是0.4，再随机选第二个配子（精子），同样，它携带a基因的概率也为0.4。同时选中这两个配子的概率是0.4×0.4，即0.16。图3.2列出了其他两种基因型概率的计算。三种基因型的概率之和总是等于1，因为每个个体肯定有其中一种基因型。

众多配子随机组合成大量的受精卵，将得到表3.2所示的各基因型频率。对比亲代和F_1代的基因型频率可得：基因型频率随配子形成时的等位基因的自由分离和受精卵产生时的随机组合而改变。最终导致F_0到F_1时基因型频率改变（需要注意的是，A和a基因频率并未改变）。

当没有其他驱动力（如自然选择）作用时，基因型频率只需一个世代就能达到稳定。这个分布称为哈迪－温伯格平衡。

如果没有其他事件改变基因型频率，那么表3.2所示的基因型频率在之后世代中都保持不变。即：F_2代的基因型频率将和F_1代完全相同。这一基因型频率不变的现象在1908年时被英国数学家哈迪（Godfrey Harold Hardy）和德国物理学家温伯格（Wilhelm Weinberg）发现，并被命名为**哈迪－温伯格平衡**（Hardy-Weinberg equilibrium）。之后的章节中，需要记住有性繁殖不是改变基因型和表型频率的唯一因素，这对于理解变异的维持很关键。

表3.2　F_1代受精卵的基因型分布

freq (*aa*)	=	0.4×0.4	=	0.16
freq (*Aa*)	=	$(0.4 \times 0.6) + (0.4 \times 0.6)$	=	0.48
freq (*AA*)	=	0.4×0.4	=	0.16

通常，一个只有两个等位基因的位点上，哈迪－温伯格平衡为：

$$f(aa) = q^2$$
$$f(Aa) = 2pq$$
$$f(AA) = p^2 \qquad (3.3)$$

q指基因a的频率，p为基因A的频率。图3.3的庞氏表展示了这些频率的计算。

如果没有其他事件改变基因型频率，一个世代后便可达到哈迪－温伯格平衡，之后也将不再改变。即使偶然被打破，该平衡也会在一个世代后恢复。这看起来似乎是个不大靠谱的记录，在本章知识点3.1中我们将学习如何通过计算得到第二代随机交配之后的基因型频率。你将发现，基因型频率保持不变。

我们已经知道随机交配和有性繁殖对基因型频率的改变，并在一个世代后达到稳定。此外，该过程并不改变基因频率。很明显，单纯有性繁殖和随机交配并不能导致演化。现在让我们看看自然选择是如何改变基因频率的。

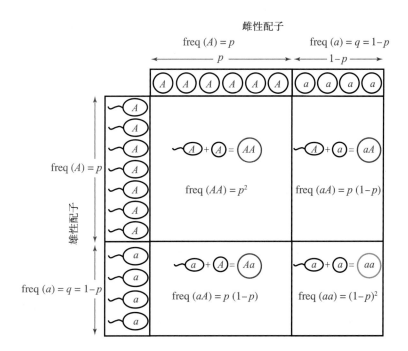

图3.3

该棋盘图展示了另一种计算随机交配中各种受精卵的频率的方法。横轴表示A或a卵子的比例，分别为p和q，其中$q = 1 - p$，纵轴表示两种精子的比例。横纵交叉的矩形面积中则为四种受精卵的频率。含aa受精卵的矩形的面积为q^2，AA受精卵的为p^2，两个Aa受精卵的矩形的总面积则为$2pq$。

知识点 3.1　两个世代随机交配后的基因型频率变化

从公式（3.2）中可得到 F_1 代产生的配子中携带 a 基因的概率为：

$$q = \text{freq}(aa) + 0.5 \times \text{freq}(Aa)$$
$$= 0.16 + 0.5 \times 0.48$$
$$= 0.16 + 0.24$$
$$= 0.4$$

因为只有两个等位基因，所以 A 的频率为0.6。正如刚才所说，在随机交配中，两个等位基因的频率是保持不变的，子代产生的两种配子的频率和其亲代相同。这些计算和表3.2的相同。

自然选择如何改变基因频率

如果不同基因型对应不同表型，而且这些表型的繁殖能力不同，那么有利生存繁殖的等位基因的频率将会升高。

如果所有基因型的生存繁殖的可能性一样，那么种群基因型频率将保持哈迪－温伯格平衡。这一推论放在PKU可治愈的发达国家中是基本适用的，然而在PKU难被治愈的地方就不适用了。假设我们的假想人群在产生新一代的受精卵后便失去了现代医疗，那么所有PKU受精卵（aa 型）将不能存活和繁殖。假设亲代 a 基因频率为0.4，根据哈迪－温伯格平衡，受精卵的 a 基因频率也为0.4。q' 为成年子代中的 a 基因频率，即：

$$q' = \frac{\text{子代产生的} a \text{配子数}}{\text{子代产生的所有配子数}} \quad (3.4)$$

之前我们已计算了各种受精卵形成时的基因型频率（见表3.2），但缺乏治疗时，PKU就是致死性状，这些个体都不能存活。现在，我们计算经过选择后的 a 配子的频率：

$$q' = \frac{\left(\begin{matrix}\text{经过选择后}\\\text{的} aa \text{个体产}\\\text{生的} a \text{配子数}\end{matrix}\right)\left(\begin{matrix}\text{经过选择后的}\\aa \text{个体数}\end{matrix}\right) + \left(\begin{matrix}\text{经过选择}\\\text{后的} Aa \text{个体产}\\\text{生的} a \text{配子数}\end{matrix}\right)\left(\begin{matrix}\text{经过选择后}\\\text{的} Aa \text{个体数}\end{matrix}\right)}{\text{每个个体产生的配子数} \times \text{经过选择后的个体数}} \quad (3.5)$$

由于所有 *aa* 个体均不能存活，因此上述算式中经过选择后的 *aa* 个体数将为 0。假设所有 *AA* 个体和 *Aa* 个体均能存活，那么经过选择后的亲本数量将为 10,000 × [freq (*AA*) + freq (*Aa*)]，算式（3.5）可以简化为：

$$q' = \frac{(0.5 \times 2)(0.48 \times 10{,}000)}{2 \times (0.36 + 0.48) \times 10{,}000}$$
$$= 0.2857$$

以上计算得到成年子代中 PKU 基因的频率为 0.2857，明显小于 0.4。

从这个例子中可得到以下重要结论：

● 只有种群内有变异时自然选择才有可能发挥作用。如果所有个体都为正常等位基因的纯合子，基因频率在繁殖过程中将不会改变。

● 自然选择既不直接作用于基因也不直接改变基因频率，而是直接改变不同表型的频率。因此，当 PKU 患者不能得到治疗时，自然选择会使 PKU 致死等位基因的频率下降。

● 自然选择的力度和方向取决于环境。在现代医疗环境中，自然选择对 PKU 的作用是微乎其微的。

这个例子展示了自然选择是如何改变基因频率的，但还未说明自然选择如何导致演化和新的适应。在这里，所有表型都是已有的，自然选择只不过改变了它们的相对频率而已。

现代综合进化论

连续性变异的遗传性

当孟德尔遗传定律被重新发现时，生物学家一开始认为它与达尔文的自然选择理论相冲突。

达尔文认为，演化是由微小的变异积累形成的。但孟德尔和 20 世纪初发现遗传系统结构的生物学家都证明了基因影响表型。等位基因的替换会改变豌豆的颜色，另一位点上的遗传替换影响着豌豆粒的形状和株高。遗传学似乎证明了遗传本质上是不连续的，20 世纪初期的遗传学家，如雨果·德·弗里斯和威廉·贝特森（William Bateson），认为这与达尔文理论中适应性由微小变异积累产生的观点相矛盾。假设一个基因型产生矮的植株，而其他两个产生高的植株，那么就不会有中间型的植株，即植株大小并不会逐渐变化。在矮茎植株里的高茎植株必然是突变产生，而非因自然选择得以逐渐增高产生。这使当时的生物学家都信服，从而导致了达尔文主义在 20 世纪早期的式微。

（a）

（b）

（c）

图 3.4

三位现代遗传学的奠基人。现代遗传学阐释了孟德尔遗传学是如何解释连续性变异的。（a）罗纳德·费希尔（Ronald A. Fisher）；（b）霍尔丹（J. B. S. Haldane）；（c）塞瓦尔·莱特（Sewall Wright）。

孟德尔遗传定律和达尔文主义最终得到调和，形成新的理论得以解释变异是如何保持的。

20世纪30年代早期，英国生物学家罗纳德·费希尔和霍尔丹以及美国生物学家塞瓦尔·莱特展示了孟德尔定律是如何解释连续性变异（continuous variation）的（图3.4）。他们解决了达尔文理论的两个缺点：（1）遗传理论的缺乏；（2）未解释变异在种群中是如何维持的。他们的理论与达尔文理论，以及其他现代生物学研究者如西奥多修斯·多布赞斯基（Theodosius Dobzhansky）、恩斯特·梅耶、乔治·盖洛德·辛普森（George Gaylord Simpson）的理论结合时，便得到了强有力的生物演化的解释体系。这一理论体系以及相关实证被称为**现代综合进化论**（the modern synthesis）。

连续性变异的性状由多个位点、多个等位基因控制，每个基因对该性状的影响都很小。

为了理解莱特等人的理论，我们将从一个非真实但有效的例子入手。假设一个连续性状（如喙深）由一个位点上的两个等位基因+和-控制。我们假设这个基因会影响与喙深相关的激素的产生，每个等位基因产生的激素量不同，换句话说，等位基因+增加喙深，而等位基因-相反。因此，+ +型个体有最深的喙，+ - 个体其次，- - 个体则最浅。设群体中等位基因+的频率为0.5。根据哈迪-温伯格定律可得到不同喙深个体在种群中的比例，即喙最深（+ +）的个体占1/4，次深（+ -）个体占1/2，剩下1/4的个体有最浅的喙（图3.5）。

这并不像格兰特夫妇在大达夫尼岛上观察到的那样——喙深的分布呈平滑钟形的正态分布（见第一章）。如果喙深只由一个基因控制的话，自然选择中的喙深就不是逐渐递增的。而事实是喙的形态是由多基因控制的。哈佛大学分子生物学家阿热哈特·阿布扎诺夫（Arhat Abzhanov）和格兰特夫妇发现了几个对达尔文雀的喙的形态有影响的基因。其中，Bmp4基因的表达水平会影响喙深，Bmp2和Bmp7基因的表达水平会影响整个喙的大小。不过目前科学家还不确定这些基因表达水平差异是源于调控序列的突变，还是源于其他调节这些基因表达的调控基因的突变。让我们设想另外一种情况：另一条染色体上还有另一个同样控制喙深的基因，它们可能共同控制生长激素和受体的结合。同上，等位基因+增加喙深，等位基因-则相反。假设在遵守染色体自由分离和哈迪-温伯格平衡的情况下，我们会得到更多的基因型，喙深的分布开始趋于平滑（图3.6）。继续增加第三个同样

图3.5

假设的喙深分布图。假设喙深由一个位点上的两个等位基因控制。条形的高度表示该喙深个体在种群里的频率。喙最小（- -）的个体的频率为0.5×0.5 = 0.25，中等喙（+ -）的频率为2×（0.5×0.5）= 0.5，喙最大（+ +）的频率为0.5 × 0.5 = 0.25。

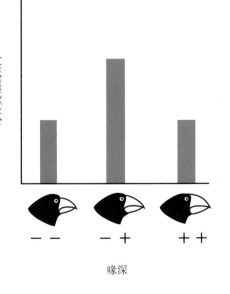

每种类型的频率

喙深

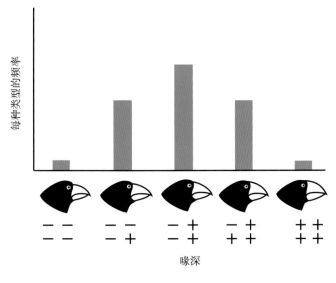

控制喙深的基因，类似地，可得到更加接近钟形的分布（图3.7）。当然，不同喙深之间仍有空缺。此外，如果遗传原因是影响喙深的唯一因素，喙深的分布也不会像格兰特夫妇在加拉帕戈斯群岛观察到的那样。

现实中观察到的表型值是呈平滑正态曲线分布的，对此有两个解释。首先，性状的表现由一个还是多个基因控制，一定程度上还取决于有机体生存的环境，即**环境变异**（environmental variation）。例如，鸟喙的大小取决于其发育时的营养。当仅有的调控基因对该性状有显著的作用时，环境的影响就不重要了，表型和基因型之间的关系也很明了。孟德尔实验中的豌豆颜色就是很好的例子。如果性状由多个基因调控，且每个基因的影响都很小，那么环境的作用将与基因一起作用于性状表现，于是，仅通过测量很难区分良好环境中的＋＋＋－－－个体和恶劣环境中的＋＋＋＋－－个体。其次，像喙深这样的复杂性状受多个基因的调控。在第十四章中我们也会看到，技术的发展使遗传学家得以确定影响人类身高的基因，目前已有50个基因被检测出，之后将有更多的相关基因被发现。其中作用最大的一个基因可以改变4毫米的身高。众多基因的共同作用结果就是表型呈平滑、钟形的分布曲线。

图3.6

当喙深由两个基因控制时，每个基因的两个等位基因的频率相等，假设每个基因互不干扰，用哈迪－温伯格公式则可算出不同基因型的频率。

图3.7

当喙深由三个基因控制时，每个基因的两个等位基因的频率相等，表型的分布开始呈现正态分布。

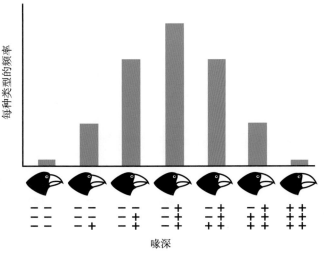

从遗传学的视角看，演化是基因频率改变导致的，这与达尔文的自然选择理论相符合。

达尔文对遗传学一无所知，他仅仅从表型得到适者生存的理论：生存竞争中，表型变异影响生存和繁殖，这些变异都是可遗传的。第一章中，这个理论解释了加拉帕戈斯群岛达尔文雀的喙深适应性改变过程。不过，这似乎和本章中的群体遗传学的观点——演化意味着自然选择下的等位基因频率的改变——不同。事实上这两个观点是可整合的。假设图3.7是大达夫尼岛干旱前喙深的分布，该图阐释了三个基因控制喙深的情况下，深喙个体携带基因＋的可能性更大。即不同位点的＋＋基因型个体都有最深的喙，＋－个体其次，－－个体最浅。已知深喙的个体在干旱中更容易存活和繁殖，自然选择将偏好等位基因＋，因此等位基因＋的频率将增加。

变异是如何维持的

遗传学解释了为什么子代的性状表现趋于双亲性状中间型的现象。

第一章提到的融合遗传模型深深吸引了19世纪思想家们的注意，因为该模型解释了许多连续的表型特征和子代的性状表现是双亲中间型的现象。当然，费希尔、莱特和霍尔丹的遗传模型也与这些现象相契合。为说明原因，我们设定喙最深（＋＋＋＋＋＋）和喙最浅（－－－－－－）的个体杂交，子代基因型都是（＋－＋－＋－），因为＋和－基因对喙的发育效果相抵消，因此子代喙深为双亲的平均值。其他杂交方式会产生不同基因型的子代，但均值型的性状是最常见的。

基因在有性繁殖中不发生融合。

群体遗传学已经告诉我们，在自然选择（和本章后面阐述的其他因素）不发生作用时，基因型频率及其表型分布在一个世代后将达到平衡。而且我们知道有性繁殖中基因也不发生融合，即使子代会出现与父母类似的性状。这是因为基因传递是精确复制和与其他基因重组的结果，融合只发生在基因表达的表型层面，基因自身仍保持结构上的完整（图3.8）。

自然选择总倾向排除变异，所以以上事实并不能完全解释变异的维持机制。当自然选择偏爱深喙的鸟时，假设所有等位基因－都被等位基因＋替代，群里所有个体基因型都为＋＋＋＋＋＋。环境作用下，该种群仍具有表型多样性，但没有遗传多样性，也没有了进一步的适应演化。

突变逐渐积累新的变异。

基因复制具有惊人的高保真度，一系列的修复机制防止其携带的信息发生变异。但总有百密一疏的时候，这种情况下新的等位基因就会产生。从第二章中已知，基因是一段DNA序列。电离辐射（如X射线）、某些化学物质等会破坏DNA结构，并改变其携带的遗传信息，这一过程称为**突变**（mutation）。有些突变可持续为群体带来新的基因片段，形成新的适应性性状。虽然突变的发生概率仅有千万分之一到十万分之一，但它对形成变异有重要意义。

低突变率可以形成变异，因为许多变异具有适应性。

性状通常受多个基因控制，大多数基因型都倾向产生稳定的中间型性状，使得低突变带来的变异得以保留。如果不同基因型的个体有相同的生存繁殖机

图3.8

融合遗传模型认为遗传因子在交配时会发生改变。红色和白色的亲代杂交产生粉红的子代，融合模型认为这是遗传物质发生融合，所以两个粉红个体交配产生的子代还是粉红。而在孟德尔遗传定律中，基因的效应在生出粉红个体的时候也发生融合，但基因并没改变。所以两个粉红亲代杂交会产生白色、粉红和红色的个体。

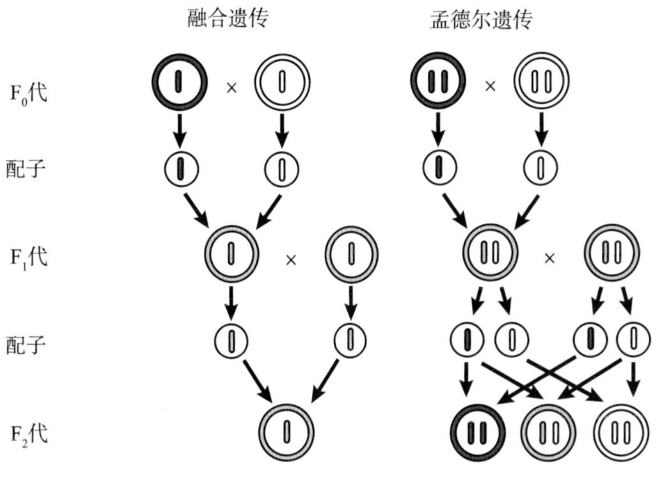

融合遗传　　　　孟德尔遗传

F₀代　　配子　　F₁代　　配子　　F₂代

图 3.9

图中展示了两个遗传变异库的关系：隐藏的变异和表达的变异。突变增加表达库中的基因型，而自然选择剔除该变异。隔离和重组使变异在两个库之间不断切换。

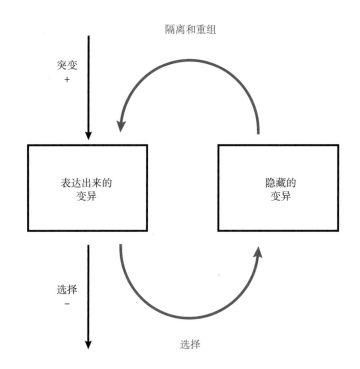

会，那么这些基因型都将保留下来。接下来让我们以中地雀喙深的稳定选择来对此进行阐释，只有当中等喙深的个体适合度比喙深大或者小的个体高时，稳定选择才会发生。假设喙深受三个基因调控，如图 3.7 所示，几种基因型的个体将具有相似的表型，例如一个个体的某个位点为（++），另一个位点可能为（--），这个个体的表型则和两个位点均为（+-）的个体一致。因此，当很多基因共同调控一个性状时，变异基因对表型的贡献就极其微小了，自然选择便很难将这些变异剔除出种群。分离和重组就是给基因组"洗牌"，因此，隐藏的变异会在子代中被暴露（图 3.9）。这一过程解决了达尔文的困惑：绝大多数的突变被自然选择淘汰，而个别突变可以避开自然选择淘汰，使变异得以保留。

隐性变异解释了为什么自然选择可以使种群超越原有多样性的范围。

第一章中提到弗莱明·詹金批判达尔文理论未能解释种群如何获得并积累新的变异。自然选择可以剔除小喙，但不会产生比原先更大的喙。若这一论证是正确的，那么自然选择也无法产生长期的、积累性的变化。

但詹金的错误在于忽略了隐性变异。隐性变异通常出现在连续性状中。假设喙深受多个基因调控，喙最大的个体携带有较多的等位基因+和少量的等位基因-。环境偏爱大喙的鸟，小喙鸟的死亡意味着它们携带的等位基因-从种群中被移除，因此，等位基因+的频率增加。但由于喙最大的个体仍带有等位基因-，因此等位基因-仍被保留了下来。变异在有性繁殖中被洗牌。由于等位基因+越来越普遍，经过基因重组后，后代个体基因型中等位基因+的比例也将更大，新个体的喙也将比其祖先的大。以此类推，子代的喙会越来越大。

类似的过程可以持续很多世代。伊利诺伊大学
（University of Illinois）的农业试验站在1896年做了个玉
米含油量的实验（图3.10），他们发现每代玉米都表现了显
著的变化。开始的163穗玉米的含油量为4%~6%，80代之
后，最高和最低含油量都超过原来范围。研究者后来还成
功地实现了对植株含油量的逆向选择。

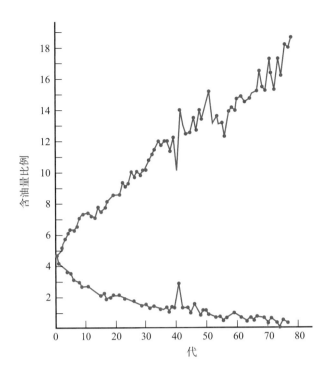

自然选择与行为

椿象的配偶守卫行为的演化阐释了可塑性行为多样
性是如何演化的。

上面我们主要阐述了喙深、眼睛等成年后不再改变的生
理特征的演化。本书中，更吸引我们的是人类和其他灵长类
的行为演化。不同于形态学特征，行为具有灵活性，生命体
会根据环境调整自身的行为。大多数公众和社会学家往往认为，自然选择只对基
因导致的表型变异起作用，而解释不了因环境发生的可变反应。但这一观点并不
准确。我们将用一个经典实验研究来解释自然选择如何改变行为。

新墨西哥大学（University of New Mexico）的生物学家斯科特·卡罗尔
（Scott Carroll）曾研究过红肩美姬缘椿象（*Jadera haematoloma*），这是一种在美
国东南部发现的以种子为食的昆虫（属于半翅目，故也可简称为臭虫）。成年椿
象体长1~1.5厘米，红黑两色（图3.11），常在取食植物附近聚集。交配时，雄性
爬到雌性身上交尾，精子需要10分钟左右进入雌性体内。但雄性通常会用生殖钩
"拴住"雌性，交配姿态可保持数小时。这一行为称为**配偶守卫**（mate guarding）。
雌性和多个雄性交配时，精子间会竞争与卵子融合的机会。生物学上认为，配偶
守卫的行为能阻止雌性在排卵之前又与其他雄性交配。当然，该行为对雄性而言
也是有代价的：雄性在配偶守卫时，无法和其他雌性交配。配偶守卫的代价和收
益取决于**性比**（雄性和雌性的相对数量）：当雄性多于雌性时，雄性找到其他雌
性的机会比较少，守卫策略不失为最优选择；当雌性多于雄性时，找到其他雌性
交配的成功率高，因此与多个雌性交配的策略会胜于独守一妻。

行为的可塑性促使雄性椿象根据雌性数量调整配偶守卫的策略。

俄克拉何马州西部的椿象种群间的性比差异很大，一些地方雌雄数量相
等，另一些地方则雄性是雌性的两倍。当雌性稀缺时，雄性更倾向于守卫其配
偶（图3.12）。有两种可能的机制形成这种现象：（1）高性比种群中的雄性的
基因可能与低性比种群中的雄性不一样（这里的性比是指雄性个体数量比雌性
个体数量）；（2）雄性根据种群内的性比调节其行为。为探究确切机制，卡罗
尔在实验室中培养这些臭虫，并组合出不同性比的种群，然后观察这些种群中

图3.10

由于大多数基因型变异并未转化
为表型变异，因此自然选择可以
筛选出未表达的基因型，使种群
的表型超过原有范围。玉米的含
油量开始为4%~6%，筛选80个世
代之后，往高含油量筛选的植株
含油量最高达到了19%，而往低
含油量筛选的植株含油量降到了
1%。

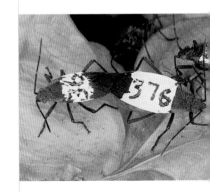

图3.11

雄性椿象（左）守卫雌性。生物
学家斯科特·卡罗尔在虫子身上
标数字以识别个体。

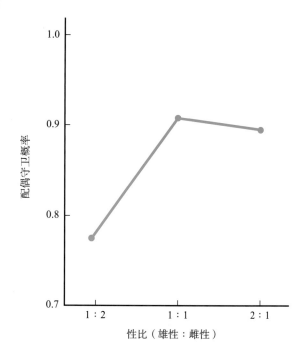

图 3.12

椿象配偶守卫的可能性与群内性比的函数关系。当雌性稀缺时，雄性更可能会守卫配偶。

雄性的交配行为。如果配偶守卫是天生的或**既定的**（canalized，即在不同环境中的表型都一样），那么各群的雄性的行为将是相同的；如果该行为是**可塑的**（plastic），各群雄性的行为将与群性比相对应。卡罗尔的实验最后证实俄克拉何马的雄性臭虫确实会根据社会环境调整交配策略。

有证据显示，椿象的可塑性在俄克拉何马州多样化的环境中得以演化。

大多数红肩美姬缘椿象都分布在俄克拉何马州以南的地方，例如佛罗里达群岛（Florida Keys），那里气候温暖且环境稳定，该地区椿象种群的雌雄数量较平均。卡罗尔用佛罗里达群岛的椿象做了和俄克拉何马椿象一样的实验（图 3.13），发现这些椿象并不随性比改变其行为，即使雌性数量众多，它们仍会花 90% 的时间守卫配偶。佛罗里达群岛的环境稳定，椿象群的性比相差无几，拥有调整交配策略的技能并没有多大好处，而且行为的调整也消耗能量。比如，交配前要花时间和能量评估性比，评估错误将会导致决策失误；行为可塑性也需要更复杂的神经系统。所以，在稳定环境中最好有简单固定的行为准则。而在环境不断变化的俄克拉何马州，交配的可塑性带来的适合度收益足以抵消它维持行为多样性的消耗。

当行为对环境的反应是由于基因变异产生时，行为可塑性便得到演化。

俄克拉何马臭虫的行为可塑性是如何演化的呢？其实它像其他适应性一样，通过自然选择保留有益的基因发生演化。所有发生演化的性状都有以下特点：（1）存在表型多样性；（2）这些多样性差异会影响繁殖成功；（3）这些变异可被遗传。椿象的配偶守卫行为均符合以上特点：它存在差异，且影响适合度。从卡罗尔的实验可知，俄克拉何马的雄虫有不同的行为策略。图 3.14 给出编号 1～4 雄虫配偶守卫的可能性。1 号和 4 号行为策略很固定，它们分别会花超过 90% 和 80% 的时间配偶守卫。2 号和 3 号则有多样的策略，尤其是 2 号，对性比有很高的灵敏度。这表明俄克拉何马的臭虫在配偶守卫的策略上存在个体差异。

其次，这一差异也将影响繁殖成功率。在俄克拉何马，雄性处于性比波动的环境中，所以像 2 号那样有灵活策略的个体在繁衍后代中似乎更有优势。而在佛罗里达，像 1 号策略单一的个体在繁衍后代中反而更有优势。

再次，该行为是可遗传的。在控制交配实验中，卡罗尔发现雄性倾向采用和其父代相同的策略：像 1 号虫那样的个体的子代的策略也比较固定，而 2 号虫的子代的策略则较多变。因此，俄克拉何马和佛罗里达的椿象形成了不同的交配策略。

臭虫的行为比较简单。配偶守卫行为受种群内性比的影响。人类和其他灵长

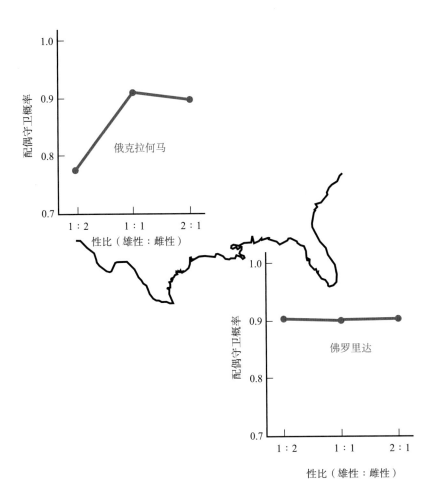

图 3.13

俄克拉何马和佛罗里达的雄性椿象配偶守卫的可能性。俄克拉何马的雄虫在雌虫较少时倾向配偶守卫，而在佛罗里达，雄虫基本不根据性比调整行为。

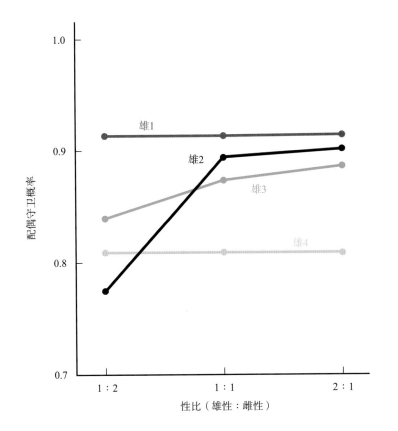

图 3.14

通过这四只椿象的表现，我们可以看出行为背后的基因差异性。它们的配偶守卫行为（如：1号比4号花更多的时间配偶守卫）和行为灵活度（如：不同性比情况中，1号和4号都不改变行为，2号和3号则会改变）均有不同。如果这一差异是可遗传的，那么在大环境中，最适合的策略将更为普及。

类的行为更加复杂，不过行为演化原理都是一样的。也就是说，个体对不同环境产生不同行为反应，这些差异会影响个体生存和繁殖，而且是可遗传的。以上可看出，椿象的配偶守卫行为和鸟喙的演化过程其实没有什么不同。

适应的限制性

自然选择可以解释适应的机制，也是理解演化的关键点。然而，演化并不意味产生的就是最佳表型。以下五个理由可以阐释这一事实。

关联的性状

如果个体有某个特定性状时也倾向有另一个特定性状，我们称这两个性状是关联的。

当自然选择同时作用在多个性状或性状间相关联时，就不能像前面一样只考虑一个性状的演化了。这里，我们仍以达尔文雀为例解释关联性状的意义。格兰特夫妇和同事在大达夫尼岛捕捉中地雀，测量它们的喙深、喙宽等形态特征。喙深指喙的顶和底之间的长度，喙宽指喙两侧间的宽度。像很多类似的常见特征一样，格兰特夫妇发现喙深和喙宽呈正相关：喙深的鸟，其喙也宽（图

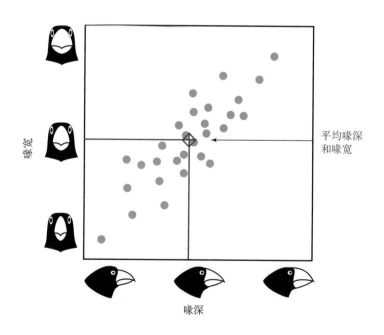

图3.15

大达夫尼岛中地雀的喙深和喙宽相互关联。纵轴表示不同个体的喙宽和种群的平均值，横轴表示不同个体的喙深和种群平均值。一个点表示一个个体。数据显示：深喙的鸟倾向有更宽的喙，而浅喙的鸟则有窄的喙。

3.15）。图3.15中，一个点表示一个个体，横坐标为喙深，纵坐标为喙宽。如果点集合呈圆形或随机分布，则表示两个性状间没有关联。而像图中的点呈椭圆形分布，且其长轴为左低右高走向，则可判断这两个性状为**正相关**（positive correlated）：喙越深，其宽度也越大。反过来，如果喙的宽度随其深度增大而减小，那么这两个性状则为**负相关**（nagetive correlated），图形的长轴走向则为左高右底。

性状相关是因为有些基因同时影响多个性状。

基因会同时影响多个性状，这一现象被称为"**基因多效性**"（也称作"**一因多效**"）（pleiotropic effects），大多数基因可能都属于这一类。在发育早期表达和影响整体大小的基因通常都会影响其他形态特征。这意味着，带有能使影响喙整体大小的基因的表达增加的突变（Bmp2和Bmp7）的个体将有更深且更宽的喙。PKU基因也是一个"基因多效性"的例子。隐性PKU纯合体人群的IQ低于正常人，其头发颜色也不同。

当两个性状关联时，自然选择作用于一个性状时也改变了另一性状在种群中的均值分布。

回到达尔文雀，假设选择只作用于喙深，喙宽对生存无影响（图3.16）。正如我们预期的那样，喙深会增加，但同时我们也发现，喙深的平均值增加时，即使喙宽对个体生存无影响，喙宽的均值也增加。由于两个特征是相关联的，自然选择改变喙深均值时也会影响喙宽。这一现象称为对选择作用的"**关联反应**"（correlated response）。自然选择的最终结果是增加喙深和喙宽的基因的频率增加。

对自然选择的关联反应会使一些性状往不利适应的方向演化。

我们继续用刚刚的例子来说明对自然选择的关联反应是如何使一些性状往**不利适应**（maladaptive）的方向发展的。在干旱中的加拉帕戈斯群岛，喙的宽窄影响鸟的生存。格兰特夫妇发现，当喙深相同时，窄喙个体更能适应干旱气候。可能是因为旱季的食物多为坚硬的种子，而窄喙在咬开硬种子时产生的压强更大。如果自然选择只作用于喙宽，那么喙宽的均值将下降。若关联反应对喙宽的作用大于自然选择对喙宽的直接作用，那么即使自然选择偏爱窄喙的鸟，种群

图3.16

自然选择对某个性状的作用也会影响到其关联性状的均值，即使后者对个体适合度无影响。如图的点集为群中的鸟的喙深和喙宽分布。假设喙深高于临界值的个体才能存活，而喙宽对生存无影响。自然选择最后使群的喙深和喙宽的平均值都增加。喙宽值因选择的关联反应而增加。

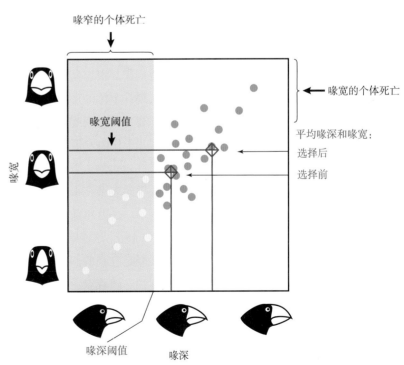

喙窄的个体死亡

喙宽阈值

喙宽

喙宽的个体死亡

平均喙深和喙宽：
选择后
选择前

喙深阈值　喙深

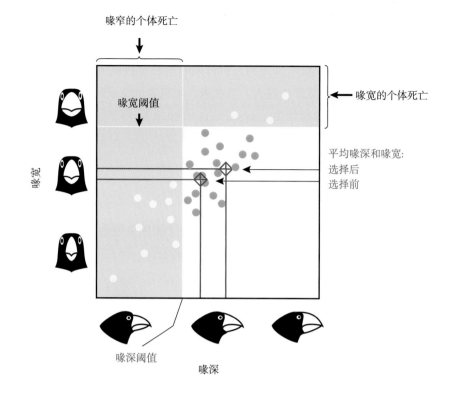

图 3.17

关联反应导致适应性稍差的表现变得更为普遍。假设在这个群里，喙深小于临界值或喙宽大于临界值的个体都死亡，其他则存活。最终，即使自然选择偏好窄喙的鸟，喙宽值也会因为关联反应而增长。

喙窄的个体死亡

喙宽阈值

喙宽

喙宽的个体死亡

平均喙深和喙宽:
选择后
选择前

喙深阈值

喙深

的喙宽均值也会增加。大达夫尼岛上也确实上演了这一幕（图 3.17）。

非均衡状态

自然选择只在均衡的时候产生最佳产物。

第一章中已解释了自然选择如何一代代地逐步使喙变深，最后使种群的喙深均值达到最佳大小的均衡点。这个例子说明自然选择会不断使群体发生变化直到达到适应均衡。很容易忽略的是，群体并没必要达到这个均衡。如果环境不断变化，那么现有个体的形态或行为在当下情况中就不是最适应的。那种群适应环境的变化需要多长时间呢？这取决于自然选择的强度。前面已提到，人工培育可以使种群在几十代内发生巨大变化。

人类在过去的一万年里发生了巨大变化，非均衡状态对某些性状也有着重要意义。人类的表型在很多方面似乎都赶不上我们生存策略和环境的变化，饮食就是一个例子。一万年前，人们多以捕猎和采集野生果蔬为生，很难获得糖、脂类和盐（图 3.18）。这些膳食需求是维持机体正常工作基本需要，所以尽可能取食这些食物无疑是有利的。这一对饮食的适应使得人类在演化中保持了热爱糖、脂肪和盐的本性。随着农业和商业发展，物质生活变丰富后，我们的这一本性却带来不少问题。饮食过多的糖、脂肪和盐带来一系列健康问题，包括蛀牙、肥胖、糖尿病和高血压。

图 3.18

人类在很长演化历史里都以野味为生。糖、脂肪和盐都是稀缺之物。图为哈扎女性在挖取植物块茎。

遗传漂变

当群体很小时，遗传漂变会导致基因频率随机波动。

以上我们的假设都是建立在大群体的基础之上的。但当群体很小时，取样误差带来的随机效应就变得重要了。为解释其原因，我们假设在一个如图3.19的瓦缸里有1万个球，其中一半是黑色一半是红色。我们从中随机取一些球放进另外的小瓦缸中，每个瓦缸放10个球。很显然，并非每个小缸都有5个红球，有些只有4个或3个，甚至没有。像红黑球这样随机分布的现象被称为"**取样误差**"（sampling variation）。

小群体的基因遗传正是如此（图3.20）。假设一个有机体只有一对染色体，在某位点上有两个等位基因A和a，自然选择对其无影响。某隔离群体由5个这样的个体组成，A和a的基因频率均为0.5。这个小种群有携带A和a的染色体各5个。群内个体随机交配并产生5个存活子代（F_1）。为简便计算，假设配子库足够大，没有取样误差。即子代产生的配子一半携带A而另一半携带a。但其中只有10个配子被筛选出产生子代，这一过程与从大缸中随机取球类似（图3.19）。F_1代中的A和a基因各占一半的概率是最大的，但仍有其他A和a基因的频率不相等的可能。假设F_1代中有6个A和4个a，那么F_1代产生的配子库里，A和a的基因频率

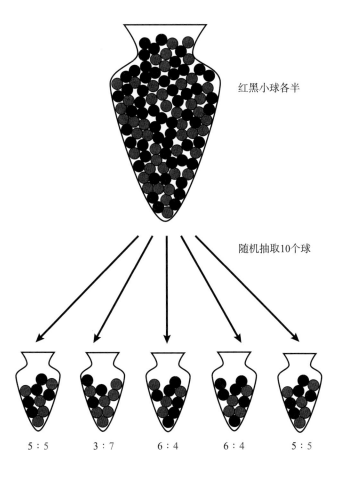

红黑小球各半

随机抽取10个球

5:5 3:7 6:4 6:4 5:5

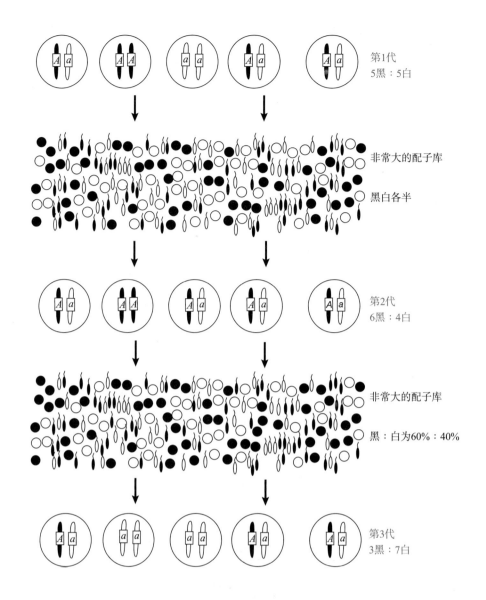

图3.20

取样误差导致小群体的基因频率变动。假设群体产生的配子中一半是 *A*（黑色）一半是 *a*（白色），并只产生5个子代。子代随机得到了6个 *A* 和4个 *a*，即新群体会产生60%的 *A* 配子。因此，取样误差能改变基因频率。也可注意到，基因频率在第3代时再次改变，这一次，*A* 的频率降到了30%。

第1代
5黑：5白

非常大的配子库

黑白各半

第2代
6黑：4白

非常大的配子库

黑：白为60%：40%

第3代
3黑：7白

则分别为0.6和0.4。这意味着种群基因频率因一次偶然便改变了。第3代的基因频率将再次改变。这一现象便是"**遗传漂变**"（genetic drift）。在小群体中，遗传漂变导致基因频率随机波动。

等位基因在现实中的筛选取决于物种的生物学特点和其面对的自然选择压力。比如，一些鸟的种群大小受限于巢址，而占领巢址的成功率和体型有关：大个体在争夺最好的筑巢地时可能更有优势。虽然基因不是影响体型的唯一因素，但是对体格有影响的基因将受到自然的选择。其他与体型无关的基因则是被随机筛选出。

遗传漂变的速度取决于种群大小。

遗传漂变对小种群的改变比对大种群的更快，因为小种群的取样误差更为显著。举个例子，假设某公司在预测新产品低脂花生酱是否会赢利时，委员会做了两份调查，看多少花生酱爱好者会选择新产品。一个调查的对象只有5个人，其中4个会使用新产品；另一调查则包括了1000人，其中50%的人乐意接受新产品。哪个调查更可靠呢？无疑是第二个。即使实际人群中只有50%喜爱低脂花生酱，但是从5个人中遇到4个人是低脂花生酱爱好者的可能性也是挺大的，但在1000人的样本里则不大可能有这么高的比例。

遗传漂变也是一样。在只有5个个体的小种群里，当两个等位基因的频率都为0.5时，其子代的其中一个等位基因很容易达到0.8。而在1000个个体的大种群里，发生这种偏差的概率极小。

遗传漂变导致隔离种群间的遗传差异。

遗传漂变导致的演化是不可预测的，因为取样误差引起的基因频率变化很随机。于是，遗传漂变会使隔离种群之间产生遗传差异。图3.21为计算机模拟一对等位基因在遗传漂变作用下的变化。起初，一个大群里的两个等位基因频率均为0.5。后来，大种群分成了四个各含20个个体的小种群（每个个体有两套染色体），它们保持一定种群数量并世代相互隔离。四个小种群的第一代A基因频率均为0.5，而每个群的取样误差效果都是不同的。假设每个群的一代都产生40个配子，种群1（红色实心圆）中A基因频率陡升，种群2（蓝色空心三角）和种群3（绿色实心三角）的A基因频率则小幅度上升，而种群4（橙色圆圈）的A基因频率是下降的。每个事件都是独立发生的。

子代将重复以上过程，只不过此时四个种群的配子库将不一样。同样，40个配子被取出。这一回，种群2、3、4的A基因频率都上升了，而种群1的下降。随着这种随机的改变，四个种群的差异越来越大。最后有两个种群的其中一个等位基因丢失而另一等位基因**固定**（fixation），种群内个体的该位点的基因都相同。一般而言，种群越小，达到固定的时间越短。理论上，只要遗传漂变的时

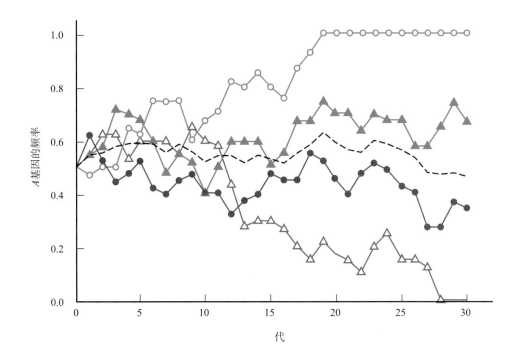

图3.21

计算机模拟遗传漂变使隔离种群产生遗传变异的过程。四个含20个个体的小种群从一个大种群分离，起初的两个等位基因的频率均为0.5。图中展示了这些种群每一代的基因频率变化。种群1是红色（实心圆），种群2是蓝色（空心三角），种群3是绿色（实心三角），种群4是橙色（圆圈），虚线表示整体A基因的频率。每个小群的基因频率都因遗传漂变而随机波动。最后达到稳定时意味着另一个等位基因的消失（如种群2和种群4）。

间够长，所有种群都会达到固定，但当种群够大时，在达到固定前该种群可能已经灭绝。种群会保持固定状态直到有新突变产生。

以上可知，种群的大小对其遗传特性的改变有很大的影响：小种群比大种群异化得更快。在第十三章中，我们将通过远古人类的种群变化来探究种群大小和遗传漂变的关系。

群体够小时，遗传漂变才能导致显著的不适应。

通过遗传漂变产生复杂适应性的可能性极低，也就是说，遗传漂变通常产生不利适应性。人们对遗传漂变在演化中的重要性争议颇多。当然，人们几乎一致同意：当与自然选择作用相对时，种群必须足够小（比如，少于100个个体），遗传漂变的影响才可能大于自然选择的作用。不过具体到自然种群的个体数为多少才算小时，争论就来了。很多科学家认为，如果性状受多个基因调控时，遗传漂变很难产生显著的不利适应。因此，达尔文雀的喙的大小不大可能受遗传漂变影响。

局部适应与最佳适应

自然选择达到演化平衡点时，群体内最普遍的性状可能并不是最佳性状。

自然选择能提高群体的适应性，但不一定达到最佳状态。因为自然选择"目光短浅"：它只偏爱当下的适应表型，并不考虑这些改变的长远影响。自然选择就像攀爬云雾缭绕的山峰的登山者，看不见周遭，但它相信只要不断向上爬就能到达顶峰。或许这个登山者最终会抵达所期望的山峰，但若地形稍复杂，他征服的，可能只是一个小山包。同样，自然选择不断提高群体适应性直到平衡，但最终产物并不一定就是最理想的，只是一个类似小山包的"局部适应"（local adaptation）。

眼睛的演化就是局部适应的一个例子（图3.22）。人类和其他脊椎动物以及部分无脊椎动物的眼睛都是**相机式眼**（camera-type eye），这种眼睛的晶状体只对应一个孔，在光感受组织上形成一个图像。而昆虫的**复眼**（compound eye）成像则类似电视，是由很多个小眼形成的像点拼接而成的。复眼很多方面都不如相机式眼，比如分辨率低、聚光性差。那么，为什么昆虫没有演化出相机式眼呢？

最佳解释是，当物种演化出复杂的复眼时，自然选择不会再偏爱即使之后有利相机式眼产生的过渡类型。在眼的演化早期，自然选择可能正好偏爱高感光性的结构。脊椎动物和软体动物可以通过增加感光区面积提高感光度，而昆虫通过增加单眼数量提高感光度，而这两种方式获得的效果相似。一旦昆虫产生复眼结构，其成像方式就不同于脊椎动物眼睛的小孔成像式。自然选择很难通过一点点的改变将复眼演化成相机式眼。

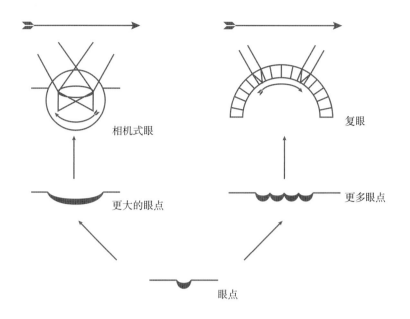

图 3.22

研究者认为，不同的演化途径导致相机式眼和复眼的产生。自然对高感光度的偏爱筛选出更大或更多的眼点，前者引发产生相机式眼，后者则产生复眼。两种眼的成像方式很不一样，因此，复眼很难演化成相机式眼。

有些局部适应被称为"发育受限"。

绝大多数有机体都始于受精卵。生长时，受精卵不断分裂并特化，产生肝细胞、神经细胞等，这一分裂分化和成长的过程即是"**发育**"（development）。像眼睛那样复杂结构的发育往往涉及很多相互关联的发育。发育通过修正得到更好的结构，但这些改变也带来不少消极影响。比如，在一些灵长类中，若雄性会哺乳的话，其适应度将会更高。但现实中并不存在会哺乳的雄性灵长类。很多学者认为，这是因为能使雄性具有哺乳能力的发育方式也会造成雄性的不育。由此可见，发育会限制演化。不过这种限制又非绝对的，它们是系统演化的结果。如果灵长类繁育的演化中，乳腺的发育和其他生殖系统组成的发育是相对独立的，那么就不存在对雄性哺乳的演化限制。

演化的其他限制因素

物理和化学规律也会限制演化。

物理和化学规律也限制了一些适应性的产生。例如，骨骼的强度和其横截面积在动力学上是成比例的，而这一事实限制了形态的演化。假设某动物体型（这里指其长度）在自然选择下增加了1倍，这意味着重量（与体积成正比）将变为原来的8倍（见知识点3.2）。支撑动物体重的肌肉和骨骼的强度很大程度上取决于它们的横截面。当骨骼和肌肉的长度增加1倍时，横截面仅增大到原来的4倍。也就是说，要保持原有的强度，骨骼的横截面应该更大，整体比原来的更粗。然而，越粗的骨头也越重，这又增加了演化的限制。体重增加使动物不能快速移动或悬挂在树枝上。这一现实解释了大型动物（如大象）移动缓慢且笨重、小型动物（如松鼠）动作迅敏、飞行动物通常都比较轻的现象。自然选择固然希望大象

知识点 3.2　几何面积/体积比

当某动物的体积变大而外形不变时，其表面积与体积的比值将变小。这里我们可以假设该动物是个边长为 x 的正方体，那么它的表面积为 $6x^2$，体积为 x^3，表面积和体积的比值为：

$$\frac{\text{表面积}}{\text{体积}} = \frac{6x^2}{x^3} = \frac{6}{x}$$

这可以理解为：若边长为 1 cm，那么该动物每立方厘米的体积对应有 6 cm^2 的表面积；当边长为 2 cm 时，该动物每立方厘米的体积只有 3 cm^2 的表面积。当然，没有动物是立方形的，但这一规律对任何性状都适用。如果动物的长度加倍而形状不变，那么它的表面积/体积比值将减半。这规律也影响着温度对动物体型大小的作用（见下文）。

假设该动物中间有个垂直的骨骼作为支撑。为简便运算，设骨头横截面为边长 $x/2$ 的正方形（图3.23），则横截面面积为 $(x/2) \times (x/2) = x^2/4$，横截面/体积为：

$$\frac{\dfrac{x^2}{4}}{x^3} = \frac{1}{4x}$$

可知，当动物的长度为原来2倍时，它的重量变为原来的8倍，而骨头的横截面/体积比值——即骨骼强度——只为原来的4倍。

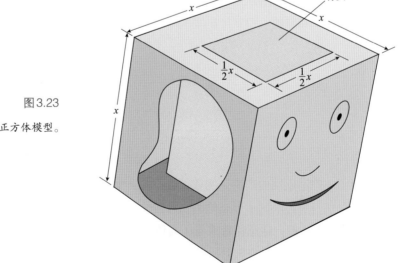

图 3.23

上述的正方体模型。

也能跑得跟猎豹一样快，能像黑斑羚一样轻松跳跃，能跟猴子一样攀爬，但在物理定律的限制下，大象不可能出现既结实又轻巧的骨头（图3.24）。

这样的限制和遗传关联有密切关系。选择排除了又重又脆弱的骨骼，而物理结构限制下，又不可能产生轻巧又坚硬的骨骼。群体保留下来的基因只能产生更轻或更结实的骨头，却做不到二者兼得。因此，骨头的重量和它的强度通常呈正相关的遗传关联。

图3.24

体型变大而又保持足够的灵巧固然有利于动物减少被捕食的可能。但物理定律告诉演化，鱼和熊掌不可兼得。

关键术语

群体遗传学	性比	取样误差
基因型频率	天生的/既定的	遗传漂变
哈迪-温伯格平衡	可塑性	固定
现代综合进化论	关联反应	相机式眼
环境变异	正相关	复眼
突变	负相关	发育
配偶守卫	基因多效性	哺乳
	不利适应	

学与思

1. 在非洲人群中，常染色体上的一对等位基因会影响红细胞里携带氧气的蛋白质——血红蛋白的结构。正常等位基因通常被标记为A（常见于欧洲人中），导致镰刀状红细胞的等位基因被标记为S。有三种血红蛋白的基因型，很多方法都能区分与这三种基因型对应的表现型。假设，在一个有1万成年人的非洲人群中，有3000个AS型个体，7000个AA型个体，0个SS型个体。

a）假设这些人自由繁衍，那么他们产生的配子中A基因和S基因的频率分别是多少？

b）自由繁衍后，三种基因型的频率分别为多少？

c）这个原始的成人群体是否保持哈迪-温伯格平衡？

2. 血红蛋白位点的三种常见基因型对应的表型非常不同：SS型个体严重贫血；AS型个体贫血

程度较轻，但对疟疾具有抵抗力；AA型个体不会贫血但是易感疟疾。在一个中部非洲人群中，亲代产生的配子中S基因的频率为0.2。

a）假设这些人自由繁衍，那么他们繁衍产生的受精卵中，三种基因型的频率分别是多少？

b）在这个地区，SS个体在幼年时全部死亡，70%的AA个体和100%的AS个体存活。请问，在子一代的成年人群中三种基因型的频率是多少？

c）这些成年人产生的配子中，S基因的频率是多少？

3. 台－萨氏综合征（Tay-Sachs diesease）是一种受一对等位基因调控的致死性遗传病：台－萨氏综合征致病基因T和正常基因N。TT型小孩会精神衰退、失明、麻痹和痉挛，在3~5岁时死亡。不同人种的婴儿得台－萨氏综合征的可能性差异很大。中部欧洲犹太人后裔的T基因的频率是最高的。假设有一个5000人的中部欧洲犹太人后裔群体，T基因的频率是0.2。

a）假设这些人自由繁衍，并且平均每个成年人有4个孩子，每个人有多少配子可以成功融合为受精卵？

b）计算每种基因型在这个群体的受精卵中的频率。

c）假设TT合子在幼年时全部致死，50%的TN个体和100%的NN个体活到了成年。那么成年人中，TT和TN基因型的频率分别是多少？

d）如果这些成年人都源于b）中受精卵，那么他们的配子中T的基因频率是多少？把你的答案和他们父母产生配子中的T基因频率进行对比。假设你的结果大体与现实相符，并且台－萨氏综合征的治疗还没有本质上的突破。你发现这里有什么矛盾吗？

4. 假设有一个像台－萨氏综合征致病基因的致死基因，不过它还是显性基因。该等位基因的基因型频率是0.02。重新计算第3题的a）b）c）。那么，隐性基因和显性基因受到的自然选择压力中，哪个更强？为什么？假设有害基因的突变速率在每个位点上都一样，那么，哪种等位基因的出现率更高？为什么？

5. 以Rh血型为例。我们假设只有一对等位基

因R和r，其中r是隐性。隐性纯合子rr产生的蛋白没有功能，称为Rh阴性（Rh⁻），RR和Rr为Rh阳性（Rh⁺）。若一个Rh⁻雌性和一个Rh⁺雄性交配，他们的后代在子宫时可能就患有贫血。在一个假想群体中，r的基因频率为0.25。假设这个群体符合哈迪－温伯格平衡，每代的后代中有多少个体会患上贫血？

6.融合遗传模型吸引了很多19世纪的生物学家，因为它可以解释为什么后代看起来像是父母的融合体。但这个模型还是失败了，因为它预测了变异的丢失，但事实上变异一直被保留着。孟德尔遗传定律在保有变异的条件下，是怎么解释相貌融合的？说说哈迪－温伯格平衡在这一解释中的重要性。

7. 在一种特殊的鱼中，卵的数量和大小呈负相关。画个图解释下这个事实：如果自然选择偏好产卵数量多的个体，卵的大小会发生什么变化？

8. 一个育种专家想通过选育麦粒较大的小麦来提高粮食产量。经过几代选育，麦粒的确变大了。然而每株植株所结的麦粒数量却降低了，所以总产量实际上没什么变化。哪两个不适应性的根源可以解释这种现象？

9. 昆虫的复眼成像的清晰度远不如脊椎动物的相机式眼。试解释为什么昆虫没有演化出相机式眼。

10. 试解释为什么遗传漂变对不变的基因点位没有影响（群体所有个体均为同种等位基因纯合子时，基因点位是不变的）。这对遗传漂变的长期结果来说意味着什么？

11. 为什么自然选择只在均衡时产生适应性？

12. 两位犬育种专家通过人工选择培育新品种。他们都从腊肠犬开始培育。一个育种者想要培育出四肢较长的品种，另一人想要培育出前腿短而后腿长的品种。哪个育种者更快地达到目的？为什么？

13. 当自然选择使动物变大时，它们的骨头也会变得更粗。骨头直径的增加可能是因为自然选择的关联反应，也可能是直接的自然选择，或二者兼有。你如何确定这两种途径的相对重要性？

延伸阅读

Barton, N. H., D. E.G. Briggs, J. A. Eisen, D. B. Goldstein, and N. H. Patelet. 2007 *Evolution*. Woodbury, N. Y.: Cold Spring Harbor Press.

Dawkins, M. S. 1995. *Unraveling Animal Behavior*. 2nd ed. New York: Wiley.

Dawkins, R. 1996. *The Blind Watchmaker: Why the Evidence of Evolution Reveals a Universe without Design*. New York: Norton.

Falconer, D. S. and T. F. C. Mackay. 1996. *Introduction to Quantitative Genetics*. 4th ed. Essex, UK: Longman.

Hedrick, P. W. 2009. *Genetics of Populations*. 4th ed. Boston: Jones & Baetlett.

Maynard Smith, J. 1998. *Evolutionary Genetics*. 2nd ed. New York: Oxford University Press.

Ridley, M. 2004. *Evolution*. 3rd ed. Malden, Mass.:Blackwell.

____, 1985. *The Problems of Evolution*. New York: Oxford University Press.

本章目标

本章结束后你应该能够掌握

- 描述物种如何定义。

- 理解演化过程中新种的形成。

- 解释为什么可以将生物类群按照物种进行层级划分，而系统发育树是如何展示物种分类的。

- 理解为什么重建种系发生关系很重要。

- 使用现存物种的变异模式重建种系发生关系。

第四章 物种形成和系统发育

物种是什么？   为什么要重建系统发育树？

物种起源   如何重建系统发育树

生命之树   分类学：物种命名

物种是什么？

微演化指的是在自然选择及其他演化动力的作用下种群的改变；宏演化指的是新种或者更高分类单元的形成。截至目前，我们一直关注自然选择、突变以及遗传漂变对种群的影响。这些是微演化的机制，这些机制影响特定环境中特定物种的形态、生理和行为。比如，微演化对大达夫尼岛的中地雀的喙形态及大小有影响。

但是，演化远远不止这些。达尔文写出《物种起源》，主要由于他对新种如何形成以及自然选择非常感兴趣。进化论告诉我们新种、新属、新科以及更高层级的分类单元是如何形成的。

这是**宏演化**（macroevolution）的过程。宏演化在人类演化史上发挥重要作用。为了恰当地解释化石记录和重建人类历史，我们需要理解随着时间推移，新种以及更高层级的分类单元是如何产生和变化的。

物种指的是具有相同特征的生物个体。属于同一个物种的各个生命体之间相似且与其他物种的个体有明显的差别。例如，非洲的某处热带森林同时生活着两种猿：黑猩猩和大猩猩。这两个物种之间有许多相似点：无尾，行走时趾节负重，具有领地性。但是，根据形态很容易将这两个物种区分开来：黑猩猩体型比大猩猩小；但雄性黑猩猩的睾丸很大，而雄性大猩猩的睾丸很小；黑猩猩的头盖骨比较圆，而大猩猩的头盖骨上有矢状脊。黑猩猩和大猩猩行为也有差异：黑猩猩取食的时候会制作和使用工具，大猩猩则不用；黑猩猩的炫耀展示行为是击打树枝以及高喊，而雄性大猩猩的炫耀展示行为是捶胸；黑猩猩的社会比大猩猩的大。因为这两个物种之间没有类似于大黑猩猩（gimps）或者黑大猩猩（chorillas）的过渡物种，所以很容易将这两个物种区分（图4.1）。

物种不是科学家创造的抽象概念；物种是真实存在的生物学分类单元。全世界的人都给他们周围的动植物命名，生物学家根据表型特征给不同的动物归类。多数情况下，我们可以根据表型鉴定标本。

尽管大多数人都认为物种真实存在且可以被识别，但生物学家却很不确定如何定义物种。这种不确定性来源于演化生物学家不认同用于解释物种存在的理由。现在学界对于新种产生以及物种维持过程存在很多争议，也存在很多不同的意见。本章节侧重两个有广泛支持的概念：生物学物种概念和生态学物种概念。

生物学物种概念

生物学物种概念将物种定义为存在生殖隔离、无法杂交的生物类群。

大部分动物学家赞成**生物学物种概念**（biological species concept），这个概念将物种定义为：自然界中一群相互交配且与其他群体存在**生殖隔离**（reproduction isolation）的生物。生殖隔离指的是特定群体的生物与群体外的生物无法成功繁殖。例如：大猩猩属只有一个种，即大猩猩（*Gorilla gorilla*），这意味着所有的大猩猩之间都能够相互交配，且大猩猩不能与自然界中的其他物种繁衍后代。根据生物学物种概念，生殖隔离是大黑猩猩（gimps）或者黑大猩猩（chorillas）不存在的原因。

因为交配繁衍会导致**基因流**（gene flow），即遗传物质在种群内或种群间移动，生物学物种概念根据交配繁衍可能性定义一个物种。基因流使同物种的个体之间保持相似性。为了弄清楚基因流如何保持种内一致性，可以参考图4.2a的假

（a）

（b）

图4.1

黑猩猩（a）和大猩猩（b）有时候同时居住在同一片森林，它们之间有一些共性。这两个物种之间没有过渡物种，所以很容易将它们区分开。

设情况。假设有一群雀类生活在一个小岛上，这个小岛同时包含两种类型的栖息地：湿润型和干燥型。不同栖息地的自然选择倾向于不同大小的喙。干燥和湿润环境分别倾向于大喙和小喙。岛屿较小，这些鸟能够在两种栖息地之间来回飞以及随机交配，从而在两种类型的栖息地之间产生大量的基因流。基因流能够消除自然选择的影响，除非自然选择很强烈。通常，在两种栖息地都生活的鸟的喙应该是中等大小的，即两种栖息地中最佳表型的折中表型。这样，基因流往往将一个物种内的个体作为一个整体来演化。

假设有雀类分别生活在湿润型和干燥型岛上，这两个岛相距非常远且鸟无法从一个岛飞到另外一个岛（图4.2b）。这意味着这两个岛的鸟之间无法交配且没有基因交流。两个独立的种群之间没有基因交流去消除自然选择产生的影响，这两个种群之间会有遗传分化且表型相似性较少。在干燥型岛上的鸟演化出大喙，而湿润型岛上的鸟则形成小喙。

生殖隔离防止物种间发生基因融合。

生殖隔离是杂交的反面。假设在自然状况下，黑猩猩和大猩猩能够并且出现

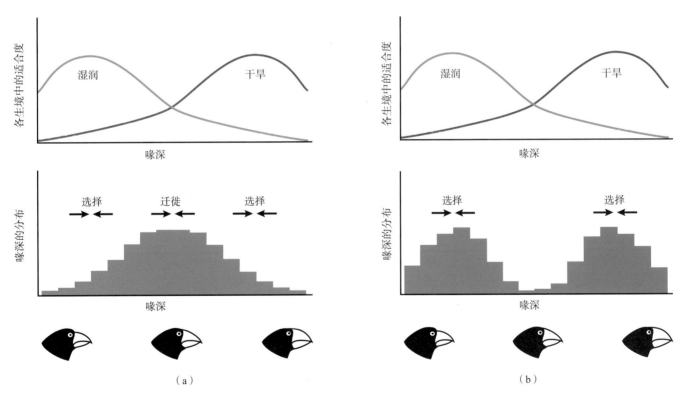

（a）　　　　　　　　　　　　　　　　（b）

图4.2

基因流的存在消除了种群间的一些差异。（a）假设有一个地雀种群生活在一个岛上，这个岛兼具湿润和干燥栖息环境。在干燥的栖息地里，自然选择倾向于选择喙深大的地雀，喙深小的地雀则在湿润环境生活更加自在。交配使在这两种不同类型栖息地生活的地雀群之间有大量基因流，从而出现了喙深中等的地雀。（b）假设两个不同的岛屿，干燥型和湿润型上均有地雀生活，它们之间没有基因流。在这种情况下，干燥岛屿上的常见地雀是喙深大的，而喙深小的地雀则在湿润岛屿上很常见。

交配。结果就是两种类人猿之间发生了基因交流，这种现象会产生出一种黑猩猩和大猩猩之间的过渡基因型动物。最终，这两个物种会逐渐融合为一个物种。之所以自然界中没有过渡物种大黑猩猩（gimps）或者黑大猩猩（chorillas），是因为黑猩猩和大猩猩之间有生殖隔离。

繁殖是个复杂的过程，任何能够改变这一过程的因素都会起到生殖隔离的作用。即使活动类型、求偶方式或外形的微小差异都能够阻止不同类型的个体之间交配。并且，即使不同类型的个体之间确实发生了交配行为，卵细胞可能无法受精或者受精卵可能无法存活。

生态学物种概念

生态学物种概念强调自然选择在维持物种间界限的作用。

生物学物种概念的批评者指出，在任何情况下，基因流既不是维持物种界限所必需的，也不足以维持物种界限；他们认为自然选择在维持物种界限中发挥重要的作用。这种强调自然选择在创造和维持物种中的作用的观点叫作**生态学物种概念**（ecological species concept）。

自然界中，即使是在物种间存在大量基因流的时候，物种界限仍然持续存在。例如，中地雀和大地雀同时生活在一个岛上的时候，它们之间很容易发生交配行为。格兰特和他的同事曾经估计中地雀大约有10%的交配时间与大地雀交配，这样就造成两个物种之间有大量的基因交流。但是还没有形成新的物种。格兰特和他的同事断定中地雀和大地雀一直都有差异，因为它们的喙代表了三种最理想大小喙型中的两种（图4.3）。这三种最理想喙的大小是根据以下因素来确定的：种子大小、种子硬度以及不同大小喙的鸟取食这些种子的能力。根据格兰特团队的计算，地雀的三种最理想大小的喙分别相当于小喙物种（小地雀 *Geospiza fuliginosa*）、中喙物种（中地雀 *G. fortis*）和大喙物种（大地雀 *G. magnirostris*）的喙的平均大小（图4.4）。这些研究人员指出杂交种会被自然选择淘汰，因为它们的喙的大小落于选择"谷值"。达尔文雀的杂交种很常见。一项由印第安纳大

图 4.3

在达尔文雀中，尽管有大量的基因流，自然选择的存在保证了该岛屿有三种地雀存在。红线表示的是该环境中不同大小的喙的地雀的食物量多少。曲线的峰值代表不同的地雀种类。

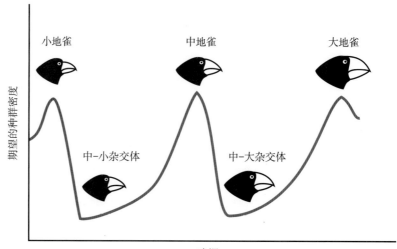

(a)

(b)

(c)

图4.4

（a）小地雀；（b）中地雀；（c）大地雀。

学（Indiana University）的罗伦·里斯伯格（Loren Rieseberg）及其同事开展的关于114种植物和170种动物的研究表明，在许多物种之间是不存在生殖隔离的（图4.5）。

另外，很多物种的相互隔离的亚群之间即使没有基因流，但是还是一直保持连贯性。例如，艾迪堇蛱蝶（*Euphydryas editca*）（图4.6）散布于整个加利福尼亚州。不同种群的个体的形态非常相似，它们均被归为同一种蝴蝶。然而，斯坦福大学的生物学家保罗·欧立希（Paul Ehrlich）细致的研究表明这些蝴蝶很少离开超过它们的出生地100米的距离。考虑到种群之间常常相距几千米甚至200千米，因此通过基因交流来统一一个物种似乎是不太可能的。

图4.5

约有一半的动植物之间有生殖隔离，另外一半则没有。存在生殖隔离的物种的个体之间不能产生可存活的后代。

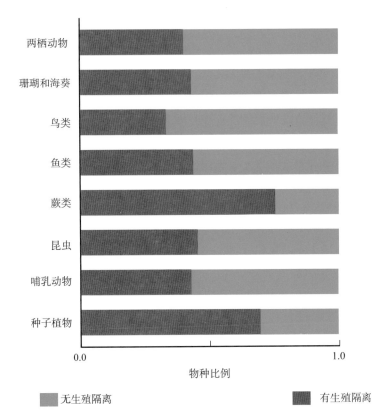

无生殖隔离　　　　　有生殖隔离

图 4.6

生活在加利福尼亚的艾迪堇蛱蝶有多个地理种群，虽然为同一物种，但各地理种群间可能很少有基因交流。

严格无性繁殖的生命体的存在说明没有基因交流也可以维持物种。无性繁殖物种，它们通过出芽繁殖或者分裂生殖的方式，简单复制自己的遗传物质，产生一个与自己完全一样的复制品。因此，在无性繁殖生命体中是不可能存在基因流的，并且把它们归类为生殖隔离也没有意义。尽管如此，研究无性繁殖的许多生物学家坚持认为归类无性繁殖生物和归类有性繁殖一样简单。

在这些情况中，是什么维持了物种的连贯性？大部分生物学家认为答案就是自然选择。要明白为什么，让我们再次回到达尔文雀。假设一种情况，一种栖息地的自然选择倾向于选择小喙的雀类，另一种栖息地的自然选择则支持大喙的雀类，但是两种栖息地都不支持中喙的雀类。如果中喙雀类始终无法存活无法繁殖后代，即使大喙和小喙两个物种之间能够自由繁殖交配，自然选择也能维持这两个物种之间的差异。在艾迪堇蛱蝶和无性繁殖的物种的例子中，我们可以想象可能存在的相反情况，即自然选择倾向于选择有相同形态和生理特征的生物，因此即使没有基因流，它们之间也能维持相似性。

现如今，虽然大部分生物学家不得不承认在达尔文雀等例子中，自然选择维持了物种界限，但是他们普遍坚持在大部分的情况下是生殖隔离起了主要作用。即使这样，越来越多的少数研究者认为自然选择几乎在所有的物种界限中都发挥着重要的作用。

物种起源

物种形成很难进行实证研究。

物种是生物学中最重要的概念之一，所以了解新物种如何形成是有益的。尽管有大量艰难的工作和激烈的争论，但是关于达尔文所谓的"谜中谜"还是存在许多不确定性。这个谜之所以持续存在是因为对物种的形成过程很难进行实证研究。不像种群内的微演化，微演化有时候能够在野外或者实验室研究，而任何一个个体新物种的演化都太慢以至于无法研究整个过程。而另一方面，相对于古代化石记录，生物学物种形成所用时间太短从而无法在化石记录中观察到该过程。尽管如此，生物学家收集了大量证据为新物种出现提供了重要线索。

异域物种形成

如果一个种群内有地理障阻或者环境障阻，并且这些不同区域中自然选择倾向于支持不同表型的个体，那么很有可能演化出一个新的物种。

当一个种群整体被某些类型的障阻隔离成几部分，并且不同区域的种群个体适应不同的环境的时候，此种形成新物种的过程就叫作**异域物种形成**

（allopatric speciation）。接下来的假设情况描述了这个过程的本质。在多山的加拉帕戈斯群岛上，干燥地带位于低海拔处，湿润栖息地则处于高海拔处。假设生活在这多山群岛上的一个雀类中有中喙，即湿润地带的最佳大小的喙和干燥地带最佳大小的喙的折中型。进一步假设，有很多鸟在暴风的推动下飞往另一个类似于加拉帕戈斯群岛中一个低海拔干旱小岛的岛屿上。在这个新的干旱岛屿上，大个的、坚硬的种子占主导地位，且只有大喙鸟最适合处理这种种子。只要没有来自同样适应这个干旱岛屿的小鸟的竞争并且两个岛屿之间的鸟不会来回飞，在干旱岛屿上的雀类将会迅速适应它们的新环境，同时其喙的平均大小也会迅速增加（图4.7）。

现在我们假设过了一段时间，干旱小岛屿上的雀类被风吹回到它们祖先原本所在的大岛屿。假设新来的大喙雀类与本地的中喙雀类成功交配，那么两个种群间的基因交流则会迅速消除它们喙大小的差异，同时刚刚产生的大喙变种消失。而另外一方面，如果大喙雀类迁入这个大岛屿后不能与本地中喙雀类交配繁殖，那么两个种群之间的差异就会一直存在。正如我们前面所提到的，有多种途径能够防止出现成功的繁殖交配，但是杂交种不如其他后代容易存活是杂交繁殖最普遍的障碍。在这种情况下，我们可以假设这两个雀类种群相互隔离，在自然选择和遗传漂变的作用下它们之间会出现遗传分化。它们相互之间隔离时间越长，种群间的遗传差异就越大。当两种不同类型的个体相互接触时，杂交可能降低生存

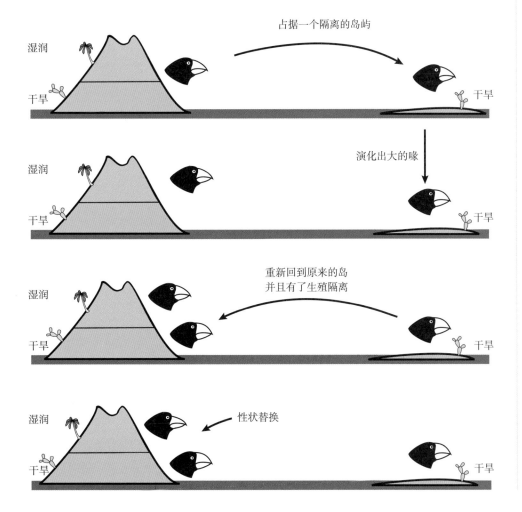

图4.7

假设在加拉帕戈斯群岛上出现异域物种形成，可能出现的现象及其先后顺序。一开始，有一群雀类生活在兼具干旱地带和湿润地带的岛上。

由于不同类型的栖息地的鸟类之间有频繁的基因流，这个岛上出现中喙雀类。偶然的一次机会，一些鸟飞到一个干燥的岛上且演化出了更大的喙。后来，再次偶然地，干燥岛屿上的鸟来到它们的祖先出生的岛上。如果这两个种群之间存在生殖隔离，那么有一个新种已经形成。即使这两个种群间有一些基因流，它们之间的资源竞争也会加大外来种和本土种喙的差异，该过程就叫作性状替换。

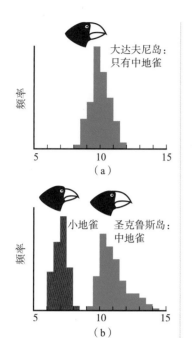

大达夫尼岛：
只有中地雀

频率

5　　　10　　　15
（a）

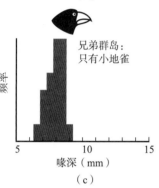

小地雀　　圣克鲁斯岛：
　　　　　中地雀

频率

5　　　10　　　15
（b）

兄弟群岛：
只有小地雀

频率

5　　　　10　　　15
喙深（mm）
（c）

图4.8

小地雀和中地雀在加拉帕戈斯群岛3个岛屿中不同大小喙的分布，说明了性状替换的作用。（b）展示两个存在竞争的种在圣克鲁斯岛（Santa cruz Island）上的分布。（a, c）在两个岛屿上，小地雀和中地雀的不同大小喙的分布［中地雀分布在大达夫尼岛，小地雀分布在兄弟群岛（Los Hermanos）］。在有直接竞争的区域，两种鸟的喙的大小差异很大。对种子密度及其他环境条件的仔细测量结果表明，是竞争而不是环境造成种群间的差异。

能力，可能是在它们隔离的时候出现了遗传不相容或者杂交个体无力竞争食物资源。如果这些过程引起完全的生殖隔离，那么一个新的物种就产生了。

即使两个种群的个体进行交配且有基因流，有两个过程也会加强生殖隔离和促进产生新种。第一个过程是**性状替换**（character displacement），对食物、配偶和其他资源的竞争会加大外来种和本土种之间的形态差异。在本文的例子中，大喙外来种能够更好地适应大型岛屿的干旱地区，在竞争中取代本地种。在湿润地区，来自外来种的竞争压力较小，土著种生活也较为自在。由于小喙鸟类在湿润地带占优势，喙大小小于平均大小的鸟类被自然选择留下。此外，大喙鸟类在干燥地带占优势，自然选择将留下喙较大的外来种。这个过程将会导致两个相互竞争的种群的喙的分化。有证据表明性状替换在达尔文雀的形态形成中起着重要作用（图4.8）。

第二个过程是**强化**（reinforcement），用于减弱种群间的基因交流。相比于非杂交种，杂交种的生存能力较弱，自然选择倾向于保留那些能够阻止两个种群个体交配的行为或性状。该步骤进一步加强了两个物种之间的生殖隔离（图4.9）。这样，经过性状替换和强化两个过程，两个种群间的差异进一步加大，结果就产生了两个新的物种。

在异域物种形成过程中，地理屏障将一个种群中的一小部分与其他个体隔离开，隔断基因流，在自然选择的作用下，该部分个体朝着不同于原始种群的方向演变。本文例子中的地理屏障是海洋，此外，高山、河流及沙漠都同样能够限制种群移动且阻断基因流。倘若两个种群重新开始接触且交配，性状替换和强化作用可以扩大两个种群的差异。虽然如此，上述两个过程并不是异域物种形成所必需的，许多物种被地理隔离后会出现完全生殖隔离。

邻域物种形成和同域物种形成

如果自然选择力度够大且能够保留两种不同的表型，新种就能够产生。

认同生物学物种概念的生物学家认为异域物种形成是自然界产生新物种最重要的方式。对于这

图4.9

雀类的求偶行为非常精巧。该图是一只雄性雀类为吸引雌性雀类的注意力而做出的炫耀行为。不同种群个体的求偶行为的细微差异都可能妨碍交配从而增加生殖隔离。

些科学家来说，基因流能"整合"物种，基因流的中断也能分离物种。而那些强调自然选择作用的人则认为，即使存在杂交，自然选择也能够产生新物种。对此的假说有强弱两个版本。弱的版本是**邻域物种形成**（parapatric speciation），该假说认为仅仅有自然选择不足以产生新种，只有自然选择和部分基因隔离联合作用才能产生新物种。例如，从沙特阿拉伯到好望角均有狒狒分布，它们生活的环境多种多样。有些狒狒生活在潮湿的热带森林里，有些则居住在干旱的沙漠中，另外一些栖息于高海拔的草原上（图4.10）。上述不同的生境倾向于选择不同的行为和形态特征，这种差异可能导致区域间个体差异。在不同类型栖息地的交界

(a)

(b)

(c)

(d)

图4.10

狒狒分布在整个非洲，其生境类型非常丰富。（a）南非的德拉肯斯堡山脉（Drakensberg Mountains），这里的冬天气温低于冰点且会下雪。（b）津巴布韦的马托博山（Matopo Hills），树林散布在稀树草原上。（c）位于肯尼亚边界内的乞力马扎罗山（Kilimanjaro）山脚下的安博塞利国家公园（Amboseli National Park）。（d）坦桑尼亚坦噶尼喀湖（Lake Tanganyika）丘陵岸上的贡贝溪国家公园（Gombe Stream National Park）。

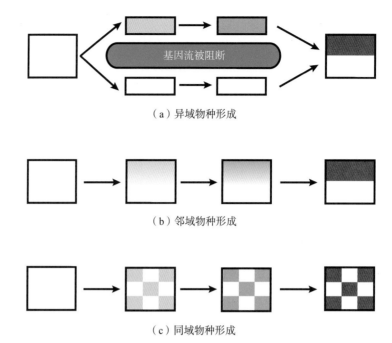

图 4.11

物种形成有三种不同的机制。（a）异域物种形成发生在单个物种内部存在生殖隔离的种群间，这些种群随后发生分化。假设已分化的种群重新相互接触但无法交配产生后代，说明已经产生了两个新的物种。（b）邻域物种形成出现在以下情况：一个物种的地理分布连续，该物种不同的种群适应不同的环境。适应不同的环境以后，自然选择使这些种群分化，最终出现生殖隔离。（c）自然选择强烈选择相似环境中同一物种内的不同适应，该过程叫作同域物种形成。

基因流被阻断

（a）异域物种形成

（b）邻域物种形成

（c）同域物种形成

处，生活在不同环境且外形特征不同的动物之间会发生交配，因而出现**杂交地带**（hybrid zone）。关于各个物种的杂交地带的研究表明，非杂交个体往往比杂交个体更健康。如果真是这样，自然选择应该保留那些能够阻碍不同类型栖息地个体发生交配的行为和形态特征。如果这种强化作用确实出现，基因流会减少，最终将演化出两个新的存在生殖隔离的物种。

　　强的版本便是**同域物种形成**（sympatric speciation），该假说认为，即使种群内部有频繁的基因流，没有地理隔离，只要有能够同时支持不同表型的自然选择，该种群内部也能演化出新物种。同域物种形成假说在理论上成立，且有相关实验室产生这种物种形成模式，但是我们无法确定这种物种形成模式在自然界的发生频率。图 4.11 展示了这三种物种形成模式的机制。

如果存在大量生态位空间，就会产生适应辐射。

生态学家用**生态位**（niche）一词指生物谋生的特定方式，谋生包括取食类型

图 4.12

50 万年前，当第一批雀类到达的时候，加拉帕戈斯群岛上有许多空的生态位。（a）一些雀类开始吃仙人掌；（b）另一些开始取食种子；（c）其他一些雀类则捕食昆虫和其他节肢动物。

（a）

（b）

（c）

以及何时、何地、如何取食。上述的三个物种形成模式都得出同一结论：物种形成的速率取决于空生态位的数量。同样，达尔文雀就是一个很好的例子。50万年前，当第一批雀类从南美大陆（也可能是科科岛）迁移到加拉帕戈斯群岛的时候，加拉帕戈斯群岛上小型鸟类的生态位是空的。对于那些以种子、仙人掌等为食的鸟来说，在这里生存下去还是有机会的。雀类祖先演化出不同的喙且填充所有的生态位，最终产生了14种不同的物种（图4.12）。关于该过程，白垩纪末期有一个令人震惊的例子。白垩纪时代，恐龙统治整个地球，但在6500万年前突然消失。在恐龙时代，大部分哺乳动物都具备体型小、夜行和食虫等特点。但是恐龙灭绝以后，这些小型生物的多样性增加以占领不同的生态位，结果演化出了大象、虎鲸、野牛、狼、蝙蝠、大猩猩、人类及其他种类的哺乳动物。一个祖先植物物种或动物物种为占领可用的生态位，形成多样的物种，这个过程叫作**适应辐射**（adaptive radiation）（图4.13）。

图4.13

达尔文雀不是唯一的关于外来种遇上一系列空的生态位而出现适应辐射的例子。夏威夷群岛上的旋蜜雀类经过适应辐射演化出了更多的物种。

生命之树

根据相似性能将生物分成不同的等级。这类相似性大多与适应性无关。

第一章中，达尔文的进化论解释了为什么存在适应。本章中，我们用同样的理论解释为什么生物能够按照相似性进行等级划分，这一点比适应性更让19世纪的生物学家费解。理查德·欧文（Richard Owen）是位解剖学家，《物种起源》一

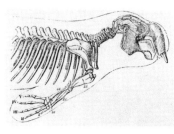

（a）

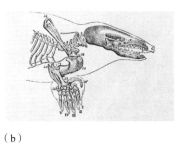

（b）

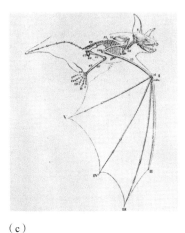

（c）

图4.14

生命体之间的相似性与适应性无关。理查德·欧文通过绘制三种哺乳动物前肢的骨骼来说明这个事实。（a）儒艮，（b）鼹鼠，（c）蝙蝠，它们的前肢的基本结构相同；儒艮用前肢划水，鼹鼠用前肢挖地洞，蝙蝠用前肢飞翔。

图 4.15

儒艮是水生动物，其前肢适用于在水中划水。

书出版以后引发了激烈的辩论，而他正是主要反对者之一，他用儒艮、蝙蝠和鼹鼠的例子辩护他的观点（图4.14）。尽管骨头形状不一致，但是这三种生物的前肢的骨骼种类及数量是相同的。蝙蝠的前肢适用于飞翔，而儒艮的前肢能用于划水（图4.15）。不过，蝙蝠前肢与儒艮前肢的相似性多于蝙蝠前肢与雨燕前肢（翅膀）的相似性，虽然雨燕前肢也是用于飞翔。

这类相似性就像一系列嵌套的盒子，将物种划分到不同的层次中（图4.16）。这个显著的特征是植物和动物分类的基础，由此，18世纪的生物学家林奈（Carolus Linnaeus）设计发明了一种分类体系。所有的蝙蝠物种之间有许多共性，它们被划分到同一个盒子中。蝙蝠、儒艮和鼹鼠同时放在一个更大的盒子中，这个盒子包括所有的哺乳动物。进一步，哺乳动物与鸟类、爬行类及两栖类同时分在一个更大的盒子中。有些相似性是功能相似性。不同蝙蝠物种之间的相似性是能够在夜里飞行。不管怎样，许多相似性与适应性之间没有多少联系，例如，有"微型空中杂耍演员"称号的蝙蝠与温和的儒艮划分在一起，而不是"小杂技演员"雨燕。

物种形成解释了为什么生物能够按不同层次划分。

新种来源于现有种的事实说明，我们可以将非适应性的相似特点用于物种的层次划分中。显然，新种来源于旧种的分裂，从而可以将来源于同一祖先的物种归到一个系统发育树或者演化树中。图4.17是猿类各个物种的系统发育树，即包括人和猿的人猿总科的系统发育树。图4.18则是一些现代猿类的照片。系统发育

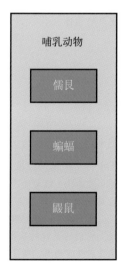

图 4.16

相似性使将生物按层次划入一系列套嵌的盒子中成为可能。哺乳动物之间的相似性多于它们与鸟类的相似性，尽管有些哺乳动物，例如蝙蝠，遇到与鸟类同样的适应性问题。

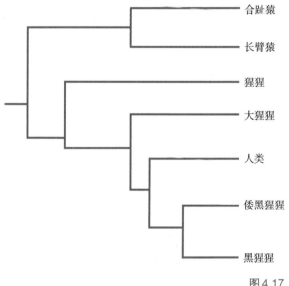

图 4.17

人猿总科的系统发育树。现生物种的名称标在各个分支的末端。系统发育树的分支模式反映了现生各世系的祖先的情况。例如，黑猩猩与倭黑猩猩比其与猩猩更近缘。

(a) (b) (c) (d)

图 4.18

（a）属于长臂猿科的长臂猿和马来亚长臂猿，它们统称为"小型类人猿"。（b）猩猩、（c）大猩猩、（d）黑猩猩统称为"大型类人猿"，它们均属于猩猩科［译者按：猩猩、大猩猩、黑猩猩、倭黑猩猩和人现在被归为人科（Hominidae）］。

树的根部是未知的祖先物种，人猿总科所有的物种均从该祖先物种演化而来。每个分支则表示物种一分为二的物种形成过程，其中一个或者两个子物种与祖先物种之间有形态或者行为上的差异。

需要注意的是，两个子物种之间存在差异并不表示所有的表型细节都不同。除了少数特征不同之外，其他大多数原始性状都保留了。例如，人猿总科各物种之间有许多共有的特征，其中包括非特化的消化系统、每只脚有五趾及没有尾巴。同时，它们之间又存在差异。例如，大猩猩过着一雄多雌的群居生活，而猩猩多独居。长臂猿雄性和雌性个头大小一样，但其他猿类的雄性体型比雌性体型大。总体上，我们可以从与在不同生活环境里谋生和择偶相关的特性中观察到最大的差异。

这里再次回到系统发育树。只要一个物种一分为二产生子物种，新的子物种之间存在某种程度上的差异。新物种产生以后，独立演化，且随着时间的推移，这两个物种继续分化。一旦物种形成，两个分支则独立演化。由于这两个物种适应不同的栖息环境，它们之间会出现新的差异；其他差异则可能是随机过程的结果，例如遗传漂变。总体上，物种之间相互分化的时间越短，它们的共性越多，反之则越少。例如，黑猩猩和大猩猩之间的相似性大于它们与猩猩或长臂猿之间的相似性，因为黑猩猩和大猩猩更近缘。生命之树的层次划分的本质来源于生命体之间的共性。

为什么要重建系统发育树？

重建系统发育树在研究生物演化上起着三重作用。

我们已经了解后代改良可以解释生物界的等级结构。由于新种均是从现有种演化而来且种间存在生殖隔离，所有的生物都可以放置在一个系统发育树上，我们可以在这个系统发育树上追踪到所有生物的共同祖先。在本章接下来的部分，

（a）

（b）

图4.19

大型类人猿中的行走方式对比。（a）黑猩猩和大猩猩都是指关节行走，它们行走时手指向掌内弯曲，身体重心放在指关节上。（b）相反，猩猩不是指关节行走，而是行走时候将身体重心放在掌部，为跖行。

我们将了解如何将现生物种间的相似性和差异运用于系统发育树重建和生命演化史的构建当中。

重建系统发育树对演化研究有重要作用，原因有三：

1. 种系发生是生物鉴定和分类的基础。在本章的后半部分，我们将看到科学家如何使用种系发生关系给生物命名以及将它们归入不同的层次中。我们称之为**生物分类学**（taxonomy）。

2. 了解种系发生关系有助于解释一个生物为什么演化出特定适应性。自然选择通过修饰现存的身体结构来使生物发挥新的功能，最终创造出新种。通过系统发育树追溯新生种的祖先，这样我们就可以了解该生物为什么会有某种特性。关于这一点，猿类的种系演化关系提供了很好的例子。过去大部分科学家都认为黑猩猩和大猩猩的亲缘关系比它们分别与人类的亲缘关系更近。这个观点影响了他们对猿类的行动或者移动方式演化的理解。所有的大型类人猿都是**四足行走**（quadrupedal），即用脚和手一起行走。然而，大猩猩和黑猩猩行走时手指向掌内弯曲并将身体重心放在指关节上，这种行走方式叫作**指关节行走**（knuckle walking），而猩猩行走时将身体重心放在掌部（图4.19）。当然，人类是双腿直立行走的。指关节行走涉及手部结构特殊的改变，并且人类没有这些特殊的手部结构，因此大部分科学家认为人类不是从指关节行走物种演化来的。由于黑猩猩和大猩猩都是指关节行走，过去普遍认为这个特征演化自共同的祖先（图4.20）。但是，最近的基因相似性的分析让大多数科学家相信黑猩猩与人类比它们与大猩猩更近缘。如果情况真是如此，那么以前关于猿类行走姿势演化的说法便是错的。有两种解释与新的种系发生关系一致。有可能人类、黑猩猩和大猩猩的共同祖先都是指关节行走，且黑猩猩和人类的共同祖先保留了这种行走方式。这意味着指关节行走只演化过一次，且人类是从指关节行走物种演化来的（图4.21a）。又或者人类、黑猩猩和其他类人猿的共同祖先并不是指关节行走。如果情况是这样，那么指关节行走就是在黑猩猩和大猩猩中各自演化出来的（图4.21b）。这些设想引出了关于人类和类人猿移动方式演化的有趣问题。如果黑猩猩和大猩猩各自演化出指关节行走，那么我们应该可以发现它们形态上的细微差异。如果人类由指关节行走物种演化而来，那么进一步的研究能发现指关节行走之前行走方式的痕迹。我们将在第十章看到，我们在我们推测的祖先的手腕处发现了该类痕迹。

3. 通过对比不同物种的特点，我们可以推断某种形态或行为的功能。这种方法叫作**比较法**（comparative method）。在本书的第二部分，我们会发现大多数灵长类都是群居的。一些科学家认为，陆栖灵长类的生活群体比树栖灵长类的大，原因是陆栖灵长类较容易受到捕食者攻击，而在大群中生活更加安全。如果用比较法检测群大小与栖息类型之间的联系，我们需要收集许多灵长类物种（树栖性、地栖性）的群体大小和生活方式的数据。但是，多数生物学家认为只有在独立演化的情况下才能使用比较法，因此我们必须考虑物种的种系发生关系。知识点4.1部分举例说明种系发生关系如何改变我们对比较数据的理解。

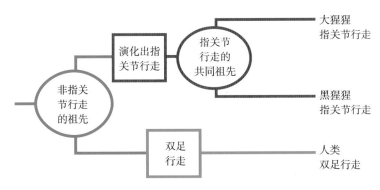

黑猩猩和大猩猩的共同祖先演化出了指关节行走

图 4.20

正如形态学证据表明，如果黑猩猩和大猩猩比它们与人类更近缘，那么这是大猩猩、黑猩猩和人类行走姿势最合理的解释。化石记录表明，黑猩猩、大猩猩和人类的共同祖先既不是指关节行走也不是直立行走。目前关于移动方式最简单的解释是指关节行走只在黑猩猩和大猩猩的共同祖先中演化过一次。

多年来，科学家构建种系发生关系的理由只有一个——物种分类。交替使用分类学和系统学来指称种系发生关系构建和用这种关系给生物命名。最近才意识到种系发生关系的重要作用，上述例子就是其一。本书采取芝加哥田野博物馆（Chicago's Field Museum）人类学家罗伯特·马丁（Robert Martin）的建议：**系统学**（systematics）指的是种系发生关系构建，而分类学是指用种系发生关系来

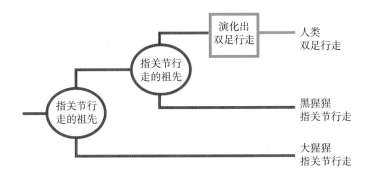

（a）人类的双足行走是从指关节行走演化而来

图 4.21

正如基因数据显示，如果人类与黑猩猩比它们与大猩猩更近缘，那么这三个物种移动方式演化存在两种可能的场景。（a）如果黑猩猩和大猩猩的共同祖先是指关节行走，那么人类的直立行走是从指关节行走演化来的。（b）如果这三个物种的共同祖先不是指关节行走，那么黑猩猩和大猩猩中的指关节行走是各自演化出来的。

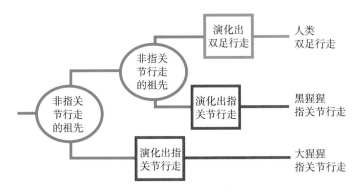

（b）黑猩猩和大猩猩的指关节行走独立演化

知识点4.1　种系发生关系在比较法中的作用

要想理解为何使用比较法时需要考虑种系发生关系，我们可以仔细观察下图4.22，该图展示了8种假想灵长类的关系。如图可知，三种地栖种类生活在大群体中，三种树栖种类的生活群体较小。只有一个陆栖物种生活在小群中，且也只有一个树栖物种生活在大群。因此，如果我们的判断仅仅是

基于现有物种，我们可以推断群大小与生活方式存在相关性。但是，如果考虑了独立演化事件，会得到完全不同的结果。只在物种B及其后代B1、B2和B3中同时发现大群体和地栖性。尽管我们现在可以在三个现存的物种中看到这种组合（大群+陆栖），这种组合只经历一次演化。自然选择保留的小群生活

的物种的情况也只有一例（物种C及其后代C1、C2和C3）。同时可以看到其他每个有可能的组合也只演化过一次。当我们把独立演化事件制成表格时，我们发现生活方式和群大小之间没有对应关系。显然，种系发生关系对于理解我们看待自然界的方式有重要的作用。

图4.22

该图展示了8种假想灵长类物种之间的种系发生关系。分支的末端是现有物种，它们的祖先在系统发育树的分叉处。这些物种的群大小（小群、大群）和生活方式（地栖、树栖）不尽相同。用红双线标记的支系代表群大小与生活方式的关系有了新的演化。左边的矩阵展示了现有物种的群大小和生活方式的关系，该矩阵表明树栖物种生活在小群，地栖物种生活在大群。右边的矩阵记录这些物种的演化过程中群大小和生活方式关系转变的次数。这样看来，群大小和生活方式之间的联系不明显。这个例子说明，为什么追踪独立演化时间在对比分析时很重要。

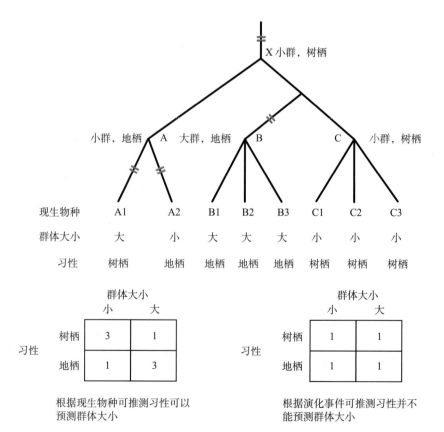

命名和分类生物的方法。尽管现在看来这种区分不重要，但是随着研究的逐步推进，它的存在会越来越有意义。

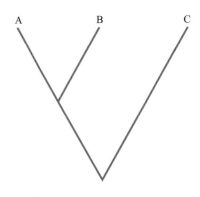

图4.23

由肌红蛋白的氨基酸序列得出的关于物种A、B和C的种系发生关系，表4.1展示了部分氨基酸的序列。

如何重建系统发育树

表型相似的物种间一般比表型差异大的物种间更近缘，我们基于上述假设建立系统发育树。

我们可以通过下面这个例子了解分类学家如何重建种系发生关系。首先有三个物种，暂时命名为A、B和C，如表4.1所示，它们的肌红蛋白（参与氧代谢的细胞蛋白）有差异。由第二章可知，蛋白质是一长串的氨基酸分子，表4.1的字母表示氨基酸链上不同的氨基酸。

分类学家想要找出最有可能产生这种数据的模式。她发现的第一件事是这三种肌红蛋白许多位置上的氨基酸都是相同的，例如1号位置（都是G）、2号位置（都是L）和3号位置（都是S），物种A和B的5、9、13、30和34号位置的氨基酸种类相同，物种C的相应位置上的氨基酸种类不同。在48号位置，物种B和C的氨基酸相同，59号位置，物种A和C的氨基酸种类相同。66号位置，三个物种的氨基酸互不相同。分类学家发现，A和B之间的差异小于A和C或者B和C之间的差异。由此他可能推断出A和B、A和C或者B和C之间均有共同祖先，但是A和B之间的遗传变异小于A和C或B和C之间的遗传变异。因为从A演化到B所需的演化改变小于从B演化到C或从A演化到C，我们预测三个物种中，A和B之间更近缘（图4.23）。换句话说，拥有更多的相似性的物种被认为更近缘。

现在我们终止悬念，揭露三个物种的真实身份。物种A是我们人类，物种B是鸭嘴兽（图4.24），物种C是家鸡。图4.23的种系发生关系表明人类和鸭嘴兽之间比它们与家鸡更近缘。不管怎样，这种种系发生关系并不是基于足够多的有说服力的数据得出来的。为了确定这三种生物之间的关系，我们应该需要

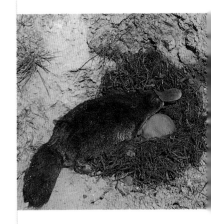

图4.24

鸭嘴兽解释了区分衍生特征和祖先特征的重要性。与鸟类一样，鸭嘴兽能下蛋且有角质喙，同时它们也能像哺乳动物一样哺乳。

表4.1　肌红蛋白氨基酸序列差异表

物种	氨基酸序列编号										
	1	2	3	5	9	13	30	34	48	59	66
A	G	L	S	G	L	V	I	K	H	E	A
B	G	L	S	G	L	V	I	K	G	A	I
C	G	L	S	Q	Q	I	M	H	G	E	Q

三个不同物种的肌红蛋白的氨基酸序列。数字指的是肌红蛋白氨基酸链上的位置，单元格中每个字母表示对应物种的肌红蛋白相应位置的特定氨基酸分子。未在表中显示位置的氨基酸分子种类在三个物种中都是相同的，此外1号位置到3号位的氨基酸分子种类也相同。在八个位置中至少有一个位置，三个物种的氨基酸种类互不相同。

收集和分析大量特征数据，且每次分析得出的系统发育树都一样才行。事实上，许多其他的特征显示的种系发生关系与肌红蛋白显示的一样。例如，人类和鸭嘴兽均有毛发和乳腺，但是家鸡没有这些构造。现在人们接受图4.23所示的三个物种的种系发生关系。

趋同带来的问题

由于趋同演化会产生相似性特征，在构建系统发育树的时候，我们应该尽量避免使用此类特征。

尽管发现了上述证据，人类、鸭嘴兽和家鸡的种系发生构建并非完全符合预期。48号和59号两个氨基酸位置（见表4.1）与图4.23所示的种系发生关系并不一致。并且，有些其他特征也与系统发育树不一致。例如，鸭嘴兽和人类都哺乳，但家鸡不会（图4.25a）；人类和家鸡都是双足行走，但鸭嘴兽却不是（图4.25b）；鸭嘴兽和家鸡都能下蛋（图4.25c），都有叫作泄殖腔的器官，都有角质喙，但是人类没有。为什么这些特征不能与种系发生关系完全吻合？

导致这些反常的原因是趋同演化。有时两个物种共有某种特征并不是因为有共同祖先。相反，它们是在自然选择条件下独立适应产生的结果。家鸡和人类都是双足行走并不是由于二者有共同双足行走的祖先，这两个物种均是独立演化出这一行走方式。类似地，家鸡和鸭嘴兽有角质喙也并不是有共同的有角质喙的祖先，这两个物种均是独立衍生出这一特征。分类学家说由于趋同造成的特征相似叫作**同功**（analogous）；由于来源于共同祖先而具有的相似性叫作**同源**（homologous）。在重建种系发生关系时，重要的是避免使用趋同演化产生的特征。虽然我们很容易区别人类和家鸡共有的双足行走这一特征不是同源的，但有

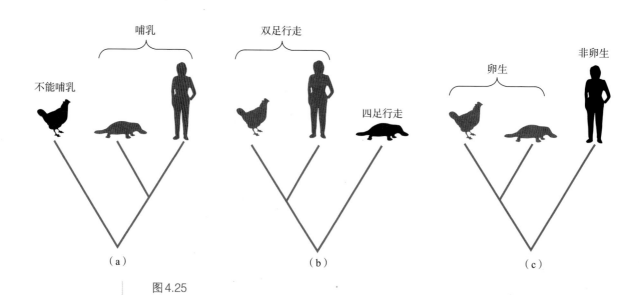

图4.25

（a）许多特征构建的人类、家鸡和鸭嘴兽的种系发生关系与肌红蛋白构建的一样（图4.23），例如哺乳。（b）其他特征，例如双足行走，表明人类和家鸡比它们与鸭嘴兽更近缘。（c）一些特征，例如下蛋，表明家鸡和鸭嘴兽比它们与人类更近缘。

些时候，我们很难区分其他的趋同特征。

祖先特征带来的问题

忽略祖先特征带来的相似性也很重要，这些特征是我们定义的这些物种的共同祖先拥有的特征。

红眼虱子　　　蓝颈虱子　　　橘点虱子

同样有不完全符合正确的种系分类的同源特征。例如，家鸡和鸭嘴兽均通过下蛋来繁殖后代，但是人类不是。家鸡和鸭嘴兽都可以下蛋似乎表明二者均来自一个能下蛋的祖先。如果这些特征是同源的，那么为什么我们无法得出正确的种系发生关系（图4.25c）？

分类学家将家鸡、鸭嘴兽和人类的共同祖先拥有的特征称为**祖先特征**（ancestral trait），例如下蛋。下蛋这一特征在家鸡和鸭嘴兽中保留了，但人类丢失了这一特征。当构建种系发生关系时，一定要避免使用祖先特征。在构建种系发生关系的时候，我们只能使用**衍生特征**（derived trait），即该物种从最近祖先演化后产生的特征。

想要了解为什么我们要区分祖先特征和衍生特征，认真思考图4.26显示的三种"虱子"物种。乍一看，三个物种中，红眼虱子与蓝颈虱子比它们与橘点虱子更近缘，而且发现共有特征数目也支持这一观点。再看图4.27，该图表示三个物种间的种系发生关系。可以发现，三个物种中，蓝颈虱子和橘点虱子之间的亲缘

图4.26

这三种虱子之间，红眼虱子和蓝颈虱子之间有更多相同的特征（例如绿腿、蓝身子、绿触角）。如果重建种系发生关系的时候考虑所有的相似点，我们推断三种虱子中，蓝颈虱子和红眼虱子更近缘。

图4.27

显示的三种虱子的种系发生关系表明，三种虱子中，蓝颈虱子和橘点虱子更近缘。这是因为蓝颈虱子与橘点虱子有最近的共同祖先。

红眼虱子　　　蓝颈虱子　　　橘点虱子

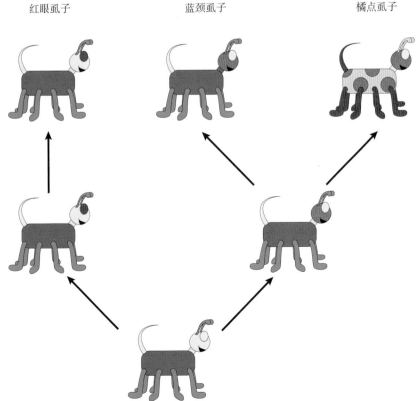

关系最近，因为它们的共同祖先最近。由于红眼虱子和蓝颈虱子之间有许多共有的祖先特征，所以看起来它们更近缘，但是橘点虱子在某个时间段内快速演化，从而消除了许多祖先特征。如果物种的演化速率不一致，那么无法根据祖先特征得出正确的种系发生关系。

如果我们只考虑衍生特征（如图4.28所示），那么有最多相似点的物种之间的种系发生关系最近。蓝颈虱子和橘点虱子有一个共有的衍生特征（橘脸），但是二者与红眼虱子之间都没有共同的衍生特征。因此，如果我们避免使用祖先特征，我们就能够得出正确的种系发生关系。

分类学家用以下标准区别祖先特征和衍生特征：祖先特征（1）出现在生物发育的较早阶段；（2）在化石记录中出现较早；（3）在外群中出现。

不难看出区分祖先特征和衍生特征很重要，但是很难想出有效的实际操作方法。如果只能观察活的生物，如何辨别两个物种中某个特性是祖先的还是衍生的？解决这个问题并没有十拿九稳的方法，因此生物学家一般采用以下三种经验：

1. 多细胞生物的发育过程非常复杂，逻辑上来说，发育前期的修饰比发育后期的修饰更具有破坏力。结果就是，演化往往发生在（但并不总是）修饰现有发育途径后期的时候。假若这种推论是正确的，发育早期出现的特征就属于祖先特征。例如，人类和其他类人猿都是无尾的，但事实是人类胚胎发育早期出现尾巴

图4.28

在这个种系发生关系中，只显示衍生特征：红眼虱子的红眼；橘点虱子和蓝颈虱子的共同祖先中有橘脸这一特征；蓝颈虱子有蓝颈和橘脸；橘点虱子有红腿、红尾、黄触角、橘脸、灰身子和橘点。正确的种系发生关系以共有的衍生特征为基础。

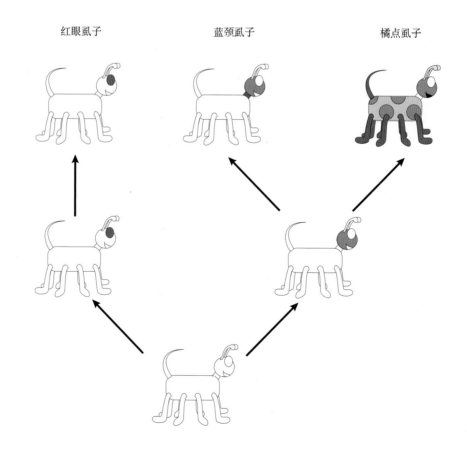

红眼虱子　　　　蓝颈虱子　　　　橘点虱子

然后消失，这个事实表明有尾是祖先特征（图4.29）。我们由此推断人类无尾特性是衍生的。如果祖先特征在发育过程中完全丢失（例如产卵）但只在成年个体中出现，那么这种推测不成立。

2. 有的时候，化石能够给我们提供关于现代物种的祖先信息。如果我们在化石记录中发现类人猿最早的可能祖先都是有尾的，那些无尾灵长类只在该化石记录之后的时间出现，那么我们可以合理推断有尾属于祖先特征。如果化石记录不完整，那么有些衍生特征的化石记录可能出现在祖先特征之前，则本条推断标准可能不适用。在本书的第十章将会讲到，新发现的化石有时候能够导致现有种系发生关系发生巨大的变化。

3. 最后，我们可以通过相邻群或者外群来判断某个群体的性状是否是祖先的。假设我们想判断灵长类有尾是否是祖先特征。众所周知，猴有尾，类人猿无尾，但是我们不知道哪种是祖先的特点。为解决这一疑问，我们查看相邻的哺乳类群体，比如食虫目动物或者食肉目动物。由于这些外生群的个体通常有尾，我们有理由判断所有灵长类共同的祖先也是有尾的。

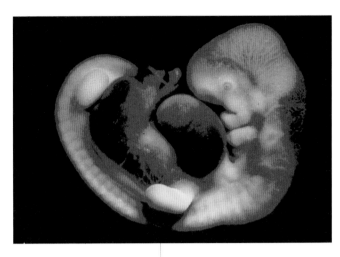

图4.29

人类胚胎发育早期是有尾的。随着发育进行，这种特征消失了。

用遗传距离的数据确定种系发生事件的时间

遗传距离能够衡量两个物种的整体遗传相似性。

两个物种之间的整体遗传差异叫作**遗传距离**（genetic distance），生物学家和人类学家均发现测量遗传距离很实用。测量遗传距离有许多种方法，在这里我们着重于用DNA序列数据估算遗传距离。例如，要计算人类和黑猩猩这两个物种之间的遗传距离，生物学家首先要确定两个物种中的同源DNA片段。意思就是那个DNA片段来自于人类和黑猩猩的共同祖先。然后将这些DNA片段进行排序。两个序列间存在的不同核苷酸位点的数目用以测算两个物种的遗传距离。用于计算遗传距离的数学公式超出本书的理解范围，在这里只说一句，有差异的核苷酸位点越多，遗传距离越大。

遗传距离数据常常支持遗传距离以几乎恒定的速率在改变的假说。

表4.2显示人类、黑猩猩、大猩猩和猩猩非编码DNA序列上的遗传距离。可以看到，大猩猩、人类和黑猩猩三个物种与猩猩的遗传距离相同。这种近似遗传距离在以恒定的速率变化。若要知道原因，需要思考现有各个物种从所有类人猿的共同祖先演化而来积累的遗传距离。任意两个现存物种之间总的遗传距离是从它们最近的共同祖先到该物种的遗传距离之和。例如，人类和猩猩之间的遗传距离是以下总和：这四个物种最近的共同祖先与猩猩之间的遗传距离，这四个物种的最近的共同祖先与人类之间的遗传距离。现在可以看出，猩猩和人类之间的遗

表4.2 　由非编码DNA序列差异得出的人类和三种类人猿的遗传距离

	人类	黑猩猩	大猩猩	猩猩
人类	—	1.24	1.62	3.08
黑猩猩		—	1.63	3.12
大猩猩			—	3.09
猩猩				—

传距离与黑猩猩和猩猩之间的遗传距离相同。意思就是，人类和三者的共同祖先之间的遗传距离等于黑猩猩和三者的共同祖先之间的遗传距离。由于所有这些物种从最近的共同祖先分化出来以后所经历的时间都相同，那么那些所有种系发生关系演化途径上的遗传距离的改变速率一定是几乎一样的，并且两个物种的遗传距离可以用以估测从共同祖先演化到该物种所经历的时间。演化学家用**分子钟**（molecular clock）来代表以恒定速率改变的遗传距离，因为遗传距离变化就像时钟一样能够测量两个物种从共同祖先演化而来的时间。大量其他生物群显示遗传距离有时钟性能，但也有重要的例外。

　　大部分生物学家认为只要遗传距离大小合适，分子钟假设就非常适用。同时也存在关于为什么遗传距离能精确变化的争议。**中性理论**（neutral theory）的拥护者认为，DNA序列上的多数改变对生物适合度没有或者几乎没有影响，因此中性DNA的演化受遗传漂变和基因突变控制。中性理论表明在正常环境下，突变和遗传漂变会产生有规律的改变。其他生物学家则认为分子钟是不同环境下自然选择的结果。

　　如果分子钟假设是正确的，那么我们可以通过两个现存物种之间的遗传距离估算二者分化所用的时间。

　　我们可以从同时代的物种看出，遗传距离在以恒定的速率变化，但无法知道确切的速率是多少。但是，我们可以在有记录的化石中估算两个物种何时出现分化。通过划定已知遗传距离的物种及其祖先的时间，我们能够估算遗传距离随时间变化的速率。例如，化石证据（见第九章）表明猩猩和人类的共同祖先生活在大约1400万年之前，这两个物种之间的遗传距离是3.1个单位。把人类和猩猩的遗传距离除以二者经历分化的时间可得，遗传距离的积累速度是每百万年0.22个单位。

　　一旦我们估算到了遗传距离的变化速率，即使没有任何化石，我们仍可以用分子钟假设确定两个演化分支分化的时间。例如，如果要计算人类和黑猩猩的最近共同祖先，用遗传距离1.24除以变化速率0.22就可以得到分化之后所用的时间。计算结果表明这两个物种最近的共同祖先生活在560万年以前。

　　实际上，科学家使用许多不同的分化数据去校正遗传距离的变化速率。每个分化数据产生的遗传距离变化速率各有不同，反过来，这些估算速率算出来的分化时间也不尽相同。因此，人类和黑猩猩出现分化的时间估计是在700万年前到500万年前这个范围内。

分类学：物种命名

演化产生的相似性模式为物种命名和科学分类提供依据。

某种程度上来说，给物种命名是任意的。我们可以命名物种为Sam或者Ruby，也可能像社会福利系统一样用数字命名。事实上，普通的命名都是这样的。单词"lion"和"charles"或者"550-72-9928"一样，都是任意标的。科学家面临的问题是动物和植物的数量巨大，没有人能够同时关注这么多物种的进展。应对这个巨大难题的一条解决途径就是发明一个系统，这个系统能够将生命体按照层次进行分类。当然，有很多可能的系统。例如，我们可以按字母顺序将生物分类，将短吻鳄（Alligators）和杏（Apricots）同时分到字母 A 系列，将藤壶（Barnacles）和狒狒（Baboons）同时归到 B 系列，等等。这种方法乏善可陈，因为这种生物分类方法除了能够告诉我们它在字母表中的位置之外，没有提供任何其他信息。另外一种可取的方法是将有相似点的生物归到同一类，这类分类系统与图书馆采用的给图书归类的"美国国会图书馆图书分类法"的功能相似。*Qs* 系列可能是捕食者（Predators），*QHs* 是水生捕食者（Aquatic predators），*QPs* 是空中捕食者（Aerial predators），等等。因而可知，如果知道红尾鵟的科学命名是 *QP*604.4，我们可以了解这是种生活在北美的小型空中捕食者。这类系统存在的弊端是无法将所有生物归在一个类别中。我们将如何划分那些同时吃植物和动物的动物物种，例如熊以及包括青蛙在内的两栖动物。

命名动物的科学系统根据后代的等级命名：将那些演化关系近的放在一起。将种系发生关系最近的物种归为同一个**属**（genus）（图4.30）。例如，黑猩猩属（*Pan*）包括两个演化关系最近的物种：黑猩猩（*Pan troglodytes*）和倭黑猩猩（*Pan paniscus*）。演化关系相近的属又可以归入到一个更高级的分类单元——**科**（family）。黑猩猩、猩猩（*Pongo pygmaeus*）、大猩猩（*Gorilla gorilla*）和人类

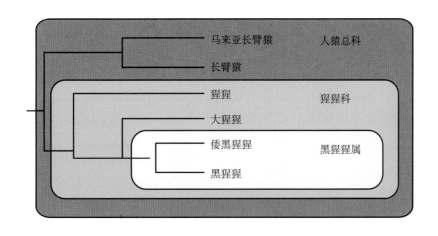

图4.30

倭黑猩猩和黑猩猩被归到黑猩猩属，这两种又与猩猩和大猩猩一起被归为猩猩科，然后又同长臂猿和马来亚长臂猿一同归于人总科。人类并未被列入该遗传发育树上。

（*Homo sapiens*）均属于人科。演化关系相近的科又可以归入到更具有归纳性的单元中，一般是**总科**（superfamily）。

关于是否要将所有相似性用于物种分类，分类学家们的意见有些分歧。

分类学家大部分赞同世系在生物分类中起着重要作用。然而，他们在关于生物世系是否是唯一用于生物分类的因素存在严重的分歧。一个相对新的学派叫作支序分类学派，他们认为只有生物世系才是重要的。一个较老的学派叫作演化分类学派，该学派成员认为生物分类应该同时在生物世系和整体相似性的基础上进行。想要理解这两种观点之间的不同，认真思考图4.31，在该图中，将人类列入图4.30显示的类人猿的种系发生关系当中。**演化分类学**（evolutionary taxonomy）认为，人类在性质上与其他类人猿不同，所以理应将人类分在一个更高等级的分

图 4.31
演化分类学和支序分类学方法产生了两个不同的系统发育树。（a）演化分类方法中将人类单独分为一个科，因为各种类人猿之间更加相似。（b）而在支序分类方法中，人类则必须和其他类人猿分到一个科，因为它们有着共同的祖先。

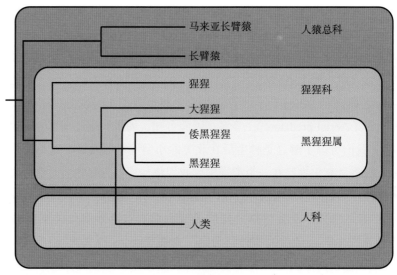

（a）演化分类

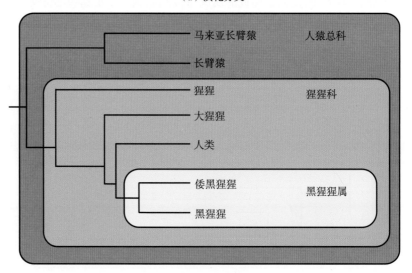

（b）支序分类

类单元中加以区分（图4.31a）。相应地，这些分类学家将人类划分为独立的人科（Hominidae）。但支序分类学家无法接受这一点，因为人类和其他大型类人猿一样，都是来自同一祖先。这意味着，人类必须和黑猩猩、倭黑猩猩及大猩猩同属于一个科（图4.31b）。造成这些分类模式有所差异的不只是因为人类自己在灵长类种系发生的沙文主义。在其他分类单元中也出现了同样的问题。例如，原来鳄鱼和鸟类比它们与蜥蜴更近缘。对于支序分类学派来说，必须将鸟类和鳄鱼分在一起，将蜥蜴分到另外的种类中。演化分类学派坚持认为鸟类显然是特殊的，所以理应分到不同的类群中。

理论上来说，**支序分类学**（cladistic taxonomy）兼具信息强和明确性这两个特点。信息强是因为生物名称及生命体在生物等级中的位置能告诉我们该生物与其他生物的关系。明确性是因为每个生物的位置是由生命体世系决定的。一旦你理解了一个群体的内在种系发生关系，毫无疑问，你将知道如何将该群内所有的生物进行分类。支序分类学派认为演化分类学模棱两可，因为所有整体相似性的判断必须是客观的。另一方面，演化分类学派抗议说，支序分类学只是在理论上占优势。反对者指出，实际上，种系发生关系存在不确定性。例如，我们不完全确定黑猩猩与人类比黑猩猩与大猩猩更近缘。形态学数据显示黑猩猩与大猩猩的演化关系更近。尽管大多数基因数据表明黑猩猩与人类的演化关系更近，另外有些遗传数据显示相反的结果。考虑到这种不确定性，支序分类学家又该如何命名和划分这些物种呢？

重要的是要记住，这不是争论世界是怎样的，或者演化是如何运行的。这是一场关于我们应该如何命名和分类生物的辩论。因此，任何实验和观察都无法证明这些学派的观点的对与错。科学家必须在实际操作中决定哪种系统更实用。

关键术语

微演化	指关节行走
宏演化	比较法
睾丸/精巢	地栖性
生物学物种概念	树栖性
生殖隔离	系统学
基因流	同功的
生态学物种概念	同源的
异域物种形成	祖先特征
性状替换	衍生特征
强化	外群
邻域物种形成	遗传距离
杂交地带	分子钟
同域物种形成	中性学说
生态位	属

适应辐射

种系发生

人猿总科

分类学

四足动物的

科

总科

支序分类学

演化分类学

学与思

1. 作者花园里有两种植物：丝兰和多刺的仙人掌。两种植物都披有坚硬的、鳞片状的表皮，但是它们的演化关系不近。（a）关于表皮相似性，有哪两种不同的解释？（b）同样可知，丝兰来自一种草本而不是乔木。这一事实与以上哪种解释相一致？

2. 黑猩猩和大猩猩在结构上的相似性大于它们与人类结构上的相似性。例如，黑猩猩的手与大猩猩的手的形态非常相似，且二者与人类的手的结构相差很远。不管怎样，遗传数据显示，三者中，人类与黑猩猩的演化关系最近。假设这个遗传距离数据是正确的，对观察到的黑猩猩与大猩猩的形态相似性给出两种不同的假设。

3. 用下表中遗传距离矩阵构建四个物种的分类关系（提示：画种系发生关系树来解释说明这种分类）。

	A	B	C	D
B	4.8	—		
C	0.7	5.0	—	
D	3.6	4.7	3.6	—

4. 根据生物学物种概念，物种是什么？用这种方式定义物种的理由是什么？

5. 生态学物种的概念是什么？为什么一些生物学家质疑生物学物种概念？

6. 通过分子手段，生物学家得以测量一个物种的种群间的基因流的数量。掌握这种方法以后，系统学家惊奇地发现形态相似的种群之间似乎存在生殖隔离，因而根据生物学物种概念，它们被认为是不同的物种。是否能用异域物种形成来解释这种隐晦物种的存在？或者用同域物种形成？或者是邻域物种形成？

7. 有时候新物种的产生来自于现存物种杂交。新物种保留双亲的所有基因。例如大部分用来做面包的小麦就是三种草的杂交种。请尝试解释这些杂交种如何影响这些植物的家系图。

延伸阅读

Barton, N. H., D. E. G. Briggs, J. A. Eisen, D. B. Goldstein, and N. H. Patelet. 2007. *Evolution*. Woodbury, N. Y.: Cold Spring Harbor Press.

Dawkins, R. 1996. *The Blind Watchmaker: Why the Evidence of Evolution Reveals a Universe without Design*. New York: Norton, ch. 11.

Ridley, M. 2004. *Evolution*. 3rd ed.Malden, Mass.: Blackwell.

——. 1986. *Evolution and Classification: The Reformation of Cladism*. New York: Longman.

灵长类生态学与行为

本章目标

本章结束后你应该能够掌握

- 识别定义灵长类的特征。

- 指出灵长类在世界的分布。

- 描述一个灵长类物种区别于其他灵长类的主要特点。

- 理解灵长类如何应对主要的生态挑战：寻找食物以及躲避捕食者。

- 识别灵长类物种的集群类型。

- 讨论威胁野生灵长类种群生存的主要因素。

第五章　灵长类多样性与生态学

研究灵长类的两个理由　　　　灵长类多样性

灵长类的界定特征　　　　　　灵长类生态学

灵长类生物地理学　　　　　　灵长类的社会性

现生灵长类的分类　　　　　　灵长类的保护

研究灵长类的两个理由

　　第二部分的章节集中讨论现生非人灵长类的行为。研究非人灵长类帮助我们从两个互补却完全不同的方面来理解人类演化。首先，紧密关联的物种在形态学上有相似特征，因为正如我们在第四章所看到的，它们共享从一个共同祖先传承而来的特征。例如，胎生和哺乳，这些是有胎盘类和有袋类哺乳动物共有的特征，这些是将哺乳动物从包括爬行动物在内的其他动物类群中区分出来的特征。诸如此类相似性的存在意味着对现生灵长类的研究比起对其他生命体的研究给了我们更多理解我们祖先的启示。这个方法称为"同源性推理"。我们研究灵长类的第二个理由基于自然选择导致在相似环境中形成相似适应性的观点。通过评估生命体行为模式和形态学上的差异与它们生活的环境之间的关系，我们可以明白演化如何塑造对应于不同选择压力而发生的适应性改变。这个方法称为"类比推理"。

灵长类是与我们亲缘关系最近的类群

因为人类与其他灵长类有许多共同特点，我们可以从其他灵长类身上了解早期人类。

比起任何其他动物，我们人类与非人灵长类关系更加紧密。猴、类人猿和人类的解剖相似性使得瑞典博物学家卡尔·林奈在1735年发表的《自然系统》（*Systema Naturae*）中，把我们放到第一个科学分类中的灵长目里。但后来，诸如乔治·居维叶（George Cuvier）和约翰·弗里德里希·布鲁门巴赫（Johann Friedrich Blumenbach）等博物学家考虑到我们人类非同一般的智力和直立行走的姿态，把人类单独归到了一个目中。然而，在《人类的由来》（*The Descent of Man*）中，查尔斯·达尔文坚定地宣称人类应重新归到灵长目，他引用了生物学家托马斯·亨利·赫胥黎（Thomas Henry Huxley）的论文，列举了许多我们人类和猿类的解剖学相似性，他提出"人类如果不是自己的分类者，将永远不会想到在分类上为自己单独设立一个目"。现代分类学明确地表明与任何其他现存生物相比，人类与其他灵长类的亲缘关系更近。

因为我们与其他灵长类亲缘关系很近，所以我们与它们在形态、生理和发育等许多方面有着相同特征。例如，像其他灵长类一样，我们有发育良好的视力以及握东西的手和脚。我们还和其他灵长类有相同的生活史特征，例如，与其他动物类群相比，我们和其他灵长类都有着较长的青少年发育期和脑容积比较大的大脑。此类大量同源特征的存在以及灵长类共同演化史的产物，意味着非人灵长类为理解人类形态学和解开人类起源之谜提供了有用的模型。

灵长类种类繁多

灵长目的种类多样性有助于我们理解自然选择如何塑造行为。

在过去30年间，来自于各种不同学科的成百上千的研究人员花了几千个小时在野外、在灵长类动物的饲养场以及实验室里，观察许多不同种的非人灵长类。为了解决生活中的基本挑战，例如觅食、避开捕食者、获得伴侣、抚育后代以及与竞争者打交道等，所有灵长类动物均演化出了相应的适应性特征。同时，灵长类动物在形态、生态和行为上有丰富的多样性。例如，体重最轻的灵长类动物倭鼠狐猴（pygmy mouse lemur）仅重30克，而体重最重的雄性大猩猩则重达160千克，是倭鼠狐猴的5300倍。有的种类居住在茂密的热带森林里，另一些则生活在开阔的林地和稀树草原；有一些种类完全以树叶为食，另一些则是杂食，食用水果、树叶、花朵、种子、树胶、蜂蜜、昆虫和小型动物；一些种类独居，另一些则高度群居；一些种类为**夜行性**（nocturnal）动物，而另一些则在白天活动（**昼行性**，diurnal）。有一种叫作肥尾鼠狐猴（fat-tailed dwarf lemur）的灵长类每年会睡六个月，使身体进入迟缓状态。一些种类会积极守卫领地防止同种成员入侵，另一些种类则没有这样的行为。一些种类只有雌性照料幼崽，另一些种类中雄性也会参与照料幼崽。

这样的多样性本身很有趣。研究人员通过了解生活在不同生态和社会条件下密切关联物种的多样性，进一步理解演化如何塑造行为。亲缘关系近的动物在形态、生理、生命史和行为上非常相似。因此，近缘物种间观察到的差异有可能代表对特定生态条件的适应性。同时，生活在相似生态条件下，亲缘关系稍远的生物中的相似性有可能是趋同演化的产物。

比较研究是一种重要的分析模式，尤其是当研究人员试图解释在自然界中观察到的形态学和行为学的多样性模式时。重构已灭绝的古人类的行为便借鉴了这一方法。因为行为在化石记录中几乎没有留下什么痕迹，比较研究为我们检测有关我们人类祖先生活的假说提供了唯一的客观方法。例如，男性和女性的身高存在着明显差异，这是一种被称为**性二型**（sexual dimorphism）的现象，在形成非一夫一妻结合群的物种里也存在这一性二型现象，这表明性二型明显的古人类并不是一夫一妻结合的。在本书第三部分，我们将看到灵长类学家获得的有关行为的数据和理论如何在重塑我们有关人类起源的想法上起到重要的作用。

灵长类的界定特征

灵长类动物有几个共同的衍生特征，但并不是每一种灵长类都有全部这些特征。

图5.1中的动物都是灵长目的成员。这些动物在某些方面相似：它们浑身毛发浓密，有四肢，每一只手上有5个手指，直接分娩幼崽，母亲给后代哺乳，然而，它们与所有哺乳动物共享这些祖先特征。除了这些祖先特征，很难看到这群动物的成员有什么共同点，使得它们区别于其他哺乳动物。环尾狐猴与獴或者浣熊有哪些不同？优雅的叶猴和奇怪的指猴又有什么相似之处？

实际上，灵长类是哺乳类中缺乏鲜明特征的一个类群，无法以一个所有成员共享的单一衍生特征将其和其他哺乳动物区分开来。芝加哥田野博物馆的生物学家罗伯特·马丁发表过大量有关灵长类演化的论文，他以表5.1中列举的衍生特征给灵长目做了定义。

表5.1中的前三点特征与手和脚的灵活运动相关。灵长类可以用手和脚抓握东西（图5.2a），大多数猿类和猴类的大拇指和食指能够相对并标准地握在一起（图5.2b）。与许多动物的爪不同的扁平指甲，以及指头和趾头尖有触觉的肉垫进一步增加了它们的灵活度（图5.2c）。这些特征使得灵长类能用与其他大多数动物不同的方式使用手和脚。灵长类可以握水果，能在手掌中或脚掌中搓捻昆虫等小东西，还可以用手指和脚趾抓握枝条。在理毛季节，它们精心地扒开同伴的毛发，用大拇指和食指拿掉皮肤上小片小片的碎屑。

表5.1中的第4和第5点特征与感觉器官中的重点转换相关。比起其他哺乳类动物，大多数灵长类主要依赖视觉信息，而较少依赖嗅觉信息。许多灵长类物种可以识别颜色，它们的眼睛在头的前面，提供了双眼和立体视觉（图5.3）。**双眼视觉**（binocular vision）的意思是两只眼睛的视野重叠，因此，两只眼睛都能看到

（a）　　　　　　　　　　（b）　　　　　　　　　　（c）

图5.1

所有这些动物都是灵长类动物：
（a）指猴，（b）环尾狐猴，（c）叶
猴，（d）吼猴，（e）狮尾狒。灵长
类动物种类繁多，而且没有清晰区
别于其他动物的一系列特征。

（d）　　　　　　　　　　（e）

相同的影像。**立体视觉**（stereoscopic vision）的意思是每一只眼睛往大脑的左右
两个半球发送一个视觉信号，产生一个带有景深的影像。并不是所有灵长类都有
同样的情况。例如，嗅觉信息对**原猴亚目**（strepsirrhine）种类的作用比对**简鼻亚
目**（haplorhine）的要重要。原猴亚目包括懒猴属和狐猴属，简鼻亚目包括眼镜猴
属、猴和猿，后文会做详细介绍。

表5.1中的第6和第7点特征源自灵长类独特的生活史。与其他体型大小相

表5.1　灵长目的定义

1. 脚上的大拇指可与其他脚趾相对（opposable），手始于抓握东西（prehensile）。这就意味着灵长类能使用手和脚抓握东西。而人类脚趾失去了大拇指与其他脚趾相对的功能。

2. 大多数种类中，手和脚上有平的指甲，而不是爪，它们的手指和脚趾上有敏感的、带有"指纹"、有触觉的肉垫。

3. 后肢主导（hind-limb dominated）移动，且身体重心更靠近后肢。

4. 昼行性种类的嗅觉相对退化。

5. 视觉感官高度发达。眼睛大且前视，具有立体视觉。

6. 雌性一窝产崽量小，与近似体型大小的其他哺乳动物相比，怀孕期和青少年期更长。

7. 与相似体型大小的哺乳动物相比，脑容量大，且其大脑具有许多独特的解剖学特征。

8. 臼齿（molars）相对非特化，上下颌均有两颗大的门牙（incisors）、一颗犬齿（canine）、三颗前臼齿（premolars）和三颗臼齿（molars）。

9. 还有几个其他的细微解剖特点，对分类学家比较有用，但很难表述清楚其功能。

对上述特征更完整的描述详见教材内容。

(a)

(b)

(c)

图5.2

（a）灵长类有可抓握东西的脚，它们用脚攀爬、吊在树枝上、抓握东西、挠自己的身体。（b）灵长类可以把大拇指和食指相对，呈一个标准的紧握状——这个特征使得它们能够一边喂食，一边用另一只手拿着食物；理毛的时候，用手把毛发里的碎屑和小扁虱挑拣出来；还可以使用工具（在某些种类中）。（c）大多数灵长类在手上有扁平的指甲，指尖有敏感的、有触觉的肉垫。

图5.3

在大多数灵长类中，眼睛移到头的前方，双眼的视野重叠，形成双眼和立体视觉。

图5.4

高智商并非灵长类独有，某些动物的智商也非常高。例如，海豚拥有相对于体型尺寸非常大的脑容量，它们的行为相当复杂。

图5.5

现生和化石灵长类分布图。中美洲、南美洲、非洲和亚洲都有灵长类分布，主要集中于热带地区。欧洲南部和非洲北部有化石记录，澳大利亚和南极洲则从来没有本土的灵长类种群。
（书中地图均系英文版原书插附地图。——译者注）

似的动物相比，灵长类的怀孕期更长，成熟期更晚，寿命更长，脑容量更大。这些特征反映了在灵长类动物中，趋向于越来越依赖复杂行为、学习以及行为灵活性。正如同著名人类学家艾莉森·乔利（Alison Jolly）指出的："如果说灵长类动物存在某种本质属性的话，那就是智力的不断逐步演化并且成为了一种生活方式。"正如同我们在接下来的章节里将看到的，这些特征在交配、抚育后代以及灵长类群内部社会互动模式方面有深邃的影响。

表5.1里的第8点特征涉及灵长类的齿式。牙齿在灵长类生活中起到非常重要的作用，对理解它们的演化也至关重要。牙齿对灵长类自身的用途是显而易见的：牙齿对于处理食物必不可少，并且在与其他动物的冲突和对抗中也可用作武器，牙齿也是研究活的以及化石灵长类的有用特征。灵长类学家有时依赖牙齿的磨损程度估测个体的年龄，使用牙齿特征评估种间系统分类关系。古生物学家通常靠坚硬而保存完好的牙齿识别灭绝生物的系统发育关系，推断它们发育模式、食物偏好和社会结构。知识点5.1将更加详尽地描述灵长类的牙齿。

尽管这些特征是灵长类的普通特征，你应该记住以下两点。首先，没有任何一个特征使得灵长类独一无二。例如，海豚脑容量大，青少年独立期长，它们的社会行为也许和任何非人灵长类一样复杂以及灵活多变（图5.4）。其次，并不是每一种灵长类都具有所有这些特征。人类失去了能握东西的大脚趾，而这个特征是其他灵长类的典型特征，一些原猴亚目灵长类的部分手指和脚趾上有爪子，还有，并不是所有灵长类都有彩色视觉。

灵长类生物地理学

灵长类主要分布在热带地区。

现存灵长类大多分布在亚洲、非洲、南美洲大陆以及离海岸近的岛屿（图5.5）。少数几种分布在墨西哥和中美洲。欧洲南部曾发现过非人灵长类的化石，但并无现存物种分布。澳大利亚和南极洲没有野生灵长类分布，也没有化石记录。

■ 现生物种　□ 化石记录

知识点5.1　牙齿和消化道：取食决定身体

出于各种各样的原因，人类生物学家花大量的时间思考牙齿。因为不同灵长类物种的牙齿数量不同，因此牙齿可以作为分类的依据之一。牙齿能告诉我们灵长类吃什么样的食物。如果我们能发现食性和牙齿形态之间的关系，我们就可以把这些知识运用到化石记录的分析里，这就更方便了，因为牙齿是最常见的保存下来的身体器官。最后，通过牙齿和脏器形态，我们可以探讨自然选择如何使得动物更有效地应对它们的生存环境并做出相应的适应性改变。

齿式

要欣赏灵长类齿序的基本特征，你可以查看图5.6或者你只要照照镜子就可以了，因为你的牙齿和其他灵长类的牙齿差不多。牙齿在颌里生根，颌托着四种不同类型的牙齿，依照次序，它们分别是：长在前面的门齿；接着是犬齿，前白齿，以及长在后面的白齿。所有灵长类都有同样种类的牙齿，但是不同种的灵长类每一种牙齿的数量不同。例如，这些牙齿的组合可以用一个标准的公式表达，称为**齿式**，通常写成下面这个形式：

$$\frac{2.1.3.3}{2.1.3.3}$$

从左往右读，这个数字告诉我们某个物种在上、下颌的每一侧有（或曾经有）多少门齿、犬齿、前白齿和白齿。线上方的数字代表上颌中一侧牙齿的数量，线下方的数字代表相对应的下颌骨一侧的牙齿数量。大多数情况下，这个公式中上颌和下颌的数字是相同的，但也有例外。同身体其他器官一样，我们的牙齿排列是**两侧对称的**（bilaterally symmetrical），即左边和右边完全相同。大多数物种的齿式和这里所呈现的祖先模式不同，甚至有些物种牙齿的总数已经减少。

现生灵长类的齿式不同（表5.2）。懒猴、熊猴、婴猴和几种狐猴类保持哺乳类的基本齿式，但是其他原猴亚目的种类已经失去了门齿、犬齿或者前白齿。眼镜猴已经失去了下颌上的一个门齿，但是上颌保留了两个。除狨猴和绢毛猴以外，所有美洲的灵长类保留了原始的齿式；而前两者失去了一个白齿。非洲及亚洲的猴类、猿类和人类只有两个前白齿。

牙齿形态学

以树胶为主食的灵长类一般有大而突出的门齿，用其在树皮上凿洞（图5.7）。在一些原猴亚目的种类中，门齿和犬齿往前突出，用于刮食在树枝和树干表面上变硬的树胶。食性特化也影响白齿的大小和形状。以昆虫和叶子为主食的灵长类有发育良好的白齿，这使得它们能够在咀嚼的时候把食

表5.2　各种灵长类的齿式

灵长类种类		齿式
原猴亚目	懒猴、树熊猴、婴猴、倭狐猴、鼠狐猴、狐猴	2.1.3.3 / 2.1.3.3
	大狐猴	2.1.2.3 / 2.0.3.3
	指猴	1.0.1.3 / 1.0.0.3
简鼻亚目	眼镜猴	2.1.3.3 / 1.1.3.3
	美洲猴类（大多数物种）	2.1.3.3 / 2.1.3.3
	狨猴、绢毛猴	2.1.3.2 / 2.1.3.2
	非洲、亚洲的猴类、猿类以及人类	2.1.2.3 / 2.1.2.3

灵长类的齿式存在着种间差异。这里的齿式给出了上、下颌每一侧的门齿、犬齿、前白齿、白齿的数目。

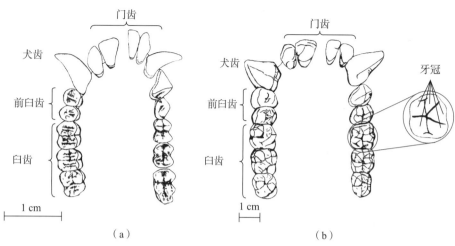

图5.6

图中为雄性疣猴（a）和雄性大猩猩（b）的上颌（左）和下颌（右）的剖面图。在旧大陆猴类中，下颌白齿牙冠的突出部分形成了两条平行线，而猿类下颌白齿牙冠的突出部分则呈Y字形。

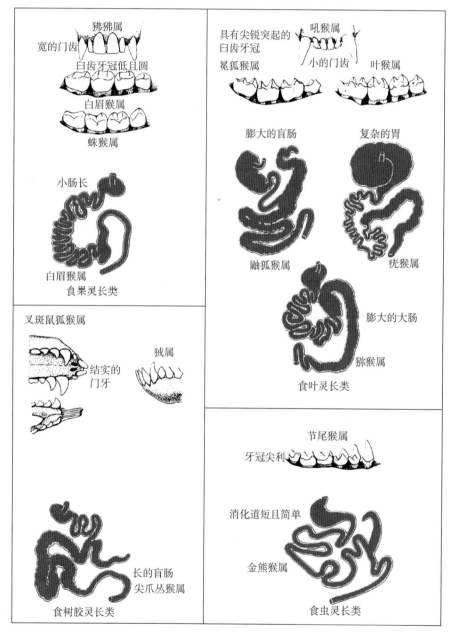

图5.7

食果类、食叶类、食树胶类以及食虫类灵长类的齿式和消化道存在明显不同。

物切成小片。食虫动物白齿的牙冠通常更高且更尖，这有助于刺穿和碾碎猎物的尸体。食果动物白齿的牙冠则更平和更圆，用于碾碎食物。以坚硬的种子和坚果为食的灵长类的白齿则有非常厚的釉质，可以经得住处理这类食物所需的重咀嚼力。

消化道

以昆虫或者其他动物为主食的灵长类的消化系统相对简单，主要功能是吸收营养。它们的胃通常小而简单，盲肠小，结肠相对于小肠的比例也比较小。食果灵长类的消化系统也比较简单，但是体型大的种类胃容积通常较大，用来容纳取食水果时附带摄入的大量叶子。食叶灵长类的消化系统比较特殊，因为它们必须处理大量的植物纤维和次生化合物。因为灵长类不能消化植物纤维或者直接消化其他结构的碳水化合物，因此肠道中存在一些微生物群来帮助它们完成此事。在有的种类中，这些微生物群聚集在加大的盲肠里；在个别的种类中，结肠也因此而增大。主要以叶子为食的疣猴类，其胃部发生了改变，胃部变大并且有了几个不同的分区，微生物群集中于此，帮助其消化植物纤维。

非人灵长类主要生活在热带地区，这些地方的昼夜温差要远远超过年度均温变化。在热带地区，灵长类赖以生存的资源分布主要受降雨量的季节变化影响，温度的季节性改变带来的影响要小很多。一些灵长类物种的分布范围延伸到了非洲和亚洲的温带地区，生活在这些地区的种群能够应对环境条件的大幅度季节变化。

灵长类占据了多种不同类型的栖息地，包括各种类型的热带森林、稀树草原、红树林沼泽、草原、高原和沙漠。然而，绝大多数灵长类生活在森林中，它们在广袤的森林中行走、取食、社交和睡觉。

现生灵长类的分类

科学家把灵长目划分成两个亚目：原猴亚目和简鼻亚目（表5.3）。原猴亚目的很多种类是夜行性的，像一些5000万年前的早期灵长类一样，它们有许多适应在黑暗里生活的特点，包括发育完备的嗅觉、大眼睛以及可以独立

表5.3　现生灵长类的分类

亚目	下目	总科	科	亚科	代表性类群
原猴亚目	狐猴下目	狐猴总科	鼠狐猴科		鼠狐猴、倭狐猴
			指猴科		指猴
			大狐猴科		大狐猴、冕狐猴
			狐猴科		狐猴类
			嬉猴科		鼬狐猴
	懒猴下目	懒猴总科	婴猴科	婴猴亚科	婴猴
			懒猴科	懒猴亚科	懒猴、蜂猴
				树熊猴亚科	树熊猴
简鼻亚目	眼镜猴下目	眼镜猴总科	眼镜猴科	眼镜猴亚科	眼镜猴
	阔鼻下目	卷尾猴总科（新大陆猴）	蛛猴科	吼猴亚科	吼猴
				蛛猴亚科	蛛猴
			卷尾猴科	青猴亚科	夜猴
				狨亚科	狨、绢毛猴
				狐尾猴亚科	卷尾猴
				松鼠猴亚科	松鼠猴
			僧面猴科	伶猴亚科	伶猴
				僧面猴亚科	僧面猴、秃猴
	狭鼻下目	猴总科（旧大陆猴类）	猴科	猴亚科	白眉猴、猕猴、绿猴、狒狒
				疣猴亚科	长鼻猴、疣猴、叶猴
		人猿总科	长臂猿科		长臂猿
			人科	猩猩亚科	猩猩
				人亚科	大猩猩、黑猩猩和人类

活动的耳朵。相比之下，构成简鼻亚目的猴、猿和人类在各自演化史的早期就演化出了更加适合白天生活方式的特点。简鼻亚目中，与行为不断复杂化相关的特征包括脑容量增大和寿命延长。简鼻亚目的猴通常比原猴亚目的体型更大，白天活跃，视觉发育比嗅觉发育更完善，生活在更大、更复杂的社会群体里。

本书采用的灵长类分类体系反映出了灵长目内各物种的系统发育关系。眼镜猴被归为简鼻亚目是因为基因和形态学数据表明它们与简鼻亚目的猴类和猿类亲缘关系更近。但是，它们又像许多原猴类一样，体型小且为夜行性。支序分类学派将眼镜猴归为简鼻亚目，但演化分类学派将其归为原猴亚目，因为它们具有相似的形态学、遗传学和行为学特点。

灵长类多样性

原猴亚目

原猴亚目分成两个下目：狐猴下目和懒猴下目。

狐猴下目包括：狐猴，只分布在非洲大陆东南海岸之外的马达加斯加岛和科摩罗群岛。这些岛屿约在1.2亿年前便从非洲大陆分离。马达加斯加岛上的原始灵长类开启了独立演化，与世界上其他地方的灵长类完全隔绝，同样也不曾面临其他地方的灵长类所需要面对的捕食者和竞争者。面对一系列不同的生态位，狐猴经历了特定适应辐射。当人类在大约2000年前最初占据马达加斯加岛时，那里大约有44种狐猴，有的种类很小，如鼠狐猴；有的种类很大，体型类似大猩猩。在接下来的几个世纪里，由于人类狩猎和栖息地丧失，所有大型狐猴都灭绝了。现存的狐猴主要是小型或者中型、栖息于树上的森林树栖型种类（图5.8a），它们四足行走或者以直立的姿态从一棵树跳到另一个树，这种运动形式被称为直立攀握与跳跃（图5.8b）。狐猴的活动模式非常多样：大约一半种类是昼行性的，其他的则是夜行性的，还有一些白天和夜晚都活跃。狐猴行为最有趣的方面之一是雌性的社会等级普遍高于雄性。在大多数狐猴种类中，雌性能够将雄性从食物旁边赶走；而且在有的种类中雌性可以打架战胜雄性。尽管这样的行为对于当代人类也许没什么大不了的，但是雌性占主导地位在其他灵长类中是非常罕见的。

懒猴下目主要为小型、夜行性、树栖种类，分布在非洲和亚洲的森林中。懒猴下目又分为两个科，各自有着不同的移动和生活模式。婴猴活跃而敏捷，在树间跳跃，可以在树枝上飞快奔跑（图5.8c）。懒猴行动起来更加沉稳而从容，它们的手腕和脚踝有一个特殊的血管网络，使得它们能够很长时间保持不动。这一特点可能有助于懒猴降低被天敌发现的概率。懒猴下目的成员通常独自行动，以水果、树胶和昆虫为食，会把它们未成年的后代留在树洞巢穴里或者藏在纠缠交错的植物丛中。白天，雌性睡觉，哺育照顾幼

（a）

（b）

（c）

图5.8

（a）环尾狐猴，长有与众不同的条纹尾巴，群居，社会性，白天活跃。在一些狐猴种类中，雌性占据统治地位。（b）冕狐猴用它们强健的腿以直立的姿态跳跃，这是一种称为垂直跳跃的运动模式。（c）婴猴体型小，树栖，夜行，能跳很远。它们主要独居，但相邻领地的个体有时白天会在一起休息。

崽，理毛，有时以成年后代或者熟悉的邻居为伴。

简鼻亚目

简鼻亚目包括三个下目：眼镜猴下目、阔鼻下目和狭鼻下目。

眼镜猴下目的成员为眼镜猴类，分布在加里曼丹岛、苏拉威西岛和菲律宾的热带雨林中（图5.9）。像许多原猴亚目的灵长类一样，眼镜猴体型小，夜行，树栖，以直立攀爬跳跃姿势移动。一些眼镜猴以一夫一妻的家庭群为单位生活，但是许多种类的群体中的雌性不止一个。雌性眼镜猴生的幼崽是它们自己体重的25％，雌性在去搜寻昆虫时，会把笨重的幼崽留在安全的躲藏处。眼镜猴在灵长类中很独特，因为它们是唯一一种以肉食为生的灵长类，取食昆虫和小型脊椎动物。

图5.9

眼镜猴是一种小型食虫灵长类，分布在亚洲。有些眼镜猴以一夫一妻的家庭群活动。

阔鼻下目和狭鼻下目通常分别被称作新大陆猴、旧大陆猴和类人猿，因为阔鼻下目的成员生活在南美洲和中美洲，而狭鼻下目的成员生活在非洲和亚洲。然而，这种地理二分法不适合人类，我们是狭鼻灵长类，但是我们却遍布全世界。

阔鼻下目（新大陆猴）分成3科：蛛猴科、卷尾猴科、僧面猴科。

　　尽管各种新大陆猴在体型大小、食性和社会组织方面具有明显差异，但它们有一些基本的共同特征。除了夜猴属（*Aotus*）以外，它们全部都是昼行性，都生活在森林中，以树栖为主。体型小的种类如松鼠猴，体重只有0.6千克，体型大的种类如绒毛蛛猴，体重可达9.5千克。大多数种类四足行走，沿着树枝移动并且可以在相邻的树间跳跃。蛛猴科等种类，可以用手、脚或者尾巴将自身悬挂起

(a)

(b)

(c)

(d)

图5.10

一些新大陆猴。（a）绒毛蛛猴体型大，树栖。它们是极端爱好和平的生物，很少为资源打架或者竞争。（b）蛛猴严重依赖成熟的果实，以小群为单位活动。它们尾巴具有抓握功能，可充当额外的手或脚。（c）卷尾猴的脑容积比比其他任何非人灵长类都要大。（d）松鼠猴的群体较大，有多只雄性和多只雌性个体，在交配季节，雄性体重增加，变成"肥佬"，积极地竞争以获得雌性的接纳。

来，能够通过摇荡实现移动。尽管许多人认为所有猴子都可以靠尾巴固定身体来摇荡，但是，卷尾技能实际上仅局限于阔鼻亚目中的大型种类。

蛛猴科由吼猴属、蛛猴属、绒毛猴属和绒毛蛛猴属组成。吼猴因它们通过远距离吼叫进行群体间互动而得名。它们的群体通常有一个雄性或者多个雄性，具有领域性，主要以叶子为食。蛛猴、绒毛猴和绒毛蛛猴主要以水果和树叶为食，它们生活在由多只雄性个体和多只雌性个体构成的群体里，通常15到25只。蛛猴严重依赖成熟的果实，进食时一般分成小团体（图5.10b）。蛛猴和绒毛蛛猴（图5.10a）与其他大多数灵长类不同，雌性个体性成熟以后会从出生群中迁出，而雄性个体则终生保留在出生群内。

卷尾猴科包括卷尾猴属、夜猴属、松鼠猴属、狨属和柽柳猴属。卷尾猴（图5.10c）相对比较引人注意，部分原因是它们有较大的脑容积比（见第九章）。它们表现出的许多行为特点对理解人类起源有关键作用，其中包括使用工具、社会学习和行为习惯的形成。卷尾猴和松鼠猴的群体大多10到50只，由多只雌性和多只雄性构成，以水果、树叶和昆虫为食（图5.10d）。夜猴以一夫一妻的家庭群活动，具有领域性，是简鼻亚目中唯一的夜行性类群。

狨猴和绢毛猴属于狨亚科，这些种类有几个共有形态特征，将它们与其他灵长类区分开来：它们体型极小，最大的还不到1千克重；它们有爪子而不是指甲；它们只有两颗白齿，而所有其他猴子都有三颗；它们经常生双胞胎，有的时候生三胞胎（图5.11）。狨猴和绢毛猴还以它们的内部组织结构而著称：在大多数群体里只有一对配偶繁育，而其他成员则帮助父母抚育后代。

僧面猴科包括伶猴属、秃猴属和僧面猴属。伶猴属的种类以一夫一妻制的家庭群生活，昼行性。而秃猴属和僧面猴属目前还缺乏足够的野外研究。绝大多数灵长类在吞食果实时会将种子吐出，而秃猴则非常擅长吃种子。

狭鼻下目包括旧大陆猴、猿以及人类。

狭鼻灵长类有一些共有解剖学和行为学特征，使其与新大陆灵长类区别开来。例如，大多数旧大陆猴及猿类鼻孔狭窄且开口朝下，而新大陆的猴类则鼻孔呈圆形并朝向两边。旧大陆猴在上下颌的每一边有两颗前白齿，新大陆猴有三颗。大多数旧大陆灵长类比大多数新大陆灵长类体型大，占据的栖息地也大。

狭鼻下目分为两个总科：猴总科（旧大陆猴）和人猿总科（猿和人类）。猴总科包括一个现生的猴科，又可以进一步划分为两个亚科：猴亚科和疣猴亚科。

猴总科的种类在社会组织结构、生态特性以及生物地理学方面有着非常丰富的多样性。

疣猴亚科也许是最优雅的灵长类，包括非洲的疣猴和亚洲的长鼻猴、叶猴（图5.12）。它们身材苗条、腿长、尾长，而且毛色美丽。例如，东黑白疣猴黑色

图5.11

狨猴体型较小，分布在南美洲，形成一夫一妻或者一妻多夫的社会群。雄性和年长的后代积极地参与照顾幼崽。

图5.12

（a）疣猴营树栖生活，主要以树叶为食，例如图中的东黑白疣猴。人类为了获取其漂亮的皮毛，有时会捕杀这些动物。（b）长尾叶猴，也称作哈努曼叶猴，原产于印度，在过去40年中，一直是被广泛研究的对象。在有的地区，长尾叶猴组成一夫多妻的群体，雄性在双性群中为争夺地位而展开激烈的打斗。在这些群体中，当新雄性接管时，往往会伴随杀婴行为。

（a）

（b）

面庞周围有一圈白色，黑色的背部有着鲜艳的白色披肩，尾巴后端具有浓密的白色毛发。疣猴主要吃树叶和种子，大多数种类一生大部分时间都在树上度过。它们有复杂的胃，和牛的胃非常相似，胃中有大量消化纤维素的菌群。疣猴、长鼻猴和叶猴的群体大都由一个成年雄性和几个成年雌性组成。同许多其他脊椎动物一样，取代群体里的唯一雄性总是要伴随着新雄性对幼崽的致命攻击，即杀婴行为。在这样条件下的杀婴被认为是受自然选择支持的，因为相对来说，这增加了杀婴雄性的繁殖成功率。这个问题将在第七章进行详细阐述。

大多数猴亚科种类生活在非洲，但有一种适应性强的属（猕猴属）广泛分布于亚洲和非洲北部（图5.13）。猴亚科适应不同栖息地，体型和食性更加多变。我们已经对几种猴亚科种类（尤其是狒狒、猕猴和绿猴）的社会行为、繁殖行为、生活史和生态开展了深入研究，在接下来的几章中，我们将对它们的婚配策略以及社会行为进行详细描述。猴亚科一般生活在中等或者较大的群体里，群体中有时会只有一只雄性个体，也会有多只雄性个体。雌性通常一生都待在出生群里与它们母系的亲属建立亲密而长久的关系，雄性则会离开出生群并在性成熟时加入新群。

人猿总科包括两个科：长臂猿科和人科（猩猩、大猩猩、黑猩猩和人类）。

人猿总科与猴总科在几个方面存在明显不同。其中最显著的差别是猿类没有尾巴。除此之外，猿和猴之间还有许多其他微妙的差异。例如，猿有一些衍生

（a）

（b）

（c）

图5.13

一些有代表性的猴亚科：（a）帽猴是生活在整个亚洲和北非的猕猴属几个种中的一个种。像其他猕猴一样，帽猴组成多夫多妻的群，雌性一生都生活在它们出生群里。（b）黑长尾猴在整个非洲都有。像猕猴和狒狒一样，雌性在母亲、女儿和其他母系亲属之间生活，当雄性成年时，雄性转到非出生群里生活。（c）青长尾猴生活在一夫多妻的群里。然而，在交配季节一个或更多不熟悉的雄性也许会加入繁殖群，与雌性交配。

特征，包括：更宽阔的鼻子、更宽的腭、更大的脑容量；而且它们还保留了一些原始特征，比如非特化的臼齿。旧大陆猴的牙齿牙冠四个突出的部位排列成两个平行脊状结构，而猿的下颌臼齿牙冠则为五个突起，排列成往侧边倾斜的Y字形（图5.6）。

长臂猿科有时也被称作小猿，包括长臂猿和马来亚长臂猿，现生种类分布在亚洲。人科也被称作大猿，包括猩猩、大猩猩、倭黑猩猩、黑猩猩和人类。猩猩分布在亚洲，而黑猩猩、倭黑猩猩和大猩猩分布在非洲。

长臂猿类身材苗条，手臂相对身体来说非常长（图5.14）。长臂猿和马来亚长臂猿完全树栖，它们用长的手臂完成令人叹为观止的空中杂技，可以优雅、迅速而敏捷地在树冠间穿行。长臂猿和马来亚长臂猿是灵长类中唯一真正借助手臂行进的动物，这意味着它们只靠胳膊推进身体，在换手之间呈自由飞翔状态。（要想象这个场景，想想你上小学的时候，在操场单杠上荡悠的情形。）长臂猿类生活在一夫一妻的家庭群里，有明显的领域性，以果实、树叶、花和昆虫为食。马来亚长臂猿的雄性积极地参与幼崽照顾工作，白天常常驮着孩子们；而长臂猿的雄性却不太照料孩子。在宣示领地时，马来亚长臂猿夫妇会表演协调的二重唱，声音悠远。

猩猩现在只分布在东南亚的苏门答腊岛和加里曼丹岛，它们是灵长类中体型

（a）

（b）

图5.14

长臂猿（a）和马来亚长臂猿（b）生活在一夫一妻的家庭群里，它们会积极地保卫领地对抗入侵者。它们的手臂很长，在树冠间穿行的时候，可以借助手臂从一个树枝荡到另一个树枝，这种移动形式称为臂行。长臂猿和马来亚长臂猿只在亚洲的热带雨林里生活，同其他热带雨林的生物一样，它们的生存也受到热带雨林锐减的威胁。

（a）　　　　　　　　　　　　　　（b）

图 5.15

（a）猩猩体型大、笨重，且主要单独生活。雄性猩猩常下到地面行走；体重较轻的雌性常在树冠间穿行。（b）现今，猩猩只能在加里曼丹岛和苏门答腊岛才能看到，它们生活在如图所示的热带雨林中。

最大以及最孤独的种类之一（图5.15）。蓓鲁特·高尔迪卡（Birute Galdikas）在加里曼丹岛的丹戎普丁（Tanjung Puting）对猩猩进行了30多年的深入研究。科研人员还在加里曼丹岛的卡邦潘提（Cabang Panti）、苏门答腊的凯坦贝（Ketambe）和苏克巴林姆滨（Suaq Balimbing）等地开展过对猩猩的长期研究。猩猩主要以果实为食，但也会食用一些树叶和树皮。成年雌性主要和自己的婴儿及未成年的后代在一起，基本上和其他猩猩不见面也没有互动。成年雄性大部分时间都是独处。单独一只成年雄性就可以保卫着有着几只成年雌性的家域；其他雄性则在更广阔的区域四处游荡并见机行事地与接纳它的雌性交配。当领地雄性遇到这些流浪者时，会发生激烈而喧嚣的对抗。

大猩猩是体型最大的猿类，直到19世纪中叶才进入科学家的视野（图5.16）。现在，我们有关大猩猩的行为和生态知识主要是来自于已故的戴安·弗西（Dian Fossey）的研究工作，她在卢旺达成立了卡里索凯研究中心（Karisoke

图 5.16

（a）大猩猩是体型最大的灵长类。山地大猩猩通常生活在一雄多雌的群里，但是一些群里有不止一个成年雄性。（b）大多数有关大猩猩的行为信息来自中非维龙加山（Virunga Mountain，如图所示）开展的观察。严酷的山地栖息地会影响这些动物的社会结构和社会行为，生活在较低海拔的大猩猩的行为可能会有所不同。

（a）　　　　　　　　　　　　　　（b）

Research Center），并在那里对山地大猩猩进行了长期而深入的研究。山地大猩猩以小群而居，群成员一般包括一到两只成年雄性、几只成年雌性以及它们的孩子们。山地大猩猩每天都要摄取大量不同草本、藤本植物、灌木和竹子。它们生活的山地栖息处生产果实的植物很稀少，因此它们几乎不吃果实。成年雄性山地大猩猩也被称作银背大猩猩，因为当它们成年后背部和肩膀上的毛发会变成引人注目的银灰色，银背雄性是群内社会结构和关系的中心个体。雄性有时待在它们出生群里繁殖，但是大多数雄性离开它们的出生群。在群间相遇时，雄性通过把雌性从其原配雄性身边吸引过来而获得雌性。团体活动时间分配以及行动的方向在很大程度上由银背大猩猩决定。由于有了来自低地大猩猩的数据，我们正修正有关大猩猩社会组织观点里的一些要素。例如低地大猩猩似乎吃大量的果实，比起山地大猩猩，它们待在树上的时间更长，群体内的成员数量更多且关系更松散。

作为和人类亲缘关系最近的现生动物，黑猩猩（图5.17a）在人类演化的研究中起着独特的重要作用。不论从同源性还是同功性来推理，针对黑猩猩的观察都是探讨古人类行为的重要基础。

黑猩猩行为和生态的详细知识来自于在非洲几个不同地点开展的长期研究。20世纪60年代，珍·古德尔（Jane Goodall）在位于坦噶尼喀湖畔的坦桑尼亚贡贝溪国家公园（图5.17b）开始了著名的黑猩猩研究。大约同一时间，在离贡贝不远的马哈勒山脉的一个观测点，如今已故去的西田利贞（Toshisada Nishida）也开展了对黑猩猩的研究。现在这些研究已经进入了第60年。在过去的几十年里，科研人员在几内亚的博苏（Bossou）、科特迪瓦的塔伊国家公园以及乌干达基巴莱国家公园里的勘亚瓦拉（Kanyawara）和勾沟（Ngogo）也设立了重要的研究地点。

倭黑猩猩（图5.17c）是黑猩猩属的另一成员，生活在不可到达的地方，对它的研究比黑猩猩的研究要少得多。科研人员曾在刚果民主共和国的瓦姆巴（Wamuba）和罗马可（Lomako）对倭黑猩猩开展过野外调查，但过去的几十年间，研究工作被当地的内乱所中断。

黑猩猩和倭黑猩猩生活在多雌多雄的大群体里。它们的生活群与其他大多数灵长类的生活群在两个方面明显不同。首先，雌黑猩猩性成熟后通常会离开出生群，而雄性终生留在出生群里。其次，黑猩猩社群的成员很少一起待在一个统一的群里。它们逐渐分裂成小团体，成员数量和构成每天都有所不同。在黑猩猩中，成年间的最牢固的社会关系是在雄性之间结成的，而倭黑猩猩有所不同，与雄性相比，雌性之间以及雌性与自己成年儿子之间更容易结成牢固的纽带关系。在野外，黑猩猩会加工自然物品制作工具。在几个研究点，黑猩猩剥去小树枝的叶子，戳到白蚁冢和蚁巢中取食昆虫，这是非常有价值的微妙举动。在塔伊国家公园内，黑猩猩用一块重而扁平的石头或者一块植物突出的根做砧板，用一块石头做锤子砸开硬壳的坚果。在贡贝，黑猩猩在嘴里把树叶裹成团，然后把这些"海绵"浸到裂缝中吸饱水。新的数据表明野生倭黑猩猩也有少数使用工具的情况，但是，黑猩猩使用的工具更加多种多样，研究也更充分。

（a）

（b）

（c）

图5.17

（a）黑猩猩生活在多雄多雌的社会群里。雄性构成社会群的核心，终生留在出生群里。许多研究人员相信黑猩猩和倭黑猩猩是我们最近缘的现生动物。（b）黑猩猩主要生活在像坦桑尼亚坦噶尼喀湖岸边这样的森林里。然而，黑猩猩有时也会漫游到更加开阔的地区。（c）倭黑猩猩和黑猩猩是同一个属的成员，在许多方面很相似。倭黑猩猩有时被称为"侏儒黑猩猩"，但这是一个误称，因为倭黑猩猩和黑猩猩体型大小大致相同。图中这只倭黑猩猩的婴儿正坐在一丛陆生草本植物中间，这些植物是倭黑猩猩食谱中的主食之一。

灵长类生态学

灵长类日常生活大部分是由两个压力驱动：获得足够的食物和避免被捕食。食物对于动物生长、生存和繁殖是必不可少的。不难理解，灵长类每天需要花大量的时间寻找、处理和消化各种各样的食物（图5.18）。同时，灵长类必须随时警惕像狮子、蟒蛇和鹰这样的昼行性捕食者以及像豹子一样的夜行性捕食者。食物的分布和被捕食风险影响了灵长类的社会性程度，以及灵长类群内和群间的社会交往模式，后面的章节会对此详述。

在这一节中，我们描述的是灵长类生态学的基本要点。随后我们将据此来探索生态因素、社群结构和灵长类行为之间的关系。理解这些关系的本质非常重要，因为同样的生态因素也有可能影响了我们最早期祖先的社群结构和行为。

图5.18

肯尼亚的安博塞利国家公园（Amboseli），一只雌性狒狒正在吃玉米。

食物组成

食物提供生长、生存和繁殖必不可少的能量。

与所有其他动物一样，灵长类需要能量保持正常的新陈代谢，调节基本身体机能，维持生长、发育和繁殖。动物需要的能量总量取决于四个因素。

1.基础代谢。**基础代谢率**是动物在休息时维持生命的能量代谢率。如图5.19所示，体型大的动物的基础代谢率高于小体型动物。但体型大的动物每单位体重消耗的卡路里则相对要少。

2.活跃代谢。当动物变得活跃，它们的能量需求上升。额外的卡路里需求量取决于动物消耗多少能量。而这又取决于动物体型大小和它移动速度有多快。一般来说，为了维持正常活动，一只像狒狒或者猕猴这样中等体型的灵长类每天需要大约基础代谢率两倍的能量。

3.生长速率。个体生长对能量有更高的需求。对于婴儿和青少年来说，体重和身高的增长所需要的能量比基础代谢和活跃代谢之和要多很多。

4.繁殖。对于雌性灵长类来说，繁殖耗费的能量巨大。比如，在怀孕后期灵长类雌性需要大约比平时多25%的卡路里，哺乳期大约需要比平时多50%的卡路里。

灵长类的饮食结构需要满足以下三点：必须能够满足它们能量需求，提供特定类型的营养物质，毒素成分小。

灵长类吃的食物为它们提供能量和基本的营养物质，例如，它们自身不能合成的氨基酸和矿物质。蛋白质几乎对生长和繁殖的每一个方面都必不可少，参与调节身体的许多功能。根据第二章的介绍，蛋白质由氨基酸长链构成。灵长类不能从简单分子合成氨基酸，因此，要合成许多基本蛋白质，它们必须摄入含有足够量的几种氨基酸的食物。脂肪和油脂对于动物来说是重要的能量来源，可以提供大约相当于**碳水化合物**（carbohydrates）同等量两倍的能量。维生素、矿物质和某些微量元素对调控身体许多新陈代谢功能起到关键作用。尽管特定的维生素、矿物质和微量元素的需求量只是很少一点点，但这些元素的缺乏会导致正常身体功能严重失调。例如，微量的铁和铜对于合成血红蛋白很重要，维生素C对机体生长和伤口愈合必不可少，钠盐可以调控体液的量与分布。灵长类不能合成这些化合物中的任何一种，必须通过食物获得这些化合物。水是所有动物和大多数植物身体的主要构成成分。为了生存，大多数动物必须平衡水分流失和水分摄入量，中度脱水会让动物虚弱，严重脱水会致命。

在灵长类从食物获取营养的同时，它们必须注意避免对它们有害的**毒素**（toxins）。许多植物会产生**次生化合物**（secondary compound）以保护自己不被取食。我们已经识别了包括咖啡因和吗啡等在内的成千上万种植物的次生化合物。一些次生化合物，如**生物碱**（alkaloids）对取食者有毒性，因为它们穿过胃进入各种细胞，破坏细胞正常新陈代谢功能。普通的生物碱包括辣椒素（当你吃红辣椒时让你流眼泪的化合物）和可可。其他次生化合物还有丹宁（茶里尝起来苦的化合物），能够在取食者的消化道里起作用，减少对植物的消化功能。热带植物物种中，次生化合物尤为普遍，通常集中在成熟的叶子和种子里。嫩叶、花朵和果实的次生化合物的含量较低，对灵长类来说，它们更美味。

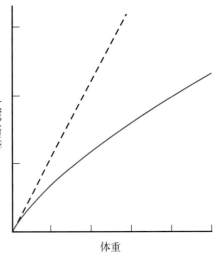

图5.19

基础代谢受体型大小影响。虚线代表体重和基础代谢率之间预测的线性关系。实线代表体重和基础代谢的实际关系。实线弯曲意味着体型大的动物每单位体重所消耗的能量相对较少。

灵长类从许多不同食物中获取营养物质。

灵长类从各种不同食物来源获得能量和基本营养物质（表5.4）。碳水化合物可以从果实里的单糖获得，而昆虫等肉食则是脂肪和油脂的很好来源。树胶是一种植物应对身体受伤而产生的物质，也是一些灵长类碳水化合物的重要来源，尤其是婴猴、狨猴和绢毛猴等。灵长类所需的蛋白质大都来自于昆虫或者嫩叶。一些物种形成了特殊适应性改变，使它们能消化成熟叶子细胞所含的蛋白质。尽管种子是提供维生素、脂肪和油脂的良好来源，但是许多植物将种子包裹在硬壳或者荚里，这些外壳为种子提供了保护。许多灵长类每天都到小溪、水坑、泉水或者降雨堆积的水塘边喝水（图5.20）。灵长类还可以从水果、花、嫩叶、动物和各种植物地下储存水的部位（根和块茎）获得水。当处于一年中地表水匮乏的时期，这些水分来源对于树冠上的树栖动物和地栖动物都极其重要。动物可以从许多其他的来源获得少量的维生素、矿物质和微量元素。

尽管灵长类的食性相当多样，但还是有一些相似之处：

1.所有灵长类以至少一种富含蛋白质的食物和一种富含碳水化合物的食物为主食。原猴亚目通常从昆虫获得蛋白质，从树胶和果实获得碳水化合物。简鼻亚目的成员通常从昆虫和嫩叶获得蛋白质，从果实获得碳水化合物。

2.大多数灵长类明显依赖某种类型的食物。例如，分布于坦桑尼亚到科特迪瓦的黑猩猩主要以成熟果实为食。科学家用食果动物（frugivore）、食叶动物

表5.4　灵长类的营养物质来源

食物来源	蛋白质	碳水化合物	脂肪和油脂	维生素	矿物质	水
动物	×	（×）	×	×	×	×
水果		×				×
种子	×		×	×		
花		×				×
嫩叶	×			×	×	×
成熟叶子	（×）					
木质茎	×					
汁液		×			×	×
树胶	×	（×）			×	
地下根茎	×	×				×

（×）表示营养物质含量通常只能被有特殊消化能力的动物摄取。

（folivore）、食虫动物（insectivore）和食树胶动物（gummivore）这些专业术语来指主食严重依赖果实、树叶、昆虫和树胶的灵长类。知识点5.1分析了不同食性灵长类间一些形态学上的适应性改变。

3.总的来说，食虫动物比食果动物体型小，食果动物比食叶动物体型小（图5.21）。这些体型不同与能量需求的不同相关。小体型动物比大体型动物的能量需求相对高，它们需要相对少量高品质可以很快处理的食物。体型较大的动物更少受食物品质的限制，因为它们可以慢慢地消化处理低品质食物。

图5.20

这些稀树草原狒狒从雨水塘中饮水。大多数灵长类必须每天喝水。

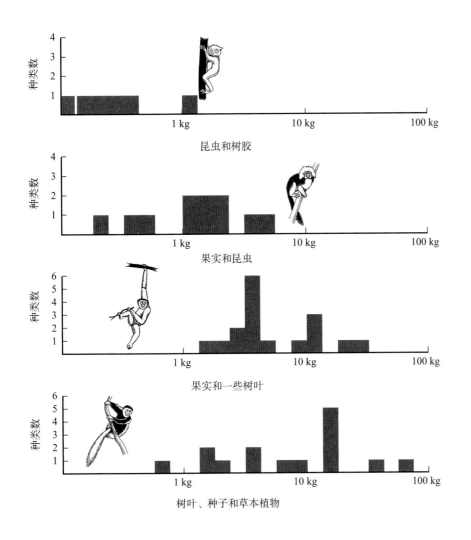

图 5.21

体型和食谱在灵长类中有相关关系。体型最小的种类主要吃昆虫和树胶，体型最大的种类吃树叶、种子和草本植物。吃水果的种类体型大小介于两者之间。

食性特殊化以及在热带森林里觅食对活动模式的影响。

　　我们人类可以在超市里将大量的食物集中到一个地方而且让货品保持充足。然而，非人灵长类并没有这种"奢侈的购物场所"。它们喜爱的食物受时间和空间的限制，来源东一块、西一块，而且供给常常还不可预测。大多数灵长类生活在热带森林里。尽管这样的森林有浓密的绿色植物，看上去似乎能为灵长类提供充足的食物，然而，表面现象可能具有欺骗性。热带森林虽然有大量树种，而某个种类的植株数目却很少。

　　各种食性较为专一的灵长类面临着不同觅食挑战（图 5.22）。植物的叶子比花和果实多，而且一年当中叶子长在树上的时间比果实和花长。所以一年当中，树叶通常比花和果实要繁茂，成熟的叶子比嫩叶更充足。昆虫和其他适合捕食的动物比植物出现的密度更低。这意味着通常食叶类动物在某个特定区域可以比食虫类或者食果类动物更容易找到食物。然而，成熟树叶里含有的高浓度的有毒次生化合物，使得食叶类动物的觅食策略变得复杂。一些树叶必须完全避免食用，另一些只可以少量取食。然而，食叶类物种比果类或食虫类物种更容易获得更多的食物供应，而且食物在时间与空间上的分布更稳定。因此，食叶类物种的活动范围通常比食果类和食虫类物种要小。

图5.22

（a）一些灵长类主要食用树叶，尽管许多树叶含有有毒的植物次生化合物。图中所示的猴子是生活在乌干达基巴莱国家公园的红叶猴。（b）一些灵长类把各种昆虫和其他动物猎物纳入它们的食谱。这只生活在哥斯达黎加的卷尾猴正在吃黄蜂巢。（c）山地大猩猩主要吃素。它们取食大量的植物纤维，比如图中的这种纤维茎。（d）图中这只黑长尾猴正在吃草根。（e）尽管许多灵长类主要以一种类型的食物为食，比如，叶子或果实，但没有灵长类只吃一种类型的食物。例如，绒毛蛛猴主要取食果实，但是它也吃叶子，就像图中显示的那样。（f）叶猴是食叶类动物。图中生活在尼泊尔兰纳加尔的长尾叶猴在捞食水生植物。

（a）　　　　　　（b）

（c）　　　　　　（d）

（e）　　　　　　（f）

活动模式

灵长类活动模式以天和季节为周期。

灵长类每天大部分时间都在进食，在家域内活动及休息（图5.23），还有相对少的时间用于理毛、玩耍、打斗和交配（图5.24）。用于不同活动的时间比例在某种程度上受生态条件的影响。例如，生活在有着明显季节性变化的栖息地中的灵长类，旱季通常是资源匮乏的时期，要找到足够量的合适食物比较难。根据对一些类群的观察，动物在旱季花费在进食和移动的时间增加，而花在休息的时间则有所减少。

灵长类活动还具有明显的日节律性。当灵长类醒来，饥肠辘辘，第一个任务就是去摄食点。它们早上大部分时间花在取食及在摄食点之间移动上。当太阳直射，温度升高的时候，大多数种类会在阴凉的地点休息、社交并消化早上取食的

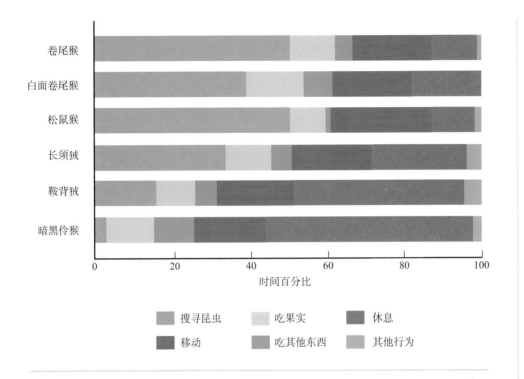

图 5.23

动物花在不同类型活动的时间量叫作"时间分配"。不同种的时间分配有着明显差异。这六种猴子全部生活在秘鲁玛努国家公园的热带雨林里。

卷尾猴
白面卷尾猴
松鼠猴
长须狨
鞍背狨
暗黑伶猴

时间百分比

搜寻昆虫　吃果实　休息
移动　吃其他东西　其他行为

（a）

（b）

（c）

图 5.24

（a）所有昼行性灵长类，比如图中这只卷尾猴，每天会花一部分时间休息。（b）幼年猴子会花大部分时间玩耍。（c）大猩猩在中午休息期间，通常和其他成员聚在一起交流。

第五章　灵长类多样性与生态学

食物。下午晚些时候，它们继续进食，黄昏之前，它们移动到晚上过夜的地方。一些种类每天晚上睡在相同的树上，而另一些在它们的家域范围内有多个过夜的地点。

家域行为

所有灵长类都有家域，但是只有部分种类有领域行为，会防范其他同类个体的入侵。

所有灵长类的群都在相对固定的地区活动，随着时间推移，某个群的成员会在某个特定的区域不断反复出现，这些区域就叫作家域。家域包括群成员摄食、休息和睡觉所需的所有资源。然而，对于相邻家域重叠的范围以及与相邻群或陌生群成员间互动关系，不同种类之间的差异相当大。一些灵长类，如长臂猿，会待在专有的固定区域里，这一区域叫作**领地**（territories）。领地的拥有者有规律地通过叫声宣示它们的存在，而且它们会运用武力捍卫领地的边界以防外来者入侵（图5.25）。在鸟类中，具有领域性的鸟类通常只保卫它们的巢，但是灵长类的领地通常包含了个体取食、休息、睡觉和移动的所有区域。因此，在领地型灵长类中，领地边界基本上和家域范围相同，而且不同群的领地并不重叠。

图5.25

马来亚长臂猿和长臂猿表演复杂的合声二重唱，并将其作为领地保卫的一部分。

非领地型种类包括松鼠猴和食蟹猴等。它们的家域和相邻群有相当大的重叠范围（图5.26）。当相邻的非领地型群相遇，它们可能会打斗，也可能相互回避或者和平地混在一起。最后一种情况不多见，但在有的种类中，成年雌性会向其他群的雄性发出性邀请，雄性会试图与其他群的雌性交配。相邻群的未成年个体甚至会趁着不同群接近时在一起玩耍。

领地行为的两个主要功能是保卫资源和配偶守卫。

为什么一些灵长类保卫家域，而另一些则不这样做？我们需要思考与捍卫领地相关的得与失。得与失的评判以对个体成功生存及繁殖的影响为衡量标准。领地行为是有益的，可以防止外来者在一片领地范围内抢夺有限的资源。然而，领地权的代价也很高昂，因为个体必须不断地对入侵者保持警惕，不断地宣示自己的存在并随时准备好捍卫家域，这会消耗大量的能量。只有当保持使用某块特定的土地的益处超过代价时，才有必要行使领地权。

在何种情况下，行使领地权的收益才会超过代价呢？这个问题的答案一定程度上取决于个体需要什么类型的资源才能成功生存和繁殖。鉴于哺乳类雄性和雌性的生殖策略通常不同，我们将在第六章对此进行更加充分的讨论。大多数情况下，雌性的繁殖成功与否主要取决于能否为自身和依赖其生存的后代取得足够

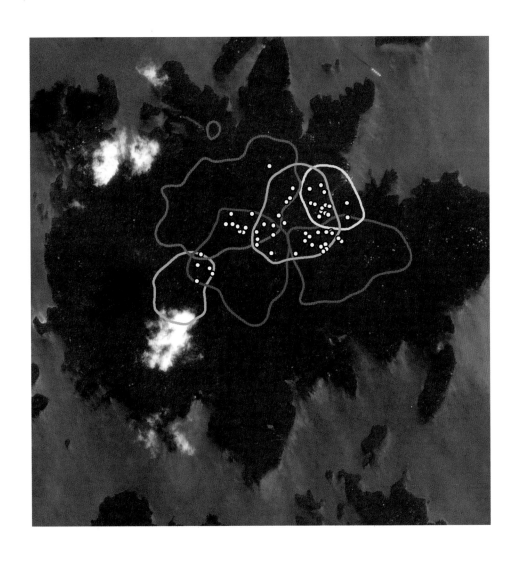

图 5.26

巴拿马的巴洛科罗拉多岛（Barro Colorado Island）上卷尾猴的重叠家域。

的食物，而雄性的繁殖成功与否则主要取决于它们与雌性交配的能力。因此，雌性更加关注获取食物，而雄性则对获取雌性更感兴趣。因此行使领地权有两个不同的功能。有时雌性捍卫食物资源，或者雄性代表雌性捍卫食物资源。另一些时候，雄性保卫群内雌性不受其他雄性侵犯。在灵长类中，守卫资源和守卫雌性似乎都影响了领域行为的演化。

捕食风险

捕食被认为是灵长类死亡的主要原因，但是很难获得直接证据。

　　猎杀灵长类的捕食者有很多种，包括蟒蛇、猛禽、鳄鱼、豹、狮、虎和人类（图5.27）。在马达加斯加，马岛獴可以捕杀大型狐猴。灵长类有时还会被其他灵长类所捕食，比如，黑猩猩有时会捕食红绿疣猴，狒狒有时会捕食黑长尾猴。

　　根据估算，每年的被捕食个体率占种群的1%到15%以上不等。数据表明，小体型的灵长类比大体型的种类更易被捕食者攻击和捕食，年幼的个体比成年的

（a）

（b）

（c）

（d）

（e）

图 5.27

灵长类是各种捕食者的猎物，包括：（a）蟒，（b）狮子，（c）豹，（d）非洲冠雕，（e）鳄鱼。

个体更容易被捕食。然而，这些数据并不是非常确凿，因为要取得有关捕食的系统性信息相当难。大多数捕食者通常会避免与人类近距离接触，而且有的捕食者，如豹子，通常晚上捕猎，难以被研究人员发现。当一只健康的动物在不该离群的时候突然消失不再回来，我们便通常推断该动物被捕食了（图 5.28）。当然，这些推断容易出错。

另一个方法是研究捕食者，而不是它们的猎物。非洲冠雕是生活在非洲热带雨林的唯一的大型猛禽。尽管它们的体重只有 3 到 4 千克，但它们是可怕的捕食者，有强劲的脚和爪，可以抓起重达 20 千克的猎物。非洲冠雕把猎物带回巢穴，并在进食后丢弃猎物的骨头。通过收集并整理在非洲冠雕的巢下面的猎物残骸，研究人员们能够弄明白它们吃什么东西。在乌干达基巴莱国家公园和科特迪瓦的塔伊国家公园做的残骸分析表明，除了黑猩猩之外，非洲冠雕会猎杀森林里所有的灵长类。研究人员在这些研究点发现猴子占了非洲冠雕食谱的 60% 到 80%，每年非洲冠雕捕杀的各种灵长类可达总数量的 2% 到 16%，可谓数量可观。

曼彻斯特大学的苏珊·舒尔茨（Susanne Shultz）和她的同事们比较了塔伊国家公园里的非洲冠雕、豹和黑猩猩捕获的哺乳类猎物的特点（图 5.29）。总的来说，地栖物种比树栖物种更加脆弱而易受攻击，生活在小群里的物种比大群里的动物更易受攻击。因此，生活在大群里的树栖灵长类的被捕食风险最低。舒尔茨和她的同事们表示这些数据也许解释了非洲、亚洲和美洲热带地区领地型灵长类分布的一些情况。在非洲，有非洲冠雕以及至少两种大型食肉猫科动物，领地型灵长类要么是大体型，要么是生活在大群里。在亚洲，由于几乎没有在森林栖息的大型猛禽，而且几乎没有大型猫科动物，生活着一些半地栖性的猕猴种类。美

（a）

（b）

（c）

图5.28

在有的案例中，研究人员们可以确认捕食。如图所示，在博茨瓦纳的奥卡万戈三角洲（Okavango Delta）一只成年雌性狒狒被一只豹捕杀。你能看到（a）当豹子把雌性狒狒的身体从它睡觉的树上拖下来并穿过一小块沙地空地时留下的压痕，（b）拖痕旁边的豹子脚印，（c）第二天发现的雌性狒狒的残骸——它的下颌、颅骨的碎片以及多丛毛发。

洲的热带地区有多种大型猫科动物和大型的在森林栖息的猛禽，因而根本没有地栖性灵长类。

灵长类已经演化出一系列抵抗捕食者的防御手段。

当看到潜在捕食者的时候，许多灵长类会发出警告的叫声，一些种类对特定的捕食者有相应的叫声。比如黑长尾猴，当它们分别发现有豹、小型食肉动物、雕、蛇、狒狒和不熟悉的人类出现的时候，会发出不同的警报声。很多物种应对捕食者最普遍的反应就是逃跑或者躲藏起来。体型小的灵长类有时试图把自己藏起来不让捕食者看到，体型大一些的种类可能会直面捕食者。例如，当行动迟缓的树熊猴遇到蛇的时候，它们会跌落到地面，移动一小段距离，然后不动。在一些研究点，成年红绿疣猴会猛烈地攻击偷偷接近它们婴儿的黑猩猩。

一些灵长类采取的另一个反捕食者策略是与其他灵长类物种成员结盟。在塔伊国家公园，几种猴子共享森林并且相互间形成有规律的联盟。例如，成群的红绿疣猴有一半的时间都和成群的黛安娜长尾猴在一起。如果每一个种占据森林的不同部位并朝向不同的捕食者，种间联盟可能会提高发现捕食者的机会。除此之外，通过与不同种的成员结盟，猴子可以在增加群体数量的同时而不增加有相似食性偏好的同种之间的竞争。

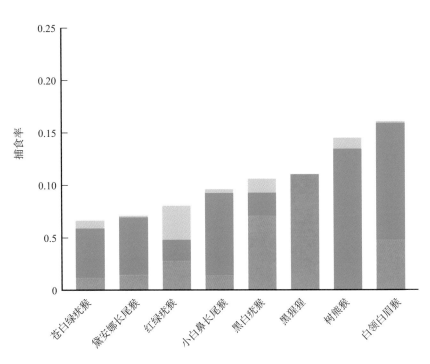

图5.29

塔伊国家公园内不同灵长类被捕食者捕食比率显示如下：豹（橙色），雕（绿色），黑猩猩（蓝色）。注意：黑猩猩喜欢的猎物是红绿疣猴，黑猩猩唯一的捕食者是豹。

灵长类的社会性

社会性是灵长类适应生态压力的结果，社会性生活有得也有失。

几乎所有的灵长类都生活在某种社会群里。因为生活在群体里有重要的益处，所以灵长类的社会性得以演化。生活在群体里的灵长类有可能更好地获得并控制资源。生活在群体里的可以把单独一只的个体从取食树上赶跑，并能抵抗数量少的入侵者而保护自己获得的食物和其他资源。正如我们早先看到的，群体生活还提供了远离捕食者的安全，因为群体提供了三种优势：发现（detection）、威慑（deterrence）和削弱（dilution）。在群体里的动物更容易**发现**捕食者是因为有更多双警惕捕食者的眼睛；群体里的动物通过结群或者驱逐，还能更有效地**威慑**捕食者；当捕食者胡乱地攻击时，对任一单个个体的捕食威胁被**削弱**了。如果一个群体里有两只动物，有一只捕食者攻击，每一只动物被吃掉的概率是50%，如果有10个个体，单个个体的被捕食风险就降低为10%。

尽管社会性生活有重要益处，但是，同时也有重要的损失。生活在群体里的动物会面临更多食物和交配的竞争，更容易感染疾病并面对各种来自于同种个体的危险（如同类相食、通奸、近亲交配或者杀婴）。

我们在自然界中看到的群体规模和构成实际上是对个体社会性得与失之间的妥协产物。这些得与失的量级受到社会和生态因素两者的影响。

灵长类倾向社会性的主要选择压力是食物竞争还是捕食，灵长类学家对此存有分歧。

灵长类社会性演化的驱动力主要是资源竞争还是捕食，目前还没有定论。然而，许多灵长类学家确信资源竞争对灵长类行为策略有着实质性影响，尤其是雌性，并影响灵长类群的构成（知识点5.2）。这个理论的主要考虑对象是雌性，因为它们的健康主要取决于营养状态：营养良好的雌性生长更快，更早成熟，比营养不良的雌性有更高的生育率。相比之下，雄性的适合度主要决定于它们获得可繁育雌性的能力，而不是它们的营养状态。所以，生态压力影响雌性的分布，并且，雄性尽最大努力接近雌性。（我们将在第六章更充分地讨论雄性和雌性的繁殖策略。）

灵长类的保护

许多灵长类种类面临灭绝危险。

令人悲哀的是，许多灵长类物种在野外难以继续生存。根据评估全世界动植物物种保护状态的权威机构——世界自然保护联盟（IUCN），将近一半的野生灵

知识点5.2　灵长类的社群形式

大多数灵长类为群居动物。一个群体便是一个社会单元，群体内的动物分享一片共同的家域或者领地，群内成员存在社交。群体的规模、年龄结构、性比以及个体间紧密程度存在着差异。我们用**社会组织**（social organization）这个专业术语描绘在这些维度上的改变。灵长类中有5个基本类型的社会体系（图5.30）。

独居（solitary）：雌性保留分隔开的家域或者领地，主要和它的未独立的子女生活在一起。雄性建立自己各自的领地或家域，也许会容纳一只或者几只成年雌性。除了猩猩，**独居**的灵长类基本都来自原猴亚目。

一雄一雌：社群由一只成年雄性和一只成年雌性，以及未成年的后代组成。这类群体通常会捍卫它们领地的边界。长臂猿是一雄一雌，还有少数的几种阔鼻类和少数几种原猴亚目。在一些一雄一雌的种类中，雄性和雌性关系亲密，通常一起活动，但也有一些种类则会大部分时间在家域范围内独自行动。

多雄一雌：一个成年雌性与多个成年雄性和后代共享一片领地或家域。只有狨猴和绢毛猴类才有这种社会组织结构。

一雄多雌：由几个成年雌性和一个成年雄性以及后代组成的社群。在这种类型的群体中，雄性孔武有力，并会争夺领地权，雄性个体可能还会拉帮结派地驱逐已确立的首领们。吼猴、一些叶猴和狮尾狒的社群结构便是如此。

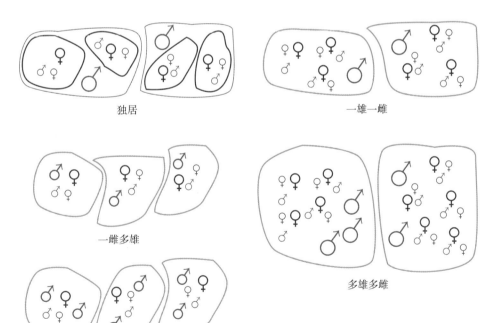

独居

一雄一雌

一雌多雄

多雄多雌

一雄多雌

图5.30

灵长类动物的几种主要社群类型。当雌性和雄性的驾驭一致时，家域的边界以棕色表示。当两性的驾驭不一致时，雄性个体的家域边界用蓝色表示，而雌性个体的家域边界则用红色表示。雄性和雌性标记的大小代表各自的性成熟程度。

多雄多雌：几个成年雄性和几个成年雌性以及未成年的后代组成社群。猕猴、狒狒、卷尾猴、松鼠猴和一些叶猴类的社群结构便是如此。一些种类，如生活在这种类型的社群里的黑猩猩和蜘蛛猴，通常会分裂为更小的临时集团（分离聚合群）。

灵长类的**婚配系统**（mating systems）、交配活动模式和繁殖结果也不同。在社会组织和婚配系统之间有紧密但是不完全一致的关系。灵长类主要有四种婚配系统。

单配制／一雄一雌制：在严格的单配制中，雄性与雌性只与唯一的异性成员交配。大多数单配制的灵长类主要为夫妻双方交配，但是，有几个种类存在有婚外交配的报道，而且在叉斑鼠狐猴等一夫一妻灵长类中证实存在婚外父权。因此，**一雄一雌制**（prir bonding）这个术语也许比单配制更确切表述大多数成对生活的灵长类的婚配系统。

一雌多雄制：雌性与多个雄性交配，但是每一个雄性只与一个雌性交配。**一雌多雄制**（polyandry）在哺乳类物中比较罕见，比较典型的类群是狨猴和绢毛猴。在这些种类中，一个雌性通常垄断繁殖机会。可以生育的雌性可和群里所有没有血缘关系的雄性交配，但是有限的遗传数据表明并不是所有雄性都能同等地成功繁殖后代。

一雄多雌制：雄性与多个雌性交配，但是每一个雌性只与唯一的雄性交配。这种婚配系统主要见于大多数只有一个雄性，但有多个雌性的群体。**一雄多雌制**（polygyny）倾向于雄性繁殖成功，因为领地上的雄性大大地控制了获取可繁殖的雌性的机会。然而，在一些这样的种类中，外来的雄性会进入群体并与雌性交配，比如青长尾猴。

混交制（polygynandry or promiscuity）：雄性和雌性双方各自的伴侣都超过一个。这种婚配系统通常见于有着多个雄性和多个雌性的群体，也有可能是一些独居种的特点。大多数形成多雄多雌群体的种类通过竞争获取交配雌性。

这些社会组织和婚配系统的划分代表着对个体和交配模式的理想化描述。现实则更加复杂。并不是某个特定种的所有群体都会有同样的社会组织或婚配系统。例如，一些眼镜猴群由一对唯一的繁殖对组成，而其他群却包括额外的雌性。阿拉伯狒狒和狮尾狒组成一雄多雌的繁殖家庭单元，但是，这些繁殖家庭单元又会共同生活，形成更大的社会结合体。

长类物种目前是濒危的（图5.31）。在亚洲，54%的灵长类种类处于濒临灭绝的危险。马达加斯加岛上，有一半的种类濒危或严重濒危，而且一些种类已经灭绝。非洲和中南美洲在受威胁一览表中所占的比例稍小，但是，前景也不容乐观。在世界范围内，几乎所有的灵长类都在减少，一些种类减少得非常快。

所有的大型类人猿现在都是濒危种类。过去的20年里，西非的黑猩猩被大批杀害。1990年，科特迪瓦曾经有8,000到12,000只黑猩猩，到了2007年，克里斯托弗·博施（Christophe Boesch）和他的同事进行的种群数量普查表明，90%的黑猩猩消失了。当地人口数量增加了50%，造成了更多的偷猎和栖息地破坏，此

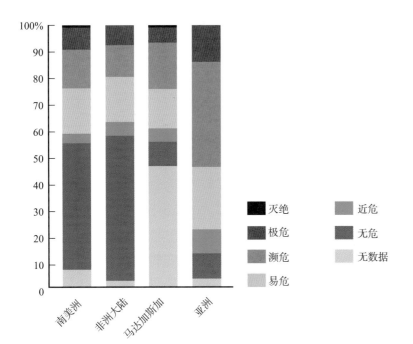

图5.31

野生灵长类种群的受威胁状况。

图例：
- 灭绝
- 极危
- 濒危
- 易危
- 近危
- 无危
- 无数据

（横轴）南美洲　非洲大陆　马达加斯加　亚洲

外西非诸国国内动荡和战争也导致了更多黑猩猩被捕杀。苏门答腊的森林被砍伐或者改成种植油棕等经济作物，生活在那里的猩猩只剩下约6600只。

尤其令人忧虑的是，最濒危的灵长类往往是那些我们了解最少的。例如，2005年，研究人员们在坦桑尼亚的高原上遇到一种以前未知的猴类（图5.32）。遗传数据显示这种灵长类与其他属的完全不同，是一个单独的属 *Rungwecebus*，这个属很可能与狒狒亲缘关系最近。这个物种现在只分布在两个相距350千米的常绿森林中，总体数量估计为1100只。

图5.32

2005年，科学家首次发现了伦圭山高地白脸猴（*Rungwecebus kipunji*）。

野生灵长类面临的主要威胁是栖息地破坏、被猎杀、疾病和商业捕捉。

作为热带树栖物种，大多数灵长类种群受到世界范围内的森林破坏的直接影响。佛罗里达大学的科林·查普曼（Colin Chapman）和东英吉利大学的卡洛斯·派里斯（Carlos Peres）回顾了20世纪90年代世界灵长类种群的保护状态。他们的分析令人惊讶。1980年到1995年之间，非洲和拉丁美洲失去了将近10%的森林，亚洲的森林消失了近6%（图5.33）。

经济发展和当地居民人口增加导致了对热带森林的破坏。许多发展中国家不得不通过砍伐木材和扩大农业活动筹集资金偿还巨额外债。每年约有500万到600万公顷的森林被砍伐，严重威胁了生活在森林里的动物。

森林还会因为农业活动而被清除。热带欠发达国家人口的迅速增长已经引发了额外农业用地的紧迫需求。例如，在西非、亚洲和南美洲，广袤的森林已经被砍光，以满足农民养家糊口的生活要求和大规模农业项目的需要。在中南美洲，大片区域已经被清空用作牲畜的牧场。

在过去的几十年中，野火成为威胁世界上森林的新压力。大火烧毁了东南亚和南美洲的大片森林。生态学家们相信热带森林的自然火灾是非常罕见的，而这些灾难性的火灾则是人类活动的产物。在印尼，20世纪90年代晚期的大火的后果是导致成千上万的猩猩死亡，它们的数量削减了几乎三分之一。

在全世界许多地方，尤其是南美洲和非洲，灵长类还被人类猎杀取食。尽管

图5.33

加里曼丹岛的森林流失。全球热带森林都正在消失，威胁着灵长类和生活在森林中的其他动物。在加里曼丹岛，森林流失大大减少了适合猩猩和其他灵长类的栖息地。

有关猎杀野生灵长类种群的信息不足，一些案例研究揭示了令人担忧的趋势。在肯尼亚的一个森林里，1200只青长尾猴和700只狒狒在一年之中被猎人猎杀。在巴西的亚马孙，一个割胶工人的家庭在18个月中，就杀死了200只绒毛猴、100只蛛猴和80只吼猴。除了以打猎为生的狩猎，在许多城市地区，还有追逐"野味"的活跃市场。

在非洲的赤道区域，灵长类种群还因感染大规模暴发的传染病而大批死亡，在一个月的时间里，科特迪瓦的塔伊国家公园内一个习惯化的黑猩猩群，大约有26%的个体死于埃博拉病毒。后来炭疽热杀死了这个社群更多的成员。在刚果的奥扎拉-可可奥国家公园（Odzala-Kokoua National Park），曾经有来自于100多个群体的几百只大猩猩在沼泽空地觅食，在两年的时间里，其中95%的大猩猩死于埃博拉病毒。

自从1973年起草并颁布了《濒危野生动植物种国际贸易公约》（Conservation on International Trade in Endangered Species of Wild Fauna and Flora, CITES）之后，捕获和买卖活灵长类已经大大削减。现有180个国家加入了CITES，禁止商业贩卖所有濒危物种，以及监控有风险成为濒危物种的动植物贸易。CITES是保护全球灵长类种群的有效武器。在CITES颁布之前，美国每年进口10万只灵长类，但是，在签署了此份国际公约后，这个数字被削减到了大约10年进口13,000只。

尽管CITES产生了主要影响，还是存在一些问题。贩卖活体依然是某些物种的主要威胁，尤其是大型类人猿，大型类人猿的高商业价值诱发了强烈的非法贸易动机。在许多地区，幼小的灵长类被当作宠物豢养。为了获取一只动物，会导致许多其他个体处于危险。猎人不杀掉母亲，就无法获得年幼的灵长类。除此之外，许多被卖为宠物的灵长类在捕获、运输过程中死亡，或者居住环境恶劣、饲养不当等其他因素导致死亡。

拯救濒危灵长类种群的努力取得了一定成功。

尽管保护灵长类任重而道远，保护的努力显著地提升了几种灵长类物种存活的前景。这些努力已经帮助了一些物种存活，包括巴西的绒毛蛛猴和金狮狨以及马达加斯加的金竹驯狐猴。但是，我们不能自满。原计划拯救印尼的猩猩和卢旺达的山地大猩猩的努力受到了当地政治斗争和武装冲突的严重阻挠，导致生活在这些栖息地的动物处于极度危险。增加保护森林栖息地和保护动物种群的措施被提上日程。这些保护措施包括土地换债务的交换条件：承诺保护自然可以免除外债。但是，当自然保护主义者们研究这些解决方案并讨论执行方案时，世界灵长类灭绝的问题越来越紧迫。每年越来越多的森林在消失，更多的灵长类死亡，或者永远从地球消失了。

关键术语

胎生

夜行性

昼行性

同种个体

性二型

双眼视觉

立体视觉

原猴亚目

简鼻亚目

可与其他手指相对的

适于抓握的

后肢主导

嗅觉的

臼齿

门齿

犬齿

前臼齿

齿式

上颌骨

下颌骨

两侧对称

下目

基础代谢率

碳水化合物

毒素

次生化合物

生物碱

树胶

食果动物

食叶动物

食虫动物

食树胶动物

领地

社会组织

独居

婚配系统

一雄一雌

一雌多雄

一雄多雌

学与思

1.同源和同功有什么不同？哪些演化过程与这两个术语相对应？

2.假设一群外星科学家在地球上着陆，向你求助识别动物。你如何帮助他们认识灵长类分类的成员？

3.大多数灵长类占据什么类型的栖息地？这种环境的特点是什么？

4.体型大的灵长类通常靠低品质食物生活，如树叶；体型小的灵长类专门吃高品质食物，如果实和昆虫。为什么体型与食物质量以这种方式相关？

5.对于食果类动物，热带森林似乎提供了充足而持续的食物供给，为什么这不是确切的评估？

6.领地型灵长类不必与其他群的成员分享食物、睡觉的地点和其他资源。如果行使领地权削弱对资源的竞争程度，为什么并不是所有灵长类都是领地型的？

7.领地行为常与群的规模、白天活动范围、食性相关联。这个联系的本质是什么，而且为什么会出现这样的联系？

8.大多数灵长类专门吃一种类型的食物，如果实、树叶或者昆虫。这种专门食性会有什么益处？这种专门食性又会有什么损失？

9.夜行性灵长类比昼行性灵长类体型更小、更独行而且更加倾向于树栖，形成这种模式的原因可能是什么？

10.社会性在自然中是一个相对不普遍的特征。生活在社会群中有什么潜在的优点和缺点？

11.灵长类的未来和其他热带森林的栖居者们处于危险中。灵长类主要面临哪些威胁？

12.我们如何平衡热带发展中国家人民的权利和需求与生活在热带森林里的动物们的需求？

延伸阅读

Campell, C.J., A. Fuentes, K. C. MacKinnon, M. Panger, and S.K. Bearder, eds. 2007. *Primates in Perspective*. New York: Oxford University Press.

Cowlishaw, G. and R.I.M. Dunbar. 2000. *Primate Conservation Biology*. Chicago: University of Chicago Press.

IUCN 2010. *IUCN Red List of Threatened Species*. Version 2010.3.www.iucnredlist.org.

Kappeler, P.M. Pereira, eds. 2003. *Primate Life Histories and Socioecology*. Chicago: University of Chicago Press.

Kramer, R., C. van Schaik, and J. Johnson, eds. 1997. *Last Stand: Protected Areas and the Defense of Tropical Biodiversity*. New York: Oxford University Press.

Mitani, J.J. Call, P. Kappeler, R. Palombit, and J.B. Silk, eds. 2012. *The Evolution of Primate Societies*. Chicago: University of Chicago Press.

Strier, K.B. 2010. *Primate Behavioral Ecology*. 4th ed. Boston: Allyn & Bacon.

6

本章目标

本章结束后你应该能够掌握

- 解释为什么繁殖是生命体活动的核心。

- 了解哺乳动物生殖生物学对雌性灵长类繁殖策略的影响。

- 讨论影响雌性繁殖成功率的因素。

- 描述性选择的过程，解释它和自然选择偏向之间的矛盾。

- 描述雄性争夺可繁育雌性对雄性繁殖策略的影响。

- 解释为什么杀婴在某些情况下是灵长类雄性的一种适应性策略。

第六章　灵长类的婚配系统

解释适应性的术语　　　　　　　性选择和雄性的交配策略

繁殖策略的演化　　　　　　　　雄性的繁殖策略

雌性的繁殖策略

　　繁殖是每种生物所有生命活动的核心。灵长类多样的行为令人眼花缭乱：长臂猿响彻山林的二重唱，狒狒争夺地位时对同类的恐吓威胁，黑猩猩精心挑选用于砸开坚果的石头。但这些行为的最终目的只有一个：繁衍。达尔文的理论认为，复杂的适应性是通过自然选择一步步形成，每一步的修正都提高繁殖成功率，并把修正传递到下一代。因此，每个形态特征和行为都是因为对祖先种群的繁殖有所贡献而得以保留。所以婚配系统（动物寻找配偶和哺育后代的方式）对理解灵长类社会非常重要。

了解非人灵长类的繁殖策略有助于理解我们自身的演化，因为人类和其他灵长类在生殖系统的生理构造上有很多共同点。

要了解灵长类繁殖系统的演化，必须考虑到灵长类的繁殖策略受其哺乳动物特征的影响。哺乳动物是有性繁殖的，雌性怀孕后，在其体内孕育子代；后代出生之后，雌性还有相当长的哺乳期。而雄性在繁殖中的角色比雌性更多变。一些物种中，雄性只是在交配时提供精子；而另一些物种中，雄性还需要保卫领地，为配偶服务、保护、携带和喂养后代。

虽然哺乳类的生理特性在一定程度上限制了灵长类繁殖策略，但其仍然形成了非常多样的繁殖系统和行为模式。灵长类不同种类间的求偶方式、配偶选择和亲代抚养都有很大的差异。一些种类雄性的繁殖成功与否取决于是否能战胜其他雄性，靠近雌性；而另一些灵长类中则要看雌性的偏好。大部分一夫一妻制的灵长类中，双亲都会参与后代的抚养；非一夫一妻制物种中，则通常是雌性照看后代，而雄性只是跟其他雄性争夺占有雌性的权利。

人类和其他灵长类共享哪些繁殖特点呢？一直到近代，所有人类女性都跟其他灵长类雌性一样需要长期照料后代。近乎所有传统的人类社会中，父亲为其后代提供财富、资源、安全和社会支持。了解非人灵长类繁殖策略的系统演化和相关生态因素，有助于我们探究演化压力如何塑造人类祖先的繁殖策略，洞察现代人类社会中的繁殖行为。

解释适应性的术语

在演化生物学中，"策略"（strategy）一词常被用来表示特定环境下产生的特定行为机制，比如取食或繁殖策略。

生物学家通常用**"策略"**来描述动物的行为。比如，叶食性被描述为一种取食策略，一夫一妻制被称为一种繁殖策略。演化生物学家所用的"策略"和我们常用来描述军事谋略或棒球战术的"策略"不同。这些学者并不认为其他动物会下意识地反击入侵者、在特定时期给婴儿断奶，或监测自身对植物次生代谢物的消化情况，等等。"策略"指在特定情况下的交配、哺育、觅食等一系列行为模式。"策略"是自然选择塑造个体的行为动机、反应、能力、选择和偏好等形成的结果。受到了自然选择和适应性支持的策略，有利于提高原种群的繁殖成效。

支出（cost）和收益（benefit）反映了某行为策略对繁殖成功率的影响。

不同行为对动物遗传适合度的影响也不同。当某一行为能提高个体的适合度时，我们称之为有利的，相反，降低个体适合度则是不利的。比如，第五章中提到的领地行为就涉及了独占某区域的收益和守卫领地的支出之间的权衡。收益和支出的多寡最终由繁殖成功的程度来衡量，但其实这也很难测量，尤其是对生命周期很长的灵长类。因此，研究者通常依靠间接的测量方法，比如取食效率（单位时间内获得的食物量），假设其他条件一致时，认为提高取食效率的行为策略也会增加遗传适合度。本章将介绍更多类似的例子。

繁殖策略的演化

灵长类雌性往往要花费大量精力照顾后代，而极少有雄性会对后代如此用心。

动物界中各物种的亲代抚养行为有很大的差异。绝大多数动物的双亲都很少照料后代，比如，多数蛙类在产卵后便不再管它的后代，唯一的照顾是雌性在卵中留下必要的营养。而灵长类——像很多鸟类和哺乳动物以及少数鱼类和无脊椎动物一样——往往会在后代抚养中付出很大精力，甚至父母的一方或双方为其子女提供庇护和食物。

此外，在动物中，父亲和母亲各自提供的抚养力度也有很大差异。在双亲都不照料子代的物种中，雌性会产生富含营养的大配子，而雄性只是提供另一半的基因。有亲代抚养的物种中，存在多种模式。灵长类雌性通常都会看护后代，提供无微不至的关照（图6.1）。而雄性则各有不同，大部分物种的雄性在繁育后代中只是提供基因，仅少数物种的雄性参与养育过程。也有一些物种存在特异的亲子关系。比如，大部分鸟类的双亲配偶关系稳定，通常会共同养育后代（图6.2）。

图6.1

所有灵长类的雌性都会照看后代。狒狒和其他多数物种的雌性下要为婴儿提供直接的照料。

雌性或雄性为后代提供时间、能量和资源等照料，会明显影响其社会行为和形态的演化。选择压力对于雌雄性对子代投资相似的物种和雌性投资明显高于雄性的物种会产生明显不同的影响。所以有必要解释为什么父母照顾子女的付出和模式在不同物种中会存在差异。

图6.2

大部分鸟类有较固定的配偶，双亲共同养育后代。图为白头海雕喂食雏鸟。

雄性不照顾后代是因为（1）利用自身资源可以获得很多额外的交配机会，或者（2）照料对后代的适合度没有显著的提升。

表面上，灵长类雄性不参与抚育后代是个奇怪的现象。因为雄性的帮助可以提高后代的成活率，由此我们会理所当然地认为自然选择会偏向双亲育幼行

图6.3

非一夫一妻制的灵长类中，雄性和幼崽的接触都很有限。尽管有些物种（如帽猴）的雄性对幼崽会有较高的容忍度，但它们极少为幼崽理毛、喂食、携带或与之玩耍。

为（图6.3）。

上述观点只有在时间、能力和其他资源是无限的时候才可能成立。但事实上，时间和其他资源总是短缺的，照顾后代和竞争交配机会都需消耗能量和时间。自然选择偏向能够合理分配资源，使后代存活率达到最高的个体。

为理解亲代投资不均等的演化，我们必须清楚：依赖配偶而减少自身对子代投入的行为对哪一性别更有利。假设某物种中的大多数雄性都会协助配偶照料子代，同时，少部分雄性对子代的照料相对较少，这里我们把它们分别称为"负责的"（investing）和"不负责的"（noninvesting）父亲。由于时间、能量和资源都是有限的，努力照顾后代的雄性便不可能有更多精力去竞争交配机会。而不负责的雄性的子代由于缺少关照，成活率和成年后繁殖率也比较低，但该雄性有了更多精力和时间去获得交配机会。当雄性的收益（额外交配次数）大于其成本（后代存活率降低）时，群体内的雄性将向减少亲代投资的倾向发展。

人们提出，下面的一种或两种情形出现时，不均等的亲代投资会更胜一筹：

1. 容易获得额外的交配时，多花点精力去吸引交配对象就可以获得可观的收益；

2. 单亲抚养已足够保证后代的存活，增加亲代投资所获得的收益不高。

以上关键点在于额外交配的成本和增加对后代抚养的收益。比如，当雌性分布零散时，雄性很难找到它们，那么雄性就更倾向于珍惜现有配偶和参与抚育后代，而不是在外寻求婚外交配机会。另外，如果雌性可以独自抚养后代而不需雄性额外帮助时，那么尽心尽责的雄性的繁殖成功率反而会输给不断更换交配对象的雄性。

哺乳动物的繁殖系统使雌性承担抚育后代的重任。

为什么单亲抚养里，负责的总是雌性？为什么没有一种灵长类是雄性抚育后代而雌性竞争交配机会呢？现实里其他动物确有如此的模式：雌海马将卵产到雄海马的育儿袋中，然后离开去寻找新配偶（图6.4）。在很多科的鱼类中，父亲抚养比母亲抚养更常见，一些鸟类也如此——包括美洲鸵、斑腹矶鹬和水雉，雌鸟产卵后便将后代丢给配偶抚养。

在灵长类和其他哺乳动物中，因为雌性会哺乳而雄性不会，所以自然选择偏向对后代投资少的雄性。怀孕和哺乳迫使雌性承担养育子女的重任，并限制了父亲投资的收益。由于子代出生后全靠母亲的哺育存活，雌性放弃哺育必然导致后代存活率降低。此外，雄性也不具有独自将后代养育大的能力。因此，当只有单亲抚养后代时，总是雌性在付出。有时，雄性也会通过保卫领地或携带婴儿来协助雌性，保证雌性有足够的取食时间，如马来亚长臂猿和夜猴。不过，多数情况下，这些帮助的收益都不显著，自然选择还是偏向雄性去寻找更多的交配机会而不是照看后代。

你也许也会疑问为什么雄性不会哺乳。如果雄性可以哺乳似乎可以促使雄性

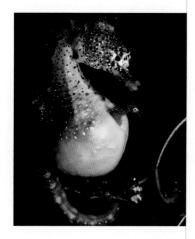

图6.4

雄性海马用它特别的育儿袋携带受精卵，并照料小海马的成长。

积极参与育幼，并且失去母亲的幼崽可以依靠雄性。但是我们在第三章曾提到，很多生物学家认为能使雄性具有哺乳能力的发育方式会造成雄性的不育。这便是一个发育限制的例子。

雌性的繁殖策略

雌性灵长类对每一个子女都关爱有加。

怀孕和哺乳对雌性而言都是很耗时耗力的过程，两者的总耗时少则59天（鼠狐猴），多则255天（大猩猩）。和其他哺乳动物一样，灵长类的怀孕期跟体型大小成正比（图6.5），但因为灵长类的脑组织发育缓慢，所以它们比其他同等体型哺乳类的孕期更长。灵长类有相对大的脑，因此胎儿需要更多的时间生长发育大脑。此外，灵长类的哺乳期也较长，这无疑又增加了母方的抚养负担。这个时期里，母亲需要同时满足自身和子代的营养需求。婴儿到断奶时，体重可达到母亲的30%。

怀孕和哺乳消耗极大限制了雌性的繁殖行为。由于抚养婴儿需要投入很多的能量和时间，每个雌性一生只能养育为数不多的后代（图6.6）。比如，一只雌性斯里兰卡猴（toque macaque）在5岁时首次妊娠，假设它每年生一

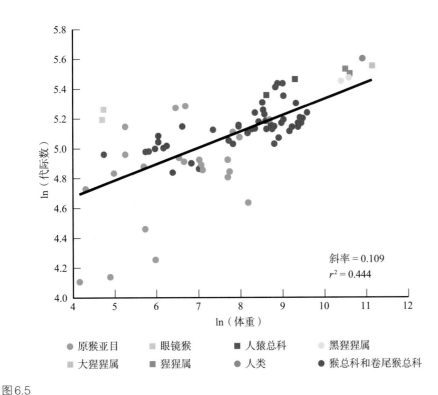

图6.5

和其他哺乳动物一样，母亲的体型和妊娠期相关联。大型类人猿的孕期是最长的，体型小的原猴类的孕期较短。

图6.6

这只雌性帽猴生了对双胞胎，但最后只有一个婴儿存活。双胞胎现象常见于南美洲的狨和绢毛猴，在亚洲和非洲的猴和猿中比较少见。

胎而且全部后代都存活，到20岁时它的子女就有15个。但在野外，有相当一部分幼猴在未成年时便夭折，而且生育间隔一般要两年，一些成年雌性也会意外死亡。所以事实上，雌性斯里兰卡猴一生大多只能繁育少量的后代，每一个幼猴都代表母猴适合度的一部分。由此可推想，母亲对每个子女都应该是关爱有加的。

雌性的繁殖成功率取决于其获得的用于生存和繁育后代的资源。

绝大多数灵长类（包括人类）的雌性必须获得满足排卵和孕育的最小营养量。野生动物没有外卖比萨或24小时便利店，充足的食物对它们来说总是来之不易。已有大量证据表明，雌性的繁衍能力受限于生境中的可利用资源量。若能获得高质量的资源，雌性可以发育得更快更早熟，生产的间隔期也会更短。例如，日本猴的投食群能常年获得人工投喂的小麦、红薯、大米和其他高能量食物（图6.7），这导致它们的数量快速增长（图6.8）。其他投食区的灵长类也是如此。

雌性灵长类繁殖表现差异的根源

年轻和年老的雌性的繁殖成功率都不如中年雌性。

研究者利用年龄已知雌性的生育数据，可以计算出某特定年龄雌性的生育率，进而估算出群体内特定年龄雌性个体生育后代的可能性。分析显示，年轻雌性繁殖率明显低于中年雌性。如图6.9所示，年轻雌性狒狒和大猩猩的繁殖率都低于较年长的雌性。雌性山地大猩猩**初产**（primiparous）婴儿的死亡率高达50%，繁殖间隔也比年长雌性长20%。即使在营养丰富的日本猴投食群中，年轻雌性的繁殖间隔期也比年长雌性的长：67%的初产雌性需要隔一年才会再次怀孕，而有多次生产经验的雌性中，只有33%需要隔年生产。

年轻雌性低怀孕率和高死婴率的现象说明，雌性猿猴开始繁殖时并没有发育完全，导致孕育后代和自身生长一起竞争雌性体内的能量。此外，年轻雌性也缺乏照料新生儿的经验，不能照顾好婴儿。

大多数雌性灵长类基本一生都可生育，这与人类存在更年期很不一样。杜克

图6.7

日本多个地方都有日本猴的人工投食群。这些投食群的数量增长速度很快，表明种群增长速度受资源的限制。

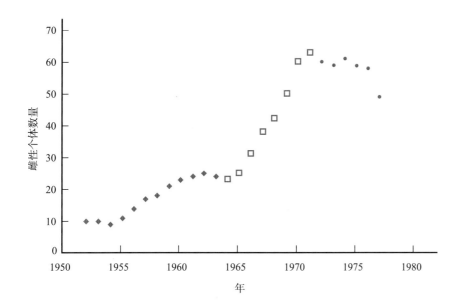

图6.8

幸岛的日本猴猴群在频繁投喂时增长很快（方框），限制投喂后便开始减小（圆）。

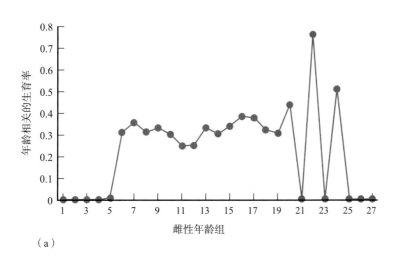

（a）

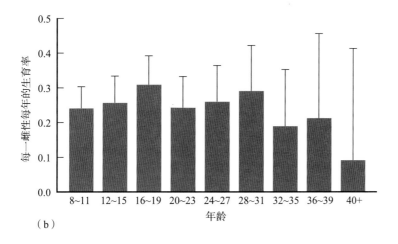

（b）

图6.9

各年龄的雌性狒狒（a）和大猩猩（b）的生育率。两个物种的雌性在达到某个年龄之后，生育率都随年龄增长而下降。老年雌性狒狒间的生育力波动较大，部分是因为大多数雌性狒狒都过早死亡，老年个体的样本量很小。

大学（Duke University）的苏珊·艾伯茨（Susan Alberts）领导的团队分析了从马达加斯加狐猴到大猩猩等研究较多的灵长类物种的生存率和繁殖活动。他们的分析表明，大多数雌性最后生育时已很接近死亡年龄（图6.10）。这些物种的生殖后期（更年期）仅占生命周期的1%~6%，而仍通过狩猎–采集生活的布须曼人中的昆人（!Kung），其更年期则占了生命周期的43%。

寿命是雌性适合度差异的主要来源之一。

雌性越长寿，所生后代就越多。对雌性而言，寿命差异是生命适合度差异的主要原因。比如，对于达到繁殖年龄、受限于其他资源的雌性狒狒来说，个体间的繁殖成功率差异的50%~70%是基于寿命的差异。虽然我们已经了解了一些雌性死亡率的原因，如捕食者和疾病，但目前我们还不知道为何有些雌性更长寿。

高等级雌性比低等级雌性的繁殖成功率更高。

正如第五章提到的，雌性经常竞争食物资源以保证繁殖成功率。某些情况下，雌性间会产生等级制来分配资源（知识点6.1）。高等级雌性优先占据最佳取食点，迫使其他个体远离食物。因此，高等级比低等级的雌性获取更多且更好的食物，而且取食效率也比低等级雌性的高。例如，在一项对狒狒的研究中，罗伯特·巴顿（Robert Barton）和安德鲁·惠滕（Andrew Whiten）发现，高等级雌性

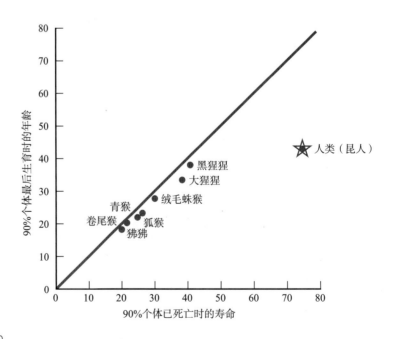

图6.10

部分灵长类雌性的寿命和最后生育时年龄的关系图。横坐标表示样本中90%雌性在达到这个年龄时都已死亡（换句话说，10%的雌性的寿命超过了这个期限）。最后生育年龄的第90百分位数表示样本中90%雌性在达到这个年龄时都已停止生产。寿命和最后生育年龄的密切关联说明大多数雌性灵长类终生都在生产。

知识点6.1　社会等级

从家鸡到黑猩猩的许多物种里，两个个体的竞争是很稀松平常的。竞争的结果可能和双方的相对体型大小、力量、经验或斗志有关。比如，体型大的个体通常可以战胜小体型个体。如果个体间的确存在力量（基于体型、体重、经验或斗志）的差异，那么可以预测每次竞争的结果倾向。

当两个个体之间的竞争结果可预测时，我们可以说它们建立了**等级**关系。

竞争结果可预测时，就可以确定个体的等级地位。假设有4个分别叫蓝、青、绿、紫的雌性（图6.11a）。青、绿、紫总是败给蓝，绿、紫又总败给青，紫从来没赢过谁。我们可以将每对

雌性间的战况总结在一个**等级矩阵**（dominance matrix）中（图6.11b），并通过数据统计确定它们的等级次序。这里，蓝排第一，青、绿、紫分居第二、三、四位。当雌性可以统治所有低于它的个体时，这样的等级关系称为**递进**（transitive），这种等级呈线性。

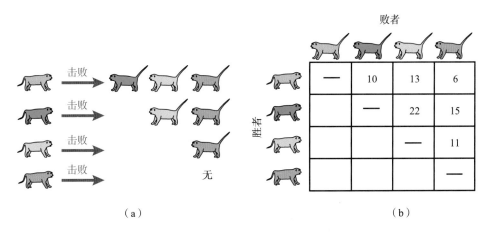

图6.11

（a）假设有4个分别叫蓝、青、绿、紫的雌性。它们的关系如下：青、绿、紫总是败给蓝，绿、紫又总败给青，紫从来没赢过谁。（b）像例子中的数据结果一般可以制成等级矩阵表，左边纵向排列胜者，上方横列败者。每个格子的数值表示雌性打败另一个雌性的次数。比如这里，蓝赢青10次，绿赢紫11次。低等级不可能打败高等级，所以对角线以下没有数值。

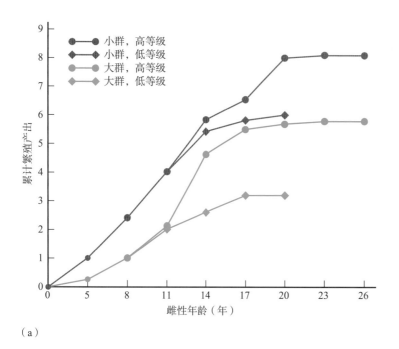

（a）

（b）

图6.12

（a）在野生食蟹猴投食群中，群大小和等级地位都影响雌性一生的繁殖成功率。一般情况下，小群的雌性比大群的雌性繁衍得更成功。无论群体大小，高等级雌性的繁殖力都比低等级的高。

（b）食蟹猴及其哺乳期的后代。

每天的取食量比低等级的高30%。但并非所有研究中的高低等级间都有如此大的差异。这可能是因为低等级会在干扰较少的群体边缘取食。这减少了食物竞争，但也使低等级和其后代更容易被捕食。

　　如果等级地位影响资源占有，而资源影响雌性繁殖成功率，那么等级和繁殖成功率应该呈正比关系。在很多物种里，高等级雌性确实有繁殖优势。亚洲和非洲猴类的一些多雄多雌种群里，雌性等级与其繁殖表现有很大的联系。例如，在肯尼亚的安博塞利，高等级雌性狒狒的子女比低等级的子女发育更快更早熟。在笼养黑长尾猴群内，高等级雌性的繁殖间隔比低等级的短。在一些猕猴群里，高等级雌性的后代成活率高于低等级的。等级与繁殖成功率的关系导致雌性间终身适合度的差异，尤其像狒狒和猕猴雌性社会地位终身保持不变时。因此，玛丽亚·范·诺德维克（Maria van Noordwijk）和卡雷尔·范·舍克（Carel van Schaik）发现高、中、低等级的食蟹猴的繁殖力有本质的差异（图6.12）。

图6.13

印度焦特布尔的一个雌性长尾叶猴在威胁群里的另一个个体。

　　长尾叶猴雌性等级同样影响了它们的繁殖。这个物种的雌性等级与其年龄呈负相关，即年轻雌性的等级高于年老个体（图6.13）。德国灵长类学家——包括现在在纽约石溪大学的卡罗拉·波里斯（Carola Borries）和现在在伦敦大学学院的沃尔克·萨默（Volker Sommer）——在印度焦特布尔（Jodhpur）的长期研究发现，年轻且高等级雌性的繁殖力强于老年、低等级的雌性（图6.14）。另一个德国灵长类研究组在尼泊尔南部的兰纳加尔（Ramnagar）的研究显示，高等级雌性占有高质量食物，因此身体储存更多脂肪。营养好的雌性孕育能力也比营养差的雌性高。

杜克大学的安妮·普西（Anne Pusey）和其同事发现，高等级雌性黑猩猩的后代比低等级的更容易活到断奶期，而且高等级个体的女儿也长得更快更早熟。这些差异使坦桑尼亚贡贝溪国家公园的高、低等级黑猩猩之间产生本质上的终身适合度差异（图6.15）。最近，德国马普演化人类学研究所（Max Planck Institute for Evolutionary Anthropology）的玛莎·罗宾斯（Martha Robbins）和同事对雌性山地大猩猩的长期研究数据显示，高等级雌性的繁殖间隔明显短于低等级个体。

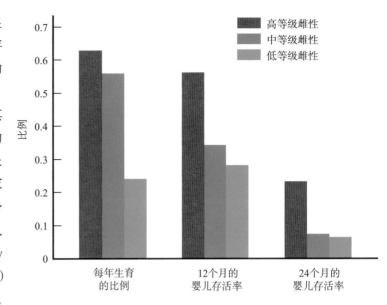

图6.14

雌性长尾叶猴在年轻且地位高时，比年老、地位低时繁殖更成功。左边第一堆条形图表示不同等级的雌性里每年都生育的雌性的百分比；第二、三堆条形图表示不同等级的雌性里，所生婴儿能存活12、24个月的雌性的百分比。可知，等级地位同时影响了生育率和婴儿存活率。

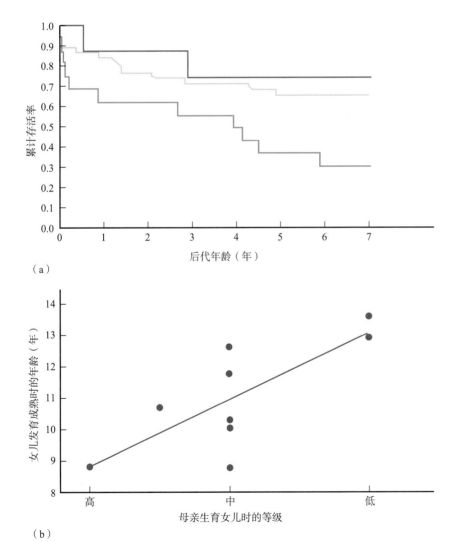

（a）

（b）

图6.15

坦桑尼亚贡贝溪国家公园里，雌性黑猩猩的繁殖力受等级的影响。（a）高等级（红线）和中等级（蓝线）雌性的后代比低等级的（绿线）更容易活到断奶期。（b）高等级雌性的女儿比其他等级雌性的女儿更早熟。

野生猕猴和绢毛猴群体中通常有多个雌性，但高等级雌性往往是唯一繁育的雌性。低地位的雌性的繁殖能力被高等级雌性抑制，没有正常的繁殖周期。即使低地位的雌性生育，它们的婴儿也会被有孩子的高等级个体杀死。

社会关系质量同样影响雌性的繁殖力。

一些灵长类中，群内雌性要花相当一部分时间相互挨坐、理毛和社交。即使时间宝贵，雌性也会挤出时间保证社交（图6.16）。

图6.16

很多灵长类的雌性都会花相当的时间和其他个体社交。图为雌性休息和理毛。

比如，雌性狒狒在旱季时，需要比雨季花费更多的时间取食和迁移，它们宁愿减少休息，也要保持相当的社交时间。社会关系对于雌性似乎是很重要的。卡拉马祖大学（Kalamazoo University）的安妮·恩格（Anne Engh）和宾夕法尼亚大学（Pennsylvania University）的同事的研究发现，在经历被捕食后，失去好友的雌性狒狒的皮质醇水平有明显上升，即意味着其压力变大了。它们是否因为经历了被捕食而感到压力山大呢？事实是，同样经历被捕食但好友仍在的雌性并没有因此压力变大。

对两个狒狒种群的研究数据显示，社会关系融洽的雌性繁殖也更成功。在理毛和挨坐上花费时间更多的雌性，其婴儿成活率也更高，而且这些差异与等级无关（图6.17）。社交似乎减少了雌性作为低等级需要付出的代价。爱社交的低等级雌性和爱社交的高等级雌性有一样的繁殖成功率。目前我们也不清楚好社交的雌性是如何从中获益的。可能是它们可以通过"人脉"获得物质利益，比如更好的反捕食防御；也可能是社交减小了雌性的压力，这保证其健康及其后代生活所需的资源。

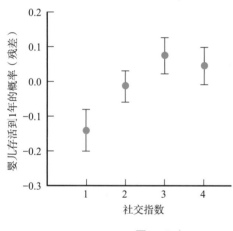

图6.17

社交指数捕捉了雌性和其他成员社交的时间信息，社交越多，指数值越大。排除等级地位和群大小的影响后，爱社交的雌性的后代生存率更高。

繁殖博弈

雌性必须权衡所生后代的数量和质量之间的关系。

正如雌性雄性都需要将有限的精力分配到亲代抚养和交配中一样，雌性需要为后代提供必要资源。当其他条件一样时，自然选择会偏向能更有效将自身精力用于繁衍后代的个体。母亲们的精力都是有限的，不可能同时保证后代既好又多。如果母亲在某个婴儿身上花费大量精力，那么它对其他后代的付出必然减少。如果母亲生了大量子女，就不可能同时把所有子女都照顾得很好。

在自然界中，母亲对后代投资的调整反映了这一权衡。起初，幼崽没有能力应对环境中的危险，几乎每时每刻不离母亲，完全依赖母亲获得食物、移动。在这个阶段，母亲会与幼崽保持紧密联系（图6.18）：随时拉回走太远的幼崽，抱起可能面临危险的幼崽。

随着年龄增长，幼崽越来越独立，开始离开母亲，和其他小伙伴玩耍，探索周围事物，试吃各种植物，有时还乞求母亲分享食物。同时，它们也逐渐意识到身边的危险，并试着向其他群成员发出警报，对群内的干扰做出反应。母亲也会用一系列策略鼓励子女独立，如拒绝哺乳，让它们独自移动。育幼的时间和频次均减少。哺乳逐渐不再是子女获取营养的方式，而更像是心理上的需求。在这一阶段，子女只有在生病、受伤或高危情况下会被母亲携带照料。

母亲的行为变化反映了后代成长需求和母亲育幼投资之间平衡的变动。随着年龄增长，幼崽体重增加，且食量变大，这无疑会使母亲的负担更重。当幼崽能独自取食和迁移时，母亲便逐渐减少对它们的照料。这既不影响子女的成长，也能让母亲为孕育下一个新生儿储备能量（图6.19）。此外，哺乳会抑制雌性发情，因此，母亲必须在受孕前给现有子女断奶。

图6.18

在坦桑尼亚贡贝溪国家公园，一只雌性黑猩猩坐在它的幼崽旁边。

性选择和雄性的交配策略

性选择形成的适应性使得雄性在竞争配偶时可以战胜其他雄性。

目前，我们已了解雌性灵长类一生可生育的后代数量有限，会对每个后代都悉心照料。在多数灵长类中，雄性不会帮助雌性抚养后代。雌性的繁殖成功率受限于食物资源，而非交配机遇。雄性可以和很多雌性交配产生后代，因此，雄性常因交配权而争，形成能提高雄性竞争配偶能力的特征，这就是达尔文所说的**性**

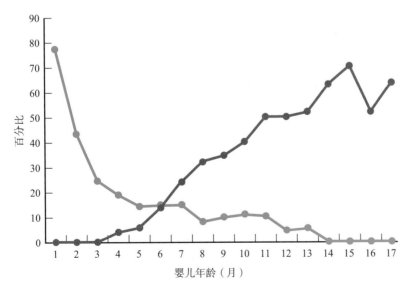

图6.19

半圈养狒狒中，随着婴儿的年龄增长，哺乳频率（蓝色）下降。随着哺乳时间减少，婴儿慢慢增加自己取食的时间（红色）。这一变化反映了母亲照顾子女的付出和收益的变化。

选择（sexual selection）。

性选择和自然选择是不同的概念。大多数自然选择偏爱所有能提高个体的生存和繁殖能力的性状，这些性状的大多数都与资源获取、反捕食和抚育后代有关。性选择是一种特殊的自然选择，它只偏爱可以提升个体交配竞争力的性状，显著作用于那些竞争稀缺配偶资源的性别。性选择偏向那些能提高动物吸引潜在配偶的特征，如孔雀的尾巴、马鹿的角和阿拉伯狒狒的披毛，这经常与自然选择偏向相悖——这些性状会降低个体获取资源和生存的能力（图6.20）。

性选择的作用力通常强于自然选择。

性选择对于雄性哺乳动物的行为和形态的影响力比自然选择的更大，因为雄性间的繁殖成功率的差异比雌性间的更大。明尼苏达大学的克雷格·帕克（Craig Packer）和杜克大学的安妮·普西对狮子的长期研究表明，最成功的雄狮一生的后代远远多于最成功的雌狮（图6.21）。这一模式对非一夫一妻的灵长类同样适用。交配竞争中的雄性赢家可以留下很多后代，而一个成功的雌性可能只生产5~10个后代，失败的雌性和雄性基本上无子女。选择的作用力大小取决于个体适合度的差异大小，因此，性选择对雄性灵长类的作用会大于对雌性的作用（当然有些例外，像海马这样模式正好相反的物种——即雄性对后代的投资远多于雌性，那么性选择的作用则对雌性的更强）。

性选择可分两类：（1）由雄性间的竞争产生的性内选择；（2）由雌性选择雄性产生的性间选择。

动物行为学者通常将性选择分为两类：**性内选择**（intrasexual selection）和

（a）

（b）

图6.20

性选择与自然选择的偏好可能相悖。（a）孔雀的尾巴有碍于它躲避天敌，但它能提高雄性的性吸引力，尾巴上的眼斑越多就越能吸引雌性。（b）雄性马鹿用角和其他雄性争斗。马鹿角是阐释性选择偏好的好例子。

（a）

（b）

图 6.21

雄狮（a）之间繁殖成功率的可变性大于雌性（b）。（c）在坦桑尼亚塞伦盖蒂国家公园（Serengeti National Park）和恩戈罗戈罗火山口（Ngorongoro Crater），大部分雌性一生抚养成功的后代不超过6个，但是很少雌性狮子是没有后代的。多数雄性没有后代，而少数雄性子孙满堂。

（c）

图中纵轴为"繁殖个体（%）"，横轴为"存活到12个月的后代数量"，图例：雌性、雄性。

性间选择（intersexual selection）。在雌性不能自主选择配偶的物种里，与雌性的交配权便由雄性间的竞争决定，性内选择便偏好可以提升雄性竞争力的性状。而在雌性有权选择配偶的物种中，选择便会偏爱能博得雌性欢心的雄性，这也就是性间选择。在灵长类中，性间选择的证据并不多，所以下面我们将着重介绍性内选择。

性内选择

雄性间的配偶竞争会青睐大体型、大犬齿和其他能提高雄性战斗力的性状。

对多数灵长类和其他哺乳动物而言，雄性间的竞争是最激烈的性内竞争。将其他雄性从雌性身边驱走是最基本的雄—雄竞争模式（male-male competition）。在这一竞争中的胜出者会获得更多的后代。因此，性内选择青睐能提高雄性战斗力的性状，如大的体型、牛角、獠牙、鹿角和犬齿等。例如，雄性大猩猩间的激烈竞争使得它们有着两倍于雌性的体重和巨大犬齿。

在第五章已提到，若雌雄形态差异明显，则称为性二型（图6.22）。雌雄个体的体型体现了各种竞争压力的妥协。

图 6.22

成年雄性狒狒体型几乎是雌性的两倍。在雄性的配偶竞争很激烈的物种里，体型的性别差异尤其显著。

体型大的个体战斗力强，也不易受捕食者的威胁，但它们需要更多的食物和更长的发育时间。性内选择青睐大个头、大犬齿等能提升竞争力的性状。雄性为雌性而战，雌性为资源而战。当然，雄性性内竞争的影响力远大于雌性性内竞争，因为在各自的竞争中，雄性胜出者所获得的回报远高于雌性胜出者。因此，性选择比一般自然选择的作用更强烈。于是，性内选择导致了性二型的产生。

社会结构为一雄多雌的灵长类比一雄一雌的灵长类有更明显的性别差异，这意味着性内选择很可能是灵长类性二型产生的原因。

如果灵长类的性二型是雄性性内竞争的结果，那么我们可预测性二型最明显的灵长类里，雄性对配偶竞争也是最激烈的。评估雄性潜在竞争力的间接方法之一就是看群内雌雄的性比。通常情况下，在雌性数量远多于雄性的群体中，雄性的竞争会很激烈。或许你发现这一猜测存在矛盾：多个雄性同时出现时，才可能引发更多的战争。但事实上，绝大多数种群中，雌雄新生儿的数量是相等的。在一雄多雌种群的周边，有许多"单身汉"（bachelor male，没有归属群的雄性）会不断给群内雄性施压。而在一雄一雌制的物种里，固定配偶减小了雄性的交配竞争压力。

牛津大学的保罗·哈维（Paul Harvey）和剑桥大学的蒂姆·克拉顿-布洛克（Tim Clutton-Brock）的对比分析阐述了灵长类性二型程度与社会结构的大致关系（图6.23）。在配偶固定的物种如长臂猿、伶猴和狨猴里，雌雄的体重、犬齿大小的差异都不大。而性二型最显著的物种（如大猩猩和黑白疣猴）都是一雄多雌的群体。而多雄多雌的灵长类的性二型程度则处于上述两者之间。综上，在雌雄数量比例最小的种群里，其性二型最显著。

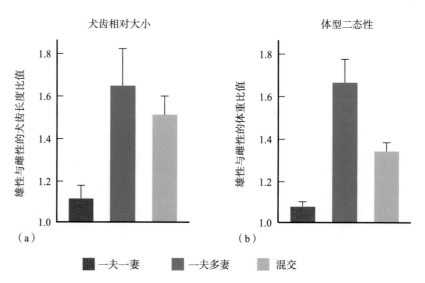

图6.23

性二型程度是测算社会群中雌雄比例的一个指标。一夫多妻的物种的（a）犬齿相对大小（雄性犬齿长度/雌性犬齿长度）、（b）体型二态性（雄性体重/雌性体重）比多雄多雌和单配制的物种更大。

在多雄多雌种群中，发情期的雌性可以和多个雄性交配，这使性选择青睐产生更多精子的雄性。

在绝大多数灵长类和哺乳动物中，在繁殖周期中的可受孕时期的雌性才会被视为交配对象，这一时期称为**"发情期"**（estrus）。在多雄多雌社会的灵长类中，一个发情期里，雌性可以和多个雄性交配。在这些物种中，性选择则偏爱能产生更多精子的个体，因为它们可以在雌性生殖道中存放大量精子，提高受孕概率。精子竞争在单配偶制的物种里不重要，因为雌性只和自己的配偶交配。精子的产生需要耗能，因此，对于单配偶制的雄性而言，将精力放在配偶守卫上会比放在产生更多精子上更容易获得好成效。同样，精子竞争策略在一雄多雌社会结构的物种里也不重要。在这些物种里，雄性通过争斗获得交配权，如果群内雄性可以防止其他雄性和群内雌性交配，它就无须增加自己的产精量。

此外，正如我们预测的那样，社会结构与睾丸大小也相关。睾丸大的雄性能产生更多的精子，多雄多雌种群中雄性的睾丸比一雄一雌或一雄多雌种群雄性的大（相对自身体型的大小）（图6.24）。

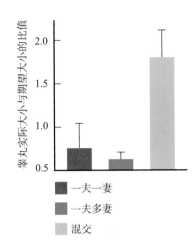

图6.24

一雄一雌和一雄多雌制的物种的睾丸平均大小小于多雄多雌物种的。在这里，睾丸的相对大小等于睾丸的实际重量除于期望重量，睾丸期望重量是按个体体型大小矫正后的数值。

雄性的繁殖策略

形态学证据表明，雄一雄竞争在非一雄一雌制的物种中比一雄一雌制的更为激烈。下面我们将看到，性选择不仅促成雄性交配策略，也塑造了雄性的形态构造。

负责任的雄性

一雄一雌通常意味着高额的亲代投资。

在一雄一雌制的物种里，雄性无须直接竞争雌性配偶，对它们而言，繁殖成功率更多取决于建立领地、寻找配偶和育幼的能力。对这样有固定伴侣的物种而言，雄性的繁殖策略主要是配偶守卫和照料后代。

不过，虽然配偶守卫是有固定伴侣雄性的重要繁殖策略，但对大量一雄一雌制鸟类的分析发现，有相当一部分幼鸟的生父并不是其生母的配偶（这就是为什么生物学家一般不用单配制来描述一雄一雌制物种的原因）。有固定伴侣的伶猴和长臂猿也会和邻近群的个体交配。如果雌性会时不时地进行婚外交配，那么配偶就需要加紧看守雌性。美国罗格斯大学（Rutgers University）的莱恩·帕洛比特（Ryne Palombit）在研究白掌长臂猿（White-handed Gibbon）的配对关系中验证了以上观点：雄性长臂猿的主要任务是保持与配偶的近距离联系，为配偶理毛的时间付出也多于它们接受理毛服务的时间（图6.25）。

一雄一雌制的雄性会对后代付出高额的投资。在伶猴和夜猴里，雄性有极大

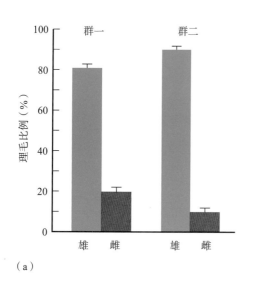

(a)

(b)

图6.25

两个白掌长臂猿（*Hylobates lar*）群中，雄性给配偶的理毛多于所得到的回报理毛。蓝色条为雄性给雌性的理毛比例，红色为雌性给雄性的理毛比例。雄性如此热心于给雌性理毛的行为也可视为一种配偶守卫行为。（b）一对白掌长臂猿在理毛。

的热情照料婴儿，经常携带幼儿，为它们分享食物、理毛并给予保护。雄性马来亚长臂猿也是超级奶爸，每天都花大量时间携带婴儿。

在雌雄共同育幼的物种里，雄性为后代付出高额代价，但目前还不确定它们从中的繁殖收益是什么。

在包括狨猴、绢毛猴等雌雄共同育幼的灵长类中，种群里包含一对繁殖配偶和多个雌雄帮手（图6.26）。行为和遗传数据表明，这些物种中的雄性得到的繁殖

图6.26

一些狨猴和柽柳猴种群里包含一个可育雌猴和多个雄猴，在其中一些群中，与雌性交配的机会往往由高等级掌握，但所有雄性都会参与育幼工作。

收益并不平等。多数狨猴、绢毛猴里，主雄垄断了与可育雌性的交配权。

雄性帮手的出现似乎增加了雌性的生育力。狨猴和绢毛猴的生育有别于其他灵长类：经常生双胞胎；雌性生育间隔期短，有时一年可生育两次。雄性在育幼工作中扮演着积极的角色，频繁地携带婴儿，给它们理毛和提供食物。即使在安逸的笼养环境里，育幼对雄性而言也是高耗能的工作，育幼期里的雄性体重会有明显的下降。美国伊利诺伊大学的保罗·盖伯（Paul Garber）的数据显示，在多个雄性共同抚育下，后代存活率更高（图6.27）。与之相反的是，群内有多个雌性时，群体的出生率反而比只有一个雌性时略低。

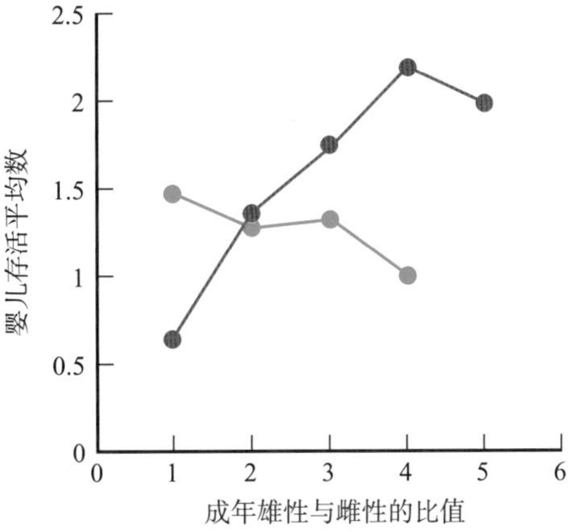

非一雄一雌制社会群中的雄—雄竞争

在非一雄一雌制社会群中，雄性的繁殖成功率取决于接近非亲缘雌性和获得与可育雌性交配权的能力。

第五章已提到，雄性在青春期时会离开出生群，加入新的群体。当雌性留守出生群时，雄性必然要扩散迁离。迁离对雄性是个危险和压抑的时期。一些物种里，雄性单独离群并独身一段时间后才可能加入新群。在这期间，雄性很容易被捕食，且不容易获得理想的取食点。降低离群的成本和增加在新群居留的机会的一个方法就是加入其他雄性的联盟。很多物种，包括松鼠猴、环尾狐猴和几种猕猴，都有结伴离群的现象。此外，雄性也可以加入有"老乡"的群中。在肯尼亚安博塞利国家公园，雄性黑长尾猴通常会加入已有亲戚或原同群个体的新群体中。

在一雄多雌种群中，雄性会激烈竞争在雌性群体中的居留权。

灵长类的单雄种群中，群内雄性要应对来自群外雄性的压力。在埃塞俄比亚高原，游离的雄性狮尾狒狒会挑战和取代群内雄性，导致可持续数天的激烈对抗（图6.28）。在长尾叶猴中，雄性组成全雄群来驱逐繁殖群中的主雄。一旦驱逐成功，全雄群内的成员便内部竞争繁殖群的统治地位。这样的竞争导致一雄多雌种群中的雄性统治时间都很短。

在一雄多雌群中留任的雄性并不能保证完全控制雌性的交配权。

令人惊奇的是，一雄多雌群的主雄也面临着竞争群内雌性交配机会的压力。以赤猴和青长尾猴为例，主雄不能完全阻止其他雄猴与群内雌猴联系和交配。这种入侵在交配期尤其多见，可以持续数小时、数天或数周，入侵者达一至多个。

有些灵长类物种可以根据环境形成一雄多雌或多雄多雌的种群。例如，特蕾莎·波普（Teresa Pope）和卡罗琳·克罗克特（Carolyn Crockett）发现，在委

图6.27

在柽柳猴种群中，雄性们对雌性的繁殖成功率做出了贡献。雄性越多（红色圆）的柽柳猴群的婴儿存活数更高，不过当雄性数量超过4时，效果变得平缓。相反的是，雌性（蓝色圆）数量的增加反而使婴儿存活率下降。

图6.28

大部分狮尾狒狒群只有一只雄性。其他雄性经常试图驱逐和取代群内主雄；另外也有雄性作为跟随者加入群体共同居住的例子。取代策略风险极大，篡位者可能吃败仗，同时还会导致自己重伤。

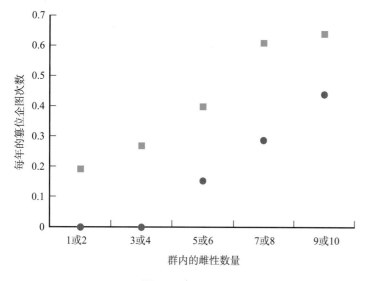

图6.29

篡位企图随种群雌性数量增加而增加。不过，群内有多个雄性常驻群内时（圆点），比单个雄性时（方点）所遭遇的篡位攻击更少。

内瑞拉森林里，当红吼猴种群数量少、易于建立领地时，一雄多雌种群很常见。但当种群密度上升、群领域扩张机会受限时，雄性便采用另一种策略：它们结伴共同保卫群内雌性。这样的联盟使雄性得以守住更大群的雌性，统治期也更长。

在狮尾狒狒中，近三分之一的种群里包含一个主雄和多个"随从"雄性。有些随从雄性是前任主雄。有时，单身雄性会联合接管一个种群，然后其中一只雄性成为主雄，其他为随从。杜克大学的诺亚·辛德−麦克勒（Noah Snyde-Mackler）与同事杰西塔·比纳（Jacinta Beehner）和密歇根大学的托雷·伯格曼（Thore Bergman）发现，雌性数量多的群里更可能出现随从者，随从者使主雄的统治期变长，篡位可能减少（图6.29）。随从者会积极保卫群体不受全雄群的侵略。群内83%的婴儿是主雄的后代，其他为随从者的孩子。这些数据说明主雄能容纳随从雄性是因为它们可以帮它维持统治，而随从雄性愿意留在群内是因为它们可以从中获得很有限的繁殖收益。

在多雄社会群体中，雄性冲突源于争夺群内可育雌性的交配权。

在多雄多雌社群中，交配权的竞争比建立群成员关系的竞争更多。尽管如此，加入新群体也不是件容易的事，更不可能有热情的款待。在一些猕猴属物种中，雄性在繁殖群周边徘徊，避免和群内雄性起冲突，同时也试图讨好群内雌性。在豚尾狒狒（Chacma Baboon）中，迁移的雄性有时会直接深入群体内部，和群内雄性陷入持久的争吵和追逐。雄性在进入新群体时会遭遇斗争，但它们的成年期大多是在繁殖群内度过。

图6.30

雄性狒狒争夺发情雌性。

在多雄群内，雄性通常会直接竞争与雌性的交配权利。有时它们会驱赶雌性旁边的雄性，或干扰它们交配，或阻止雄性靠近雌性。当然，大多数时候的雄—雄竞争都涉及反映其战斗力的等级关系。等级关系是通过多回合威胁、仪式性的威吓以及更激烈的斗争如追逐、撕咬等建立的（图6.30）。雄性战斗力和它的等级通常与身体素质有紧密联系：成年雄性身体状况良好，也更可能统治其他雄性（图6.31）。

由此可以推理：雄性的等级会与它的繁殖成功率相关。但事实上，这一结论还饱受争议。由于从行为上很难确定父子关系，这一问题在早期研究中也难以解决。近年来，遗传学手段为准确判

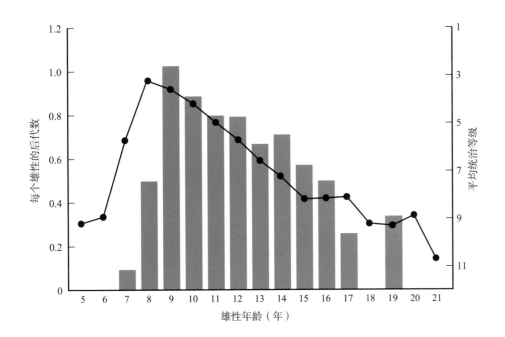

图6.31

狒狒的雄性等级（黑点）和雄性的年龄及身体状况有紧密联系。雄性通常在8岁左右达到最高等级，然后其地位随年纪增长而下滑。雄性的繁殖成功率（绿色条形）与年龄和等级密切相关。

断父子关系提供了可能。

越来越多的遗传证据有力地证明了雄性的等级和繁殖成功率之间的联系。例如，苏珊·艾伯茨和同事收集了13年里7个狒狒群中共100多个雄性个体的繁殖情况。高等级雄性的繁殖成功率明显高于其他雄性（图6.32）。此外，相比非受孕时期，最高等级的雄性在雌性发情期里会进行配偶守卫。德国马普演化人类学研究所的克里斯托弗·博施和同事发现，塔伊国家公园的黑猩猩群里，一半以上的婴幼儿的父亲是等级最高的雄性（图6.33）。加州大学洛杉矶分校的苏珊·佩里（Susan Perry）的研究表明，3个多雄多雌的巴拿马白面卷尾猴（White-faced Capuchin）群中，38%~70%的婴幼儿是最高等级雄性的后代。对多雄群的长尾叶

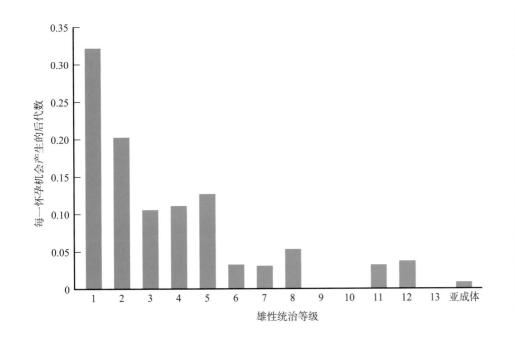

图6.32

雄性狒狒的繁殖成功率和等级密切相关，所有后代中的大部分都是最高等级雄性的后代，但不全是。

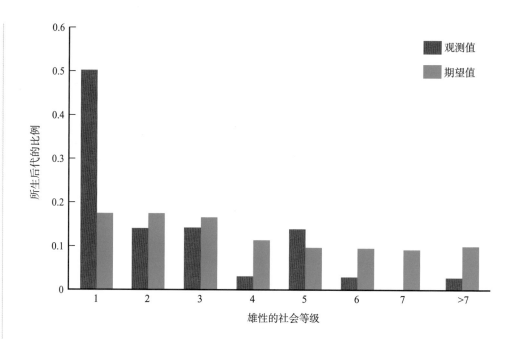

图6.33

塔伊国家公园的黑猩猩中，高等级雄性主导了交配权。最高等级雄性占有高于期望的受孕值（期望值由群内雄性数量计算得到的）。

猴、食蟹猴（Long-tailed Macaque）、吼猴、赤猴和黑猩猩的亲子鉴定都表明，高等级雄性的繁殖成功率均高于其他雄性。

这些遗传分析也说明等级并不是影响雄性繁殖情况的唯一因素。在狒狒和黑猩猩中，当群内雄性和发情雌性都不多时，最高等级雄性完全可以独占所有可育雌性。多数物种的雄性会在其女儿性成熟之前离群，以此减少近亲交配。当然，佩里的团队发现巴拿马白面卷尾猴群中，雄性有时也会居留到它们的女儿性成熟后。尽管如此，父女交配也很少发生。79%子代是最高等级雄性和无亲缘关系的雌性所生，而只有6%是最高等级雄性和其女儿所生。

杀婴

杀婴是性选择中雄性采取的一种策略。

高等级雄性可以垄断交配权，而这也引发了一雄多雌种群中激烈的主雄争夺战，以及多雄多雌种群中高等级地位的竞争。已从加州大学戴维斯分校（University of California Davis）退休的莎拉·贝莱福·赫迪（Sarah Blaffer Hrdy）首次提出，在这些雄性竞争中，杀婴作为雄性繁殖策略将得到演化。她认为，雌猴产子后的数月里需要哺育婴儿，在相当长的时间内都不会怀孕。若婴儿死亡，哺乳中断，雌性便会恢复发情周期。因此，杀婴能迫使雌性尽快再发情，使新来的群内雄性或主雄从中获益。

这个著名的**"性选择杀婴假说"**（sexual selection infanticide hypothesis）起初颇受争议，因为那时尚未观察到雄性杀婴现象，一些学者很难相信如此残忍的手段会得到演化。然而，目前记录到近40种灵长类（和很多非灵长类动物，如狮子）存在杀婴现象。野外研究者已目击到至少60起杀婴事件，并记录了无数次非

图6.34

博茨瓦纳共和国奥卡万戈三角洲的莫雷米动物保护区（Moremi Game Reserve）里，一只雄性狒狒拿着刚杀死的婴儿。这只雄性刚刚占据群内最高的地位。

致命的攻击婴儿事件。还有很多在新雄性接管群体或雄性等级关系变化后，健康婴儿失踪的事件。杀婴在一雄多雌和包括草原狒狒、叶猴、卷尾猴、日本猴的多雄多雌种群中尤其多见。

上述这些数据被研究者们用来验证赫迪提出的假说中的一些预测。如果杀婴是雄性的繁殖策略之一，那么（1）杀婴将与雄性居留或等级的改变相关联；（2）被杀婴儿的死亡能加快雌性再发情；（3）雄性所杀的婴儿是其他雄性的后代；（4）雄性能从杀婴中获得繁殖利益。

所有预测都被证实。卡雷尔·范·舍克收集了55例由观察员亲眼所见的发生在自由放养种群中的杀婴事件。他发现绝大部分（85%）的杀婴都发生在群内雄性或等级地位变更之后，而且大部分被杀婴儿都未断奶，它们的死亡对雌性再受孕的影响最大。雄性会尽可能避免杀死自己的后代。只有7%的杀婴事件是发生在雌性怀孕，而雄性仍有交配行为时。还有，至少45%（有时达到70%）的杀婴事件里，杀婴者随后便和失去婴儿的母亲交配。

杀婴有时是婴儿死亡的主要原因。

在卢旺达维加龙山脉（Virunga Mountains）的山地大猩猩、博茨瓦纳莫雷米动物保护区的草原狒狒（图6.34）、尼泊尔兰纳加尔的长尾叶猴和委内瑞拉的红吼猴里，近三分之一的婴儿死亡是因为杀婴。埃塞俄比亚塞米恩山（Simien Mountain）的狮尾狒狒中，近40%的婴儿在雄性地位变更之后被杀。

雌性演化出一系列反杀婴威胁的策略。

虽然杀婴可以提高雄性繁殖成功率，但婴儿母亲却损失惨重。因此，我们预测雌性会演化出反杀婴的策略。最直接的反杀婴策略就是阻止雄性伤害它们的婴儿。然而，雌性与雄性直接抗争的办法并不有效。因为在非一雄一雌制种类中，雄性通常都比雌性大，在一雄多雌种群中，这种性二型现象尤其显著。

雌性试图模糊父子关系。上文已提到，雄性在父子关系明确时更可能杀婴。如果雌性提高父子关系的不确定性，杀婴就可能会减少。雌性会通过隐藏它们的发情状态、在发情期和多个雄性交配、或在非受孕期和雄性交配来模糊父子关系。这些策略在灵长类中都有记录。德国灵长类中心（German Primate Center）的迈克尔·海斯特曼（Michael Heistermann）领导的团队已检验了多雄群中雌性长

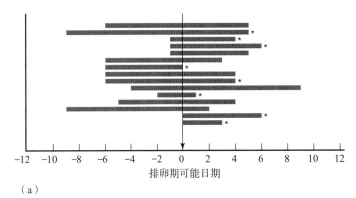

（a）

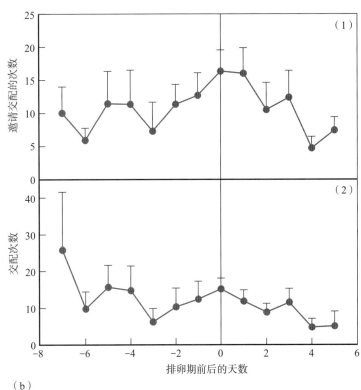

（b）

图6.35

一些物种的雌性演化出了反杀婴策略。长尾叶猴隐藏排卵的时间。（a）雌性可受孕的时间约为9天，其间任何时候都可能排卵，星号表示可受孕期。（b）交配行为并不集中在排卵期。雌性向雄性邀请交配，整个发情期里，雄性和雌性的交配频率都相当一致。

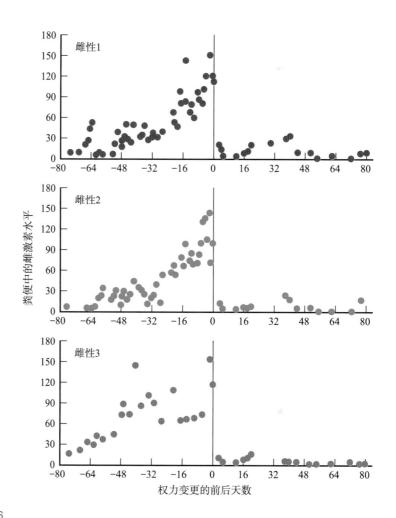

图6.36

雌性狮尾狒狒在种群权力变更后立即终止妊娠。雌性激素水平在新雄性接管后突然下降，意味着妊娠结束。接管之前，终止妊娠的雌性和持续妊娠雌性的激素水平没有差别。

图6.37

生育之后，很多雌性会和1~2个雄性保持紧密关系。如图为一个高等级雌性和其婴儿、雄性伴侣坐在一起。

尾叶猴的交配行为和排卵期。他们发现，雌性可受孕的时间平均约为9天，其间任何时候都可能排卵（图6.35a）。雌性在这期间向雄性邀请交配，而雄性的交配行为并不都集中在排卵期（图6.35b），这意味着雄性也不确定雌性在什么时候更可能受孕。雌性叶猴也会和多个雄性交配，在群内雄性地位变更后，雌性即使已怀孕也会向雄性邀请交配。

雌性狮尾狒狒发展出另一种减少杀婴的策略。亚利桑那州立大学的艾拉·罗伯茨（Eila Roberts）和同事用激素水平数据来监测雌性在新雄性接管前后的繁殖情况。他们发现，雌性在主雄被取代后会终止妊娠或流产（图6.36）。这对雌性而言似乎是个代价很高的策略，但事实上，雌性从中获益匪浅。相比继续妊娠、最后生下的婴儿在断奶前就被杀，雌性主动流产可以缩短生殖间期。雌性终止向可能死亡婴儿的投资，转向投资新一代婴儿的策略会更有利。

杀婴可能影响了狒狒雌性和雄性间的实质关系。

众所周知，狒狒中，新生儿的母亲有时会和1~2个雄性建立紧密的关系（"友谊"）（图6.37）。雌性主动和雄性伙伴保持亲近并帮它们理毛。雄性会保护受威胁的雌性同伴，也会照料雌性伙伴的婴儿，给它们理毛，有时也会在争斗中支持未成年个体。

一系列证据表明这一关系可以保护婴儿免受杀身之祸。在博茨瓦纳的莫雷米，如果雌雄关系密切并且杀婴事件频发的话，雌性狒狒在新雄性面前会非常不安。杰西塔·比纳和她的同事发现，雌性皮质醇水平（压力的生理指标）在新雄性迁入群内时陡然升高（图6.38）。而一个雄性"朋友"的出现可以缓解雌性的不安。莱恩·帕洛比特发现雄性其实对雌性伙伴的焦虑很敏感，但它们只有在婴儿在场时才会关注雌性焦虑，如果婴儿死了，雄性便停止这种关注。

如果杀婴数据是一致的，那为何该假说受到如此多争议？

赫迪提出杀婴是演化出的雄性繁殖策略时，引起了诸多怀疑和争论。现在，我们有很多证据验证了由性选择杀婴假说衍生出的诸多推测。但争论尚未平息。沃尔克·萨默对长尾叶猴的研究工作也被赫迪假说的批判者所攻击，他认为这些批判源于犯了"自然主义的谬误"（naturalistic fallacy），他们倾向将自然界的事物都设定为正确的、合理的、必然的。批判者关心的是我们是否接受杀婴是叶猴或狒狒的适应性策略这一观点，这将同样适用于人类行为中。在第四部分中我们将有更多的讨论，不应该将其他动物的行为误导延伸到人类道德意义。这可能导致自然主义谬误。

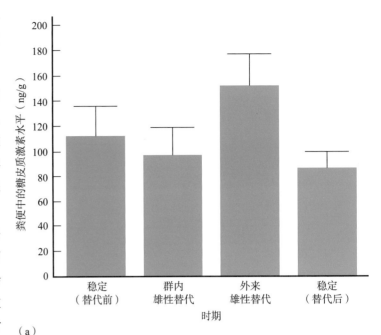

（a）

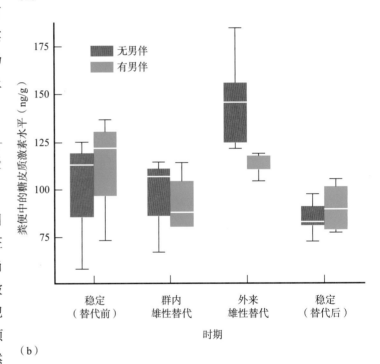

（b）

图6.38

（a）雌性糖皮质激素水平在新雄性取代原主雄后陡然升高。
（b）这一效应在雌性没有雄性伙伴时尤为明显。

关键术语

策略

初产

优势

等级矩阵

递进

性选择

性内选择

性间选择

主雄

发情期

性选择杀婴假说

学与思

1. 试着解释为什么繁殖成功率是自然选择过程中的关键演化因素。生物学家用术语"成本"和"收益",是想衡量什么指标?

2. 一雄多雌和一雌多雄制的区别是什么?雌性应该更倾向于选择一雌多雄制,而雄性更倾向于一雄多雌制。试解释为什么雌性和雄性对繁殖系统有不同偏向。如果这些偏向引起冲突时,为什么一雄多雌制会更加普遍?

3. 灵长类繁殖大多具有很强的季节性。有些研究者认为,季节性繁殖是雌性控制自己生殖的一种方式。季节性繁殖是如何调节雌性的生殖的?为什么这一策略会对雌性有利?

4. 假设你是一个雌雄体型上差不多的物种,不过雄性有很大(相对于体型)的睾丸。你能推断出它们的社会结构吗?现在假设你来自雄性的体型远大于雌性的另一个物种,但是睾丸却相对较小,

你能推断出它们的社会系统吗?为什么这种关系可以维持?

5. 在哺乳动物中,雄性的适合度往往比雌性的更具可变性,为什么?这对雌雄性的演化有何潜在的影响?

6. 影响雌性繁殖成功率的因素有哪些?这些因素是如何使雌性间出现繁殖成功率差异的?

7. 生物学家用术语"投资"描述亲代抚育。这个术语描述了哪些作用于亲代投资的选择压力?

8. 试着解释性选择杀婴假说的逻辑推理。你可以从这一假说推测出什么?列出这些预测并解释。

9. 杀婴行为通常在单雄群体中比多雄多雌群体或一雌一雄群体更常见。为什么会这样?

10. 为什么"自然主义的谬误"会被认为是一个思想上的错误?

延伸阅读

Altmann, J. 2001. *Baboon Mothers and Infants*. Chicago: University of Chicago Press.

Kappeler, P. M. and C. P. van Schaik, eds. 2004. *Sexual Selection in Primates: New and Comparative Perspectives*. New York: Cambridge University Press.

Mitani, J., J. Call, P. Kappeler, R. Palombit, and J. B. Silk, eds. 2012. *The Evolution of Primate Societies*. Chicago: University of Chicago Press.

Van Schaik, C. P. and C. H. Janson, eds. 2000. *Infanticide by Males and Its Implications*. New York: Cambridge University Press.

Westneat, D. F. and C. W. Fox, eds. 2010. *Evolutionary Behavioral Ecology*. Section V. Oxford University Press.

本章目标

本章结束后你应该能够掌握

- 理解为什么利他行为不大可能在大多数情况下演化。

- 理解如何能通过亲缘选择和互惠利他促进利他行为的演化。

- 讨论灵长类的亲属识别机制。

- 解释亲缘关系如何影响灵长类群体中的利他行为。

- 评估关于互惠利他行为对灵长类群体重要性的争议。

第七章　合作行为的演化

利他行为：一个谜题　　　亲缘选择
互利共生　　　　　　　　互惠利他
在群体层面的解释所面临的
问题

利他行为：一个谜题

到目前为止，我们已经从个体繁殖成功的角度解释了形态和行为的演化。在干旱期间，自然选择偏向喙更深的达尔文雀，因为更深的喙使得个体可以啄开更坚硬的种子。自然选择偏向雄性叶猴和狮子的杀婴行为，因为杀婴使得它们可以和死去婴儿的母亲繁育后代。然而，灵长类（以及许多其他动物）也存在牺牲自己利益而协助他人的**利他行为**（altruistic behaviors）。例如，几乎所有社会性灵长类会为其他群成员理毛，去除寄生虫，清洁疥癣，并从毛发中拣出碎屑（图7.1）。为其他个体理毛会花费很多时间，这些时间本可以用来觅食、向配偶求偶、照顾后代或警戒捕食者。理毛使接受方的身体部位得到彻底清洁，尤其是一些自己很难够到的部位，并能享受一段美好的闲暇。理毛不是唯一的利他行为，灵长类相互警告捕食者的出现，甚至通过警告的行为暴露自己。在争斗中冒着受伤的危险帮助他人，还有，有的种类

图7.1

长尾叶猴相互理毛。理毛通常被认为是利他的，因为当理毛者为另一只动物理毛，消耗自身时间与精力，而接受理毛的获益：清除了皮肤上的扁虱，清洁了伤口，去除了毛发里的碎屑。

个体间会分享食物。如果自然选择偏向个体自身能力，我们如何解释诸如此类的利他行为呢？

这个问题的答案是演化生物学的成功标志之一。从20世纪60年代到70年代，基于威廉·汉密尔顿（William Hamilton）和罗伯特·特里弗斯（Robert Trivers）的工作，生物学家们已经发展起了一套充实的理论以解释为什么有时选择偏向利他行为而多数情况并不偏向利他。这个理论转变了人们对社会行为演化的理解。在本章中，我们展示自然选择如何青睐利他行为的演化，描述它如何解释灵长类群体中的合作模式与形式。

互利共生

有时帮助他人让行为发出者与接受者都获益，这样的行为是互惠的。

互惠行为为参与双方提供益处。这一双赢局面，似乎在自然界中应该非常普遍。但事情并没有这么简单。要弄明白这到底是什么，请回顾一下你上小学的时候做过的团队合作项目。在团队项目中，如果有人没有做自己分内的工作，团队剩下的成员就不得不收拾烂摊子。你可以惩罚疏忽、怠惰的人，但是，那会让问题变得更麻烦，因为惩罚人同样产生一堆麻烦。于是，你会嘟囔抱怨着自己完成任务。在这种情况下，如果偷懒的个体获利，互惠合作将会是非常脆弱的。互惠合作只有在有效避免懒惰参与者获利的情形下才能够发挥作用。想象一下，你参加一个叠罗汉比赛（图7.2），罗汉塔最高的那组赢得大奖，如果某个人没有做好自己分内的事情，罗汉塔就会倒塌，结果是每个人都输掉，因此，所有人都不能有疏忽、懈怠的动机。

雄性狒狒的协作是互利共生的例子。在东非，当雌性狒狒发情的时候，最高等级的雄性会垄断雌性，防止其他雄性接触发情雌性。两只外来雄性会联合起来挑衅主雄并试图获得对雌性的控制（图7.3）。这些互动会升级为消耗体力的追逐和对抗。挑战者可能会成功地把主雄赶跑，其中一只开始尝试垄断发情雌性。处于中等级的雄性最有可能结成联盟，因为它们几乎没有机会凭借自己力量获得发情雌性，但是两只中等级雄性合作会形成强大的力量。只要每只雄性都有可能与雌性交配，那么这就对联盟参与者都有利，就没有疏忽、懈怠的动机，因为疏忽、懈怠注定会失败。

与雄性狒狒一样，黑猩猩也对发情雌性进行配偶防卫。在基巴莱国家公园，

图7.2

任何一个人的懈怠都会导致罗汉塔倒塌。

图7.3

两只雄性狒狒（右）联合挑战第三只雄性接近发情雌性。

一些高等级雄性结成联盟防卫其他雄性靠近雌性。合作使雄性自己接近雌性，阻止其他雄性靠近。联盟者共享与发情雌性交配机会。当在一个存在很多潜在竞争者的大集团里时，雄性会从单独配偶防卫转换到联盟配偶防卫。而且，比起试图孤军奋战垄断雌性，雄性相互配合能够获得更多的交配机会。

在群体层面的解释所面临的问题

如果仅仅能让整个群体获益，利他行为就无法受到自然选择的青睐。

有人认为，如果某一行为对所有成员有益，那么群内所有受益的成员都会努力去做。例如，假设当一只猴子发出警报的叫声，群里其他成员受益，并且所有群体成员的总体受益超过某个个体发出警报暴露自己的损失。那么，如果每个个体在看到捕食者时都发出警报，比起没有警报，群内的所有成员更容易获益。基于此，我们或许可以认为当群中每个个体都会受益时，发出警报这一行为是受自然选择作用支持的。

这个推断是错误的，因为这混淆了行为对发出者产生的影响与对群体产生的影响。在大多数情况下，警报声是对听到警报的个体有利，但是这并不影响警报声这个特征的演化；更重要的是警报声对主动发警报者的影响。我们可以假设，在某种猴类中，当最先看到捕食者的个体发出警告声，听到警报的猴子将有机会逃跑。假设当看到捕食者时，群体中四分之一的个体会发出警报，而四分之三的个体不发出警报声（这些比例是随便想出来的，我们选择这样的比例是因为带有具体数字的例子，更容易让人理解推理）。并且我们进一步假设该物种是否发出警报是可遗传的。

接下来，我们比较一下发警报者和不发警报者的适合度状况。因为群里每一

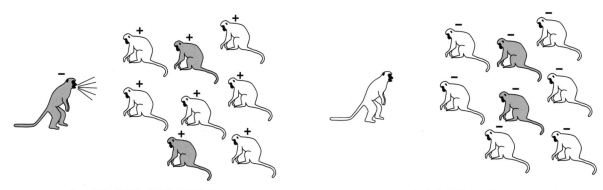

（a）利他者给群成员发出警报声。 （b）非利他者不给群成员发出警报声。

图7.4

一只捕食者朝两组猴子靠近。（a）在其中一组中，一个个体（粉红色）携带让它在这样的状况下发出警报声的基因。发出警报降低了发警报者的适合度，但是增加了群里每一个其他个体的适合度。获益的群体成员中，有四分之一的个体也携带和发警报有关的基因。（b）在另外一组中，发现天敌的这只雌性个体因为体内没有相关的基因，因此发现捕食者后保持了沉默。这将会降低群内所有成员一定量的适合度，因为它们更有可能因没注意到捕食者而被捕获。同样，这个群体中也有四分之一个体携带与发警报有关的基因。尽管发声群的成员适合度状况平均比非发声群的成员好，但发警报的基因不受青睐，因为群内所有个体都从发警报者的行为受益，但是，由于发警报者会因此招致一些损失，其相对于不发声者在适合度方面便处于劣势。因此，发警报这一行为就不受自然选择青睐，尽管这个群作为一个整体受益。

个个体都能听到警告声并采取恰当的行动，警告声在让群里每一个个体受益的程度上应该是一样的（图7.4）。警报声对于发声者和不发声者的相对适合度没有影响，因为通常四分之一发声者获益，四分之三的不发声者也获益处。警报声减小了听到报警声的每个个体的死亡率，但是，这不改变发声者与不发声者个体在群体中的比例，因为所有的个体获得同等的利益。但是，报警者发出声音时，暴露了自己，所以，它们更容易被捕食者捕食。虽然所有个体从听到报警中获益，但发出警报者是唯一遭受损失的个体。这就意味着，平均来说，不发声者的适合度比发声者高。在这种情况下，即使发声的代价小，而且给群内其他成员带来的益处很大，和发出警报有关的基因也将不受到自然选择的青睐，相反，由于不发声者的适合度优于发声者，自然选择将减少发出警报声个体的基因频率（见知识点7.1以了解更多自然界群选择的作用）。

亲缘选择

如果利他个体之间可以相互作用、相互受益，那么自然选择可以促进利他行为演化。

如果不能通过常规的自然选择或者群选择演化，那么利他行为如何演化？直到1964年，这个问题才有了明确的答案，一位年轻生物学家威廉·汉密尔顿发表了一篇里程碑式的论文。这篇文章是汉密尔顿写的第一篇对理解行为演化最有贡

知识点7.1　群选择

群选择曾经被认为可以解释利他行为的演化机制。在20世纪60年代早期，英国鸟类学家温-爱德华兹（V. C. Wynne-Edwards）提出利他行为因为巩固了整个群体的存活而得到演化。因此，当个体发出警告声，将自己暴露于捕食者，但是整个群体因为警报声而受到保护。温-爱德华兹推理利他个体多的群比利他个体少的群更有可能存活和昌盛，从而增加了利他基因的频率。

温-爱德华兹的论点是有说服力的，因为达尔文理论可以运用于群体和个体。然而，群选择在自然界中不是一个重要的力量，因为很难有足够的群间基因差异供自然选择起作用。只有群体间在生存和繁殖能力上有差异，而且，这些差异是可遗传的，群选择才有可能出现。在这种情况下，与提升群生存和繁殖力有关的基因的基因频率将会在群选择的作用下增加。群选择的强度取决于群间基因型频率的差异程度，就如同个体间的选择强度取决于个体间基因变异的程度。然而，当个体选择和群选择的作用相反时，即群选择偏向利他行为而个体选择偏向利己，个体层面的选择作用将占优势地位。这是因为群间差异的程度比个体差异的程度要小得多，除非群非常小，或群间几乎没有个体迁移，个体选择偏向利己行为一般会压制群选择，使得群选择在自然界中不大可能促使形成利他行为。

献的文章。

在前面章节讲过的论点中包含一个隐藏的假定：利他者与非利他者存在均等的相互作用。我们假定当发警报者发现捕食者，不论谁在附近，发警报者都会发出喊声。汉密尔顿则有远见地提出，当利他行为更容易在利他者之间互相作用，而不是随机作用时，促使这一情况出现的任何条件都能促进利他行为的演化。

要理解这个重要的远见卓识，让我们调整一下前面的例子：假设某一物种生活在一个全由同胞构成的群体中，虽然发声和不发声的基因频率不变，但是基因分布将受到一起生活的兄弟姐妹的影响（图7.5）。如果一个个体是发警报者，那么根据孟德尔遗传定律，这个个体的兄弟姐妹有50%的概率携带警报行为的基因。这意味着有警报者的这个群里警报基因出现的频率高于整体。因此，超过四分之一的受益者是发声者。当一个发声者发出警报时，听者中含有发声者的比例比整个种群含有的高。这样，相对于不发声者，发声者提升了群内的平均适合度水平。与此类似，因为不发声者的兄弟姐妹更有可能是不发声者，在这样的群体里的发警报者比例比整体中的比例要小。因此，相对于有发警报者的群体，缺少发警报者的群体适合度相对要低一些。

当个体选择性地与亲属互动，发声者比不发声者更有可能受益，在所有其他条件都一致的情况下，这种受益将有助于发警报基因的频率增加。然而，我们必

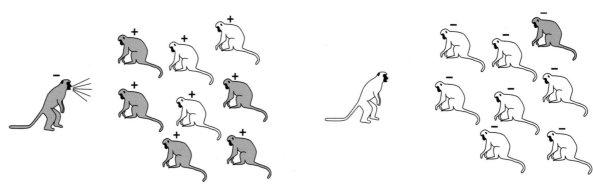

（a）利他者给群成员发出警告声。   （b）非利他者不给群成员发出警告声。

图7.5

一个捕食者接近两组猴子。每一组由九个姐妹构成。（a）在这一组中，粉红色的个体携带与发警报相关的基因，在遇到捕食者时会向同伴发出警告。它的警报声降低了自己的适合度，但是增加了其他姐妹的适合度。（b）在第二组中，发现捕食者的雌性不携带发警报基因，当它看到捕食者的时候，没有发出警报。如图7.4所示，发警报让其他群成员受益，但是，给发警报者带来代价。然而，这里描绘的情景和图7.4的情景之间有一个重要的区别：这里的两个群由姐妹构成，在（a）组中八分之五的警报接收者也携带发警报基因。任意一对姐妹，它们的基因有50%的概率是相同的，因为它们有着共同的父母。平均而言，与发警报者同父同母的姐妹中有一半个体也携带发警报基因。剩下的四个个体携带从父母的另一方遗传而来的基因，它们有四分之一的概率携带发警报基因，和整体种群中的概率一致。同样的推理表明，在不发声者的群里，只有一个发警报者。有一半的个体与那只不发声的姐妹相同，因为它们从父母中的一方遗传了同样的不发声基因；剩下的四个中有四分之一的概率携带发警报基因。在上面两种情形中，比起不发声者，发声者更有可能因发警报而获益，于是，发警报改变了发声者和不发声者的相对适合度。发警报行为是否能够演化取决于这些益处是否足够大到可以抵消发警报者自身适合度的损失。

须记住，发声有一定的代价，这倾向于削减发声者的适合度。只有当益处充分地超过损失的时候，自然选择才会青睐发警报行为。这种权衡的确切内核在汉密尔顿法则中有详细说明。

汉密尔顿法则

汉密尔顿法则预测如果利他行为代价小于受益者利益乘以亲缘系数，利他行为将受到自然选择的推动。

汉密尔顿的**亲缘选择**（kin selection）理论基础是：如果动物积极与其遗传上的亲属个体互动，选择可以偏向与利他行为有关的等位基因。汉密尔顿的理论还详述了个体间帮助的数量与分布。根据**汉密尔顿法则**，如果

$$rb > c$$

那么这个行为将会被选择所青睐。公式中

　　r＝动作发出者与接受者们之间的平均亲缘系数

　　b＝所有受到这个动作影响的个体的受益适合度之和

　　c＝实施那个行为的个体的适合度损失

亲缘系数（coefficient of relatedness）r测定的是互动个体间的遗传关系。更确切地说，r是两个个体从一个共同祖先那里传承来的相同等位基因的概率。我们可以从图7.6中的简单族谱上对亲缘系数进行了解。A雌性在一个给定的位点从父母那里各得到一个等位基因。它的同母异父的姐妹B，也从其自己的父母那里各自在某个给定的位点获得一个等位基因。通过把A雌性获得的等位基因的可能性（0.5）与B雌性获得同一等位基因可能性（0.5）相乘，我们可以得知A、B从共同母亲那里得到同一等位基因的可能性为0.25。现在再来看一下B和它同父同母兄弟C之间的相关性。在这个案例里，B和C是亲兄弟姐妹，有着共同的父亲和母亲。亲兄弟姐妹从母亲那里获得同一等位基因的可能性依然是0.25，但是，B和C也有可能共享从父亲那里得到的等位基因，这个事件的可能性依然是25%，因此，B和C共享一个等位基因的可能性是0.25与0.25之和，即0.5。这个基本的推理可以推广到计算各种不同类型亲属间的亲缘关系（表7.1）。

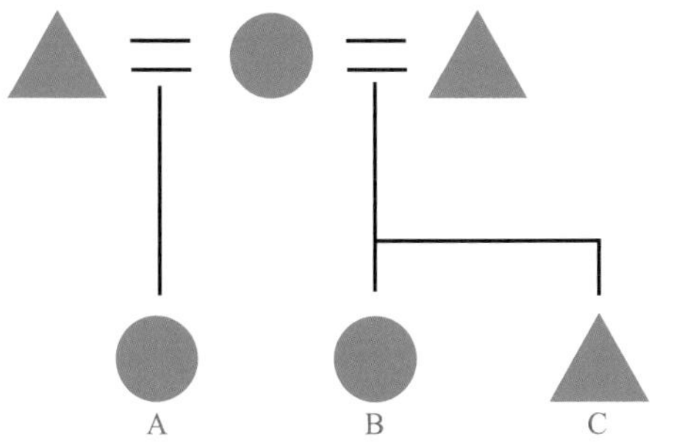

图7.6

这个谱系图阐释了r值的计算方式。三角形代表雄性，圆形代表雌性，等号代表交配。谱系中个体A、B、C之间的关系见文字描述。

汉密尔顿法则引发了两个重要的观点：（1）利他行为仅限于亲属之间；（2）亲缘关系越近就越容易促使出现代价高的利他行为。

如果仔细研究一下汉密尔顿法则，我们会发现这个理论预测了两个有关利他行为演化的条件。首先，在预期上，利他行为不会作用于非亲缘个体，因为相关性系数r在非亲缘个体之间是0。利他特征演化条件只有在有亲缘关系的个体之间互动才能满足，即$r > 0$。因此，利他者应该和接受者有裙带关系。

其次，近的亲缘关系有望促进利他行为。如果某一行为的代价非常高昂，那这个行为的对象最有可能仅限关系密切的亲属。图7.7反映了利益得失比和个体间亲缘度的关系。比较当$r = 1/16$（或0.0625）以及当$r = 1/2$（或0.5）会发生什么。当$r = 1/16$，利益必须是损失的16倍才能满足汉密尔顿的不等式$rb > c$。当$r = 1/2$，利益只需要是损失的两倍那么大。在所有其他条件都相等的情况下，近亲比远亲更容易满足汉密尔顿法则的条件，利他行为在近亲间比在远亲间要更加普遍。

表7.1　不同亲缘关系的r值

关系	r
父母和后代	0.5
亲兄妹	0.5
同父异母或同母异父兄妹	0.25
祖孙	0.25
堂兄妹或表兄妹	0.125 或 0.0625
无血缘关系的个体	0

当堂兄妹或表兄妹是亲兄妹的后代时，它们的亲缘度为0.125，但是，当它们是同父异母或同母异父的后代时，亲缘度为0.0625。

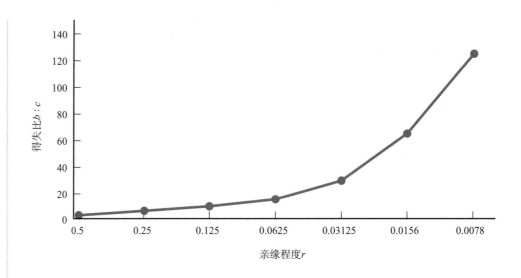

图7.7

当两个个体间的亲缘程度（r）降低，满足汉密尔顿的利他演化的得失比（b:c）的值将急剧上升。

亲缘识别

灵长类可能会使用情景线索来识别母系亲属。

如果亲缘选择能够给合作行为的演化提供合理有效的机制，那么动物必须能够分辨亲属和非亲属以及近亲和远亲。有的种类能够凭亲属的气味或者与自己气味相似度来识别亲缘关系，这被称为**表型匹配**（phenotypic matching）。另一些生命体使用能预测亲缘关系的情景线索来识别亲属，比如熟悉程度和亲近程度（图7.8）。过去，灵长类学家认为灵长类主要依赖情景线索识别亲属，但是，新的证据表明表型匹配也许在灵长类亲属识别中也起到重要的作用。

母亲们可以利用情景线索识别自己的婴儿。雌性生产婴儿之后，反复嗅并仔细检查自己的新生儿。母亲能够很清楚地认出几周大的婴儿。之后，大多数物种的雌性只照顾自己的婴儿，有选择地回应自己婴儿的悲鸣。灵长类母亲们并不需要具备识别自己幼崽的本能，因为年幼婴儿几乎所有的时间都依附在妈妈身边，因此，母亲们不大可能把自己的新生儿和别人的混淆。

图7.8

（a）甚至妈妈们也必须学会识别自己的婴儿。如图所示，一只雌性帽猴（bonnet macaque）正凝视着其婴儿的脸。（b）灵长类显然可以通过观察群成员中的社交关系了解谁是它们的亲属。如图所示，一只雌性正在审视另一只雌性的婴儿。

（a）

（b）

通过与母亲的接触，灵长类动物能学会识别其他的亲属个体。哪怕它们更年幼的弟弟妹妹们出生后，未成年的个体依然继续花相当多的时间与妈妈待在一起，因此，它们有许多机会观察妈妈与新生弟弟和妹妹们的互动。新生婴儿最普遍的伙伴也是妈妈和兄弟姐妹们（图7.9）。随着成年雌性们保持和妈妈们来往，婴儿们也能熟悉自己的祖母、姨妈和表亲。

（a）

情景线索也许还在父系亲缘识别上起到一定作用。

灵长类学家们曾经一度非常自信地认为大多数灵长类不能识别它们的父系亲属。这个结论基于以下的推理：首先，灵长类很少有一夫一妻群，大多数群交繁殖模式无法提供父系亲族的准确线索。其次，雌性接近受孕期间会和几个不同的雄性交配，造成父权的混淆不清。哪怕在一夫一妻制种群中，像长臂猿和伶猴，雌性有时候也会与来自于本群外的雄性交配。

田野调查猕猴和狒狒的新证据表明猴子利用情景线索评定父系亲缘关系。普林斯顿大学的珍妮·奥尔特曼（Jeanne Altmann）指出，在单个雄性垄断交配权的群体中，年龄可能是一个测定父系亲缘的可靠指标。在这种群体中，所有同时出生的婴儿都有可能是同一个父亲的后代。最新的研究表明奥尔特曼的逻辑是正确的——猴子的确依靠年龄识别父系亲缘。在奥尔特曼研究的狒狒种群中，雌性个体可以识别同父异母的姐妹和无血缘关系的雌性，而且它们似乎依赖年龄相仿来区分。德国马普演化人类学研究所的安雅·维丁（Anja Widding）和她的同事们还发现雌性对同父母姐妹们表现出强烈的喜爱（图7.10）。它们父系亲缘的类同关系似乎部分基于强烈喜爱同龄伙伴之间的互动。然而，雌性同样能够辨别它们的同龄伙伴，更喜欢同父异母的的姐妹而非同龄无血缘关系的雌性。

（b）

图7.9

灵长类的婴儿们与不同的亲属共同生活在一起。（a）这两只成年雌性狒狒是母女，都有自己的婴儿。（b）一只青少年雌性帽猴在妈妈重病康复期间，抱着它的弟弟。

雌性使用什么线索区别不同龄的同父异母姐妹尚不完全清楚。然而，新研究表明也许和亲属间的面部相似性有关。在一个研究中，研究人员测量了恒河猴（rhesus macaque）面部的多个特征，并比较了亲缘和非亲缘个体的面部相似性，有亲缘关系的个体明显长得像。在另一个研究中，研究人员邀请了不同的人去评估一只成年个体和两只同龄同性别未成年个体的脸部相似程度，其中一只未成年个体是成年个体的后代，而另一只却与之没有血缘关系（图7.11a）。评估者能够比

图7.10

雌性猕猴能够识别父系的兄弟姐妹。雌性与同母异父兄弟姐妹（蓝色柱）的互动超过父系兄弟姐妹，而与父系兄弟姐妹的互动超过非亲缘。年龄相似性可能为父系亲缘识别提供了线索。雌性与同父异母兄弟姐妹同龄伙伴（红色斜线柱）的互动多于年龄差异大的同父异母兄弟姐妹（实心红色柱）。雌性同样还会辨别同龄伙伴的关系，比起非亲缘同伴，更喜欢同父异母或者同母异父的同龄兄弟姐妹（紫色阴影柱）。

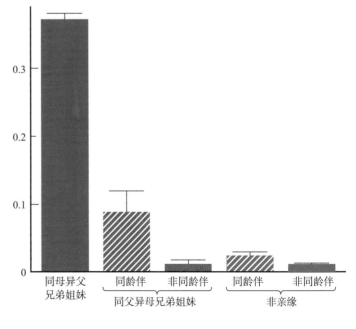

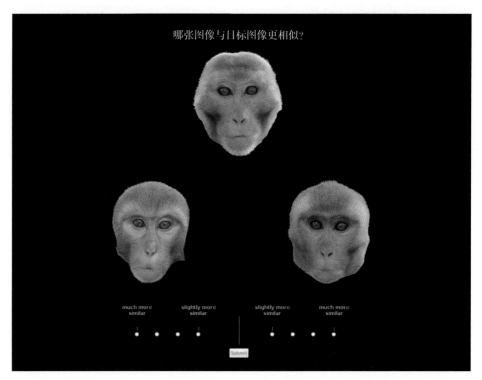

（a）

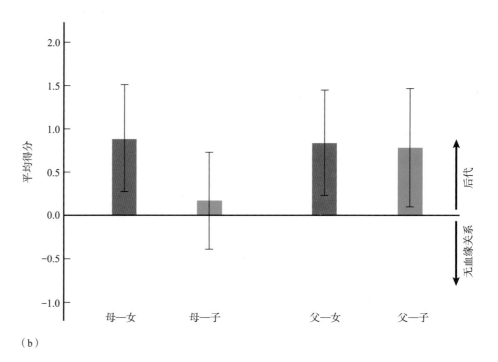

（b）

图7.11

亲缘识别可能部分基于亲属间的面部相似度。（a）在最近的研究中，请人类受测试者评估两只未成年恒河猴和一只成年恒河猴的面部相似度。其中一只未成年猴是成年个体的后代，而另一只与成年个体没有血缘关系。（b）人类受测试者观察到成年猴与后代之间更加相似，而与无血缘关系的未成年猴相似度低。数值为零表示认为后代和非血缘未成年个体与成年个体之间的相似度没有差别。

*后代在右边。

图7.12

许多理毛的灵长类中的一些是（a）卷尾猴、（b）青长尾猴、（c）狒狒和（d）大猩猩。

较准确地识别出亲缘个体，甚至是那些以前从来没有接触过猕猴的人也可以（图7.11b）。总的来讲，这些研究表明亲缘之间面部相似度可以为识别亲缘关系提供线索。

行为中的亲缘偏向

大量证据表明，灵长类中多种利他互动行为的模式与汉密尔顿法则的预测基本一致。这里我们介绍几个例子。

理毛在亲缘间比非亲缘间更普遍。

社会性理毛（social grooming）在大多数社交群居灵长类的生活中起着重要的作用（图7.12）。理毛很有可能在两个方面对参与者有益：首先，理毛起到卫生的功能，可以清理死皮、碎屑、寄生虫和伤口处的污垢。其次，理毛有助于个体间建立放松、**亲和的**（affiliative）接触方式，并能与其他群成员巩固社会关系（知识点7.2）。理毛的代价比较高昂，因为理毛者完成这些服务要消耗时间与精力。而且代价可能不止这些，哥伦比亚大学的玛丽娜·科兹（Marina Cords）发现青长尾猴理毛的时候，警惕度会降低，更容易使自己暴露于被捕食的危险中。

亲缘间理毛更加普遍，纽约州立大学水牛城分校（State University of New York at Buffalo）的艾伦·凯普赛利斯（Ellen Kapsalis）和卡罗尔·伯曼（Carol

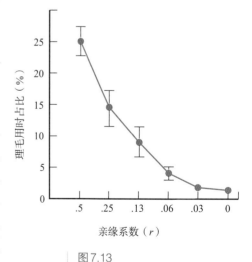

图7.13

卡奥圣地亚哥的恒河猴为近亲理毛的频率超过为远亲或非亲缘成员理毛的频率。

知识点7.2　关系是如何维护的

对于许多灵长类来说，竞争和冲突是社会生活的基本组成部分：雌性会无缘无故对毫无戒备心的受害者发起攻击，雄性为了接近发情雌性而厮杀交战，低等级的会被排挤出有利的取食点。灵长类等级关系界定清晰，还经常被加强巩固。尽管暴力和野蛮并非所有灵长类的普遍现象（比如，绒蜘蛛猴爱好和平，社会等级不明显），许多灵长类都好斗。这就引发了一个有意思的问题：面临如此不间断的冲突，如何维护社会生活？毕竟暴力与冲突不可避免地将迫使动物分裂，破坏社会纽带，削弱社会团体的凝聚力。

社会关系对灵长类来说很重要。它们每天花费相当量的时间为群里其他成员理毛。理毛通常集中在相当少的几个伙伴之间，而且通常是互惠互利的相互理毛。牛津大学的罗宾·邓巴（Robin Dunbar）认为在亚洲和非洲的猴类中，理毛已经超越了原本的清洁功能，成为一种培养和维护社会纽带的方式。社会纽带对于个体也许有着真正的适应性价值。例如，理毛有时用以交换联盟的支持，理毛伙伴们会分享获取的稀有资源。

当紧张关系爆发成暴力争斗，就需要一定的行为机制减少社会关系冲突的破坏。不难理解，冲突结束之后，受害者通常从攻击者身边逃开。然而，在有的情况下，争斗双方在冲突结束后几分钟，会做出和解的接触。例如，黑猩猩有时亲吻它们的对手，雌性狒狒朝着之前的失败者发出安静的咕哝声，金丝猴会拥抱或者为之前的对抗者理毛：迅速从暴力转化成友好关系。埃默里大学（Emory University）的弗朗斯·德瓦尔（Frans de Waal）认为这些冲突后的和平互动是一种和解机制，一种修复被冲突破坏了的关系的方法。受到弗朗斯·德瓦尔著作的启发，许多研究者在一系列灵长类物种中记录到了冲突后的和解行为。

冲突后的和平互动似乎对先前的对手有镇静作用。当猴子紧张不安的时候，其自我导向行为的比例增加，如抓挠。自我导向行为是心理压力的行为指标。利物浦约翰摩尔大学（Liverpool John Moores University）的菲利普·奥雷利（Fillipo Aureli）和乌德勒支大学（Utrecht University）及埃默

图7.14

两只狒狒结成联盟对抗一只成年雌性。

Berman）记录分析了卡奥圣地亚哥（Cayo Santiago）岛上的恒河猴母系关系与理毛行为的相关性。在这个种群中，雌性为近缘个体理毛的频率高于为非亲缘个体理毛的频率，同时也高于为远亲个体理毛的频率（图7.13）。

有趣的是当亲缘关系低到一定程度，为亲缘个体与非亲缘个体理毛的时间比例基本上没有什么差别了。这也许意味着猴子不能识别远亲或者远亲几乎不能满足汉密尔顿法则（$rb > c$）的条件。

灵长类大多与近缘个体结成联盟。

灵长类群内争端大多发生在两个个体间。然而，有时几个个体会联合起来攻击另外一个个体或者一个个体来支持另一个正在争斗中的个体（图7.14）。我们把

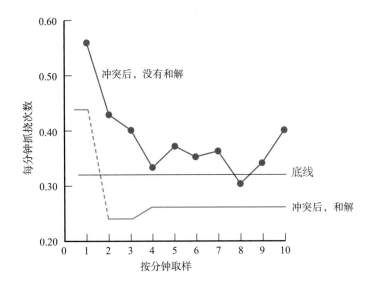

图 7.15

抓挠频率是反映压力的指标，暴力冲突后抓挠频率明显高于正常水平。如果在冲突后，两个对手之间有一些友好接触（和解），则可以迅速降低抓挠频率。如果在冲突后的几分钟内，没有和解接触，抓挠频率在几分钟内保持在较高水平。这些数据表明先前对抗的对手之间的友好接触具有镇静的效果。

里大学的同行研究了打斗与和解对自我导向行为的影响。他们发现在冲突之后，自我导向行为的水平或者说心理压力，会在冲突后急速上升并超过基准线水平。受害者与攻击方双方都受到争斗的压力影响。如果先前的对手在冲突几分钟后进行和解互动，自我导向行为的比例便会迅速跌落到基准线水平（图 7.15）。如果它们不和解，自我导向行为的比例则会有更长的时间保持在基准线之上。如何和解提供了一种维护社会纽带的途径，那么，我们将预期灵长类倾向于与它们最亲近的亲属和解。群内有更紧密纽带的对手之间最有可能和解。尽管一些研究人员提出亲缘间几乎没有和解的必要，因为它们的关系不大可能因为冲突而变得紧张。但是在一些群体中，亲缘个体间促成和解的比例很高。

在没有稳固社会关系的个体间，和解也起到缓和冲突的作用。像许多其他灵长类，雌性狒狒强烈被新生婴儿吸引，不断努力去尝试照顾它们。母亲们勉强忍受，但是它们不欢迎这样的关注。雌性狒狒和年幼婴儿的母亲们之间和解的比例尤其高，哪怕它们之间没有亲密的关系。年轻雌性通过和解行为，可以从新生儿母亲那里获得容忍，并再次靠近幼崽。在这个案例中，和解是一种维持短期关系的方法，而不是维护长期关系的方法。

这种类型的互动称为联盟（coalitions）或者结盟（alliances）。对于接受援助的个体来说，支持有可能是有益的，因为支持改变了最初竞争者的力量平衡。受益方更有可能赢得竞争或降低在冲突中受伤的可能性。然而，介入争端对支持者来说有代价，支持者要投入时间与精力，而且甚至有在卷入争斗后被打败或者受伤的风险。汉密尔顿法则预测个体将优先支持亲缘个体，并且会为帮助近亲付出更大的代价。

许多研究表明支持行为是偏向近亲的。雌性猕猴和狒狒保卫后代和近亲的情况比保卫远亲或非血缘个体要多（图 7.16）。雌性结盟，尤其当它们结盟对抗更高等级的个体时，要冒一些风险。比起联合对付更低等级个体，联合对抗高等级个体更有可能造成对支持者进行报复性攻击。雌性猕猴更有可能为它们的后代介入对抗更高等级的雌性，而不大会为非亲缘雌性或者未成年个体出战。因此，雌性

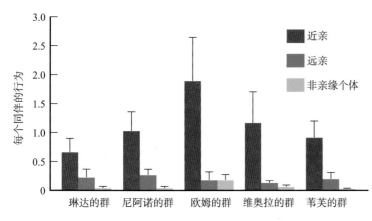

图 7.16

本图显示的是5个野生狒狒群中，近亲（母亲、女儿和姐妹）提供结盟援助的比率，远亲以及所有其他成员也显示其中。在所有5个群中，支持偏向近亲。

狒猴会为了最近亲个体冒最大的风险。

冲突中，以亲缘为基础的支持影响狒猴、黑长尾猴和狒狒群的社会结构。

狒猴、长尾猴和狒狒的母系联盟影响争斗和等级竞争的结果。起初，只有当它母亲在附近的时候，一只未成年的猴子才能击败更年长或者体型更大的青少年。最终，哪怕母亲远离一段距离，不管它们的年龄和体型如何，青少年都能够击败它母亲等级以下的每一个对手。母系支持直接造成这些种类内部等级序列的几个明显特征：

• 母系等级极其精确地传给后代，尤其是女儿。例如，在肯尼亚吉尔吉尔（Gilgil, Kenya）的一群狒狒中，可以精确地根据母亲的等级预测女儿的等级（图7.17）。

• 在等级序列中，同一母系的亲属占据相邻等级，一个**母系血统**（matrilineage）的所有成员其等级共同高于或者低于其他母系的所有成员。

• 同一母系里的等级通常比较容易预测。大多数情况下，母亲等级高于女儿，妹妹高于姐姐。

• 雌性主导的关系大多长期而惊人地稳定。在许多群体中，等级可以在几个月甚至是几年内保持一致。这一稳定性可能源自于为支持亲属结成联盟的倾向。

亲缘偏向的支持对雄性红吼猴的繁殖策略有重要影响。

特蕾莎·波普在委内瑞拉开展的红吼猴行为和遗传研究表明，亲缘关系对红吼猴的行为有重要影响。红吼猴生活在由两到四个雌性以及一或两个雄性组成的群里。雄性有时与迁移的雌性联手并帮助它们建立新的领地。一旦建立起这样的群，主雄必须捍卫它们的地位以及防止后代被外来雄性攻击。当栖息地拥挤时，雄性只有占领群并驱赶群内其他雄性才能获得雌性。这一尝试非常冒险，因为雄性通常会在进攻过程中受伤，而且，当栖息地变得更加饱和，迁移可能性也变得更有限，雄性倾向于更长久地留在出生群里。成年的雄性会帮助父亲捍卫群体并抵抗取代者的进攻。联合抵御对于雄性来说是重要的，因为单个雄性无法保卫群体抵抗外来雄性入侵。

这种状况会导致一种"军备竞赛"，迁移雄性组成联盟并协力驱赶群内雄性，群内雄性则联合起来保卫群体以抵抗外来群雄性的入侵。一旦建立群体后，雄性便会联手抵御外群的雄性。因为联手有助于击退进攻，雄性之间的合作是有益的。但是，显然这同样涉及适合度代价，行为和遗传数据表明，只有一只雄性能够成功在群里繁殖大量后代。很明显，亲缘关系影响雄性联盟的持久度和稳定性。由有血缘的雄性结成的联盟在持续时间上几乎比没有血缘的雄性联盟长久四倍。有血缘的雄性联盟还不大可能经历等级逆转。这种情况下，合作的代价也许会通过获得广义适合度（inclusive fitness）而得到平衡。

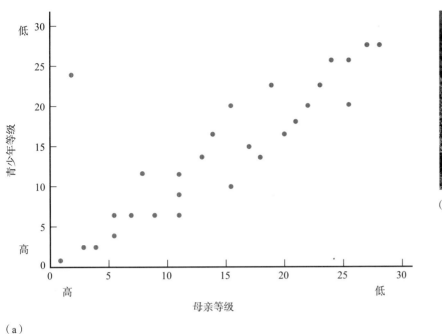

（a）

（b）

图7.17

青少年雌性狒狒获得和母亲很近似的等级。（a）从左数的第二个点出现异常，是因为这只个体在婴儿期就失去了母亲。（b）如图所示，在一个狒狒群中，占统治地位的雌性左右两侧分别是它的女儿，两个女儿的等级分别为第二和第三。

亲缘选择在合作抚育灵长类群中起着重要的作用。

在绒猴和绢毛猴中，繁殖通常由一对配偶垄断，其他所有群成员帮助照顾后代。这就提出了一个明显的问题：帮助者为什么奉献？答案似乎与亲缘选择相联系。当婴儿成年后，它们通常在自己的出生群里待几年，帮助抚养年幼的弟妹。在某个阶段，年长的后代会与同性别的弟弟妹妹一起离开，当它们遇到合适异性的时候，它们就组成新群。接下来，其中一个个体成了主要繁殖者，其他的则变成帮手。在这种情况下，帮手与它们帮助的婴儿具有紧密的亲缘关系。

亲缘似乎在某种程度上降低了雌性间竞争的程度。请回忆一下第六章雌性间有生育机会的竞争。当低等级雌性生育婴儿，高等级雌性通常会杀死它们。然而，在金狮面绒（图7.18）的一些群体中，雌性与低等级雌性分享繁殖机会达一到两年。雌性最有可能与它们自己的女儿们分担抚育，与姐妹分担的较罕见，几乎不和非血缘雌性分担。

有时候生物学比小说还离奇。在生物里存在着**嵌合体**（chimeras，源自希腊神话中长有狮头、羊身以及蛇尾的怪兽凯米拉）。其体内有着至少两个遗传基因不同的细胞群，这些细胞群源自两个或更多的合子。嵌合现象在哺乳类中通常很罕见，但在容易生异卵双胞胎的绒毛猴中比较常见。双胞胎共享一个胎盘和绒毛膜（chorion），子宫里薄膜包裹着胚胎，干细胞可穿过薄膜和胚胎。双胞胎体内的组织源自自己和对方的干细胞，因此属于嵌合体。尽管这个现象已经为人所知有一段时间了，过去认为嵌合组织仅限于制造血细胞的组织，然而，内布拉斯加大学（University of Nebraska）的科琳娜·罗丝（Corinna Ross）和她的同事们发现嵌合现象扩展到了所有身体组织中，包括配子。这意味着个体有时会把它们兄弟姐妹的基因而不是自己的基因传给后代。这就会提高不繁殖的帮助者与婴儿之间的亲缘度，这也许是促使这些物种维持如此高水平合作的因素之一。

图7.18

金狮面绒是合作繁殖的物种，但有时也会有繁殖机会冲突。

亲子冲突

亲缘选择可以解释为什么父母和后代之间以及兄弟姐妹间有冲突。

在上一章我们解释过，母亲必须给孩子断奶，为接下来生育的后代保存能量。孩子因为母亲减少对其的投入，通常会反抗，甚至反应很激烈。当黑猩猩母亲突然拒绝花精力看护时，孩子会变得彻底暴怒，而狒狒妈妈拒绝携带孩子的时候，孩子会可怜巴巴地低声啜泣。这些断奶冲突源自于母亲和后代的遗传利益的不对称。母亲和所有后代的关系是相等的（$r=0.5$），但是后代与自己（$r=1.0$）的关系比其跟兄弟姐妹的（$r=0.5$ 或 $r=0.25$）关系更加紧密。罗格斯大学的生物学家罗伯特·特里弗斯把这一现象称作**亲子冲突**（parent-offspring conflict），他是第一个用演化原理解释父母和后代冲突的人。

要理解为什么存在亲子冲突，我们假设有个基因突变，该突变可以让母亲少量增加对当前婴儿的投入，自然也会使得该母亲减少了同等量对未来婴儿的投入。根据汉密尔顿法则，自然选择将支持母亲体内这个基因的表达，如果

$$0.5 \times （增加当前后代的适合度）>$$
$$0.5 \times （减少未来后代的适合度）$$

因为母亲和每个后代共有它一半的基因，所以上述不等式两侧的系数均为0.5。在这种不均等的情况下，自然选择将促使母亲增加对当前后代的投入，直到对当前后代的益处等于对未来后代的代价为止。如果当前后代中表达的基因能够控制母亲投入的量，结果就会非常不同。在这种情况下，我们从当前婴儿的角度，按照汉密尔顿法则：

$$1.0 \times （增加当前胚胎适合度）>$$
$$0.5 \times （减少未来后代适合度）$$

在这种情况下，婴儿与自己的相关度为1，而与亲兄弟姐妹相关度为0.5，自然选择将增加母亲投入的量，直到对当前婴儿投入增加的利益达到对将来兄弟姐妹胚胎代价的两倍（或是堂兄弟姐妹的四倍）。这样，遗传的非对称性导致了母亲和后代之间的利益冲突。自然选择将使母亲对后代的投入少于后代的期待值，而且，自然选择将倾向使后代不停向母亲索取。这种利益冲突通常表现为在断奶期发脾气以及和兄弟姐妹争斗。

互惠利他

如果利他行为是相互的，就可能演化。

互惠利他（reciprocal altruism）理论基于一个基础：随时间推移，如果利他行为在同伴个体间（成对的互动个体）是平衡的，利他行为便可以演化。在互惠利他关系中，个体轮流充当行为发出者和接受者，即发出并接受利他行为的益处（图7.19）。互惠利他受青睐，因为在时间的进程中，互惠行为的参与者

获得的益处超过它们行为的损失。这个理论最初由罗伯特·特里弗斯首先明确表达，后来由其他人扩充并正式阐述。

互惠利他的发展需要满足三个条件，个体必须：（1）有机会经常与其他个体互动，（2）记住给予和接受过恩惠，（3）只给那些帮助它们的个体提供支持。第一个条件是必不可少的，这样，个体才有机会将自己的利他转换成互惠利他。第二个条件使得个体平衡给予特定同伴以及从其身上得到的利他行为。第三个条件为利他行为的演化提供了非任意互动的必要条件。如果个体是没有血缘关系的，那么最初的互动将随机分布于利他者和非利

他者。然而，互惠利他者将很快停止帮助那些自私个体，而继续帮助那些利他个体。因此，就如同亲缘选择的情况一样，互惠利他会受到自然选择的偏向，因为利他者会收到较多的利益份额。需要注意的是，利他行为不需要必须以同等形式交换，有可能一种形式的利他行为（比如理毛）可以和另外一种形式（比如结盟支持）的利他行为交换。

图 7.19

两只年老的雄性黑猩猩相互理毛。互惠可以包括轮流理毛或者同时理毛。雄性黑猩猩一生留在出生群中，相互之间培养出很亲近的纽带关系。

灵长类具有满足互惠利他的演化条件，而且有证据表明存在互惠利他。

大多数灵长类生活在相当稳定的社群里，而且能认出群里所有成员。我们不知道灵长类是否能够记住给群内其他个体的支持、付出和回报，但是，我们知道它们智力非常高，能够解决复杂的问题。因此，灵长类为我们提供了寻找互惠利他形式的范例。

在猕猴、狒狒、黑长尾猴和黑猩猩几个种中，个体倾向于花大部分时间相互理毛，频繁支持利他的个体。在有的案例中，灵长类可以用理毛交换支持，有时会在理毛交往中转换角色，因此，在每次理毛时，相互理毛的时间是平衡的，有时，理毛的回合频次也是平衡的。

在雄性黑猩猩中，社会关系似乎建立在许多不同形式的互惠利他行为的基础上（图 7.19）。例如，密歇根大学的约翰·米塔尼（John Mitani）和耶鲁大学（Yale University）的大卫·瓦兹（David Watts）发现生活在乌干达基巴莱国家公园的Ngogo地点的雄性黑猩猩有选择地相互分享肉食，还与经常在争斗中为其他雄性支持者分享肉食。一起打猎的雄性也倾向于有选择地相互理毛，相互支持，并一起参加边界巡逻。有趣的是，亲密关系的个体们通常不是父系或母系亲缘，表明雄性关系基于互惠利他，而非亲缘关系。

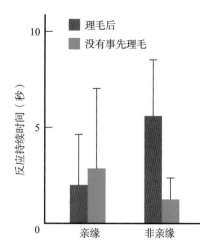

图7.20

黑长尾猴听到召唤后的反应。对于非亲缘个体而言，如果召唤者之前曾为它理毛，其反应要比在没给它理毛的情况下强烈。

这些相关研究结果与源于互惠利他理论的预测一致，但是，它们并不代表利他取决于互惠利他。

一些研究表明灵长类能记住偶发事件，至少短期内可以做到。

罗伯特·塞法思（Robert Seyfarth）和多萝西·切尼（Dorothy Cheney）首次开展了对利他交换条件本质的研究。像大多数其他猴子一样，黑长尾猴大部分闲暇时间都在理毛，它们也组成联盟并使用特定的声音召唤帮手。在这个实验中，塞法思和切尼在两种不同情景下给受试个体播放用磁带录制的召唤帮手叫声。（1）在A给B理毛结束后，用一个隐蔽的扬声器把黑长尾猴A的召唤叫声播放给黑长尾猴B听，（2）在一个A和B都没有理毛的特定时间段后播放。他们曾假定如果理毛与将来的援助相联系，那么B应该在被理毛后，对A的召唤反应最强烈。而这正是黑长尾猴表现出来的行为（图7.20）。有趣的是，当在黑长尾猴的亲属之间进行这一实验时，却发现理毛与否对于受试个体的表现并无显著影响。塞法思和切尼在对狒狒的研究中也发现了同样的结果，并增加了几个控制因素来排除受测试者对录音反应的选择性解释。

尽管几个野外实验表明灵长类以有条件的形式对先前的帮助做出回应，但是室内实验大都不成功。华威大学（University of Warwick）的艾丽莎·梅里丝（Alicia Melis）和她的同事们设计了一个实验，在这个实验中，一只黑猩猩需要帮助另一只黑猩猩进到一间锁着的房间里。每一个受试者与两个不同的帮手配对，一只提供了帮助，而另一只没有提供帮助。接下来，角色转换，需要帮助的个体能够给先前有帮助和没帮助的同伴提供帮助。黑猩猩对曾经帮助过自己的个体与没有帮助过自己的个体有着相同的态度。

目前我们还不完全清楚如何解读这个数据。一些研究人员认为灵长类有选择地帮助那些先前帮助过自己的个体，并注重相关性的证据和偏博物学的实验。另一些研究人员强调相关研究的缺点，例如，缺乏对比研究的证据，以及怀疑灵长类也许没有能力长期记住从哪些同伴那里获得或给予过帮助。尽管如此，大多数研究人员仍然在这一点上达成了共识：比起互惠利他，亲缘选择对灵长类利他行为的影响更大。

关键术语

利他行为	联盟
亲缘选择	结盟
汉密尔顿法则	母系血统
亲缘系数（r）	嵌合体
表型匹配	绒毛膜
理毛	亲子冲突
亲和的	互惠利他

学与思

1.基于下面的亲缘示意图（圆形代表雌性，三角形代表雄性），请判断A~E五个个体中任意两个个体的亲属关系（比如母子、祖孙、兄妹等），并计算它们的亲缘系数（比如0.5或者0.25）。

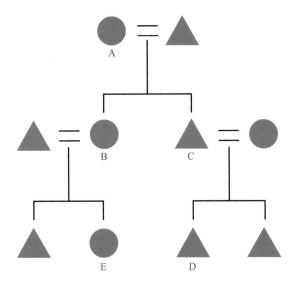

2.从生物角度来看，以下情景的不同点是什么：（a）一只雄性猴子高高地坐在树上，当它看到远处有只狮子，发出了警报声；（b）当一只雌性猴子被另一只雌性靠近，被迫放弃了一片绝佳的取食场地。

3.在动物行为的纪录片里，动物通常被说成"为了种群的利益"而做事情，例如，当低等级动物不繁殖，被说成放弃繁殖以防止种群数量过多而耗尽资源基础。这种推理的思路错在哪里？

4.为什么说利他提供者和获利者之间的互动不是随机的？

5.如果像许多灵长类学家认为的那样，灵长类不能识别父系亲缘，针对自然选择如何产生适应性改变，我们如何解释？

6.有研究数据表明灵长类更有可能对亲缘而不是对非亲缘发出利他行为。然而，许多同样的研究表明对亲缘和非亲缘个体发出的暴力行为的比例基本相同。这如何用亲缘选择理论解释？为什么灵长类与亲缘和非亲缘个体都存在打斗？

7.自然界中互惠利他的范例相对罕见。为什么互惠利他很罕见？为什么我们预期灵长类的互惠利他行为比其他动物要更加普遍？

8.塞法思和切尼发现黑长尾猴更倾向于帮助之前为自己理过毛的动物，而不是之前没有或很少帮助自己的个体。这种情况只在非亲缘的个体间发生，而不在亲缘个体间发生。黑长尾猴对所有亲缘个体的呼救声反应同样强烈。我们应该如何解释亲缘关系对这些结果的影响？

9.除了亲缘选择和互惠利他，有人提出另一个机制也可以导致利他者之间的非随机互动。假设利他者有一个先前就发现了的显性特征——也许是绿色的络腮胡，接着，它们可以使用以下规则："只对长着绿色络腮胡的个体做利他行为。"一旦这个等位基因变得普遍，大多数携带绿色络腮胡的个体就不会相互有血缘关联，于是，这就不会形成亲缘选择。然而，在这个推理中有个漏洞。假设控制络腮胡颜色与控制利他行为的基因在不同的基因位点，请解释为什么不会演化出绿色络腮胡。

10.请解释惩罚为什么不是解决互惠关系中欺骗行为的方法。

延伸阅读

Chapais, B. and C.M. Berman, eds. 2004. *Kinship and Behavior in Primates*. New York: Oxford University Press.

Dugatkin, L. A. 1997. *Cooperation among Animals: An Evolutionary Perspective*. New York: Oxford University Press.

Kappeler, P.M. and C.P. van Schaik, eds. 2006. *Cooperation in Primates and Humans: Mechanisms and Evolution*. New York: Springer.

Mitani, J., J. Call, P. Kappeler, R. Palombit, and J.B. Silk, eds. 2012. *The Evolution of Primate Societies*. Chicago: University of Chicago Press.

Westneat, D. F. and C. W. Fox, eds. 2010. *Evolutionary Behavioral Ecology*. Oxford: Oxford University Press.

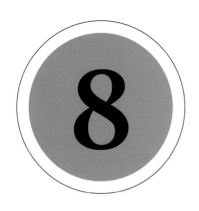

本章目标

本章结束后你应该能够掌握

- 解释生活史理论如何帮助我们理解为什么诸如生育能力和寿命等特定特征是相互关联的。

- 理解大容量的大脑演化如何塑造了灵长类的生活史策略。

- 解释为什么灵长类学家们认为自然选择促使灵长类拥有了大的脑容量。

- 描述灵长类对于自己的生活环境知道些什么。

- 描述灵长类对于自己的社会世界知道些什么。

第八章　灵长类生活史与智力的演化

大的脑容量和长的寿命	灵长类个体之间彼此知多少？
生活史理论	研究灵长类行为的价值
选择压力促使灵长类拥有大的脑容量	

大的脑容量和长的寿命

　　大的脑容量和长的寿命是灵长类动物的两个重要特征（图8.1）。与大多数其他动物相比较，灵长类更依赖于通过学习获得生存和繁殖的技能。我们前几章探讨过复杂行为策略取决于灵长类在新环境下的灵活应对能力。灵长类还有很长的生长发育阶段和寿命。现代人类的认知复杂性和寿命更加夸张，人类比这个星球上任何其他灵长类更长寿且拥有更大的相对脑容量。灵长类同时拥有大的脑容量和长的寿命并不是一个偶然；在哺乳动物中，这些特征是相互关联的。我们马上就要讲完现存灵长类的行为和生态学知识，接下来的第三部分我们就要开始讲述人类的历史，因

此，在本章中，我们有必要先思考下促使灵长类形成大的脑容量和长的寿命的演化机制。

对大的脑容量的选择作用同时造就了长的寿命。

相关性只是告诉我们两个特征相互联系，但不能解释为什么存在这个关系。在这个例子中，我们有理由认为脑容量会影响寿命，而逆向可能就不成立了。我们得出这样的结论是因为大脑是耗能极高的器官。大脑仅仅只占我们整个身体体重的2%，但却消耗大约20%的新陈代谢能量。

自然选择不会支持像大脑这样高耗能的器官的演化，除非大脑有重要的适应性优势。生命体为某个特定特征的投资程度与从这个投资衍生而来的利益相关。这个道理与你通常愿意花更多钱买耐用东西而不愿意花很多钱买一次性的东西一样。相比寿命短的动物，寿命长的动物更容易从保证大脑发育及维持大脑工作的能量投入中获利。

图8.1

灵长类智力高且长寿。第一个进入太空的猿是一只名叫汉姆（Ham）的4岁黑猩猩，他受训完成进入太空的各种任务。1961年5月汉姆飞行3个月之后，艾伦·谢波德（Alan Shepard）进入了太空。汉姆是美国国家航空航天局（National Aeronautics and Space Administration, NASA）用以检测载人进入太空安全性的几十只黑猩猩中的一员。尽管汉姆27岁去世，但是它的几位同行"猩猩宇航员"现在还活着，都已经四十多岁了（截至本书英文版出版的2015年）。现在生活在新墨西哥州和南佛罗里达的动物保护区。

生活史理论

个体需要在后代质量和数量之间以及当下和未来生育之间博弈，生活史理论关注的是形成这些博弈的演化力量。

出生和死亡标志着每一个个体生命周期的开始和结束。从出生后到死亡前，个体先成长，再达到性成熟，然后开始繁殖。基于这一基本的过程，自然选择产生了相当多的改变。例如，太平洋鲑鱼在淡水中孵化，成年期却在广阔的大海生活。在海里生活几年后，它们返回自己出生的地方去产卵、受精，并在完成这次旅程后很快就死去。北美唯一的有袋类动物负鼠，雌性在一岁的时候便可产崽，每年产一到两窝，但寿命不足三年（图8.2）。雌狮每两年产崽一次，一窝可达6只幼崽。大象10岁首次怀孕，孕期22个月，一次只产1个幼崽，生育间隔为4~9年。

如果自然选择支持增加繁殖成功，那么为什么它不延长负鼠的寿命，减短狮子的生育间隔，或是增加大象产崽的数量？答案是所有生物都面临限制自身繁殖选择的约束条件。我们在第六章讨论过，对一个婴儿的投入限制了对其他后代的投入，所以，亲代必须权衡后代的数量和质量。生命体还面临当前和未来繁殖之间的权衡。如果所有条件都平等，快速成熟以及尽快繁殖会有优势，因为这样增加了生殖寿命并缩短了生殖间隔。然而，用于当前繁殖的能量，是从成长和维持生命的能量转化而来。如果生长发育能够巩固繁殖成功，那么在生育开始之前，体型长大会有优势。因此，有许多生物在青少年阶段根本不繁殖。它们的性成熟要等到体型达到一定尺寸且分配给当前繁殖的能量支出要超过继续生长的能量支出。同样的论证也适用于维持生命。个体需要在确保维持生命和维持将来繁殖能量的基础上，开支用于当前繁殖的能量。

衰老和死亡源自于在不同年龄生育和存活之间的权衡。

同人类一样，其他灵长类动物也会衰老。当身体机能衰退，它们便会跑得不如以前快，跳得不如以前高，或反应没有以前快（图8.3）。而且随着衰老，它们的牙齿也会磨损，咀嚼东西不如以前，关节也会磨损恶化。尽管人类是唯一经历更年期的灵长类，但所有灵长类的雌性在老年时的生育能力都会下降，雄性的生育力在成年早期达到巅峰，此后便开始下降。

只看表面现象的话，衰老和死亡似乎是身体损耗和劳损影响的。生命体是像汽车或电脑那样复杂的机器。机器的运转需要由许多零件一起发挥功能。动物身体部件就好像一个用旧了的离合器或者出了问题的硬盘一样会老化，这种解释似乎合乎逻辑。但是，这一对于衰老的解释有瑕疵，因为把生命体比作机器的类比并不恰当。生命体里每一个细胞都包括其成长繁殖的所有基因，而这些基因可以被用于修复损伤。例如，伤口可以愈合，骨头可以修复，还有一些生命体，诸如青蛙等，还可以重新长出整个四肢。有些靠分裂繁殖和出芽繁殖等无性繁殖方式繁殖的生命体根本不经历衰老。

如果衰老并不是不可避免的，为什么自然选择不支持避免衰老的对策呢？答案取决于增加繁殖或延长寿命中哪个因素对动物更有利。一个生物成得越好就能活得更久。一辆斯巴鲁比雷克萨斯造价低，但是质量也差些。所以雷克萨斯出问题的频度估计低于斯巴鲁。同样的权衡适用于生命体。我们的牙齿如果被更厚的一层牙釉质保护，就可以用得更久，但是牙齿要长得更坚固，就需要更多的营养物质，尤其是钙。更高品质器官的发育也需要花时间和资源，而这样会降低生命体的生长率以及早期生育力。

存活和繁殖之间的博弈与物种以早期生存或繁殖为代价来延长生命的特征相关。

衰老至少部分是为了增加年幼时期适合度，而降低晚年适合度的遗传结果。自然选择推进了衰老过程，因为增加年轻时期的生殖力意味着消耗了延长寿命所需的资源。

理解这个观点的关键是要意识到自然选择对老年特征影响较弱。我们以两个突变等位基因的命运为例来探讨一下原因。一个等位基因在个体还没有达到成年时就杀死这个个体，而另一个等位基因在个体晚年的时候杀死它。携带婴儿和青少年期致死基因的个体适合度为0，因为没有一个个体存活到把它们自己的基因传给后代的年龄。因此，自然选择会强烈对抗对年轻个体有害的等位基因。相比之下，自然选择对在晚年致死突变基因的影响小得多。携带晚年致死基因的个体，在基因被感知到之前就已经生完后代了。这样老年致死基因突变对繁殖的影响是有限的，几乎不受自然选择的抵抗。这意味着自然选择会促使形成提高早期生殖力而降低晚年个体适合度的基因突变，因为这样提高了个体的适合度。

图8.2

弗吉尼亚负鼠（*Didelphis virginiana*）是北美唯一的有袋类哺乳动物。雌性生育许多小胚胎，它们钻入妈妈的育儿袋中，自己找到乳头并粘在上面，以这种形式喂养2到3个月后，幼崽会从育儿袋里出来，然后牢牢地趴在妈妈的背上。

图8.3

几乎所有的生命体都经历衰老。拍这张照片的时候，这只名叫雨果（Hugo）的老年黑猩猩背上毛发尽失，严重消瘦，牙齿磨损至牙龈。拍照几周后雨果便死去了。

图8.4

大象的生活史对策属于慢/长这一类型。它们体型非常大（大约6000千克），而且在野外可以活到60岁。雌性大约10岁成熟，妊娠期22个月，生殖间隔4到9年。

当前与未来繁殖之间的博弈以及后代数量与质量的博弈会促使产生有相关性的特征。

在较早年龄段就开始繁殖的动物具有体型小、脑容量小、生殖间隔较短、一胎多崽、死亡率高以及寿命短等特点。在较晚年龄段才开始生殖的动物具有体型大、脑容量大、生殖间隔长、一胎少崽、死亡率低以及寿命长等特点（图8.4）。当前和未来繁殖以及后代数量和质量的这些内在演化博弈，使上述这些生活史特征联系在一起。较早开始繁殖的动物将用于生长的能量转化到繁殖上，因此便长不大。一窝产崽少的动物能够投入更多的能量维持和延长寿命。这些相互关联的特征聚在一起便产生了一个从快到慢或从短到长的连续生活史对策。负鼠的生活史对策靠近快/短的这一端，而大象的则靠近慢/长的一端。

当前和未来繁殖之间的博弈取决于影响生存率的生态因素。

如果未来生存的前景渺茫，那么没有必要将能量留在未来繁殖。例如，经历强烈捕食压力的物种，自然选择倾向形成快/短的生活史对策。如果捕食者多，而且存活可能性低，那么个体短期内大量繁殖比延长寿命更有利，所以，自然选择将形成更快/更短的生活史对策。其他类型的生态因素也许会支持较慢/较长的生活史对策。假设动物对影响繁殖的资源有激烈竞争，体型较大的动物在竞争对抗中比体型小的要更成功。在这种情况下，体型小的动物处于竞争劣势，投入更多能量生长也许会更有益处，哪怕这样的投入延缓成熟。不同动物的生活史对策反映了不同生态压力对动物的影响。

自然选择可以改变生活史特征以应对变化的环境条件。

自然选择可以根据环境条件的变化调整生活史特征。由于生活史特征之间的关联性，选择压力作用于某个特征，也常常影响其他特征。例如，得克萨斯大学（University of Texas）的生物学家史蒂文·奥斯塔德（Steven Austad）比较了捕食对两个负鼠种群生活史压力的影响。一个种群生活在大陆上，受到多种捕食者的巨大捕食压力；另一个种群生活在一个岛屿上，几千年来几乎没有捕食者。岛上的负鼠衰老得更慢，活得更长，比生活在大陆上的负鼠每胎产崽数量少。在这个案例中，捕食压力的减小导致负鼠形成了缓慢的生命史特征。

在一些案例中，动物根据当前的生态条件调整生活史对策。在第六章我们曾介绍，当食物充足的时候，雌性猴子的性成熟时间更短，繁殖间隔也更短。这不仅是一个对食物充足的行为应对，也是一个演化而来的能力，以应对当地条件而做出的发育调整。

图8.5

果实可获取度的差异影响了加里曼丹岛和苏门答腊岛猩猩的生活史对策。

灵长类的生活史对策属于慢/长类型。

作为一个类群，灵长类倾向于延缓繁殖并长到相对大的体型，它们也有相对长的妊娠期、一胎产崽数量少、死亡率低、寿命长以及相对脑容量大等特点。但不同灵长类动物的生活史对策也存在明显差异：简鼻亚目比原猴亚目有相对更大的脑容量和更慢的生活史，大型类人猿比猴有相对更大的脑容量和更慢的生活史。

同其他的生物类群一样，生态条件也会影响灵长类的生活史对策。猩猩生活在加里曼丹岛和苏门答腊岛的热带雨林中，苏门答腊岛的土壤质量比加里曼丹岛的高，果实也更多。除此之外，苏门答腊岛的果实也很少出现暂时短缺情况。苏门答腊岛的猩猩全年主要吃果实，而加里曼丹岛东部和东北部森林的猩猩生活在果实相对出产不多的环境，要经历长时期果实匮乏，甚至要靠像树皮这样低品质的食物生活（图8.5）。杜克大学的安德莉娅·泰勒（Andrea Taylor）和苏黎世大学（University of Zürich）的卡雷尔·范·舍克提出这些条件导致加里曼丹岛的猩猩比苏门答腊岛的猩猩脑容量小且生育间隔短。

选择压力促使灵长类拥有大的脑容量

社会或生态压力也许推动了灵长类的认知演化。

大多数灵长类学家认为灵长类的大脑变大及大脑结构的重组与社会群内产

图8.6

许多灵长类生活在复杂的社会群里。狒狒组成一雄的数个单元，集合在一起组成几百个个体构成的更大社群。

生的竞争压力有关。在社群中，动物竞争食物、配偶、理毛同伴和其他有价值的资源。它们还形成了影响结盟、社会网络、获取食物等行为的社会纽带（图8.6）。一个群越大，维持社会纽带并保持关系的难度就越大。有效操控这种复杂社会的能力进而使其行为有了更大的灵活性，与学习和规划能力相关的大脑区域也得到了扩展。这个观点被称为**社会智力假说**（social intelligence hypothesis）。

另一个假说把增大的脑容量与生态压力、行为可塑性、创新以及社会学习能力关联在一起。乌德勒支大学的西蒙·里德（Simon Reader）和圣安德鲁斯大学（University of St. Andrews）的凯文·拉兰德（Kevin Laland）认为自然选择促使灵长类的大脑发生了一些改变，这些改变有助于巩固行为可塑性，使动物能得出对应新问题的解决方案，或从同类身上学习新行为（图8.7）。源于创新和社会学习的收益产生了选择压力，这一选择压力推动了与学习、计划和行为复杂性相关的大脑区域的扩大及发育。创新以及学习能力可能会提高动物处理生态挑战的能力。猴类主要吃植物，食谱中包括许多不同种的植物。它们必须判断果实的成熟度、营养价值以及食物的毒性。再者，一些灵长类严重依赖复杂技巧加工食物。例如，黑猩猩和卷尾猴吃有硬壳的坚果，必须要用石头砸开或者把坚果抵在树干上敲碎；狒狒需要挖根和块茎；指猴要从树皮底下把昆虫的幼虫取出来（图8.8）。在灵长类食谱中，这些食物富含蛋白质和能量，然而，也需要复杂的技巧来处理。

这两种关于灵长类认知能力演化的假说都得到了比较研究的部分支持。

关于复杂认知能力演化的假说均对现生灵长类的大脑结构以及认知能力的多样性做出了一些预测。例如，社会智力假说预测社会复杂性和认知复杂性之间存在相关性，而且行为复杂性假说预测创新和社会学习能力与脑容量相关。

为了检验这些假说，我们需要一个可靠的测量认知能力的方法，但这一点很难实现。这个领域的工作大多依赖于测量大脑某些区域的尺寸或是组织结构。研究人员专注于前脑，尤其是**新皮质**（neocortex）的发育，因为这是大脑尺寸和复杂度发生最根本演化改变的位置（图8.9）。另外，新

图8.7

沃尔夫冈·柯勒（Wolfgang Kohler）是最早系统研究笼养黑猩猩认知能力的科学家之一。他把一串香蕉挂在黑猩猩够不到的地方，在房间里放了几个木箱子，最后，一个名叫苏丹（Sultan）的个体设法把木箱堆起来，爬到摇摇欲坠的箱塔顶上，把香蕉抓了下来。

(a)

(b)

图8.8

灵长类有时会用工具取出食物。
如图所示：（a）黑猩猩把一根长
长的树枝戳进白蚁冢中取食白蚁；
（b）一只卷尾猴刺穿蛋壳取食里
边的内容物。

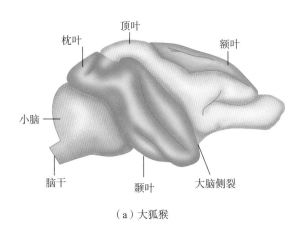
（a）大狐猴

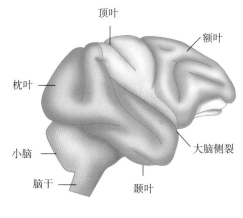
（b）猕猴

（c）人类

图8.9

（a）大狐猴，一种大型的原猴类；（b）猕猴；（c）人类。大脑有三个主要组成部分：后脑，里面含有小脑和延髓（脑干的一部分）；中脑，里面含有视神经叶（此处图中未标注）；前脑，里面包括大脑。大脑分成四个主要的叶：枕叶、顶叶、额叶和颞叶。灵长类和其他哺乳类的前脑容量得到了大幅度的扩张，脑灰质（由细胞体和突触组成）的大部分被大脑皮层包裹在小脑外面。新脑皮是大脑皮层的一个组成部分，在哺乳动物中，新脑皮覆盖了几乎整个前脑的表面。

(a)

(b)

图 8.10

黑猩猩使用工具帮助它们获得某种食物。(a)这只在坦桑尼亚贡贝溪国家公园的黑猩猩正使用一根长树枝"钓"蚂蚁。(b)一只黑猩猩使用一块大石头敲开坚果的硬壳儿。

皮质似乎是与控制解决问题和行为可塑性最有关的大脑区域。如果只看新皮质尺寸，并不能很好地衡量认知能力，因为体型较大的动物通常比体型小的动物的脑容量大（新皮质大）。因此，研究人员使用这些结果的控制测量标准。例如，罗宾·邓巴采用了**新皮质比例**（neocortex ratio），即新皮质的体积与剩余大脑体积的比例。邓巴的分析表明生活在较大群里的动物比生活在较小群里的动物的新皮质比例大。

还有证据表明行为可塑性及社会学习与脑的演化有关。里德和拉兰德对灵长类行为可塑性三个测量标准有关的文献进行了综述：（1）行为创新方面的报道，这里的行为创新被定义为对生态或社会问题的创新解决方案；（2）社会学习的例子，即从其他同伴那里获得技能和信息；（3）工具使用方面的观察。他们发现这些行为可塑性的测量标准与大脑相关区域比例密切相关［执行大脑（研究中采用的是新脑皮和纹状体）相对于脑干（研究中采用的是中脑和延髓）的大小］。执行大脑相对较大的灵长类比相对小的物种有更高的创新、学习和使用工具能力。此外，灵长类觅食行为似乎比社会行为更有可塑性。里德和拉兰德整理的创新和社会学习行为的清单中，觅食创新行为占主要地位。在这些比较分析中，社会学习和群的大小之间没有一致的关系。

需要指出的是，这两种假说不是相互排斥的。灵长类也许已经从两个方面获益：能够更有效地应对社会挑战，能够驾驭生态挑战。或者可以说，为了某一目的而演化的认知能力也可适用于其他环境。

大型类人猿的情形与社会智力假说不太相符。

猿类的相对脑容量比猴类的大，但是它们生活的群却比许多猴类的小，而且猩猩大多是独居。这明显不符合社会智力假说的设定。

理查德·布莱恩（Richard Byrne）指出大型类人猿比其他灵长类使用更复杂的觅食技巧，使得它们能够吃一些其他灵长类不能处理的食物。例如，山地大猩猩赖以生存的植物几乎都有刺或者有带钩子的硬壳儿包裹。它们取食每一种食物都需要一个特定的程序，需要一系列特定步骤。猩猩吃的许多食物同样也难以加工处理。

　　大型类人猿只有使用工具才能获得某些食物。黑猩猩把树枝戳到白蚁冢和蚂蚁堆中，把树叶当海绵沾取深洞中的水，用石头做锤子砸开硬壳儿的坚果（图8.10）。苏门答腊猩猩使用棍子探寻昆虫，以及把种子从果实外壳里撬出来吃。

灵长类个体之间彼此知多少？

　　尽管我们不了解哪种自然选择压力促使灵长类形成大的脑容量和缓慢的生活史，但是我们知道灵长类非常了解其群中的其他成员。灵长类最突出的特点就是极高的社会性。个体向新生儿打招呼，认真地审视它（图8.11）。发情期间，其他雄猴会来嗅嗅成年雌性，审视它的外表。打斗时，群里其他成员专注地观望。正如我们前几章看到的，灵长类相当了解自己和群里其他成员之间的关系。大量证据表明灵长类也对同群中其他个体的相互关系有一些本质的了解，这个关系可称为**第三方关系**（third-party relationships）。灵长类掌握的社会关系知识也许能够使它们形成有效的联盟、有效竞争并操控其他的群成员以凸显自己的优势。

灵长类对于群中其他成员之间的亲缘关系也有所了解。

　　在肯尼亚的安博塞利国家公园，多萝西·切尼和罗伯特·塞法思针对绿猴开展了一个录音重放的实验，实验结果显示绿猴能够理解其他个体的亲缘关系。研究人员将扬声器藏在暗处，播放一只青少年绿猴的尖叫录音给几只雌性绿猴听。听到播放的叫声时，这个青少年的妈妈盯着扬声器方向的时间比其他雌性长。然而，甚至在妈妈做出反应之前，其附近的其他雌性直接看着这只青少年的妈妈。这种反应表明其他雌性理解这只青少年属于那个妈妈，而且，它们意识到在母亲和它的后代之间存在一种特殊的关系。

图8.11

在许多灵长类中，所有群成员都对婴儿很感兴趣。如图所示，录音重放的实验、实验室实验以及自然观察的证据表明灵长类对群成员间的关系有所了解。

图8.12

生活在复杂社会群中也许是促使灵长类脑容量变大以及智商变高的选择压力。

　　灵长类也许也对亲缘关系有更多的了解（图8.12）。这个观点的证据依然来自于切尼和塞法思对绿猴的研究。当个体受到威胁或者攻击，它们通常的反应是威胁或者攻击最初没有卷入事件的一个低等级个体，这个现象称为**转向攻击**（redirected aggression）。绿猴选择性地朝施暴者的母系亲缘个体转向攻击。于是，如果雌性A威胁雌性B，那么雌性B威胁AA，AA是A的近亲。如果只是发脾气或者发泄一下暴力，它们会随意选择一个目标。因此，绿猴似乎知道某些个体以某种方式相互关联。

灵长类也许能够理解其他个体间的等级关系。

　　因为亲缘和等级关系是大多数灵长类的群体组织原则，它们是否还能理解第三方的等级关系是个有意思的问题。这个问题的直接证据大多来自于塞法思、切尼和他们的同事们在博茨瓦纳的奥卡万戈三角洲的研究，过去15年来他们在那里对一群狒狒进行了两个录音重放的实验。在这个群里，等级关系很稳定，雌性从来不向等级低的雌性妥协。

　　在塞法思和切尼设计的一个实验中，研究人员先放一只雌性发出的咕噜声，紧接着再放另一只雌性发出投降吼叫的录音给雌性们听，雌性狒狒听到高等级雌性以投降回应低等级雌性时的反应强烈，而进行相反的回放则不会引起雌性们过度反应。说明，当雌性听到的发声与它们所了解的其他雌性等级关系不符合时，会更加留意。对照实验排除了其他的干扰因素。这个实验表明雌性了解群中其他雌性的等级关系，而且对异常次序叫声尤其感兴趣。

　　在另一个实验中，托雷·伯格曼和杰西塔·比纳与塞法思和切尼合作调查群里母系等级关系的本质。使用相同的基本实验流程，研究人员播放几个次序的录音，模拟血缘世系内部和血缘世系之间的等级逆转。当年轻的雌性狒狒成熟后，其等级会上升，并超过姐姐和其他雌性亲属。因此，在同一世系内雌性相对等级的改变是一种正常的获得等级的进程。然而，在没有血缘关系的雌性之间很少有等级改变。狒狒对世系间的等级逆转的反应刺激比世系内部等级逆转的反应刺激要强烈得多。再一次，研究人员们谨慎调整了如等级距离等干扰变量。结果表明雌性理解其他雌性的相对等级，而且，它们理解世系内部的等级关系变化与世系间的等级关系变化不一样。

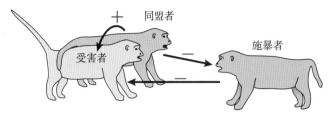

图8.13

图8.13

复杂适合度计算也许涉及是否加入结盟的决定。帮助受害者对抗施暴者，同盟者增加了受害者的适合度，减少了施暴者的适合度。

参加结盟也许需要复杂的认知能力。

哪怕是最简单的结盟都是一个复杂的互动。当形成联盟，至少有三个个体卷入，而且同时进行几种不同类型的互动（图8.13）。考虑一下一只个体（施暴者）攻击另一只（受害者）的情形。受害者接着请求第三方（同盟者）的支持，同盟者介入，代表受害者对抗施暴者。同盟者对受害者施行了利他行为，以牺牲自己部分利益为代价而为受害者提供支持。然而，同盟者朝施暴者发出暴力行为，会对施暴者施加损害或损失。因此，同盟者同时对受害者有积极影响，而对施暴者有消极影响。在这些情形下，有关是否介入某个争端的决定也许非常复杂。假设一只雌性目睹了它的两个孩子之间的争端。它应该介入吗？如果它介入，它应该帮助哪个孩子？当雄性帽猴加入一个更高等级的雄性，对抗一只曾经支持它的雄性，它应该如何做？在上述每个例子中，同盟者必须平衡对受害者的益处和对手的损失，以及自己的代价（图8.14）。

联盟是很复杂的事情，灵长类需要具有第三方关系的认知能力，因为这个能力使得个体能够预测其他成员会如何行动。因此，理解第三方关系的动物就可能预测出谁将支持它们，在对抗某些特定对手的战斗中，谁将介入反对它们，而且它们还有可能分辨可以联合哪些潜在同盟者，对抗它们的对手。

加州大学洛杉矶分校的苏珊·佩里和同事们对卷尾猴在联盟中使用第三方信息的情况进行了研究。他们的研究揭示卷尾猴结成联盟时遵循三个基本原则：（1）支持雌性对抗雄性，（2）支持高等级对抗下属，（3）支持亲密伙伴对抗其他个体。如果卷尾猴理解这些规则，尤其是最后一条，那它们就不会招募支持来对抗高地位的对手，或者不会向与对手有更亲密关系的雄性寻求帮助。它们确实是这样做的。它们坚持这些原则的能力表明它们理解在其他群成员中的关系本质。

（a）

（b）

图8.14

灵长类结成的联盟比大多数其他动物的更加复杂。（a）在一个帽猴人工饲养群中，对立小集团的成员们相互对抗。（b）两只卷尾猴联手威胁照片中看不到的第三只个体。

图8.15

在门泽尔的实验中，如图所示，一位研究人员给一只年轻黑猩猩看食物藏在黑猩猩围场的一个地方。然后，这只黑猩猩就回到了群里其他成员中，接着，整个群被放到了围场里。这只年轻的黑猩猩常常带领整个群回到藏食物的地点，但是也学会转移群的注意力，以便它能在其他黑猩猩发现隐藏的食物前拿到一点。

我们越来越发现猴子和猿类可以揣测他者心思。

灵长类似乎很擅长预测在特定环境下其他动物的举动。例如，我们已经看到绿猴在联盟中为支持它们的个体理毛，带着新生婴儿的雌性叶猴会害怕群中新的主雄，狒狒看到高等级个体向低等级个体屈服行为时会有吃惊表情，卷尾猴不会向与对手有更亲密关系的个体求助。这些例子表明灵长类能预测他者将做什么，并根据情况调整它们自己的行为。

预测其他个体的行为似乎并不是很了不起。毕竟我们知道许多动物擅长学习将一个事件与另一个事件关联起来。在实验室里，老鼠、鸽子、猴子以及许多其他动物都能学会拉杠杆、按按钮或者啄一个按键获取食物。这些都是联想学习的例子，即寻求一个事件与另一个事件之间的关联。灵长类能预测其他个体下一步反应的能力也许基于复杂的联想学习能力、对过去事件惊人的记忆力，以及对一些亲缘和等级高低等概念的理解。另一方面，灵长类预测其他个体将采取什么行动的能力还有可能是基于它们对他者思想状态的揣测，即心理学家所说的**心智理论**（theory of mind）。

灵长类是否依赖联想来预测他者将做什么，或者它们是否具有完善的心智理论，这似乎并不重要。然而，在处理某些问题时，它们必须要理解别的动物头脑里想的是什么才能完成。例如，一些研究人员认为有效欺骗是巧妙地处理或者利用他者想法的能力。20世纪60年代，如今已故的埃米尔·门泽尔（Emil Menzel）开展了一系列具有划时代意义的实验，这些实验检验的是黑猩猩找到并交流藏匿东西位置的能力（图8.15）。在实验中，门泽尔给一只黑猩猩看食物被藏在哪里，接着把这只了解情况的黑猩猩和它的同伴们放到它们的饲养场里，这个群很快知道要追随这只知情的同伴，但是，这只知情的黑猩猩同样立刻知道如果它带领其他黑猩猩去到藏食物的地点，它就分不到多少了。门泽尔注意到这只知情的黑猩猩有时领着同伴们朝错误的方向走，接着，甩开它们，抢占了藏匿的宝贵食物。知情的黑猩猩是如何想出这个策略的？它也许已经明白它了解的情况与它的群成员了解的情况不同，接着想出了一个方法有效地利用这个知情的差距。如果这是它的所为，那么我们可以下结论说它有完备的心智理论。

尽管一些研究人员表示欺骗并不依赖心智理论，不过可以肯定的是，心智理论是更加复杂和成功欺骗的基础。与此类似，假装的能力、移情、换位思考、揣测他者心思、安慰、模仿以及教学等都依赖于理解他者知道什么或者它们感受如何。这些能力人类都会，但是其他灵长类是否会这样还不清楚。

很难确定非人灵长类对其他个体的想法了解多少，然而，灵长类学家们已经在这个领域取得一些进展。

如何评估个体在竞争环境下利用自身知识和他人知识差异的能力非常重要，

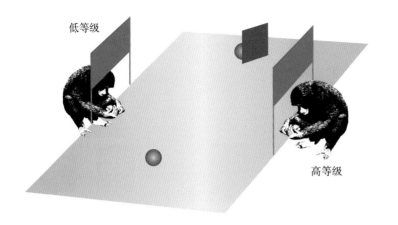

图 8.16

在这个实验中，一份食物藏在一个障碍物后面，因此，只有低等级动物可以看到，另一份食物放在高等级动物一目了然的地方。当高等级在场的时候，低等级不大有可能去取食物。所以，如果低等级动物知道高等级能看到什么，它会去拿高等级动物看不到的食物。这正是黑猩猩大多数情况下做出的行为。

对此，杜克大学的布莱恩·黑尔（Bryan Hare）以及德国马普人类演化研究所的约瑟夫·卡尔（Josep Call）和迈克·托马赛洛（Michael Tomasello）设计了一个实验方案。在实验中，他们把高等级黑猩猩和低等级黑猩猩配对，如图 8.16 所示。实验利用这样一个事实：高等级黑猩猩在场，低等级黑猩猩无法获得食物。图中，低等级黑猩猩能看到两块食物，但是高等级黑猩猩只能看到一块，另一块食物藏在一个障碍物后面。黑尔和他的同事们预测如果低等级黑猩猩知道高等级的情况，它会朝高等级个体看不到的食物那个方向行动，希望吃到藏着的食物，而让高等级黑猩猩独占另一块食物。低等级黑猩猩就是这么做的。所以，黑猩猩似乎明白别的个体知道什么。

耶鲁大学的萝莉·桑托斯（Laurie Santos）和她的同事们运用同样的推理，对卡奥圣地亚哥岛（Cayo Santiago）上的半野生恒河猴做了实验。在这些实验中，猴子有机会从两个实验人员那里"偷"食物。在其中一个实验中，一位实验人员面对猴子，另一位面朝别处，猴子们更倾向于靠近面朝别处的实验人员，而不是面朝自己的实验人员。在别的实验中，猴子们选择性地接近面部朝向别的方向的实验人员，以及眼睛移开的实验人员（图 8.17）。在另一个实验中，桑托斯在两个

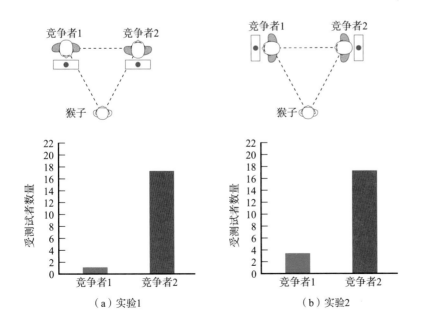

（a）实验1　　　　　（b）实验2

图 8.17

在这一实验中，给猴子们提供了两位拿着食物的人类竞争者，猴子可以悄悄地把食物偷走。图表显示，猴子更倾向于接近眼睛不看它们的人，而不是面朝它们的人；它们更倾向于接近眼睛没有看着食物的人而不是眼睛看着食物的人。这表明猴子知道他者能够以及不能看到的东西。

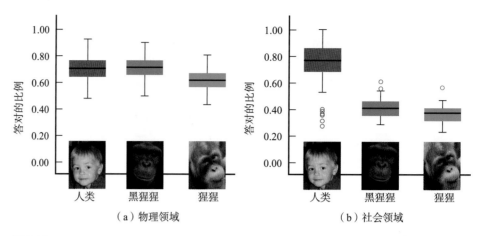

图8.18

给人类的小孩子和猿类同样的任务，这组任务检查各自的物理认知和社会认知。以物理认知为基础的任务，人类的小孩子和猿没有差别，但是，在以社会认知为基础的任务中，人类的小孩子比猿要成功得多。

透明的盒子里放了食物奖励，盒子上面放着铃铛。在一个盒子里，铃铛的响铃被取掉了。也就是说两个盒子一个会响一个不会响。实验人员在盒子里放上食物诱饵，摇摇盒子，并示范一下盒子发出声响的质量，接着走开并把脸藏起来。猴子们对不响的盒子表现出强烈的偏好，表明它们知道测试人员可以听到。桑托斯和她的同事们提出，在这些竞争环境中，恒河猴能准确地察觉他者可以看到和听到东西。

人类的社会认知比猿的要更加复杂。

尽管非人灵长类能够解决许多复杂的认知任务，人类和其他灵长类的认知技巧之间依然存在许多不同。这些不同大都凸显在涉及社会学习、交流和对他者心思的了解等方面。在一个综合性的猿类认知比较研究中，马普人类演化研究所的以斯帖·赫曼（Esther Herrmann）和她的同事们评估了105个2岁人类婴儿在一组认知实验中的表现，并与各个年龄段的106只黑猩猩和32只猩猩的同样实验的表现进行了比较。一些实验任务关注的是受试个体对物理世界的认知，比如追踪奖品被移动后的位置或者借助工具拿到不好直接拿到的奖品。另外一些实验任务则关注的是社会认知能力，比如观察一个解决方案的演示，或者追踪凝视一个目标之后，解决一个新问题。涉及物理认知的任务，孩子们的表现和猿的表现几乎没有什么差别（图8.18）。然而，在社会认知领域有较大差别。在需要社会学习、交流和揣测他者心思的任务中，人类婴儿明显比黑猩猩和猩猩表现得成功得多。赫曼和她的同事们据此推测人类有"演化而来的一些特有社会认知技能（即超过非人灵长类），用以在文化群体中生存以及交换知识，例如：和他人交流，向他人学习，以及以非常复杂的方式读懂他人的想法"。在本书的第四部分，当我们讨论人类文化能力演化时还会继续探讨这个话题。

研究灵长类行为的价值

在第二部分的结尾，再次提醒各位为什么灵长类行为和生态学在理解人类演化起源中起着不可或缺的作用。首先，人类是灵长类，人属早期成员也许与现存的非人灵长类的相似度比地球上其他任何动物都要接近。因此，通过研究现存灵长类我们能了解我们祖先的某些生活状态。其次，人类与其他灵长类联系紧密，而且与它们在许多方面很相似。如果我们理解演化如何塑造与我们相似的非人灵长类的行为，我们也许能更好了解我们自己的行为和祖先行为的演化模式。在本书第三部分，我们将明确阐述这两种推理。

关键术语

社会智力假说

加工类食物

新皮质

新皮质比例

第三方关系

转向攻击

心智理论

学与思

1.在动物中，大脑容量和寿命之间呈正比。对于这一关系的一种解释是较长的寿命是大脑容量演化的驱动力。另一种解释是选择更大脑容量是更长寿命演化的驱动力。请解释这两种解释中哪个更有可能是正确的。为什么？

2.我们已经讨论过自然选择是引发适应性改变的有力引擎。如果的确如此，那么为什么生命体会变老、死亡？为什么自然选择不能把生命体设计成永生的呢？

3.生活史特征趋于以特定的方式绑定在一起。解释为什么这些特征结合在一起，为什么我们在自然界中会看到这些种类的组合。

4.灵长类从快/短生活史对策的小体型食虫动物演化而来。哪些生态因素导致了早期灵长类、猴和猿的生活史对策向慢/长转变？

5.与其他动物相比较，灵长类成熟的过程相对较长。从幼年个体和它妈妈的角度出发，考虑一下这种生活史模式的得与失。

6.从灵长类大脑的构造和脑容量大小的比较研究中，我们可以对塑造灵长类大脑演化的选择因素了解到哪些信息？这类分析的缺点是什么？

7.猴子在应对日常生活中复杂社会环境方面非常有技巧，它们似乎知道在特定环境中，他者会做什么，并能够采取恰当的应对措施。然而，猴子不断在实验室的心智理论测试中失败，我们如何理解这两种观察结果？

8.猴类似乎有某些亲缘概念，哪些证据支撑这种观点？猴类的亲缘关系在种内和种间有哪些差异？

9.假如你在研究一群猴子，你发现令人信服的共情或者欺骗的证据。这些数据为什么会令你的同事们吃惊，又是如何让他们感到吃惊？

10.详细的结盟行为研究为灵长类的认知能力提供了重要的信息来源。解释为什么结盟是社会知识的有用信息来源。我们能从结盟模式中对于猿猴对其他群成员有多少了解这一问题有多少认识？

延伸阅读

Byrne, R.W. and A. Whiten, eds. 1988. *Machiavellian Intelligence: Social Expertise and the Evolution of Intellect in Monkeys, Apes, and Humans*. New York: Oxford University Press.

Cheney, D. L. and R.M. Seyfarth. 2007. *Baboon Metaphysics: The Evolution of Social Mind*. Chicago: University of Chicago Press.

Mitani, J.,J. Call, P.Kappeler, R. Palombit, and J.B. Silk, eds. 2012. *The Evolution of Primate Societies*. Chicago: University of Chicago Press.

Reader, S. M. and K. N. Laland. 2002. "Social Intelligence Innovation, and Enhanced Brain Size in Primates." *Proceedings of the National Academy of Sciences U.S.A.* 994436-4441.

Whiten, A. W. and R. W. Byren, eds. 1997. *Machiavellian Intelligence II: Extensions and Evaluations*. New York: Cambridge University Press.

第三部分

人类谱系的历史

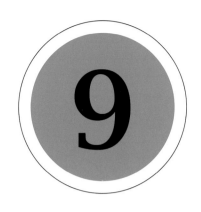

本章目标

本章结束后你应该能够掌握

- 解释大陆位置以及世界气候的重大改变如何影响了灵长类演化的过程。

- 了解古生物学家如何确立化石的年代。

- 描述我们对最早的灵长类谱系成员有多少了解。

- 了解类人猿的化石记录于何时何地首次出现。

- 了解猿类曾经一度在非洲和亚洲的热带森林兴旺发达，但大多数种随着气候改变而灭绝了。

第九章　从树鼩到猿

大陆漂移和气候变化	早期灵长类的演化
古生物学的研究方法	最早的简鼻亚目
	人科动物的出现

　　在二叠纪和三叠纪早期（表9.1），世界动物区系大部分被兽孔目动物统领，兽孔目动物是一类特殊的源于爬行类的动物，拥有诸如恒温、被有毛发的特征（图9.1），这些特征把它们与后来演化出来的哺乳类动物联系在一起。三叠纪末期，大多数兽孔目动物消失，恐龙通过适应辐射填补了所有大型陆生动物的位置。然而，有一个兽孔目支系，演化成了第一批真正的哺乳动物。这些早期的哺乳类有可能只有老鼠那么大小，夜行性，主要吃种子和昆虫，它们体内受精，但是依然产卵。到中生代末期为止，即6500万年前，从这类动物中演化出了胎生和有袋类哺乳动物。新生代伊始，随着恐龙灭绝，哺乳动物开始兴旺，通过适应辐射在地球上实现了扩张。马、蝙蝠、鲸、大象、狮子和灵长类等所有这些现存哺乳动物，都是从类似于鼩鼱的动物演化而来（图9.2）。

表9.1　地质年代表

代/Era	纪/Period	Epoch/世	距今（百万年）	主要事件
新生代	第四纪	全新世	0.012	出现了农业和复杂社会
		更新世	1.8	智人出现
	第三纪	上新世	5	
		中新世	23	
		渐新世	34	被子植物、哺乳动物、鸟类以及昆虫统治地球
		始新世	54	
		古新世	65	
中生代	白垩纪		136	被子植物崛起，恐龙开始灭绝，昆虫的第二次大爆发
	侏罗纪		190	恐龙兴盛，鸟类开始出现
	三叠纪		225	最早的哺乳动物和恐龙开始出现
古生代	二叠纪		280	爬行动物兴盛，两栖动物衰落，三叶虫的末期
	石炭纪		345	两栖动物兴盛，爬行动物出现，昆虫的第一次大爆发
	泥盆纪		395	鱼类兴盛，两栖动物和昆虫开始出现
	志留纪		430	少数节肢动物开始登陆
	奥陶纪		500	首次出现脊椎动物
	寒武纪		570	海洋无脊椎动物兴盛
前寒武纪				原始海洋生物

　　要对人类演化有个完整的理解，我们需要知道从类似鼩鼱的动物变成现代人类，这个转变是如何发生的。根据达尔文的理论，复杂适应性变化是逐渐积累的，有许多小的步骤，每一个步骤都受到自然选择的支持。现代人类有许多复杂的适应特征，比如灵活抓握的手、**双足直立行走**（bipedal）、制造工具的能力、语言和大规模合作。要透彻地理解人类演化，我们不得不考虑这个漫长过程中的每一个步骤，这个过程把从穿梭在黑暗白垩纪森林落叶底层小小的、孤独的、类似鼩鼱的食虫动物，转变为像我们这样的动物。此外，我们不能只记录这个转变中的每个步骤，还需要理解为什么每一个步骤都受到自然选择的支持。例如，我们想知道：为什么爪子变成了平的指甲？为什么四足行走让步给了直立行走？为什么脑容量大大增加？

　　在这部分，我们将追溯人类的历史。在本章的一开始我们将描述类似于现代狐猴、眼镜猴等动物的出现，接着便介绍看起来更像现代猴类的动物的出现，最后，我们将梳理类似现代猿类的动物的起源。在稍后的章节里，我们会介绍从

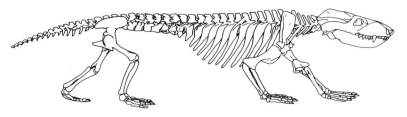

（a）　　　　　　　　　　　　　　　　　　　　　　　　（b）

图9.1

大约2.5亿年前，恐龙还未兴盛，兽孔目动物横霸地球。兽孔目是爬行动物，但是它们有可能是恒温动物，而且，它们长毛发而不是鳞片。（a）为兽孔目三叉棕榈龙（*Thrinaxodon*）的骨架，（b）为其复原图，大约30厘米长，长着宽阔的适合肉食性的牙齿。

人科到古人类的转变。从人族最初成员古人类开始，接着讲述人属（*Homo*）的成员，最后再介绍我们自己，即智人（*Homo sapiens*）。尽管我们更了解最近的历史，但是我们一直在努力对遥远过去的每一个步骤有更多的了解。然而，我们将看到，还有许多遗留问题需要我们去发现，去理解。

大陆漂移和气候变化

图9.2

最初的哺乳动物也许和现代的北树鼩很像。

　　要理解人类自身的演化，一定要了解演化改变发生时的地质、气候和生物条件。

　　当我们思考现代人类的演化，我们通常绘制的图景是早期人类在长着零星金合欢树的开阔草原上流浪，如同非洲野生动物纪录片里美得令人窒息的景色一样。当我们把时间轴调到几百万年前，出现的生物变了，但是背景幕布不变。然而，这个场景是有误导的，因为这个场景应该随着出演的角色登场而改变（图9.3）。

　　我们必须时刻保持这一认识，因为这会改变我们对化石记录的解读。演化会促成适应性改变，但一些特征在某个环境具有适应性，在另一个环境中可能不具备适应性。如果环境在人类演化过程中保持不变，那么在人类化石里观察到的演化特点（诸如脑容量增大，双足直立行走，青少年独立期延后）可以被视作人类适应性完善过程中的稳定进步：演化也许会朝着一个固定的目标推进。但是，如果环境在时间进程中改变，那么演化就要追踪一个移动的目标。在这样的情境下，在化石中看到的新特点就不一定代表一个单一方向的进步。相反，这些改变也许是应对环境条件改变的适应性改变。我们已经了解，在过去的2000万年里，地球变得又冷又

图9.3

现在东非的稀树草原看起来是这个样子。但在过去景象有可能大不相同。

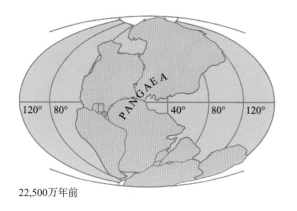

22,500万年前

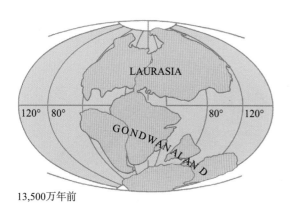

13,500万年前

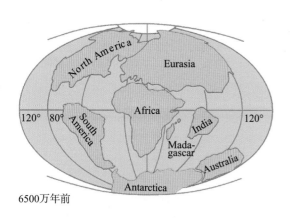

6500万年前

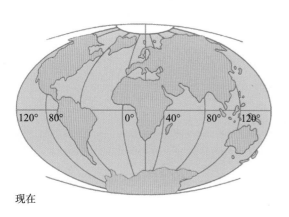

现在

图9.4

在过去1.8亿年间大陆的格局发生了相当大的改变。

干燥，并且在过去的80万年里气候极其多变，这些变化有可能影响人类演化的进程。如果在这期间世界变得更暖而不是更冷，那么我们的祖先也许还留在树上的安乐窝里，就不会变成陆生或者双足直立。我们也许是这个星球上的攀岩者，而不是马拉松运动员。

各个大陆板块的相对位置以及相对于两极的位置已经改变。

在过去2亿年间，世界改变了很多。造成这些改变的因素之一就是大陆位置移动，或者称为**大陆漂移**（continental drift）。大陆不是在一个位置上固定的，构成大陆的巨大的、相对轻的大陆岩石板块慢慢地在地球上移动，漂在形成深洋底的密度更大的岩石上面。大约2亿年前，组成现在大陆的土地是连在一起完整的一块，这个庞大的大陆叫作**盘古大陆或泛大陆**（pangaea）。大约1.5亿年前，盘古大陆开始分裂成几个分隔的板块（图9.4）。北边的那半叫作**劳亚古陆**（Laurasia），包括现在的北美和除去印度的欧亚大陆；南边的一半为**冈瓦纳古陆**（Gondwanaland），由其他板块构成。到6500万年前恐龙灭绝为止，冈瓦纳古陆分裂成了几块更小的板块。非洲和印度分离了，印度往北移动，最后撞进了欧亚大陆，冈瓦纳古陆剩下的部分留在了南边。最终，冈瓦纳古陆分裂成了南美洲、南极洲和大洋洲，而且，这些大陆彼此相隔独立几百万年。直到大约500万年前南美洲才往北漂移和北美洲连在一起。

大陆漂移对人类历史很重要，原因有二：其一，海洋是把一些物种和另一些分隔开的屏障，所以，大陆的位置在物种演化中起到重要作用。南美洲长期的分离造成了我们对灵长类演化的知识中最大谜团之一。其二，大陆漂移是气候变化的引擎之一，而气候变化对人类演化有根本影响。

过去6500万年期间，气候发生了很多变化，先是变得更温暖而稳定，接着又变寒冷，最后温度明显波动。

大陆的面积和方向对气候有重要影响。面积很大的大陆，气候更加严酷，这就是尽管伦敦地理位置更靠北，但是芝加哥的冬天比伦敦冷的原因。盘古大陆曾经比亚洲大得多，而且，有可能曾经冬天非常严寒。当大陆影响从热带到两极的水循环时，世界气候似乎变得更冷了。这些改变，和一些其他因素，导致了根本的气候变化。图9.5总结了新生代期间全球气温的改变。知识点9.1解释了气候学家如何重构古代气候。

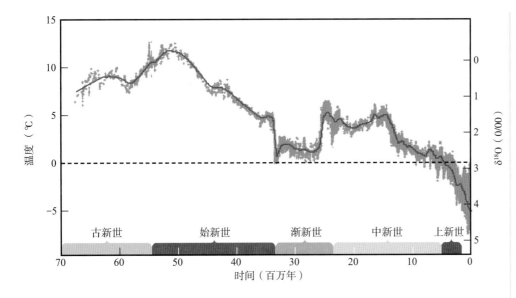

图9.5

灰色的点是基于从深海沉积物岩芯提取物的 ^{16}O 比 ^{18}O 比率估算的世界气温平均值。红线为平均值的平滑拟合线。红线周围的灰色区域代表了测量误差以及每百万年内的波动。我们将在图12.3中看到，过去几百万年里世界气温波动明显，有些气温水平只持续了几个世纪。

这些温度改变意味着什么？以下这个例子可以告诉我们一些答案：在第三纪中新世早期达到温暖峰值期间，油棕树生长区域可以北至现在的阿拉斯加，丰富的温带森林（像今天美国的森林）一直向北延伸到了挪威的奥斯陆，只有南极洲的最高峰被冰雪覆盖。

古生物学的研究方法

我们对生命史的了解大部分来自对化石的研究。

在一定的地质条件下，死去生命体的骨骼会被长久地保存下来，之后骨头里的有机物会被周围岩石里的矿物质取代，这个过程称作**矿化**（mineralized）。这类天然的骨骼复制品被称为**化石**（fossils）。**古生物学家**（paleontologists）的主要工作便是恢复、描述并解读化石残骸。

我们所了解的人类演化历史的知识大多来自于化石研究。研究不同骨头的形状可以告诉我们古人类是什么样子，比如他们体型多大，吃什么，住在哪里，如何移动，甚至他们如何生活等。运用第四章介绍的系统学方法，我们还可以从这些材料中了解更多和早已灭绝生物有关的分类历史。通过与我们祖先化石同时代的其他动植物化石，我们可以推测当时的环境——是否有森林覆盖或是空旷，降水量是多少，以及降水是否有季节性等。

有几种放射性测量方法可以估算化石的年代。

为了把某个化石放到系统发育树的特定位置，我们必须知道它年代有多久远。在稍后的章节里，我们将看到，我们给特定的标本定的年代会严重影响我们对某些演化支系或特征演化史的理解。

放射性测量方法（radiometric method）是给化石定年代的最重要方法之一。

知识点 9.1   使用深海芯重构古代气候

大约50年前，海洋学家发起了一个从深海（海平面下大约6000米）海床沉积物上提取长岩芯的项目。从这些岩芯得来的数据已经使科学家重构出更加详细而准确的古代气候。图9.6展示的是来自深海岩芯不同层中两种氧同位素 ^{16}O 和 ^{18}O 的比率。由于过去6500万年间，不同层的岩芯在不同时间分别沉积下来，而且一直处于几乎不被干扰的状态，通过对其中氧同位素的测定，我们便可以了解各层沉积时的海洋中 ^{16}O 和 ^{18}O 的情况。

我们可以通过 ^{16}O 和 ^{18}O 的比率估算过去海洋的温度。含有轻一些氧同位素 ^{16}O 的水分子，比含有重一些的同位素 ^{18}O 的水分子更容易蒸发。雪和雨比大海凝聚更多的 ^{16}O，因为云里的水是从海洋蒸发而来。当世界足够温暖时，高纬度地区几乎没有冰川形成，落到地上的降水回到大海，这两种氧同位素的比率保持不变（图9.6a）。然而，当世界变冷，落到高纬度地区的雪大部分储存在巨大的大陆冰川里，就像现在在覆盖南极洲的冰川一样（图9.6b）。因为锁在冰川里的水比海洋含有更多的 ^{16}O，海洋里的 ^{18}O 比例增加。因此，当世界寒冷，海水里凝聚的 ^{18}O 增加，当世界温暖，它就下降。这意味着科学家通过测量深海芯的不同层里 ^{16}O 和 ^{18}O 的比率，可以估算出过去海洋的温度。

图9.6

因为从海洋蒸发的水蒸气中含有丰富的 ^{16}O，因此降水也一样。（a）当世界温暖时，水迅速流回大海，海水中凝聚的 ^{16}O 不变。（b）当世界寒冷时，大部分降水以冰川的形式留在陆地上，所以，海洋里的 ^{16}O 就少了。

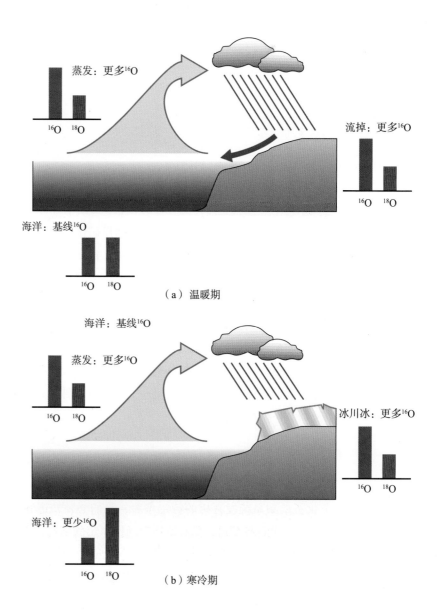

蒸发：更多 ^{16}O
流掉：更多 ^{16}O
^{16}O ^{18}O
^{16}O ^{18}O
海洋：基线 ^{16}O
^{16}O ^{18}O
（a）温暖期

海洋：基线 ^{16}O
蒸发：更多 ^{16}O
冰川冰：更多 ^{16}O
^{16}O ^{18}O
^{16}O ^{18}O
海洋：更少 ^{16}O
^{16}O ^{18}O
（b）寒冷期

要理解放射性技术如何发挥作用，我们需要复习一下化学。某个特定元素的所有原子在原子核中都有同样数量的质子。例如，所有碳原子有6个质子。然而，某特定元素的不同**同位素**（isotope）在其原子核里的中子数量不同。碳元素最常见的同位素是碳–12，有6个中子，而碳–14则有8个中子。放射性测量方法的基础是某些成分的同位素是不稳定的。这意味着它们会从一个同位素自发地变成同一元素的另一个同位素或者变成另一个完全不同的元素。例如，碳–14会变成氮–14，钾–40会自发地变成氩–40。对于任何一个特定的同位素，这样的改变（或者**放射性衰变**，radioactive decay）一直在以恒定的速率发生，可以在实验室里进行精确测算。下面介绍几种不同的放射性测量方法。

1.**钾–氩测年法**（potassium-argon dating）：这种方法用来测定与化石材料有关的火山岩的年代。熔岩火山喷发出来后温度很高，其中包含的氩都会因高温从火山岩里释放出来。在这之后，火山岩里存在的任何氩一定都是因为钾的衰变。因为衰变的速率恒定，通过计算钾与氩的比率便可以确定火山岩的年代。如果化石是在某个**地质层**（stratum，复数是*strata*）里被发现的，而这个地质层又在含有火山岩的地质层之下，古生物学家便可以确认该化石的年代比火山岩久远。这种技术还有一种新的变体，即氩–氩（argon-argon）测年法。在使用氩–氩测年法测定之前，需要将样本里的钾–39用中子束变成氩–39，这样可以使得测定单块岩石结晶的年代更加准确。

2.**碳–14测年法**（carbon-14 dating）或称作放射碳定年法（radiocarbon dating）基于活的动植物体内细胞中的一种不稳定碳的同位素。只要生命体活着，不稳定同位素（碳–14）和稳定同位素（碳–12）的比率与这两个同位素在大气中的比率便相同。一旦动物死亡，碳–14开始以持续的速率衰变成氮–14。通过测定这些元素的比率，古生物学家能估算出一个生命体已死去多久。

3.**热释光测年法**（thermoluminescence dating）基于高能核粒子穿透岩石的影响。这些粒子来自于岩石里面和周围的放射性材料的衰变，也来自外太空轰击地球的宇宙射线。当它们穿过岩石时，这些粒子把电子从原子中赶出来，并被困在岩石晶体里的某个地方。这些被困住的电子并不稳定，在加热岩石时会脱困并接着被它们各自的原子重新捕获——这个过程会发光。考古人员经常在古代人类的露营点发现燧石。通过在实验室中加热燧石，并测量它放出光的量，便可以估算这些燧石中锁住的电子数量。如果知道通过该位置的高能粒子的密度，科学家们便能够估算自从燧石被敲击取火后，经历了多长时间。

4.**电子自旋共振测年法**（electron-spin-resonance dating）根据被困电子的存在，用于确定**磷灰石晶体**（apatite crystals）的年代。磷灰石晶体是牙釉质中的一种非有机物。磷灰石随着牙齿生长而形成，最初里面没有电子。这些晶体保存在牙齿化石中，像敲击过的燧石一样，受到高能粒子流的轰击释放出电子并困在晶体的晶格中。科学家将牙齿放置于可变磁场中便可估算被困电子的数量，这个技术被称为"电子自旋共振"。要估算牙齿的形成年代，古生物学家还需要测量发现牙齿位置的辐射流。

5.**铀–铅测年法**（uranium-lead dating）长期以来被地质学家用于测定在火成岩里发现的锆结晶。这种方法的根据是铀衰变会产生一系列不稳定元素，但是最终产生的是铅的一个稳定同位素。通过测量铀和铅的比率，结晶形成的日期就能够估算出来。这个方法还可以用来测定洞穴堆积物，如钟乳石、石笋以及溶洞里沉淀而成的流石的年代。由于南非缺少钾-氩测年法所必需的火山岩，所以铀-铅测年法被用于测定南非古人类遗址的年代。

不同放射性技术用于不同时期。基于非常缓慢的同位素衰变的方法，例如，钾-40，适用于测定远古化石。但这一方法对年代近的化石不能使用，因为误差很大。由于这个原因，钾-氩测年法通常不能用于测定少于50万年的样本。相反，衰变快的同位素，如碳-14，只适用于年代近的化石测定，因为所有的不稳定同位素会在相对短的时间内衰变。碳-14可以用于4万年以内的年代测定。热释光测年法的发展和电子自旋共振测年法可以适用于碳-14和钾-氩测年法无法使用的情形。

绝对放射性测年法可以配合基于地磁反转以及与其他化石比较等相对年代测定法使用。

有两个原因会导致放射性测年法存在问题。首先，某个特定地点也许并不总包含适合放射性测定的物质。其次，放射性方法的误差相对较大。这些缺点导致科学家用其他的相对测定方法来加以弥补。

其中一种相对测量方法基于一个比较令人吃惊的事实：地球磁场每隔一段时间就会自行逆转。也就是说，现在指向北的指南针，在过去的不同时间会指向南。地磁反转的模式不是在时间进程中一成不变，所以，对于任何给定的时间段其模式都是特定的。但在一个给定时间里，其模式在全球范围内都是相同的。我们知道这个模式，是因为某些岩石在形成时记录了当时地球磁场的方向。因此，通过将某个地点的地磁逆转模式与来自于世界其他地方的按时间排列的逆转模式进行匹配，科学家便能确定这个地点的相对年代。

另一种方法是基于某些化石与只在有限时段内存活的其他生命体化石存在关联。例如，在过去2000万年左右，在东非曾经有过大量特征鲜明的猪类，每一种猪都生活在一个已知的时期（根据一些年代比较确定的地点推测得出）。这意味着我们根据猪的牙齿化石，推测出与之在东非有关系的一些材料的年代。

早期灵长类的演化

开花植物的演化创造了一系列新的生态位，灵长类便是填补这些生态位的动物类群之一。

在中生代前三分之二的时期，地球上的森林被类似于红杉、松树和冷杉等的**裸子植物**（gymnosperms）所统治。当盘古大陆在白垩纪分离后，植物界发生了翻天覆地的变化，开花植物即**被子植物**（angiosperms）出现并蔓延开来。被子植物的演化为动物创造了一系列新的生态位。许多被子植物依赖动物为它们传粉，它们有着艳丽的花朵，并会用甜甜的花蜜吸引传粉者。一些被子植物还通过提供有营养且容易消化的果实，诱使动物帮它们把种子散布到各地。树栖动物能够找到、处理、咀嚼和消化这些果实，占据了新的生态位。灵长类便是利用这些生态位的动物类群之一，其竞争者可能包括热带鸟类、蝙蝠、昆虫和一些啮齿动物。

现代灵长类的祖先是小型、夜行性的四足动物，长得和现在的鼯鼱很像。

要理解塑造早期灵长类辐射的演化力量，我们需要思考两个相互联系的问题。首先，自然选择与哪种动物有关？其次，是什么选择压力促进了早期灵长类特征的演化？第一个问题的答案来自于化石记录。第二个问题的答案来自于对现存灵长类的比较研究。

在美国蒙大拿州、科罗拉多州、新墨西哥州和怀俄明州发现的**更猴形类群**（plesiadapiforms）化石给了我们一些线索，我们可以从中了解最早的灵长类长什么样。这些更猴形类群的化石来自于古新世。6500万到5400万年前是一个又温暖

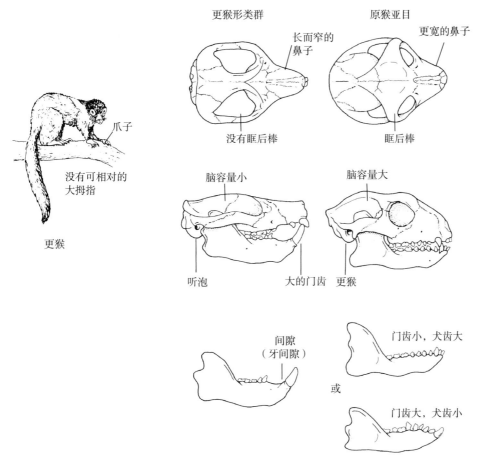

图9.7

更猴形类群曾经被认为是灵长类，但是，更细致的分析表明它们缺乏许多现代灵长类的特点。例如，它们长着爪子而不是指甲；它们的眼眶没有完全嵌在骨头里；它们的眼睛位于头的两边，所以两只眼睛的视野没有交集；在有的种类中，拇指不能对握。

图9.8

该图为更猴形类群中的辛普森氏果猴的艺术复原图。这种生物生活在5600万年前，有可抓握东西的手和脚。

又潮湿的时期，阔叶常绿森林可达北纬60°（靠近今天阿拉斯加的安克雷治）。更猴形类群的体型大小不等，小的如鼩鼱，大的则接近土拨鼠（图9.7）。它们很可能是独居的四足动物，有发育完备的嗅觉。它们的牙齿变化很多，表明它们的食性差别较大。这个类群的一些成员也许是地栖的，还有一些是树栖的，部分种类也许适应于空中滑行。大多数更猴形类群的手上和脚上有爪，双眼并不并排朝前。

佛罗里达自然历史博物馆的乔纳森·布洛赫（Jonathan Bloch）和杜克大学的当·波伊尔（Doung Boyer）发现的一个5600万年的更猴形类群为有关灵长类的起源提供了重要线索。辛普森氏果猴（*Carpolestes simpsoni*）（图9.8）的拇指具平指甲，可以对握，但其他脚趾不具指甲，而是爪。手脚上的爪子可能有助于在直径大的树干上攀爬，也许还能够抓握小的支撑物。辛普森氏果猴的白齿牙冠较低，适合吃果实。它的眼睛在头的两侧，视野不重合。当它在结果子的树枝末梢周围移动时，可能会用手和脚抓握小树枝，在进食时甚至可能用手来处理果实。

对于更猴形类群是否应该归入灵长目，专家们持否定态度。它们有一些但是并不具备整套现代灵长类的特征，而且，它们和其他灵长类的相似性判断也过于随意和武断，因此，给这些生物归类相对不太严谨。然而，该类群提供了一些有关现代灵长类共同祖先的特征信息，所以了解它们也是非常重要的。

辛普森氏果猴的发现帮助解释了为什么灵长类形态的基本特征适合自然选择。

为什么灵长类演化形成了一些特有的特征？这个问题有好几个答案。波士顿大学的人类学家马特·卡特米尔（Matt Cartmill）认为面朝前的眼睛能提供双视立体成像视野，手和脚有抓握功能，指头和趾头上长指甲，这些特征全都一同演化，有助于加强在树枝末梢借助于视觉的捕食活动。包括猫头鹰和豹猫在内的许多树栖食肉动物的眼睛都在头的前面，为卡特米尔的观点提供了支持。然而，这个假说存在问题。食果类更猴形类群物种中演化有抓握功能的手、脚，但它们的眼睛没有移到朝前的位置。

亨特学院（Hunter College）的弗雷德·绍洛伊（Fred Szalay）和西北大学（Northwestern University）的玛丽安·达哥斯塔（Marian Dagosto）提出，有抓握功能的手和脚、扁平的指甲等特征的协同演化有助于实现一种跳跃运动方式。但辛普森氏果猴也不大支持这个假说，因为它有灵活抓握的手和脚，但是它显然不在树枝上跳来跳去。

华盛顿大学的罗伯特·苏斯曼（Robert Sussman）提出，自然选择支持灵长类的一系列特征，是因为这些特征提高了早期灵长类采食新植物资源的能力，这些新的食物包括果实、花蜜、花、树胶以及昆虫。早期灵长类主要在夜晚昏暗中寻找森林里的食物。而且，这种夜行行为需要好的视野、精确的眼—手配合以及有抓握功

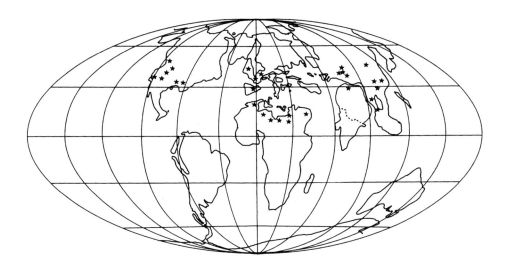

图9.9

本图展示了始新世原猴亚目化石的出土地点。各大陆的位置按照始新世早期的位置排列。

能的手和脚。然而，辛普森氏果猴在形成朝前的两眼之前就已经觅食果实了。

最后，也是来自华盛顿大学的泰伯·拉斯姆森（Tab Rasmussen）提出，有抓握功能的手和脚使得早期灵长类能够觅食被子植物树枝终端的果实、花和花蜜。后来，眼睛朝前转移以促进依靠视觉捕食昆虫。这一有抓握功能的手和脚先于眼睛移到脸前面的观点与从辛普森氏果猴而来的证据相吻合。

带有现代特征的灵长类出现于始新世。

地球在始新世（5400万到3400万年前）湿润温暖，地球表现被大面积的茂密热带森林所覆盖。在始新世初期，北美洲和欧洲连在一起，但随后两块大陆分离并离得越来越远。动物在这些大陆上独立演化，并逐渐变得更加不同。这一时期，欧洲和亚洲之间、印度板块和亚洲板块之间仍有一些联系，但是，南美洲处于完全独立状态。在北美洲、欧洲、亚洲和非洲均出土了这个时期的灵长类化石（图9.9）。到现在为止，研究人员共识别出200多种灵长类化石。始新世时期的灵长类曾经非常成功，而且有多种多样的群，占据了广泛的生态位。

图9.10

兔猴比始镜猴体型大一些，鼻子比始镜猴更长，眼眶比镜猴小。（a）眼眶的尺寸表明兔猴白天活跃，牙齿的形状表明它们吃果实或树叶。（b）始镜猴是主要吃昆虫、果实或者树胶的小型灵长类。大眼眶表明它们也许是夜行动物，在某些方面与现存的眼镜猴相似。

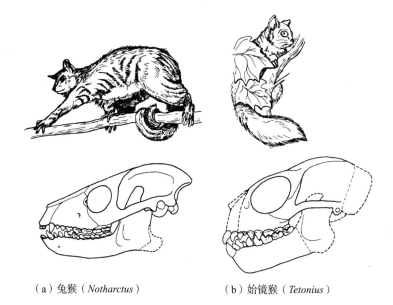

（a）兔猴（*Notharctus*）　　（b）始镜猴（*Tetonius*）

正是在这些始新世灵长类身上我们看到了现代灵长类特征（见第五章）的端倪。它们有抓握功能的手和脚，长着指甲而不是爪，主要以后肢支撑身体，鼻子更短，眼睛往前移，移到面部的正面，眼睛包裹在头骨的圆眶里，脑容量相对大。

始新世的灵长类划分为两个科：始镜猴科（Omomyidae）和兔猴科（Adapidae）（图9.10）。尽管还不清楚它们与现代灵长类的系统发育关系，但大多数研究人员认为始镜猴科与婴猴和眼镜猴比较相似，兔猴科和现生狐猴比较相似（图9.11）。一些始镜猴有巨大的眼眶，像现代的眼镜猴。这个特征表明它们具有夜行性，因为夜行灵长类的脉络膜中没有**反光色素层**（tapetum），而是形成了像眼镜猴的超大眼眶。始镜猴科的齿式多样：有的似乎偏向食果，而其他的则偏向食虫。一些始镜猴的脚有着和鼠狐猴一样瘦长的跟骨（脚后跟位置处的骨头），说明它们也许可以在树枝之间跳跃。

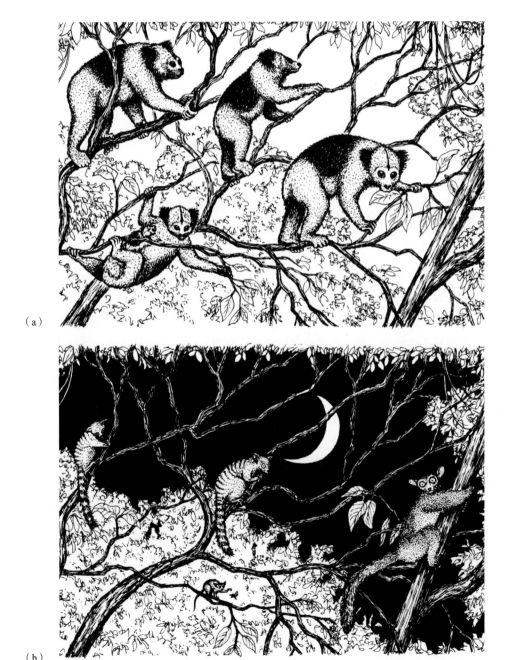

图9.11

兔猴和始镜猴的行为有可能不同。（a）兔猴也许为昼行性，如图所示，一群兔猴在觅食树叶。（b）始镜猴也许为夜行性，图中展示了始镜猴的几个种。

(a)

(b)

兔猴科的眼眶小一些，很可能是昼行性的。它们和现生狐猴在牙齿、颅骨、鼻腔和听窝区等许多方面相似。然而，兔猴没有形成现代狐猴的一些独有特征，比如，用于理毛的细齿梳般的门齿。兔猴类的食性广泛，包括食虫、食叶、食果等多种类型。它们体型通常比始镜猴大，它们的**颅下骨**（postcranial，组成脖子下面骨架的骨头）表明一些兔猴种类曾是活跃的树栖四足动物，类似于现代的狐猴，而另一些种类则动作缓慢，与现代的懒猴相似。至少一个种具有性二型，可能以非一夫一妻制的社会群生活。

2009年，一个特殊的始新世灵长类标本——麦赛尔达尔文猴（*Darwinius masillae*）的发现震惊世界。这个绰号叫"艾达"（Ida）的化石，出土于德国法兰克福一个著名遗址点，年代测定为4700万年前。从图9.12中可以看出，艾达保存得完美无缺，你可以看到它那毛茸茸躯体的轮廓，甚至它胃里最后一餐吃下的食物也清晰可见。艾达最初被认为是"缺失的一环"，即现代猴和猿类最早的祖先，因为它没有现代狐猴的衍生特征，包括细齿梳。然而现在大多数科学家认为艾达是一只兔猴。

最早的简鼻亚目

渐新世期间，地球的许多地方开始变冷、变干燥。

3400万年前的始新世末期，各个大陆基本上和今天所处的位置相同。但南美洲和北美洲还没有被中美洲连接在一起。非洲和阿拉伯还没有被古地中海（Tethys Sea）从欧亚大陆分隔开。南美洲和澳大利亚已完全从南极洲分离，并在南极洲周围形成了深的寒冷洋流（见图9.4）。一些气候学家相信这些寒冷洋流减少了从赤道到南极地区的热量传递，并且可能也导致了这段时间地球的大幅度降温。3400万到2300万年前的渐新世期间，温度进一步降低，年度温度波动变大。落叶阔叶林取代了覆盖北美洲和欧洲的热带常绿阔叶林，而非洲和南美洲的大部分地区仍保持了温暖和热带气候。

和现存猴类相似的灵长类可能最早在始新世演化出来，但直到渐新世才辐射发展。

简鼻灵长类的起源也许要追溯到始新世的阿尔及利亚曙猿（*Algeripithecus minutus*），这种化石来自北非，虽然仅有部分结构，但却非常著名。它的头盖骨特征与现代简鼻灵长类的有些相似，但其他特征却非常古老。经测定，距今约5000万年。始新世中期的曙猴（*Eosimias*）是一种生活在中国南方的微小灵长类，长着小门齿、大犬齿、宽阔的前臼齿。

最早的简鼻灵长类化石出土于埃及法雍盆地（Fayum或Faiyûm）。沉积时间

图9.12

2009年，在德国发现了一个始新世灵长类标本麦赛尔达尔文猴，研究人员将其称作"艾达"（Ida），经测定，"艾达"生活在4700万年前。

图 9.13

尽管法雍盆地现在是片沙漠，在渐新世期间那里曾经是一片沼泽森林。

图 9.14

法雍有着多种灵长类类群，包括原上新猿类群的埃及猿（左上）、*Propliopithecus chirobates*（右上）以及副猿类的 *Apidium phiomense*（下）。

大约在始新世和渐新世之间，即3600万到3300万年前。法雍是现在地球上最干燥的地方之一，但是，渐新世初期的时候却大不相同。法雍的土壤沉积物告诉我们那个地方曾经是温暖、潮湿、有季节性的栖息地。那时的植物大多像现在东南亚的热带森林。土壤沉积物里有包括像红树林之类生活在沼泽地区的植物根残余，而且，沉积表明在这个地点曾经是湖泊。这里还有许多水鸟的化石，所有这些都表明法雍在渐新世期间曾经是一片湖泊和沼泽地（图9.13）。法雍的代表性哺乳动物有箭猪、豚鼠、负鼠、食虫动物、蝙蝠、原始食肉动物以及河马属的一个古老成员等。

根据现有资料，法雍的灵长类类群是最多样化的类群之一。这个类群包括至少5类原猴亚目、1类始镜猴以及3类简鼻亚目：渐新猿（oligopithecids）、副猿（parapithecids）和原上新猿（propliopithecids）（图9.14）。随着古生物学家对法雍地区的早期灵长类了解越来越多，灵长类的系统发育树也变得越来越复杂。系统发育树不再像是枝杈分明的大树，而是像有着密密麻麻细小分支的灌木，大多数现存和已灭绝的灵长类之间只有最细微的联系。虽然如此，我们仍可以在法雍的灵长类化石记录里发现一些趋势，这些趋势对于理解塑造灵长类适应特征的选择压力具有很大的帮助。

副猿是个与众不同的类群。目前它们被分成4个属，8个物种。体型最大的副猿有长尾猴那么大（3千克），最小的和狨猴差不多（150克）。这些生物有比较原的齿式2.1.3.3/2.1.3.3，新大陆的猴类保留了这一齿式，但是，旧大陆的猴和猿类出现了变动，它们的齿式是2.1.2.3/2.1.2.3（第五章探讨过齿式）。副猿的牙齿以及颅下解剖结构的许多方面也是原始的，这些表明它们也许是旧大陆猴和新大陆猴的非特化祖先（见知识点9.2）。

原上新猿有2属、5种。这些灵长类与现存旧大陆猴和猿有同样的齿式，但是它们没有其他与旧大陆猴相关的衍生特征。体型最大且最著名的原上新猿为埃及猿（*Aegyptopithecus zeuxis*），科学家发现了它的几个头骨和一些颅下骨（图9.16）。埃及猿的体型中等，大小和雌性吼猴差不多（6千克），昼行，树栖，脑容量相对较小。牙齿的形状和大小表明它主要吃果实。雄性比雌性大很多，表明它们有可能不生活在一夫一妻的群中。其他的原上新猿都比埃及猿小，但是它们的牙齿表明它们也吃果实，还有种子，也许还有树胶。它们也许是长着强

知识点9.2　牙齿可以揭示的事实

我们对早期灵长类的了解大多来自于它们的牙齿。因为牙齿比其他的骨头保存得更久，而且，它们也是化石记录中最常见的成分。如果古生物学家只能选择骨架的一个部位做研究，大多数人会选择牙齿。主要原因有：首先，牙齿是带有许多独立特征的复杂结构，这些特征对于构建系统发育树很有用。其次，动物一生中，牙釉质不会改变，而且，从中可以永久保留该个体生活史信息。再次，牙齿具有精确的发育序列，使得古生物学家可以推断个体的生长及发育情况。最后，如同我们在第五章所看到的，食性（食果、食叶、食虫）与牙齿特征相关。

图9.15显示了三种现存灵长类的一侧上颌骨：食虫的、食叶的和食果的。食虫的眼镜猴（图9.15a）长着相对大而尖的门齿和犬齿，用以咬穿昆虫坚硬的外壳。相比之下，食叶的马达加斯加大狐猴（图9.15b）长着相对小的门齿和带有尖冠的大前白齿，以便嚼碎树叶。最后，食果的白眉猴（图9.15c）长着大的门齿，用于剥去果子的外皮，它的白齿小，因为果实软，而且不用像吃叶子那样用牙去磨。

知道动物吃什么，使得研究人员能够做出对其他特征的合理猜测。例如，现生灵长类的食性和体型之间很有联系：食虫的通常比食果的体型小，食果的通常比食叶的体型小。

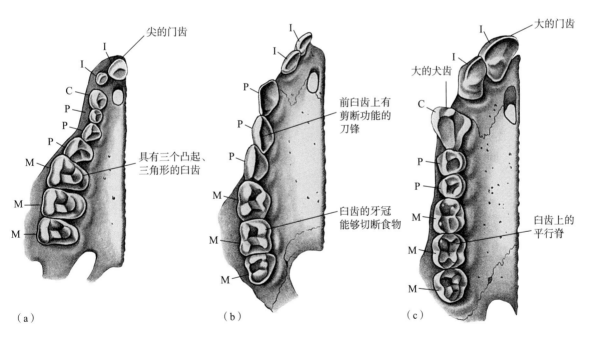

图9.15

图中展示的为上颌骨的右半边。（a）眼镜猴，食虫。（b）马达加斯加大狐猴，食叶。（c）白眉猴，食果。I＝门齿，C＝犬齿，P＝前白齿，M＝白齿。

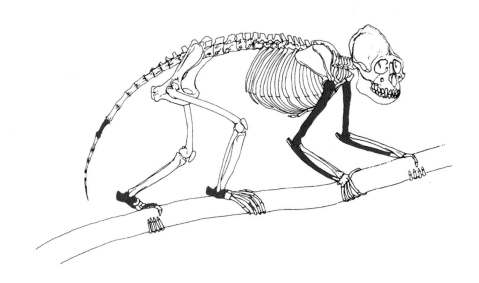

图9.16

在这个埃及猿骨架复原图中，发现的颅下骨头以红色表示。

健、有抓握功能手脚的树栖四足动物。现存旧大陆猴和猿也许便起源于这个科的成员。

渐新猿是法雍地区最早的灵长类之一。渐新猿的活动范围也许超出了法雍，穿过北非和阿拉伯半岛，它们和始新世原猴亚目有很多共同的原始特征。然而，它们也与现存简鼻猴有一些一致的衍生特征。例如，眼眶全部包裹在骨头里。一些渐新猿的齿式与旧大陆猴和猿是一样的。目前还不清楚渐新猿前臼齿的减少是独立演化事件还是从共同祖先保留下来的。

渐新世期间灵长类首次在南美出现，但是它们从哪里来或者如何去到那里尚不清楚。

最早的新大陆猴化石来自于玻利维亚渐新世晚期的遗址。这个遗址的灵长类同现生新大陆猴一样有三个前臼齿，体型和夜猴差不多。臼齿的形状表明它们是食果的。阿根廷和智利的几个地点出土了几个中新世早期和中期的猴类化石，一同出土的还有啮齿类、有蹄类、树懒和有袋类等其他动物类群。这些巴塔哥尼亚灵长类大多和松鼠猴的体型差不多（800克），少数和僧面猴一样大（3千克）。在哥伦比亚，在年代为1200万到1000万年之间的中新世遗址里，出土了近12种灵长类的化石。这些种许多都和现生新大陆猴相像（图9.17）。巴西和加勒比群岛的更新世遗址里出土了混合有灭绝的和现存种特征的化石。有几个种的体型明显比任何现生新大陆猴大。尽管现在加勒比群岛没有本土的灵长类，但这些岛屿曾经是各种灵长类的栖息地。

新大陆灵长类的起源一直是一个谜。灵长类如何到达南美洲或者它们如何登上加勒比群岛，这些问题尚不清楚。北美洲没有发现渐新世灵长类化石，新大陆猴和法雍灵长类的许多相似点表明新大陆猴的祖先应该来自非洲。但我们并不知道它们是怎么从非洲去到南美洲的。在渐新世晚期，这两个大陆被广阔的大海至少分隔了3000千米。一些学者指出灵长类也许坐着漂浮植物构成的筏子横跨大海。虽然还没有灵长类乘筏漂流如此远距离的记载，不过大约同一时间在南美洲

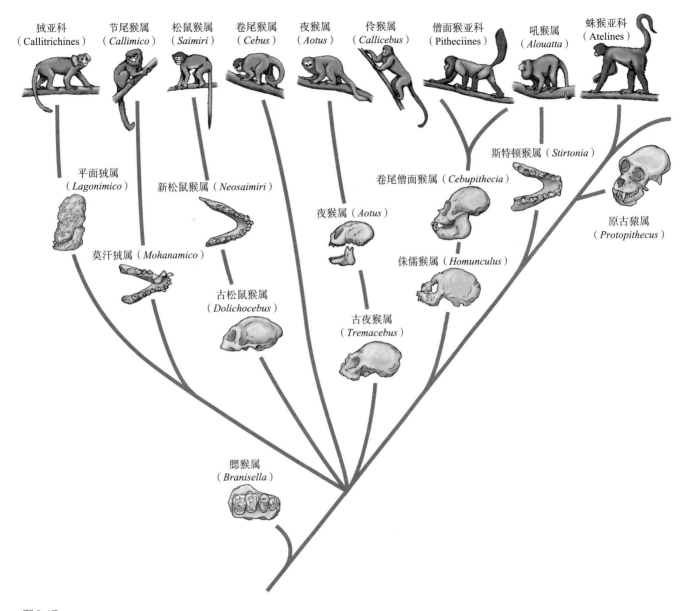

图9.17

目前，已经有相当多的新大陆猴化石证据出土。有几个化石种类和现生灵长类相似性很高，该区域曾经分布的灵长类比该地区现生种类要多得多。

出现的化石啮齿类与非洲发现的种类非常相似，以至于一些学者认为很有可能最早是啮齿类设法乘筏横渡了大西洋。

其他研究人员提出新大陆猴是北美洲灵长类的后代，但是这个假说有两个问题。其一，尽管有证据表明欧亚大陆原猴亚目的一些种类曾在早些时候（始新世期间）到达北美洲，但北美洲并没有来自任何时间段的简鼻猴化石。如果我们假定早期简鼻猴在大约相同时间到达北美，那么旧大陆猴和新大陆猴之间的广泛相似性就容易解释了。否则，我们不得不下这样一个不大可能的结论：新大陆猴的祖先是原猴类，新大陆猴和旧大陆猴之间的许多相似性源自于趋同演化。

这个假说的第二个难点是地理因素。因为北美直到500万年前才与南美洲相连，这个方案需要解释简鼻猴祖先如何漂洋过海，这个过程可能分成几段，比如

图9.18

这也许是早期猴子从非洲抵达南美洲的方式。

从加勒比海的一个岛跳到另一个岛。当然，还存在别的可能性（图9.18）。

最有趣的一个假说认为简鼻灵长类实际上更早出现在非洲，在渐新世中期，大西洋的海平面最低，那时横渡大西洋的旅行更容易完成。与新大陆猴有最密切关系的法雍灵长类化石比这要年轻许多，然而，也仍然有其他可能性。因为我们发现的最早化石的日期通常低估了一个谱系的年代。知识点9.3中介绍的方法表明简鼻猴实际上至少起源于5200万年前。

人科动物的出现

第三纪中新世早期地球温暖而潮湿，但在该时期的末期，气候变冷变干。

中新世始于大约2300万年前，结束于500万年前。在中新世早期，地球开始变暖，欧亚大陆曾经一度覆盖着和今天热带地区一样的常绿阔叶林。中新世末期，地球变得寒冷干燥，欧亚大陆的热带森林向南消退。印度板块继续慢慢地滑入亚洲，导致喜马拉雅隆起。一些气候学家认为大气环流的改变导致了中新世末期的降温。大约1800万年前，非洲大陆与欧亚大陆相连接，形成了地中海。此时直布罗陀海峡尚未形成，地中海便与其余大洋分隔开来。在某个时间点，地中海完全干涸，形成了一个低于海平面几千英尺的干燥炎热峡谷。大约在同一时期，东非大裂谷的南北山脉开始出现。随着海拔升高，云层的湿度降低，个别地区的降雨量减少，在山脉的背风面形成了**雨影区**（rain shadow）。新抬升的裂缝山脉导致东非热带森林被干燥林地和稀树草原所取代。

骨骼解剖学的证据表明同时期猿类的形态和移动方式与猴类不同。

一些区分现生猿和猴的解剖特征与它们的形态和移动模式相关。猴类沿着树

知识点9.3　缺失的环节

芝加哥田野博物馆的人类学家罗伯特·马丁指出，大多数支系有可能比我们发现的最古老的化石还要古老。这些化石的年代与该支系实际起源时间之间的差异，取决于已发现的化石的比例。如果灵长类化石记录接近完整，那么没有发现3500多年前的简鼻类化石这一事实就有可能意味着它们存在的历史没有那么长。然而，我们有理由相信灵长类化石记录相当不完整（图9.19）。

我们发现的那些化石并不是该种类的所有化石，同样，我们还有很多的种不知道。我们的数据中有多少种是缺失的？马丁基于这样一个假设对这个问题进行了回答：假设从6500万年前开始到现在，物种的数量稳步增加。这意味着，3250万年前的物种是现在的一半那么多，1625万年前的物种是现在的四分之三那么多，依此类推。

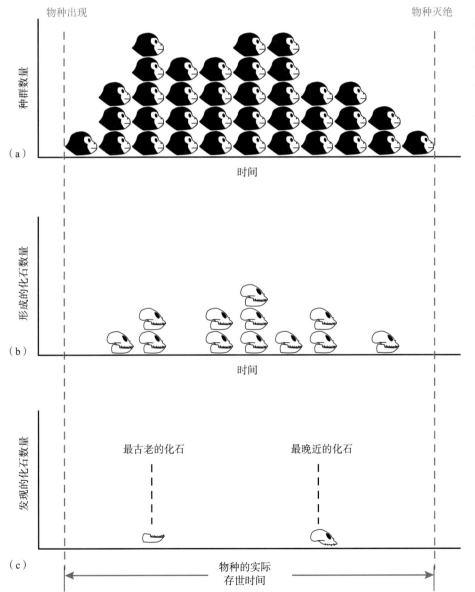

图9.19

化石记录稀少说明某个物种的最古老化石年代一定低估了物种的实际年代。（a）该图展示的是根据时间变化，一群灵长类物种的种群数量变化。（b）这个物种留下的化石数量比种群数量少。我们发现的最早和最晚的化石不一定是该物种的最早或者最晚的存活个体。（c）古生物学家发现的化石数量要比整个化石数量少。

假定每个物种都在地球上存活了大约100万年，马丁把这些数字加起来便得到了曾经存活的灵长类的种类数。接着，用目前为止发现的化石物种的数量，除以他估算的曾经存活的物种总数。根据这个计算，到目前为止只发现了所有化石灵长类物种的3%。

接下来，马丁用灵长目现生物种构建了一个系统发育树，如图9.20a所示。接着，他任意"发现"3%的化石物种。在图9.20b中，灰色的线给出的是实际的传承模式，红色的线代表的是我们知道所有现生灵长类的特点，但只发现了所有化石物种的3%。基于这些数据，图9.20c便是我们能构建的最好的系统发育树。

接着，马丁计算了基于图9.20c中系统发育树与基于图9.20a中系统发育树的支系之间的时间差。这些值之间的差异显示了因为化石记录不完整而带来的误差。通过在电脑上一遍又一遍地重复这个过程，马丁得到了一个估算误差的平均值，为40%。如果马丁是正确的，现生类群的存在时间比发现的最古老的化石年龄平均要早40%。

图9.20
（a）这个系统发育树展示的是一个假定类群的完整系统发育树。（b）这个树表示当只有很小比例的化石物种被发现时，同样的分类系统的样子。红色线条表示已经发现的物种，灰色线条表示缺失的物种。注意所有现生物种是已知的，但是只有3%的化石物种被发现。（c）我们不得不从手头不完整的数据推测与实际的树在两个方面不同：（1）它把每个物种和已知亲缘关系最近的一支祖先连接在一起，这通常意味着把一个不恰当的祖先化石与现生物种匹配起来。（2）这一系统发育树经常低估一个演化分支中最古老成员的年代。

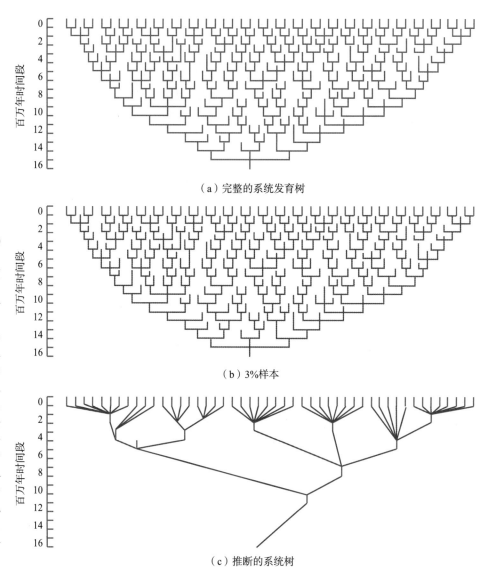

（a）完整的系统发育树

（b）3%样本

（c）推断的系统树

枝顶部移动，用手和脚抓住树枝，用尾巴保持平衡。它们可以在树冠的间隙间跳跃。它们吃东西的时候多坐在树枝上，臀部具有类似于坐垫的臀胼胝。相比之下，猿通常悬挂在树枝上吃东西（图9.21），当它们行进的时候，多是在树枝下面移动，屁股上没有尾巴或者臀胼胝。它们用长长的胳膊在树冠的间隙间摆动前行，而不是跳跃。通过在树枝下面吊着，并借助多个树枝支撑身体重量，大型的猿类得以在纤细的树枝间移动。猿类不需要起平衡作用的尾巴，因此尾部肌肉被用来加固骨盆底并为内脏器官提供支撑。这接着使得猿能保持直立姿势。悬挂式进食以及移动还形成了长胳膊、短腿、长手指、更灵活的四肢和短而僵硬的腰椎。

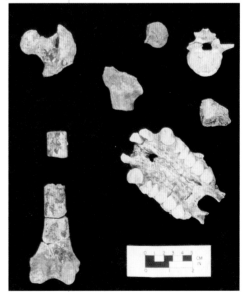

悬挂式运动适应性的最初证据来自于20世纪50年代末至60年代初期出土的中新世化石，但直到最近才被重视。

20世纪50年代末到60年代初，在乌干达的莫罗托遗址（Moroto）首次出土了现在被归为莫罗托类人猿（*Morotopithecus bishopi*）的化石。这些化石当时被归为大约2000万年前的人科动物，但直到20世纪90年代才被正式命名。当时，北伊利诺伊大学（Northern Illinois University）的丹尼尔·格博（Daniel Gebo）、密歇根大学的劳拉·麦克拉奇（Laura MacLatchy）和他们的同事们重启了在莫罗托的工作，并收集了其他材料（图9.22）。根据麦克拉奇和她的同事描述，莫罗托类人猿的几个骨架特征表明它可以像猿一样移动，而不是像猴子那样。例如，股骨的几个方面表明莫罗托类人猿也许很少爬行，它像猿一样有僵硬的后背，肩胛骨的形状表明它也许已经能够用胳膊吊着慢慢地在树枝之间穿行。这些特征是和现代猿类共有的，但是和我们下面要介绍的同时代中新世猿不同。

图9.21

猿有时吃东西的时候会悬挂在树枝下面。

其他早期中新世猿的齿式与莫罗托类人猿相似，但颅下解剖结构更像猴子。

莫罗托类人猿在人类学期刊上首次发表之前，大多数古生物学家相信最古老的人科动物是原康修尔猿科（Proconsulidae）（图9.23）。这个科包括10个属和15个种。体型最小的原康修尔猿和卷尾猴相近（3.5千克），体型最大的有雌性大猩猩那么大（50千克）。原康修尔猿似乎已经利用了多种栖息地，包括现在猿类生活的热带丛林和只能找到猴子的稀疏林地。

原康修尔猿属（*Proconsul*）是早期人科动物中最著名的属，其最早的成员出土于肯尼亚北部的劳西道克（Losidok），距今约2700万年，在非洲出土的最近成员距今约1700万年。原康修尔猿属的物种与现生猿以及人类有一些共同的衍生特征，而这些特征是简鼻猴亚目的猴类所没有的。例如，原康修尔猿没有尾巴，也没有旧大陆猴和长臂猿的臀胼胝。原康修尔猿的相对脑容量比与之相似体型的猴子稍大一点。在其他方面，原康修尔猿属的物种与埃及猿属和

图9.22

这些莫罗托类人猿的化石骨头包括左右股骨、脊椎骨、肩部骨骼和上颌骨。这些遗骸表明这些生物可以像猿一样移动，而不是像猴子那样。

图9.23

原康修尔猿属的成员体型相当大（15~50千克），性二型，食果。本图展示的是重构的原康修尔猿骨架，可以看出它的四肢比例和现生猴类非常相似。

其他渐新世灵长类相似。它们牙齿的牙釉质薄，与食果食性相吻合。它们的颅下解剖结构，包括胳膊和腿骨相对长度以及窄而深的胸腔形状，和猴类的很像，但它们脚和小腿的某些特征则更像猿。原康修尔猿长着很大的能抓握的大拇指，这是我们人类所具有的特征，而现生猿和猴类并没有。基于颅下解剖结构，功能形态学家相信原康修尔猿可以在树丛间攀爬，借助灵活且有抓握功能的四肢爬上树枝，并能够把体重分散到多个支撑点上。原康修尔猿的所有种都存在明显的性二型，表明它们的婚配制度可能不是一夫一妻制。

除了莫罗托类人猿和原康修尔猿，非洲还有几种其他早期中新世猿，这些生物在脸和牙齿上有猿的衍生特征，但是，在颅下解剖结构上却没有（图9.24）。

人科动物在中新世中期出现了新的适应辐射，扩散到欧亚大陆的大部分地区。

中新世中期（1500万到1000万年前）在非洲、欧洲和亚洲出现了大量的人科物种。有来自于东非的肯尼亚古猿（*Kenyapithecus*）和尼古拉古猿（*Nacholapithecus*），来自于亚洲的陆丰古猿（*Lufengpithecus*）和西瓦古猿（*Sivapithecus*），来自于欧洲的山猿（*Oreopithecus*）（图9.25）、森林古猿（*Dryopithecus*）、皮尔劳尔古猿（*Pierolapithecus*）和阿诺亚古猿（*Anoiapithecus*）。这些人科动物的颅骨和牙齿与原康修尔猿类有几处明显不同，这表明它们比祖先型吃的食物更硬或纤维更丰富。它们的白齿牙釉质更厚，更经久耐磨，尖端更圆，更加适合磨碎食物。它们的**颧弓**（zygomatic arches，即颧骨）向外突出，给更大的下颌肌肉腾出空间，下颌更强健以承载这些肌肉产生的力量。当时的地球正从潮湿的热带气候向干旱、季节性变化显著的气候转变，植物的种子也变得更硬，这些特征似乎是为了适应这些气候转换演变而来。

中新世中期类人猿的运动能力和姿态适应范围有相当大的差异。区分现代猿类和猴类的特征，在中新世类人猿不同支系中交错出现。例如，尼古拉古猿比早期人科动物更适于前肢主导的攀爬和移动，但没有完全具备现生猿类在树枝下觅食和移动的适应特征。它们的胳膊相对于腿的比例和现生猿类相近，但躯干没有

图9.24

中新世人科动物有着各种不同的颅骨形态，但是，它们与现代猿类有几个共同的衍生特征。从左到右：图尔坎纳古猿（*Turkanapithecus*）、古微猿（*Micropithecus*）、非洲古猿（*Afropithecus*）和原康修尔猿（*Proconsul*）。

明显变化，肩部更类似猴而不是猿。

西瓦古猿以出土于亚洲而得名。基于其颅骨和面部结构的形态，它被认为与现代猩猩有紧密联系。西瓦古猿有一些和现生猿类相似的适合悬挂式运动的特征，包括长的手指和脚趾、强壮的大脚趾和灵活的肘部。然而，其肱部的方向以及肱骨的特点表明其胸部结构更像猴。如果这些解读是正确的，那么一些现代大型类人猿共有的特征也许是趋同，而非共同后代的产物。西瓦古猿的脑容量大，且牙齿发育模式反映出其具有比较长的青少年期，这说明它们可能同现代大型类人猿那样，生活史对策属于长/慢类型。

来自于意大利的山猿展现了另一种悬挂适应性的改变。它的胳膊比腿长得多，有稍微缩短了的腰椎和灵活的臀部。尽管它似乎适于挂在树枝下运动，但缺乏像现生猿那样长而弯曲的手指。

中新世中期的加泰罗尼亚皮尔劳尔古猿（*Pierolapithecus catalaunicus*）也具有体现猿类适应性的特征（图9.26）。这个生活在大约1300万年前的标本很重要，因为它包括了同一个体保存完好的头盖骨、牙齿和颅下结构的资料。皮尔劳尔古猿脸部较小，同现生猿相似，还有几个与直立行走相关的形态学特征。其手腕灵活，胸腔宽而浅，脊柱的腰椎区域短而僵硬，但这些特征不像现生大型类人猿那样明显，手指骨也不像猩猩的那样长而弯曲。这些表明现生猿的一些形态特征也许已经在猿从一个共同祖先开始分叉之后便独立演化了。

中新世中期末的气候变化降低了亚洲和欧洲人科动物的多样性。

中新世中期，气温逐渐降低，欧洲中部和西部气候变得更加四季分明，亚热带常绿森林让位于落叶阔叶林。这些气候的改变对哺乳动物有极大的影响。许多在非洲、亚洲和欧洲种群兴旺的猿类灭绝了，只有包括猩猩祖先在内的几个种在遗存的常绿森林中幸存下来。它们演化出的一些适应特征使得它们能够在更干燥、更开阔和季节性更分明的生境中生存。

中新世晚期的猿类并不为人所知，尤其是在非洲。近期的研究填补了一些空白。

在1000万到500万年前的中新世晚期，人类支系的演化历史发生了一些重要事件。根据遗传学数据，人类、大猩猩以及黑猩猩的最后共同祖先生活在大约800万到700万年前。我们在第十章将看到，最古老的古人类化石来自非洲。很有可能人类和黑猩猩的共同祖先也生活在非洲，然而，这个逻辑与最近的证据并不相符，因为我们目前只在欧洲的几个地点发现了中新世晚期的类人猿化石。欧洲和亚洲发现的几个中新世晚期类人猿，使得有些研究人员认为非洲类人猿的最近共同祖先在那里分叉，后来又迁回了非洲。然而，在非洲发现的几个中新世晚期类人猿化石又把人类起源的地理位置移回了非洲。

东京大学的诹访元（Gen Suwa）带领的研究团队在埃塞俄比亚发现了脉络古猿（*Chororapithecus abyssinicus*），距今约1050万到1000万年，发现了至少

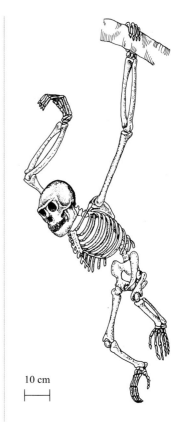

10 cm

图9.25

原康修尔猿有几个与悬挂运动相关的特征，包括相对短的躯干、长手臂、短腿、长而纤细的手指，所有关节非常灵活。这个来自意大利的中新世晚期类人猿的系统发育关系尚未完全确定。

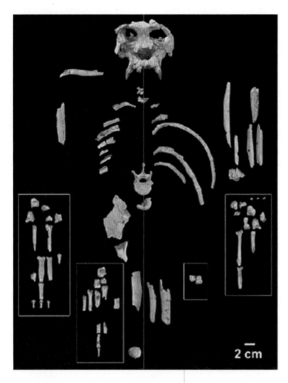

图 9.26

这幅图展示的是著名的中新世加泰罗尼亚皮尔劳尔古猿的完整骨架，其骨架中没出现符合悬挂式运动模式的形态特征。这个发现表明从一个共同祖先分支之后，悬挂式运动模式在长臂猿和大型类人猿中独立演化。

三个个体的牙齿。它们的臼齿具备有切割功能的冠，用以切碎树叶，厚釉质层可以取食坚硬而需要研磨的食物。诹访元和他的同事们强调了脉络古猿和大猩猩之间牙齿的相似性，这表明脉络古猿也许是现代大猩猩的祖先。然而，其他人指出这与来自遗传数据的年代差异不吻合，这表明，牙齿的相似性也许不是共同祖先的证据。

仲山纳卡里古猿（*Nakalipithecus nakayamai*）是另一种牙齿巨大的猿，来自于肯尼亚里夫特山谷（Rift Valley）东部边缘，距今约990万到980万年。基于它的牙齿和颌骨的尺寸，仲山纳卡里古猿的体型被认为和雌性大猩猩体型相当。它的臼齿上有厚的釉质层，表明它的食谱里有一些硬的食物。仲山纳卡里古猿和奥兰诺古猿（*Ouranopithecus*）之间有几个相似之处，奥兰诺古猿发现于希腊和土耳其的几个地点，其年代比仲山纳卡里古猿稍晚一些，但更加原始。桑布鲁古猿（*Samburupithecus kiptalami*）是来自于东非的第三种中新世晚期古猿，以其巨大的上颌骨、前臼齿和臼齿而著名。这种古猿出土于960万年前的一个遗址，比仲山纳卡里古猿稍晚一些，和现生大型类人猿相比，它的牙齿保留了更多的原始特征。

人类和现生大型类人猿的祖先应该是猩猩。

我们对中新世类人猿的演化历史依然缺乏了解。还有许多不同物种的系统发育关系尚不清楚。除猩猩之外，尚缺乏可靠的现生猿类的祖先候选，猩猩与中新世中期的西瓦古猿有几个相似的颅骨衍生特征。虽然脉络古猿的牙齿与现代大猩猩有相似性，但这些相似性是否反映共同祖先还是趋同演化尚不清楚。

密苏里大学的卡罗尔·沃德（Carol Ward）指出，人科动物的适应悬挂式移动的一系列特征是在演化过程中逐渐形成的。由于多种大型类人猿为了应对在树梢末端进食以及在树冠间行动，演化出了相似但不相同的解决措施，可能在多个方面存在趋同演化情况。大型类人猿和人类的最近共同祖先也许是未分化的猿，缺乏高度专门的运动器官以及包括指关节行走在内的形态适应性。在第十章中我们将会介绍一些和谁有可能是人类支系最古老成员有关的新发现，其中有些内容和这一观点比较吻合。

在中新世早期与中期，类人猿的种类丰富，但猴类的种类不多，到了中新世晚期与上新世早期，许多类人猿灭绝，被猴类所取代。

中新世期间类人猿繁荣昌盛，但是，有几个属和种最终绝迹。现今只有长臂猿、猩猩、大猩猩和黑猩猩。那么多物种消失的原因尚不清楚，但似乎它们中许多都不适应中新世晚期和上新世早期更干旱的自然条件。旧大陆猴的化石记录与类人猿非常不同，猴类在中新世早期与中期相对罕见，但在中新世晚期和上新世早期则有很多。

化石记录再次提醒我们，演化不以稳定、不间断的道路朝着某个目标前进。演化与进步不是同义词。在中新世期间，有几十种猿类，但只有几种旧大陆猴，如今情况则完全相反。尽管我们人类自认为是演化的巅峰，所有证据表明，我们这一支系整体都不大适应上新世和更新世不断变化的自然条件。

关键术语

双足行走	古生物学家	碳–14测年法／放射性碳测年法	被子植物
大陆漂移	放射性测量方法		更猴形类群
盘古大陆/泛大陆	同位素	热释光测年法	反光色素层
劳亚古陆	放射性衰变	电子自旋共振测年法	颅下骨架
冈瓦纳古陆	钾–氩测年法	磷灰石晶体	雨影区
矿化	地层	铀–铅测年法	原康修尔猿
化石	氩–氩测年法	裸子植物	颧弓

学与思

1.简要描述过去1.8亿年的大陆运动。为什么这些变动对人类演化的研究很重要？

2.从恐龙时代末期起，世界气候发生了什么改变？解释气候变化和演化导致稳定进步的概念之间的关系。

3.什么是被子植物？它们与灵长类演化之间有什么关系？

4.为什么牙齿对于重构过去动物的演化非常重要？解释如何使用牙齿去区分食虫动物、食叶动物和食果动物。

5.始新世期间，哪类灵长类首先出现？请提出两种解释来阐释塑造这些类群形态的选择压力。

6.为什么说对灵长类如何到达新大陆的解释有问题？

7.为什么在某个特定类群最古老的化石低估了该类群的真实年代？解释这个问题如何受化石记录的质量与完整程度的影响。

8.解释钾–氩测年法是如何操作的。为什么使用这种方法只能用于测定500万年以上的火山岩？

9.一些证据表明人类和大型类人猿的最近共同祖先在欧洲演化，而其他证据则表明最近共同祖先是在非洲。描述这两个立场的逻辑与证据。什么样的证据可以帮助解决这个问题？

延伸阅读

Begun, D.R. 2007. The fossil record of Miocene apes. In *Handbook of Paleontology*, Vol.2 (eds. W. Henke and I. Tattersall). Berlin: Springer-Verlag, pp.922–976.

Fleagle, J.G. 1999. *Primate Adaptation and Evolution*. 2nd ed. San Diego: Academic Press.

Klein, R.G. 2009. *The Human Career: Human Biological and Cultural Origins*. 3rd ed. Chicago: University of Chicago Press.

MacLatchy, L. 2004. The oldest ape. *Evolutionary Anthropology* 13:90–103.

Ward, C.V. 2007. The locomotor and postcranial adaptations of hominoids. In *Handbook of Paleontology*, Vol.2 (eds. W. Henke and I. Tattersall.) Berlin: Spinger-Verlag, pp. 1011–1030.

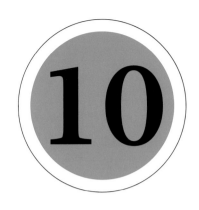

本章目标

本章结束后你应该能够掌握

- 描述为何最早的人类祖先是基本直立行走的猿类。

- 理解直立行走演化改变了颅下的骨骼结构的许多重要特征。

- 讨论为何自然选择促使早期古人类直立行走。

- 总结500万到200万年前古人类的重要特征。

- 理解为何难以绘制早期古人类的系统演化树。

第十章　从类人猿到古人类

初始阶段　　　　　　　　　古人类大家庭的多样性
直立行走的适应性优点　　　古人类的演化树

　　在中新世期间，地球气温开始下降。这次全球降温使非洲热带地区的气候发生了两个重要变化。首先，每年的总降水量减少了；其次，降水变得更具季节性，一年有数月缺乏降水。随着非洲热带地区变得更干燥，湿润的热带森林缩减，而稀树林地（woodland）与草原面积增加。像其他动物一样，灵长类也受到这些生态变化的影响，许多中新世灵长类物种因为未能适应变化而灭绝。黑猩猩的祖先和大猩猩的祖先残存在日渐缩减的热带森林中，继续过着和从前大致一样的生活。一代代自然选择积累的变化，使得一小部分物种从树上下到地面，离开热带雨林进入树林和稀树草原。我们的祖先——最早的**古人类**（hominin）——就是这些拓荒者中的一员。

根据化石记录，最早的古人类出现在600万年前。在400万到200万年前，从非洲东部到南部分布着丰富多样的古人类物种。

这些物种与中新世类人猿有两个重要不同点。第一，这些物种是直立行走的。直立行走造成了其身体形态的许多重要变化。第二，这些古人类中的一些物种开拓了草原和稀树森林等新栖息地，取食新的食物，由此古人类的咀嚼器官（包括牙齿、颌骨、颅骨）也随之变化。此外，在行为与生活史方面，最早的古人类可能类似现生类人猿。

现代人类有一系列共同遗传特征有别于其他现生人科动物：直立行走，更大的脑容量，更慢的发育，牙齿形态学特点与文化适应性。

要理解人类演化中的转变，有必要思考现代人类与类人猿有什么区别。以下是现代人类与现生类人猿的五类遗传特征差异：

1.我们习惯性直立行走。

2.我们的牙齿与咀嚼肌跟类人猿有一系列差异，如更宽广的抛物线牙弧面（dental arcade），更密的臼齿珐琅质，缩小的犬齿，相对别的牙齿更大的臼齿。

3.我们的脑容积比更大。

4.我们生长缓慢，有一个较长的少年期。

5.我们依赖由多种材料和符号组成的复杂文化，在某种程度上通过语言来传递信息。

在本章中，我们将会叙述早期古人类中的各个物种，并讨论是什么样的选择压力使树栖的猿类祖先转变为各种生活在上新世非洲雨林、树林、稀树草原的直立行走猿类。在之后的各章节，我们将思考这些直立行走猿类中的一员如何演化成人类。

我们在本章关注的许多形态学特征看上去模糊不清，你可能会疑问为何我们用这么多时间去描述。因为这些特征帮助我们识别古人类物种，并有助于我们追溯后期物种特征的起源。我们还能利用这些特征中的一些方面，去重构早期古人类的饮食、社会结构、行为等方面的特点。

初始阶段

遗传学数据显示人类与黑猩猩最近的共同祖先生活于700万到500万年前。最近10年来，人们发现的几个化石物种为早期人类演化的几个重要历史时期提供了线索。在此期间，我们看到古人类与猿类分离的几条特征性线索，包括直立行走（知识点10.1）、大型后牙（前臼齿与臼齿）和缩小的犬齿等方面的一些证据。

知识点 10.1　如何变成直立行走

直立行走让古人类从人科动物中分化出来。从森林猿类到陆地直立行走古人类的过渡，涉及许多新的适应性改变。许多这些变化都反映在骨骼形态学特点上。因此通过研究化石的形状，我们可以推断出动物的行走模式。盆骨的变化是一个很好的例子，就形状和方向而言，人类盆骨不同于分布于雨林的类人猿（如黑猩猩）（图10.1）。

除此之外，还有一些虽然细微但仍可觉察到的变化。当现代人类行走时，会花大量时间通过单脚保持身体平衡。你每次迈出一步，你的身体便会随着脚踩地而摆动。这时，身体的重量压在盆骨中心，髋关节充分向内（图10.2）。这个重量产生了一个扭力，或称为扭矩，使你的躯干转动起来，远离那只承重的脚。但是你的躯干不会倾斜，因为这个扭矩受到从盆骨外侧连接到股骨的外展肌的反作用力。在每一步适当的时候，这些肌肉就绷紧来使身体保持直立。（当你走动时，可以把手张开放在臀部两侧感觉一下来验证这个说法。你会感觉到当行走时，外展肌会绷紧，而如果你放松这些肌肉，躯体就会倾斜。建议你私下做这个动作。）外展肌附着在髂骨上，髂骨是一个在盆骨上端张开的片状骨骼。变宽变厚的髂骨和变长的股骨颈（大腿骨）增加了杠杆作用的效果，以使外展肌可以发挥作用，使得直立行走更有效率。另外，股骨中骨密质的分配可在运动模型中分析出来。对人类来说，骨密质在股骨颈下端是最厚的，然而黑猩猩的骨密质平均分布在上端和下端。

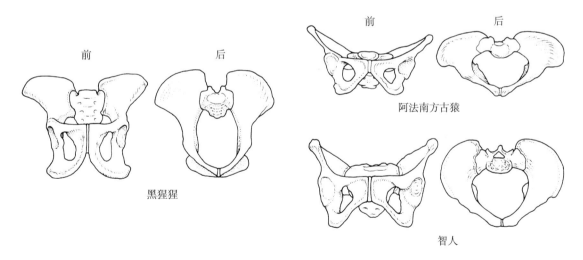

前　　　　后

阿法南方古猿

前　　　　后

黑猩猩

智人

图 10.1

阿法南方古猿是一个早期的古人类物种（见第251页），它的盆骨是平面的、向外扩展的，更类似于现代人类的盆骨，而与黑猩猩的盆骨差别更大。这些特点提高了直立行走的效率。但是，南方古猿的盆骨比现代人类盆骨左右更宽，前后更窄。一些人类学家认为这些区别表明南方古猿跟现代人类的行走方式不一样。

图 10.2

单脚承重跨步时的下身示意图。需要注意，身体重量通过盆骨中心线坠下来，在承重腿的臀部关节产生了一个扭矩，或者说是扭转力。(a) 如果这个扭矩不受阻挡，那么躯干会扭转到左边。(b) 在每一次跨步时，外展肌收缩以产生一个瞬间的扭矩来保持身体直立。

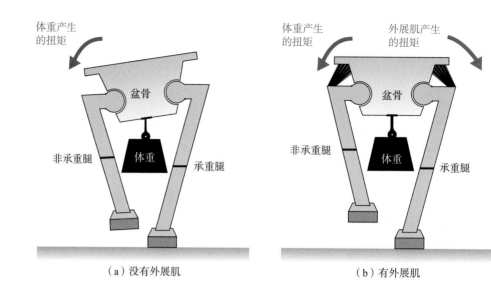

（a）没有外展肌　　　　　　（b）有外展肌

现代人类的膝关节与黑猩猩的膝关节明显不同（图10.3）。高效的直立行走需要膝盖紧挨着身体中心线。所以人类股骨向内倾斜，并且它的下端在膝关节与胫骨连接处形成一个角度。相比之下，黑猩猩股骨从盆骨垂直下来而且膝关节没有倾斜。人类的脚也表现出与直立行走有关的一些衍生特征，包括足纵弓和人类特有的脚踝。

古生物学家可以通过骨骼化石是否具有这些特点准确判断出动物所采用的运动模式。

图 10.3

阿法南方古猿的膝盖与黑猩猩的膝盖相比，更像现代人类的膝盖，股骨下端组成了膝关节的一侧。对黑猩猩来说，这个关节与股骨长轴形成了一个直角。而对人类和南方古猿来说，膝关节形成了一个斜的角度，引起股骨面对身体中心线向内倾斜。这个倾斜使膝盖更靠近身体中心线，提高了直立行走的效率。

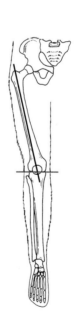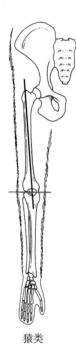

人类　　　　阿法南方古猿　　　　猿类

乍得沙赫人（*Sahelanthropus tchadensis*）

乍得沙赫人是我们所知道的最早的古人类，令人惊奇的是，它们身上混合有衍生特征和原始特征。

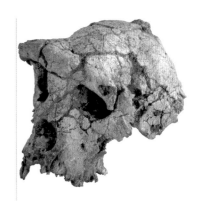

图10.4

乍得沙赫人的颅骨出土于乍得，时间为700万到600万年前。其有着扁平的面部与粗大的眉弓。而400万到200万年前的南方古猿有着更像猿的颌前突脸型且眉弓较小。

2002年，法国普瓦捷大学（Poitiers University）的米歇尔·布伦尼特（Michel Brunet）领导的研究团队宣布了在乍得的一个遗址的重大发现。他们发现的化石材料包括一个几乎完整的颅骨（除去下颌骨外的头骨）、四个分开的下颌骨和四颗牙齿（图10.4）。

布伦尼特和他的同事们将这份化石命名为*Sahelanthropus tchadensis*（乍得沙赫人）。虽然乍得沙赫人出土的位置现在是贫瘠的沙漠，但几百万年前完全不同，这里曾是森林和林地草原，遍布湖泊与河流。

这份化石的年代和位置震惊了古生物学界。发掘点的地质情况不适于使用放射性元素和古地磁来测定年代。然而在这个地点出土的另外一份动物化石，与在非洲东部另外两个遗址中出土的700万到600万年前的动物群化石非常接近。这意味着沙赫人可能是我们所知道的最古老的古人类。另外，其他所有的早期古人类遗址都位于东非，跟乍得离得很远。这个发现表明古人类的活动范围比学界以往认为的更大。

沙赫人的解剖特点有着让人惊奇的杂合性。**枕骨大孔**（foramen magnum）不在颅骨后面，而在颅骨下面——这是暗示直立行走的一个特点。因此，布伦尼特与他的同事们认为该物种是直立行走的。然而，他们的大脑与黑猩猩的类似。乍得沙赫人的脑容量介于320到350 cc（立方厘米）；相比之下，黑猩猩的脑容量大约为350到380 cc。乍得沙赫人的牙齿与黑猩猩的牙齿有一些不同：前者的犬齿更小一些，抵着下面前臼齿上端的犬齿没有黑猩猩的那么锋利，牙釉质更厚，其面部相对较平，而且在眼睛上方有厚重的眉弓。这些特点也与近200万年来的古人类相似，但与黑猩猩或者400万到200万年前的南方古猿化石差异明显。

图根原人（*Orrorin tugenensis*）

图根原人是第二早的与人类相似的早期化石。

由巴黎国家自然历史博物馆（National Museum of Natural History in Paris）的布里吉特·森努特（Brigitte Senut）与法兰西学院（Collège de France）的马丁·皮克福特（Martin Pickford）领导的团队，在肯尼亚高地发现了12份古人类化石标本。这些化石包括了部分的股骨与手臂骨骼、一份手指骨骼、两份局部的下颌骨和一些牙齿，可以有把握地推断，这些化石可追溯到600万年前（图10.5）。森努特和皮克福特把他们的发现归为一个新的物种，即图根原人。这个属的名字在当地语言中表示"原始的人"，并且这个词类似于法语单词"aurore"，意思为曙光。在与图根原人同样的地层中出土了疣猴等森林物种的化石和黑斑羚等开阔生境物种的化石，这意味着该地点当时混合着热带森林和草原植被。

像乍得沙赫人化石那样，这些化石样本在某些方面与黑猩猩相似，在其他方

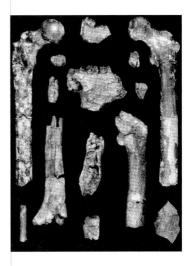

图10.5

图根原人的化石包括部分股骨、下颌骨、一份指骨和牙齿。

面与人类相似。相对后来的古人类而言，他们的门齿、犬齿和一颗前白齿更像黑猩猩的牙齿。白齿比接下来会介绍的拉密达地猿（*Ardipithecus ramidus*）和早期古人类的更小一点，他们的白齿牙釉质像人类一样较厚。他们的手臂与手指骨都有着适应攀爬的特点，类似黑猩猩和某些晚期古人类。森努特和她的同事认为，该化石许多股骨的特点（如通过长轴连接股骨头的股骨颈）与后期的直立行走古人类类似，而与四足行走的地猿类差异明显。现代人类的股骨颈下边缘的骨密质比上边缘的更厚，然而黑猩猩的厚度是一样的。森努特研究团队运用X光（CT）评估了图根原人股骨的骨密质分布，发现图根原人的骨密质分布相对于猿类来说更像人类，这暗示着这些生物是直立行走的。但并不是所有的学者都认同这些分析，需要将来出土更多的骨骼材料才可以证实这些争论。

地猿（*Ardipithecus*）

地猿属包括地猿始祖种（*Ar. kadabba*）和拉密达地猿（*Ar. ramidus*）两个物种，均来自埃塞俄比亚的阿瓦什（Awash）中部地区。

关于人类起源的一些最重要的证据都来自于东非大裂谷北端的埃塞俄比亚阿瓦什中部地区，虽然那里现在干燥且荒无人烟，但曾经也草木茂密。接下来我们将介绍，这个地方有着许多关于人类祖先的惊人发现，同时也展示了古人类演化史上发生过的许多残酷事件。

地猿始祖种

在约580万到520万年前，阿瓦什中部地区分布着一种名为地猿始祖种的类猿古人类。这个物种是由现在在克利夫兰自然历史博物馆工作的约翰尼斯·海利-塞拉西（Yohannes Haile-Selassie）发现的。这些化石出土于阿瓦什中部盆地一个叫作阿拉米斯（Aramis）的地方，有许多牙齿和一块脚趾骨化石。像乍得沙赫人那样，地猿始祖种拥有原始的和衍生的牙齿特点。例如，犬齿与下面的第一颗前白齿对生，非常锋利，这个特点与黑猩猩相似，而与现代人类不同。另一方面，地猿始祖种有比黑猩猩更厚的白齿牙釉质，而且犬齿的形状像后期出现的古人类（图10.6）。其中一块520万年前的脚趾骨跟其他直立行走的古人类的脚趾骨类似，由此可推断，地猿始祖种是直立行走的。此外，还需要更多的颅下骨骼化石去证实这一说法。

拉密达地猿

拉密达地猿是同一个属的另一名成员，出现时期比地猿始祖种的化石记录晚100万年。

由来自加州大学伯克利分校的蒂姆·怀特（Tim White）带领的研究团队在1992年发现了后来被归为拉密达地猿的化石。他们在第一次调查期间，发现了部分牙齿、下颌骨、头颅的下部分和局部的上臂。这些化石可追溯到440万年前。怀特和东京大学的诹访元、亚的斯亚贝巴（Addis Ababa）裂谷研究所的博哈恩·阿斯范（Berhane Asfaw）等共同将该物种命名为 *Ar. ramidus*，名字来源于当

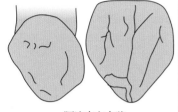

阿法南方古猿

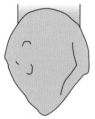

拉密达地猿

地猿始祖种

图10.6

黑猩猩和地猿始祖种的犬齿和第一前白齿齿峰咬合，但阿法南方古猿并不如此。地猿始祖种的犬齿形状和阿法南方古猿及拉密达地猿相似。

地阿法语（Afar）的单词"*ardi*"（意思为"土地"或者"地面"）和"*ramis*"（意思为"根"）。为了能发现更多的材料，该团队重返阿拉米斯到处搜寻更多的化石和骨骼材料。怀特的团队一共收集了超过15万块动物和植物的化石，其中包括110块地猿属的化石。

这些成果的发表让古生物学界产生了巨大的期待。这个时段没有其他为人所知的古人类，而且拉密达地猿可能根本上改变了我们对人类起源的印象。然而这些化石的状态并不好——骨骼容易破碎，其中一部分被践踏，压碎成很多碎片。研究人员小心地挖掘了每份标本，并把骨骼修复。这一程序完成后，他们于2009年发表了关于拉密达地猿的全面描述。

更多的拉密达地猿标本出土于阿拉米斯附近的贡那地区（Gona）。在贡那，来自西班牙的希勒什·塞马维（Sileshi Semaw）带领的团队发现了至少能代表九个个体的化石。

通常被称为"阿尔迪"（Ardi）、编号为ARA-VP-6/500的化石，展示了单个个体的绝大部分骨骼。

怀特和他的同事们拼接了一具几乎完整的个体骨骼，这样可以得到一个正式的模式标本，编号为ARA-VP-6/500（图10.7）。

古生物学家给标本都标上数字以帮助他们记录所收集的材料。但是记名字比记数字编号更容易，特别重要的化石有时候会有个昵称。在这里，ARA-VP-6/500被非正式地称为"阿尔迪"。

阿尔迪大概重51千克，直立身高1.2米，很可能是女性。由此推断，她可能比野生雄性黑猩猩大一些，但比雌性大猩猩要小。她的肢体比例跟四足行走的旧大陆猴和中新世的原康修尔猿都非常类似，而且她没有像现生猿类那样适应于悬吊式运动和在森林里取食的瘦长手臂和短腿。

大量来自于阿拉米斯的动植物化石再现了阿尔迪所生活的栖息地的详细风貌。440万年前的阿拉米斯比现在湿润很多。阿尔迪的栖息地是主要是稀树草原，也有一些茂密的森林，有疣猴和狒狒等小体型猴类，也分布着扭角林羚等喜好森林的大型有蹄类动物，这些动物在当时很常见。

拉密达地猿的头颅、面部、牙齿的许多特点与乍得沙赫人和图根原人类似。

阿尔迪有着猿类大小的大脑，脑容量为300~350 cc。她面部的上半部分比黑猩猩面部平，然而面部中部的凸颧与黑猩猩的类似。她的头骨位于脊柱的顶端，表明她是直立行走的。在这些特点当中，拉密达地猿与乍得沙赫人和图根原人很类似。

拉密达地猿有着一系列与众不同的牙齿特点，塑造了后期古人类的特征：臼齿牙釉质较厚，犬齿宽厚和长度的性差较小，而且前臼齿缺乏锋刃。

该物种的牙齿化石有145颗，这在古生物学中是非常丰富的。谢访元的团队

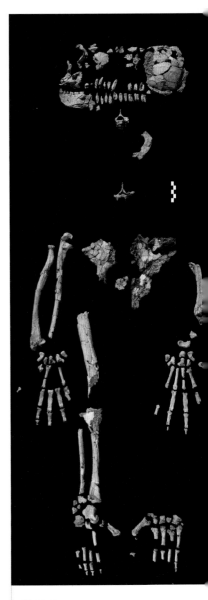

图 10.7

图为被称为阿尔迪、编号为ARA-VP-6/500的拉密达地猿骨骼。

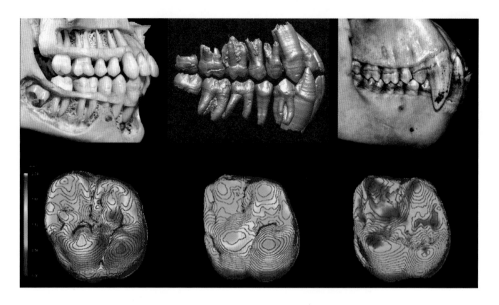

图 10.8

一名现代人类的牙齿和下颌（左），拉密达地猿（中）和一个现代黑猩猩（右）。最上边的图展示了拉密达地猿比现代人类和黑猩猩有着更大的臼齿。下面的图展示了三个物种的臼齿，不同颜色表示牙釉质的厚度，蓝色表示牙釉质薄，红色表示牙釉质厚。

通过分析这些牙齿，为拉密达地猿的食性和社会结构提供了重要线索。这些牙齿特征提供的基本证据，也涉及我们在本章后面会讲到的许多古人类特点。

总体而言，这些牙齿尺寸与黑猩猩牙齿类似，牙齿拱形跟黑猩猩一样是U形的。拉密达地猿的门齿比黑猩猩的要小。黑猩猩在咀嚼之前先用门齿来处理果实，而拉密达地猿比黑猩猩更少食用果实。

拉密达地猿的材料包括来自21个个体的23颗上端和下端的犬齿。这些犬齿跟雌性黑猩猩的犬齿大小差不多，但是没有像其他有大型犬齿的灵长类那样被下面的前臼齿磨锋利。如我们在第六章所讨论的，一种灵长类的犬齿提供了它社会组织方面的重要信息。在一夫一妻的物种中，犬齿的性别差异很小，但是在非一夫一妻的物种中，雄性的犬齿通常比雌性的犬齿大，雄性黑猩猩的犬齿比雌性的犬齿要大19%到47%，然而对于现代人类来说，男性的犬齿只比女性的大4%到9%（图10.8）。

诹访元和他的同事无法分辨牙齿来自雄性还是雌性，所以难以直接评估性别差异的范围，但是他们可以评估完整的犬齿样本中的变异范围，从而推算某些有着较大犬齿的个体可能是雄性，以及某些有着较小犬齿的个体可能是雌性。研究

图 10.9

本图展示的是犬齿大小在类人猿和古人类中的性别差异。矩形指的是每类样本的中间50%。600万年前的古人类指的是来自地猿始祖种与图根原人的牙齿。唇冠高（labial crown height）是指犬齿靠舌的内侧面的高度。

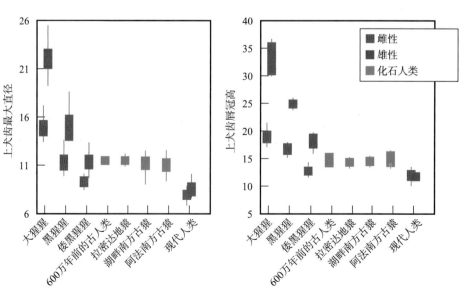

中，他们惊喜地发现了犬齿大小差别很小（图10.9）。他们估计雄性拉密达地猿的犬齿可能仅比雌性大10%到15%。然而，现在还不清楚犬齿性别差异的减少是不是与身体大小性别差异减少有关。

拉密达地猿的臼齿形态与其他类人猿的不同。大猩猩的臼齿有着薄的牙釉质和锋利的牙尖，方便撕裂树叶；黑猩猩的臼齿也有着薄的牙釉质，在牙齿中间有一个宽槽方便挤压浆果，并有适度的牙尖处理草本植物食物。拉密达地猿的臼齿有着较厚的牙釉质和更普遍的低牙尖（图10.8）。

总的来说，这些特点表明，拉密达地猿杂食并食用果实。它们或许比黑猩猩更少依赖成熟的果实，比大猩猩更少依赖粗糙的食物纤维，比猩猩更少依赖硬而粗糙的食物。

拉密达地猿的颅下骨骼提供了关于其运动模式的重要线索。脚和盆骨的特点表明拉密达地猿是直立行走的。

乍得沙赫人和图根原人都有着与直立运动有关系的特征，但是我们很难通过有限的颅下材料来确定其运动模式。对地猿属来说，我们可以修复它们的颅下骨骼，并在更多细节上判断它们的运动模式。脚、盆骨和手的特点为了解地猿属的运动模式提供了重要线索。

拉密达地猿的脚混合了现代猿类和现代人类的特点。现代猿类有着有弹性的脚和对生的（可以紧紧抓握的）脚拇指，让它们可以通过抓握树枝爬树并支撑它们的重量。相比之下，人类的脚更僵硬，形成了利于在行走和跑步中转移作用力的偏平板的结构，人类的脚拇指不是对生的，不能用脚趾去抓牢东西。拉密达地猿保留了对生的脚拇指，但是其他四个脚趾形成了更适应直立行走的结构。

地猿属的盆骨调整为适应直立姿势和直立行走。为了理解盆骨的转变，你需要知道它的一些基本构造。盆骨由三块骨头构成，形成了一个环状的结构，可以支撑脊柱下端并保护内脏。盆骨的上部称为髂骨，中间部分称为耻骨，下面的部分称为坐骨。盆骨和股骨连接的地方形成了髋关节。股骨颈向内弯曲，使股骨头与盆骨下面部分的圆形凹处形成一体（另外，在腰部下面的骨结节并不是你的臀部，而是你的盆骨）。

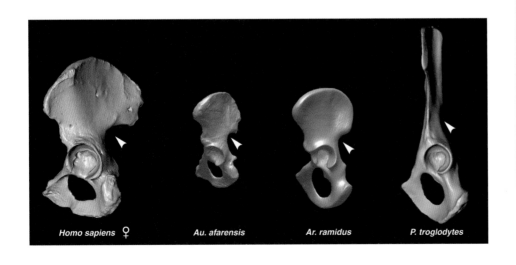

图 10.10

现代人类、南方古猿、拉密达地猿和现代黑猩猩的盆骨（从左到右），箭头所指是坐骨的凹口。

Homo sapiens ♀   Au. afarensis   Ar. ramidus   P. troglodytes

现代人类和黑猩猩的盆骨有着显著的区别（图10.10）。现代人类的髂骨比黑猩猩的更短更宽。这为保持身体直立行走的强劲肌肉提供了更大的附着空间。变宽的髂骨上面部分在髂骨下面部分形成了一条明显曲线（坐骨的凹口），然而黑猩猩中并没有这个结构。拉密达地猿的髂骨比黑猩猩的更短更宽而且有着坐骨的凹口。然而，拉密达地猿盆骨的下部分更像猿而且缺乏我们在现代人类中所看到的一些明显特点。例如，脚的系列形态特征表明拉密达地猿是直立行走的，但是其步态或许与我们有些不同。

手和前肢的特点表明地猿属缺乏我们在现代类人猿中看到的某些行动特化结构。

大猩猩、黑猩猩和倭黑猩猩在行走时都以其指关节着地承重，所以大部分研究者认为这是大型类人猿和人类祖先的代表特征，这一特征在后来的古人类中消失了。然而，正如我们在第九章所说的那样，越来越多的证据表明中新世类人猿运动适应方式具有多样性，也存在一些趋同演化事例。肯特大学的特蕾西·基韦尔（Tracy Kivell）和杜克大学的丹尼尔·施密特（Daniel Schmitt）对黑猩猩和大猩猩的手部进行了详细分析并指出，在很多物种中，指关节的生物力学有着很关键的区别。如果指行性是在这些类群中独立演化而来的话，这一观点倒并不奇怪。

从这个角度来说，不难解释拉密达地猿的手与其他非洲猿类的手有很大的不同。大猩猩和黑猩猩有长的掌骨（手掌的骨头）、长的指骨（手指的骨头）和相对较短的拇指。这些特点是悬挂姿势和树枝下移动所形成的。拉密达地猿的手掌和手指更短，拇指更长更强健。怀特和他的同事们认为拉密达地猿可能在树枝上方移动，用手掌承重，小心地跨越树冠之间的间隙。

对拉密达地猿的形态学分析经常令古生物学家感到惊讶。

古生物学家已经对拉密达地猿材料的综合描述期待多年。现在，描述已经发表，学界需要一段时间评估这些分析，并对阿尔迪在古人类演化树的位置达成共识。怀特、诹访元和他们的同事得出的一些结论也存在疑问。最明显的是阿尔迪的前肢比例像猴，而不像现代类人猿，因此可推测人与黑猩猩的最近共同祖先可能不是悬吊运动和在树枝下进食。这些分析对我们如何组织资料重现早期古人类的行为和社会会有怎样的影响，目前仍一直有争议。

直立行走的适应性优点

从四足行走到直立行走的转变是古人类的一个最典型特点。然而，自然选择倾向于直立行走的原因还不是完全清楚。

我们理所当然地认为直立行走很正常，但是它实际上是一种非常不寻常的适应性行为。在哺乳动物中，只有袋鼠科（袋鼠和沙袋鼠）、更格卢鼠和跳兔是习惯性双足行走。生物力学分析表明双足行走和四足行走在效率上大致一样。如果是这样的话，那古人类为什么要采用这种奇怪的运动形式呢？对于这一问题有很多种解释。

直立行走最初出现在树栖的中新世类人猿中，可能是一种取食适应，并在古人类中保留了下来。许多中新世类人猿似乎已经直立行走，可能同时具有树栖双足行走能力。来自利物浦大学的罗宾·科洛普顿（Robin Crompton）和他的同事们指出，这些类人猿可能用它们的脚去抓握各种小的树枝来支撑它们的体重并用它们的手来保持平衡，抓握树枝去使自身平稳并采集食物。这或许让它们可以在有果实的树枝末端移动，并从一棵树移动到另一棵树。现代的倭黑猩猩和黑猩猩在树上进食的时候，有时会采用双足行走的姿势。

这个说法有一个缺陷，它不能与以下的证据相符——拉密达地猿有像猴那样的前肢比例并缺乏衍生的现存猿类的移动适应行为。

直立行走姿势提高了从小型树木上采集果实的效率。印第安纳大学的人类学家凯文·亨特（Kevin Hunt）认为直立行走姿势的有利之处在于更高效地采集非洲树林中随处可见的小型树木的果实。亨特发现黑猩猩很少直立行走，但它们在采集小型树木果实的时候会花费大量时间来双脚直立（图10.11）。通过用手保持平衡，它们采集果实并小心翼翼地挪动脚步从采集完的食物斑块移动到新的食物斑块。双脚直立允许黑猩猩用双手来采集果实，而小心翼翼地挪动脚步行走允许它们在不增加或减少自身重量的情况下，从果树的一片食物集中区走到另一片。

直立姿势使古人类保持凉爽。比起雨林的树荫，开阔栖息地的高温是一个严峻的问题。如果动物中午在开阔地活动，那它必须能够防止体温尤其是大脑的温度过高。利物浦约翰摩尔斯大学（Liverpool John Moores University）的皮特·惠勒（Peter Wheeler）指出直立在很多方面减少了高温风险（图10.12）。

这种解释看上去不能对应上人类在树林栖息地演化出直立行走的证据，因为在树林中高温并不是主要的问题。然而有证据显示古人类占据着破碎化的栖息地，可能有时会走出森林边缘去觅食。

直立行走解放了双手以携带物品。携带物品的能力可以概括为"用手"。四足行走的动物不能在行走和爬树时用手携带物品，导致它们需要用嘴衔着物品行走。一些旧大陆猴可以在颊囊中储存大量食物并在之后咀嚼吞咽。其他灵长类则

图10.11

黑猩猩有时双脚站立来采集小型树木上的果实。它们用一只手保持平衡，用另一只手来采集，并小心翼翼地挪动脚步从树木的一片食物斑块走到另 片。

图10.12

直立行走帮助动物在炎热气候中保持凉爽，有以下三种途径：减少阳光的照射量，加大暴露在流动空气中的表面积，将身体置于更低温的空气中。

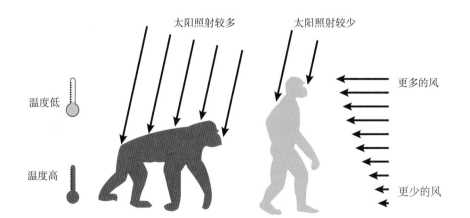

太阳照射较多　　　太阳照射较少

温度低

更多的风

温度高

更少的风

必须在找到食物的地方当场吃掉，当食物处在危险的位置或者那里有很多食物竞争者的时候，这个过程会造成问题。直立行走的古人类可以用他们的手和手臂携带大量食物，而且他们可以从一个地方携带工具到另一个地方。

任何或者所有的这些假设可能都是正确的。直立行走被自然选择所青睐的原因，是它能更高效地移动，让早期古人类保持凉爽，能够从一个地方携带食物或工具到另一个地方，或者能够更高效地进食。而且一旦直立行走演化形成，就可能促进其他行为模式的发展，例如工具的使用。

古人类大家庭的多样性

在400万到200万年前，非洲生活着许多古人类物种，分为四个属：南方古猿属（*Australopithecus*）、傍人属（*Paranthropus*）、肯尼亚平脸人属（*Kenyanthropus*）和人属（*Homo*）。

从大约400万年前开始，古人类大家庭不断扩大，在后来200万年中，有4到7种头部相对较小的直立行走古人类不时地生活在非洲。有许多不同的系统学框架来对这些生物进行分类，但学界对它们的系统发生关系还没有达成共识。在本书中，我们采取以下的分类方案：

1.南方古猿包括五种：湖畔南方古猿（*Au. anamenis*）、阿法南方古猿（*Au. afarensis*）、非洲南方古猿（*Au. africanus*）、惊奇南方古猿（*Au. garhi*）和源泉南方古猿（*Au. sediba*）。这个属名字的意思是"southern ape"（南方的猿类），该名字最早被用来命名20世纪20年代出土于南非的阿法南方古猿的头骨。这些生物是直立行走动物，有适应杂食的牙齿、头骨和下颌。

2.傍人包括三种：埃塞俄比亚傍人（*P. aethiopicus*）、粗壮傍人（*P. robustus*）和鲍氏傍人（*P. boisei*）。这个属名字的意思是"平行于人"，由罗伯特·布鲁姆（Robert Broom）命名，他发现了傍人粗壮种的第一份标本。这些物种脖子以下的部位与南方古猿属相似，但是它们有适应于咀嚼粗糙植物性食物的巨型牙齿和下颌，而且头骨也调整了，可以附着巨大的咀嚼肌来支持这样的咀嚼器官。

3.肯尼亚平脸人只包含一个物种：肯尼亚平脸人（*K. platyops*）。这个属名字的意思是"肯尼亚男人"，是以在肯尼亚北部出土的一份标本命名的。我们还不了解这些生物，但它们扁平的脸和细小的牙齿是与众不同的。

4.第一个人属的成员可能与其他数个古人类物种共存于东非。它们有着比当时其他古人类物种更大的大脑和较小的牙齿。我们在第十二章将讨论这些生物。

图10.13的地图上标记了非洲早期古人类化石的出土位置。在本节中，我们简要描述每个化石物种的历史和特点，然后讨论它们共同的特征。

如果你觉得好像误拿起了有着一大串人名的俄罗斯小说，充满拗口难记的名字，那么请你谅解。但是要记住，所有这些物种都有一些重要的特征。它们都是在地上直立行走的，但是还可能会爬树，它们的脑容量与现代类人猿的差不多；而且它们有着较小的犬齿和门齿，并有着更大的臼齿和前臼齿，牙釉质比

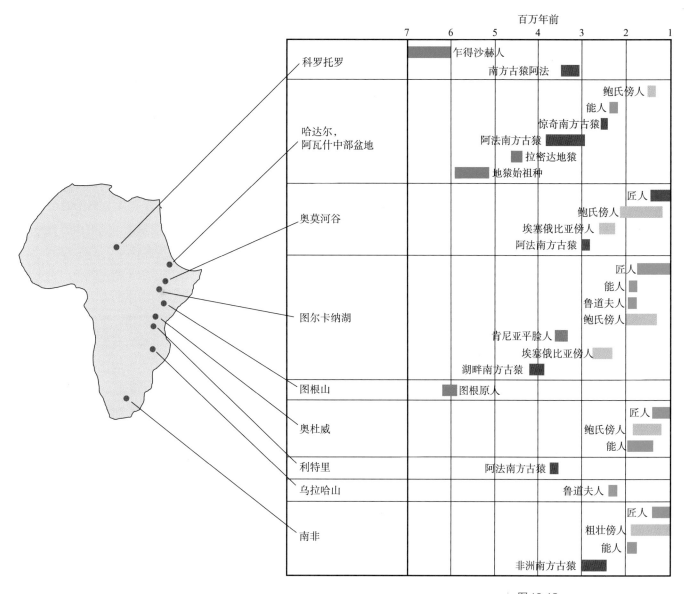

	百万年前						
	7	6	5	4	3	2	1
科罗托罗		乍得沙赫人					
				南方古猿阿法			
						鲍氏傍人	
						能人	
哈达尔，阿瓦什中部盆地					惊奇南方古猿		
				阿法南方古猿			
				拉密达地猿			
			地猿始祖种				
							匠人
奥莫河谷						鲍氏傍人	
				埃塞俄比亚傍人			
				阿法南方古猿			
							匠人
						能人	
						鲁道夫人	
图尔卡纳湖						鲍氏傍人	
				肯尼亚平脸人			
				埃塞俄比亚傍人			
			湖畔南方古猿				
图根山		图根原人					
							匠人
奥杜威						鲍氏傍人	
						能人	
利特里				阿法南方古猿			
乌拉哈山						鲁道夫人	
							匠人
南非						粗壮傍人	
						能人	
					非洲南方古猿		

图 10.13

大量的古人类化石遗址分布于现在非洲东部和南部。本图中把每个属以不同的颜色进行标识。在更多分析结果发表之前，出土于乍得埃尔加扎尔（Bahr el Ghazal in Chad）的化石暂时归为阿法南方古猿。

黑猩猩的更厚，它们比现代人类小很多，两性的身体大小有着显著差异。这些相似点已经让许多人类学家把除了人类以外的所有这些古人类统称为"南方古猿"（australopiths），在这里我们也采取这一用法。

南方古猿

湖畔南方古猿（*Au. anamensis*）

湖畔南方古猿是直立行走的，但其头骨比晚期的南方古猿更像类人猿的头骨。

1994年，由米夫·利基（Meave Leakey）领导的来自肯尼亚国家博物馆的一支考古队在肯尼亚图尔卡纳湖（Lake Turkana）附近的卡纳博和阿利亚河湾发现了一份新的古人类物种化石（图10.14）。这些标本包括部分上下颌骨、一部分胫骨和许多牙齿。此外，20世纪70年代初，在卡纳博地区还曾出土过部

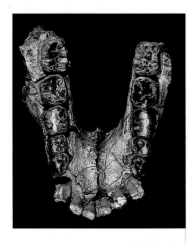

图 10.14

湖畔南方古猿生活在大约400万年前，比阿法南方古猿早50万年。研究人员复原了许多湖畔南方古猿的肢骨残片，上、下颌骨以及牙齿。

分肢骨，现在我们可以将它们与新发现的标本联系起来。利基将它们命名为"*Australopithecus anamensis*"。这个物种的名称来源于"anam"，这个词在图尔卡纳湖附近居民的语言中表示湖泊。随后在图尔卡纳湖区域出土的标本增加到50多个，另外，由蒂姆·怀特和他的同事们在埃塞俄比亚的阿瓦什中部地区的阿拉米斯和阿萨伊赛（Asa Issie）附近发现了30个额外的标本。这些化石可以追溯到420万到390万年前。

我们通过胫骨和踝关节的形状可知道，南方古猿湖畔种是直立行走动物。对于人类而言，胫骨的轴是垂直于脚踝平面的，而黑猩猩和大猩猩的这个角度是倾斜的。倾斜角度让踝关节有更大的弹性，让猿类的脚在攀爬垂直树干时可以前屈。湖畔南方古猿在这些特征上更像现代人类而不像其他猿类。湖畔南方古猿也有着较长的前臂和弯曲的手，这意味着它们可能非常适应爬树。

然而，南方古猿湖畔种比后来的其他南方古猿缺少了数个衍生特征。例如它们的耳孔细小，形状是椭圆的，就像现生类人猿一样，而后来的南方古猿耳孔更大更圆。它们的牙拱是U形的，与拉密达地猿和黑猩猩的很像。下巴比其他南方古猿更向后缩（图10.15）。虽然相比类人猿，湖畔南方古猿的犬齿要小一些，但它仍比后来其他南方古猿的要大。湖畔南方古猿的犬齿大小可能比拉密达地猿或者后来别的南方古猿有更多的变化（或许还有更明显的性二型性）。

与湖畔南方古猿一起出土的其他动物化石提供了关于这些生物栖息地的信息。在阿萨伊赛，有许多叶猴科和牛科动物（包括羚羊和水牛），这些物种喜欢在郁闭或长满草的树林生活。这一栖息地与同一地区再往前20万年的拉密达地猿的栖息地非常类似。在卡纳博和阿利亚河湾的动物群遗址表明湖畔南方古猿在这些地方拥有更多样化的栖息地，包括干燥的林地、河边的长廊森林和更开阔的草原。

湖畔南方古猿可能仅次于我们所知最古老的古人类（阿法南方古猿）的祖先。埃塞俄比亚的新发现可能能够将这两个物种联系起来。

图 10.15

相对于后期的南方古猿，湖畔南方古猿有着一个回缩的下巴，在叠加的下颌骨侧视图中可以很明显看出。湖畔南方古猿的标记为米黄色，阿法南方古猿的标记为蓝色。

正如我们前面提到的，湖畔南方古猿的化石可以追溯到420万到390万年前。下一个已知的古人类物种——阿法南方古猿——出现在约360万年前。湖畔南方古猿和阿法南方古猿之间异同点的模式让许多研究者认为阿法南方古猿是由湖畔南方古猿演化而来的。然而，我们不能确定这个转变是如何发生以及何时发生的，因为390万到360万年前之间的化石记录仍然空白。

在2010年，海利－塞拉西带领的研究团队宣布在埃塞俄比亚阿法区域的沃兰索－米尔（Woranso-Mille）发现了古人类化石标本；这些标本可以追溯到380万到360万年前。这些发现主要包括单独的牙齿以及一些下颌骨碎片和颅下骨骼。对这些材料的仔细分析，表明这些生物与湖畔南方古猿有一些共同特征，与阿法南方古猿又有另一些共同特征。

在时间和形态上处于中间值，表明沃兰索－米尔地区的古人类与湖畔南方古猿和阿法南方古猿属于同一支

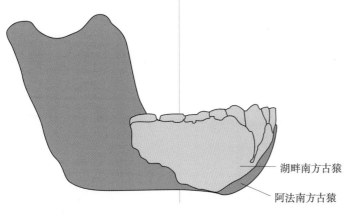

湖畔南方古猿

阿法南方古猿

系上的单系群。如果是这样，我们可能要重新考虑这两个物种的分类级别，并把湖畔南方古猿与阿法南方古猿重新分到同一分类单元。

图10.16

埃塞俄比亚的阿瓦什河谷有着数个古生物学的重大发现，其中包括阿法南方古猿的许多化石。

阿法南方古猿（*Au. afarensis*）

在古人类化石中，阿法南方古猿的化石出土于距今360万至300万年的东非地区。

阿法南方古猿由于其出土于非洲数个地方而出名（图10.13），但该物种的化石主要来自埃塞俄比亚的几个化石遗址。在20世纪70年代早期，一支法国与美国的联合团队在毛里斯·泰博（Maurice Taieb）与唐纳德·约翰逊（Donald Johanson）的带领下开始在哈达尔（Hadar）发掘人科化石，发掘地点位于埃塞俄比亚东北部的阿法盆地（图10.16）。1973年，该团队有了震惊世界的发现，发掘出一些300万年前的膝盖骨，这些膝盖骨与现代人类的膝盖骨惊人地相似，第二年他们回到该地又发掘出一副大部分完整的个体骨架（图10.17与图10.18）。研究团队将这副骨架命名为"Lucy"（露西），取名自披头士歌曲《露西在缀满钻石的天空》（*Lucy in the Sky with Diamonds*）。研究团队在哈达尔的重大发现并不只有320万年前的露西骨骸，在后来的一个发掘季度中，他们又发现了另外13具个体骨架。

这些化石出土后不久，埃塞俄比亚的10年内战打断了在哈达尔的发掘进程。之后，约翰逊带领的一支团队又回到哈达尔，其中一支由怀特带领的分队来到了阿瓦什中部盆地搜寻化石。两支队伍都成功地发现了许多阿法南方古猿个体的化石，其中包括一个近乎完整的颅骨化石（编号为AL 444-2）。在2001年，埃塞俄比亚研究人员希列森耐·阿连赛格德（Zeresenay Alemseged）宣布发现了一副保存极佳的孩童部分骨架，出土于埃塞俄比亚阿法地区的迪其卡（Dikika）（图10.19）。这副纤弱的骨架被砂岩覆盖，耗费了大量努力提取。努力没有白费，迪其卡孩童的骨骼化石比露西的更完整，揭示出各种有别于其他已知早期古人类的解剖学特征。例如，其纤细的舌骨（系住舌头的骨骼）保存完好。另一具360万年前的部分骨架出土于沃伦索-米尔地区，此次发现包括了纤细的肋骨化石和完整的阿法南方古猿肩胛骨化石等。

南方古猿阿法种的化石还出土于非洲另外几个地方。在20世纪70年代，由玛丽·利基（Mary Leakey）带领的团队在坦桑尼亚的利特里（Laetoli）地区发掘出了阿法南方古猿的化石。利特里标本距今350万年，比露西早数十万年。1995年，研究者们发表了在乍得和南非有价值的发现。一支法国团队发表了对在乍得的埃尔加扎尔地区发现的下颌骨化石的描述，该化石被暂时识别为阿法南方古猿，据相关联的化石测定，其距今340万至310万年。在南非，约翰内斯堡威特沃特斯兰德（Witzwatersrand）大学的罗纳德·克拉克（Ronald Clarke）以及后来的菲利普·托比亚斯（Philips Tobias）发现了几个脚骨，可能也属于阿法南方古猿。

对这些发掘地的环境重拟显示，阿法南方古猿的栖息地包括树林以及干燥稀树草原等多种类型。在400万至300万年前，哈达尔的生境有树林、灌木丛和草

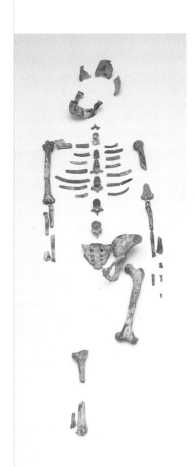

图10.17

出土于哈达尔的一具大致完整的个体骨架。由于两侧对称，这具名为露西的骨架基本可以被重新构拟。

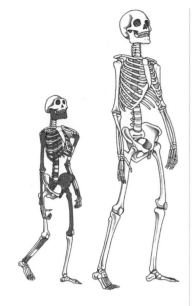

图 10.18

在此，露西的骨架（左）站在现代人类女性的骨架背后，出土的骨架部分标为红色。露西比现代女性矮小并有着相对更长的手臂和相对更小的大脑。

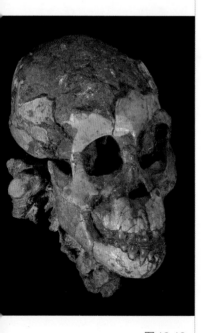

图 10.19

年轻但又古老。迪其卡孩童平坦的鼻子和前突的面部与黑猩猩相似。但这具出土于埃塞俄比亚距今330万年的人类祖先化石与著名的露西骨架属于同一个物种。

阿法南方古猿的颅骨和牙齿与类人猿十分相似。

阿法南方古猿的颅骨与类人猿十分相似，有着小型的大脑和强劲的咀嚼能力。其脑容量约为450 cc，与现代黑猩猩的脑容量大致相当。阿法南方古猿的颅骨还显示出许多与类人猿相似的特征。如颅骨底部突出且骨内含有气腔；面部鼻以下的部分前突——又称为**鼻下前突**（subnasal prognathism）；而且下颌关节较薄（图10.20）。另外它在牙齿特征上也与类人猿有许多相似点，包括大小有显著性别差异的犬齿，相对较大较前倾的门齿，以及许多标本中存在的牙间隙（diastema，上犬齿与门齿间为下犬齿留下的间隙）（图10.21）。

迪其卡孩童骨骼中包含了极少在化石标本中完好保存的一根纤细骨骼——舌骨。

舌骨连接着舌部肌肉与喉部肌肉。喉咙的解剖学特征影响到它能发出哪些类型的声音。迪其卡孩童的舌骨形状更类似类人猿而非现代人类，这意味着阿法南方古猿和大型类人猿一样发声能力有限。

基于迪其卡孩童化石的换牙模式与大脑发育情况可推测，阿法南方古猿可能比起黑猩猩发育得更缓慢。

研究人员通过CT扫描了迪其卡孩童化石颅骨，对它的牙齿发育进程进行了重新构拟。在迪其卡孩童死亡时，其乳齿已经脱落，而其第一颗恒臼齿的牙冠已经完全形成（图10.22）。基于黑猩猩的牙齿发育模式，研究人员估计迪其卡孩童死于三岁左右。迪其卡孩童的脑容量约为300 cc，与黑猩猩脑容量大致相同。但黑猩猩在三岁时已完成90%的大脑发育，而迪其卡孩童看上去只完成了75%的大脑发育。若对迪其卡孩童的年龄估计正确，那意味着阿法南方古猿比现代黑猩猩发育成熟得更晚。

解剖学证据清晰地表明阿法南方古猿完全直立行走。

如果只看颈部以下的解剖结构，阿法南方古猿看起来更像人类而不像黑猩猩（知识点10.1）。阿法南方古猿的骨盆短而宽，股骨颈较长。其股骨向内倾，有足弓，且脚拇指不可内弯。这些都是与直立行走相关的特征。

虽然阿法南方古猿毫无疑问是直立行走的，但它们的骨盆与腿的许多特征仍与现代人类不一样。这使许多研究者相信露西与她的同伴们以一种低效、弯着腿的步法行走。例如其髂骨比现代人类更向后，生物力学的计算结果表明，它们的外展肌在转向时效率低下。阿法南方古猿的腿与身体的比例远小于现代人类的比例，这将降低其行走的速度与效率。然而，其他研究者认为阿法南方古猿的走路

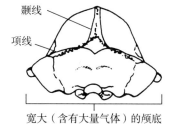

颞线
项线

鼻下前突

牙间隙

黑猩猩

宽大（含有大量气体）的颅底

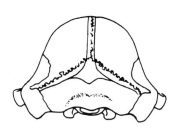

阿法南方古猿

图 10.20

阿法南方古猿的颅骨有若干原始特征，包括小型的大脑、纤薄的颌关节、含气体的颅底、面部的鼻下前突。

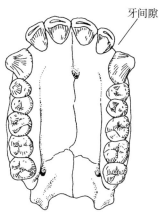

牙间隙

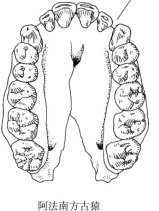

牙间隙

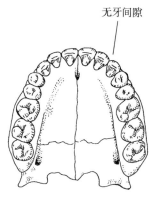

无牙间隙

黑猩猩 　　　 阿法南方古猿 　　　 现代人类

（a）齿弓

雄性
雌性

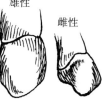

雄性
雌性

雄性　雌性

黑猩猩 　　　 阿法南方古猿 　　　 现代人类

（b）犬齿的性别差异

黑猩猩 　　　 阿法南方古猿 　　　 现代人类

（c）第三前白齿的形态

图 10.21

阿法南方古猿的牙齿与颌骨在几个特点上属于类人猿与现代人类的过渡类型。（a）齿弓不如黑猩猩那么呈U形，亦不如现代人类那么呈抛物线形。（b）黑猩猩的犬齿比阿法南方古猿的更大且性别差异更明显，而阿法南方古猿的犬齿也比现代人类的更大且性别差异更明显。（c）黑猩猩下颌的第三前白齿只有一个尖头，而现代人类有两个尖头，阿法南方古猿的第二个尖头较小但仍明显可识别。

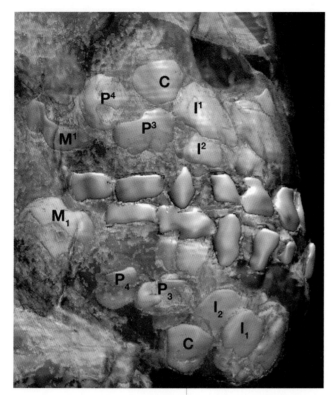

方式即使与现代人类不同，但仍然是高效的。例如他们指出阿法南方古猿的盆骨与身体比例远宽于现代人类，额外的宽度可能减少了行走过程中身体的垂直运动，而现代人类较长的腿也是同样功效。

在东非发现了一串直立行走的化石脚印，其形成时间与阿法南方古猿存在的时间相吻合。

玛丽·利基与其研究团队在坦桑尼亚利特里的一个重要发现，为阿法南方古猿以有效率的步法行走的说法提供了有力证据。研究人员发掘出一串30米（约100英尺）的脚印。这些脚印来自约350万年前的三个直立行走个体，它们当时跨越了一层湿润的厚火山灰（图10.23）。古生物学家们估计，这三个个体中的最高者身高为1.45米，最矮者为1.24米。这些湿润火山灰后来干结成形，并保存了下来，留下了这幅引人入胜的景观。芝加哥大学的人类学家拉塞尔·塔特尔（Russell Tuttle）对利特里的脚印与秘鲁热带雨林的马季刚卡人（Machigenga）的脚印进行了比较，选择马季刚卡人的原因是他们的平均身高与利特里脚印制造者的身高相近而且也赤脚行走。塔特尔发现利特里脚印与马季刚卡人的脚印并没有机能上的差别，因而他推断利特里脚印制造者的行走步法与现代人类相同。

图 10.22

对迪其卡孩童牙齿与颅骨的三维扫描重构。只对右侧恒齿进行了标记。

那么这些脚印是谁的呢？很可能是阿法南方古猿或肯尼亚平脸人（本章后面将会介绍），因为两者是我们所知当时东非仅有的两种古人类。阿法南方古猿的可能性最大，因为在利特里出土了它们的遗留物。若真是阿法南方古猿制造了这些脚印，那就说明质疑其高效直立行走的学者们错了；但一部分人类学家坚信解剖学证据，认为阿法南方古猿不能像现代人类那样直立行走，若他们正确，那么脚印则来自肯尼亚平脸人或别的350万年前生活在东非但尚未被我们发现的古人类物种。

阿法南方古猿很可能有大量时间在树上度过。

除了一些大猩猩种群以外，所有的非人灵长类都在树上或挤在悬崖上过夜，以躲避豹等夜行性捕食者。即使是体型与露西相当的黑猩猩，每晚也制作树床并在树上睡觉。阿法南方古猿的许多骨骼特征显示，它们可能也在树上睡觉和觅食。黑猩猩的肱骨、尺骨、桡骨与股骨几乎同样长，而现代人类的前臂骨骼缩短且股骨变得比肱骨长。阿法南方古猿的这些骨骼的比例与黑猩猩的类似，且它们的指骨与趾骨弯曲，这也与现代猿类类似，其大拇指较短而各指指尖呈锥状，相比之下，现代人类有着更长的拇指和更宽的指尖。阿法南方古猿的这些特征让它们在攀爬时能更好地抓握树枝，其肩胛骨的一些明显特征也适应支撑身体悬挂。

迪其卡孩童保存完好的肩胛骨也卷入到阿法南方古猿适应树栖与否的争论

图 10.23

350万年前，三个直立行走生物穿过一层湿厚的火山灰。它们的脚印在火山灰干结后成形，并保留了下来。

中。其肩关节盂（shoulder socket）朝上，与现代人类不同。这种特征利于攀爬时能做出类似于类人猿的运动方式。阿连赛格德和他的同事们则认为迪其卡孩童的肩胛骨更像地栖的大猩猩的肩胛骨，而不像半树栖的黑猩猩的肩胛骨（图10.24）。

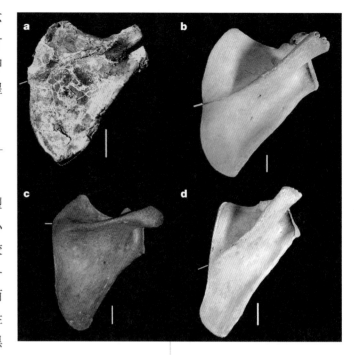

阿法南方古猿的体型大小有明显性别差异。

解剖学证据显示哈达尔的成年阿法南方古猿的体型大小差异很大。较大的个体高1.51米、重45千克，较小的个体则高1.05米、重30千克（65磅），由此可知，较大个体的大小是较小个体的1.5倍。对此有两种解释，一种认为这种差别代表了性别差异，较大的个体为雄性而较小的为雌性，那么哈达尔出土的雄性和雌性个体的性别差异大致接近猩猩与大猩猩，而远高于现代人类、黑猩猩与倭黑猩猩。

另一种观点认为，大小不同的个体可能代表存在两个物种。这种解释的首要证据是当时的利特里地区是稀树草原环境，体型较大者比较小者更加常见，而较小者主要出土于当时的雨林中。一些研究人员还相信较小者对直立行走的适应程度比不上较大者，即其中一个物种体型较大而且完全直立行走以适应稀树草原的生活，较小物种的形态学特征则兼顾了爬树与行走，适应雨林的生活。

怀特与约翰逊在埃塞俄比亚发现的化石表明，双物种理论并不成立。每具新化石的地点和时间都相同，而且涵盖了整个体型大小变化范围。而且一根粗大的股骨有着许多与露西细小的股骨相同的特征。这些数据同时表明，体型较大者与体型较小者的化石都出土于从雨林到稀树草原的所有环境中。这些事实表明这组化石属于一个性别差异明显的单一物种。现在绝大多数古人类学家已接受了这个结论，而个别的争议在于其性别差异的程度到底类似现代大猩猩与猩猩，还是类似黑猩猩与现代人类。

惊奇南方古猿（*Au. garhi*）

惊奇南方古猿生活于250万年前的东非。

1999年，阿斯范与怀特带领的一支研究团队发表了在埃塞俄比亚的阿瓦什河谷发现的一个新物种——*Australopithecus garhi*，即惊奇南方古猿。"garhi"在阿法尔语中是"惊奇"的意思。1996年，阿斯范与怀特及其同事们在一个叫波里（Bouri）的地方发掘出古人类遗存，该处位于一个浅淡水湖，离发现阿法南方古猿的地方不远。这次发现包括大量颅下骨骼与一个个体的部分骨架。这些标本保存良好，而且有证据明显表明其形成时间为250万年前，然而它们当时并未能被识别为单独物种。直至1997年，研究团队在离原址300米处发现了大量的头部骨骼遗存。这些颅骨、上颌骨、牙齿来自与颅下骨骼相同的地层，并揭示出了更多

图 10.24

迪其卡孩童（a）与大猩猩（b）、现代人类（c）、黑猩猩（d）近似年龄个体的肩胛骨形状、方向比较。绿线指向与脊椎连接处。可看出，迪其卡孩童的肩胛骨更像大猩猩而非黑猩猩，因为大猩猩使用悬挂姿势少于黑猩猩。

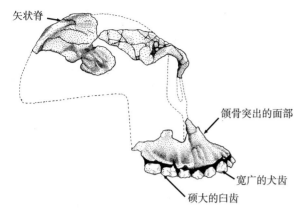

矢状脊

颌骨突出的面部

宽广的犬齿

硕大的白齿

图 10.25

1999年，第一份对250万年前的埃塞俄比亚古人类物种的描述发表。这一被命名为惊奇南方古猿的物种有着小型的大脑以及颌骨突出的面部。其同时还具有矢状脊——位于颅骨顶部的一条骨脊。比起阿法南方古猿与非洲南方古猿，其有着更宽广的犬齿与更大的白齿。

波里古人类（Bouri homonin）的分类学特征。

这些个体有着像阿法南方古猿那样的小型大脑（约450 cc），颌骨突出（图10.25），其犬齿与前后臼齿总体比阿法南方古猿的大，其牙齿的细节特征也与阿法南方古猿不同。同时这些个体还有**矢状脊**（sagittal crest），即颅骨顶部中线的凸起，像朋克摇滚歌手的莫霍克人（Mohawk）发型。在波里出土的标本被认为属于南方古猿属的一个新物种，因为其与该属的任何物种都不相同，但其缺乏与其他古人类物种的遗传特征联系。

迄今为止，在惊奇南方古猿模式标本发掘地附近的颅下骨骼遗存仍未被归为一个独立物种，但其展现了古人类支系的一些有趣发展。对波里出土的古人类肱骨、桡骨、尺骨、股骨的重构表明，相对于阿法南方古猿，这些个体的股骨已经比肱骨更长，但前后臂长度仍然一样。而颅下骨骼遗存表明，这些出土于波里的古人类的体型大小与健壮程度变化范围很广，这可能反映了该物种雄性比雌性硕大，但仍无足够证据下定论。

非洲南方古猿（*Au. africanus*）

非洲南方古猿分布于300万到220万年前南非的数个地方。

在阿法南方古猿和惊奇南方古猿活跃在东非的同一时期，南非分布着另一种南方古猿。非洲南方古猿最先在1924年由生活在南非的澳大利亚解剖学家雷蒙德·达特（Raymond Dart）识别出来。有矿工给了他一块石头，他花费了大量精力从中提取出一块颅骨，这块颅骨属于一个未成年的、大脑较小的物种个体（图10.26）。达特将此化石正式命名为非洲南方古猿（*Austalopithecus africanus*），即非洲的南方猿类。目前已有证据表明同物种的个体广泛分布于非洲南部。达特的化石通常被称为"汤恩小孩"（the Taung child）。达特相信汤恩小孩直立行走，因为其枕骨大孔更像现代人类而非类人猿。同时他也观察到汤恩小孩与现代猿类的许多相似点，包括相对较小的脑容量。因此他认为该新发现的物种是猿类与人类的过渡物种，但此结论遭到当时学界的广泛否定，因为当时绝大多数体质人类学家相信，在人类演化中大脑的演化先于直立行走，这场对非洲南方古猿分类学地位的争论持续了三十年。

非洲南方古猿是一个小型直立行走的物种，其牙齿特征与颅下骨骼相对接近现代人类。与阿法南方古猿一样，其在体型与犬齿上存在明显的性别差异。雄性站立高度为1.38米、重41千克，雌性高1.15米、重约30千克。其牙齿在数个方面上比阿法南方古猿更接近现代人类，其平均脑容量为460 cc，比阿法南方古猿的平均值要大，然而两者脑容量的相差值小于物种内部不同个体间的差别，因而可能是由标本差异而导致的误差。该物种生活于300万至220万年前。这具颅下骨架能清楚地与阿法南方古猿相区别。达特认为汤恩小孩直立行走的这一观点之所以引起争议，是因为其以枕骨大孔作为首要论据，但又没有颅下骨骼来支持他的结论。后来许多非洲南方古猿成年个体的颅骨与颅下骨骼出土于南非的马卡潘斯哥特（Makapansgat）与斯泰克方丹（Sterkfontein）地区，这些标本的髋骨、骨盆、肋骨、椎骨与阿法南方古猿非常相似。因此达特认为汤恩小孩直立行走的这一观点得到了证实。

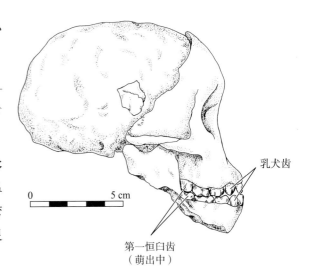

乳犬齿

第一恒臼齿
（萌出中）

0   5 cm

图 10.26

第一份南方古猿属标本最先由雷蒙德·达特于1924年识别出。达特将其命名为非洲南方古猿，意思为非洲的南方猿类，而此标本通常被称为"汤恩小孩"。达特认为汤恩小孩直立行走。尽管汤恩小孩只有很小的大脑，但达特认为它是猿类与人类的过渡物种。此观点在30年后才被普遍认同。

非洲南方古猿的头骨有一系列衍生特征，但只有一部分与现代人类相同。

非洲南方古猿与阿法南方古猿在颈部以上的重要细节有很多不同。例如，非洲南方古猿颅骨底部的气腔较少，面部较短且鼻下前突较小，门齿较小，犬齿较短且性别差异很小，头盖骨上弯或曲折。在这些特点上，非洲南方古猿更像现代人类而非其他灵长类。

然而非洲南方古猿也有许多与现代人类不同的衍生特征。似乎这些特征中的大部分与食物处理有关，它们的前臼齿与臼齿相当大，珐琅质薄，下颌巨大而强壮且面部非常坚固以承受咀嚼时的力量。有限元分析（finite element analysis，一种用于测算复合结构如何应对外来压力的工程技术）的分析结果表明非洲南方古猿的面部支撑使其能用前臼齿处理大型硬壳食物。在当时别的资源缺乏情况下，这些包括坚果与果实在内的食物可能是重要的食物。

对牙釉质与面部骨骼受力特点的新研究方法提供了关于非洲南方古猿食物种类的更多线索。

尽管谚语"食物决定身体"（You are what you eat）并不完全正确，但这对于你的牙釉质来说是正确的。要理解这一点，我们需要了解一些植物学与化学的知识。植物中有两种不同方式的光合作用，木本植物如乔木、矮树与灌木利用被称为C_3光合作用的方式，而草与莎草利用另一种被称为C_4光合作用的方式。C_4植物中重同位素^{13}C的比重比C_3植物多。动物食用植物（或捕食食用该植物的动物）后将把碳带到牙釉质中，牙釉质中^{13}C与^{12}C的比例会告诉我们动物食用了哪类食物。科罗拉多大学博尔德分校的马特·斯盆黑莫尔（Matt Sponheimer）与牛津大学的茱莉亚·李-托普（Julia Lee-Thorpe）运用稳定同位素质谱测量法分析了南非数个遗址中非洲南方古猿与其他各种哺乳动物的牙釉质。非洲南方古猿的碳同位素比重显示，它们比一起分析的其他绝大部分动物（仅一种除外）食谱更广，包含了许多C_4植物。这表明非洲南方古猿食用草与莎草的种子、根、块茎等食物，并可能猎捕食用C_4植物的动物。但这未能确证非洲南方古猿猎食脊椎动物，它们可能食用猎物的残留尸骸或白蚁、鸟蛋、蛆虫、蜜糖。相比之下，黑猩猩，即使生活在相对开阔与干旱的栖息地，也几乎只食用C_3植物，并倾向于猎取食用C_3植物的猎物。

非洲南方古猿的发育速度像黑猩猩一样快，而不像现代人类那样缓慢。

在现生的灵长类中，牙齿（尤其是臼齿）的萌发年龄就是其性成熟年龄、首

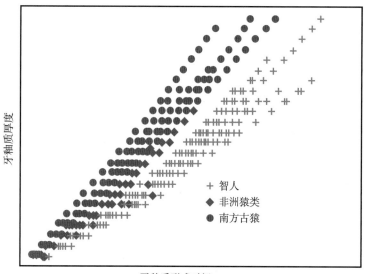

牙釉质厚度

+ 智人
◆ 非洲猿类
● 南方古猿

牙釉质形成时间

图 10.27

六个南方古猿个体的牙釉质生长
速度与非洲猿类的比较。现代人
类牙釉质生长速度更慢。

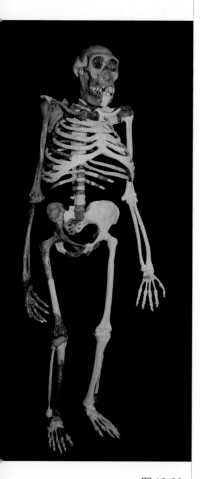

图 10.28

对源泉南方古猿骨架的重构。

次生育年龄与生命周期的重要预测指标。因此如果我们知道已灭绝的古人类的牙齿发育速度，那就可以估计出其生长发育的快慢。伦敦大学学院的克里斯托弗·迪安（Christopher Dean）及其同事们找到了一种推测古人类牙齿发育速度的方法。这种方法基于牙齿生长过程中牙釉质会不断分泌的原理。一天不同时间段牙釉质分泌速度会有所变化，而这种变化产生的细小平行线反映了当天的牙齿成长。他们运用电子与偏振光显微镜对来自六个南方古猿个体的牙齿进行了高倍放大成像，并细致地计量了牙釉质每日形成的分层，然后计算牙齿生长到一个特定阶段所用的时间。他们的研究结果表明，该物种生长迅速，不像现代人类那么慢（图 10.27）。然而，这些结果与前文对迪其卡孩童牙齿发育周期的讨论不一致。

我们在后文会更深入讨论，如果没错的话，那么这些研究结果是非常有意义的。这些结果告诉我们南方古猿的婴幼儿依赖期并不像现代人类婴幼儿那么长。许多人类学家相信，人类建立社会的若干基础特点源于要适应漫长的婴儿依赖期，如建立家园、两性分工、分享多余食物等。如果南方古猿婴幼儿成熟得快，那么很可能这些特点不是古人类演化适应中的一部分。

源泉南方古猿（*Au. sediba*）

在南非发现的新的古人类物种。

2008 年，由南非威特沃斯兰德大学（University of Witwatersrand）的李·伯格（Lee Berger）与澳大利亚约翰·库克大学（John Cook University）的保罗·德克斯（Paul Dirks）带领的团队在约翰内斯堡附近一处有许多洞穴的地方搜寻古人类化石遗址。在一个叫马拉帕（Malapa）的洞穴附近，伯格时年九岁的儿子发现了一块石头中的古人类化石。对马拉帕洞穴的发掘最后出土了两个个体的部分骨架，一具是成年雌性，另一具是青少年，同时还出土了第三个个体的胫骨，这些化石有 198 万年的历史（图 10.28）。伯格与他的同事们将这些化石归为一个新物种，并命名为 *Australopithecus sediba*（源泉南方古猿），取自当地塞索托语的"源泉"一词，该名字也反映出他们认为源泉南方古猿是人属物种最可能的祖先。尽管这个观点有争议，但毫无疑问的是这些标本有重要作用，为早期古人类谱系多样性提供了进一步的证据。据伯格与其同事们估算，这个青少年个体死亡时的脑容量很可能达到成年个体的 95%。其脑容量约为 420 cc，与别的躯体小的南方古猿接近，但小于人属物种最古老标本的脑容量，人属物种我们将会在第十二章讨论。

对齿式的分析表明源泉南方古猿与先前生活在南非的非洲南方古猿最近缘。然而其犬齿与前臼齿比非洲南方古猿要小，且形状上有一定差异。同时，比起阿法南方古猿，源泉南方古猿有着不那么明显的颧骨与较小的眶后间距（postorbital constriction）。

两副不完整的骨架为我们提供了一幅源泉南方古猿相对完整的胸部与上肢的形态图像。它们像别的南方古猿那样有着相对较长的手臂，并很可能用手臂来攀爬、悬挂移动与取食。我们对其他南方古猿胸部形状并不太了解，因为纤细的肋骨通常不能保存下来，但我们可以重构马拉帕古人类的胸部（图10.29）。现代人类的胸部像一个圆柱体，而类人猿像一个圆锥体，其上部较窄。源泉南方古猿的上胸部更像类人猿，而下胸部则更像现代人类。

源泉南方古猿最惊人的特点位于腰部以下。像别的南方古猿一样，源泉南方古猿直立行走，然而波士顿大学的杰里米·德席尔瓦带领的研究团队表示这些个体中的至少一个运用与众不同的足踝内旋步法。我们大多数人行走时用脚跟外侧着地，并且前脚掌着地时足踝内旋15°角。这能帮助我们分散地面的反作用力来避震，然后反作用力继续传递到前脚掌甚至脚趾处平均分散掉。而脚踝内旋走路者用脚跟着地而脚内旋过度，故其前脚掌内侧着地，降低了脚的避震能力，使脚和脚踝更难将身体稳定。脚踝内旋者进而以第一第二脚趾将作用力分散掉。基于马拉帕出土的雌性个体脚骨形态，德席尔瓦和他的同事们认为该雌性以脚跟和脚趾外侧着地进而内旋。比起现代人类，马拉帕雌性个体的脚跟骨较小而且更尖（图10.30），在脚着地时只有较少接触面来分散其体重。研究者们认为，其脚呈弓形所以其脚跟与脚掌外侧同时着地，再内旋。现代人类中像这样内旋过度的人通常需要特定跑鞋或纠正器来纠正以防止畸形，而研究者们在马拉帕雌性个体脚踝、膝盖与臀部发现了一些扭伤的痕迹。然而有证据显示该雌性在一些方面得到了适应性补偿。

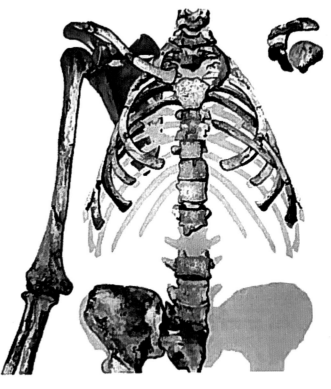

图10.29

对源泉南方古猿胸部与胸腔的重构。

源泉南方古猿的食谱主要是C₃植物，与现在生活在稀树草原的黑猩猩非常相似。

马普人类演化研究所的阿曼达·亨利（Amanda Henry）带领的研究团队运用多种不同技术来探究源泉南方古猿吃哪类食物。作为对质谱测定的补充，他们还测量了牙齿微痕的类型并提取了牙齿表面牙垢的植硅体（phytoliths）。

这些植硅体是植物产生的硅质体。不同类型的植物会产生不同类型的植硅体，从而让研究人员可以找出动物吃了什么。尽管C₄植物在马拉帕十分丰富，但源泉南方古猿似乎优先选择C₃植物，如树的叶子、果实、木质层与树皮，以及草和莎草。在这一方面，其食谱更像地猿始祖种而不像非洲南方古猿。其牙齿微痕分析表明源泉南方古猿比我们之前讨论的别的南方古猿更依赖坚硬的食物。

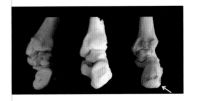

图10.30

现代黑猩猩（左）、源泉南方古猿雌性（中）与现代人类（右）的脚跟骨。源泉南方古猿的脚跟骨更像黑猩猩而非现代人类。

图 10.31

黑颅骨（KNM-WT 17000），出土于肯尼亚的图尔卡纳湖西岸。

傍人（*Paranthropus*）

埃塞俄比亚傍人（*P. aethiopicus*）是一种拥有强咀嚼力特化牙齿与颅骨结构的古人类。

在肯尼亚北部图尔卡纳湖西岸，宾夕法尼亚州立大学的艾伦·沃克（Alan Walker）发现了一份非常强壮的南方古猿个体颅骨化石。沃克因为化石呈明显的黑色而将其命名为"黑颅骨"（Black Skull），其官方名称为 KNM-WT 17000（图 10.31）（WT 表示其出土于图尔卡纳湖西岸）。该个体生活于 250 万年前，在某些方面与阿法南方古猿有相似之处。例如 KNM-WT 17000 的颌关节与阿法南方古猿的一样，有着原始的结构，与黑猩猩和大猩猩的非常相似，而后来古人类的颌关节结构发生了改变。另外，KNM-WT 17000 与阿法南方古猿都有着明显的性别差异和类似的颅下解剖特征，且都有着相对于体型来说较小的大脑。

然而，如图 10.32 所示，KNM-WT 17000 与已知南方古猿的颅骨有所不同。其臼齿与下颌都硕大，且整个头颅结构发生了调整以支撑庞大的咀嚼器官。例如其有着明显的矢状脊，以加大颞肌所附着骨头的面积。你可以将自己的指头放在太阳穴那里同时咬牙，你会发现颞肌绷紧，请保持咬紧牙，慢慢地将指头向上移动到不能感觉到该肌肉为止，这里就是你颞肌的顶端，在你太阳穴以上约一英寸处。所有南方古猿的牙齿都比我们的要大，因此它们需要更大的颞肌并需要在颅骨上有更大的附着面积。对于非洲南方古猿来说，其颞肌增大，以至于几乎到达头部顶端。而埃塞俄比亚傍人更大的牙齿需要更大的肌肉附着空间，矢状脊满足了这一需求（图 10.33）。埃塞俄比亚傍人的其他显著特征也为其增大的牙齿与颌

埃塞俄比亚傍人
矢状脊（雄性）

非洲南方古猿
无矢状脊

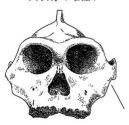

颧弓

（a）

（b）

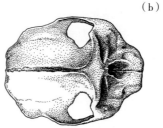
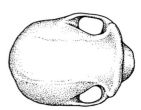

（c）

5 cm

图 10.32

埃塞俄比亚傍人的颅骨有别于非洲南方古猿，它们具有（a）矢状脊、（b）较扁平的面部和额头及（c）较短的口鼻部（snout）。

部肌肉结构提供了便利，例如其颧骨外展，为增大的颞肌提供了空间，从而导致面部平坦甚至凹陷。

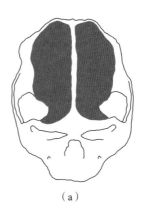

（a）　　　　　　　　（b）

图 10.33

图中红色区域展示的是颞肌在颅骨上的附着区域：（a）埃塞俄比亚傍人，（b）现代人类。

粗壮傍人（*P. robustus*）是在非洲南部发现的一个较新物种。

在20世纪30年代末，罗伯特·布鲁姆（Robert Broom）——一位退休的苏格兰医生，同时还是一位狂热的古生物学家——在克罗姆德莱（Kromdraai）发现了化石，这份化石似乎与之前在斯泰克方丹附近出土的湖畔南方古猿标本非常不一样（图10.34）。在克罗姆德莱发现的这些生物比它们的邻居更强壮（有着较大的颅骨和较大的牙齿），所以布鲁姆将其命名为粗壮傍人。他的许多同事质疑这一命名。他们认为布鲁姆发现的是另一个属于南方古猿属的物种，所以有一段时间大多数古生物学家将布鲁姆的化石归为粗壮南方古猿。然而，最近人们一致认为这一强壮的早期南方古猿是与细长（体格更小）的南方古猿如此不同，例如阿法南方古猿，这一物种应该归到一个单独的属中，因此布鲁姆最初的分类得以恢复。

现在有来自克罗姆德莱以及其附近的斯瓦特克朗斯（Swartkrans）与德利摩伦（Drimolen）的大量粗壮傍人标本。这些生物出现于约180万年前，消失于约100万年前。它们的平均脑容量为大约530 cc。据颅下骨骼显示，它们毫无疑问是直立行走的。它们跟非洲南方古猿一样，与人类有许多相同的衍生特征。此外，它们与非洲南方古猿在咀嚼硬物方面有许多共同的特化特征，但是这些特征在粗壮傍人身上更显著。

粗壮傍人在身体大小方面有着明显的性别差异。雄性直立身高约1.3米，体重约40千克；雌性约1.1米，体重32千克。该物种的雄性似乎比雌性有更长的发育时间，这与其他性别差异明显的灵长类物种一致。已故的查尔斯·洛克伍德（Charles Lockwood）和他的同事们分析了35份化石标本的大小和年龄。他们将样本限定在成年个体，即第三臼齿长出来的个体，然后评估牙齿磨损的程度，根据年龄大小来排序。总体上来说，年长个体比年轻个体体型更大，这表明雄性到成年后仍持续发育。相反，体格最小的标本被认为是雌性，它们的大小与年龄没有关系。这表明，雄性发育的持续时间比雌性更长。

目前尚不清楚这种粗壮的古猿用这一巨大的咀嚼器官来做什么。许多人类学家认为粗壮傍人比阿法南方古猿更依赖于需要大力咀嚼的植物性食物。对于其他动物来说，大型臼齿通常与以坚韧植物材料为主的饮食相关，而杂食性动物通常有相对较大的犬齿和门齿。此外，粗壮傍人的牙齿磨损模式表明，它们食用坚韧的食物，例如种子或坚果。然而，斯瓦特克朗斯粗壮傍人牙釉质的碳同位素水平与阿法南方

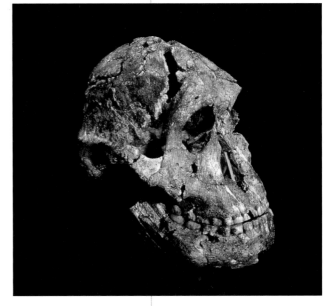

图 10.34

1999年在南非发现的一个几乎完整的粗壮傍人头骨。下颌和臼齿非常大，而门齿和犬齿相对较小。

图 10.35

坦桑尼亚的奥杜威峡谷有着许多重要的古生物学与考古学发现。路易斯·利基与玛丽·利基在当地工作了30多年。

古猿非常相似，这表明粗壮傍人和细长的南方古猿可能在饮食习惯上有相当大的交集。粗壮傍人的食物几乎有三分之一来自C_4植物，例如草、根、块茎或者以这些食物为食的动物。

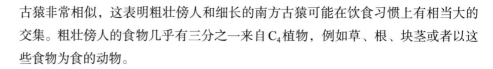

鲍氏傍人（*P. boisei*）是一种更粗壮的傍人。

另一种有着硕大臼齿的粗壮的古猿由玛丽·利基于1959年在坦桑尼亚的奥杜威峡谷中发现（图10.35）。该标本正式名称为奥杜威峡谷古人类5号（OH 5），其一开始被归为鲍氏东非人（*Zinjanthropus boisoi*），其中"Zinj"来自阿拉伯语"东非"一词，而"boisoi"源于当时利基的研究资助者查尔斯·鲍伊斯（Charles Boise）。利基发现的物种后来被重新归类为鲍氏傍人，因为其与粗壮傍人的南非类型类似（也有人将粗壮傍人与鲍氏傍人一起归入到南方古猿属，称为鲍氏南方古猿）。OH 5标本的发现之所以重要，部分是因为奥杜威峡谷之前近30年断断续续的发掘工作并没有得到引人关注的古人类发现，这是此处第一次有值得关注的化石出土。

从本质上来说，鲍氏傍人是一种比粗壮傍人更粗壮的傍人，即一种极强壮的古猿。其体型比粗壮傍人稍大，并且即使在排除体型差异因素后还有着比粗壮傍人更大的臼齿。其牙釉质极其厚，其颅骨进一步特化适应强咀嚼力。

对于其他灵长类来说，食谱中树叶的比重与第一、第三臼齿的比例呈负相关。鲍氏傍人这两颗牙齿的比例相当低，表明其食谱主要由树叶或种子构成。而其牙齿中别的要素，包括其圆滑的臼齿尖头，表明它们取食叶子的效率可能不太高，相反，它们的食谱可能包括种子、块茎、球茎、树根与根状茎。

根据化石记录，鲍氏傍人出现于约220万年前，消失于约130万年前，但准确的灭绝年代仍未能得到很好的确定。

肯尼亚人属（*Kenyanthropus*）

肯尼亚平脸人（*K. platyops*）生活于350万至320万年前的东部非洲。

1999年，米夫·利基的研究团队成员尤斯图斯·厄露斯（Justus Erus）发现了一份几乎完整的颅骨，并将其命名为KNM-WT 40000，出土位置为肯尼亚图尔卡纳湖西岸（图10.36），通过氩测年法分析，其形成于350万年前。这种生物表现出极具特色的混合型特征，就像黑猩猩、湖畔南方古猿、拉密达地猿一样，其颅骨有着细小的耳孔。而像绝大多数早期古人类一样，该标本有着黑猩猩大小的脑容量且臼齿牙釉质较厚。其臼齿比拉密达地猿外所有的早期古人类都小得多。根据重构，其面部广阔而且非常扁平，如同鲍氏傍人和人属的早期成员（第十二章将提到）一样。与其一起出土的其他化石表明，该物种生活于树林与稀树草原交杂的环境中。

该标本包含了一些别的古人类物种没有的特点。因此利基与她的共同作者将此标本与几年前在附近出土的一块破碎上颌骨归为一个新属——肯尼亚人属

图 10.36

肯尼亚平脸人的颅骨化石出土于肯尼亚北部的图尔卡纳湖。其形成于350万年前，并有着一系列独特的解剖学特征。

（*Kenyanthropus*），意思为"肯尼亚的人"，而其种名平脸（*platyops*）源于希腊语"扁平的面部"，指出了该物种最显著的解剖学特征。一些研究者对该特征持怀疑态度，因为该颅骨在埋藏中发生了变形，这场争论会持续到有更多化石材料出土为止。

古人类的演化树

很难推测上新世到更新世古人类的系统发生关系。

我们研究的一个首要目标是重构人类谱系的演化史。要达成此目标，我们先要了解本章所述所有早期古人类之间的系统发生关系，并识别出人属（现代人类所处的属）的起源物种。不幸的是，随着古人类化石越来越多，这项任务却越来越难。

问题在于古人类演化中的趋同演化与平行演化。斯坦福大学的理查德·克莱因（Richard Klein）指出平行演化在近缘物种之间很容易发生，例如南方古猿，因为它们有着相同的基因，故更可能对类似的自然选择压力下做出相同的回应。这意味着许多可能的演化树看起来都同样合理，这取决于各自对各物种同源或平行演化的假设，进而导致对研究数据有各种截然不同的解释。

为说明这些不同观点如何产生，蒙大拿大学（University of Montana）的兰道尔·斯凯尔顿（Randall Skelton）与加州大学戴维斯分校的亨利·麦克亨利（Henry McHenry）展示了对颅骨77个特征的系统发生关系分析，其中包含了若干本章所提及的早期古人类。他们将特征按其功能与身体部位分类。例如一个功能组将矢状脊、硕大牙齿等适应强咀嚼力的特征归为一类，另一种分组则将颅底所有的特征归为一类。斯凯尔顿与麦克亨利进而基于不同的特征组合来构拟演化树。结果发现不同的特征组合构拟出了不同的演化树。例如强咀嚼力特征组合将所有粗壮的古猿归为一类，并指出阿法南方古猿为人属的祖先（图10.37a）。与此相反，如果将强咀嚼力特征排除，得出的演化树则明显不同（图10.37b），在这一分析中，埃塞俄比亚傍人与另外两种傍人——粗壮傍人及鲍氏傍人并无联

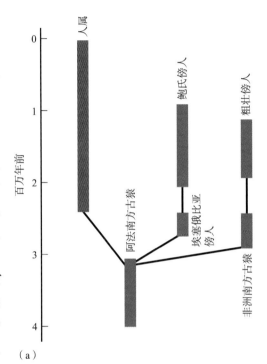

（a）

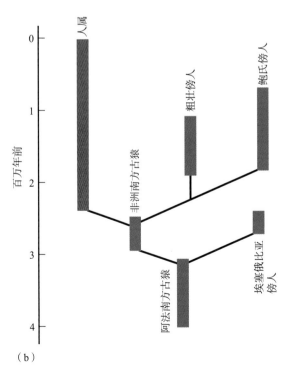

（b）

图10.37

（a）在埃塞俄比亚傍人（KNM-WT 17000）被发现之前，学界对古人类演化树有一个共识，即人属物种源自阿法南方古猿，而非洲南方古猿的后代则不断变得更粗壮并在鲍氏傍人那里达到顶峰。（b）如果我们假设强咀嚼力外的特点相似性是同源的，那么我们将得出这里展示的演化树。在此，非洲南方古猿源于阿法南方古猿，同时又是人属与后来傍人属的祖先。根据此演化树，埃塞俄比亚傍人与其他傍人属物种的相似性源于平行演化。

图 10.38

上新世至更新世古人类的一种可能的演化树，需要注意的是演化树中存在许多的不确定性。

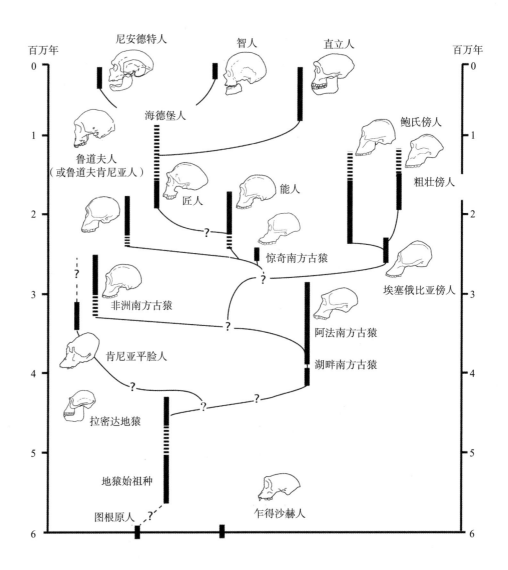

系，而非洲南方古猿则是人属的祖先。

　　基于化石的地理位置、各物种的生存年代推测以及形态学特征，理查德·克莱因提出一种"可行的系统发生"古人类演化树（图10.38）。克莱因将地猿放在演化树的最底端，并将所有粗壮的古猿归为一类。如你所见，阿法南方古猿、非洲南方古猿、惊奇南方古猿之间的关系存在不确定性。克莱因表示，惊奇南方古猿可能与人属的早期成员最接近，但他强调这只是一个非常试探性的假设。

　　对早期古人类的系统发育树缺乏把握，并不能阻止我们了解人类演化的过程。

　　我们很容易因为古人类化石记录的不确定性而沮丧，并怀疑我们是否对最早期祖先有任何确定的了解。虽然在化石记录中有许多间断，对早期古人类物种的关系也有许多争议，但我们确实知道它们中的若干重要信息。在每个看起来合理的演化树中，人属都源于适应树栖的小型直立行走物种。其牙齿与颌部都适应杂食性，雄性都比雌性更高更重，脑容量大小与现代类人猿一样，且它们的子女发育速度比现代人类要快。正是这种生物连接了中新世的猿类与我们人类所在的人属。

关键术语

古人类

扭矩

外展肌

髂骨

股骨

枕骨大孔

胫骨

肱骨

鼻下前突

牙间隙

矢状脊

颞肌

学与思

1.现代人类与类人猿有什么区分特征？

2.许多研究者指出早期古人类是直立行走的猿类，这种描述准确吗？你认为早期古人类在什么方面与别的猿类有所不同？

3.乍得的古人类化石材料为何令人惊讶？

4.是什么样的环境导致了400万到200万年前的非洲古人类的多样性以及持续的多样化过程？

5.我们说某特征"原始"，指的是什么？

6.自然选择下古人类为何倾向于直立行走？概括出三条原因，并分别指出为何古人类变成直立行

走而狒狒等别的地栖灵长类没有。

7.什么证据表明南方古猿比现代人类在树上度过的时间更多？

8.南方古猿属各物种有什么共同特征，其与傍人属和肯尼亚人属有何不同？

9.最早的三个古人类物种有何共同点与不同点？

10.从手部的比较与形态学的证据中，我们能了解到早期古人类有什么样的行为与社会组织？

延伸阅读

Cartmill, M., F. H.Smith, and K. Brown. 2007. *The Human Lineage*. New York: Wiley-Blackwell.

Gibbons, A.2007. *The First Human: The Race to Discover Our Earliest Ancestors*. New York: Doubleday.

Kimbel, W. 2007. "The Species and Diversity of Australopiths." In W. Henke and I. Tattersall, eds. *Handbook of Paleontology*. Vol. 3. pp. 1539-1574.

Berlin: Springer-Verlag.

Klein, R. G. 2009. *The Human Career: Human Biological and Cultural Origins*. 3rd ed. Chicago: University of Chicago Press.

White, T. D., B. Asfaw, Y. Beyene, Y. Haile-Selassie, C. O. Lovejoy, G. Suwa, and G. WoldGabriel. 2009. "*Ardipithecus ramidus* and the Paleobiology of Early Hominids." *Science* 326: 75-86.

266

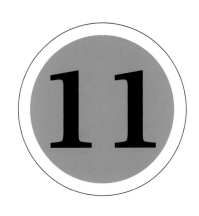

11

本章目标

本章结束后你应该能够掌握

- 描述古人类最早制造的石器。

- 对比现代狩猎采集人类与其他灵长类食物采集技术的差异。

- 理解对复杂饮食的依赖如何影响人类生活史。

- 描述我们对奥杜威工具制造者的食物采集策略有何了解。

- 解释为何一些学者认为奥杜威工具制造者集群狩猎，而另一些学者认为他们主要食用腐肉。

第十一章 奥杜威工具制造者与人类生活史的起源

| 奥杜威工具制造者
复杂的狩猎采集塑造人类生活史 | 奥杜威工具制造者进行狩猎采集的证据
回到未来：现代人类生活史的转变 |

奥杜威工具制造者

　　早期古人类可能已经开始使用工具，因为使用工具的现象在猿类中普遍存在。几乎可以确定，工具使用的产生时间先于现代大型猿类共同祖先分化的时间。黑猩猩将细长的树枝、藤条、茎、小棍与嫩枝插进蚂蚁、白蚁和蜜蜂的巢穴再获得昆虫与蜂蜜。它们有时用树木的嫩枝刮下哺乳类猎物骨头中与脑颅中的髓液和其他组织。它们有时把树叶揉成一团，放入树洞的积水中浸泡，再吮吸这种"树叶海绵"来解渴。在西非，黑猩猩将坚果放在平坦的石头、裸岩或树根上，用石锤敲开（图11.1）。这里还有一些其他类人猿的例子。猩猩用棍子撬开水果，低地大猩猩在过沼泽时有时用棍子试探水深等。

图 11.1

在西非，黑猩猩用石头砸开硬壳坚果。

黑猩猩有时会为特定目的而加工工具。弗朗斯维尔国际医学研究中心（Centre International de Recherches Medicales de Franceville, CIRMF）的卡洛琳·图丁（Caroline Tutin）与剑桥大学的嘉班·麦格雷、威廉·麦格雷（Gabon & William McGrew）观察到了塞内加尔阿斯利克山（Mount Assirik）的黑猩猩用树枝钓取巢穴中白蚁的情景。黑猩猩首先从灌木丛折下枝条，然后剥下上面的树叶与树皮，并把枝条折成合适的长度使用。

黑猩猩并非对所有工具都进行加工。在西非，它们细心选择用来敲开坚果的石锤和石砧，并会反复利用，甚至携带其移动到林中别处地方，但并不对这些石锤和石砧进行加工。

由此可合理地假设，古人类像现在的黑猩猩那样会使用工具。但只有像石器这样使用坚固耐用原材料的工具才可以留存为考古证据。

早期古人类可能先使用从自然界发现的石头作为工具，进而对其加工。

在非洲迪其卡地区，研究人员发现了340万年前有石器痕迹的动物骨头，当时古人类可能会用石头的锋面从猎物的骨头上切下肉，但因这些骨头的附近并未发现石器，研究人员不能排除骨头上的痕迹是由别的食肉动物或其他自然因素造成的。到230万年前，古人类已使用并制造石器，且达到相当高的效率。

在图尔卡纳湖西岸，研究人员发现了一系列石器，包括石片（小而锋利的薄片）、石核、石锤与制造时产生的碎屑。该处保存条件极佳，让人可以将碎屑拼接回石核上，这次拼接表明早期古人类可以从一个石核上打出30块石片，并在整个打制过程中保持了精确的石片锐角角度。

这些被统称为**奥杜威工具制造业**（Oldowan tool industry）的人工制品十分简单，其工具原材料为圆滑的石头，如铺路的鹅卵石，它们在敲打数次后形成锋面（图 11.2）。工具制造过程（敲打）在鹅卵石石核上留下了痕迹，可以与自然作用的破裂相区别。奥杜威人工制品在形状与尺寸上丰富多样，但这些差别看上去并非源于用途、工艺或制造者意愿的不同。相反，这些工具的多样性只是源于原材料本身的差别，因为打下的石片与留下的石核一样有用（知识点 11.1）。

奥杜威工具制造业是模式1技术（Model 1 Technology）的例子。

像奥杜威这样的工具制造业代表了在一定时间、地域内发掘的一系列工具，因此为特定制造技术命名，对比较不同时间地点的工具制造业很重要。我们使用后来德斯蒙德·克拉克（J. Desmond Clark）设计的制品分类体系，将像奥杜威工具制造业这样的粗制鹅卵石剥片技术归为"**模式1**"。对于使用简单技术制造有限工具的早期古人类来说，讨论制造业与模式之间的差别价值不大，但在日后这些工具组合与生产形式存在明显的地域性与时代性变化后，这种差别将变得有讨论价值。

我们不知道是哪一种古人类制造了这些工具。

如你在第十章所学到的，350万到200万年前，东非生活着许多古人类物种，而我们并不清楚是其中哪一种制造了奥杜威的石器。如果迪其卡发现的工具在使用前加工过，那么"首位工程师"的头衔很可能属于阿法南方古猿。但如果古人类使用石器早于其开始加工石器，那么头衔可能属于惊奇南方古猿。在波里，研究人员在发现惊奇南方古猿的地层中发现的动物骨骼，有着明显的石器切割痕迹。尽管在波里的化石中并未发现石器，但在附近的贡那发现了许多250万年前的石器。因此惊奇南方古猿可能是最早的工具制造者。但也应考虑到该时期东非生存着多个古人类物种，它们可能制造了在贡那发现的石器但很可惜没在那里留下它们自己的化石。

还有一种可能是，最早的石器出至今未发现的古人类物种制造，有待日后发现。石器比骨骼更耐久，所以考古记录通常比化石记录完整。这意味着在化石记录上，最早的工具制造年代通常早于制造该工具的物种化石资料（关于这个话题的详细讨论可见知识点9.3）。因此最早的工具制造者既可能是某种南方古猿也可能是人属的某个早期成员，我们在第十二章将讨论人属的更多细节。由于这种模糊性，本章下文将把制造这些工具的古人类称为奥杜威古人类或奥杜威工具制造者。

因为奥杜威工具制造者很可能是现代人类的祖先，所以我们可能通过研究奥杜威考古遗址获知许多塑造人类演化的过程。

约200万年前，早期古人类中的一支演化成新的古人类。这些古人类完全地栖而且体型硕大——像现代人类一样大小。它们比早期古人类发育得更慢，男女之间的体型差别与现代人类一样。尽管它们可能并非最早的制造使用者，几乎可以肯定这个物种制造且使用工具。通过将关于现代狩猎采集民族的知识与奥杜威遗址的工具、位置、猎物骨骼上的痕迹相结合，我们可以了解关于早期古人类向晚期古人类转变的许多信息。

在下文的讨论中，我们将首先看一下，人类与其他灵长类不同，更加依赖生产力高但很难学会的狩猎采集技巧，以及人类生活史中其他新颖特点在这种新颖的狩猎采集技巧作用下形成，如缓慢性成熟、性二型程度变小以及出现性别分

两面砍砸器
（bifacial chopper）

石锤
（hammer stone）

盘状石核
（discoid）

石片刮削器
（flake scraper）

多面体石核
（polyhedron）

石片
（flake）

0　　　　　5 cm

重型（石核）刮削器
[heavy-duty (core) scraper]

图 11.2

考古记录中，这类石器最早出现在约250万年前。研究者不确定这些工具当时是如何使用的。一些研究者认为这里的大型石核用于各种任务中，而另一些研究者认为在这些石核上打下的小石片才是真正的工具。

知识点 11.1　远古工具制造与工具使用

印第安纳大学的凯茜·希克（Kathy Schick）与尼古拉斯·托特（Nicholas Toth）对简单石器进行了许多实验。他们精通制造奥杜威遗址中各种制品的技巧，并知道如何有效率地使用它们。他们的实验得出了数个有趣的结果。希克与托特认为考古学家不辞劳苦地搜集并描述的奥杜威人工制品根本不是真正的工具。真正的工具只是那些石片，而不是打下细小而尖锐的石片后留下的石核。希克与托特发现这些石片有着非常广泛的用途，甚至可以屠宰像大象这样的大型动物。相反，尽管石核可以用于处理一些任务，如伐木来做挖掘棒或矛、敲碎骨头以攫取骨髓，但总体来说它们不太有用。通过对一些奥杜威石片的边缘进行显微分析，希克与

托特的结论得到了支持，分析结果显示这些石片被用作木材加工与屠宰。

希克与托特同时还解释了被考古学家称为石球（spheroids）的神秘物件的功能。这些石英物件表面光滑，接近球状，有棒球大小。之前对其功能已有若干假设，包括加工植物、敲击骨头以攫取骨髓等。一些研究者认为这些球状物是流星锤的一部分，这是阿根廷草原上使用的一种打猎工具，一件流星锤包含三块以皮革条连接的石头，扔出去后缠住猎物的脚。希克与托特对这些石头提出了一个看起来更可能的解释。如果一块石英用作石锤来生产石片，石锤将不经意地被打下许多碎片。石锤的表面将不再平坦，因此石锤在打制者的手中不

断变换角度。进而石锤逐渐变得越来越呈球状，一段时间之后，一块石英石锤就变成了一个圆球。

希克与托特从实验中得出的最值得一提的结论，可能是早期古人类工具制造者惯用右手。希克与托特发现，惯用右手者经常右手握石锤，左手持用来打下石片的石头。他们打下第一块石片后顺时针转动石头再打第二块石片。按这个顺序打下的石片上，石皮面（cortex，石头粗糙、未经敲打的表面）一般位于石片的右侧（图 11.3）。而惯用左手者打下的石片上石皮面位于左侧。基于这些信息，希克与托特研究了 190 万至 150 万年前肯尼亚库比佛拉（Koobi Fora）遗址的石片。他们的结果表明绝大多数石片打制者惯用右手。

工。我们会进而考虑，奥杜威遗址中的考古学证据，暗示着这些古人类的物质经济开始向一种基于更多崭新狩猎采集技术的类型转变。

复杂的狩猎采集塑造人类生活史

根据获取食物所需要的知识与技能总和，人类学家将狩猎采集者获取的食物分为三类。由容易到困难分别为采集类食物、加工类食物与猎取类食物。

新墨西哥大学的希拉德·卡普兰（Hillard Kaplan）与简·兰开斯特（Jane Lancaster），以及亚利桑那州立大学的金·希尔（Kim Hill）与玛格达莱娜·胡尔

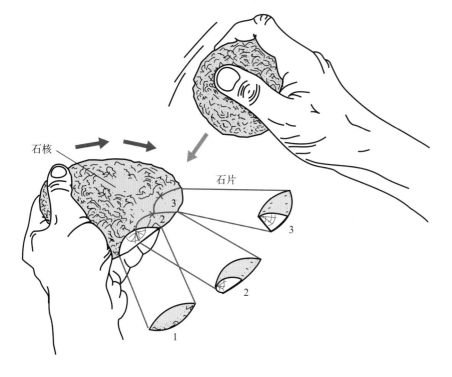

图 11.3

本图展示的是为何惯用右手的打制者会打制出明显不同的石片。当惯用右手的人制造石器时，他一般用右手握石锤，用左手握住用来打石片的石核。当石锤击打石核时，一块石片脱落，在着力点周围会留下独特的光泽与波纹痕迹（红色标示处）。打制者接着转动石核继续敲打，若其以顺时针旋转，如图所示，第二块石片的左上方与原来的石头表面将带有第一块石片留下的敲击痕迹，石皮面（灰色标示处）位于右侧。而若打制者以逆时针旋转，那么石皮面将位于左侧，敲击痕迹位于右上方。在现代惯用右手的石器打制者打制的石片中，56%为右手打制，44%为左手打制，惯用左手者则相反。在库比佛拉出土的190万至150万年前的一份石片标本中，57%为右手打制，43%为左手打制，表明早期古人类工具制造者惯用右手。

石核　石片

石片的侧视图

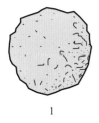　　

1　　　　2　　　　3

塔多（A. Magdalena Hurtado）的主张认为食物资源向有价值但难获取的类型转变，这一转变影响了现代人类生活史的演化。他们根据获取困难程度，把食物分为三类：

1. 采集类食物　可轻易地从环境中采集并食用。例如成熟果实与叶子。

2. 加工类食物　来自不移动但以某种方式自我保护的东西。这些食物在食用前需要加工。包括硬壳水果、地下的块茎或白蚁、高树上蜂巢中的蜂蜜以及要去除毒素才能食用的植物等。

3. 猎取类食物　来自能移动、需要抓住或用陷阱捕获的动物。同时这些食物在食用前也需要提取与加工。对人类与黑猩猩两者来说，脊椎动物类猎物都是主要的猎取类食物例子。

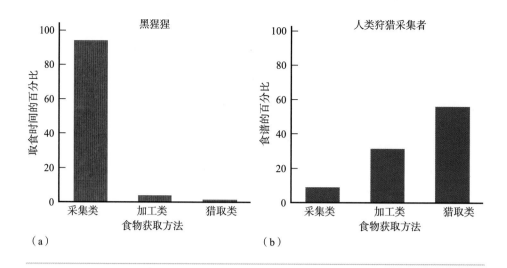

图 11.4

（a）黑猩猩将其绝大部分取食时间用在采集类食物上，例如果实与叶子，这些食物在食用前不需要处理。（b）人类狩猎采集者从加工类食物与猎取类食物中获取绝大部分卡路里，加工类食物在食用前需要处理，如块茎，猎取类食物需要捕捉或用陷阱捕获，如集群狩猎猎取的猎物。

在非人灵长类中，类人猿是智力超群的代表，尤其是黑猩猩，它们的智力在狩猎采集方面有很明显的体现。大猩猩与猩猩以固定劳作程序来处理植物食物。猩猩与黑猩猩使用工具来处理一些种类的食物。进一步说，如我们在第十五章将看到的，不同类人猿种群在获取硬壳坚果等加工类食物时会使用不同技术。黑猩猩有着广泛的食性，包含了采集类食物、加工类食物与猎取类食物，获取和加工后两类食物需要一定的技能。然而即使是这些聪明的猿类，在获取食物方面的技巧也远不如人类。

人类依赖高难度技巧来获取食物。

卡普兰与他的同事们强调，当今的狩猎采集民族对加工类食物与猎取类食物的依存度远高于黑猩猩。图 11.4 比较了黑猩猩与人类对采集类食物、加工类食物、猎取类食物的平均依存度。总体格局很明显：黑猩猩压倒性地依赖于采集类食物，而人类狩猎采集者几乎全部依赖于加工类食物与猎取类食物。

不同于其他捕食动物，人类必须学会打猎所需的各种技能。绝大多数大型哺乳类捕食者会捕食体型相对较小的猎物，其方法为以下两种之一：一是在埋伏中等待突袭，二是隐蔽地主动接近后并快速追赶。一旦抓住，它们将用牙齿与爪处理猎物。与此相反，人类猎人使用种类繁多的方法来捕获并处理各种各样的猎物。例如生活在巴拉圭的狩猎采集群体阿奇人（Aché），他们猎取 78 种哺乳动物、21 种爬行动物、14 种鱼类以及 150 多种鸟类，他们依照猎物种类、季节、天气及许多别的因素来调整狩猎方法（图 11.5）。阿奇人会对一些动物进行追踪，这是一种需要大量生态学知识的高难度技能（见第十四章）。对于别的一些动物，他们模仿其求偶或求救叫声来吸引它们靠近。还有别的一些动物，他们则用罗网、陷阱或烟熏赶出洞穴等方法来捕捉。他们用双手、弓箭、棍棒或矛来捕获并杀死猎物。以上只是一个地方的一个狩猎采集群体，若我们要包纳所有人类栖息地，那么技能的清单将长到无法估算。

学习这些技能需要很长的时间。在阿奇人中，男性达到狩猎效率顶峰的年纪约为 35 岁，而 20 岁男性的效率只达到了顶峰的约四分之一。在生活于阿奇人部

图 11.5

阿奇人是巴拉圭的狩猎采集群体，其食谱中肉类占了 70%。图中是一名男性阿奇人正在瞄准一只猴。

落期间，卡普兰与希尔很努力地想练习成合格的猎人，但最后他们远未能达到20岁阿奇人的狩猎水平。

有效提取资源也需要一定的技能。加州大学洛杉矶分校的人类学家尼古拉斯·布鲁东·琼斯（Nicholas Blurton Jones）研究过两个狩猎采集群体哈扎人（Hadza）与昆人。据他描述，挖掘深埋在石质土下的块茎，是一项需要涉及诸多支撑、杠杆等工学智慧的复合型开采操作（图11.6）。在委内瑞拉热带稀树草原的一群狩猎采集者希维人（Hiwi）中，女性直到35岁至45岁才在采集树根方面达到最大效率。而20岁女孩的效率只有年长熟练女性的10%。在阿奇人中，获取蜂蜜以及从棕榈树中获取淀粉的速度也在人们到20多岁时才达到顶峰。

图 11.6

在博茨瓦纳的卡拉哈里沙漠，一名昆人女性一边背着她年幼的孩子一边挖掘树根与块茎。

> 现代的狩猎采集群体依赖猎取类与加工类狩猎采集经济，这促成了食物分享与劳动分工。

在当今所有狩猎采集群体中，猎取和加工食物的活动明显与分享多余食物及劳动性别分工关联。在几乎所有狩猎采集群体中，男性主要负责狩猎大型动物，女性主要负责加工类食物的采集（图11.7）。这种劳动分工有两方面意义。首先，高难度技术促进了专业化。掌握打猎与掌握采集块茎都需要大量时间。这意味着一些人专门狩猎而另一些人专门采集的话，对所有人都有好处。其次，采集比狩猎更适合同时照看孩子，且哺乳使照看孩子成为女性成年生活中的一个基本部分，那么男性专门狩猎而女性专门采集就容易理解了。当然上文的前提是群体内部成员有规律地分享食物。

对于依赖肉类的人类来说，食物分享也是社会保障的一种必需形式。狩猎是一项存在不确定性的劳动，即使是最熟练的猎人有时也会空手回家。若他连续数天或数周都这么不走运，那他将十分饥饿甚至饿死。然而，若几个猎人分享猎物，那么饿死的概率将大幅度下降（知识点11.2）。

图 11.7

三个已被深入研究的现代狩猎采集群体阿奇人、哈扎人与希维人的狩猎采集行为数据。在这些群体中，男女在不同狩猎采集任务上具有专业分工：男性狩猎，女性则专注于加工类食物的采集。

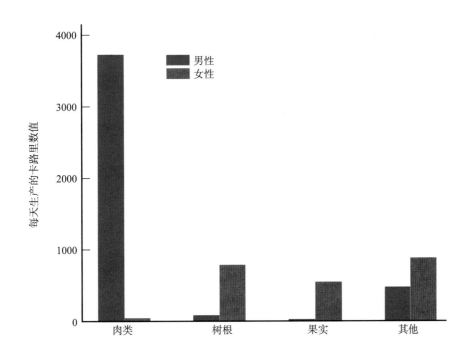

（纵轴）每天生产的卡路里数值

男性
女性

肉类　树根　果实　其他

知识点11.2 为何取食肉类食物促进食物分享

许多人类学家相信对肉类的严重依赖使食物分享变得必要。让我们测试一下食物分享如何为防范狩猎中的固有风险提供保障。狩猎，尤其是对专注于狩猎大型动物的猎人来说，是一项要么满载而归要么一无所获的活动。若猎人打到猎物，则得到大量高质量食物。然而猎人们经常不走运，每次出发去狩猎都有同样高的概率空手而归。猎人们通过均分捕猎的食物，可以极大地降低个体狩猎成功率低带来的风险。

为了解为何这个论点如此有说服力，需要理解下述的一个简单假设例子。假设一个完全食肉的群体中有五名猎人。猎人每天都能打猎，而有20%概率打到猎物，80%概率空手而归。进一步假设，人在没有食物的情况下十天便饿死。那么我们计算一下每人在十天周期内的饿死概率，即第一天空手而归（0.8），第二天也空手而归（0.8），一直持续下去，得出

$$0.8 \times 0.8 \times 0.8 \times 0.8 \times 0.8 \times 0.8 \times 0.8 \times 0.8 \times 0.8 \times 0.8 \approx 0.1$$

即猎人在每个十天周期都有10%的概率饿死。在这样的障碍下，人们不可能通过独自狩猎延续生命。

与黑猩猩的狩猎相比较一下就能说明上述死亡概率对早期古人类来说是真实的。南加州大学（University of Southern California）的克雷格·斯坦福（Craig Stanford）与他的同事们细致分析了坦桑尼亚贡贝溪国家公园中黑猩猩的狩猎记录。在半数狩猎中，黑猩猩能成功猎杀一只猴子，有时会超过一只。每次狩猎平均猎获猴子0.84只。然而狩猎群体中平均包含7只雄性个体。每只雄性个体每次狩猎平均捕获量为0.84除以7得0.12只。因此每天每只雄性黑猩猩只能有12%的概率猎获猴子，比我们上文假设的那五名人类猎人的20%还少。

现在让我们思考食物分享如何改变我们人类猎人饿死的可能性。若每人有0.8的可能性空手而归，那么五名猎人晚上没食物的可能性为

$$0.8 \times 0.8 \times 0.8 \times 0.8 \times 0.8 \approx 0.33$$

因此每天只有三分之一的概率所有人都没打到猎物。若猎物大得足够群体中所有人食用，只要一人成功获得食物，其他人就不会挨饿，那么在十天周期中五名猎人饿死的概率为

$$0.33 \times 0.33 \times 0.33 \times 0.33 \times 0.33 \times$$
$$0.33 \times 0.33 \times 0.33 \times 0.33 \times$$
$$0.33 \approx 0.000015$$

分享食物使饿死概率从十分之一减少到约六万分之一。很明显，如果不成功的猎人能分享其他替代性食物，那么狩猎带来的风险可以进一步减少。例如，假设群体中一人狩猎而别的人采集，之后他们便可以一起分享各自得到的食物。

食物分享具有互利特点，但这并不是其出现的充分条件。如我们在第七章指出，食物分享是一种利他行为。对于每个个体而言，如果只获取而不分享的话会更有利。若分享发生在无亲缘关系个体中，像现代的狩猎采集社会中那样，那么只获取不分享的个体必须会受到某种形式的惩罚，如被排除在将来分享之外，或被强迫离开群体。

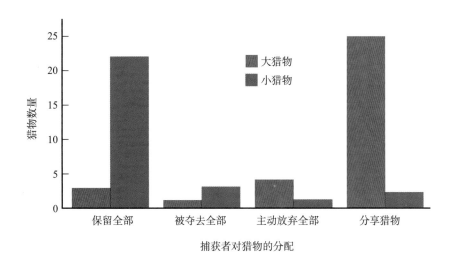

黑猩猩中也存在食物分享的现象，但其提供营养的作用比起对于人类的来说远没有那么重要。一旦它们断奶，黑猩猩的几乎全部食物都靠自己获取。

不同于绝大部分其他灵长类，黑猩猩有时会分享食物。母亲与其婴儿分享植物性食物，而成年个体间有时会分享肉类。地区黑猩猩母婴之间分享食物的模式已得到细致分析。在那里，母亲最常与婴儿分享的食物是后者难以独自获取或处理的食物（见第七章），例如婴儿难以打开硬壳果实以及从黏性的豆荚中提取种子。母亲会经常允许婴儿在她手中获取一些这类食物，有时还会自发地提供给婴儿。当黑猩猩捕获脊椎动物时，它们会在取食群的成员中肢解、划分甚至有时重新分配肉类。在塔伊国家公园，小型猎物通常由捕获者保留，而大型猎物则一般在几个个体中分配（图 11.8）。这种肉类分配的形式从完全强迫到完全自愿捐赠都有。高等级雄性有时会从低等级雄性手中取走猎物，成年雄性有时从雌性手中取走猎物。在贡贝，大约三分之一的猎物由较高等级个体享用。然而，更多情况下，猎物由捕获者自己保留并分享给附近个体。雄性，通常是控制猎物者，会与别的雄性、成年雌性、青少年与婴幼儿分享（图 11.9）。然而，在所有这些群体中，从各种形式的食物分享中获得的食物总量，只占消耗的卡路里总数的一小部分。

图 11.9

雄性黑猩猩有时会与别的雄性、发情期雌性和未成年个体分享猎物。

在狩猎采集社会中，食物分享与劳动分工给不同年龄性别的人们带来了额外食物量。

断奶后自给自足似乎是古人类的祖传状态。但人类狩猎采集者的生计则截然不同：一些人生产出远超自己消耗量的食物，而另一些人消耗掉远超自己生产量的食物。在近 20 多年，人类学家对若干不同狩猎采集群体的生计方式进行了细致

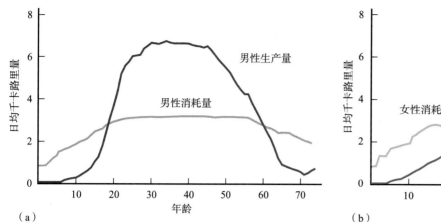

（a）

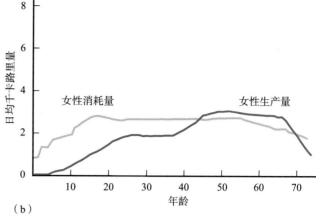

（b）

图 11.10

三个现代狩猎采集群体的数据，展示了男性（a）与女性（b）在成年前不能自给自足。成年男性生产比自己消耗量多得多的卡路里，而成年女性则接近平衡。

的定量研究。在这些社会中，人类学家观察人们的日常行为，计算他们生产与消耗的食物各有多少。在阿奇人、希维人与哈扎人三个群体中，研究者们精细地计算了不同年龄男女的生产量与消耗量。卡普兰与他的同事们依照这些数据来比较不同社会中的食物生产模式。他们的分析揭示了人类与黑猩猩狩猎采集经济的截然不同之处，以及生活史中生产力的各个重要转变。

图 11.10 展示了人类青少年在断奶后依然长期依赖于别的个体提供食物。男性大约在 17 岁达到自给自足，而女性在 40 多岁之前其生产的食物一直不能完全养活自己。老人也依赖于别人为他们提供日常所需的食物。这些亏损依靠青壮年男性，以及较小程度地依靠绝经后的女性来补足。相反，黑猩猩在断奶后的食物只有很少一部分来自别的个体。

来自其他狩猎采集群体的较粗略数据与这种模式一致。如图 11.11 所示，在能获取必要数据的九个狩猎采集群体中的七个，男性贡献了群体过半的卡路里总消耗量。需要注意的是，所有这些群体都生活在热带。从历史与民族志记述来看，似乎温带与寒带的狩猎采集者比热带的狩猎采集者更依赖于肉食，因此这些社会的男性可能贡献更多的卡路里。

自然选择可能有利于形成更大的大脑、更长的青少年期以及更长的生活史，因为这些特点让人类更易于学习复杂的狩猎采集技术。

复杂且习得性的狩猎采集技术，使人类能够获取高价值或者难以获得的食物资源。比起一般灵长类食用的叶子与成熟果实，肉类是动物更好的营养来源。肉类富含热量、必需脂肪酸与蛋白质，而且其密度足够大，可以有效率地从猎取地点搬运到住处。一些加工类食物如蜂蜜、昆虫幼虫以及白蚁也富集了重要营养。其他种类的加工类食物也提供了许多新的食物来源。块茎是首要的例子。热带稀树草原的许多植物把能量储存在地下各种各样的块茎中，块茎长在石质土下深达一米，以防止被无处不在的食草动物吃掉。通过学会识别何种植物有块茎，如何

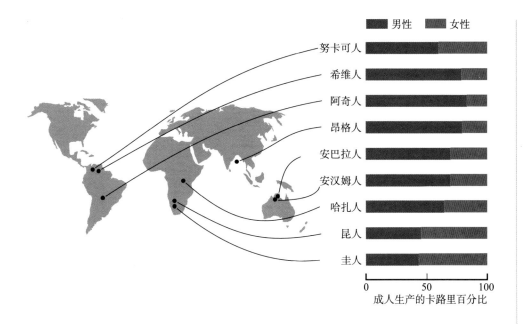

图 11.11

在世界不同地方的九个现代狩猎采集群体中，男性比女性贡献更多的卡路里。

努卡可人
希维人
阿奇人
昂格人
安巴拉人
安汉姆人
哈扎人
昆人
圭人

男性　女性

0　　　　50　　　　100
成人生产的卡路里百分比

使用工具挖出，以及何时进行挖掘最有利，人类能获取大量食物供给，而且这些供给相对来说几乎没别的生物来竞争。

如果学习是有价值的，那么自然选择会利于那些善于学习的个体适应。因此向狩猎与加工类取食的转变，会有利于形成更大的大脑与更高的智能。对习得性复杂狩猎采集技能的依赖，同时也有利于演化形成更长的青少年期。如我们都知道的，学习需要时间。你不可能一天内变成一名熟练的滑雪者、面包师或电脑程序员，练习与经验是必需的。同样，学习动物习性与植物学问，获取追踪动物的知识与使用弓箭或吹箭筒的技巧，以及变得擅长从猴面包树的树浆中提取淀粉，以上这些都需要多年的练习。因此，可以合理假设，自然选择倾向形成更长的青少年期以让人类儿童有时间去掌握他们必需的技能。

延长的青少年期引起了对长寿的自然选择。俗话说"时间就是金钱"，而在演化中，时间就是适合度。要知道为什么，我们可以假设两种基因型A与B，分别有着相同平均数量的孩子，但A型30年完成繁殖而B型60年才完成繁殖。那么你算一下就可以发现A型人口增长速度是B型的两倍，且很快会在种群中替代B型。这意味着延长的青少年期是有代价的，且不会受自然选择青睐，除非其让人们在生活史中有更多的孩子。人类的童年就像一项花费巨大的投资，它消耗时间，但增加的时间允许青少年学习，从而成为更有能力的成人。像所有花费巨大的投资一样，其将在一个较长的周期内分期偿还从而回报更多（同理可解释你更愿意花更多的钱购买耐用的东西，而在不耐用的东西上花费较少）。自然选择青睐更长的寿命，因为这允许人们从狩猎采集技术中获得更多利益，而这些技能是他们在延长了的青少年时期里学到的，这一时期是必要的也是花费巨大的。

食物分享与劳动分工减少了男性之间的竞争，并缩小了雌雄个体间的性别差异。

我们在第六章谈论过雄性相互竞争的强度由雄性在后代的投入总数决定。在大多数灵长类物种中，雄性对后代的投入很少，而结果是自然选择青睐那些有助于提高与别的雄性竞争交配权能力的特点。这种增强了的竞争导致大多数灵长类物种中出现明显的雌雄二型性。当雄性对后代有所投入，将使雄性之间的竞争与雌雄间的性别差异减少。

我们在现代狩猎采集社会中看到的食物分享模式，意味着男性对后代有实质性投入。在图11.10中的数据清楚地展示了这一点：男性生产的剩余卡路里中的大部分养活了儿童与青少年。因此我们可以预见自然选择青睐那些让男人成为优秀食物提供者的行为及形态特点，而同时那些增强男性间竞争能力的特点会减少。男性之间竞争的减少，反过来导致了雌雄性别差异的缩小。

奥杜威工具制造者进行狩猎采集的证据

让我们停下来回顾一下。目前，我们已说明了两点：第一，奥杜威工具制造者（无论它们是哪个物种）是联结猿型的古人类与后期人型的古人类的最合理候选。第二，比起别的灵长类，现代狩猎采集者极大地依赖于复杂且难度高的狩猎采集技术，且这种转变解释了人类生活史各主要特征的演化原因。要将这两点关联起来，我们需要思考一些证据，证明奥杜威古人类已经开始依赖狩猎与加工类食物来生活。

现代的实验表明奥杜威工具可以有广泛的用途，包括屠宰大型动物。

如知识点11.1所述，希克与托特学会了如何制造在奥杜威遗址中发现的工具。为了获知这些工具有何用途，他们接着做了一系列实验，用这些石器来进行各种活动。他们发现石片能用来处理大量事务，而石核则只用于处理相当有限的事务。

南非出土骨器的磨损模式表明它们被用来挖开白蚁的巢穴。

现代人类进行加工类食物采集活动时通常使用木制挖掘棍，但是在考古记录中，这些活动几乎没有留下线索。然而一件有趣的证物表明当时的古人类进行过加工类食物采集活动。通过在斯瓦特克朗斯的考古挖掘，罗伯特·布莱恩（Robert Brain）与他的合作者们识别出一定数量的断裂骨头，这些断裂骨头的磨损痕迹表明它们曾被用作工具。威特沃斯兰德大学的卢辛达·贝克维尔（Lucinda Backwell）与法国第四纪史前与地理研究所（Institut de Préhistoire et de Géologie du Quaternaire）的弗朗西斯哥·德·厄里克（Francesco d'Errico）细致地分析了这些骨头以弄清它们的用途。首先研究者们用新近断裂的骨头来处理一系列采集任务，包括插进硬土中挖掘块茎，以及挖开白蚁巢穴。通过显微镜分析可看出，每项活动都有独特的磨损模式。接着他们将这些磨损模式与斯瓦特克朗斯出土的化石骨头的磨损模式相比较。

用来挖掘的实验工具

斯瓦特克朗斯出土的化石　　　块茎　　　白蚁

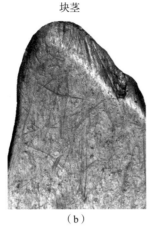

（a）　　　　　　（b）　　　　　　（c）

图11.12

实验表明斯瓦特克朗斯出土的骨器被用来挖掘白蚁巢穴。图中的工具分别是：（a）斯瓦特克朗斯出土的原始工具，（b）挖掘块茎的实验工具，（c）挖白蚁巢穴的实验工具。斯瓦特克朗斯工具化石的磨损痕迹与挖白蚁巢穴的工具最为接近。

该分析指出这些化石骨器被用来挖开白蚁巢穴。图11.12展示了化石骨器与两块实验骨器的磨损模式，实验骨器分别用来挖土与挖白蚁巢穴。每块石器都有着一个光滑圆润的尖端。然而实验用作挖土的骨器在各个角度都有不同深度的痕迹。相反，用来挖白蚁巢穴的骨器则有纤细而平行的沟痕。化石骨器与挖白蚁巢穴的实验骨器非常类似，所以很可能表明这些化石骨器也是这种用途。如果该结论正确，那就证明奥杜威古人类在从事加工类食物采集活动时使用工具。

食用肉类的考古证据

在东非数个考古遗址中，研究者在动物骨骸的密集堆放处发现了奥杜威工具。

出土早期石器的考古遗址分布在坦桑尼亚的奥杜威峡谷、肯尼亚的库比佛拉以及埃塞俄比亚的一些地方。玛丽·利基所发掘的奥杜威峡谷第一河床（Bed I）的数个遗址已经得到极其深入的分析，这些地方可追溯到200万到150万年前，其深度只有10米至20米，但这些地方充满了被遗弃的动物骨骸化石（图11.13）。在这些地方，动物骨骸的密度是周围地方或现代稀树草原的数百倍。这些动物骨骸来自很多物种，包括牛科动物（如羚羊与牛羚）、猪、马科动物（马）、大象、河马、犀牛与各种食肉动物（图11.14）。

在这其中的一些地方，玛丽·利基还发现了数种石器制品：石核、石片、被打扁的石头（可能用作锤子或砧板）以及一些没有人类加工或使用痕迹的石头。这些制品由来自当地许多不同地点的石头打制而成，其中有些来自数千米外发现的岩石（图11.15）。

古人类工具与动物骨骸的同时出现并未能充分证明古人类将这些骨骸积累起来。

我们很容易下结论认为古人类工具与动物骨骸的同时出现意味着奥杜威工

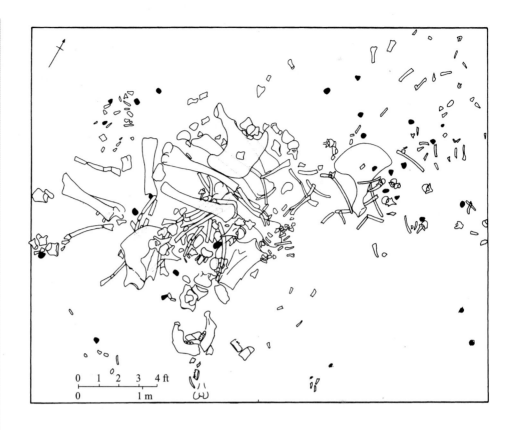

图 11.13

这是奥杜威峡谷第一河床其中一层的地图，图中绝大多数骨骸来自一只象，黑色标记为工具。

具制造者猎杀并加工了在这里发现的猎物。假设是这样，那么奥杜威古人类可能居住在这些地方，这些地方曾像现代狩猎采集者的营地一样，或者曾是屠宰地，古人类在这里处理猎物尸体，而不在这里生活。然而还有别的可能性。骨骸可能在没有人为作用的情况下堆积在这里。这些骨骸可能由流水（现已干涸）或别的食肉动物（如鬣狗）堆积起来。这些地方还可能是许多动物因自然原因死亡的地方。古人类可能在这些骨骸堆积起来后路过这里，甚至可能这些骨骸堆积数百年以后，而古人类只是在这里留下了他们的工具。这样的地方被称作**"重写"**

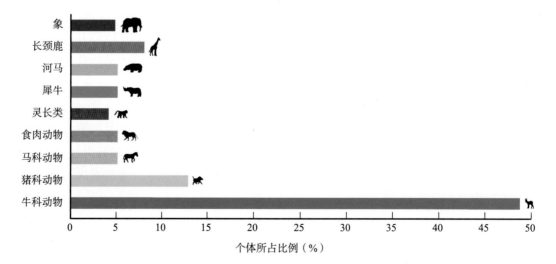

图 11.14

在奥杜威考古遗址中出土了许多不同类别哺乳动物的骸骨。牛科动物（包括羚羊antelope、瞪羚gazelle、绵羊sheep、山羊goat与牛cattle）的数量明显超过了别的动物类别。

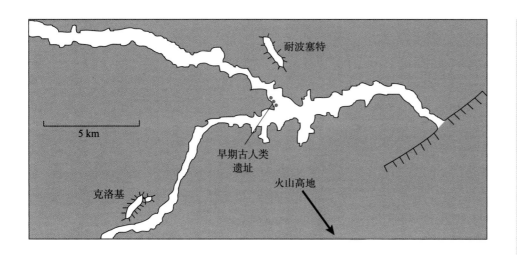

图 11.15

奥杜威的地图标示出了第一河床的主要遗址。一部分工具由来自耐波塞特（Naibor Soit）的石英制成，其他的则来自克洛基（Kelogi）的片麻岩，还有一些用熔岩鹅卵石制成，来自延续到南边火山高地的河流。

（palimpsests），这个词曾是一个文学用词，起初指刮除羊皮纸上的手稿后将羊皮纸重新利用。

考古学家通过研究同一时期的屠宰遗址的形成原因，已经解决了关于这些遗址的一些疑问。

关于这些遗址曾发生了什么事情，**埋藏学**（taphonomy）是解开谜团的一种方法。埋藏学是研究考古遗址形成的学科。埋藏学家会调查分析同一时期屠宰遗址的特点，在这些遗址中，动物被杀死、处理及被各类捕食者——包括古人类捕食者食用。他们考察每种捕食者如何食用它们的猎物，留意肢体骨骼是否被打开以取得骨髓，哪块骨骼被带离了现场，古人类捕食者如何使用工具来处理猎物尸体，以及骨骼在现场是怎样被捕食者放置的等。

他们还调查了骨骼上留下的痕迹，如被捕食者咀嚼过，用石器处理过，或者长期暴露在那里。当食肉动物吃肉的时候，它们的牙齿会在骨头上留下独特的标记。类似地，当人类使用石器屠宰猎物，他们的工具也会留下特定的痕迹。石片有微小的锯齿边缘，当古人类用它们来把肉从骨头上刮开时，会留下非常平行的凹槽（图 11.16）。

这些数据让考古学家得出了屠宰遗址中不同种类捕食者的一系列特征。同样，埋藏学家也可以评估出许多考古遗址中的共同特点。通过比较考古遗址和同一时期遗址的特点，他们有时候还可以得知过去在某个考古遗址中发生过的事件。

奥杜威峡谷的埋藏学研究表明这些遗址中的大部分骨骼不是自然堆积起来的。

动物骨骼和骨器出土于奥杜威峡谷，这个遗址的埋藏学研究首先告诉我们这些骨骼不是由流动的水堆积起来的。动物有时候会溺亡，当它们试图穿过暴涨的河流或者当它们被迅猛的洪水冲走时（图 11.17），尸体会顺流而下，堆积在出水口或者沙洲上。当尸体腐烂，骨骼会暴露在周围的环境中。现代地点的研究表明，激流的沉积物会有很多与众不同的特点。例如，沉积物往往会以大小和重量

图 11.16

这些骨骸上的牙齿咬痕不同于石器留下的痕迹。（a）牙齿的光滑表面会留下宽而平的凹槽；另一方面石器的边缘有着许多细小而尖锐的点，会留下非常平行的凹槽。通过使用扫描式电子显微镜，我们可以区分出食肉动物牙齿（b）与石器留下的切痕（c）。下面两幅小图是奥杜威峡谷有着180万年历史的骨骸化石的扫描电子显微图。

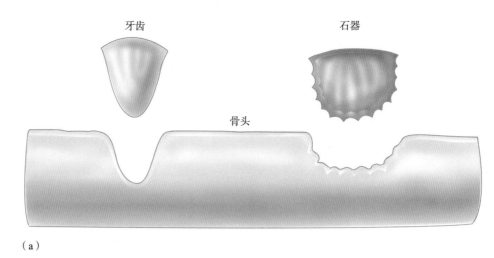

牙齿　　　　　　　　石器

骨头

（a）

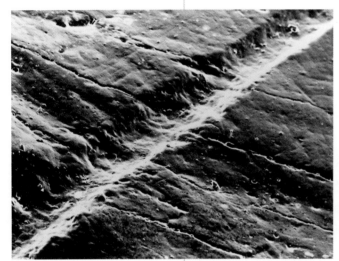

（b）

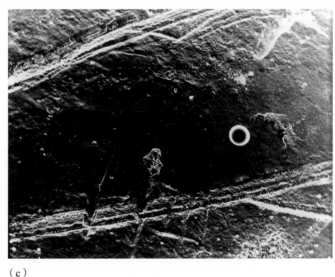

（c）

分层，出现在不同的地方。奥杜威峡谷周围的沉积物没有表现出任何激流沉积物的特点。

　　埋藏学研究还告诉我们，高密集的骨骸不是由于大量动物在这个地方死亡而形成的。有时候许多动物会死在同一个地方。例如，在极度干旱的情况下，大量动物会死在小池塘附近。大规模死亡通常只涉及某一物种的个体，而且不同尸体的骨骸一般很少会混在一起。相比之下，奥杜威峡谷的骨骸来自许多不同物种，而且不同尸体的骨骸会混在一起。

　　然而，在一些地方，骨骸似乎是食肉动物留下的，没有人类的影响。有一个遗址中的骨骸堆积模式与现在的鬣狗堆积猎物骨骸的模式非常类似。鬣狗通常将猎物尸体从捕杀地点拖拽回自己的洞穴，由此它们可以喂养幼崽并避免与其他食肉动物竞争。

　　埋藏学分析表明，古人类活跃在奥杜威遗址中的两个地方，并且在那里使用工具来处理猎物尸体。

　　在两个遗址——东非人遗址（FLK Zinjanthropus）和贝尔的卡隆格遗址

图 11.17

当角马试图渡过水位上涨的河流时,有时会有大量个体被淹死。

(Bell's karongo)中,有充分的证据表明,古人类对猎物尸体进行过处理。那里有大量石器与多种动物的大量骨骸。此外,许多骨骸带有切痕与敲痕(图11.18),这是明显的古人类活动标志。这些骨骸中有一部分也带有牙齿咬痕,表明别的食肉动物也曾出现在这里。

捕食者还是食腐者?

对于奥杜威古人类是捕食者还是食腐者仍然存在争议。

考古证据表明奥杜威古人类对大型动物的尸体进行了加工,我们可以假设他们将肉从骨上切下后食用。但食肉不能充分证明他们捕猎。一些食肉动物通过捕猎获取肉类,但许多食肉动物也部分地取食腐肉。食腐动物从别的捕食者那里偷取猎物或者取食偶遇到的动物尸体。

对于古人类如何获取他们食用的肉类,学界有着大量的争议。一些学者坚持认为奥杜威古人类猎杀了遗址中出土的猎物;而另一些学者则坚持认为奥杜威古人类不能猎杀大型哺乳动物,因为古人类体型太小、装备落后且大脑不够发达,这些学者认为奥杜威古人类是食腐者,偶尔从别的捕食动物那里获得食物或搜集动物尸体。

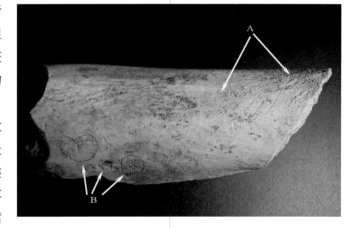

图 11.18

这块骨骸带有直线切痕(A)与圆形敲痕(B)。

对于绝大多数现生捕食者来说,食腐和捕猎一样困难与危险。

为解决早期古人类到底是捕食者还是食腐者这一争论,我们必须先重新思考对食腐动物的普遍观点。尽管食腐动物有着不好的名声,但食腐并不是一种懦弱

（a）

（b）

图 11.19

在捕获猎物的地方，捕食者之间的竞争经常很强烈。图中（a）狮群从一群鬣狗那里夺取猎物，（b）鬣狗为夺回猎物而与狮子打斗。

且懒惰的职业。食腐动物必须有足够的勇气，去从饥饿的竞争者嘴下抢夺食物，又必须足够机智地退回隐蔽处，等待竞争者的取食间隙，或者能够耐心地跟随兽群，然后食用自然死亡的个体。对现代食肉动物的研究表明，它们获取的大部分腐肉需要从别的食肉动物那里抢夺来。绝大多数捕食者对来自食腐动物的竞争会有激烈反应。例如狮子会精心守护其猎物，防止执着的食腐动物偷走一点肉或拖走尸体的一部分。这种对抗会非常危险（图 11.19）。

绝大多数大型食肉兽类既捕猎也食腐。

我们会倾向于这样想，一些食肉动物只捕猎，如狮子与花豹，而另一些只食腐，如鬣狗与胡狼。但当我们比较非洲最大的五种哺乳类食肉动物的行为数据时，食腐者与捕食者这种简单的二分体系就失效了，这五种动物分别是狮子、鬣狗、猎豹、花豹与野犬。食腐所得占肉食总数的比例从猎豹的0到鬣狗的33%不等，别的动物介于两者之间。与常规看法相反的是，高贵的狮子也不排除从较小的竞争者（包括其群内的雌狮）那里夺取猎物，而鬣狗也是熟练的捕食者（图 11.20）。对于东非绝大多数大型食肉动物来说，捕猎与食腐是相互补充的行为。

没有一种哺乳类食肉动物完全靠食腐生存，因为这对于任何大型哺乳类动物来说都太困难了。其中一个原因是，许多猎物物种游走取食，大群地远距离迁徙。虽然这些兽群中自然死亡的个体可以成为食腐者的食物，但这些兽群的迁徙习惯也让这一选项受到限制。哺乳类食肉动物不能跟着这些兽群走太远，因为食肉动物带着不能远距离迁徙的未独立幼崽（图 11.21）。只有食腐鸟类能远距离飞行，如秃鹫，可以完全依赖于食腐来生存（图 11.22）。当迁徙性兽群消失的时候，哺乳类食肉动物要依赖别的猎物来生存，如水羚与黑斑羚。尽管它们有机会时也会食腐，但定居物种的自然死亡并不能满足食肉动物的卡路里需求，所以食肉动物仍必须通过猎杀来获取食物。

图 11.20

雄狮有时从较小的食肉动物和雌狮那里夺走猎物。

图 11.21

夜幕降临时，三只猎豹幼崽在等待其母亲捕猎回来。

当迁徙性兽群消失时，若食肉动物不再捕猎大型动物，而转为从别的途径获取食物，那么食腐行为可能更实用。对早期古人类来说，这是一个合理的选项。绝大多数现代狩猎采集群体很大程度依赖于采集来的食物，包括块茎、种子、果实、鸟蛋与作为肉类补充的各种无脊椎动物。其中一些群体，如哈扎人，会通过食腐来获取肉类，这与他们的狩猎并行不悖。早期古人类的生存可能主要依赖采集来的食物，同时偶尔获取腐肉。

图 11.22

在热气流中飞翔的兀鹫有广阔的飞行距离，它们是唯一完全依赖食腐的食肉动物。

埋藏学证据表明早期古人类同时通过食腐与狩猎来获得肉类。

如我们之前所看到的，捕食者经常因为其猎物而面对激烈的竞争。尝试守卫自己猎物的动物有着被食腐者夺去猎物的风险。为此，花豹会将自己的猎物拖到树上再安全地食用。别的捕食者，如鬣狗，有时会撕下尸体的多肉部分，例如后腿肉，并带着战利品离开到别处平静地食用。这意味着肢骨经常首先从猎获地点中消失，而少肉的骨骼如脊椎骨和颅骨则较迟消失或留在猎获地点（图11.23）。若古人类通过食腐获取绝大部分肉类，那我们推测，在捕食者通常留在猎获地点的那些猎物骨骼上，会有工具留下的切痕，例如在脊椎骨上。如果古人类通过狩猎获得绝大部分肉类，那我们推测工具痕迹主要留在大型骨骼上，如肢骨。

图 11.23

在别的捕食者离去后，秃鹫取食留在猎杀地点的猎物残余部分。

关于狩猎还是食腐这一问题的埋藏学证据，学界仍然存在很多争论。罗格斯大学的罗伯特·布鲁门斯琴（Robert Blumenschine）认为，食肉动物猎杀了猎物并取食了部分的肉类之后，古人类获得了尸体的一些部分来进行处理，以获取骨髓，最后别的食肉动物啃咬骨头。他认为偶然的食腐行为不需要新技术或行为适应，因此这是一个演化性的保守假设。然而，食腐行为使古人类与黑猩猩相区别，黑猩猩经常捕猎，但在有机会的情况下也极少食腐。

马德里康普顿斯大学（Universidad Complutense de Madrid）的曼纽尔·东明古厄斯－罗德里格（Manuel Dominguez-Rodrigo）对此持不同观点。他认为古人类首先获得了动物尸体。其结论基于两方面的证据。第一，他相信食肉动物—古人类—食肉动物模式是对埋藏学证据的误读，这些埋藏学证据来自古人类活动的两个遗址之一。他与其同事认为骨骼上的一些自然生化作用痕迹被误当成食肉动物的咬痕。正常的牙齿咬痕主要限于长骨的两端，这意味着这些骨骼是在被古人类处理后再被食肉动物取食的。布鲁门斯琴反对这种解释，这场争论并未得到解决。

第二，对奥杜威另一个遗址贝尔的卡隆格遗址进行的发掘表明，古人类首先处理尸体，其后才由食肉动物取食。许多骨骼带有切痕与敲痕（图11.18），但牙齿咬痕相对不那么常见。切痕在多肉的肢骨上很常见，若食肉动物首先获得尸体，那么这些位置的肉早已被取食了。

图 11.24
非洲中部的一个狩猎采集民族埃菲人（Efe）在森林建立了暂时性的营地，并频繁地更换营地。

奥杜威工具制造者的家庭生活

我们有理由相信奥杜威工具制造者运用他们的工具，来进行加工类食物采集并处理猎物尸体。奥杜威古人类可能既通过狩猎也通过食腐来获取这些猎物尸体。因此，他们很可能依赖于高难度的复杂狩猎采集技能。在现代狩猎采集社会中，对复杂狩猎采集技能的依赖也与食物分享、性别分工及建立居住点相关。几乎所有现代狩猎采集民族都会建立暂时性营地（居住点，homebase），在这里分享、处理、烹制并食用食物。营地同时还是人们织网、制造箭矢、削尖棍子、给弓上弦、做计划、解决纷争、讲故事以及唱歌的地方（图 11.24）。因为狩猎采集者经常从一个地方搬去另一个地方，所以他们的营地构造简单，通常由数个炉灶及周围合适的棚屋或掩蔽处构成。如果奥杜威古人类建立了居住点，那我们可能可以在考古记录中发现他们居住的踪迹。

一些考古学家将密集的石头和骨骸的堆积解释为居住点，这确实与现代狩猎采集者的居住点很像，但这种观点与一些证据不符。

一些考古学家，尤其是已故的格林·艾萨克（Glyn Isaac）认为，这些地方出土了密集堆积的动物骨骸与石器，标志着这些地方是古人类的居住点。他们推测，古人类通过狩猎或食腐获取肉类后，将猎物尸体碎片带回住处，在这里分享食物。密集堆积的骨骸与人工制品被认为是长期居住（以及疏于家务）的结果。在奥杜威第一河床的一个遗址中存在一个石头圆圈（图 11.25），可追溯到 190 万年前，与今天干旱环境下一些狩猎采集民族建立的石圈一样，这些石圈被用来加固简单棚屋的墙。在同一个遗址中，出土了许多奥杜威石器以及多种动物的骨骼碎片。

然而许多别的观察记录不支持这些遗址是居住点的观点：

● 古人类与非古人类食肉动物都在许多奥杜威遗址中活动。奥杜威遗址中许多骨头被非古人类食肉动物啃咬过。有时同一块骨头会同时有咬痕与切痕，而另一些只有非古人类食肉动物的咬痕。

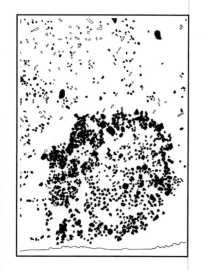

图 11.25
奥杜威第一河床一个遗址中的石圈，一些考古学家认为这是一个简易棚屋的残留。

- 古人类与非古人类食肉动物显然对猎物存在竞争。比起别的化石堆的情况或现代食肉动物密度，非古人类食肉动物的骨骸在这里出现得更频繁。可能是在食肉动物试图夺取古人类的猎物或古人类试图夺取食肉动物的猎物时，古人类将这些食肉动物杀死并吃掉。古人类并不总是在这种冲突中获胜，一些古人类骨骸化石上也发现了别的食肉动物的咬痕。

- 现代的猎杀地点常常有食肉动物激烈冲突的场景。这些冲突既有不同物种间的也有同一物种内的。尤其常见的是，一个小型捕食者，如猎豹，猎杀了猎物，其后猎物吸引了别的动物过来，其中大部分是能够赶走猎豹的动物。

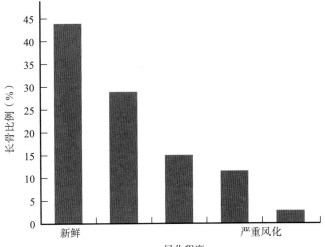

图 11.26

奥杜威第一河床的各个遗址中，许多骨骸风化严重，表明它们堆积后暴露在地表很长时间。

- 在奥杜威遗址中堆积起来的骨骸已经风化。当骨骸暴露在地表，它们会以许多种方式破碎和脱落。它们在地表暴露的时间越长，那么风化程度就越重。埋藏学家可以测量风化程度，并运用这些数据，计算这些骨骸化石在埋藏前暴露在地表多久。奥杜威遗址中的一些骨骸暴露地表至少四至六年时间（图11.26）。

- 没有证据表明奥杜威遗址的骨骸得到了细致处理。这些遗址中的骨骸带有切痕与咬痕，而且许多骨骸明显被石锤敲开以取走骨髓。然而与现代狩猎采集者处理的骨骸不同，这些骨骸并没有得到细致的处理。

这些观察记录很难与认为奥杜威遗址是居住点的观点一致，后者认为人们在这里进食、睡觉、讲故事并照顾儿童。首先，现代的狩猎采集者竭尽所能地防止食肉动物进入营地。他们常用带刺的枝条插成栅栏来保卫营地，并养狗来驱逐捕食者。很难想象早期古人类能在狮子、鬣狗、剑齿虎经常光临的情况下占据这些居住点。其次，奥杜威遗址的骨骸堆了数年。现代狩猎采集者常常在数月之后永久性放弃他们的家园，因为堆积起来的垃圾吸引了昆虫与别的有害动物。即使他们周期性地重来这些地方，他们也不会重新占据旧的家园。最后，与现代狩猎采集群体处理猎物的方法不同，奥杜威出土的骨骸化石并没有得到彻底的处理。

古人类可能将猎物尸体带到这些地方，并用之前储藏的石头打制石片进行处理。

史密森研究所（Smithsonian Institution）的人类学家理查德·波茨（Richard Potts）提出，这些遗址不是居住点而是屠宰地点，即古人类专门用来劳作而非生活的地方。他相信古人类将他们打到的猎物带到这里肢解。一些尸体是古人类在别的食肉动物吃剩后捡来的，而另一些古人类捕获的猎物也被食腐动物夺走。古人类可能将动物骨骸与肉类带到别的地方，以进行进一步处理。这种观点可以解释为何骨头堆积那么长时间，为何一些非古人类食肉动物的骨骸会出现在这里以及为何骨骸没有完全处理好。

表面上，将猎物搬运到屠宰地点似乎对古人类很不方便。那为何不在猎杀地点处理动物的尸体呢？我们知道古人类使用工具来处理肉类，但他们不能保证在猎杀地点能找到适合打制石器的石头。而且他们不能在猎物毫无保护的情况下，离开这里去取工具，任由饥饿的食腐动物偷走他们的晚餐。所以他们必须将肉类带到他们保存工具的地方，或随身携带工具。但我们必须记住，这些石器非常重，而早期古人类没有袋子或背包。珀特斯提出，最佳策略是在固定的地方保存工具，然后将捕获的猎物尸体带到最近的保存地点。

回到未来：现代人类生活史的转变

我们讨论了复杂狩猎采集技术青睐食物分享、父亲投入与性别分工。这些行为实践反过来会形成选择压力，降低雌雄二型性，并延缓后代的成长过程。奥杜威工具制造者是加工类食物采集者、猎人与肉类食腐者。如我们将在下一章所看到的，雌雄性别差异的减少与性成熟延迟这两个特点塑造了化石记录中200万年前古人类的特征。这些形态学与发育学的演化特征很可能塑造了现代人类的特点，也代表了对新生活方式的适应。

关键术语

石片
石核
奥杜威工具制造业
打制
石皮面
模式1
采集类食物
加工类食物
猎取类食物
埋藏学
居住点

学与思

1.谁制造了最早的石器？什么证据使该问题复杂化？

2.采集类、加工类与猎取类食物之间有何不同？数据比较如何帮助我们理解现代人类独特的狩猎采集适应？

3.为何复杂的狩猎采集技术青睐于迟缓的生长发育与较长的童年？什么数据让我们可以推测早期古人类的发育模式？

4.假设我们发现奥杜威狩猎采集技术很容易掌握且只需很少技能，那么你对古人类的选择压力的看法有何改变？你对制造奥杜威工具的古人类的看法又有何改变？

5.为何我们把食物分享与肉食联系在一起，而不是与素食联系在一起？

6.奥杜威工具是什么样子的，以及它们有什么用途？

7.学者们争论奥杜威工具制造者到底是狩猎者还是食腐者。在这场争论中双方主要论据分别是什么？

8.如果我们找到有说服力的证据表明奥杜威古人类只食腐不狩猎，那我们对人类演化的观点会有何改变？

9.一些研究者认为奥杜威第一河床的各个遗址是古人类居住点的残留；另一些研究者认为这些地点是古人类用来处理猎物尸体的工作点。如果你是一名考古学家，你会如何对两种观点进行验证？思考你会需要搜集哪些数据来检验各假说。

10.我们用大量篇幅讨论了奥杜威工具制造者，即使我们不清楚他们到底是谁。为何这仍是一项有益的事情？

延伸阅读

Dominguez-Rodrigo, M. 2009. "Are Oldowan Sites Palimpsests? If So, What Can They Tell Us about Hominid Carnivory?" In E. Hovers and D. R. Braun, eds. *Interdisciplinary Approaches to the Oldowan*, pp. 129-147. Springer, Dordrecht: The Netherlands.

Kaplan,H., K. Hill,J. Lanaster, and A. M. Hurtado. 2000. "A theory of human life history evolution: Diet, intelligence, and longevity." *Ecvolutionary Anthropology* 9:156-185.

McGrew, W. C. 1992. *Chimpanzee Material Culture: Implications for Human Evolution*. New York: Cambridge University Press.

Potts, R. 1984. "Home bases and early homonins." *American Scientist* 72:338-347.

Schick, K. D., and N. Toth, eds. 2009. *The Cutting Edge: New Approaches to the Archaeology of Human Origins*. Bloomington, IN: Stone Age Institute Press.

12

本章目标

本章结束后你应该能够掌握

- 描述人属早期物种的形态特点。

- 描述直立人和匠人的形态、生活史及生活方式。

- 解释人类如何离开非洲。

- 描述脑容量变大的中更新世人类的形态、生活史及其生活方式，包括尼安德特人的特点。

- 讨论中更新世古人类的分类难点。

第十二章　从古人类到人属

大约180万年前，一种新的人族在非洲出现。我们将这类比起先前的类人猿更像现代人类的生物称为匠人（*Homo ergaster*）。一些匠人有粗壮的身体、较长的腿和较短的臂，他们完全适应了地面生活，可能还善于远距离的奔跑。匠人可能通过发明新的工具和技术掌握了火的使用以及狩猎游戏。尽管从匠人的身上可以看到我们的影子，但很多至关重要的差异仍存在：他们的脑容量更小，工具使用的灵活性逊色太多。

在这个章节里，我们首先会描述目前和人属在非洲起源有关的知识。然后介绍匠人在非洲的出现，并追随着古人类迁徙出非洲经过温暖的亚洲最后进入欧洲的脚步，追溯人族的起源和演化。这里始终存在一个争执不下的问题，我们并不清楚非洲、亚洲和欧洲三个地方出现的早期人族成员彼此之间的关系，也不大确定该如何称呼他们，以及在全球范围内该如何解释跨地域及其内部的变异。然而，庆幸的是，这类生物在形态学上有很多相似的方面，在物质和技术的使用上也共享重要的特点。我们会看到人族的脑容量逐渐增大，使用的工具和技艺也愈加成熟，正是这些日积月累的变化最终导致了我们自己——"智人"（Homo sapiens）——在20万年前的出现。我们将跨越时间和空间寻找变化的踪迹，去重建匠人是如何演化成智人的历史。

早期人属成员

人属最早的证据来自230万年前的东非，他们的特点是更大的脑容量和与现代人类更类似的牙齿。

1960年，乔纳森·利基同他的父母、著名古人类学家路易斯·利基和玛丽·利基夫妇在奥杜威峡谷进行考古调查时，发现了属于古人类的下颌骨、头盖骨和手骨碎片。他们将这个样本命名为奥杜威古人类7号（Olduvai Hominin 7，缩写为OH 7），并认为他们属于人属，因为他们的头盖骨比起南方古猿来说更大，牙齿更小，同时拥有较薄的珐琅质，齿弓呈现出明显抛物线线条。他们的头盖骨更圆润，在头骨的最下方有些少许的气囊，脸部小且和南方古猿比起来突出得不明显，下颌的肌肉也明显有减少。

根据最近对奥杜威遗址以及其他遗址中早期人属成员材料的深入分析，这些生物的发育模式以及肢体比例沿袭自南方古猿。对牙釉质层的分析说明，早期人类的青少年时期有着类似类人猿那种较快的发育模式。根据在奥杜威峡谷发现的第一块颅下骨骼碎片，相对于现代人类，OH 7有较长的手臂和较短的腿。之后在奥杜威峡谷的发现进一步证明了这个结论。在唐纳德·约翰逊团队的勘查过程中，成员蒂姆·怀特发现了包括一块不完整的头盖骨和数量众多的颅下骨骼的标本。这个样本被命名为OH 62，其作为一个身高很矮的个体但却有与其不相称的长手臂，这就说明奥杜威早期人类的化石样本的颅下骨骼与阿法南方古猿的很相似。

图12.1

图尔卡纳湖遗址发现的KNM-ER 1470化石标本证实了在200万年前的东非至少有一种脑容量大的古人类存在。

路易斯·利基确信OH 7是非洲200万年前出现更大脑容量的新古人类的证据，但其他人对此持怀疑态度。

绝大多数古人类学家对利基一家发现的是否是人属最古老的成员持怀疑态度。怀疑主义者的一个突破点是，利基一家仅仅基于一部分的头盖骨，甚至一块头盖骨就认为这个物种比南方古猿的脑容量大50%。

利基家族另一个著名的成员则就这个问题进行了证明。有更大脑容量的古人类的确生活在190万年前。玛丽和路易斯的儿子理查德·利基组建了自己的团队，并开始在图尔卡纳湖的东岸一个名叫库比佛拉的遗址开展工作。1972年，理查德团队中的伯纳德·恩格奈奥（Bernard Ngeneo）发现了一块几乎完整的古人类头骨。这个发现的官方名字被命名为 KNM-ER 1470（图 12.1）（KNM 代表的是肯尼亚国家博物馆，ER 则代表的是东鲁道夫——当利基在那里工作时，图尔卡纳湖也称为鲁道夫湖）。KNM-ER 1470 标本最让人咋舌的一点是，他具有比任何一个已知的南方古猿都巨大的脑容量。他的颅腔容量是 775 cc，比阿法南方古猿样本的脑容量整整大了 75%。然而，与 OH7 相比，KNM-ER 1470 有类似于南方古猿的脸部和较大的牙齿。

自从 KNM-ER 1470 被发现，好几块早期人属成员的化石也被发掘出来。这些化石来自非洲东部的几个不同的遗址，包括有奥杜威峡谷、奥莫河谷（Omo River basin）以及图尔卡纳湖旁。而其他与早期人属成员有关的化石则来自南非马拉维河旁的斯泰克方丹的一个遗址。这里发现的化石最古老的可以追溯到 230 万年前，最年轻的则是 140 万年前。这些化石的头骨和牙齿相对来说没有统一的数据。其中一些成员，比如 KNM-ER 1813（图 12.2），与 KNM-ER 1470 相比，他们的牙齿和现代人类更接近，头骨更平滑，而且脸部和牙齿更小，但是他们脑容量同时也更小，大多为 500 cc。

图 12.2

KNM-ER 1813 标本（a，c）有更接近现代特征的牙齿，但脑明显小于 KNM-ER 1470 标本（b）。这个变异让许多研究者开始思考这些被归为能人的化石事实上可能是好几种古人类。

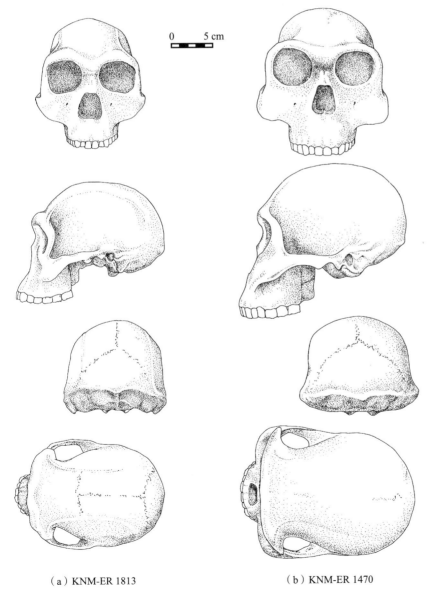

（a）KNM-ER 1813　　　　　　（b）KNM-ER 1470　　　　（c）

目前仍不清楚的是这个时期的早期人类化石材料该被划分为一个、两个还是三个物种。

一些人相信，这些非洲化石标本中的某些差异代表的是在单个物种的性别差异。其他人则不同意，他们认为在200万年前的东非有两个类型的早期人类，那些有较小的脑容量，并且头骨较平滑的个体应该被划分为"能人"（H. habilis），而其他颅骨较粗壮、脑容量更大的应该被命名为"鲁道夫人"（H. rudolfensis）。南非斯泰克方丹遗址的一个能追溯到190万到180万年前的化石样本有可能可以被划分为第三种类型，或者归为"能人"。

匠人

更新世始于180万年前，见证了世界气候的寒冷期。

更新世划分为三个时期：早更新世、中更新世以及晚更新世。早更新世起于约180万年前，刚好和当时的全球气候极寒期相重合。中更新世显著的特点是气温的大幅度起伏波动，在90万年前北欧第一次被巨大的大陆冰川所覆盖，而其终结是到了13万年前的倒数第二个冰期。晚更新世则结束于1.2万年前较温暖的间冰期，并延续到了现在（图12.3）。

根据非洲的化石记录，匠人出现于180万年前，消失于60万年前。

匠人的化石发现于肯尼亚的多个地方，如图尔卡纳湖、奥罗格赛利（Olorgesailie）和伊勒雷特（Ileret），另外还有埃塞俄比亚的孔索-加尔杜拉（Konso-Gardula）和达卡（Daka）、坦桑尼亚的奥杜威峡谷以及南非的斯瓦特克朗

图12.3

过去600万年世界温度的变化。这一推断是根据从深海沉积物中提取的 ^{16}O 到 ^{18}O 的比率得出。在上新世时期全球气温下降，到了更新世全球气温波动变化加剧，尤其是在更新世中期和晚期。

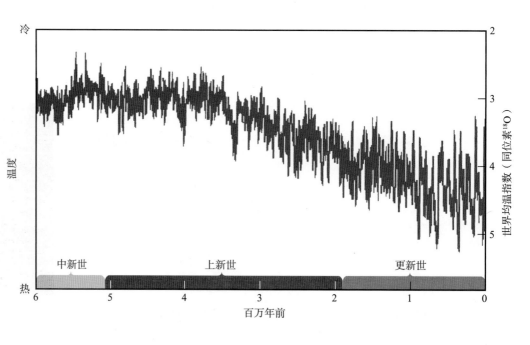

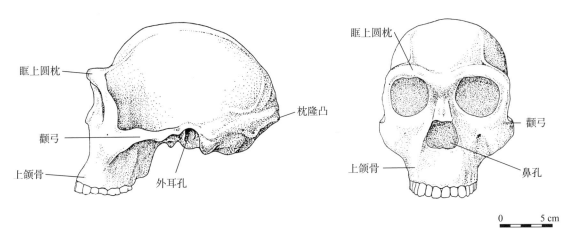

图12.4

图中所示的是编号为KNM-ER 3733的直立人的头骨，可以看出其混合有原始和衍生特征。

眶上圆枕

枕隆凸

颧弓

上颌骨

外耳孔

眶上圆枕

颧弓

上颌骨

鼻孔

0　　　5 cm

斯。图12.4为我们展现了1976年理查德·利基的团队在图尔卡纳湖发现的至今保存完好的头骨（编号为KNM-ER 3733）。当匠人化石第一次出现的时候，人们将其与奥杜威文化所使用的工具联系起来。最近在肯尼亚的伊勒雷特发现，能人和匠人可能在肯尼亚图尔卡纳盆地共存了约50多万年。

截至目前，大多数古生物学家倾向于将这类东非化石分到直立人（*Homo erectus*）的类别下，因为它们与19世纪末在印度尼西亚发现的直立人化石有相似之处。但也有越来越多的古生物学家倾向于有许多特征可以将这一化石归为新的物种。根据动物学的命名法，印度尼西亚的样本因为首先被科学家所描述，仍旧在使用"Homo erectus"这个名称，因此非洲的标本亟需一个新的名称。提出这项异议的科学家给予了非洲直立人的化石一个新的名字："Homo ergaster"（匠人）。这里我们将用"匠人"来指代非洲的化石样本，用"直立人"来指代亚洲的化石样本。需要指出的是，我们尚不清楚这些化石代表了多少种类。

形态

匠人的头骨与早期古人类和现代人类的头骨均有所不同。

匠人的头骨仍保留有早期古人类的许多特征（图12.5），包括眼眶后部明显变窄、额头扁平以及没有下巴。但匠人同时有一些特征与现代人类相似，包括短而平缓的脸部、圆满的头盖骨，短的下颌和后犬齿，数量减少的上颌前白齿。然而，匠人仍旧有一些我们在早期古人类和现代人类上都看不到的衍生特征。例如，匠人的头骨后有水平状的脊（**枕隆凸**，occipital torus），从侧面看呈现了一个尖状的外观。同时，匠人的眉脊也颇大。

这些匠人的大多数衍生特征可能与饮食有关。这类古人类可能更好地适应了用他们的犬齿和门牙撕咬食物，较少用白齿咀嚼。因此，他们所有的牙齿都比南方古猿和傍人的牙齿要小很多，但是白齿变小的比例要明显大于门齿。宽大的眉脊和头骨后的脊状可能用来支撑撕咬食物所带来的压力。

匠人可能对于干燥的环境有很强的适应力。类人猿和更早的古人类的鼻子相对较平坦，鼻孔朝前翻。匠人的鼻孔类似于现代人类，朝向下方，因此，鼻子可能比较突出。这可能是为了在体力劳动时保持体内水分演化出的一种适应。通常

图 12.5

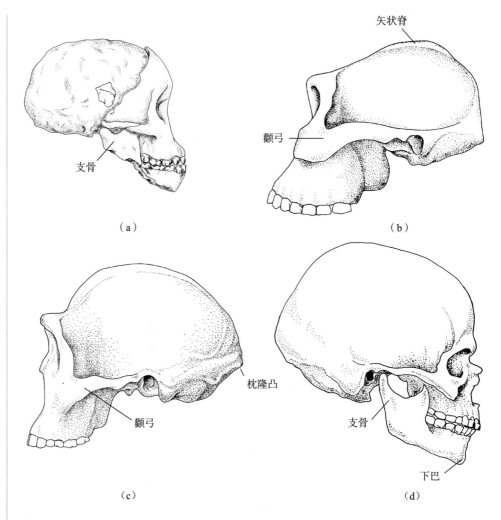

来说，鼻子的温度比身体的低，当我们呼气的时候鼻子里的水汽会凝结。斯坦福大学的理查德·克莱因推测出，匠人也有可能是第一个体毛较少的人类，这一适应结果提高了通过出汗给身体和脑部降温的效果。

匠人脑容量平均为 800 cc，比早期古人类的脑容量有了相当大的提高。有一些非常小的匠人样本，脑容量处于早期古人类的高峰值（500~700 cc），然而其他的样本则表明其脑容量可以达到 1000 cc。这并不能说明匠人脑容量的具体大小，可能只是性别差异，但我们还是无法对此确认，毕竟没有将推测出的脑容量的头骨与身体其他部分的骨骼联系起来。

下文我们将讨论的是，与早期古人类相比，有一些匠人很高大，而有一些则又很矮小。对于哺乳动物来说，脑容量和身体大小是成比例的。而匠人比起早期古人类的身体变化似乎与其脑容量变化无关。

匠人的颅下骨骼更接近于现代人类，而不是早期古人类，但仍与现代人类存在明显差异。

匠人化石的体型大小有相当大的差异。最小的与能人和南方古猿的大小相似，如来自伊勒雷特 KNM-ER 42700 号化石，但其他要明显高一些。库比佛拉考古小组的领队基摩亚·基迈（Kimoya Kimeu）发现的化石为匠人颅下骨架形态提供了最为完整的信息（图12.6）。这些化石发现于图尔卡纳湖的西侧，发掘地址与湖畔南方古猿、埃塞俄比亚傍人和肯尼亚平脸人相同。这个通常被称为KNM-WT 15000的骨架属于一个约12岁的小男孩。这副骨架为我们呈现了一个完整的匠人的身体构造，甚至连他的易碎纤弱的肋骨和椎骨都被保存了下来（图12.7）。阿兰·沃克对这副骨架进行了大量的研究，最终从这副年轻的身体上得到许多信息，并能透视他的生活方式。

我们在前面曾提到过，虽然早期古人类是直立行走的，但是他们仍有长手臂、短小的腿等树栖活动的特征。相比之下，KNM-WT 15000与现在生活在热带草原地带的人们有同样的身体比例：长腿、较窄的髋部和肩膀以及桶状的胸部。与早期古人类相比，KNM-WT 15000的手臂较短。综合来说，匠人已经完全适应了陆地生活。

这副匠人的骨架和其他不完整的直立人骨架告诉了我们以下的一些有趣的事实：

●有些匠人很高。标本KNM-WT 15000站立高度可达1.625米。如果匠人的生长模式和现代人类相似，那等这个男孩成人之后，其身高可以达到1.9米。然而，他也有强健的肌肉组织，据此我们可以推测其成年后可能像篮球队员里的得分后卫或者小前锋。

●性别间的差异变小了。男性匠人的体型通常比女性的大20%至30%，匠人两性间的体型差异程度小于类人猿，但比现代人类显著。

●他们可能没有口语语言。现代人类胸廓中部的椎管比类人猿的大很多，其中包含了更多的脊髓。胸廓部位的神经解剖学的详细研究表明，扩大后的脊髓中多出来神经都支配肋骨和膈肌的活动。标本KNM-WT 15000的胸椎与其他灵长类的类似。如果这个年轻的男性是个典型的例子，那么匠人对肋骨和膈肌的控制能力应该不如现代人类。罗汉普顿大学（Roehampton University）的解剖学家安·麦克拉农（Ann Maclarnon）提出，提高膈肌和胸腔肌肉的控制，有利于讲话的时候有更均匀的呼吸。

●匠人完全适应了地栖生活，并且是第一个可以进行长距离奔跑的古人类。与其他哺乳动物相比，现代人类算不上好的短跑运动员。然而，我们可以在长跑上超出一些动物。最近，犹他大学的生物学家丹尼斯·布兰布尔（Denis Bramble）和哈佛大学的人类学家丹尼尔·利伯曼（Daniel Lieberman）指出，这个匠人男孩所具有的一些特征，比如长腿、窄臀和桶形胸腔，说明这个物种首次出现了适合长跑的特征。他们相信这项天赋可以用于长距离寻找腐肉和捕猎。

匠人发育速度比早期古人类的更慢，但却比现代人类的更快。

之前克里斯托弗·迪安在第十章和他的同事用牙齿珐琅质的增长速率证明了南方古猿发育得相对较快，他们使用相同的方法，推断匠人的演化明显慢于南方

图12.6

基摩亚·基迈是个杰出的田野工作者。他有许多著名的发现，包括KNM-WT 15000的发掘（见图12.7）。

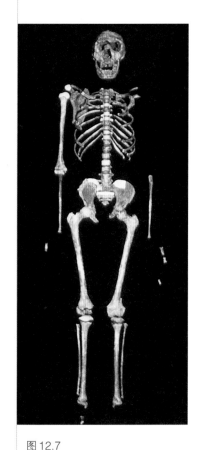

图12.7

极其完整的匠人男孩的化石，化石编号KNM-WT 15000，发现于图尔卡纳湖西岸。

古猿，但是仍快于现代人类。假如这个解释正确的话，那么匠人就不像现代人类一样需要经过漫长的童年，并且对于这个群体来说，学习的重要性远没有那么大。

工具及其生存

匠人所制作的工具比早期古人类的工具更加精良。

在非洲大陆和欧亚大陆发现的最古老的匠人化石都与我们之前在第十一章讨论过的奥杜威工具有联系。然而，在160万到140万年前的非洲，匠人们制造出了一件更加成熟和复杂的工具。这种全新的石器被称为**两面器**（biface），制作该工具的人先从一块很大的石头上凿下一块作为石核，然后再对石核的每个面敲打使其变薄，并让边缘变得尖锐。**手斧**（hand ax）是最常见的两面器，其外形像泪滴状，尖端锐利（图12.8）。**劈肉刀**（cleaver）呈菱形，其中一端平坦尖锐；**挖器**（pick）则非常厚，呈三角形。两面器比奥杜威工具更大，长度平均达到15厘米，有时候会达到30厘米。两面器被分类为**模式2技术**（Model 2 technology）。由于最先发现手斧的地方是法国圣阿舍利小镇（Saint-Acheul），古人类学家便将这一发现自非洲和欧亚大陆西部（欧洲和中东）的模式2技术命名为**阿舍利文化工艺**（Acheulean industry）。最古老的阿舍利工具发现于图尔卡纳湖西岸，可追溯到160万年前，即匠人刚出现在非洲后。需要注意的是，当阿舍利工具首次出现的时候奥杜威工具还没有完全消失。匠人仍在继续制造和使用模式1工具，尤其是当他们急需工具时，就像现在采集社会的人那样。

在阿舍利工艺中，手斧和其他模式2的工具都有标准的形式，这说明当制作石斧的时候，制作人的心中会有特别的设计。奥杜威工艺的模式1工具则都是无计划的制作，没有两个相似的产品。这样缺少标准化的制作工艺导致奥杜威的工具仅能制作出一个石核并将从其上打下薄片，他们没有在制作前设计一个固定形状，之所以这样做是因为石片便是他们想要的实用工具。

不难看出，我们通过不断地在奥杜威石斧的外围剥下石片，便可以打造出一个两面器。然而，阿舍利工具不仅仅只是拥有长边的改进型奥杜威工具，他们有统一的制作工序。手斧有常规的部分，每个石斧的长宽比和长厚比都比较一致。匠人选取了不规则的石块，然后将其两边都打薄，直到具有规则的形状。如果制作者们不分享设计的经验和想法，那么手斧就不会这么相似。

手斧可能被用于切割大型的动物。

手斧的出现是为了什么？对于这个问题，答案仍然很模糊，毕竟手斧是经由早期的人类所制作的。对于这个问题，学者们提出了很多的设想：

1.用于切割大型动物。匠人通过狩猎杀死像斑马、水牛等动物或寻获它们的尸体，然后用手斧作为劈肉刀，将其尸体分为几个部分或小块。

2.用于挖掘植物块茎、穴居动物和水。在当时的热带草原环境，他们需要花

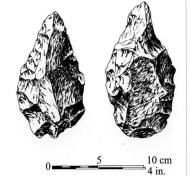

0　　　5　　　10 cm
　　　　　　　　4 in.

图12.8

阿舍利文化的手斧呈泪滴状，经由石核剥片而得。最小的手斧刚好和人类的手掌相合，最大的手斧长度超过0.3米。

费很多时间挖掘可食用的植物块茎。尽管现代人类通常使用尖锐的棍子来挖掘，有些考古学家认为，匠人会用手斧进行挖掘。挖掘工具还有助于捕捉穴居动物，例如疣猪和豪猪，还可用于挖掘水井以获取水源。

3.用于割树皮来获得表层树皮之下有营养的生长层。

4.用于投掷，打死动物。

5.作为制作石片的工具。手斧本身不是工具，而是用于制作日常生活中所用石片的"剥片器"。

虽然我们不能确切地知道手斧的具体使用方法，但两种证据可以支持手斧曾被作为重型屠刀的假说。曾研究过奥杜威工具用途的凯茜·希克与尼古拉斯·托特利用阿舍利手斧重复了之前的实验，根据实验结果，他们推断出手斧曾被作为屠刀使用。有着锋利刀刃的手斧可以轻易地把肉以及骨关节切开，同时手斧圆润的手持端提供了足够的安全性。较大的尺寸使其具有了足够长的锋利刀刃，使得使用起来极为方便，另外还能保证有足够的切割重量，来弥补没有长手柄的不足。来自伊利诺伊大学芝加哥分校的古人类考古学家劳伦斯·基利（Lawrence Keeley）用显微镜分析了少数手斧的磨损情况，有力地证明了希克和托特之前的结论。基利指出，手斧的磨损模式和屠宰动物的磨损非常一致。

肯尼亚奥罗格赛利遗址出土了数量众多的手斧，并且这些手斧推测也被用作剥片器。史密森研究所的理查德·波茨率领的团队在发掘一具大象的骨骼化石时，还一并发现了无数的小型石片，这些小型石片可追溯到约100万年前。这些石片边缘上出现的缺口以及大象骨骼上的痕迹说明此石器曾被用来屠宰大象。他们对这些石片进行了仔细检查，发现它们是从一块被剥片过的石核上打击分离下来的，这一石核类似于石斧，并非来自未被剥片过的卵石。而且，当工匠将石片从石斧上打击下来的时候，并不会在石斧上留下锋利的边缘。综上所述，这些数据可以说明，匠人从石斧上获得石片，并将两者都用作屠宰动物的工具。

阿舍利工艺在近100万年内仍然保持不变。

随着时间和空间的改变，160万年前第一次出现的阿舍利工艺，直到30万年前才出现了些许的变化。更令人惊讶的是，阿舍利工具的时空差异很小，制作时间相隔50多万年的阿舍利工具以及同时代相隔几千英里的阿舍利工具，在制作工艺上几乎没有太大差别。也就是说，这些制作工艺被沿用了超过100万年。事实上，阿舍利工艺存在的时间比匠人存在的时间长很多，后者根据非洲的化石记录消失于100万年前。很多人类学家推测，制作手斧所需要的知识可以在代际间通过学习和模仿得以传承。对于这小群古人类来说，从非洲大陆扩散到欧亚大陆，对待知识持如此忠诚态度，不间断地将其传承和保存下来如此长的时间，是很难得的。

一系列证据表明匠人保持着吃肉的习惯。

第一个有关匠人吃肉的证据来自一副女性的骨骼化石（KNM-ER 1808），这副骨骼由阿兰·沃克和他的同事在库比佛拉发掘出土（图12.9）。这个女性于160

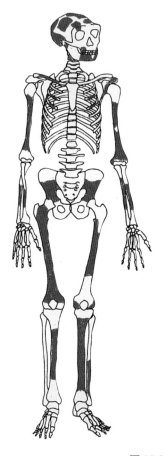

图 12.9

匠人女性标本（KNM-ER 1808）的大部分骨骼发现于肯尼亚的库比佛拉遗址。图上红色部分为发现的部分。

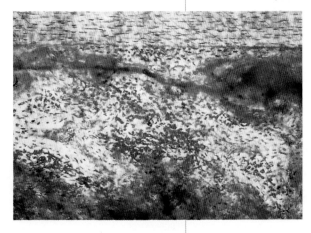

图 12.10

KNM-ER 1808 标本在显微镜下的成像。可发现图片顶端部分正常骨头呈小型条带状，而其他部分则是有疾病的骨头，其呈现的是蓬松不规则的形状。

万年前死亡，其长骨被好几层不寻常的骨纤维组织所覆盖。这种类型的骨生长是维生素 A 中毒的症状（图 12.10）。那么，问题来了，一个以狩猎采集为生的人是如何获得足量的维生素 A 且到了中毒的地步呢？其中一个原因可能就是吃了大型捕食者例如狮子或者豹的肝脏。类似的事情也发生在北极地区的探险者身上，这些探险者在吃了北极熊和海豹的肝脏后也出现了上述的症状。如果这个女性是因为吃了肝脏之后导致的骨头变形，那么我们就可以推断匠人是吃肉的。当然，我们无法得知这个女性是如何获得导致她中毒的动物肝脏的，她有可能是直接捡拾动物尸体，或是在杀死食肉动物后而获得。

还有其他一些环境的证据可以证明匠人至少在一年当中的某段时间内是需要食肉的。第一，手斧似乎是一种非常适合切割大型动物肉类的工具。第二，在奥罗格赛利遗址中和石斧一并发现的象的骨骼化石上有石器切割的痕迹，这也说明这群古人类曾使用工具将肉从动物尸体上切割下来。第三，匠人的牙齿适合撕咬，而不是很适合咀嚼硬质植物。我们之前在第十一章说过，肉类、种子和含纤维的植物等都是非人灵长类在干旱季节的主要食物来源。如果匠人在此季节不食用硬质植物的话，他们可能需要依赖肉类。第四，下面我们将提到，匠人从热带雨林地区移居到非洲以外的温带地区。第五章中曾提到，其他灵长类的生存十分依赖水果和柔软的植物组织，而这些食物在温带地区的冬天难以获得。因此，如果要在温带地区生存，匠人需要食肉。除了人类之外只有少数的灵长类生活在冬季寒冷的地区，这些群只是灵长类在热带分布主流的外延。

匠人肠内的寄生虫也证明他们食肉。人类是三种绦虫的最终宿主，而非洲的食肉动物则是与这些绦虫有密切关系的其他绦虫的寄生终端。绦虫有着复杂的生命循环，详情见图 12.11。食草动物在进食时，绦虫卵随食物一同进入食道，绦虫卵发育成幼虫后，被包裹在宿主肌肉的囊肿中。当食肉动物取食了带有绦虫幼虫的囊肿后，幼虫在食肉动物体内发育成成虫并产卵，卵会随着宿主的排泄物一同排出体外。奶牛和猪等家畜是绦虫和人类的中间宿主，有说法认为人类之所以会感染绦虫是因为食用了这些牲畜。然而，由美国农业部的埃里克·霍伯格（Eric Hoberg）和同事对绦虫属的分子系统发育关系进行的研究，却提供了别的观点。人类身上的两种绦虫——牛带绦虫（*Taenia saginata*）和亚洲牛带绦虫（*T. asiatica*）——源于 170 万到 80 万年前的共同祖先。这就说明，人类祖先在这个时间就已经成为了绦虫祖先的最终宿主（并已开始有规律地食用肉类）。而这远在人类驯化动物之前，和匠人出现在非洲的时间一致。

有关匠人的生活方式仍有很多疑问。

匠人虽然食肉，但是我们并不知道他们是如何获得肉类或者如何加工的。对于匠人是通过捡拾尸体还是以捕猎方式获得肉食，学界也一直存在争议，这和奥杜威古人类是否狩猎的争议类似。我们之前提到，在奥罗格赛利遗址中发现的象骨化石有明显的经过石器切割加工的痕迹。但古人类如何获得大象尸体仍是个谜。考古学证据表明，这个遗址并未被古人类或是动物所重复利

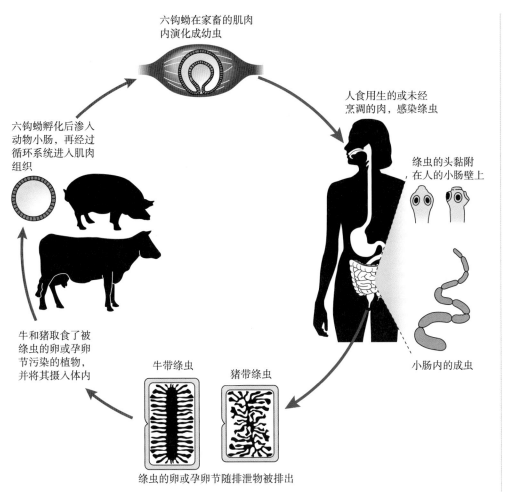

六钩蚴在家畜的肌肉
内演化成幼虫

人食用生的或未经
烹调的肉，感染绦虫

六钩蚴孵化后渗入
动物小肠，再经过
循环系统进入肌肉
组织

绦虫的头黏附
在人的小肠壁上

牛和猪取食了被
绦虫的卵或孕卵
节污染的植物，
并将其摄入体内

小肠内的成虫

牛带绦虫　　猪带绦虫

绦虫的卵或孕卵节随排泄物被排出

图 12.11

两种绦虫的生活史。
人类是牛带绦虫、亚洲牛带绦虫
及猪带绦虫的最终宿主。

用。有可能只是人类在那个遗址杀死并屠宰了大象，也可能是人们看到了那里的大象尸体，只是将肉进行切割。也有人说古人类在和其他食肉动物厮杀一番后获得了肉食，这似乎不太可能，因为象骨上没有发现其他食肉动物的咬痕。

　　还有一些有关早期人类何时使用火的争论。考古学家在肯尼亚的两个遗址发现地上有烤焦的痕迹，可以追溯到 150 万年前，但这并不代表它们就是篝火的遗存或是缓燃自然火的痕迹。南非斯瓦特科朗斯洞穴里出土了很多化石，有羚羊的、斑马的、疣猪的、狒狒的以及粗壮傍人的，研究人员在 20 多个不同的地层中发现了被烧过的骨头，其年代可以追溯到 150 万至 100 万年前。在这些地层中，同时也发现了奥杜威工具和匠人的化石。为了检验这些骨头是否被篝火烧过，南非比勒陀利亚（Pretoria）德兰士瓦博物馆（Transvaal Museum）的布莱恩（C. K. Brain）和希奈戈研究所（Synergos Institute）的安德鲁·西伦（Andrew Sillen）将这些化石和经过一定的高温火烧后的现代羚羊骨进行了对比。他们发现在经过高温及慢燃的火烧过之后，骨骼的微结构产生了明显变化，而这变化刚好能在斯瓦特科朗斯发现的化石里观察得到。

　　早期人类使用火的更有力证据来自以色列北部的格舍尔贝诺雅科夫（Gesher Benot Ya'aqov），可以追溯到 79 万年前。经过对上千件手工制品的仔细筛选，研究人员确定了一些烧过的种子、木头和燧石制品。燧石制品主要发现于一些特定的地区，初步判定可能为炉边。被烧过的物品是遗址里遗存的一部分，这就说明它们可能不是自然火灾的产物。

　　早期人类是否用火来加工他们的食物则更难测定。哈佛大学的理查德·兰厄姆（Richard Wrangham）指出烹调过的食物会更容易咀嚼和消化。此外，植物的块茎在食用之前也需要进行烹调。用火来加工肉类和植物块茎可能提高了匠人的觅食效率，这一点给匠人们提供了更高的能量消耗来支撑其更大的脑，因此，对他们来说是一个非常重要的适应机制。

走出非洲

匠人几乎遍布了整个非洲并进入了欧亚大陆。

　　理查德·克莱因综合了考古学和古生物学的证据，推测除了一些干旱的沙漠和刚果河的热带雨林，非洲大陆的其他地区几乎均有匠人分布。这意味着匠人能适应各种不同的环境条件。在大约150万年前，匠人征服了埃塞俄比亚的高原地区，并且将大裂谷干旱的边缘地区也充分利用起来。到了100万年前，匠人的分布范围延伸到了非洲大陆的最北端和最南端（图12.12）。

　　我们并不清楚最早的古人类是如何以及何时离开非洲的。但是在约180万年前的一段时间，早期人类就已经到了今天格鲁吉亚的高加索山脉附近。1991年，考古学家在一个叫作德马尼西（Dmanisi，见图12.13）的中世纪小镇发现了早期人类的下颌骨和奥杜威工具。在1999年，一个由格鲁吉亚国家科学院的里奥·加布尼亚（Leo Gabunia）领导的国际研究队伍在德马尼西发现了两个几乎完整的头盖骨，这两个样本与非洲的匠人样本很相似（图12.14）。之后，该团队还发现了保存非常完好的颅骨，它是一个快成年的个体，脑容量较小，约700 cc，与在

图 12.12

文中提到的有关化石和考古遗址。匠人发现于非洲和欧洲，可以追溯到180万到100万年前。海德堡人发现于非洲和欧洲，可追溯到80万到30万年前，这个时期只有直立人出现在东亚。百色盆地出土了模式2的工具但没有发现古人类的化石，所以工具制作者的身份我们无法识别。

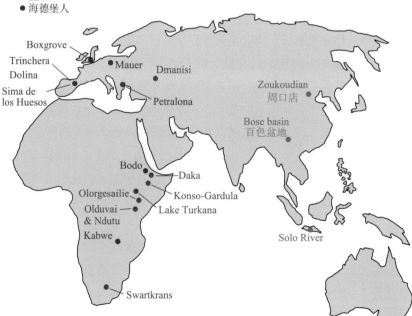

中更新世早期，180万~25万年前
- 匠人
- 直立人
- 海德堡人

肯尼亚伊勒雷特发现的样本有惊人的相似性。在2007年，戴维·罗德基帕尼泽（David Lordkipanidze）和他的同事通过对一个青少年和三个成年人的研究，发表了第一篇有关颅下骨骼的详尽叙述。与德马尼西化石一同出土的，还有1000多件奥杜威工艺（模式1）的砍凿器、刮刀、切肉工具和石片。这些德马尼西曾经的居民选择当地石料制作了这些工具，而且倾向于选择细密的石料，例如石英岩和玄武岩。通过放射性定年法测定，这些工具碎片至少有180万年的历史，和一同发现的古人类化石时间接近。同古人类化石一同出土的动物化石也与当时的环境一致。

2013年，戴维·罗德基帕尼泽和同事首次描述了一个具有惊人完整度的颅骨（图12.15）。这个头盖骨和几年前在同一遗址发现的下颌骨相符合，这两者拼合后便成了迄今最完整的早期古人类的头骨。这个头骨给古生物学家带来了很多惊喜。首先，脑容量很小。这个头盖骨显示它的脑容量只有546 cc，比德马尼西遗址中其他早期人属化石的脑容量都要小，即使和非洲的早期人属成员相比，脑容量也位于末端。其次，它拥有一个较大、下巴十分突出的面部，门牙扁平。大且粗壮的下颌和牙齿类似于爪哇的直立人。另外，这个头骨本身、眶圆环、眶后缩窄以及眉间区域都不平滑且比较粗壮。然而，这个头骨也有特征表明其应该是人属成员，包括相对直立的脸的上半部分和颅骨的形状。基于来自可能是同一个体的颅下骨骼的某些特征，研究人员认为这个个体的身高接近现代人类身高的下限（1.5~1.7米）。

罗德基帕尼泽和他的同事强调说，德马尼西古人类同时展现了原始和衍生特征。他们的脑容量相对较小（546~775 cc）。根据脑容量和身体大小的关系，德马尼西古人类属于匠人中比较矮小的群体，脑形成和发育程度则更像能人以及南方古猿。他们的肩部形态也保留了一些原始的特征。现代人类的手肘可以旋转，所以当我们的手臂自然垂下时，手掌是朝向内侧的。而德马尼西人的手掌则更朝向身体的前方。德马尼西人的下肢形态具有一系列的衍生特征。他们有着与现代

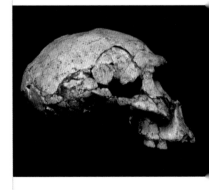

图 12.14

其中一个发现于德马尼西的头骨。德马尼西化石可以追溯到180万到120万年前，和同时期的非洲的匠人化石非常相似。德马尼西遗址位于北纬41度，远离热带地区，这意味着匠人比早期的人类更能适应多种生境。

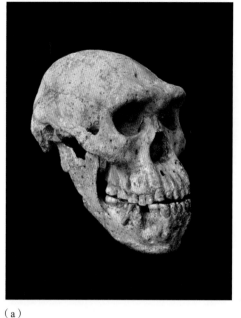

(a)　　　　　　　　　　　　　　　　　(b)

人类一样的四肢比例，并且他们的下肢和脚很好地适应了长距离步行和奔跑，例如，他们有相对较大的股骨—胫骨比和肱骨—股骨比，发育良好的足弓以及一个与其他脚趾平行的大拇指。

德马尼西遗址中一些材料的多样性对早期人属成员的分类提出了新的问题。

在单个遗址且在一个狭窄的时间范围，同时有如此众多的变化，同时又与非洲和亚洲的化石样本都有关系，这使得我们需要重新审视早期人属成员的分类。在经过对德马尼西遗址的研究之后，有研究人员认为，在非洲、欧洲和亚洲出现的早期人类化石只是代表了单支谱系，即直立人，这是具有历史地位的名称。也有研究人员认为，德马尼西可能存在过不止一种人属成员，分布于非洲、欧洲和亚洲的各自分支均是不同的物种。要想解决这一争论，需要今后进一步的研究。

东亚：直立人

直立人是一种类似于匠人的早期古人类，可能在早更新世到达东亚。

19世纪，欧仁·杜布瓦（Eugène Dubois）在爪哇的梭罗河附近挖掘出来一些和匠人十分相似的化石（图12.12和图12.16）。杜布瓦将其命名为 "*Homo erectus*"，即"直立人"。在当时，杜布瓦几乎不能准确判定这些化石的年代，多年以来大家都猜测这些化石可以追溯到50万年前。然而，到了20世纪90年代，来自伯克利地球年代学中心的卡尔·斯威舍（Carl Swisher）和加尼什·柯蒂斯（Garniss Curtis），使用最新的氩–氩测年法来判定几块来自杜布瓦发掘地点的小晶体岩石。他们的分析表明，在爪哇发现的两个遗址实际上可以追溯到180万到

160万年前。然而，因为杜布瓦的挖掘活动要比地质学家评估该地区地层历史要早100多年，我们需要谨慎对待这一结果。

匠人和直立人在形态上的主要差异在于头骨。直立人的面部更大，颅骨壁更厚，颅骨顶部更低并不那么圆，眉脊不显著，头骨两面的倾斜率大，枕隆凸更显著，同时还出现了**矢状龙骨**（sagittal keel，头顶端一条呈v形的纵向脊）（图12.17）。根据第十章的介绍，在傍人的头骨上，矢状龙骨可以扩大颞肌的附着区域，而在直立人中没有这样的功能。事实上，我们也不知道矢状龙骨的具体功能是什么。

直立人比起匠人更矮更粗壮。根据北京周口店出土的直立人的股骨推算，直立人的身高只有1.6米，比KNM-WT 15000匠人矮大约一头。

直立人是在爪哇和中国发现的，一直存在到3万年前。在整个存在时期内，直立人几乎没有变化。那些在同时代的非洲和欧亚大陆西部地区古人类身上发生的变化并没有在直立人身上发生，例如脑容量变大、工具制作工艺的复杂化成熟和行为灵活性增加等。在和现代人类的相似性上，距今仅几万年的直立人还比不上100万年前非洲的匠人。

但是，东亚直立人化石的分布说明他们能完全适应艰难的环境条件。在78万到68万年前，北京周口店附近的洞穴中生活着一群直立人。根据对孢粉化石的分析，研究人员认为直立人仅仅在温暖的间冰期居住在这个洞穴里。但这里所说的"温暖"是个相对的概念，实际上在当时的间冰期，周口店的气候可能跟现在芝加哥的气候差不多。想象一下，冬天赤裸着身子居住在芝加哥地区一个没有房顶的地方会是一种什么挑战。为了抵御冬天的严寒，直立人可能需要使用火，还要找一个类似周口店洞穴的地方。但即使如此，这也是一个很大的挑战。周口店洞穴里堆着大量的动物骨头，尤其是两种鹿类。这些动物显然是被捕食者带到洞里的，很可能就是直立人所为。但是，洞里也同时存在鬣狗的骨头化石和粪化石。这些动物的骨头上可以看出被鬣狗咬过的痕迹，而洞里缺少早期古人类的面部化石。因此，直立人也可能是其他捕食者的猎物。

矢状龙骨

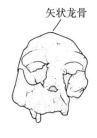
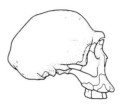
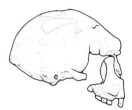

匠人
（KNM-ER 3733）

直立人
（Sangiran 17）

图12.17

匠人和直立人有很多差异，直立人比起匠人来说，头顶有矢状龙骨和更显著的枕隆凸，头骨两侧更加倾斜。

直立人使用模式1工具。

阿舍利工具出现在160万年前的非洲，而在东亚几乎没有被发现过。事实上，直立人所使用的工具属于更加简单的模式1工具，和奥杜威工具相似。一些古人类学家认为，东亚和非洲的工具制作技艺的不同之处体现了他们之间认知能力的差异；而另一些学者则认为环境的差异可能是造成工具差异性的原因。之前提到，匠人可能在170万年前来到过东亚。如果真是这样，那么这些匠人应该在模式2工具出现之前就离开了非洲。很有可能的是，在第一批匠人从北非迁徙到东亚之后，留在非洲的匠人认知能力发生了变化，这种认知的改变促使之后的匠人制作出两面器，东亚直立人没有出现更加对称的模式2工具，可能意味着他们缺少这种认知能力。

图 12.18

在中国南部的百色盆地发现的手斧是东亚唯一发现的模式2工具。这些工具可追溯到80万年前，模式1工具在这之前和之后都存在。

另一些学者则认为是居住环境差异导致直立人和匠人之间工具技术的差异。在中更新世时期，直立人居住在竹林遍布的森林里。竹子是一种比较特殊的木材，因为它可以被制作成尖锐、坚固的工具用来切割食物。直立人不会用手斧可能是因为他们根本用不着它。最近在中国南部的百色盆地发现的大量手斧支持了这一观点（图12.18）。大约80万年前，一颗大的流星陨落在这个地方并引发了大火，大火将这里的森林烧毁并导致了森林的消失，取而代之的是大片的草地。当草地成为主要的生境类型后，这个区域的居民便制作出了类似在非洲发现的模式2工具。在森林被破坏之前以及森林恢复之后，这里的居民制作的是类似奥杜威工具的模式1工具。这个证据表明手斧适应于开阔生境的生活方式。然而，这里没有出土和这些工具相关的古人类化石，所以我们不确定是否是直立人制作了这些工具。因此，在百色盆地发现的手斧，也可能是由来自遥远西部、掌握先进技术的移民所制造的。

中更新世早期的古人类（90万到30万年前）

中更新世时期全球气候变得更冷更多变（90万到13万年前）。

在中更新世和晚更新世时期，长而寒冷的冰期中夹杂着短而温暖的间冰期。图12.19所示为科学家估算的这一时期的全球温度变化。可以观察到的是，在过去70万年里，世界气候存在着剧烈变化。根据地质学的证据，在冰期，冰层覆盖了北美和欧洲，气候极其寒冷。这段寒冷的时期会间歇性地出现短暂的温暖期，在温暖的间冰期，冰层消退，森林再次出现。

在冰期，全球处于干旱的状态，非洲大陆和欧亚大陆被大面积的沙漠所隔离。而在间冰期，世界会变得湿润一些，一些动物从非洲迁徙到欧亚大陆。

温度的波动对地球上的生物栖息地有巨大的影响。图12.20a所展示的是大约7000年前，即目前这一间冰期最温暖湿润时的各类型栖息地的分布。在这个时期，大部分的欧亚大陆和非洲大陆被森林所覆盖，非洲的东部和北部以及阿拉伯地区被广袤的草原所覆盖，沙漠只在非洲西南部和亚洲中部有一小部分的存在。图12.20b展示的是大约2万年前、世界处于末次冰期最盛时期时各类型栖息地的分布。中纬度地区几乎被类似今天撒哈拉沙漠一样的荒漠所覆盖。沙漠的北部和南部，分布着草地、灌木丛和空旷的林地，森林只分布在非洲中部和亚洲东南部的一小部分地区。从中更新世开始，全球就在这两个极端环境中间来回摆动，有时候仅仅只需要几百年就可以从一个极端过渡到另一个极端。

在中更新世和晚更新世，这些变化对古人类和其他动物的分布产生了重要影

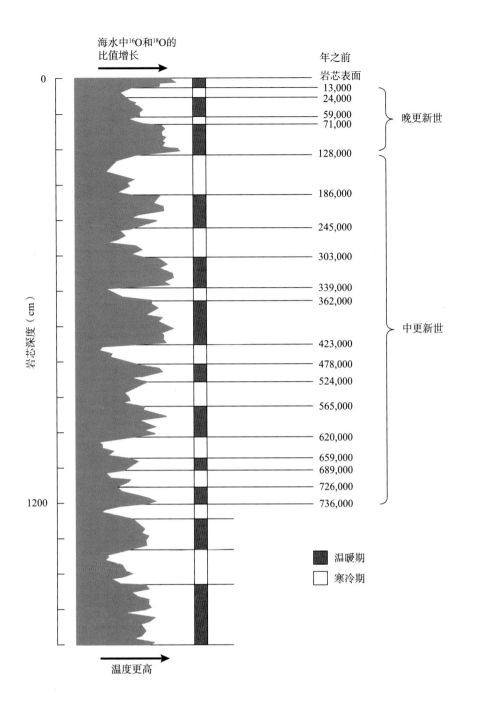

海水中¹⁶O和¹⁸O的比值增长 →

温度更高 →

温暖期
寒冷期

图 12.19

在过去70万年里，海水中的¹⁶O和¹⁸O的比率一直在来回摆动（值越高代表温度越高），这也意味着全球的温度一直在波动。但平均来讲，这段时期的地球比现在更冷一些。

响。在冰河时期，沙漠遍布非洲北部，使得这个区域无法让多数动物生存下去。这与我们发现的化石记录相一致：在冰河时期，亚洲和非洲间的动物只有少许的扩散移动。相反，动物主要在欧亚大陆上向东或向西扩散。当全球气候变得更暖一些，草地和热带草原替代了大部分的荒漠，非洲大陆和欧亚大陆间的动物也能更容易进行移动。化石记录显示，动物主要从非洲大陆单向地迁往欧亚大陆，而不是反过来。在后文中我们将看到，这个事实为我们理解人类演化历史具有重要的帮助。

从匠人到现代人类的演变发生在中更新世。

正是在这样一个混乱、快速变化的时期，自然选择重塑了古人类这一支系。

图12.20

（a）本图展示的是大约7000年前、地球处于当前间冰期最温暖湿润阶段时的各主要栖息地类型的分布。非洲大陆和欧亚大陆的大部分地区被森林所覆盖，横跨北部非洲和欧亚大陆西南部的广袤草原将两个大陆联结在一起。

（b）本图展示的是大约2万年前、地球处于末次冰期最干旱寒冷阶段时各主要栖息地类型的分布。只有少数地区被森林覆盖，非洲中部和亚洲东南部被草地和灌丛所覆盖。欧亚大陆北部则被寒冷干燥的半荒漠和荒漠所覆盖。横跨北非及阿拉伯半岛的荒漠把非洲中部和南部与亚洲中部隔绝开来。

针叶林
森林和林地
稀树草原和灌丛
草地
半荒漠
荒漠
草甸和苔原
高寒荒漠
冰盖

（a）间冰期（约7000年前）

（b）冰期（约2万年前）

匠人演化成更聪明且适应性更强的生物。在中更新世的大部分时期，非洲大陆和欧亚大陆都有古人类的踪迹，这些居住在世界不同地方的古人类有着完全不同的形态。东亚地区的直立人一直生活到3万年前，而非洲和欧亚大陆西部则分布着脑容量更大的古人类。大约30万年前，非洲和欧亚大陆西部的古人类就已经发展出了更加成熟的技术和行为。这一变化一直持续，尤其是在非洲，我们有时甚至无法分清他们的行为和技术与现代人类的区别。

　　尽管我们可以在化石和考古学的记录中发现许多这些历史事件的证据，但学界对这一时期人类谱系的演化仍有很多争论。在这个时期到底有多少种古人类以及他们之间存在怎样的联系，学界对这些问题展开了激烈争论。我们将会在本章的最后讨论这些问题，但在这之前我们需要了解一些关于中更新世人类的知识。

非洲和欧亚大陆西部：海德堡人

在中更新世上半段（90万到13万年前）的某段时间，出现了脑容量更大、头骨更接近现代人类的古人类。

在中更新世上半段，非洲和欧亚大陆西部地区出现了脑容量更大且头骨更接近现代人类的古人类。图12.21展现的是两个来自这一时期几乎完整的头骨：来自希腊的佩特拉罗纳头骨（Petralona cranium）和来自赞比亚的卡布韦头骨（Kabwe cranium）。这些个体的脑容量比匠人的更大，在1200到1300 cc之间。这些头骨同时也有很多与现代人类相似的衍生特征，包括更垂直的侧面、更高的额头，以及更圆润的后脑勺。然而，他们同时又保留有原始的特征，例如，长且低的头骨，很厚的头盖骨，突出的脸，没有下巴，以及非常宽大的眉脊。他们的身体比现代人类更加健壮。类似特征的化石也出现于非洲的其他遗址（包括坦桑尼亚的恩杜图和埃塞俄比亚的博多人遗址），以及同时期的欧亚大陆西部遗址（包括德国的茂尔遗址和英格兰的博克斯格罗伍遗址）（见图12.12）。这些化石之后也在东亚出现过，但在同一时期的东亚遗址中没有发现。

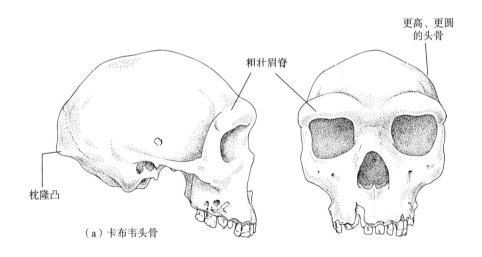

（a）卡布韦头骨

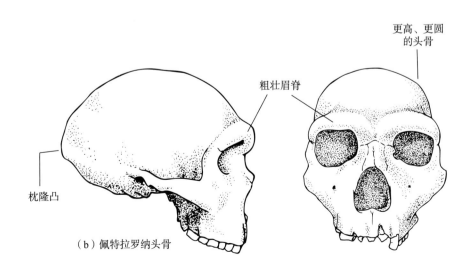

（b）佩特拉罗纳头骨

图 12.21

在80万到50万年前的某个时期，头骨更高、更圆润及脑容量更大的古人类出现在了地球上；到40万年前时，海德堡人成为非洲和欧亚大陆西部的常见古人类。这里所示的就是两个海德堡人的化石，一个来自（a）赞比亚的卡布韦（有时叫作布罗肯山），另一个则来自（b）希腊的佩特拉罗纳。这两个头骨都已有40万年的历史。

传统上，古人类学家曾把这些有更大脑容量、长相更像现代人类的古人类叫作**早期智人**（archaic *Homo sapiens*）。然而，现在仅有极少数的古人类学家还认为这些人类应该被归到智人。古人类学家对这类人属于一个物种还是几个物种存有争议，而且认为属于几个物种的古人类学家对于具体种类的划分也有争论。这些尚未解决的争论让我们左右为难，不知该如何称呼这些古人类。于是我们就采用了对这个群体最为普遍的叫法：*Homo heidelbergensis*，即**海德堡人**，用这一名称来指代所有中更新世时期非洲和欧亚大陆西部的古人类（海德堡人的名字取自这个样本被发现的地点：德国的海德堡市）。但要注意的是，我们不确定这个类别是否能代表单一生物学物种。

科学家无法确定海德堡人是何时在何地首次出现的。有人认为在非洲厄立特里亚的布依亚（Buia）发现的头骨来自最古老的海德堡人，这个头骨有很多与海德堡人相似的衍生特征，但更小一些，接近匠人的头骨。也有人认为发现于津巴布韦的卡布韦化石是最古老的海德堡人。尽管它最初被认为源自13万年前，但近来一些深入分析将其年代推到了约80万年前。还有人认为最古老的海德堡人来自西班牙北部阿塔普尔卡山的格兰多利纳（Gran Dolina）。这个遗址出土了很多古人类化石，包括一个青少年个体的下颌骨以及一个成年人的大部分面部骨骼。格兰多利纳的化石多数为碎片，很难猜测颅内的脑容量，但他们展示出很多可以在现代人类中发现的面部特征。通过古地磁测量方法可以判定他们来自80万年前，但是在同一遗址发现的啮齿目动物的化石却表明年份要近很多，大概在50万年前。类似的不确定性导致我们无法确定其他海德堡人化石的年代，所以最好的办法是将这些可以追溯到80万到50万年前的所有古人类归为一类。

早期海德堡人所使用的工具和匠人所使用的十分相似。他们使用的工具多属于阿舍利手斧和一些发现于其他遗址的工具，但在某种程度上来说手斧质量更上乘。

大量证据证明海德堡人曾狩猎大型动物。

在远离法国海岸的泽西岛上，悬崖的底部发现了大量猛犸象和披毛犀的化石。其中一些化石来自成年个体，它们个体太大，很难被捕食者所捕获。这些尸体显然经过了石器的切割。例如，有些头骨曾被打开过，推测是为了取出脑组织。在遗址的某些地方，动物的骨头根据身体部位被分开摆放（头放这里，四肢放那里，等等）。这些证据表明海德堡人曾将动物驱赶至海岬，在那里将它们杀死并分而食之。

更多狩猎动物的证据来自德国舍宁根（Schöningen）某一露天煤矿的三根木制矛。这个遗址年代可追溯到40万年前。人类学家认为这三根木制矛是当时的人使用的飞矛，长约2米。和现代标枪类似，最尖锐的那端最厚也最重，然后向另外一端逐渐变细。一些现代人类用类似的工具进行捕猎，海德堡人可能用矛捕猎。但这些飞矛比现代的标枪更大也更重，所以它们可能被用来刺或者戳，而不是投掷使用。人类学家发现的一些证据支持了这一假设，他们在发现矛的同时，也在周围发现了很多马的骨头，在这些骨头上也有经过石具加工的痕迹。

海德堡人曾食用多种植物和动物资源。

我们在之前第十一章曾介绍过，现代狩猎采集部落的人们以多种不同的食物为食，他们使用较复杂的方式和技巧来获得和处理食物。早期古人类出现类似行为最早见于以色列北部的格舍尔贝诺雅科夫遗址。在79万年前，这个目前位于干燥的死海峡谷的遗址实际上位于湖边，以色列巴伊坎大学（Bar Ikan University）的尼拉·艾尔普森-埃菲尔（Nira Alperson-Afil）以及同事发现古人类（也许是匠人或是海德堡人）曾于79万年前居住在这里，他们采食橡树的果实、睡莲的种子以及荸荠等多种植物性食物。现代的狩猎采集人类运用烧烤的方法剥除掉这些食物不可食用的坚硬外壳，同时还可以减少食物内单宁的含量，当时生活在格舍尔贝诺雅科夫遗址的古人类可能也采用了这种处理方法。考古学家同时也发现了不同种类的淡水鱼、蟹类和海龟等的遗存，这表明水生动物也是重要的食物来源。另外，这个遗址里也发现了大型哺乳动物的遗存，例如大象和貼鹿。

晚更新世的古人类（30万到5万年前）

大约30万年前，非洲的古人类开始使用新的石器，稍晚于欧亚大陆西部的古人类。

大约30万年前开始，手斧逐渐不再那么常见。工具主要对一些相当大的石片进行修整制作而来。不同于那些从粗糙石核上剥制出来的小且不规则的奥杜威石片，这些新工具选用的是大而对称且规则的石片，然后经过复杂的工序制作而成。其中一种技术被称作**勒瓦娄哇技术**（Levallois technique，以首次发现这些工具的巴黎近郊地区命名），一共有三个步骤。首先，准备一块有凸面的石核。然后，在石核的末端做一个打击面。最后，用力击打石核的打击面，石片就会脱落，而这个石片的形状取决于原始石核的形状（图12.22）。一个有技术的手艺人可以通过修改原始石核的造型而制作出多种多样的工具。这样的工具我们将其归为**模式3技术**（Model 3 technology）。

对这一时期工具磨损情况的显微分析表明，其中一些工具可能被装上了手柄。给石器装上手柄是一项极其重要的革新，因为这极大提高了人类使用石器的效率（试想一下使用没有手柄的锤子）。海德堡人很可能将尖状的石片装上了木质手柄使之变成了石尖矛，这是一种非常具有创新性的狩猎武器。

把石核的边缘弄成片状。

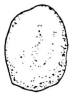

（a）　　　　　　　（b）

处理石核的表面。

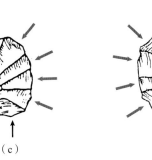

（c）　　　　　　　（d）

剥离石片。

石核　　石片

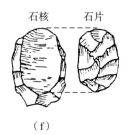

（e）　　　　　　　（f）

图12.22

本图展示的是制作勒瓦娄哇工具的过程：（a）先选择一块合适的石头作为石核，小图展示的是该石核未加工时的侧面和顶端。（b）从石核边缘剥落一些薄的石片。（c）薄片呈放射状从石核表面切除，留下边缘的薄片痕迹作为打击平台。每个红色箭头代表一次打击。（d）制作工具的人继续将石片以放射状切片，直到整个表面都被剥离过切片。（e）从箭头所指的位置进行最后一击，将一片大的石片剥下（红线所画位置）。这个石片将被用作工具。（f）最后我们将得到一个剩余的石核（左边）以及制作出的工具（右边）。

图 12.23

本图展示的是文中所提到的晚更新世化石和考古遗址的位置。亚洲东部分布有直立人和海德堡人，欧洲分布有尼安德特人，非洲分布有海德堡人和智人。

晚更新世25万~5万年前

● 直立人
● 海德堡人
● 尼安德特人
● 智人

La Chapelle-aux-Saints,
La Ferrassie, Le Moustier,
Combe Grenal, Mauran

Neander Valley

Shanidar

Skūl, Qafzeh,
Amud, Kebara, Tabun

Dar es Soltan

Yingkou
营口

Zoukoudian
周口店

Dali大荔

Hexian和县

Maba马坝

Herto

Omo Kibish

Laetoli

Ngandong and
Sambungmachan

Flores

Florisbad

Border Cave

Klasies River mouth

Pinnacle Point

Blombos Cave

欧亚大陆东部：直立人和海德堡人

在中更新世的后半段，海德堡人出现在亚洲东部地区，可能与直立人共存。

研究人员在中国的多个遗址里发现了有更大脑容量和圆润头骨的古人类，这些古人类可追溯到20万年前。最完整且年份最准确的化石来自中国营口的金牛山遗址（图12.23）。这里发现了一个颅骨和与之相关联的颅下骨架（图12.24），特征与在非洲和欧洲发现的早期海德堡人的化石很相似。同卡布韦和佩特拉罗纳发现的头骨一样，这一化石也有和现代人类相似的大脑容量（大约1300 cc）以及圆润的颅骨，但是也有宽大眉脊等其他原始的特征。在中国北方的大荔和中国南方的马坝也发现了类似的古人类化石，它们在某种程度上要比营口的标本年轻。这些化石与奥杜威工具有关系。我们还不清楚他们是从西方过来的移民还是趋同演化的东亚古人类。

在这个时期，这些亚洲东部的古人类可能与直立人共存过。中国安徽省和县境内曾发现了30万到20万年前的直立人化石。在爪哇的两个直立人遗址里发现的动物化石也可以追溯到30万到25万年前。但是，经过电子自旋共振测

图 12.24

有着海德堡人特点的古人类在亚洲东部出现的时间晚于欧亚大陆西部。本图展示的样本来自中国北部的营口，大约有20万年的历史。

平且向后缩的头骨

粗壮眉脊

宽而平的面部

大且相对更圆润的颅骨

枕隆凸

白齿减少

cm

营口（金牛山）

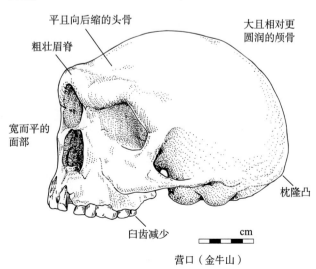

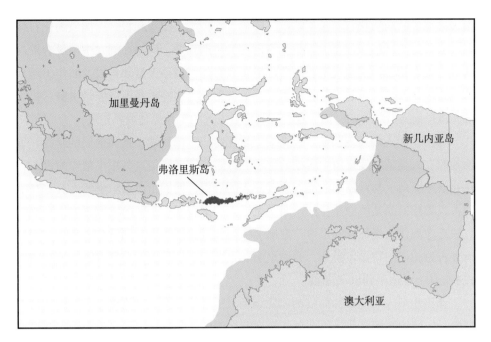

图 12.25

弗洛里斯人的化石发现于印度尼西亚东部的弗洛里斯岛。图上浅绿色的部分现今在海平面以下，但这些地方曾是陆地，证明即使在海平面处于最低时，弗洛里斯岛不管是和亚洲还是大洋洲都是不相连的。结果就是，弗洛里斯岛变成了一些奇特动物的家园，比如说侏儒象、巨蜥以及仅有1米高的古人类。

年法的分析，这些在遗址里的牛科动物（水牛和羚羊）的牙齿年代仅为2.7万年前。

在晚更新世时期的印度尼西亚弗洛里斯岛上，生活着体型矮小且脑容量很小的古人类，这种古人类被称为弗洛里斯人（*H. floresiensis*）。

在2004年的秋天，来自印度尼西亚和澳大利亚的研究团队发表了对曾经被称为是"过去50年最令人惊奇的人类化石"的描述。在印度尼西亚弗洛里斯岛上的一个叫梁布亚（Liang Bua）的洞穴遗址里（图12.25），研究人员们发现了9到14具个体的遗存，其中包括一个完整的头骨（图12.26）以及一些手、腿和脚的骨头（图12.27）。这些古人类最令人吃惊的是他们的大小，高不足1米，比其他人属成员要小很多。他们的脑容量也十分小（385~417 cc），事实上，他们的大脑可能没有直立人发达。第二个让人惊奇的地方是他们的年代。大多数弗洛里斯人的化石可以追溯到大约1.8万到1.6万年前，当时他们的生存环境主要是干旱草地。然而还有少部分化石可以追溯到7.4万到6.1万年前，那时这一地区则是被湿润的森林所覆盖。研究人员在梁布亚洞穴里发现了一定数量的石片类工具，一同发现的还有

图 12.26

弗洛里斯人头骨的侧面。这个头骨（LB1）虽小但却有很多早期人属的衍生特征。它的脑容量和南方古猿相似。

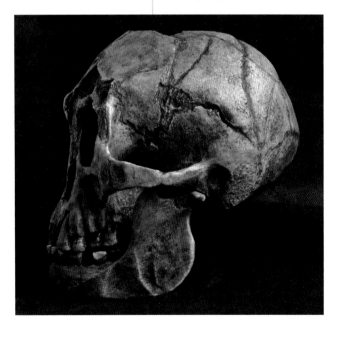

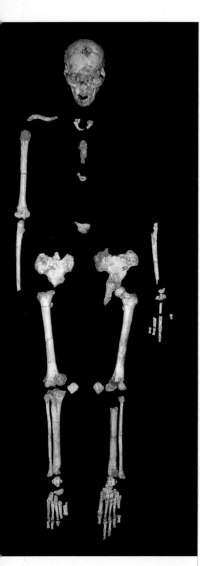

图 12.27

弗洛里斯人的骨骼化石样本
（LB1）。这个个体的身高可能只有
1米，骨骼证据表明其具有一些和
早期人属相似的特征，包括腕部、
骨盆以及脚部的形态。

很多被烧过的动物化石，包括陆龟、蜥蜴、啮齿类、蝙蝠和很多侏儒象的化石样本。由于这些材料和这些古人类化石出现的时期重叠，同时在洞穴中也没有发现其他古人类化石，挖掘小组认为弗洛里斯人有能力捕杀大型动物以及制作出通常认为和现代人类有关的工具。但是，其他人则认为这些工具不可能是由脑容量小的弗洛里斯人所制作的，因为这些工具比直立人的工具更加成熟先进。

弗洛里斯人的发现引起了公众对"霍比特人"的兴趣，推测他们的起源，争论他们在人类系统发育树中所处的位置。许多研究者坚信这些短小精悍的古人类是弗洛里斯岛上与世隔绝的能人或者匠人的后裔，他们指出弗洛里斯人有着与早期古人类相似的某些原始特征。弗洛里斯人的手臂相对于腿的比例更大，脚更大且缺乏像现代人类那样的足弓，肩部、手腕和骨盆同样也有和早期古人类甚至是南方古猿相似的特点。另外，弗洛里斯岛上发现了和早期古人类有密切关系的模式1工具，可追溯到80万年前。

弗洛里斯人可能是侏儒症的演化结果，这种情况多见于隔离在岛屿的动物类群中。广阔的海洋将弗洛里斯岛与亚洲和大洋洲相隔离。结果只有个别大型物种能到达这个地方，导致这里出现了一些奇怪稀少的物种，像科莫多巨蜥甚至更大的巨蜥、侏儒象以及矮小的古人类。生物学家认为自然选择在小海岛上倾向于小体型的动物，因为岛上鲜有捕食者且食物资源匮乏。如果岛屿被隔离，来自大陆的基因流将会变得非常少，岛屿上的动物会逐渐适应当地的环境。正是这样促进了弗洛里斯岛上小型古人类和侏儒象的出现。

很多专家质疑以上的解释，他们更相信弗洛里斯人是现代人类，只不过身材小一些罢了，并认为那些小型头盖骨来自某些被疾病折磨的个体，这种疾病导致了更小的身体和脑容量。例如，由于基因突变导致的莱伦氏综合征（Laron syndrome）会降低对生长激素的敏感性，从而导致体型变小。然而，对于弗洛里斯人和现代人类的比较研究并不支持疾病假说，如今，大多数研究者同意将弗洛里斯人归为一个特殊的古人类群体。

欧亚大陆西部：尼安德特人

在中更新世，欧洲海德堡人的形态与同时期非洲和亚洲的古人类明显不同。

西班牙一个遗址中出土的大量化石样本表明，欧洲的海德堡人与其他古人类分化开始于中更新世时期。这个遗址被称为胡瑟裂谷（Sima de los Huesos），坐落于离西班牙的格兰多利纳洞穴几公里外的阿塔波卡地区（Sierra de Atapuerca）。古人类学家在这里的地下13米处挖掘出一个小型岩洞，发掘出了2000个骨头化石，至少属于24个个体。这些骨头可以追溯到60万到53万年前，其中有几乎完整但与身体其他部分相分离的颅骨。图12.28展示的是被命名为SH5的一个颅骨。与其他海德堡人化石一样，这些颅骨既有现代人类的一些衍生特征，也有和匠人相似的原始特征。然而，这些来自胡瑟裂谷的颅骨却有一些同时期非洲古人类所没有的衍生特征。他们的面部中间凸出，同时有双层的眉脊，头骨背面较圆润。同

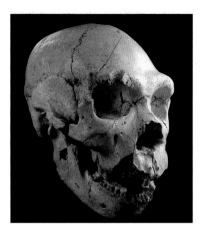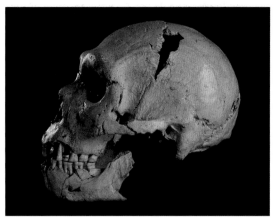

图 12.28

西班牙胡瑟裂谷遗址中所发掘的化石证据表明：在大约30万年前，欧洲地区古人类的颅骨形态学开始发生了变化，包括圆润的眉脊、凸出的面部、圆润的后脑勺、较大的脑容量等，这些特征与尼安德特人非常相似。

时，这个化石的脑容量也相对较大，其中有一个样本脑容量达到1390 cc，非常接近于现代人类脑容量的平均值。这些特征是十分重要的，因为这与12.7万到3万年前的遍布欧洲的尼安德特人的化石相同。

但是，胡瑟裂谷出土的颅骨与尼安德特人颅骨间的相似性并不一致，存在着个体差异，这种差异有利于解释欧洲古人类的演化问题。在胡瑟裂谷的化石被发掘之前，古人类学家很难解释中更新世欧洲古人类的形态差异模式。一些欧洲遗址中出土的化石代表了尼安德特人，另一些同时期遗址中的化石则与之不同。当时并不清楚这些差异性反映的是中更新世时期欧洲古人类单个物种的个体间差异，还是不同物种的种间差异。但之后胡瑟裂谷遗址中数量众多的化石样本帮助解决了这个问题。这些个体很可能属于同一个群体，尽管不一定具有尼安德特人的特征，同时这些形态差异也折射出欧洲不同地区种群间的变异。然而，我们将在之后的章节中看到，遗传学分析似乎说明胡瑟裂谷遗址的化石更应该与另一个古人类支系——发现于西伯利亚的丹尼索瓦人——有关，而并非是尼安德特人。

尼安德特人约在13万年前出现于欧亚大陆西部。

尼安德特人是12.7万到3万年前居住在欧洲和亚洲西部的让人捉摸不透的一个古人类群体。这个群体是第一批被发掘出土的古人类化石，也是最出名的。他们明显独特的形态特征（宽大的眉脊、矮小但健壮的身体以及较低的前额）成为大众眼中"早期人类"的代名词。然而，现有证据表明尼安德特人与现代人类分别属于人类演化谱系的不同分支，并且已经灭绝。对尼安德特人化石和现代人类的分子生物学分析结果表明，现代人类主要是来自与尼安德特人同一时代的非洲某个群体。这些现代人类于5万年前走出非洲，并且扩张到欧洲，其中的一些还和尼安德特人有过婚配。这一结果导致如今非洲以外的现代人类中，有一小部分基因来自于尼安德特人。

尽管尼安德特人是人类家谱中最走投无路的一支，但我们对他们的认识要比其他古人类认识得更透彻。理由很简单，因为尼安德特人分布在欧洲，古生物学家对欧洲的研究要比非洲或亚洲更加全面。结果就是，我们对尼安德特人的了解

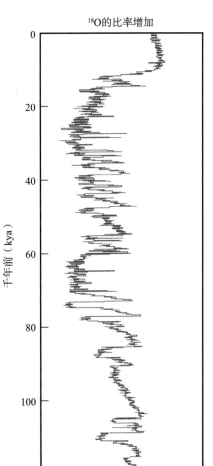

O的比率增加

千年前（kya）

更冷　　　更暖

图 12.29

本图展示的是格陵兰岛北部的冰芯提取物中 ^{18}O 与 ^{16}O 的比率在过去 12.3 万年中的波动。这些数据说明在 12 万到 8 万年前，世界的气候变得更加寒冷、更不稳定。^{18}O 与 ^{16}O 的比率越高，意味着温度越高（和深海沉积物的相反）。

要比对和其同时期的古人类多得多。

上一个温暖的间冰期从 13 万年前一直持续到 7.5 万年前。自从那之后的大多数时间，全球气候开始变冷，有时甚至是非常寒冷。

图 12.29 中的数据展示的是过去 12.3 万年以来全球气温的变化。这些数据来自于从格陵兰岛冰盖中提取出的两种氧同位素 ^{18}O 和 ^{16}O 在不同地层中的比率。因为雪比海洋底部沉积物积累更快，所以冰芯比海洋沉积物岩芯（如图 12.3 所示）能提供更加详细的反映过去气候的信息。从图 12.29 中可以看到，从 12 万年前开始，上个间冰期的后半段，温度下降得相对缓慢。在这个间冰期，世界整体来说比现在更为温暖一些，动植物的分布与现在有着很大的不同。现在的浮游生物只分布在亚热带水域中（例如佛罗里达海岸），而在上一个间冰期其范围达到北海海域。如今只分布在特定热带地区的动物在当时也有更广泛的分布范围，例如，伦敦市中心的特拉法加广场曾发现过河马的遗骸。而在非洲，雨林的范围远比现在广阔，温带地区的阔叶落叶林也要比现在的范围靠北。

随着上一个冰期开始，在 10 万到 7.5 万年前的某个时段，世界逐渐变冷。欧洲温带森林萎缩，草地开始扩张。冰川增多，世界变得越来越寒冷，并且温度起伏不定。当冰期达到鼎盛阶段时（大约 2 万年前），巨大的陆地冰川覆盖了几乎整个加拿大和绝大部分北欧地区。此时，海平面降到最低，以至于大陆地区的边缘发生了改变：亚洲和北美地区通过白令海峡的陆桥连在一起；印度尼西亚群岛与亚洲大陆东南部连在一起组成了巽他古陆；而塔斯马尼亚、新几内亚和澳大利亚则连在一起形成了萨胡尔古陆（Sahul）。欧亚大陆冰川的南面为广阔且寒冷的草原，被黄土（由冰川产生的细尘）沙丘所阻断，动物随处可见，比如长毛猛犸象、披毛犀、驯鹿、原牛（巨大的野牛，也是现代家牛的祖先）、麝牛和马等。

尼安德特人在上一个间冰期的某个时间遍布欧洲和近东地区。

1856 年，在德国西部尼安德特山谷进行采石工作的工人发现了一些不同寻常的化石骨头。这些化石后来到了德国解剖学家赫尔曼·沙夫豪森（Hermann Schaafhausen）的手里，他宣称这是某个在凯尔特人之前生活在欧洲的人类族群。很多专家对这一发现进行仔细的检查并得出了不同的结论。达尔文的支持者赫胥黎（Thomas Henry Huxley）认为这个群体属于更原始、已经灭绝的一种人类。普鲁士病理学家鲁道夫·魏尔啸（Rudolf Virchow）则认为这些骨骼来自于曾遭受病痛折磨而导致骨骼变形的现代人类。起初，魏尔啸的推测广受认可，但随着更多的有此类特征的骨骼化石出土，研究者认为这些骨头确实是属于某个特定且已经灭绝的人类。德国人将这个已经灭绝的人群称为"Neanderthaler"，意为"来自尼安德特山谷的人"。我们称其为尼安德特人，他们具有以下几个特征：

- 更大的脑容量。尼安德特人的颅骨比海德堡人的更大，其脑容量为 1245 到

1740 cc，平均约为1520 cc。而现代人类的平均脑容量为1400 cc，尼安德特人的脑容量比现代人类的还要大。我们尚不清楚尼安德特人为何有如此大的脑容量。一些人类学家认为可能是因为尼安德特人比现代人类的身体更强壮且有更多的肌肉，同时，他们也认为更大的脑容量反映出一个事实，即较大的脑容量与体型较大有关。

●更圆润的颅骨（图12.30）。尼安德特人的颅骨呈长形且较低，和海德堡人的颅骨很相似，但是颅内壁相对较薄。颅骨的后部有圆形的凸起，但不像直立人那样尖。颅骨背面也有很多细节上的不同。

●更大的面部。与直立人和海德堡人相似的是，尼安德特人的眉脊也较宽大，但是却要更大更圆润，边缘突出较少。直立人的眉脊主要是以实心的骨头为主，但是尼安德特人眉脊处的骨头则有一些气腔，变得更轻。我们目前还不清楚宽大眉脊的功能。尼安德特人的面部，尤其是鼻子，特别巨大，可以说每个尼安德特人都是大鼻子。

●具有较小的白齿以及大的、被严重磨损的门牙。尼安德特人的白齿比匠人的要小。他们有不一样的**牛齿型牙根**（taurodont roots），齿根因牙髓腔的扩张而部分或全部地合并在一起，形成一个单一而宽阔的根部（图12.31）。尼安德特人的门齿相对较大，并且呈现出严重的磨损。对这些磨损模式的仔细研究表明，尼安德特人可能用紧紧咬合的门齿将肉或者兽皮撕扯下来。在这些门齿的前面还有细微而同向的痕迹，表明可能是在用牙齿咬住肉的同时利用石器工具进行切割。有意思的是，根据这些痕迹的方向，大部分尼安德特人和奥杜威工具制造者一样都是惯用右手。

●强壮、肌肉发达的躯体。尼安德特人和匠人、直立人以及海德堡人一样，极为强壮且肌肉发达（图12.32）。他们的腿骨比我们的要粗得多，负重关节（膝盖和髋部）更大，肩胛骨上附着更多的肌肉，胸腔更大并且更像桶形。所有这些骨骼特征表明，尼安德特人十分结实强壮，体重比同身高的当代人重30%。和奥林匹克运动员的数据对比显示，尼安德特人最接近投掷链球、标枪、铁饼以及铅球的运动员。他们的平均身高比现代欧洲人矮几英寸，胳膊和腿也较短，但躯干更大。

尼安德特人独特的体型可能是为了在寒冷环境里保存热量而产生的适应。和那些在更温暖的环境里生活的同物种成员相比，在寒冷环境里生活的动物体型往往较大，四肢更加短粗。这是因为热量的消耗率和表面积成正相关关系，所以对于一定的体积来说，任何减少表面积的变化都能保存热量。有两种方法可以降低体表面积和体积的比率：增加总体的身体尺寸，或降低四肢的大小。在现代人类种群里，存在着一个气候和身体比例的稳定关系。其中一个可以比较身体比例的办法便是测量胫股指数，即胫骨（小腿骨）的长度和股骨（大腿骨）的长度之比。正如图12.33所示，生活在温暖气候中的人会有相对较长的四肢。尼安德特人的身体比例和生活在北极圈的当代人相似。

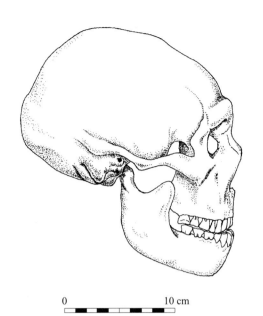

图12.30

尼安德特人的头骨。图中的头骨来自伊拉克的沙尼达尔洞穴遗址，这个头骨较大且较长，有着宽大的眉脊和面部。

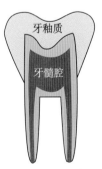
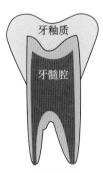

非牛齿型牙齿　　　　牛齿型牙齿

图12.31

在尼安德特人的白齿中，其根部经常融合到一起或者完全形成一个单一而宽大的齿根。图中未展示第三牙根。

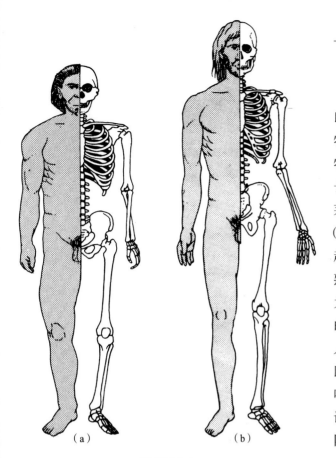

图 12.32

尼安德特人非常强壮。（a）尼安德特人；（b）现代人类。

一些专家认为尼安德特人缺乏现代语言。

现代人类的喉部要比其他灵长类低得多，这让我们可以发出现代人类语言中所用的全部元音字母。根据对尼安德特人声道的重建结果，西奈山医学院的解剖学家杰弗里·莱特曼（Jeffrey Laitman）认为，尼安德特人的声道和其他灵长类十分相似，不能发出现代说话方式中所需的全部发音。莱特曼和他的同事们记录了人类和其他灵长类的数个**颅底**（basicrania）解剖学标志。人类婴幼儿的颅底只有微弱的隆起，就像其他的灵长类一样；不过，随着人类成长并发育成熟，颅骨底部会发育出一个显著向上突出的缺口。莱特曼认为，这个相对高耸的隆起有助于形成延展的人类声域。成年的南方古猿有着和类人猿类似的颅底，而匠人的颅底则是类人猿和人类之间的过渡形态。莱特曼主张，这个最先出现在匠人身上的变化可能有助于高强度有氧运动时通过嘴巴进行呼吸。和匠人比起来，尼安德特人颅底的外形并不那么隆起，说明尼安德特人和他们的祖先相比，在语言方面的能力更受限制。

莱特曼的重建有可能是对的，不过早在现代人类演化成形以前，在语法上复杂的语言就已经出现了。一个拥有高喉部的生物可能可以通过鼻腔来发出所有的元音。现代人类需要更长时间去发出这种鼻腔元音，而且也更难听清。因此，一个位置下移的咽喉也许仅仅降低了在理解一个现代语言的时候的错误率。其次，就像哈佛大学的语言学家史迪芬·平克（Steven Pinker）在他的著作《语言天性》（*The Language Instinct*）所指出的："一个只有少量元音的语言依然可以富有表现力"（"E lengeege weth e smell nember ef vewels cen remeen quete expresseve"）。所以，即使莱特曼是对的，早期的古人类依然可能拥有复杂的语言。

大量证据表明尼安德特人制作模式3工具并且捕猎大型兽类。

虽然尼安德特人被普遍地描绘成野蛮愚蠢的傻子，但是这种刻画并不公平。正如我们先前所指出的，他们的大脑比我们的大。而且考古学证据也显示，他们是熟练的工具制造者，还善于捕猎大型兽类。尼安德特人的石器装备主要由模式3工具构成，主要是由预先准备好的石核打磨出来的石片。他们的石器文化被考古学家称为**莫斯特文化工艺**（Mousterian industry）。尼安德特人的场所里遍布石器工具和马鹿、黇鹿、野牛、原牛、盘羊、野山羊以及马等动物的骨头（图12.34）。考古学家仅发现了少量大型动物的骨头，如河马、犀牛和大象等，尽管这些动物在当时的欧洲非常普遍。

需要注意的是，动物骨头和石器工具的同时出现并不必然意味着尼安德特

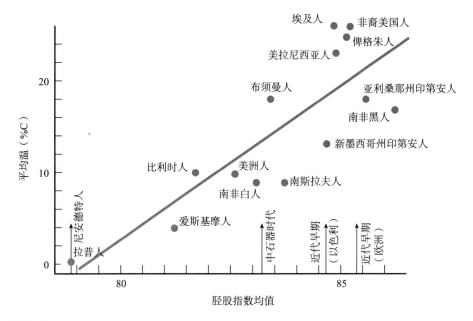

图 12.33

和身处寒冷气候的人相比，身处温暖气候的人相应地会有更长的四肢。纵坐标为当地年均温，横坐标为胫股指数。胫股指数越小意味着四肢相对身体越短。生活在温暖气候中的种群的胫股指数通常更高，反之亦然。尼安德特人的胫股指数和如今住在北极圈的拉普人相似。

人狩猎大型兽类，这里同样有争论。一些考古学家，如已故的路易斯·宾福德（Lewis Binford）等认为，尼安德特人从未狩猎过比小羚羊体型更大的动物，并且他们也只是偶然性地获得这类猎物而已。这些研究者宣称，在这些遗址发现的体型更大的动物的骨头是通过食腐获得的。宾福德认为，这个时期的古人类还不具备足够的认知能力，来组织有计划的协同性捕猎猎杀大型猎物。

不过，在考古学证据面前，这个观点难以自圆其说。斯坦福大学的考古学家理查德·克莱因争辩说，尼安德特人是能够经常杀死大型动物的老练猎人。他指出，在这个时期的遗址中所发现的骨头主要由一到两种猎物所构成。譬如，在法国比利牛斯地区的莫朗遗址，超过90%的骨头来自野牛和原牛。在欧洲的其他遗址中也出现了相同模式。很难想象那些机会主义的食腐者能够从当地的动物群落中获取如此非随机性的样本。另外，猎物的年龄分布与诸如鬣狗这样的现存食腐动物的猎物并不一致；这些现存食腐动物主要捕猎猎物中的弱小成员，即老弱病残个体（图12.35）。而在这些欧洲遗址里，很多骨头明显属于健康且正值壮年的成年个体。这些动物骨头的组成和我们在那些整个动物群体被杀死的灾难遗址中所能预见的分布状况一致。举例来说，一些遗址就位于悬崖的底部。这些遗址里的一大堆骨头和工具表明，尼安德特人将兽类赶下悬崖，并在它们的坠落处屠宰尸体。在一些诸如法国康贝格林纳尔（Combe Grenal）的遗址中，出现了大量猎物身上肉最多的部位，同时这些骨头上的切割痕迹也表明尼安德特人剥下的是鲜肉（猎人们经常将最多肉的部位搬走，留待平静自在的时候才吃）。综上所述，这些数据都表明尼安德特人可以猎杀大型兽类，而非机会主义的食腐者。

（a）

（b）

图 12.34

尼安德特人与其同时代的古人类都被认为曾经捕猎过大型且危险的动物，例如马鹿（a）或者野牛（b）。

图12.35

鬣狗经常食腐，它们的猎物主要是老幼个体。

尼安德特人的遗址有很多，其中的一些还保存得十分完好。在这些遗址里，考古学家找到了大量工具、很多制作工具的证据、许多动物的遗存以及大量的灰烬。这些遗址绝大多数位于洞穴或者悬岩这些被突出的悬崖所保护的地方。这并不意味着尼安德特人喜欢这类地方。洞穴遗址更容易被研究者找到的原因，在于它们没有被侵蚀。同时，由于这些时期的洞穴的入口如今依然可见，所以它们也相对更容易被找到。大多数考古学家相信，这些洞穴遗址代表着大本营，是尼安德特人外出打猎和采集食物的半永久性营地。

考古学记录显示，尼安德特人并不建造住所。大多数尼安德特人的遗址缺少钻孔和炉灶这两个通常和简易住所有关的特征。只有在这段时期最后才出现了一些例外。比如，在距今6万年的葡萄牙维拉斯鲁伊瓦（Vilas Ruivas）遗址中就造有炉灶。

尼安德特人很可能掩埋他们中的逝者。

大量完整的尼安德特人骨骼表明，和他们先前的古人类不同，尼安德特人经常掩埋他们中的逝者。葬礼使得尸体免遭食腐者肢解并使骨骼得以完好无损。对诸如法国南部圣沙拜尔（La Chapelle-aux-Saints）、莫斯特（Le Moustier）和弗莱西亚（La Ferrassie）等遗址的详细地质研究结果，同样支持尼安德特人普遍具有葬礼行为这一观点。

这些葬礼是否有宗教含义，或者尼安德特人掩埋逝者仅仅是要抛弃腐烂尸体，这些问题都尚未明确。人类学家过去将一些遗址中尼安德特人和符号化的物件一同入土的情况解释成仪式性墓葬。不过，近年来越来越多人怀疑这种解释。譬如，在伊拉克沙尼达尔（Shanidar）洞穴的一个尼安德特人墓葬中出现过花粉化石，人类学家过去认为这是死者和花圈一起埋葬入土的证据。不过，更多最近的分析结果表明：这个墓葬曾受到挖洞的啮齿动物的干扰，很可能是这些动物将花粉带进了墓葬。

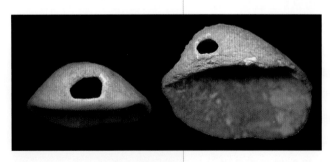

图12.36

图为来自西班牙燕子洞遗址的两个被穿孔的软体动物外壳。这个遗址可以追溯到5万年前，并且和中更新世的工具有联系。穿孔技术使得贝壳可以用线穿引并当作某种装饰物。

尼安德特人可能曾在海洋贝壳上进行绘画并将其用作个人的装饰物。

人类通过自身创造力和其所拥有的各种资源来对自我进行装饰。在现代社会，人们在服装、珠宝、化妆品上投资了无数的金钱，历史和人类学的研究都表明，对

图 12.37

图为来自发现于库埃瓦安齐遗址的穿孔扇贝。左边为扇贝天然的红色内部。右边为扇贝天然的白色外部，已沾染了橘色的矿物色素如针铁矿和赤铁矿等。

自身进行装饰是全人类都有的行为。有很多证据证明，早期人类同样也用一些珠宝和天然色素来装饰自己，下一章会对此进行详述。很显然，我们也很想知道古人类是否也有和我们类似的心理，但直到现在我们才有清晰的证据。在法国的阿尔西（Arcy sur Cure）遗址，和尼安德特人化石一同出土的还有很多精美的私人装饰物，但是由于这个遗址的历史无法精确确定，那些装饰物有可能是之后才被制作的，也有可能在挖掘时将现代人类的住所和尼安德特人的化石层相混合。

　　然而，最近的发掘表明，尼安德特人曾把海贝作为装饰物。在西班牙东南部的库埃瓦安齐（Cueva Ánton）和燕子洞（Cueva de los Aviones）两个遗址出土了大量的穿孔贝（图 12.36）。同时，海贝上也有使用橙色矿物颜料的痕迹（图12.37），这极有可能是装饰用的，因为这些天然的颜料来自至少5千米之外的地方，并且这种颜料只出现在遗址中的海贝上而非其他手工制品上。其他相似的贝类装饰物也曾在同时期非洲现代人类居住的地方发现过。

尼安德特人似乎过着短寿而艰苦的生活。

　　对尼安德特人骨骼的仔细研究显示，尼安德特人的寿命并不长。在一个生命周期内，人类的骨骼会发生独特的变化，而这些变化可以用来估计古人类在什么年纪死亡。举例来说，人类头骨由几个相互分离但可以组合成一个三维锯齿形拼图的骨头所组成。在刚出生的孩子身上，这些骨头依然是分离的，不过它们随后

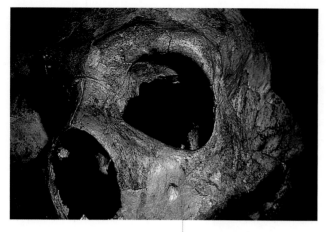

图 12.38

很多尼安德特人的骨骼显示出损伤和疾病的印记。此个体的左眼眶被击碎，右臂萎缩，右脚踝有关节炎。

就融合到一起，形成紧密而呈波浪状的骨缝。随着人的年纪渐长，这些骨缝慢慢地被骨头的生长所磨灭。通过评估这些古人类的骨缝被磨灭的程度，人类学家可以估计这个个体在死亡的时候年纪有多大。其他一些骨骼特征也可以以相似的办法被加以利用。所有这些特征都说明了同一个事实：尼安德特人在年纪轻轻的时候便会死亡。只有少数能够活过40到45岁。

很多年纪较长的尼安德特人饱受致残性疾病或受伤之苦。譬如，来自圣沙拜尔的一个尼安德特男性的骨骼展现出关节炎的症状，这很可能影响了他的下颌、背部和臀部。他死亡时大约45岁，而且他还因为牙龈疾病失去了大部分的牙齿。来自伊拉克沙尼达尔遗址的沙尼达尔1号，其左侧的太阳穴遭受过一次猛击，眼眶因此被击碎（图12.38）。人类学家相信，他头部的伤势很可能造成他身体右半边的部分瘫痪，这又进一步造成他右臂的萎缩和右脚踝的关节炎。其他尼安德特人的样本也显示出骨折、戳伤、牙周炎、四肢萎缩、器官病变和残疾等特征。

在一些个案里，尼安德特人在受伤和得病以后存活了很长一段时间。比如，沙尼达尔1号就活了很长时间，以至于他骨头附近的损伤都痊愈了。一些人类学家提出，假如得不到其他成员的帮助（向他们提供食物或者让他们留在群体内），这些尼安德特人无法在遭受身体损伤以后存活。一些研究者更进一步地认为，这些化石是人类支系照顾行为及同情心理起源的证明。

但这一解释需要谨慎对待。在一些当代社会中，残疾的个体能够自己维持生计，并不一定需要得到来自他人的同情对待。另外，一些身有永久性残疾的非人灵长类有时候也能够生存下来。在贡贝溪国家公园里，一只叫法宾（Fabien）的雄性黑猩猩患上了小儿麻痹症，其中一只手臂完全瘫痪。尽管有这样的损伤，它仍然能够给自己喂食、穿越群体家域内的陡坡，跟上同伴，甚至能够爬树（图12.39）。

非洲：通往现代人类之路？

与尼安德特人比起来，在中更新世晚期生活于非洲的古人类和现代人类更为相似。

图 12.39

在贡贝溪国家公园，一只名为法宾的雄性黑猩猩患上了灰质脊髓炎，其右臂完全瘫痪。在瘫痪以后，法宾并未每天得到其他群内成员的照顾，不过它仍然生存了许多年。图中法宾正在用一只手爬树。

虽然因为这个时期的非洲化石记录并不如欧洲的那么令人满意，我们并不太清楚这些非洲古人类的模样，但这些化石记录比较清楚地表明：这个时期的非洲古人类和尼安德特人并不相似。很多可以追溯到中更新世晚期（30万到20万年前）的化石和海德堡人存在很强的相似特征。例如，南非的弗罗里斯巴德人颅骨（图12.40）和坦桑尼亚利特里的恩加洛巴颅骨（LH 18）。和尼安德特人一样，这些非洲的古人类脑容量很大，约在1370 cc到1510 cc。不过，没有一具非洲化石具有尼安德特人的所有代表性特征。尽管这些化石的变化多样，并且其中的一些还比较粗壮，但许多研究者都认为，这些古人类比尼安德特人或者早期的非洲古人类更像现代人类。

　　虽然其中的一些证据存疑，但是在大约19万年前，属于我们这个物种的古人类开始在非洲出现。在1963年，最早的被归为现代人类的化石出土于埃塞俄比亚南部一处名为奥莫基比什的地方，古人类学家在那里找到了两个头骨化石的大部分以及其他的一些骨头碎片。这些头骨都比较坚硬，而且拥有突出的眉骨和较大的脸。不过，它们中的一个有着不少现代人类的特征——最明显的是一个高而圆的脑腔（图12.41）。最开始，人们不能判断这些物种的年代，不过后来借助放射性测量方法，它们被追溯至大约19万年前。研究人员在埃塞俄比亚的赫托又发现了几个相似的头骨，这些头骨可追溯到16万年前。后来，在非洲其他地方发现了更多残缺不全的化石，这些证据表明在距今20万至10万年前的非洲出现了更为现代的古人类。考古证据证明，这一时期的非洲古人类发展出了比同时代的欧洲和亚洲古人类更为复杂的技术和社会行为，有观点认为现代人类在这一时期开始了不同于其他古人类的认知及行为特征的积累，这些证据和这一观点正好相符。我们将在下一章继续阐释此证据。

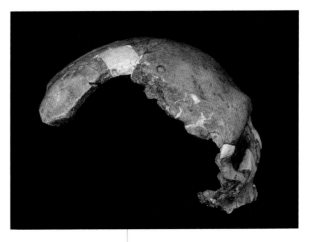

图 12.40

这个在南非弗罗里斯巴德发现的颅骨显示出一系列海德堡人和现代人类的特征。虽然仍然比较坚硬，不过它有着弱化的眉骨和一个更圆的形状。它可以追溯到距今30万至20万年以前。

变化的基础

自中更新世以来，欧洲可能多次被来自非洲的古人类侵入。

　　我们在本章中描述的古人类在形态和科技方面的变化，可能是不同过程的产物。我们看到的这些变化，很可能反映了在世界特定区域内工具技术上的适应性修正。因此，非洲可能长期地被各类在180万年前首次出现的人属生物所占据。这就意味着模式1工具的制造者缓慢地演化成为模式2工具的制造者，而模式2工具的制造者则演化为模式3工具的制造者。

　　然而，在化石记录上的差异也有可能是不同古人类之间更迭的产物。最近，剑桥大学的人类学家马塔·拉赫（Marta Lahr）和罗伯特·弗雷（Robert Foley）就提出：欧洲以及欧亚大陆西部受到来自非洲的古人类的多次侵入。他们认为，在欧洲所见到的技术性变化与非洲古人类在间冰期的迁移有关系。在冰期，非洲和欧亚大陆之间被一片令人生畏的沙漠所分隔（图12.20b），欧洲则是一个寒冷、干燥而不适宜灵长类居住的地方。在这些冰期内，欧亚大陆西部的古人类种群很可能会缩减或是完全消失。当冰期结束、世界回暖之时，有大量动物种类从非洲迁入欧洲。在这些温暖的间冰期，古人类很可能带着他们的新技术实现了数次往欧亚大陆的侵入。

　　考古学证据支撑拉赫和弗雷的论点。最早的欧洲古人类的证据可追溯到80万年以前。一直到50万年以前，在欧洲只能找到模式1工具。随后，模式2工具在欧洲出现并持续到大约25万年以前，之后它们就被模式3工具所取代。在所有情况

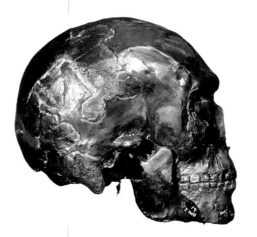

图 12.41

这个被称作奥莫基比什1号的头骨化石于1963年在埃塞俄比亚的南部被找到，并且在最近被追溯到19万年以前。它没有尼安德特人的显著特征：它的脸部并不突出，和尼安德特人相比，其颅腔也更高、更短。

下，新技术都首先在非洲出现，然后才出现在欧洲和（有时候）亚洲（图12.42）。在50万到25万年以前新工具技术的出现，恰恰与间冰期相吻合，和非洲古人类多次取代欧洲种群的事件同步。

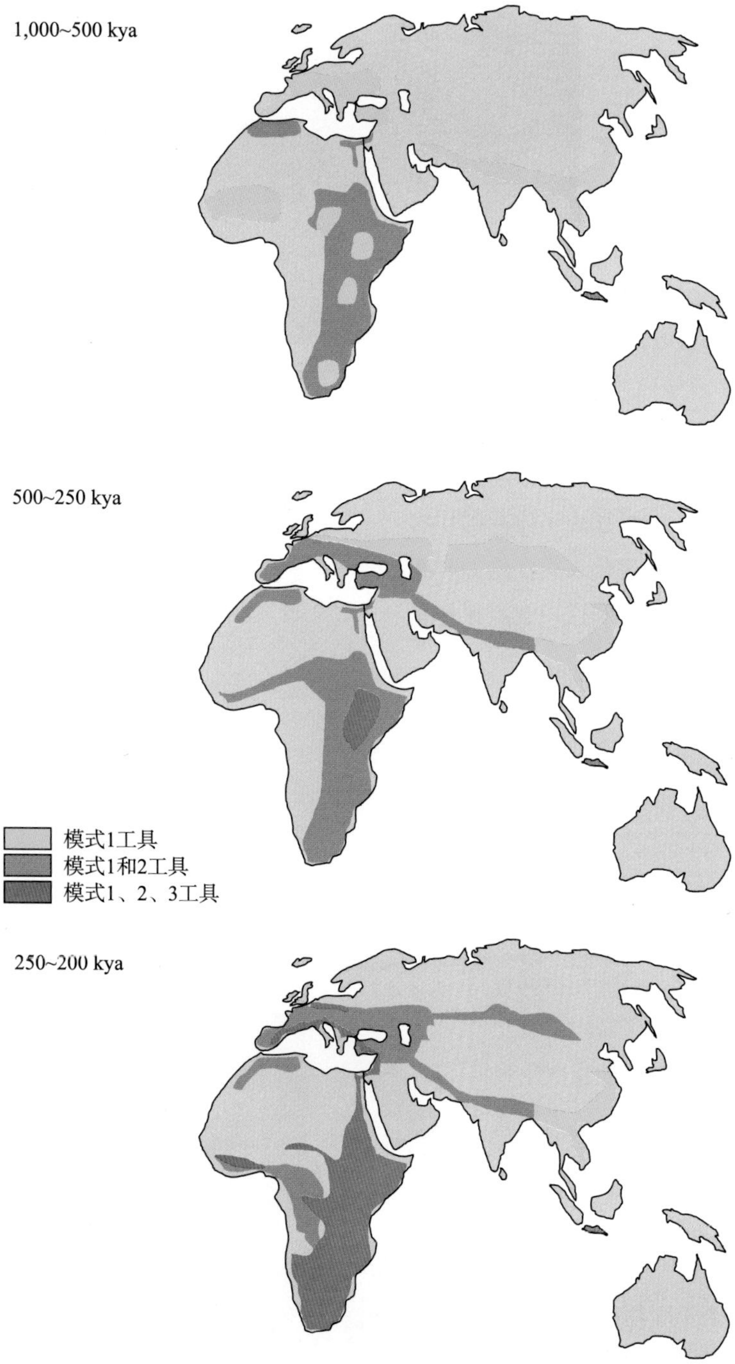

中间的糊涂账

人类学家对于如何对中更新世古人类进行分类存在强烈分歧。

如果你稍加注意，就会发现在本书中我们会尽量避免将一些古人类归为尼安德特人。其中部分原因便是学界对中更新世古人类的分类存在太多相矛盾的意见。这些不同意见，源自于人们对这个时期塑造人类演化的过程的不同看法。密歇根大学人类学家米尔福德·沃尔波夫（Milford Wolpoff）为首的学派认为：非洲和欧亚大陆的古人类在更新世期间形成了一个杂交的种群。虽然非洲和欧亚大陆的形状在一定程度上限制了地区间的基因流动，并且会导致一些地区性差异的演化，但也一直存在足够的杂交行为，保证这个时期内的所有古人类都属于单一物种。因此，正如图12.43a所示，沃尔波夫和其他人倾向于将所有生活在中更新世的古人类都归为一个单一物种，即智人。但近几年，随着越来越多的分子遗传学研究结果公布，这个观点变得愈发难以自圆其说，下一章我们会对此详述。

虽然其中不免存在系统发生学历史细节上的不同看法，其他人类学家都相信，在迁出非洲并进入欧洲的过程中，古人类分裂成为数个新物种。图12.43b和12.43c展示了两个近期的猜想。根据哈佛大学的菲利浦·莱特迈尔（G. Phillip Rightmire）的说法，被定义为两个物种的匠人和直立人实际上是一个物种的两个成员（因为直立人这个名字首先被使用，所以可以合并称为直立人）。不过，他将中更新世早期在欧洲和非洲的古人类同那些以后才到来的进行了区分，把所有中更新世早期的欧洲和非洲古人类归入海德堡人，把中更新世后期在欧洲的古人类以及尼安德

1,000~500 kya

500~250 kya

模式1工具
模式1和2工具
模式1、2、3工具

250~200 kya

图12.42

工具制作技术的地理分布显示，欧洲多次受到来自非洲的古人类的侵入。在100万到50万年以前，模式2工具只存在于非洲，而欧洲古人类仅使用模式1工具。在大约50万年以前开始，模式2工具出现在欧亚大陆。而模式2工具的引入与一个相对温暖潮湿的时期相吻合，这个时期应该有利于古人类从非洲到欧亚大陆的迁移。在约30万年以前，模式3工具在东非地区出现；而在25万年以前，模式3工具在非洲和欧洲南部传播开来。这个传播再次和一个气候更为温暖的时期相契合。

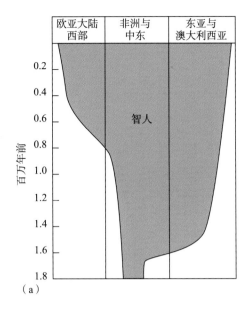

（a）

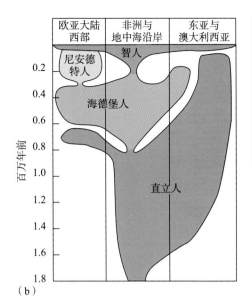

（b）

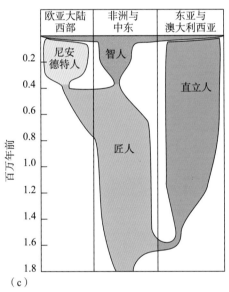

（c）

图 12.43

研究人员提出了多种系统发育模型，去解释在更新世期间古人类演化过程中的时空格局。本图展示了三种观点：（a）沃尔波夫认为，自大约180万年前起，只存在一个人类物种。由于从那时候起没有任何生物形成事件，因此所有人类化石都应该被划分为智人。（b）莱特迈尔相信，非洲和亚洲的直立人应该被归入同一个物种。在大约80万年前，一个脑容量更大的物种——海德堡人——在非洲演化并且最终散布到欧洲，或许也到达了亚洲。欧洲的海德堡人导致了尼安德特人的出现；而非洲的海德堡人导致了智人的出现。（c）理查德·克莱因认为，匠人于大概180万年前在非洲演化而成并随后散播到亚洲，在那里演化成了第二个物种——直立人。在大约50万年前，匠人扩散到欧亚大陆西部，在那里演化成为尼安德特人。在同一时间，留在非洲的匠人演化成为智人。

特人归入尼安德特人。虽然将没有尼安德特人特征的样本纳入尼安德特人物种也许会显得怪异，出于命名优先权原则，还是使用了 *H. neanderthalensis*。

　　理查德·克莱因相信，在更新世的大部分时间内，非洲、欧亚大陆西部、欧亚大陆东部的古人类种群在基因上相互分隔并代表三个不同物种（图12.43c）。在非洲，匠人在大约50万年前逐渐演化成智人。在隔绝开来的亚洲，匠人在更新世早期演化成为直立人。理查德·克莱因认为，在欧亚大陆东部所发展出来的更大的脑容量和外貌更为现代的头骨造型，例如那些在营口遗址发现的标本，其实是趋同演化的结果，克莱因将他们都归为直立人。当古人类在50万年前到达欧洲的时候，他们和非洲以及东亚的古人类隔离开来，并且演化成为尼安德特人。

　　这种意见分歧是可以理解的，因为当我们越靠近现代，时间的刻度就变得越短。我们现在对那些只在千百年前发生的事情更感兴趣，而不太关心那些发生在数百万年前的事件。不过，这大概就是两个物种在异域分化过程中出现偏离所需要的时间（见第四章）。因此，在古人类在全球散布开来并遭遇新栖息地的过程中，地域性的种群可能会变得与其他种群隔绝并经历自然选择，其中一些情况会最终导致分化。不过，更新世期间快速波动起伏的气候使得古人类的分布范围和其他的物种一样出现变化。在他们的分布范围扩大或者缩小的时候，一些种群可能会灭绝，一些可能会变得与其他种群隔绝或者甚至变得特殊，另一些则可能会产生融合。这一系列复杂的可能性仍是古生物学家的难题。

丹尼索瓦岩洞化石中的遗传学数据说明中更新世古人类的历史比之前认为的还要复杂。

来自德国莱比锡马普演化人类学研究所的斯万特·帕博（Svante Pääbo）和同事最近强调了中更新世古人类演化的复杂性。正如我们将在下一章看到，帕博和同事一起提取并分析了来自尼安德特人化石中的DNA，并据此推测出尼安德特人和现代人类的最近共同祖先是一群生活在77.5万到55万年前的古人类。

2010年，帕博的研究团队宣称从西伯利亚南部的阿尔泰山脉丹尼索瓦岩洞中发掘的指骨和臼齿中提取出了DNA。这些化石可以追溯到5万年前，臼齿十分巨大，和早期人类相似，并且要比亚洲其他地区发现的臼齿化石更大，同时还不具有亚洲其他地区古人类的那些衍生特征。对DNA的遗传学分析表明，牙齿和指骨分别来自同一群体的不同个体。令人惊奇的是，这些人类和尼安德特人的最近共同祖先生活在约45万年前，即在尼安德特人和现代人类分化的10万到20万年之后。这就意味着，丹尼索瓦人可能是那群走出非洲并分化成为尼安德特人和现代人类古人类的另一支后裔。因此，至少有两个群体迁移出了非洲，并且在过去50万年至少有两个不同的古人类支系生活在欧亚大陆。

最近的证据则更为复杂。首先，帕博和同事从胡瑟裂谷遗址中的某个化石中提取出线粒体DNA，并且发现这个古人类群体相比起尼安德特人，与丹尼索瓦人的亲缘关系更近。这个遗址和丹尼索瓦岩洞之间的距离表明，尼安德特人和丹尼索瓦人都曾广泛分布在欧亚大陆，尽管他们存在时间并不重合。其次，测序技术的提高也使得丹尼索瓦人和尼安德特人的基因排序有了更高的准确性。这些新的数据表明，丹尼索瓦人有0.5%到8%的基因来源于不知名的古人类。对于这支神秘的古人类来说，其和现代人类的最近共同祖先生活在400万到100万年之前，所以其可能是当时亚洲直立人的某个种群。

关键术语

枕隆凸	矢状龙骨	肩胛骨
两面器	早期智人	胫股指数
手斧	海德堡人	颅底
劈肉刀	勒瓦娄哇技术	莫斯特文化工艺
挖器	模式3	岩洞住所
模式2	尼安德特人	骨缝
阿舍利文化工艺	牛齿型牙根	

1.现代人类和匠人之间共享了哪些衍生特征？匠人具有哪些独特的衍生特征？

2.样本KNM-WT 15000告诉了我们哪些关于匠人的信息？

3.什么是手斧？匠人用手斧来做什么？我们是如何知道的？

4.有哪些证据表明匠人能够控制火？

5.哪些证据表明匠人可以进食大量的肉？证明匠人肉食性的证据是否比那些用于证明奥杜威古人类的证据更可靠？请解释。

6.匠人和直立人的主要差异是什么？如何解释这些差异的演化过程？

7.利用现代的例子去描述中更新世的气候变化。为什么这个变化对于认识人类演化非常重要？

8.海德堡人如何异于直立人？

9.在大约30万年前出现了什么重要的技术变化？这些变化为什么重要？

10.为什么那些在胡瑟裂谷发现的化石十分重要？

11.什么是胫股指数？用于衡量什么？尼安德特人的胫股指数与当下热带地区的人类的差别是什么？

12.尼安德特人与那些在非洲和东亚的同时代古人类有何不同？

13.有哪些证据表明在中更新世期间，欧亚大陆西部曾多次遭受来自非洲古人类的侵入？

延伸阅读

Conroy, G. 2005. *Reconstructing Human Origins: A Modern Synthesis.* 2nd ed. New York: Norton.

Hublin, J. J. 2009. "The Origin of the Neanderthals." *Proceedings of the National Academy of Sciences U. S. A.* 106: 16022-16027.

Klein, R. G. 2008. *The Human Career: Human Biological and Cultural Origins.* 3rd ed. Chicago: University of Chicago Press.

McBrearty, S. and A. S. Brooks. 2000. "The Revolution That Wasn't: A New Interpretation of the Origin of Modern Human Behavior." *Journal of Human Evolution* 39: 453-563.

Rightmire, G.P.2008. "Homo in the Middle Pleistocene: Hypodigms, Variation, and Species Recognition." *Evolutionary Anthropology* 17: 8-21.

Walker, A and P. Shipman. 1996. *The Wisdom of the Bones*: *In Search of Human Origins.* New York: Knopf.

本章目标

本章结束后你应该能够掌握

- 描述智人与早期古人类的形态学差异。

- 解释我们如何使用遗传学数据重建智人在非洲以外的扩张。

- 理解遗传数据如何表明智人与早期古人类存在过杂交。

- 讨论我们是如何了解现代人类行为出现于10万年前的非洲。

- 解释近6万年来人类是如何开始在全球扩散的。

第十三章　智人，现代人类行为的演化

智人的化石
智人的起源和扩散

晚更新世时期的非洲考古学记录
近6万年非洲以外的考古学记录

从5万年前开始，非洲以外的化石记录发生了一个巨大的变化：尼安德特人和其他粗壮的古人类逐渐消失并被早期智人所替代。这些人跟现在的人类很相像，有高高的前额、尖锐的下巴以及不太粗壮的身体。考古记录告诉我们，他们的行为举止也和现在的人一样，使用复杂工具，长途跋涉去做贸易以及制作珠宝和艺术品。在那个时候，解剖学和行为学意义上和现在的人很相似的人类也出现在了之前未有古人类分布的澳大利亚，另外，这些人在1.2万年前到达了北美洲和南美洲。

在本章中，我们对早期智人的化石和考古遗存进行更为详细的描述，接着我们探讨他们是如何演化的，我们将会看到这些化石以及从其中提取出来的DNA所提供的证据，是如何清晰地展现出智人是在何时何地如何演化的。这些数据告诉我们，解剖学意义上的智人于20万到10万年前在非洲演化出来，并在6万年前从

非洲走出并逐渐扩散到世界各地。考古学证据表明，智人的行为和技术在非洲起源，与形态演化一起发展了近20万年，到约7万年前，真正意义上的智人出现在非洲南部海岸线。大概5万年前，随着智人开始逐渐扩散到世界其他地区，其行为也一同出现于非洲以外的地区。

智人的化石

形态学上的智人化石有一些与现代人类相同的衍生特征（图13.1）：

● 下巴凸出，小而平的脸。比起早期古人类来说，这些人有着更小的面部和牙齿，脑壳几乎覆盖平坦的面部。下颌第一次有了较向前伸出的下巴（图13.2）。一些人类学家认为更小的脸和牙齿是自然选择的结果，因为这些人不再像以前的古人类那样依赖牙齿切割食物。但下巴的功能性意义尚未有定论。

● 圆润的头骨。像现代人类一样，这些人有高的前额、能清晰辨别且圆润的后脑勺以及明显退化的眉脊（见图13.2）。

● 脑容量至少有1350 cc。脑容量在某种程度上会因人群而改变，但一般来说都在1350 cc左右。这个数值比尼安德特人的小，却比其他中更新世晚期的古人类大很多。

● 不太粗壮的颅下骨架。这些人的骨骼比起尼安德特人的骨骼纤弱，四肢更长且骨壁更薄，手长且更灵活，耻骨更短更厚，肩胛骨更明显。尽管这些人比尼安德特人瘦弱，但仍然比其他任何当下的人类来说更强健。美国圣路易斯华盛顿大学的埃里克·特林考斯（Erik Trinkaus）认为这些人不太依赖身体本身的力量，而是借助工具和其他技术革新来完成任务和工作。

● 相对较长的四肢和较短的躯干。他们的身体结构和那些生活在温暖气候下的人类更接近，这可能反映出这些人起源于非洲。

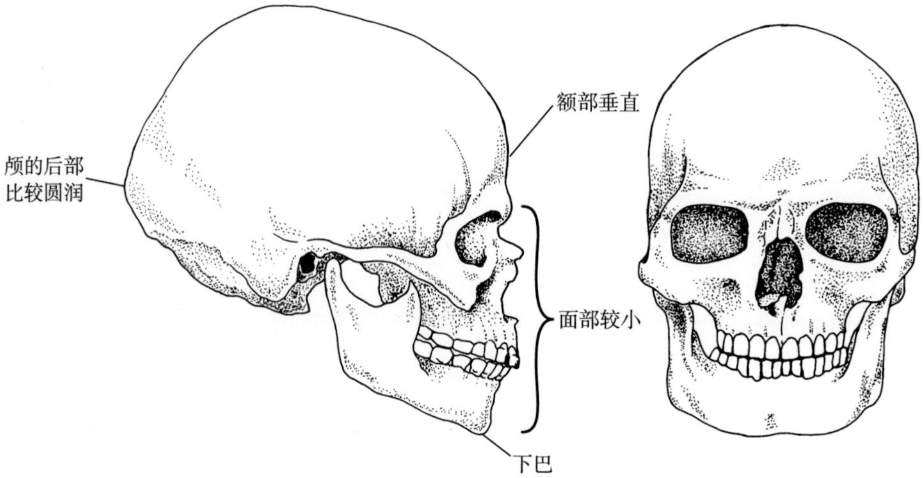

图13.1

智人比早期古人类有更高、更圆的头骨以及较小的面部，本图所示的是一个发现于俄罗斯顿河流域的有2.5万年历史的头骨。

额部垂直

颅的后部比较圆润

面部较小

下巴

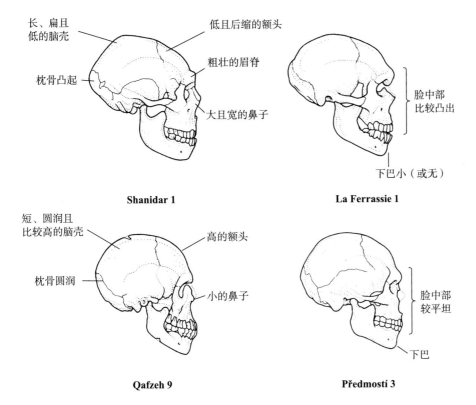

长、扁且
低的脑壳

低且后缩的额头

粗壮的眉脊

枕骨凸起

大且宽的鼻子

Shanidar 1

脸中部
比较凸出

下巴小（或无）

La Ferrassie 1

短、圆润且
比较高的脑壳

高的额头

枕骨圆润

小的鼻子

Qafzeh 9

脸中部
较平坦

下巴

Předmostí 3

图 13.2

图中上面两个头骨为尼安德特人的头骨，分别是伊拉克的沙尼达尔 1 号标本和法国的弗莱西亚 1 号标本。下面两个头骨为智人的头骨，分别是以色列的卡夫泽 9 号标本（Qafzeh 9）和捷克共和国的普瑞莫斯提 3 号标本（Předmostí 3）。比起尼安德特人，智人有更高的前额、更窄小的眉脊、小的鼻子、圆润的头骨和更凸出的下巴。

智人的起源和扩散

　　古人类的形态在最后一个冰期发生了巨变。大约在 10 万年前，世界上充斥着形态各异的古人类：欧洲有尼安德特人，亚洲东部有一些粗壮的古人类，中东和非洲则分布有早期智人。到了 3 万年前，多样性的形态已经开始消失，智人占据了欧亚大陆和非洲。那么，这个转变是如何发生的呢？

　　如果在四十年前，当时大多数古人类学家可能会给出一致的答案：中更新世晚期的粗壮型古人类形成了一个形态变异并逐渐散布全世界的古人类，即早期智人。然而，从近期的化石记录和分子遗传学证据来看，这个假说站不住脚，新的证据表明，在 20 万至 9 万年前的某个时期，非洲古人类中的某个种群由于基因产生了现代人类的形态和行为变化，携带此基因的人类随后在非洲大陆扩散开来，并且分化成有现代人类的形态但又在遗传上多变的人群。到了 6 万年前，来自某个地方的人群离开非洲逐渐散布到世界各地去，随之代替了其他的古人类群体，并和他们有了部分的基因交流。

　　我们将在本章描述与智人起源和扩散有关的遗传学、古生物学和考古学的证据。各个专业领域的研究者为解决这个问题提供了多样的视角。

遗传数据

遗传变异的模式为了解现代人类起源提供了重要的信息。

现生人群的遗传变异模式和从化石中提取出来的遗传物质可以帮助我们了解人类种群的很多历史。比如：

1.智人于距今20万到10万年前在非洲演化而来。

2.非洲大陆以外的智人都起源于6万年前离开东非的那一群人。

3.离开非洲的智人与原本生活在欧亚大陆上的尼安德特人和丹尼索瓦人等存在少量杂交。

一些有关遗传变异的信息载于我们的Y染色体和线粒体上。

直到现在，我们关注于载于细胞核常规染色体上的基因的单纯功能，然而，很多关于人类演化的信息都来自于Y染色体和线粒体上的外源基因。

人类的性别由X和Y染色体所决定，就是说女性携带两个X染色体，男性则同时携带X和Y染色体。X染色体是十分正常的染色体，而Y染色体则是较怪诞的，男性独有，且必须从父辈那里继承，Y染色体携带的基因很少，携带的是很长的一段重复序列，而且95%的序列不会与X染色体发生重组。

线粒体的基因更是奇怪，它们并没有载有染色体。相反，承载它们的是一种叫作**线粒体**（mitochondria）的细胞器，线粒体为细胞内部提供基本的能量供给。线粒体包含少量的DNA（大约占0.05%），叫作**线粒体DNA**（mitochondrial DNA，简写为mtDNA）。在人类和非人灵长类中，线粒体DNA编码线粒体中的13种蛋白质，也编码一些组成核糖体结构的RNA以及转运RNA。同样，在线粒体DNA中也有两个主要的非编码区，男性和女性的线粒体DNA都来自于母亲卵子中的线粒体，存在于精子里的线粒体并不会转移到受精卵中。因此，线粒体DNA并不发生重组，这就意味着孩子会有和母亲相同的线粒体基因，除非这个孩子的线粒体中有基因突变。

任何一个没有基因重组过的现存DNA序列，其所有拷贝都来自于很久之前的某个个体。

为了使这个概念更加清晰，先让我们探讨一下Y染色体的非重组部分，Y染色体就是像在美国社会的姓氏。传统上来说，每个人会将其姓氏传承给其儿女，但当女儿出嫁后生育的后代的姓氏就不再跟随她，儿子却将其姓氏保留下去，延续到子子孙孙。由于没有基因重组，Y染色体也是类似情况，父亲将他的Y染色体传给儿子，儿子又将其传下去，世代重复这个过程。

假设每个世代中一些人没有男性后代，于是他们的姓氏就消失了。Y染色体的传承也是如此。随着世代延续，姓氏和Y染色体消失，直到最终每个人都携带的是一个人的姓氏和Y染色体，即Y染色体的**最近共同祖先**（the most recent common ancestor，简写为TMRCA）。相同的过程同样也适用于线粒体DNA以及短得以至于无法重组的常染色体上的DNA片段，它们都源自于过去的某个单一个体。

追溯Y染色体的最近共同祖先的世代数量，依赖于种群的大小。其原因是，种群越大，追溯到Y染色体的最近共同祖先所需要的世代就越多。我们可以通过以下这个例子加以理解：先从现存的世代中随机选择一条Y染色体，如果配对是随机发生的，我们再随机选取的一条Y染色体其和第一条Y染色体源自于同一个父系的可能性等于1除以种群大小。如果种群大小在代际间是固定的，其中一个男人有两个后代的话，那么其他某个男人将不会有后代。因此，随着种群数量变大，某一遗传支系消失的速率将会下降。

我们携带的每个非重组的基因成分都有其渊源，理解这一点非常重要。线粒体的最近共同祖先有时会被冠上一个看似光鲜却有误导性的名字"夏娃"，但她不是所有人的母亲，只是我们细胞中线粒体的母亲。而"亚当"却是Y染色体的共同祖先，且并非是夏娃的伴侣，事实上，他出现于夏娃出现后的几万年。正如我们知道的，每个基因的最近共同祖先都是生活于不同时期的不同人。

我们可以通过基因突变的积累追溯非重组区域DNA的谱系历史。

尽管现在所有人类身体里的Y染色体都是单个Y染色体的复制品，但由于基因突变时不时地会将新的基因变体带入，因此并不是每个个体的Y染色体都是相同的。由于没有基因重组，因此一旦某个个体的Y染色体发生了基因突变，这些突变都将传递给其后代。这同样也适用于线粒体DNA和常染色体基因的非重组部位。基因突变通常产生两种重要的结果。首先，我们可以使用之前在第四章讨论过的谱系重建的方法，基于相似性来建构系统发育树。为了使此重建（有时被称为基因树）具有可行性，基因突变必须频繁出现形成明显的基因树分支。借助遗传距离测量的方法（见第四章），我们可以根据基因突变推测该基因从最后一个共同祖先起经历了多少世代。由于种群大小和最近共同祖先的时间之间存在着一种已知的关系，如果知道了Y染色体的最近共同祖先距今多久的话，生物学家就能推测出这个种群在过去的种群大小。我们可以据此给每个基因重复此过程，因此这给重建人类人口的构成提供了有力的方法。

基因树方法支持现代人类起源于非洲。

遗传学家为线粒体、Y染色体的非重组部分以及许多其他染色体上携带的基因构建了基因树。图13.3展示了基于几百人的整个线粒体DNA序列构建的基因树。每个分支都代表了一个个体，分支的长度与在这个分支上基因突变的数量成正比。这就说明了，由短分支连接的两个个体的线粒体DNA比起被长分支隔离的两个个体的渊源更相近。连接分支的节点代表这些个体的共同祖先，最深以及最古老的节点由遗传学家约定的一个方式来确定，以便当我们阐释这棵基因树的时候更加方便。

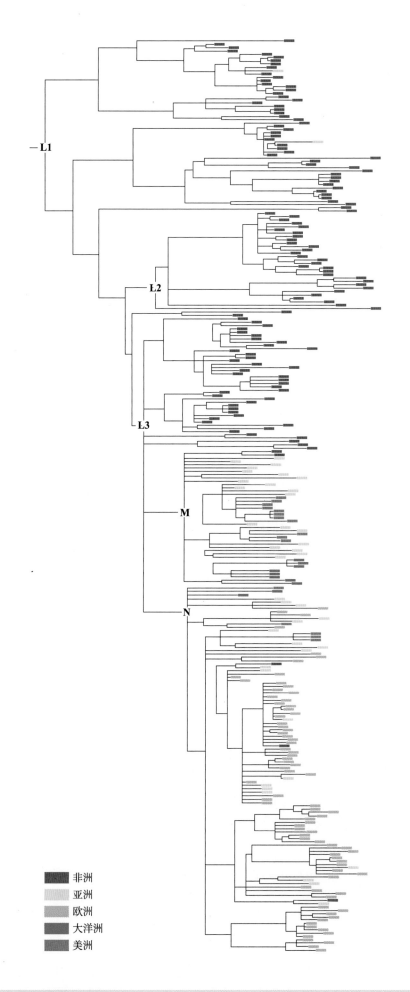

图 13.3

这是一棵由277个来自世界各地的人类的线粒体基因所组成的基因树。我们可以看出，所有现代人类都起源于非洲的某个群体。每条分支代表一个个体的线粒体DNA序列，分支的长度则代表这条分支上基因突变的数量。因此，较长的非洲分支反映了非洲大陆上有更多的基因突变。在这棵基因树上，几乎所有来自非洲以外的人类个体都源于单个节点，和大多数非洲人类相比，他们有着更近的共同祖先。

- L1

L2

L3

M

N

非洲
亚洲
欧洲
大洋洲
美洲

这棵基因树支持现代人类起源于非洲、在走出非洲后散布到全世界这一观点。在这个例子中所有非洲人都是起源于节点L1、L2和L3，并由全树最长的分支相连。尽管L1的直系后代遍布整个非洲，但他们却很罕见，超过2/3的现代非洲人携带了源于节点L2、L3的线粒体DNA。所有的非洲以外人群都起源于由短分支连接的两个节点：M和N。连接非洲以外人的分支要明显短于连接诸多非洲人的分支。这些证据表明最近共同祖先L1来自于非洲的某个种群。遗传距离显示这个个体可以追溯到13万年前。之后到了9万至6万年前左右，L2和L3在非洲出现并且遍布了整个非洲大陆。接着，M和N所在的群体在大约6万年前离开非洲，随后在接下来的5万年间到达了世界各地（图13.4）。基于Y染色体基因和其他基因构建的基因树与其一致。

图13.4

本图所示为线粒体DNA单倍体的地理分布图，可以看出其先分布在非洲，然后走出非洲并沿着亚洲南部海岸扩散，随后又开始向亚洲和欧洲北部扩散。这与考古学的发现非常一致。

15万年前：现代人类起源于非洲某处以L1支系扩散。

8万~6万年前：出现了新的扩张，L2和L3扩大，L1逐渐成为少数。

6万~5万年前：L3衍生出M和N支系，这两支随后扩散到亚洲南部。

5万~3万年前：M和N支系崛起，成为欧亚大陆的主要类型。

人类的遗传多样性小于黑猩猩，非洲人的遗传多样性高于其他地区。

生物学家已发明了多种测量种群遗传多样性的方法。其中一种测量遗传多样性的重要手段是计算一个DNA序列中每个碱基对的平均遗传差异。为了计算出这个，遗传学家收集了一系列特定人群的组织样本，并对每个个体相同的线粒体DNA序列做出评估。然后，选取任意两个个体，检测任一位置的DNA序列是否相同。他们对样本中所有个体都重复此步骤，从而计算出样本中每个核苷酸差异的平均数。如果种群的遗传多样性越高，每个核苷酸的平均遗传差异也就越大。

和黑猩猩相比，人类的遗传多样性更低。图13.5展示的是来自不同地理区域的人类（非洲、亚洲和欧洲）和黑猩猩（非洲东部、中部和西部）的线粒体DNA遗传多样性在种群内及种群间的变化情况。红色柱表示种群内部的遗传多样性，可以看出，人类的遗传多样性明显低于黑猩猩。根据这些数据，我们随机从某个单一人群中抽取两个人，他们之间的相似性要比同样从黑猩猩群体中随机抽取的两个黑猩猩之间的相似性更高。蓝色柱显示的是种群间的遗传多样性差异。对染色体DNA上的基因分析得到的结果与之相似。

遗传数据表明，现代人类起源于一个包含12,000个成年人的群体。

从遗传距离的数据中可以看出，人类基因演化主要受到遗传漂变和变异的

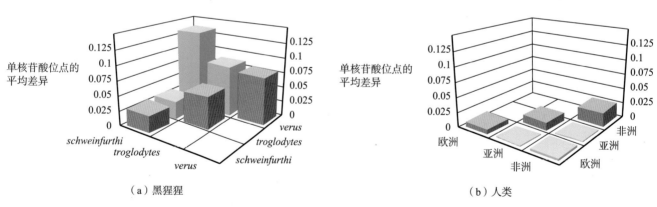

（a）黑猩猩　　　　　　　　　　　　　　（b）人类

图13.5

人类的遗传多样性低于黑猩猩。（a）展示的是黑猩猩三个地理种群的线粒体DNA单核苷酸位点的平均差异数：来自非洲东部的 *schweinfurthi* 亚种、来自非洲中部的 *troglodytes* 亚种和来自非洲西部的 *verus* 亚种；（b）展示的是人类三个地理种群的线粒体DNA单核苷酸位点的平均差异数：亚洲、欧洲和非洲。红色柱代表了种群内部的差异。例如，黑猩猩 *verus* 亚种的每对个体，其核苷酸的差异程度约为7.5%；在人类中变异最大的非洲群体，每对个体只有2.5%的核苷酸差异。蓝色柱展示的是两个群间的平均差异。按平均值来说，黑猩猩 *verus* 亚种和黑猩猩 *schweinfurthi* 亚种在核苷酸上有13%的差异，而对于人类来说，来自非洲的人和来自欧洲的人之间，其核苷酸的差异却少于0.3%。因此，这两个图表说明，黑猩猩内部的变异远远大于人类的变异，人类不同个体间的相似性大于黑猩猩不同个体间的相似性。

影响。基因突变引入新基因的速率非常缓慢，而遗传漂变消除遗传变异的速率主要取决于种群数量的大小。在个体较多的种群中，遗传漂变消除变异的速率非常缓慢，但在小种群中，遗传漂变消除变异的速率则比较快。当遗传变异的程度达到某种均衡时，基因突变和遗传漂变的效应最终会趋于平衡（图13.6）。平衡状态下的遗传变异程度取决于群体的大小。在给定的基因突变率下，个体数量多的种群在平衡点会出现更多的遗传变异。我们可以根据观察到的遗传变异程度以及估算出的突变率来计算群体的规模。当我们将此运用到人类，其结果显示，当今人类目前的基因变异数量与有12,000个可繁育个体种群的基因突变—漂变平衡相一致（如果算上儿童和老人，这个种群的实际人口应该是12,000的两到三倍）。其他基因的突变数据也符合上述的推测，基于已测序的大量基因计算的最近共同祖先的年龄也符合预期。

这就意味着我们都起源于一个有12,000个成年个体的种群。不难看出，这个数字远远低于现在人类的数量，甚至低于以往人类的数量。为什么会这样？答案便是在过去某个时候，一个小的人类种群实现了空前的扩张。当人口数量增加时，由于在大群体中遗传漂变排除基因突变的速度比小群体的慢很多，因此遗传变异的平衡值也增长。然而，如果一个群体扩张速度很快，那么要达到一个新的平衡值将会花费更多时间，这是因为通过基因突变提高遗传多样性的速度非常慢。因此，在现代人类中的低水平遗传多样性可能是过去某个时间段小群体迅速扩张的结果。

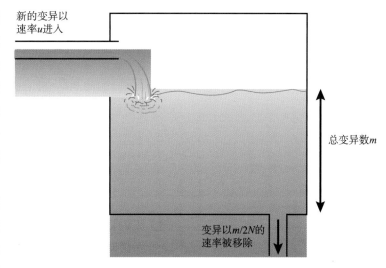

图13.6

本图是对基因突变—遗传漂变平衡的物理学推演，根据这个示意图，我们可以解释为何大群体比起小群体来说在平衡点有更多的遗传多样性。基因突变以一个恒定的速率（用u表示）在种群内引入新的基因，在本图中将其比作注入容器的水流。遗传漂变会将变异移除，就像图中容器水的排水管道。种群内的遗传多样性为容器里水的体积（用m表示）。当容器里的水上升时，水压增加，排水的速度加快。最终，水的流出率与流入率会一致，水的高度保持不变。与此相类似的是，当群体中变异的数量增加，遗传漂变移除基因突变的速度加快。于是，遗传变异达到一个平稳状态并一直持续下去。我们可以根据$u=m/2N$这一公式计算出平衡点时种群内的遗传变异程度（m）。

遗传学家已经对尼安德特人和丹尼索瓦人的化石DNA进行了测序。

在电影《侏罗纪公园》中，科学家从琥珀里的吸血昆虫的血中提取出了恐龙的DNA，并用其DNA克隆出活生生的恐龙。德国马普演化人类学研究所的斯万特·帕博实验室进行的实验使科学越来越接近科幻小说描述的样子。帕博和他的同事从大量的尼安德特人化石中提取出了完整的核基因和线粒体DNA，并对其进行了测序。

从化石中获得遗传物质是一件很难的事情，因为只有少量的遗传物质保存在骨骼化石中。在每个细胞中有上百个线粒体，但是每个核基因却只有两个复制品，这使得从化石中获得细胞核的DNA比线粒体DNA更加困难。在克罗地亚的温迪加（Vindija）洞穴中发现了可追溯到4.4万~3.8万年前的尼安德特人化石，2010年，帕博和他的同事提取了其中三具化石的DNA并对其进行了全基因组测序。他们采用了一系列特别的措施来防止其受到现代人类DNA的影响，并且推测出只有少于1%的序列受到了感染。这个序列只是个粗略的草稿，意味着每个核苷酸平均只被读取了1.3次。2012年，帕博和他的研究团队在丹尼索瓦人一个指骨和一个臼齿化石中提取出了DNA，并进行了全基因组测序。由于指骨中的DNA保存良好以及技术更为先进，研究者能对每个核苷酸读取至少30次并绘制出一个完整的序列，这个结果的解析程度与对现存人类的样本所扫描的相一致。2014年初，帕博的研究团队根据一个同样发掘于丹尼索瓦洞穴的尼安德特人的脚趾骨发表了尼安德特人的全基因组。为了不与其他化石混淆，他们将这个化石命名为阿尔泰尼安德特人（Altai Neanderthal）。那两个发掘于丹尼索瓦洞穴的化石日期并不确定，但似乎阿尔泰尼安德特人生活于丹尼索瓦人之前。德国马普演化人类学研究所的研究人员们同时也发表了第五个尼安德特人个体的低分辩率测序，该个体来自于俄罗斯南部高加索山脉的玛兹梅斯卡亚（Mezmaiskaya）。尼安德特人的基因组和现代人类很相似，这意味着尼安德特人和现代人类的最近共同祖先生活于76.5万到55万年前。

对现代人类和黑猩猩的基因组测序结果表明，有9555个人类蛋白质编码基因的DNA序列与黑猩猩中同源基因的序列不同。在这些基因中，尼安德特人和现代人类共享8600个（约90%），相比之下，尼安德特人与黑猩猩仅共享78个（不到1%）。在这78个基因中，只有5个基因在人类中有超过一个可影响蛋白质的基本结构的替换碱基。其他类型基因的结果与之类似。在人类和黑猩猩中有300处差异可能会影响调控序列，在这些区域中，现代人类和尼安德特人的差异不到5%。

自从把智人和尼安德特人分开之后，那些影响人类新陈代谢、认知和骨骼发育的基因改变都被归为了自然选择的作用。有比较确切的证据表明，那些被大多数群体成员所共享的DNA长段序列代表了最近的定向选择方向。如果我们在现代人类身上发现了广泛分布的DNA长段序列，而未在尼安德特人上发现，那么我们就可以得出结论，这些基因是自从现代人类和尼安德特人分开后在自然选择作用下出现的。基于上述逻辑，影响非胰岛素依赖型糖尿病的THADA基因，以及与孤独症和精神分裂症有关的基因，都受到了强烈的定向选择。影响骨骼发育的RUNX2基因，也受到了强烈的定向选择。

尼安德特人和丹尼索瓦人之间的基因组相似性比与现代人类的相似性更高，但这也说明了这两种古人类具有不同的演化历史。

帕博团队的研究者们比较了现代人类、尼安德特人和丹尼索瓦人的基因组，结果如图13.7基因树所示。尼安德特人和丹尼索瓦人之间的相似性比与现代人类的相似性更高。不同的尼安德特人间的相似性高于其与丹尼索瓦人的相似性。这一结果说明，尼安德特人、丹尼索瓦人和现代人类最近的共同祖先生活在76.5万到55万年前，尼安德特人和丹尼索瓦人的共同祖先生活于45万年前。虽然尼安德特人散布在德国、西班牙、克罗地亚和俄罗斯等不同遗址，但他们彼此之间却十分相似。这说明所有尼安德特人的共同祖先大约生活于14万年前，远在其与丹尼索瓦人分开之后。尼安德特人的遗传多样性非常低，非常有可能是在其与丹尼索瓦人分开之后出现了人口瓶颈。

基因组分析表明，在尼安德特人、丹尼索瓦人间以及同时代生活在欧亚大陆的智人之间存在大量的杂交，但留在非洲的智人支系并没有参与杂交。

当智人离开非洲进入欧亚大陆时，他们遇到了尼安德特人和丹尼索瓦人。如果这两个古老的种群和智人之间发生杂交的话，那杂交对于非洲以外的智人的影响要明显大于非洲大陆内的智人。结果就是，比起非洲人，现代欧洲人和亚洲人应该与尼安德特人和丹尼索瓦人更相似。

为了验证这个想法，帕博及其研究团队将尼安德特人与丹尼索瓦人的基因组和现代人类的基因组进行比较，其中有两名来自非洲，其他三名分别来自欧洲、东亚和巴布亚新几内亚，还有来自东南亚和太平洋地区的样本。他们运用多种方法来检验这些群体中的基因流。所有来自欧亚大陆和太平洋地区的样本都包含了2%的尼安德特人的基因，但非洲并没有任何来自尼安德特人的基因。相反，非洲人和欧洲人都没有携带任何来自丹尼索瓦人的基因，来自东亚的现代人样本仅有一小部分基因相似（少于0.5%），而来自巴布亚新几内亚和其他太平洋地区的样本则载有3%到6%的丹尼索瓦人基因。对这个现象最简单的解释是，在现代人类分流占领欧洲、东亚和太平洋地区之前，亚洲西南部的尼安德特人和早期智人之间存在杂交。在这次分流之后，最后在新几内亚岛以及其他太平洋岛屿定居的智人与其有亲缘关系并居住在东南亚的丹尼索瓦人发生了杂交。东亚现代人类之所以会携带少量丹尼索瓦人的基因，可能是因为丹尼索瓦人和东亚人祖先有过低程度杂交，也有可能是东亚人和太平洋地区的人在这之后发生过杂交。

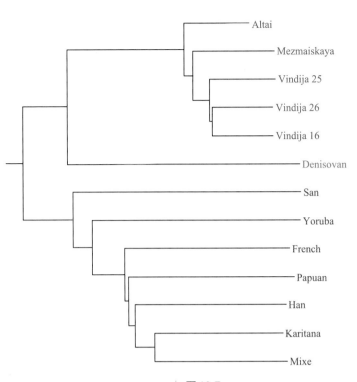

图13.7

该基因树展示的是基于五个尼安德特人化石（红色）、一个丹尼索瓦人化石（绿色）和七个来自全球各地区的现代人类（蓝色）的DNA分析结果。线条的长度根据基因距离成比例画出。对于这个图最简单的解释是：相较于现代人类，尼安德特人和丹尼索瓦人有更近的共同祖先，但是丹尼索瓦人同时又和尼安德特人相区别。

距离非洲越远，智人种群的遗传多样性就越低，这与人类走出非洲向外扩张的说法一致。

当智人走出非洲之后，他们并没有想着侵入亚洲，只是碰巧迁到了与他们邻近的大陆。在人口扩张之后，土地变得拥挤起来，并且另一批移民者再次移动，他们没有返回非洲，而是深入欧亚大陆。因此，智人一步一步地占领了欧亚大陆。尽管每一代的所有个体都不会移动太远，但这样的进程仍导致了快速的地理扩张。例如，假设每个个体在其一生中，只移动了25千米，以25年为一代并且没有反向移动，那么这就意味着这个人群在一个世纪中可以移动100千米，以这样的速度足以在1万年中从非洲迁移到澳大利亚大陆。

这种阶梯式的扩张留下了一种独特的遗传信号，因为每次移民离开他们出生的地方，便意味着他们携带着原种群的部分基因离开。这就意味着种群内的遗传变异的程度与距离非洲的距离成反比，图13.8能充分说明此现象。起初，有四个地点，其中只有一个地点有人居住。该居住点有32个个体，分别属于4种基因型，分别用蓝、红、紫和绿四种颜色表示，每个基因型最初有8个个体。然后，来自地点1的8个个体移居到了邻近的地点2，在这8个人中，由于偶然因素，蓝色和绿色的基因型较多。为了填充这个居住点他们的人口不断增长，假设基因型频率不发生变化，新种群的基因型频率将会和最初的奠基者一致。然后不断重复这个过程。又有8个移民随后占领了地点3，之后人口增长，又从中出来8个个体占领地点4，并再次增长。在每一个迁出阶段，移民携带的只是原种群的部分基因型。因此，随着其迁移距离越远，其基因型或者遗传多样性就越来越低。

这就正是我们在现代人类中看到的遗传变异模式。布朗大学的苏西尼·拉马尚德兰（Sohini Ramachandran）带领的研究团队和法国蒙特利埃大学的弗兰克·普鲁格诺勒（Frank Prugnolle）所带领的研究团队，分别用"人类基因组多样性项目"（Human Genome Diversity Project）采集的微卫星位点数据，计

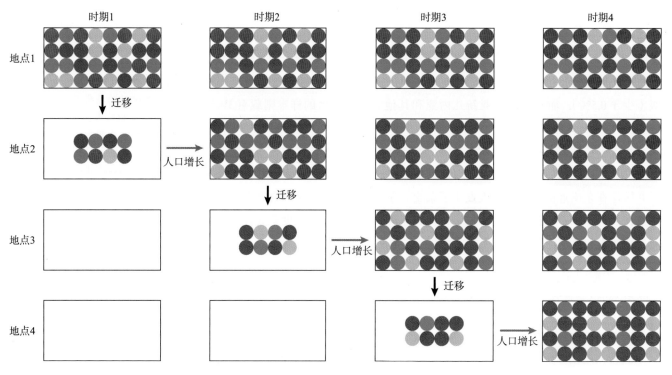

图13.8

此图阐释了为什么智人在欧亚大陆和美洲扩张后，基因变异却在逐渐减少。在时期1，32个个体占领了地点1，此时有4种基因型：红、蓝、紫和绿色。这时地点2到地点4尚未被占领。地点1的一部分个体移民到地点2并居住下来，并且由于移民的数量较少，蓝色和绿色的基因型就意外地成了此地的代表型。到了时期2，由于这些移民繁衍壮大，地点2达到饱和状态。但由于基因并不受到自然选择的影响，他们的基因型频率也和最初的8个移民者一致：蓝色和绿色更常见，红色和紫色同原始人群相比更少见。之后，地点2中的8个个体随之将地点3占领。如此，偶然地又影响了地点3中的基因型频率，红色基因消失，蓝色基因占了主导。接下来又一次循环，人口增长，新的移民来到了地点4。当发生扩散时，由于在每个阶段都会出现偶然的意外性，导致某些基因型占了主导而其他基因型被压制。最终导致某些基因型不复存在。

算出全球51个人群的遗传变异。**微卫星位点**（microsatellite loci）是非编码、重复以及高度变异的DNA序列，通常运用于犯罪调查中的个体识别。遗传学家也基于最有可能的迁移路线计算出每支走出非洲的人群距离东非的距离。正如在图13.9中可以看到的，人类的遗传多样性随着离开东非的距离增加而降低。

更有趣的是，以上的结论也同样适用于表型变异。剑桥大学的研究小组与日本佐贺医学院的埴原恒彦（Tsunehiko Hanihara）合作，已经整理了来自全球范围内105个人群的4666个头骨，并对每个头骨采用37种不同方法进行了测量。对于每个测量方法，他们计算出每个人群中的表型变异值。表型变异的程度随着与非洲之间的地理距离变远而降低，但是没有遗传变异那么强。之所以如此，因为对比影响头骨形态的基因和影响微卫星位点的基因，需要采用同样的取样过程。然而，影响形态的基因在表达时会受到自然选择的作用。不同环境下会因自然选择作用出现不同的头骨形态，这在一定程度上模糊了原始移民的影响。

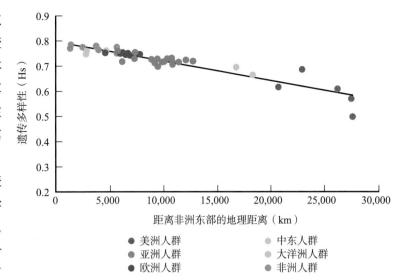

图13.9

此图展示的是各人群遗传多样性和距非洲距离的负相关关系，其中遗传多样性基于多个微卫星位点，距非洲的距离则基于最有可能的扩散路线估算。这一结果支持了人类从非洲出现并沿特定路径传播的假说。

遗传数据为人类走出非洲的路线和时间提供了线索。

剑桥大学的安德·埃里克森（Ander Eriksson）和安德烈·马尼卡（Andrea Manica）运用相同的人类基因组多样性项目的数据来推测出人类扩张的时间。他们计算出了之前提到的51个人群的最近共同祖先的年代。我们之前曾提到，最近共同祖先的年代取决于群体大小，而群体大小又和迁移模式以及群体的增长有关。这一研究团队因此可以构建计算机模型来描述出人类在全球的扩散方式，并计算出这51个人群各自的最近共同祖先所处的年代。埃里克森和马尼卡发现群体大小和迁移率产生了与观察到的最近共同祖先数据最符合的结果。图13.10展示了所推测出的人类扩张的模式和时间。根据这个模型，智人在8万年前就已经几乎占领了整个非洲大陆，约在6.5万年前到达亚洲西南部，在4万年前扩散到亚洲其他地方和澳大利亚。

最近由丹麦自然历史博物馆的莫滕·拉斯姆森（Morten Rasmussen）做的一项研究指出，历史上至少有两次独立的迁移，一次是沿着欧亚大陆的南部海岸移动，另一次是往北部方向移动（图13.11）。这个猜想是基于一个澳大利亚土著的完整基因组，提取自一根有100年历史的头发。这个澳大利亚土著的基因组更接近于非洲人的基因组，而欧洲人的基因组则更接近中国人的基因组，这就说明至少有两次迁移，第一次迁移是先从非洲到澳大利亚，后一次迁移是从非洲到亚洲北部和欧洲。然而，这个澳大利亚土著的基因组比欧洲人的基因组更接近中国人的基因组，这充分说明在和欧洲人分开之后，分布在澳大利亚和中国的早期智人存在着基因流。澳大利亚土著的基因组证明了丹尼索瓦人和尼安德特人之间存在低水平的杂交。

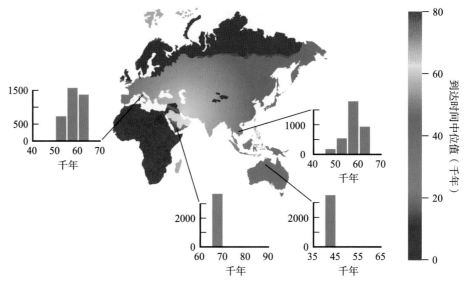

图 13.10

根据人类基因组多样性项目的数据库，可以拟合出人类扩张的详细模型，本图展示的是基于该模型得到的人类到达除美洲外各地区的时间的中间值。柱状图展示的是特定地点人类的到达时间范围。根据该模型，智人在8万年前已遍布非洲，随后在6.5万年前到达亚洲西南部，在4万年前扩散到亚洲其他地区以及澳大利亚。

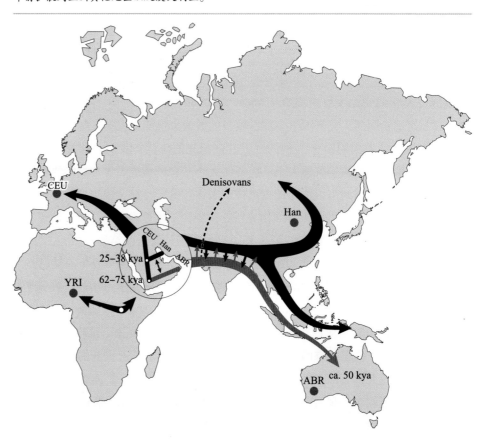

图 13.11

根据基因组测序所得出的四种人群的迁移模式：非洲人（YRI）、欧洲人（CEU）、中国人（Han）、澳大利亚土著（ABR）。澳大利亚土著的基因更接近于非洲人，而欧洲人的基因与中国人的更近似，这意味着有两次移民。然而，澳大利亚土著与中国人的基因相似度比与欧洲人的更高，这意味着在和欧洲人分离之后，分布在中国的早期智人和分布在澳大利亚的早期智人有过基因交流。

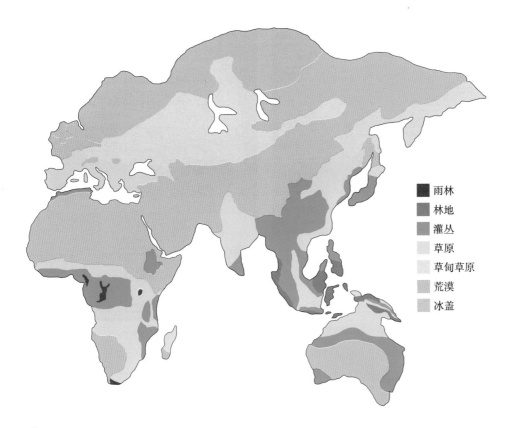

图 13.12

本图展示的是 7.2 到 6 万年前、智人离开非洲后的栖息地分布模拟图。那时世界处于寒冷干燥期，海平面较现在更低。斯里兰卡和欧亚大陆相连，东南亚的很多岛屿在当时是巽他半岛的一部分。澳大利亚和新几内亚则连在一起组成萨胡尔大陆。当时森林仅分布在非洲中部、巽他半岛和萨胡尔大陆，亚洲大部分地区都被荒漠和草原苔原覆盖。

雨林
林地
灌丛
草原
草甸草原
荒漠
冰盖

这两次迁移的背景与当时的气候和生态环境相适应。在 7.2 万到 6 万年前，世界处于寒冷期，森林和草原仅分布于非洲中南部、欧亚大陆南部以及现在新几内亚岛和澳大利亚所组成的大陆（图 13.12）。世界其他地区极其干燥且寒冷。过了 5 万年之后到了较为温暖的阶段，才开始有人类往高纬度地区迁移。

来自化石的证据

在解剖学意义上的现代智人出现时间这一问题上，基于遗传学数据的估算结果和化石证据相符。

最古老的智人化石于 1963 年在埃塞俄比亚南部的奥莫基比什出土。两个头骨中的一个相对较为现代，而另一个则和海德堡人更为相似。最初，这个遗址的年代并不确定，不过后来的研究确定该遗址距今约 19 万年。最近，一支由加州大学伯克利分校的古人类学家蒂姆·怀特带领的队伍在埃塞俄比亚的赫托发现了一些化石，包括两个成年人和一个未成年人的化石头骨，以及其他的一些碎片。这些头骨介于智人和那个被归为海德堡人的非洲古人类之间，比现代人类更长和更健壮。他们有显眼的眉脊、凸起的枕骨以及其他一些将他们与早期

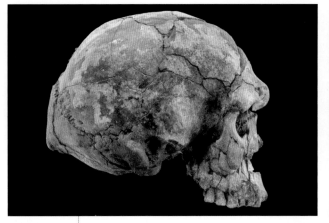

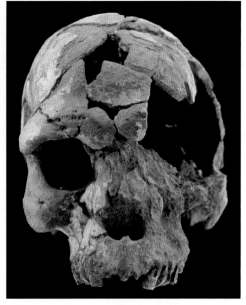

图13.13

发现于埃塞俄比亚赫托的人类头骨的侧面和正面。这个化石样本（BDUVP-16/1）特征介于海德堡人和现代智人之间，有着突显的眉脊，以及高且圆的头盖骨。

非洲古人类联系起来的特征。不过，他们同样也有一些十分现代的特征——最主要的便是一个高而圆的头盖骨（图13.13）。根据氩–氩测年法的测定，这些化石距今大约16万年。

在那时候，赫托遗址位于湖边，有充足的证据显示这些古人类曾经捕猎过河马。在这个遗址发现的石器和那些更早的非洲海德堡人的工具很类似。众多清晰的切割痕迹表明，这些头骨被用石器修整过，并且其经过打磨的表面表明这些古人类对其进行过反复的处理。怀特和他的同事指出，一些新几内亚人的丧葬行为至今仍会在头骨上留下相似的印记，这些印记表明，赫托化石也许能够提供类似仪式性行为的早期证据。

有其他证据表明在同一时间的非洲其他地方也有智人居住，不过他们留下来的化石过于零碎，以至于不能得出完整的结论。更多发现来自于南非的克拉西河河口。对这个遗址的发掘工作出土了五个下颌骨、一个上颌骨、一个前额的一部分以及大量更小的骨骼碎片。电子自旋共振测年法显示这个遗址可以追溯到11万到5万年前，而大多数的化石时间应该是在10万到9万年前之间。虽然其中的一个下颌骨明显有着现代人类的突出下巴，前额也有着智人模样的眉脊，然而这些化石碎片很难让人确定这些是不是智人。

更多的现代化石在以色列的卡夫扎和其他洞穴中被发现。热发光和电子自旋共振测年技术显示这些化石有11.5万年的历史。这是一段较为温暖湿润的时期，在此时动物可以从非洲扩散到中东。在这些遗址里面找到的动物化石主要是非洲的物种，结合洞穴中的历史气候数据，表明尽管这些遗址不在非洲，但它们在当时的生态条件却与非洲的相同。

尼安德特人的化石同样在另外三个比较靠近卡夫扎和斯胡尔的遗址处被发现——喀巴拉、塔邦和阿玛德。很多年以来，研究人员一直难以确定这些遗址的具体年代，大多数人类学家猜测，这些尼安德特人首先到达卡夫扎和斯胡尔，随后才被智人所取代。当这些遗址的年代被热发光和电子自旋共振测年技术确定下来以后，其结果让人大吃一惊。塔邦的年代尚未确定，但是喀巴拉和阿玛德的尼安德特人生活在6万到5.5万年前。

非洲之外的智人化石最早可追溯到6万年前。

解剖学意义上的智人化石见于世界各地，但直到6万年前他们才开始走出非洲。在亚洲加里曼丹岛的尼亚洞穴（Niah Cave）里发现了可能来自同一个个体的部分头盖骨与部分颅下骨骼。这些化石可以追溯到4.6万到3.4万年前。古生物学家在北京周口店附近的田园洞中发掘出了有3.9万到4.2万年历史的下颌骨和股骨。从这些化石中提取的DNA显示，这些化石同如今东亚的现代人一样，有一小部分基因来自尼安德特人而不是丹尼索瓦人。在澳大利亚，研究人员在芒戈湖（Lake Mungo）发现了可追溯到4.2万到3.8万年前的头骨和部分骸骨。有趣的是，这个化石是智人进行火葬的最古老证据。欧洲地区最古老的智人化石发现于罗马尼亚，可上溯到3.4万年前。但到约3万年前，智人就已经广布于欧洲。

晚更新世时期的非洲考古学记录

智人的行为比早期古人类更复杂和多样化。

遍布非洲和欧亚大陆西部的匠人和海德堡人使用阿舍利工具的时间超过100万年。据推测，他们在很长一段时间里使用了相同的工具和对策来适应不同的环境。相比之下，现代的狩猎采集民族则用各种各样高度专业化的工具和技术去适应多样的环境。同时，他们也能做出其他生物所无法比拟的艺术、象征符号以及宗教等方面的行为。现代人类所分布的地理范围及其高复杂程度很大原因要归功于认知能力。人类所能解决的问题对于其他生物来说简直是不可行的（见第八章）。然而，人比熊（或者灵长类）等其他动物更聪慧仅仅只是一个方面。人类的另一个技巧是有积累和世代继承复杂适应性和象征性行为的能力，人类遇到困难的时候并不仅仅只依靠自己。就算是最聪明的人也无法一个人建造一艘航海船或是从随意涂抹草稿中创造出一幅新颖的画。我们通过教育或观察其他人的行为来获得技巧和知识。现代人类行为的多样性和复杂性是我们独特获取信息能力的结果（见第十五章）。

考古学证据表明非洲的早期智人已经有复杂的适应性和象征性行为。

从25万年前到4万年前，非洲考古学记录主要呈现为一系列以模式3工具为主的石器。这些工艺被统称为**中石器时代**（Middle Stone Age, MSA）。直到最近，大多数考古学家都认为，非洲的中石器时代和更为知名的、与欧洲的尼安德特人联系起来的莫斯特文化在性质上非常相似。现代人类行为的标志，例如使用复杂的工具、远距离的社会网络、艺术和仪式等行为都在3万年前的欧洲有所记录，

图 13.14

发现于布隆伯斯洞穴双面斯特尔拜石器，其大约有7万年的历史。与其相似的石器在南非其他很多同时代的遗址里都有发现。这些石器很多都用了类似于压力剥片的技术，能让匠人们更好地控制对于石器边缘的打磨。在这一发现之前，这种工具和技术最早发现于约2万年前的法国南部地区。

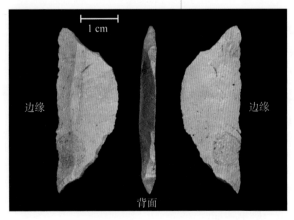

（a）

（b）

图 13.15

（a）发现于位于南非海岸品尼高点的细石器，很多类似于这样的细石器发现于可追溯到7.2万到6万年前的地层中。

（b）一支发现于欧洲某个遗址的完整的箭，其有大约0.8万年的历史。我们可以从中观察到细石器如何被装上手柄用作更复杂的工具。

而这些记录很难在非洲找到。然而，这个说法被21世纪的一些新发现推翻了。

在2000年，美国康涅狄格大学的考古学家莎莉·麦克布雷蒂（Sally McBrearty）和乔治华盛顿大学的艾莉森·布鲁克斯（Alison Brooks）发表了一篇文章，她们指出中石器时代和欧洲的莫斯特文化在性质上不能相比，并且现代人类最具代表性的一些行为于6万到2.6万年前在非洲演化出来。发现于非洲南部海岸的证据为她们的观点提供了强有力的支持。因此，居住在非洲的人类可能在大约7万年前便已经习得了类似复杂多样的行为。

● 技术。他们以骨头和石头作材料，并用纯熟的方法来制作复杂的工具。

● 社会组织。他们有着高密度的人口，这给他们提供了适应不同环境的能力。他们还会使用来自几百千米之外的材料来制作工具，这表明他们有远距离交换的社会网络。

● 象征性表达。他们有使用装饰、举行葬礼以及其他形式的象征性行为。

中石器时代的遗址里发现了复杂的工具技术。

石刀（blade）是长且窄的石具，是4万年前居住于欧洲的智人的代表物。它们长期以来被视为智人行为的标志。然而，在肯尼亚的卡普苏林遗址群（Kapthurin Formation）中有25%的工具是刀片。考古学家发现这个遗址里的工匠非常精于石器刀片的制作；他们只浪费了很少材料，几乎没有错误。根据氩－氩测年法的结果，这个遗址可以追溯至28万到24万年前。这类被归为**模式4**（Model 4）工具的刀片，也见于一些可以被追溯到25万至6万年前的中石器时代遗址中。

在大约7万年前，非洲南部开始出现了两种技术纯熟的石器。其中一种是工艺精良、呈叶状、对称性的斯特尔拜石器（Still Bay points）（图13.14）。现代的实验表明，在打磨形状的最后一个阶段发展出了**压制刮削技术**（pressure flaking）。在打磨工具的尖锐边缘时，工具制作者用尖而硬的石器而不是石锤来剥离出小的石片。这项技术对剥片技术的要求很高。发现于法国南部并可追溯到2万年前的索琴（Soultrean）石器，以及由早期北美土著所制作的克洛维斯石器（其有1.2万年的历史），均采用了这一技术。第二种用小石头制作成的新石器被称为**细石器**（microliths）。这种石器其中一边有锋利的边缘，另一边则被仔细地打磨平坦（图13.15a）。考古学家将这类细石器归为**模式5**（Model 5）工具。于是，接下来的5万年间，与此相似的工具遍布了全世界，还有的被用作箭头（图13.15b），或是被用作梭镖投射器。梭镖投射器是一种有缺口用于投掷的棍子（图13.16），它作为一种延伸手臂的工具，在很大程度上增加了可投掷的距离。使用梭镖投射器和弓是一种较于前人技术更先进的表现。

图 13.16

梭镖投射器作为一种延伸手臂的工具，使得人们可以用更快的速率扔出重量较轻的矛。

为了制作出这些工具，需要有更复杂的技术。这一地区的工具多取材于硅结砾岩，这是一种很难剥片的石头。来自开普敦大学的凯尔·布朗（Kyle Brown）和她的同事们证明了这些早期人类有能力制作出精良的斯特尔拜石器和细石器，因为他们会将硅结砾岩放入篝火之下的沙子里将其加热，慢慢地加热到350℃，经过这一处理之后，这些岩石会变成更加坚硬但易于剥片的材料。第一次对原材料进行加热出现于16.4万年前，之后在7.2万年前这个技术就已流行于整个非洲南部。

骨头的使用是反映现代人类定居点的另一个特征，而骨器（bone points）也能在中石器时代的遗址中发现。艾莉森·布鲁克斯和她的同事在刚果民主共和国的东北边界的加丹加省一起发掘了数量众多并且精美的骨器，其中有些骨器还有错落有致的倒刺（图13.17）。中石器时代的地层中有很多9万到6万年前的骨器。人类学家在南非的布隆博斯洞穴（Blombos Cave）发掘出了很多可追溯到7.2万年前的被抛光过的骨器。

中石器时代也出现了洞穴和灶台的证据，在多个遗址中都出现了中石器时代人们所建造的洞穴。在赞比亚的蒙不瓦洞穴（Mumbwa Cave）中，有三块石头呈拱状，里面是制作精良的石灶台，所以那三块石头可能被用于挡风。中石器时代的遗址往往分布有灶台和小石屋等类似的建筑。但对于其中的个别建筑，考古学家推测也可能是由自然原因堆积的结果。

随后出现在非洲南部的人类比起之前的人类具有更强的适应性。大约19万年前，世界开始经历了持续6万年的寒冷期，这个时段的考古学遗址少之又少，这说明在此时段非洲的人类迅速地减少。然后到了13万年前更加温暖湿润的时期，人类扩张，而大约在7万年前当气候再次变冷之后，人类数量却没有出现减缩，这是一个新工具产生的文化繁荣期，出现了更多符号性行为。

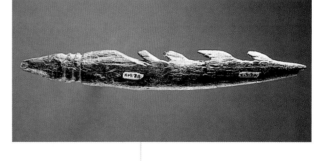

中石器时代的人类有更大的社会组织网络。

中石器时代的人类会远距离搬运原材料。制作中石器时代工具的原材料大多来自附近地区。然而，遗址中一小部分的原材料则是来自远方。例如，在东非的一个遗址，用来制作工具的黑曜石被移动了140到240千米。这些资源的远距离

图 13.17

这个发现于刚果民主共和国卡坦达遗址的漂亮骨质矛尖可以追溯至17.4万到8.2万年前。如果这一年代是准确的，那么中石器时代的人就有能力制作出能与最好的欧洲旧石器时代晚期工具相媲美的骨器工具。

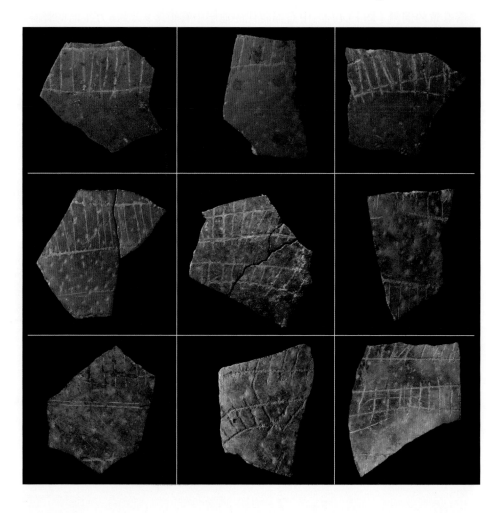

移动就意味着旧石器时代晚期人类分布广泛，或是说他们组成了远距离贸易的网络。

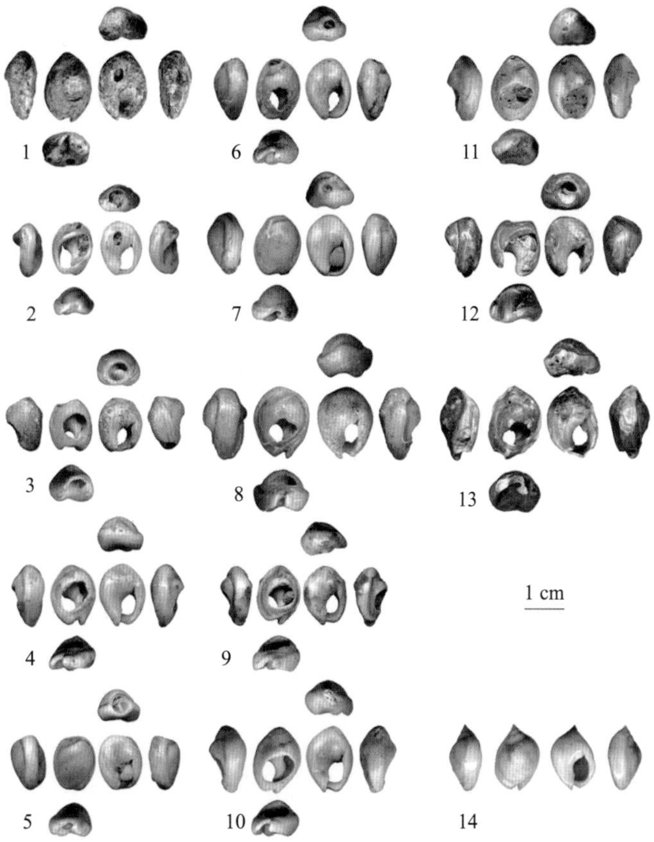

非洲的智人不仅制作出用于装饰的雕刻和珠子，同时还使用天然色素。

2007年，由摩洛哥国家考古科学与文化遗产研究所的阿卜杜勒加里尔·波佐（Abdeljalil Bouzouggar）带领的研究小组，宣布在可追溯至8.2万年前的肖维岩洞（Grotte de Pidgeons）遗址中发现了41个穿孔贝壳项链（图13.18）。这些贝壳全都以一种相似的方式穿孔，而且其中的一些被涂上了赭石土。这些贝壳表面的打磨方式显示，它们也许被一根线穿过，或是被缝制在衣服上。这些贝壳是从至少40千米远的海滩处带回去的。非洲北部的其他三个遗址中也发现了一些相似的被打了孔的贝壳。

在非洲的南端也发现了一些古人类使用装饰及进行装饰性雕刻的证据。卑尔根大学（University of Bergen）的克里斯托弗·汉希尔伍德（Christopher Henshilwood）

图 13.18

图中这些贝壳来自摩洛哥的一处遗址，可追溯至8.2万年前。贝壳来自于四面八方，经过了打孔并用赭石进行了着色。它们可能被穿在一根线上。

图 13.19

图为南非狄普克鲁夫岩洞发现的鸵鸟蛋碎片。它们宽约2.5厘米，可追溯到大约6万年前。这些蛋壳以及其他许多蛋壳上都有很多的交叉线装饰。现代的南非采集狩猎部落常把鸵鸟蛋用作装液体的容器，通常是水。

图 13.20

南非布隆伯斯岩洞中曾发现了两
块被雕刻过的红色赭石，本图展
示的是其中一块。这一人工制品
可追溯至7.7万年前，并且可以和
中石器时代工具联系起来。这些
雕刻与在世界上其他地方所找到
的洞穴艺术相似。

带领的研究小组在南非布隆伯斯岩洞发现了一些贝壳珠，这些贝壳珠可以追溯至7.6万年前，来自于20千米外的地方。

来自波尔多大学（University of Bordeaux）的皮埃尔–让·德杰尔（Pierre-Jean Texier）和他的研究团队在南非的狄普克鲁夫（Diepkloof）岩洞发现了大量被雕刻过的鸵鸟蛋碎片（图13.19）。如今生活在南非的狩猎采集部落还会把鸵鸟蛋当作容器，例如储存水。狄普克鲁夫遗址的蛋壳上雕刻着几何图案，德杰尔团队认为这与今天在陶器和篮子上进行装饰有异曲同工之妙，并以此界定族群。这些手工艺品可以追溯到6万年前，与发掘于南非一些遗址中更为先进的荷威森普特（Howiesons Port）石器有联系。

有证据表明，在一些遗址中的古人类曾使用过赭石。最早的证据来自28万到24万年前的卡普苏林遗址群。布隆伯斯遗址出土了两块被精心雕刻的赭石以及一些穿孔贝壳项链（图13.20）。如今许多的非洲人会在打扮自己或是出于宗教目的时使用赭石，不过一些考古学家认为，使用赭石也可能出于一些实用性的目的，如兽皮鞣制。中石器时代遗址中这样的图案几乎不存在，可能是因为这些艺术品会随着石头表面的剥落而消失。

智人的行为可能受到认知能力和文化革新的影响。

我们之前说过，最早解剖学意义上的智人化石有着20万年的历史。这意味着智人复杂行为的出现晚于"现代长相"出现的时间。然而，我们需要意识到形态学和行为之间的关系是可以分离的。那些现代人类可能获得了新的认知能力，但同时这些能力却未必反映在他们的骨骼形态里。例如，理查德·克莱因认为，由于基因突变导致智人具有了语言的能力，而这又可能导致了智人的革命性发展。对于人类这一支系而言，语言能力很晚才演化出来，而这又促使旧石器时代晚期的工具制作技术更加成熟，以及出现了更多符号性行为。但是，认知能力的革新是经过量变到质变的过程。这样的过程并不是因为发生了巨大的突变或是其他投机事件。我们之前在第七章和第八章讨论过，塑造行为的机制同塑造形态学和生理学特征的机制是一样的。

另外，人类行为的巨大改变可能是文化而非基因改变的结果。我们都知道这些改变也出现在随后的人类历史长河中。大约1万年前，为适应农业而出现了一次深度的转变。农业产生了定居的村庄、社会不公平、大规模的社会、宏伟的建筑物、书写以及其他革新，这些在考古记录中都有迹可循。我们在考古记录中看到的这些中石器时代发生的改变可能是源自类似的技术革新，而技术革新促使人们能更有效地获得食物，这反过来又使得经济过剩、经济更加专业化以及出现更多符号和仪式性的活动。

近6万年非洲以外的考古学记录

考古学数据显示，现代人类在4.5万年前首次进入南亚，带来了类似于非洲南部使用的细石器工具。

考古学家们在印度西北部讷尔默达山谷的梅塔（Mehtakheri，Narmada Valley）遗址沉积物中发现了可追溯至5万到4.5万年前的细石器。这种有脊并呈月牙状的工具与非洲南部海岸线地区发掘的极为相似。尽管在印度开展的考古学工作相对较少，但是仍发现了另外一些能追溯至4万到3.5万年前的遗址，这些遗址中出土的工具与非洲的也很类似（图13.21）。这些遗址中也有珠子和用于装饰用的鸵鸟蛋壳，这也与非洲的相似。

图13.21

分别发现于非洲（左）和有着4万到3.5万年历史的南亚次大陆遗址（右）中的工具、珠子和装饰过的鸵鸟蛋壳。

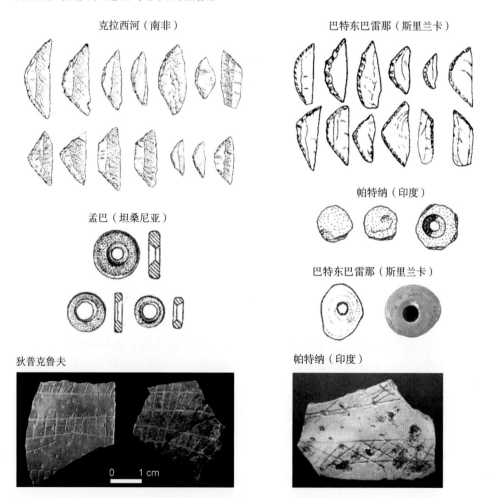

澳大利亚的化石和考古学证据相当充足。很多能确定准确时期的考古学遗址表明，智人于4万或5万年前进入澳大利亚，并在3万年前分布于整个澳大利亚大陆。其中，保存最完整的遗址位于澳大利亚东南部的芒戈湖地区。这里出土了三个人类的头骨以及灶台和炉子等，根据碳–14测年法的结果，这些材料追溯到3.2万年前。头骨的特征完全符合现代人类，并且处于现代澳大利亚土著的变化范围之内。

最早的澳大利亚人能够制作精良的工具，而且有证据表明其具有仪式性行为。在某些早期遗址中有用骨头制作的工具，还有些有着1.7万年历史的岩画，同时也有一些证据表明当时出现了仪式性的葬礼和火葬。大约1.5万年前，澳大利亚人似乎是第一个开始使用抛光过的石器，这些石器是打磨的，而不是被剥落的。根据记录，在世界的其他地方，抛光石器只有在7000年前才因为农业的发展而出现。

人类能够踏进澳大利亚，可以看作是人类工具技术成熟的有力证据。在4万年前，当时世界上的水多被聚集在陆地的冰川里，新几内亚、澳大利亚和塔斯马尼亚连在一起形成了萨胡尔大陆（见图13.12）。然而，在亚洲和萨胡尔之间，仍存在至少100千米的海洋。这个距离能够阻止地栖性哺乳动物越过，因此澳大利亚和新几内亚形成了独一无二且种类丰富的有袋目动物。人类迁入萨胡尔大陆并不是一个随机事件，因为与此同时，人类也越过海洋到达了100千米外的新不列颠岛和新爱尔兰岛。

第一批到达这些岛屿的人类能建造航海船。在帝汶岛东端的杰里马来（Jerimalai）有个能追溯到4.2万年前的洞穴遗址，在这个遗址中，考古学家发现了数量可观的石器以及各种各样的鱼骨。有一半的鱼骨属于海鱼，主要是远离海岸生活的金枪鱼。这就说明生活在那里的人类可以乘船进行近海捕鱼活动。

智人在往澳大利亚扩张时途经了南亚，但在南亚的证据却又十分稀少，只在一处遗址中发掘了和欧洲旧石器时代晚期工具复杂水平不相上下的工艺品。在斯里兰卡距今约2.8万年的巴特冬巴–雷那（Batadomba-lena）洞穴遗址中，研究人员发现了一些智人的遗骸、制作精美的石器以及一些骨器。

在中国北方、蒙古国和俄罗斯西伯利亚地区的一些遗址中也发现了旧石器时代晚期的工具。其中特别著名的是博勒勒遗址（Berelekh），位于北极圈以北500千米的亚纳河流入北冰洋的入海口附近。考古学家在这个遗址中复原了那些复杂的石器和用骨、象牙以及角做成的工艺品（图13.22）。放射性碳测年法表明这些工具制作于3万年前。孢粉学的数据则证明这个地区当时的气候凉爽干燥，草原、落叶松与桦树混合生长。马、麝牛、野牛和猛犸象的骨头都有被加工过的痕迹，这都表明这里存在大规模且很频繁的狩猎活动。尽管如此，在这里生活对于来自非洲的智人来说仍是一个不小的挑战。如今，这里的冬天漫长且黑暗，1月份的

图13.22

图为在西伯利亚东部、北极圈以北500千米的亚纳遗址里发现的矛尖。这些用犀牛角制作的矛尖被安装在矛的前端。如果一个猎人没有一下刺死一个动物的话，那么他们就会将矛尖从矛上移除，装上第二个矛尖继续使用。

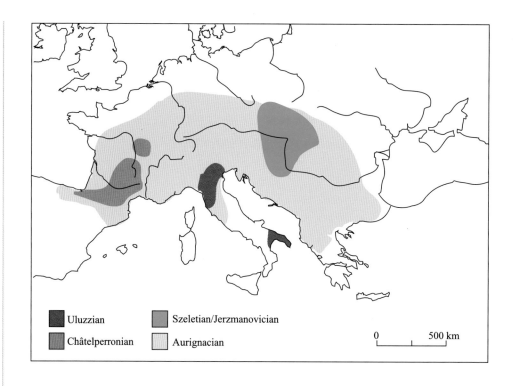

图 13.23

奥瑞纳文化是旧石器时代晚期最早的一种文化模式，广泛流行于欧洲。在莫斯特文化和奥瑞纳文化中间，还存在三种地区性分布的过渡类型（查特佩戎、乌鲁前文化和泽勒文化）。因为每个过渡期的文化模式都是独特的，一些科学家并不认为奥瑞纳文化和这几种过渡期文化模式有关。

■ Uluzzian	■ Szeletian/Jerzmanovician
■ Châtelperronian	■ Aurignacian

0   500 km

均温常年在零下 37℃，而 3 万年前比现在还要寒冷很多。

欧亚大陆西部有大量关于智人定居的考古学记录。

比起世界其他地区，欧亚大陆西部的考古学记录更加丰富且详细，我们能获得更多有关这个地区智人扩张的信息。在本章的剩余部分我们将根据这些丰富的记录给出更多有关早期智人生活方式的图片以及细节。

欧亚大陆西部的最早一批智人在不同区域创造了数量可观且形式各异的工具。考古学家将这些工具模式统称为**旧石器时代**（Upper Paleolithic），用于区分尼安德特人和其他早期古人类所创造的工具模式。最早的旧石器时代工具出现在 4.5 万年前的近东地区，根据考古学记录在大约 1 万年前消失匿迹。考古学家把这段时期称为旧石器时代，相对应地把当时制作工具的人类称为旧石器时代人类。

旧石器时代晚期的工艺随时间和空间变化而变化。

出现在欧洲旧石器时代晚期的第一个工艺是奥瑞纳文化（Aurignacian），在 4.1 万年前的欧洲广泛传播（图 13.23）。它的特征是一些特定类型的大刀片雕刻器和骨器。在很多地区，解剖学意义上的现代人类和尼安德特人仅同时存在 1000 年的时间，而这一重合的时间说明，现代人类运用奥瑞纳工具但很快被尼安德特工具所取代。然而，在法国南部，在莫斯特文化和奥瑞纳文化中间的过渡期还有第三种文化模式——**查特佩戎文化**（Châtelperronian）。很多人类学家认为，查特佩戎文化是尼安德特人借用智人的想法和技术的产物。来自剑桥大学的一位考古学家保罗·梅拉斯（Paul Mellars），用三种证据来说明此观点。首先，查特佩戎工具与在法国圣赛瑟尔（Saint-Céssire）和屈尔河畔阿尔西发现的尼安德特人的化石

图 13.24

梭鲁特文化工具所特有的长、薄且精致的矛。

有联系；其次，考古学的数据证明查特佩戎和奥瑞纳文化在法国南部并存了长达数百年的时间；最后，发掘出了其他过渡期的工具。正如图13.23所示，每件过渡期的工具都有具体的位置：法国南部的查特佩戎文化、意大利北部的乌鲁前文化（Uluzzian）以及欧洲中部的泽勒文化（Szeletian）。梅拉斯指出，过渡期的这几个文化彼此不同，并且广布的奥瑞纳文化并不是都源于那几个不同且地区化的过渡期文化。

大约3万年前，法国南部的奥瑞纳文化被格拉维特文化（Gravettian）所取代。在格拉维特文化中，小型的、具有平行刃的工具占主导，并且骨锥（bone awls）取代了骨矛（bone points）。然后到了2.1万年前的时候，呈叶状且更美观的梭鲁特工艺（Solutrean）在这个地方发展（图13.24）。而1.6万年前，马格达林工艺（Magdalenian）取代了梭鲁特工艺，经过雕刻和装饰的骨质和鹿角工具以及和许多细石器的搭配成为当时的主流。欧洲其他地区也有各自不同的一系列工具复合体。因此在奥瑞纳工艺后，每个地区都有了自己独特的工艺文化。在大约2.5万年前、旧石器时代晚期的欧洲，出现了几十种可以归为模式4的工具制作工艺。这种情形和之前广布且持续近百万年未变化的阿舍利文化有着惊人的不同。

旧石器时代晚期的人们会制作带刃的工具，这提高了对石头的利用率。

我们之前提到，石刀是一种像现代刀具的石制工具，它们长、薄且平，还有锋利的边缘。石刀比剥片有更长的刀刃，因此刀片技术在切割生肉时会比老式的工具更加高效。然而，尽管刀片提高了对原材料的利用率，但它们需要投入更多的时间去制作，需要更多的准备和功夫。

旧石器时代的工具数量众多，各自有着鲜明特色并且更加标准化。

旧石器时代晚期的人类比起早期人类制作的工具更为多样。凿子、多种多样的刮器、不同的尖状器、刀形器、雕刻器（用于雕刻的尖状器）、钻孔器以及用于投掷的棍子等等，都只是旧石器时代晚期工具的一部分。

更让人惊奇的是不同的工具有其独特且模式化的形状（图13.25）。旧石器时代晚期的工匠似乎收藏着一捆用来打造不同工具的设计图纸。例如，当工匠需要一个新的10厘米的雕刻刀，他会查阅之前的计划并制作出与其他10厘米雕刻刀一模一样的工具。当然，这些工匠不会像现代工程师那样做，但他们会将这些东西留在脑海中。旧石器时代晚期工具的最后定型不是根据原材料的形状，工匠们似乎对于所要做出的工具形状心里有数，然后将原材料石头仔细打磨并改造成其所需要的。这样的手艺最终在2.1万到1.65万年前的法国南部的梭鲁特文化工艺时期达到顶峰。梭鲁特的工匠制作出了像月桂树叶子的精良石刀，大约有28厘米长，1厘米厚，并且极其对称。

旧石器时代晚期的人们用骨头、鹿角和牙齿制作工具。早期古人类在使用骨头方面有局限性，但是旧石器时代晚期的人类将骨头、象牙和鹿角装上倒钩制作成尖矛、钻、用于缝纫的针和珠链。

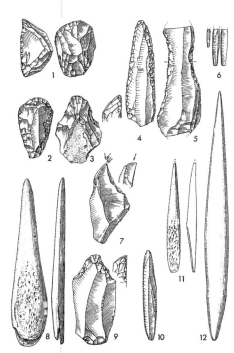

图13.25

奥瑞纳文化是旧石器时代晚期欧洲最早的工具制作工艺，包括多种标准化的工具：1、2、3、9为刮削器；4、5为带刃且修整过的石刀；6、10为小石刀；7是雕刻刀；8、11、12为骨矛。

石块和其他制作工具的原材料常被从出产地运输到几百千米外的地方。

在保加利亚有着4.6万年历史的巴乔基罗（Bacho Kiro）奥瑞纳文化遗址，有超过一半的用于制作石片的燧石来自120千米之外的地方。发掘于波兰的独特精良的燧石来自考古遗址400千米外的地方。用来作装饰物的贝壳、象牙、皂石和鹿角都经历过远距离的运输。相比而言，在法国的莫斯特文化遗址所用的大部分石头运输距离少于5千米。

智人的食性比尼安德特人更广泛，但是两个群体的基本生计方式却极为相似。

旧石器时代晚期和末次冰期的最盛时期有所重叠。欧洲有着丰富考古遗址的地区在当时大多为寒冷干燥的草原，分布着多种大型食草动物，包括驯鹿、马、猛犸象、野牛以及披毛犀，另外还有多种捕食者，例如洞熊和狼。

在旧石器时代晚期遗址发现的骨头喻示着当时人类主要取食大型食草动物。除捕猎食草动物外，他们还捕猎鱼类和鸟类。但在某些地方，他们主要捕猎单一物种，例如，在法国是驯鹿，在西班牙则是马鹿（图13.26），在俄罗斯南部是野牛，在远东和更北的地方则是猛犸象。而在另外一些地方，像法国的南部海岸，当地丰富的鲑鱼可能是人类的重要食物来源。还有一些地方的人类会根据当地资源收获多种多样的动物。

智人可能食用了多种植物性食物，但是少有遗址出现过植物遗迹。

所有的现代狩猎采集民族既捕猎动物也依靠植物性食物。早期古人类很可能也采集植物性食物，但是这些植物的遗存没有保留下来。一些遗址独特的保存条件使得我们可以看到一部分旧石器时代晚期人类的基本经济生活状况。以色列海法大学（University of Haifa）的达尼·纳达尔（Dani Nadel）和他的同事们在加利利海（淡水湖）的岸边挖掘出一个可追溯到1.9万年前的遗址，名叫奥哈罗 II（Ohalo II），其中有来自142种不同植物类群的9万个植物样本，包括野生大麦、小麦、橡子、阿月浑子的果实（开心果）、橄榄、树莓、无花果和葡萄等。另外，在一块磨石上还发现了野生大麦的淀粉粒，表明这种野生的谷物曾被用来制作食物。

旧石器时代晚期的人类修建的住所以及制作的衣服比尼安德特人的更为复杂。

欧洲中部和西部以及俄罗斯和乌克兰等地如今仍

图 13.26

如图所示，在西班牙北部的阿尔塔米拉洞穴出土的大量动物遗骸中，马鹿占主要地位，这是一个可追溯到1.5万到1.3万年前的马格达林文化遗址。

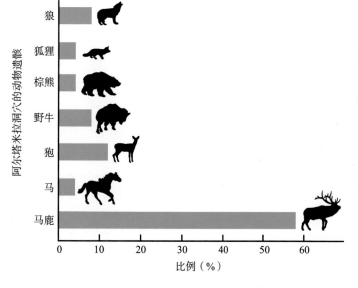

阿尔塔米拉洞穴的动物遗骸

比例（%）

存有当时小村庄的遗迹。旧石器时代晚期的人类居住在寒冷、树木稀少的平原上，猛犸是主要狩猎对象，除了作为食物来源之外，猛犸的骨头和皮毛还可以用来搭建居所和保暖。在捷克共和国的普瑞莫斯提（Predmosti），发现了大约10万头猛犸的遗存。人类用猛犸的骨头交叉搭建小屋，然后将它的毛皮覆盖其上。科研人员在这个遗址中还发现了大量骨灰，这说明这些猛犸的骨头在当时也被用作燃料。在莫斯科东南470千米的一个遗址中有更大的庇护所，每个庇护所有一个大约1米深的坑，用猛犸的骨头搭起了支架并覆盖着兽皮。其中的一些小屋中有灶台，可以看出很多家庭曾在这里共同居住（图13.27）。

居住在温暖地区的现代狩猎采集民族常常建造较为简单的茅草屋，用大树枝来支撑屋顶，用小嫩枝和草来敷墙，草还被搜集起来铺在地上或是用来垫床。在奥哈罗II遗址中，纳达尔和他的同事发现多个5米×13米大的形似肾脏的洼地，洼地中

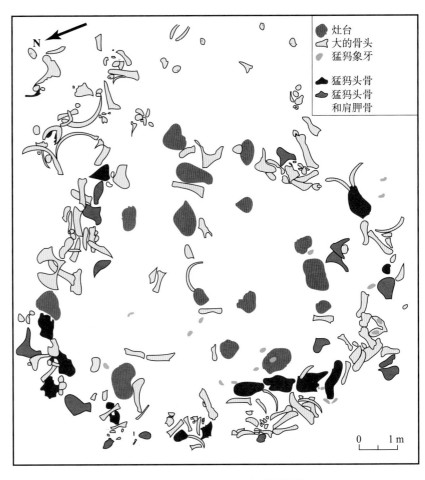

图例：
- 灶台
- 大的骨头
- 猛犸象牙
- 猛犸头骨
- 猛犸头骨和肩胛骨

0   1 m

图13.27

在东欧平原上，早期人类要应对严酷的气候条件。他们使用猛犸的骨头来建造房屋。在摩尔多瓦的一个旧石器时代晚期遗址中发现了猛犸的骨头和牙齿的遗存。多样化的灶台说明这个遗址曾被多个家庭使用。

有很多树枝遗存，其中大的树枝可能用于支撑房屋，而小的嫩枝和茎则可能用在房顶。在其中一块洼地里，考古学家发现，松散编织的草根环绕在一大块灰烬周围，似乎是人们围在一起生火吃饭或是晚上睡觉时所用的坐垫。如果这个推断正确的话，那么这个遗址就代表了建造茅草屋的最早证据。

很多证据显示，在冰期的欧洲，那时旧石器时代晚期的人类已经学会手工制作皮毛。现代狩猎采集部落在剥离毛皮动物的皮时，通常会连皮带脚一同剥下，然后把剩下的残骸丢弃。在俄罗斯和乌克兰的多处旧石器时代晚期的遗址中，有数量众多的狐狸和狼的完整骨架，但唯独少了脚，这说明早期智人用豪华的皮毛外套来抵御严寒。骨锥和骨针频繁出现在旧石器时代晚期的遗址中，因此缝纫也可能是日常活动。在俄罗斯的某个埋葬地点中，有三个个体在被埋葬时可能头戴帽子、身着衣服裤子、脚穿带有珠子装饰的鞋。

旧石器时代晚期的智人比尼安德特人能更好地适应环境。

欧洲丰富的化石和考古学记录为比较尼安德特人和旧石器时代晚期人类提供了详细资料。以下三个方面证明了旧石器时代晚期的人类比尼安德特人能更好地适应环境：

1.欧洲旧石器时代晚期人类的人口密度比尼安德特人更高。考古学家通过比较每时间单位中出现的考古遗址密度推算出已消失的人类曾经的相对人口密度。

图 13.28

右图为一个旧石器时代晚期的小孩坟墓中出土的各种丧葬陪葬品。

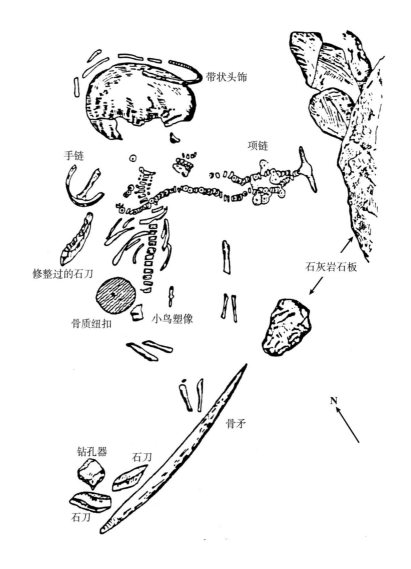

因此，如果说一个群体在某个特定的山谷中居住超过 1 万年并留下 10 个遗址，然后第二个群体也在相同的山谷居住了 1000 年但留下 5 个遗址，那么考古学家就能推断出第二个群体的人口是第一个群体的 5 倍（用这个方法的重要前提是这个遗址被占用了将近相同的时间）。根据这个标准，欧洲旧石器时代晚期的人类比尼安德特人有更高的人口密度。

2. 旧石器时代晚期的人类寿命更长。来自中密歇根大学和加利福尼亚大学河滨分校的人类学家蕾切尔·卡斯帕里（Rachel Caspari）和李尚熙（Sang-Hee Lee）认为，旧石器时代晚期的人类比尼安德特人活得更长。在 113 个尼安德特人的样本中，有 1/3 的样本的年龄能达到初产年龄的两倍，这大约是相当于现代狩猎采集部落的 30 岁。相比之下，在 74 个旧石器时代晚期化石样本中，有 2/3 就已经达到了那个年龄。事实上，旧石器时代晚期的人口中有很大一部分是年龄较大者，而尼安德特人则是年轻人占了绝大多数，这就可能表明旧石器时代晚期的人类比尼安德特人更有可能习得更为复杂的文化知识并将其传承下去。

3. 旧石器时代晚期的人类有更强的抵御疾病和伤害的能力。与尼安德特人的明显不同，旧石器时代晚期人类的骨骼显示他们很少有受伤和疾病的痕迹。在仅有的能够显示出明显受伤痕迹的一些化石记录中，有一个小孩与嵌在他的脊椎里的石制抛掷物埋在一起，一个年轻男性的腹部也有石制抛掷物穿刺，并且在其右侧前臂有骨折痊愈的痕迹。对于旧石器时代晚期的人类来说，疾病证据比受过伤的证据更为普遍，包括一个可能死于牙脓肿的年轻女性以及一个由于脑积水使得头骨变形的小孩（脑积水是一种颅腔内有液体积压导致脑萎缩的病症）。但是，与尼安德特人相比，这些旧石器时代晚期人类得病的证据还是要少一些。

有证据充分证明在旧石器时代已有丧葬仪式。

和尼安德特人相似，旧石器时代晚期的人类也会将死人埋葬。旧石器时代晚期的遗址为合葬以及洞穴外埋葬提供了充分的证据。不同于尼安德特人，旧石器时代晚期的丧葬常常伴有仪式。当他们在进行埋葬工作时通常把工具、装饰物和其他物品一同放入墓穴，说明他们有生死循环的概念。图13.28表示，位于玛尔塔的西伯利亚遗址有个能追溯到1.5万年前的墓，墓的主人是一个小男孩，跟他一起陪葬的有多种物品，包括一串项链、一个带状头饰、一个小鸟塑像、一只骨矛以及大量的石器。

旧石器时代晚期的人类是能工巧匠，能雕刻出动物和人类的塑像，并创造出更为成熟的岩画。

艺术是最能将旧石器时代晚期的人类与先前的古人类相区分的特征。他们在骨器、角器以及武器上雕刻出一些装饰性的图案，并且会制作一些动物和女性形

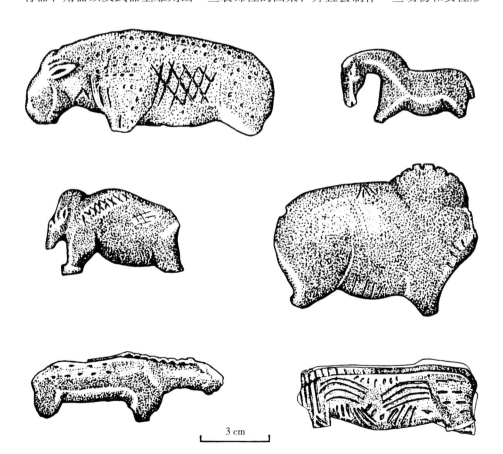

3 cm

图13.29

奥瑞纳文化时期用猛犸象牙雕刻出来的小型动物雕塑。

图 13.30

这张图是来自法国的肖韦岩洞，创作于大约3万年前。在图的左上方有几只狮子，右侧有很多犀牛，在最顶端，几条线将犀牛灵动地勾勒出来。

图 13.31

此图为象牙制成的人身狮头雕像，它来自位于德国南部的奥瑞纳文化遗址，距今3.2万年。

象的雕塑（图13.29），由于这些雕塑极力强调出女性的性征，因此女性雕塑被认为是繁衍的象征。旧石器时代晚期的人类喜欢用珠子、项链、坠饰以及手链来做装饰，甚至还会用珠子来给衣服做装饰。

尽管所有的这些手工艺品都十分引人注目，但现在看来其岩画却是最令人叹为观止。旧石器时代晚期的人类会在岩壁上绘制、雕刻很多动物和人类的形象，他们用自然的红土和黄土，以及氧化铁和锰制作出多样的颜料，并使用手指、马毛、棍子将其画在岩壁上。画在岩壁上的动物往往是他们曾经捕猎过的，例如鹿、猛犸、马和野牛。其中有一些图像为半人半兽，有时创作者会将洞穴的轮廓也加入到其作品中，有时也会在某些动物上套画另一组动物。岩画不乏一些佳作，视角新颖准确，对生物的刻画也是栩栩如生，营造的氛围亦恰到好处。我们无法知道他们为何要创作岩画或是在何种情况下创作的，但是这些岩画的确代表了在古人类之后那段时间卓越的文化成就。

最近的科技使得科学家可以确定岩画中颜料的历史。许多著名的岩洞，例如拉科斯岩洞（Lascaux Cave），可以追溯到旧石器时代晚期的末期，距今大约1.7万年，但有着出色岩画的法国肖韦岩洞（Le Chauvet Cave）则有3.6万年的历史（图13.30）。大部分这些著名的岩画历史都不超过2万年，然而这里具有代表性的雕塑可以追溯到奥瑞纳文化早期，例如，图13.31是一个用象牙做成的狮头人体的雕塑，发现于德国，距今已有3.2万年。同时，也有大量证据证明在法国的奥瑞纳文化遗址中有手工制作的珠子、吊坠和其他身体装饰物，其中那些珠子是从几百千米外运输过来的。考古学家在法国西南部的一个奥瑞纳文化遗址发现了保存完好类似长笛的乐器，它有10厘米长，四个孔在一边，另一边则有两个孔。当这个乐器被专业长笛演奏者演奏时，它的确产生了音乐声。

关键术语

线粒体

线粒体DNA

最近共同祖先

基因树

微卫星位点

中石器时代

石刀

模式4

压制刮削技术

细石器

模式5

旧石器时代晚期

查特佩戎文化

学与思

1.哪些解剖学特征将智人和其他的古人类区分开来？

2.解释为什么可以基于线粒体DNA和Y染色体制作基因树，而不是其他的染色体。为什么可以基于一些位于其他染色体上的单个基因建立基因树？

3.解释为何基于线粒体DNA和Y染色体构建的基因树都支持智人起源于非洲且随后才散布到全球各地的假说。

4.假设你可以选择三个可以从中提取DNA的化石，而且你的目的是去验证人类起源于非洲的假说。你将会选择哪三个化石？为什么？

5.尼安德特人和丹尼索瓦人的基因序列能够提供哪些我们不能从化石或现代人类的基因组中得出的重要信息？

6.基因变异的全球模式是如何支持人类从非洲扩散到欧亚大陆和澳大利亚这一说法的？

7.哪些考古学证据告诉了我们10万到3万年前的人类行为模式？哪些事实已被广泛接受？哪些依然存在争议？

8.旧石器时代晚期的人类所使用的工具和更早的古人类所使用的工具有哪些不同？

9.有哪些证据表明旧石器时代晚期的人类能够更好地适应他们的生活环境？

延伸阅读

Bahn, P. G. 1998. "Neanderthals emancipated." *Nature* 394: 719-721.

Carrol, S. B. 2003. "Genetics and the Making of Homo sapiens." *Nature* 422: 849-857.

Garrigan, D., and M. F. Hammer. 2006. "Reconstructing Human Origins in the Genomic Era." *Nature Reviews Genetics* 7: 669-680.

Jobling, M. A., M. E. Hurles, and C. Tyler-Smith. 2004. *Human Evolutionary Genetics*. New York: Garland.

Klein, R. G. 2008. *The Human Career*. 3rd ed. Chicago: University of Chicago Press.

McBrearty, S., and A. Brooks. 2000. "The Revolution That Wasn't: A New Interpretation of the Origins of Modern Human Behavior." *Journal of Human Evolution* 39: 453-563.

O'Bleness, M., V. B. Searles, A. Varki, P. Gagneux, and J. M. Sikelal. 2013. "Evolution of Genetic and Genomic Features Unique to the Human Lineage." *Nature Reviews Genetics* 13: 853-866.

演化与智人

14

第十四章 人类遗传学

本章目标

本章结束后你应该能够掌握

- 描述人类与其他类人猿的遗传差异。

- 解释单基因决定的性状变异与多基因决定的性状变异之间的差别。

- 描述突变和自然选择如何维持单基因点位在同一人群中不同个体间的差异。

- 解释遗传漂变和自然选择如何在单个基因影响的性状中造成群体间的变异。

- 描述如何测量复杂表型的遗传变异。

- 理解为什么种群内存在遗传变异的复杂性状不能代表种群间也存在同样的遗传变异。

- 评价与生物学分类不同的民族学人种概念的争议。

解释遗传变异

人类的不同个体间存在数不尽的差异。任意一个人群内都存在身高、体重、发色、眼睛颜色、食物偏好、爱好、音乐品味、技能、兴趣等方面的差异。有人个子高，可以扣篮，而另外有些人穿裤子还要卷裤腿；有些人有蓝眼睛、太阳晒过很容易长雀斑，另外有些人是黑眼睛、有漂亮的棕褐色皮肤；有的人音准感极好，而有的人五音不全。一个人的朋友圈里面可能既有酒鬼也有滴酒不沾的人，既有大厨也有连爆米花都不会炸的人，既有熟练的园丁也有连天竺葵都养活不了的人，既有喜欢古典音乐的人也有喜欢重金属音乐的人。

环顾所处的世界，我们会发现更多的差异。有些差异一眼就可以看出。不同社会中，语言、时尚、风俗、宗教、技术、建筑以及行为等均有差异。世界不同地方的人的外表也不同。例如，大部分北欧人拥有金发和白皙皮肤，而南亚人则有黑发和褐色皮肤。正如第十二章所述，北极地区的人总体上比东非草原上的人个子矮，体型更粗壮。此外，有些群体差异并没那么容易被发觉。例如，人的血型不尽相同，许多遗传病出现的概率也不同。例如患有台-萨氏综合征的人寿命一般不会超过4岁，患该症的纽约人中，德系犹太人的患病率几乎是其他人的10倍。

在自然世界中，我们很容易发现人类与其他灵长类的区别。人类身体无毛，直立行走，进行社会性生活，会烹饪，会使用复杂性工具且遍布全球。而其他灵长类则没有这些特征。

本章将讨论遗传差异如何导致人类内部及人类与其他灵长类的表型差异。我们首先讨论的是人类与其他灵长类之间的遗传差异。过去十年对类人猿的基因组开展的测序工作已经揭示了这一差异的大部分，并且我们也开始明白类人猿与人类如何在遗传上有差异。接下来，我们将探讨群体内以及群体间的人们在遗传上如何不同，并去了解产生及维持这种差异的过程。对此，我们从单基因变异讲起，再讲述多基因变异。正如我们在下文将看到的，判断单基因变异和多基因变异的方法大相径庭。对于这这两种情况，我们都将讨论其在种群内和种群间的产生过程。最后，通过对人类遗传多样性的理解，探究种族这一在现代社会中起着重要作用（即使常常是消极的）的概念的意义。我们认为，通过清楚理解人类遗传差异的本质以及原因，可以证明种族不是一个有效的科学概念。

人类与其他类人猿的差异

基因组测序工作为研究人类与其他灵长类的遗传差异提供了新的信息。过去，我们只能从化石记录中追溯人类演化的历史，根据形态差异将人类与其他物种区别开来。今天，分子遗传学为人类演化历史提供了更多的信息。在这一部分，我们将总结一下我们人类与我们的近亲类人猿（黑猩猩、倭黑猩猩和大猩猩）的遗传差异。

许多年来，我们对基因组的了解是间接的：我们能够研究特定基因的蛋白质产物，我们能够使用专门的分子技术来识别被称为遗传标记的特定DNA片段。但直到近来，对基因组的大规模测序才成为可能。2002年，科学家高调宣布完成了人类全基因组测序。到了2013年，基因测序的价格已经降到了以前的十万分之一，已经完成了数千个个体的全基因组测序，但测序准确程度并不完全相同。目前正在进行的一个项目是测量来自全球25个人群的2500个个体的准确基因组序列。与此同时，遗传学家已经测量了其他许多生物的DNA序列，其中包括酵母菌、果蝇、小鼠、猫、狗和猕猴。科学家对人类的近亲比如黑猩猩、倭黑猩猩和大猩猩的基因组序列非常感兴趣。从2006年开始，科学家将这些堪称"无价之宝"的数据陆续发表出来，借此我们可以一窥人类演化过程。

人类和黑猩猩的基因组非常相似。

通过校正人类、黑猩猩、倭黑猩猩和大猩猩的基因组，逐一对比核苷酸序列，遗传学家可以计算人类与其他几个近亲的遗传差异程度。人类和黑猩猩之间有1.3%的差异。这意味着人类和黑猩猩之间有1.3%的核苷酸是不同的。人类与倭黑猩猩、大猩猩之间的基因差异分别是1.3%和1.75%。看起来差异很微小，但是事实是人类基因组有30亿个碱基对。1%的差异代表有3000万个核苷酸不同。同时在人类或者黑猩猩中，大约有500万个DNA位点有核苷酸插入或缺失。一般来说插入或缺失都只是一小段核苷酸序列，通常是重复序列或者**转座子**（transposable elements），即从一个位置插入到另外一个位置的DNA序列。核苷酸插入或缺失造成人类和其他类人猿之间另外3%的差异。

人类和黑猩猩的大多数蛋白质编码基因都不相同。

许多人对人类和黑猩猩之间的微小遗传差异感到疑惑。这种微小的遗传差异怎能产生巨大的表型差异？DNA差异的百分比与基因差异的百分比是不同的，核苷酸序列的微小差异也能导致巨大的表型差异。以两种极端的可能性为例。如果DNA差异均匀分布在整个基因组中，那么即使只有1%的差异也能导致两个物种间所有的基因不同。另一方面，如果DNA差异全部聚集在基因组的某一部分，那么这两个物种间只有少量基因不同。很显然，弄清黑猩猩和人类之间的DNA差异模式及整体差异量是非常重要的。

这就是对人类和其他类人猿开展的全基因组测序工作给我们带来的好处所在。我们可以通过启动子和终止子来辨认蛋白质编码基因。通过这种方法，遗传学家检测出人类和黑猩猩存在13,454种同源蛋白质编码基因，其中只有29%是完全一样的氨基酸序列。在其他有差异的基因中，平均有两个替换碱基。因此，尽管黑猩猩和人类的DNA序列的差异很小，但是基因编码的蛋白质产物有71%存在不同。

有证据表明，自从人类和黑猩猩/倭黑猩猩分化之后，只有一小部分蛋白质编码基因受到了自然选择作用的选择。

人类和黑猩猩之间的许多表型和行为差异似乎是自然选择的结果。但是，突变和遗传漂变同样能够导致两者DNA序列差异。人类和黑猩猩之间的蛋白编码差异是来源于自然选择还是非适应性过程——比如突变和遗传漂变？遗传学家用DNA编码存在冗余序列这一事实解释了这个疑问（见第二章）。在冗余序列中，一些核苷酸位点的替换不会改变蛋白质氨基酸序列，也被称为**同义替换**（synonymous substitutions）。相比之下，**非同义替换**（nonsynonymous substitutions）会产生不一样的氨基酸序列。定向选择会产生特定表型的蛋白质。

因此，易于被自然选择保留的结构基因中同义替换的比例应该比非同义替换更高，而类似遗传漂变的非适应性过程对同义替换和非同义替换的影响程度则会比较接近。

一旦一个**正选择**（positively selected）基因被鉴定出来以后，我们便会确认该基因被选择的时间。遗传学家将人类和黑猩猩的基因序列与其他演化距离较远的物种进行比较，这些物种叫作外群。有些研究小组用小鼠作为外群，另外有些则用猕猴。如果外群与黑猩猩的某个基因相同但与人类的相应基因相异时，这表明外群和黑猩猩均有这个祖先DNA序列，人类的则是衍生序列。同理，外群的序列与人类的序列相同而与黑猩猩的相应序列不同时，则可以假定黑猩猩的该段DNA序列是衍生的。

许多科学家运用这种方法来鉴定黑猩猩和人类之间的差异，并鉴定出两者不同的蛋白质编码基因有哪些是被正选择保留的。虽然不同研究结果在细节上有所差异，但许多研究仍得出同一个结论：正选择基因占的比例很小。例如，基因组测序小组的科学家估计黑猩猩的基因组只有4.4%的基因有正选择的迹象。近期另外一个团队的研究结果估测是2.7%。这些数字代表的是正选择程度的上限，因为实际情况中有许多突发状况。因此，虽然大部分编码序列是不同的，但只有少部分不同序列起着实际作用。如果考虑黑猩猩和人类之间的表型差异程度，以上结论更是令人不可思议。

为什么基因和表型的差异变化不一致？一种可能是比较同义替换和非同义替换的方法低估了自然选择的影响。这种方法是假定一个蛋白质编码基因演化程度与导致物种差异的非同义DNA碱基数量成正比。但是，有的时候DNA序列中一两个碱基对的变化就能引起巨大的表型变化。例如，本章节的后面会讲到人类和黑猩猩两个物种FOXP2基因存在差异，虽然只存在两个不同的替代碱基，但是人类的FOXP2基因对语言功能有重要作用。通过计算同义和非同义变异碱基的数目常常无法检测到如此小的序列变化（FOXP2基因没有被定为正选择基因）。

第二，许多有巨大差异的表型往往涉及许多基因位点。在本章后面我们可以看到有上百个基因位点影响人类的身高，每个基因位点的影响都很微小，许多基因位点的微小差异最终导致了不同人群之间的身高差别。这意味着自然选择对特定基因位点的作用通常非常小，而且基因组结构几乎没有改变。人类和黑猩猩之间其他重要的差异也很有可能是多个基因位点演化的结果。

最后一种可能是多数演化变异与蛋白质编码基因变异无关，而与调控基因变异有关。基因表达的研究表明基因调控对形成人类和其他类人猿之间的差异有重要作用。遗憾的是，仅有DNA序列，我们无法识别调控基因，遗传学家无法用研究结构基因的方法研究调控基因。前额叶是大脑中负责推理和决定的部位，中国科学院—马普学会计算生物学伙伴研究所的科学家研究了在灵长类前额叶中同时表达的184个基因。如图14.1显示，这些基因在黑猩猩和猕猴中的表达年龄早于人类。这种成熟期延后的现象叫作**幼态延续**（neoteny），体现在人类发育的各个方面。在某种意义上，人类可以说是一种在成人阶段仍然保持青少年特征的猿类。就大脑而言，人类的神经可塑性持续时间更长，从而

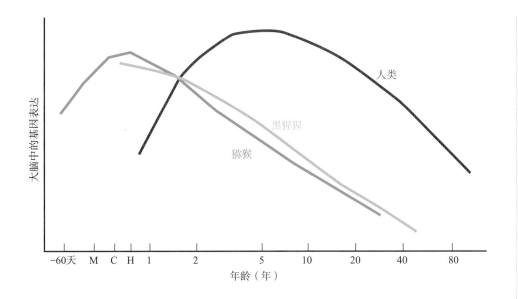

图 14.1

184个基因在不同年龄阶段的猕猴、黑猩猩和人类的前额叶中的表达水平。几乎不在成年猕猴和黑猩猩前额叶表达的基因在成人中有所表达。M、C和H分别是猕猴、黑猩猩和人类出生的时间。−60天＝受孕日期。

有更强的行为可塑性。这种多基因表达的协调转换应当是级联调控转换的结果（见第二章）。

非编码序列显示出人类和黑猩猩分化之后的正向自然选择。

旧金山加利福尼亚大学的凯瑟琳·波拉德（Katherine Pollard）的研究小组采用了不同的方法去鉴定在人类和黑猩猩分化之后经历明显正向自然选择的区域。该研究小组将小鼠、大鼠和黑猩猩的基因组中片段大小大于100个碱基对且相似度大于96%的DNA序列筛选了出来。小鼠和大鼠这两种啮齿类物种在7000万年前和黑猩猩分开并走上了不同的演化道路。波拉德和她的同事推测上述DNA序列很容易被负向选择，这种负向选择倾向于保留能够经历7000万年的基因突变而保持稳定的基因。目前已发现了35,000个负向选择序列。对于任意一个这些序列，科学家将人类中的改变率和其他12种脊椎动物的改变率进行了对比（不包括黑猩猩、大鼠和小鼠）。其中有202个片段，人类的改变率远远大于其他脊椎动物。研究人员根据改变率将这些片段进行排序并根据排列给予编号。HAR1和HAR202分别是其中变化最快和变化最慢的片段。HAR代表加速演化区（highly accelerated region）。几乎所有的HAR片段都是在非编码区。尽管这些区域不编码蛋白结构，且很多时候我们也不清楚它们的作用到底是什么，但是我们可以确信的是它们在人类演化的历程中快速演化。表明变异压力来自于自然选择而不是遗传漂变。

变异最快的DNA片段HAR1是一个很好的例子。HAR1位于20号染色体，包含118个碱基对。在其他脊椎动物中，HAR1是非常保守的序列，例如鸡和黑猩猩之间只有两个碱基不同。如果这也是人类的变异速率，人类和黑猩猩的HAR1序列出现一个碱基差异的可能性只有25%。但是实际情况是存在18个碱基不同，几乎是演化速率的80倍。HAR1编码的是能够自行组装成稳定结构的一个lncRNA分子。这种RNA常常与蛋白质一起调控基因表达，HAR1也起着类似的功能。波拉德和其同事的研究表明HAR1只在大脑中表达，而且大多集中在发育阶段。HAR1与络丝蛋白相关联，而络丝蛋白又和人类大脑特有的褶皱发育有关。因此，在人类演化过程中，HAR1片段的快速变异可能与人类大脑的快速演化有关。

人类变异的尺度

科学家认为造成人类变异有两种原因：遗传因素和环境因素。

科学家按常规将导致人类变异的原因分成两类。其中一类是遗传变异，是指从双亲遗传的基因造成的个体差异。另外一类是环境变异，是指环境因素（例如气候、栖息地以及竞争物种）对生物表型产生影响造成的差异。对于人类来说，文化也是一种重要的环境因素。

以体重差异为例。很多环境因素影响体重。例如食物资源对体重有明显且直接的影响。20世纪80年代的萨拉热窝曾是个富有的国际大都市，那时候的人们应该比20世纪90年代中期波黑战争时期的人更胖。其他环境影响则更加微妙而不易观察。例如，文化也能影响体重，因为文化影响人们的膳食观念及塑造形体美的标准。在美国，许多年轻女性采用严格控制饮食和锻炼的养生法来维持苗条的身材，因为她们认为瘦才是理想的身材。但是在西非的许多地方，年轻女性为了增肥，会采用一天吃多顿、顿顿暴食的方法增肥。在这里，肥胖女性被认为是最漂亮的，非常受欢迎。体重似乎与遗传也有很大关系。近期研究表明，人们保持同样的饮食和锻炼，某些基因型的人会倾向于比其他人更胖。

遗传和环境这两个导致变异的因素也存在复杂的关联。例如，假设有两个人，他们所携带的影响体重的基因非常不同，其中一个人胃口很小，另一个人则可以一直大吃大喝。他们如果每天都只喝一碗粥，很可能都很瘦。但食物如果不受限地供应，那个喜好大吃大喝的人会长胖。

很难判断遗传因素还是环境因素对个体某个表型的影响更大。

在实际情况中，很难区分造成人类变异的是遗传因素还是环境因素。问题在于，遗传和共处的环境导致亲代和子代外表相似。例如，假设我们测量生活在不同环境中的多个家庭的亲代和子代的体重。亲代和子代的体重有可能密切关联。但是还不清楚这种联系来源于环境还是基因。成年后，小孩的体型与父母当年的体型很像，可能因为小孩遗传了影响脂肪代谢的基因，也可能因为他们习得了与父母类似的饮食习惯和偏好。

不同的人群产生并维持遗传变异和环境变异的过程存在差异。了解人类差异的来源有助于理解人为什么是这样。遗传差异受到物种演化过程的调控：突变、漂变、重组和自然选择。生物学家和人类学家很清楚，这些不同的过程是如

图 14.2

贝基·哈蒙的身高（1.7米）和玛尔戈·戴迪克的身高（2.2米）的差异说明美国女子篮球联盟球员之间的身高存在差异。

何形成生物世界，以及如何用这些演化过程来解释当代人类在特定情况下的遗传差异。

区分群体/种群内差异和群体/种群间差异很重要。

群体/种群内差异（variation within groups）指的是给定人群内个体间的差异。例如，在美国女子篮球联盟（WNBA）中，既有身高只有1.7米的贝基·哈蒙（Becky Hammon），也有身高2.2米的玛尔戈·戴迪克（Margo Dydek）（图14.2）。群体/种群间差异（variation among groups）是指整个人类群体间的差异。例如，如图14.3所示，奥林匹克排球运动员［比如身高2.0米的叶卡捷琳娜·加莫娃（Ekatarina Gamova）］的平均身高远远高于奥林匹克体操运动员［比如身高1.5米的加布丽尔·道格拉斯（Gabrielle Douglas）］的平均身高。区分以上两种差异很重要，正如我们将看到的，造成种群内差异的原因和造成种群间差异的原因是不同的。

单基因诱导的性状变异

科学家们通过建立DNA片段与特征之间的联系，发现有些性状是遗传性的。

虽然很难确定造成人类性状变异的原因，但我们可以确定有些性状变异就是源自个体间的遗传差异。例如在第二章提到的，西非有很多人患有镰刀状红细胞贫血症，这种疾病导致体内的红细胞是镰刀状而不是正常的圆形。据目前所知，该病患者编码某一血红蛋白变体的基因是纯合子，从而使血红蛋白发生改变，而血液中正常血红蛋白有转运氧气分子的功能。血红蛋白分别由 α 和 β 两个不同的蛋白亚基组成。血红蛋白 A 基因是最常见的血红蛋白等位基因，该基因编码的蛋白的 β 链的第六个氨基酸是谷氨酸。另外一个血红蛋白基因是血红蛋白 S 基因，该基因编码的蛋白 β 链上的第六个氨基酸是缬氨酸。镰刀状红细胞贫血症患者都是血红蛋白 S 基因纯合子。

图14.3

叶卡捷琳娜·加莫娃的身高（2.0米）与加布丽尔·道格拉斯的身高（1.5米）的差异说明奥林匹克排球运动员与奥林匹克体操运动员的身高存在差异。

如果遗传模式符合孟德尔定律，我们可以证明某些性状是单基因控制的。

当性状是由单基因影响时，我们有时可以区分变异是遗传变异还是环境变异。在这种情况下，孟德尔定律能够准确预测遗传模式（见第二章）。假设科学家怀疑该种性状由单基因控制，我们可以统计该家族的相应性状的出现率来验证设想。如果其遗传模式遵守孟德尔定律，我们就可以确信该种性状由单基因控制。

对一种叫作**特殊语言障碍**（specific language impairment, SLI）的语言紊乱症

的遗传研究说明了该方法的优缺点。有特殊语言障碍的小孩子说话有困难，这些人中，有的成年以后词汇量还是很少，并且说话常常有语法错误。特殊语言障碍是家族遗传的，但这种疾病的遗传基础大部分时候是不清楚的。

有一个家族的特殊语言障碍的遗传模式表明，至少在某些情况下，特殊语言障碍是由单基因显性基因控制。英国牛津的威康信托基金会（Wellcome Trust Centre）人类遗传学项目组的研究人员曾经研究了一个家族中三代人的特殊语言障碍（简称KE家族，图14.4）。这个家庭中患有特殊语言障碍的人在学习语法时非常困难，同时他们也无法精确控制舌头和下巴的肌肉运动。祖母（蓝圈）患有特殊语言障碍，祖父（黄三角形）正常。他们的5个后代中的4人以及24个孙辈后代中的11人患有特殊语言障碍。假设特殊语言障碍是显性基因控制的。由于人群中特殊语言障碍发病率不高，根据哈迪－温伯格平衡，几乎所有的特殊语言障碍患者都是杂合体。当然，没有患特殊语言障碍的基因型是纯合体。根据孟德尔定律，一个患有特殊语言障碍的人和一个正常人的后代中，有一半是特殊语言障碍患者，另一半则正常。KE家族的实际情况符合这种预设。正常后代的所有儿女均正常，而不正常后代的儿女中，正常个体和患者各占一半。

尽管KE家族的患病模式符合特殊语言障碍是由单个显性基因控制的观点，但是并不排除特殊语言障碍的家族性遗传是环境因素造成的，因为观察到的模式可能只是偶然出现。为了证明这种猜想，研究者要收集两种类型的数据。首先，他们收集更多家庭的数据。在收集的数据中，越多数据符合特殊语言障碍由单基因控制，就越证明这种模式不是偶然出现的。其次，研究人员分析了有相同遗传模式的基因标记物。如果每个患有特殊语言障碍的人在特定染色体上都有特定标记物，我们就可以确信：导致特殊语言障碍的基因位点与该基因标记物距离很近。

1998年，威康信托基金会的研究人员证明KE家族特殊语言障碍与人类7号染色体的一个基因标记物存在紧密联系，因此，该家族的特殊语言障碍是由与该基因标记物紧密相连的一个基因控制的。随后，研究人员发现了一位有相同症状的非亲缘患者，通过对该患者的研究，他们确定了导致KE家族特殊语言障碍的基因。KE家族中所有患有特殊语言障碍的成员都有该基因的等位基因FOXP2，

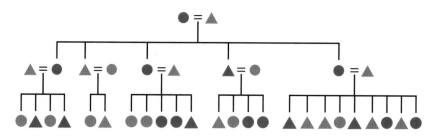

图14.4

KE家族的特殊语言障碍的发病模式表明，有些特殊语言障碍是由单个显性基因控制的。圆代表女性，三角形代表男性，蓝色代表特殊语言障碍患者。如果特殊语言障碍是显性基因控制的，根据特殊语言障碍在人群中的低发病率的事实，再根据遗传平衡定律，几乎所有患有特殊语言障碍的人都是杂合子。因此，孟德尔定律告诉我们，平均来说，特殊语言障碍患者和正常人的后代中，患者和正常人各占一半。观察本图展示的家谱，思考能与该猜想相吻合的程度。

但是364位非亲缘且正常的人则没有FOXP2基因。这个等位基因与单核苷酸替代的正常等位基因不同。

有趣的是，分子生物学证据表明，自从人类和黑猩猩分化演化以来，FOXP2就经历了强烈的选择。我们在许多其他物种中发现了FOXP2基因的不同等位基因。小鼠和人类的FOXP2等位基因的差别在于3个氨基酸替代物，而黑猩猩和小鼠的FOXP2等位基因的差别仅仅是1个氨基酸替代物。人类和小鼠的最近共同祖先生活在6500万年以前，而人类和黑猩猩的最近共同祖先仅生活在600万年前，这表明人类独立演化期间，FOXP2基因发生了急剧的变化。并且，对FOXP2基因的内含子和周围非编码序列的变异研究表明，该基因的正常等位基因是在20万年前之后才开始在人类中扩散。大约是智人起源的时间。

单基因控制特殊语言障碍并不意味着该基因控制人类大脑所有产生语言的心理机制。FOXP2基因的损害会阻碍一些语言必需的心理机制的正常发育。为了更好理解，我们举一个简单的例子。设想你剪断了给电脑硬盘供电的线路，硬盘将停止运行，但这并不意味着这根电线包含硬盘工作所必需的所有部件。FOXP2基因编码一个转录因子，该转录因子又隶属于一个在发育过程中调控基因表达的基因家族。FOXP2基因本身在胎儿的大脑中大量表达。同理可得，其他患有特殊语言障碍的家族可能是由其他脑部正常发育所必需的基因表达异常导致的，相应地，遗传学家发现了引起特殊语言障碍的其他三个基因。正如有多种方法可以损害硬盘，同样，多位点的其他变异方式也可以损害大脑的发育，进而影响语言形成。

引起群体内变异的原因

突变能够维持人群中的有害基因，但是有害基因的出现频率较低。

许多疾病是由隐性基因引起的。例如血红蛋白S基因纯合子个体才患镰刀状红细胞贫血症。其他由隐性基因引起的疾病有苯丙酮尿症、台－萨氏综合征和囊性纤维化等。所有这些疾病的产生都是因为突变基因编码了不能行使正常功能的蛋白，最终导致机体衰弱甚至死亡。为什么自然选择没有消灭这些有害基因？

关于这个问题的答案之一就是，自然选择其实一直在逐步移除这些基因，但是突变又不断引入这种基因。极低的突变率就能够维持这些有害基因，因为它们表现出来的是隐性性状，因此有许多携带了该种基因的个体的基因型是杂合的，这些人无需承担隐性纯合基因型个体所受的痛苦。许多有害隐性基因的出现频率是千分之一。根据哈迪－温伯格平衡公式，新生儿中隐性纯合基因型个体的概率是$0.001 \times 0.001 = 0.000001$！因此，100万个婴儿中只有一个是患病的。意思是，即使该病是致命的，在每100万个人中，自然选择只能移除两个隐性有害基因拷贝。同时，在这100万人中该基因保持一定的突变率，从而使该隐性基因出现频率保持稳定。如果果真这样的话，我们就可以说自然选择和突变之间存在某种平衡，即**选择－突变平衡**（selection-mutation balance）。

如果杂合子个体比纯合子个体的适合度更高，自然选择会维持种群内差异。

有些致死基因频繁出现以至于无法形成自然选择和突变之间的平衡。例如，在西非的人群中，血红蛋白S等位基因的基因频率是十分之一。这该如何解释？答案就是这个等位基因提高了杂合子的适合度。携带一个血红蛋白S基因和一个血红蛋白A基因的人能够预防最危险的疟疾——**恶性疟疾**（falciparum malaria）（图14.5）。事实证明，在恶性疟疾流行的地方，杂合子新生儿到成年的存活率比AA纯合子的高15%。

当杂合子比纯合子有更高的适合度时，自然选择将会维持**平衡多态性**（balanced polyorphism）。这是一种两个等位基因同时存在的稳定状态。要理解为什么有平衡多态性存在，需要认真思考当等位基因S引入到新的人群且数量稀少的时候会发生什么。假设等位基因S的起初基因频率是0.001，则SS纯合子出现的频率是0.001×0.001，即百万分之一；而AS基因型个体出现的频率是2×0.001×0.999，约千分之二。这意味着每出现一个患有镰刀状红细胞贫血症的患者就有2000个能对疟疾有部分免疫的杂合体。因此，当等位基因S数量很少时，该基因大部分都在杂合体中，从而出现的频率会增加。但是不会导致等位基因A消失。要弄清楚原因，考虑一下，如果等位基因S多而等位基因A少的时候会发生什么。现在几乎所有的等位基因A都在杂合子个体AS中，杂合体能部分抗疟疾，但几乎所有的等位基因S都在纯合体SS中，纯合体SS则会受贫血症困扰。当等位基因S数量多的时候，等位基因A比等位基因S的适合度更高（知识点14.1）。这两种过程的平衡取决于杂合体的适合度优势和纯合体的适合度劣势。在这种情况下，等位基因S的平衡频率大约是0.1，这与在西非实际观察到的频率基本一致。

科学家推测可能是杂合体优势导致许多遗传病基因的频率相对较高。例如，在一些东欧犹太人中，台-萨氏综合征的基因频率高达0.05。纯合子基因型小孩在刚出生的6个月内看起来很正常，但在接下来的几年，通常是4岁的时候渐渐

图14.5

（a）镰刀状红细胞贫血症患者的红细胞呈不正常的镰刀状。（b）正常的红细胞呈圆形。镰刀状红细胞贫血症能够部分抵抗恶性疟疾。

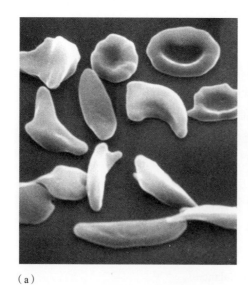

（a） （b）

知识点14.1　计算平衡多态时的基因频率

当自然选择作用达到稳定的平衡多态性时，计算血红蛋白S基因的频率相对比较容易。假设纯合子AA基因型的适合度是1.0，杂合子AS基因型的适合度为1.15，纯合子SS基因型的适合度是0，p为平衡状态下等位基因S的频率。如果个体随机配对，比例为p的S基因会和另一个等位基因S结合成SS纯合子，比例为（1-p）的S基因会和等位基因A结

合成AS杂合子。因此，等位基因S的平均适合度为：

$$0p + 1.15（1-p）。$$

同理，等位基因A的平均适合度为：

$$1.15p + 1（1-p）。$$

两种等位基因适合度与等位基因S频率的关系见图14.6，和正文中的推理相符。当等位基因的频率接近1时，其适合度接近于0；但当其频率非常低时，其适合

度却接近于1.15。如果某个基因比另一个基因适合度高，那自然选择将倾向于提高这个基因的频率。因此，当两个等位基因的平均适合度相等时，将会达到一种稳定状态，即

$$1.15（1-p）= 1.15p + 1（1-p）$$

据此可以计算出：

$$p = 0.15/1.3 \approx 0.1$$

而这一频率和我们在西非实际观测到的结果比较一致。

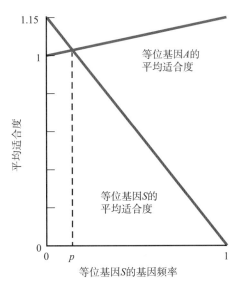

图14.6

等位基因S的平均适合度随着其基因频率的升高呈下降趋势，因为其多集中于SS纯合子中。同理，等位基因A的平均适合度会随着等位基因S频率的升高而升高，因为此时等位基因A多集中在AS杂合子中。当二者的适合度相等时，则达到一种平衡多态状态。

出现一些症状，其中包括眼盲、抽搐，最后会导致死亡。有些证据表明台-萨氏综合征杂合子基因型个体能够部分预防肺结核。洛杉矶加利福尼亚大学的贾德·戴蒙（Jared Diamond）研究指出，过去400年中，肺结核疾病在欧洲城市里比在乡村更流行。由于局限在东欧大城市拥挤的犹太人区，犹太人比大部分生活在农村的其他欧洲人抵抗肺结核能力更强。

由于最近环境发生改变，但过去的有益基因还没有被消除，变异可能还存在。

有些遗传病很常见，因为它们的性状并不是一直都有害。非胰岛素依赖型糖尿病就是一个很好的例子。胰岛素是一种控制细胞摄取血糖的蛋白。由于细胞不能对血液中的胰岛素做出合理的反应，非胰岛素依赖型糖尿病患者体内的血糖水平一直高于正常水平。高血糖会引发一系列的问题，包括心脏病、肾衰竭和视力受损等。众所周知，非胰岛素依赖型糖尿病有遗传基础。另一种糖尿病是胰岛素依赖型糖尿病，该病是由于机体自身免疫系统损伤了胰腺内产生胰岛素的细胞。胰岛素依赖型糖尿病不大可能有适应性。

在一些现代人群中，非胰岛素依赖型糖尿病的发病率很高。例如，在瑙鲁的密克罗尼西亚岛，15岁以上的人中有30%以上患有这种疾病。尽管致病基因并不是新出现的，如此高的非胰岛素依赖型糖尿病发病率却只是近期现象。密歇根大学已故的人类学家詹姆斯·尼尔（James V. Neel）表示，现在导致非胰岛素依赖型糖尿病的基因在以前是有益基因，因为能够促进机体在食物充足的时候迅速积聚脂肪——积累的脂肪可以帮助人们度过食物匮乏期。在过去，瑙鲁人的生活比较困难，他们以捕鱼和务农为生，而这些太平洋岛屿经常遭受台风和火山爆发的影响，因此经常出现饥荒，所以几乎不会出现非胰岛素依赖型糖尿病。但在近代，瑙鲁成为了英国、澳大利亚和新西兰的殖民地，这给当地人的生活带来了许多改变。他们采用西方人的饮食习惯，磷矿带来的财富使他们养成了久坐不动的生活方式。这就导致非胰岛素依赖型糖尿病在后来变得常见。以前给瑙鲁人带来好处的基因现在导致他们患上了非胰岛素依赖型糖尿病。

种群间遗传差异的原因

生活在世界各地的人群之间有很多遗传差异。众所周知，世界上所有的人都属于同一个物种，在第四章我们了解到，物种内部不同群体间的基因流会使该物种不同群体间的基因趋于一致，因此，人们对不同人群间的遗传差异感兴趣。在这一小节中，我们将介绍阻碍基因流同化作用并由此产生和维持人群间的遗传差异的几个过程。

自然选择影响不同环境中的基因存留，从而创造和维持了群体间差异。

人类是分布最广的哺乳动物。自然选择在不同环境下会选择不同的基因，在

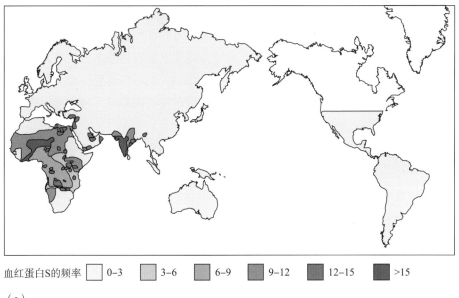

血红蛋白S的频率 ▢ 0–3 ▨ 3–6 ▨ 6–9 ▨ 9–12 ▨ 12–15 ▨ >15

（a）

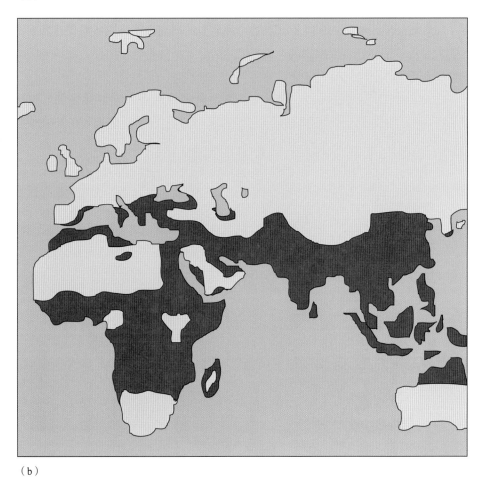

（b）

图 14.7

血红蛋白S只在恶性疟疾流行的地方普遍存在。（a）不同的颜色表示世界范围内血红蛋白S的出现频率。（b）红色标记为旧大陆中恶性疟疾流行的区域。

面对基因流的同化作用的时候，高强度的自然选择仍能够维持遗传差异。血红蛋白基因的分布差异就是个很好的例子。血红蛋白S在非洲热带地区、地中海附近和印度南部很常见（图14.7a），而在其他地方则几乎没有这种基因。通常，血红蛋白S在恶性疟疾流行的地方很常见，而血红蛋白A则在没有恶性疟疾的地方很普遍（图14.7b）。东南亚则是个特例，在该区域很流行的是另一种变体血红蛋白E，这种替换可能也能够预防疟疾。

乳糖（lactose）是一种在哺乳动物乳汁中存在的成分。消化乳糖的能力也是自然选择维持遗传差异的一个例子。乳糖在乳腺中合成且只在乳汁中大量出现。大部分哺乳动物在婴儿时期都能消化乳糖，但是断奶之后就丧失了这一能力。绝大部分人类群体都符合这种模式，因为5岁之后就停止合成消化乳糖所必需的酶——**乳糖分解酶-根皮苷水解酶**（lactase-phlorizin hydrolase, LPH）。这种症状叫作乳糖不耐受症。如果体内缺少乳糖酶的人执意要一口气喝大量的鲜牛奶，他很有可能会出现从稍微不适到剧痛等程度不同的胃痛。然而，大部分北欧人与许多北非人和阿拉伯人在成年之后仍保留有消化乳糖的能力，这种能力称作**乳糖耐受**（lactase persistence）（图14.8）。对各个家族史的研究表明，成年后仍有乳糖消化能力是由单个显性基因控制的。该基因的杂合子个体是乳糖耐受，而该基因的隐性纯合子个体则是乳糖不耐受。

最近的分子研究显示，在欧洲和非洲的乳糖耐受是独立演化来的。纳比尔·恩纳塔什（Nabil Enattah）和芬兰赫尔辛基大学的一个研究团队在2002年指出，在编码乳糖分解酶-根皮苷水解酶的结构基因LCT附近的非编码区，有一个单核苷酸位点由C突变成了T，这一改变与芬兰人的乳糖耐受有莫大的联系。随后的研究表明这种被标记为*T-13910*的突变体与北欧和南亚的乳糖耐受也有很大的关联，其可以调节LCT结构基因的表达。但是，非洲的乳糖耐受则与另外一个

图14.8

通过图中黑点估测出的旧大陆中乳糖耐受的分布。

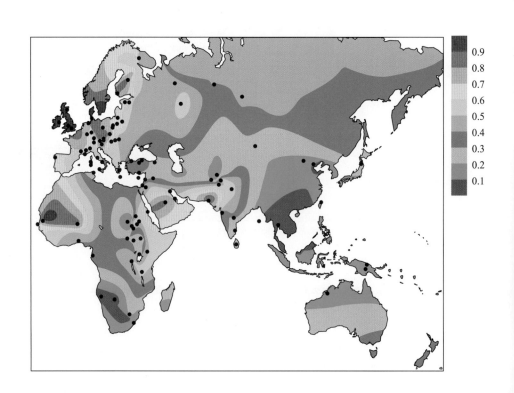

等位基因有关。2006年，现在属于宾夕法尼亚大学的萨拉·蒂什科夫（Sarah Tishkoff）领导的研究团队表示，在非洲，乳糖耐受与同一非编码区里另外一个单核苷酸突变有关。这个突变体被标记为 C-14010，其可以上调成年人体内分泌的乳糖酶。因此，非洲和欧洲地区的乳糖耐受的演化可以视为独立演化的例子。

高频次的乳糖耐受只出现在有悠久饮用乳制品历史的人群中，这一现象说明乳糖耐受基因是适应这一文化传统而演化的。**牧民**（pastoralists）指的是那些饲养家畜但不耕作的人。如果这类人有消化鲜奶的能力，那是非常有利的。沙漠中的牧民在这一点上表现得很明显。德国汉诺威医学院的格布哈德·弗拉茨（Gebhard Flatz）跟踪研究了贝贾（Beja）一家，贝贾带着骆驼群、羊群在尼罗河和红海之间的沙漠里游牧（图14.9）。在九个月的旱季里，贝贾一家几乎全是依靠骆驼乳和羊奶生活，一天饮用大约3升的鲜奶，从这些鲜奶中获取身体所需的能量、蛋白质和水分。

图 14.9

图为正在放牧骆驼的北非牧场主贝贾一家。在一年当中的某些时段里，他们所需的营养几乎全部来自鲜奶。在贝贾一家中，大部分人在成年以后还能消化乳糖。

多个证据表明，在北欧，乳糖耐受是当地人适应畜牧这一新生活方式而演化的。考古研究表明，畜牧业在6000年前就已经传播到北欧，该处的考古遗迹中发现了大量的家牛、绵羊和山羊的骨头。在该时期的陶器中还发现了微量的只在乳制品中才有的化合物残渣，证明乳制品在早期的畜牧经济中发挥着重要的作用。但是这个例子并不能说明乳糖耐受与乳制品饮用有关。有可能是，当地人普遍存在乳糖耐受，恰好又能够饮用乳制品，所以就开始饮用乳制品，而不是因为饮用乳制品才形成乳糖耐受。无论如何，德国美因茨约翰尼斯古腾堡大学（Johannes Gutenberg University）的约阿希姆·卜格（Joachim Burger）的研究团队成功从该时期的8个人类化石中提取出了DNA，且发现没有一个DNA样本携带欧洲乳糖耐受变体 C-13910。因此，乳糖耐受在北欧畜牧业早期并不常见。考古学证据表明，该变体在欧洲普遍传播之后，南亚才出现畜牧业。在南亚人和欧洲人中，该变体周围的DNA序列有几千个碱基是一样的，因此该变体很有可能是从欧洲或亚洲西南部传到南亚的。

人类全基因组测序使得我们可以从DNA序列中发现自然选择作用。

近年，测定易被自然选择淘汰的基因的唯一方法是：猜测易被自然选择淘汰的可能基因位点，然后用实验证明这一猜想。例如，镰刀状红细胞贫血症与恶性疟疾之间的关联最开始是通过高频率的镰刀状红细胞基因与恶性疟疾流行之间的关联发现的。根据这个"候选"基因的方法，截至2006年，发现了大约90个基因有被自然选择保留的倾向。

正如前文所述，即使没有关于基因功能或基因在群体间的流行程度的信息，科学家也可以通过完整的DNA序列直接发现自然选择。这可能是因为正选择在基因组中留下了可供检测的模式。这里我们只关注其中一点，一个有益突变会导致

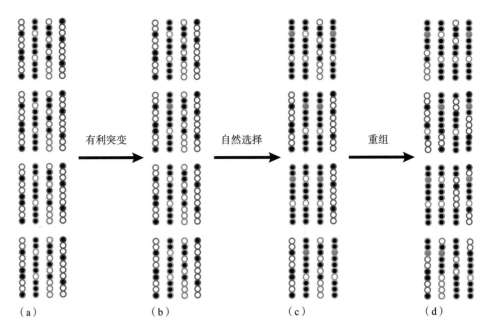

（a）　　　　　　　　　（b）　　　　　　　　　（c）　　　　　　　　　（d）

图 14.10

为什么选择性清除会导致长的单倍型片段？（a）有16条染色体，每条染色体有10个基因位点。每个基因位点上有两个等位基因，黑和白，且每个基因的频率均为0.5。有四种不同的染色体，每种染色体黑和白的排列模式不同。分别用灰、蓝、绿和紫色边框突出这些单倍型。（b）有一个用红色显示有益突变出现在蓝色染色体的第3个基因位点上。因此，该单倍型由于这一偶然因素携带的黑色等位基因比白色等位基因多。（c）携带有该突变的个体有更高的适合度，因此，有该突变的染色体频率增加。假设上述染色体频率增加很快以至于没有发生重组。结果就是，这些染色体中的大部分拥有与突变最初发生所在片段的蓝色单倍型相同的DNA序列。通过对长的、频繁出现的DNA序列研究，遗传学家能够确定最近传播的有益突变的位置。（d）最终，重组将染色体间的基因进行调换，结果就是，蓝色单倍型不再常见。但无论如何，可以看到黑色等位基因变得更加普遍，由于它们与有益突变位点紧密相连，所以搭了便车。意思就是所有这些基因位点中，常见基因是黑色那个，不常见基因是白色那个。起先我们假设这些等位基因的频率是0.5，因为自然选择对它们没有选择效力。中性等位基因的产生也有相似的频率。因此，通过对在每个基因位点上常见等位基因的染色体片段的研究，遗传学家可以发现自然选择保留的基因位点。第一种检测很有用，因为发生在最近的自然选择事件一般不超过1万年，而第二种方法则用于某些更加久远的事件——那些一般不超过5万年的事件。

选择性清除（selective sweep）。当出现有益突变时，该突变基因和同条染色体上与该突变基因相连的DNA序列会在人群中蔓延，这就是选择性清除。意思就是，通过观察那些长DNA序列所在的基因组区域，我们可以检测到那些导致有益突变传播的自然选择。

为了明确这种序列是正选择的证据，我们暂时假设染色体间没有交叉互换，所以应没有同源染色体间的基因重组。现在假设人群中出现了新的有益突变。携带该突变的个体身体更健康，该突变的频率增加。但是如果没有基因重组，突变所在的染色体上的所有DNA都会被传播，结果所有与该有益突变相连的等位基因的频率都会增加。最终，所有的人群都会携带这一特殊的基因序列。当然，这不可能会真的发生，因为交叉互换会把该基因位点重组到其他位点上。正如第二章所述，不管怎样，上述情况发生的概率取决于相邻位点与突变位点的接近程度，相邻基因位点与有益突变位点越接近，则越不可能通过交叉互换将两个位点分开。这意味着当一个有益突变开始扩散时，往往会有一串相同的DNA序列和它连接着一起扩散。在同一染色体上进行共同遗传的多个基因位点上等位基因的组合被称为**单倍型**（haplotypes）。最终，重组将该序列进行拆分，缩短了有益等位基因片段的单倍型的长度，整个过程需要1万年。因此，近期自然选择选出的基因一般都有着比较长的单倍型序列，这与未经自然选择作用的基因不一样。例如，欧洲的乳糖耐受等位基因的单倍型长度有100万对碱基，这表明该基因是近期自然选择的结果，通过这一过程，遗传学家可以找出最近受自然选保留的基因。图14.10用一个简单的例子展示了该过程。

芝加哥大学的本杰明·博伊特（Benjamin Voight）及其同事为了发现最近自然选择的迹象，用这种技术方法对三种不同的人群进行分析。他们获得了209人的DNA序列数据，其中89人来自东京和北京，60人来自尼日利亚伊巴丹说约鲁巴语的地区，还有60人来自北欧和西欧。这些数据来自于名叫国际单倍型基因测绘计划的国际项目，包括80万个**单核苷酸多态性**（single nucleotide polymorphisms, SNPs）。单核苷酸多态性指基因组DNA序列中由于单个核苷酸（A，G，C，T）替换而引起的多态性。在每个人群的每个单核苷酸多态性中，他们计算出包含常见等位基因的单倍型的长度与包含罕见基因的单倍型的长度的比率。该指数大则说明最近发生了选择性清除。用这种方法，博伊特和他的同事发现了579个很有可能出现选择性清除的区域片段。有四分之三的选择性清除只在上述3个被测人群中的一个出现。这一点和实际情况倒也相符，这是因为用这种方法检测出来的大部分变化都发生在过去的1万年中，而这时亚洲、非洲和欧洲的人群早已分离。这些片段中的编码基因可以分成若干类：

● 生殖系统。包括影响精子蛋白结构、精子运动性、配子可利用性、雌性对精子的免疫应答等方面的相关基因。这类基因在人类和黑猩猩分化阶段迅速演变，或许可以反映现存的两性冲突或者抵抗某种疾病的自然选择。

● 形态。影响皮肤颜色的基因表明在欧洲人中存在剧烈的自然选择，影响骨骼发育的基因同样也显示出了快速演化。现代人类的形态差异与这一说法吻合。

● 消化。包括影响酒精、碳水化合物和脂肪酸代谢的基因。这些遗传变化可能与农业相关的饮食习惯改变有关。

很多人认为自然选择产生的演化是一个极其缓慢、费时数百万年的过程。然而，根据等位基因周围的单倍型片段长度的分析推测，这些等位基因的年龄只有6000~9000年。我们无需因为如此快速演化便认为自然选择对适合度具有极大影响。如果一个新的突变可以提高3%的适合度，该突变频率的增长速度如图14.11所示。如你所见，即使这么微小的益处都可以轻松解释新基因的传播不需要1万年。

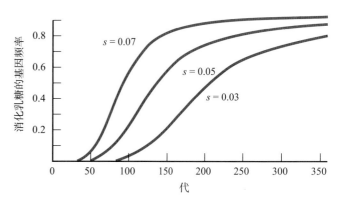

图14.11

成年人能够消化乳糖这一能力即使只提高3%的适合度，消化乳糖的基因也很可能在乳制品出现的7000年（300~350代）里扩散开来。

遗传漂变使隔离的种群间产生变异。

在第三章中，我们看到遗传漂变导致基因频率产生随机改变。这意味着，如果两个种群相互隔离，且均会随机变化，随着时间的推移，这两个种群间便

会产生遗传差异。遗传漂变在小群体中出现的频率高于在大群体中出现的频率，所有小群体间相互分化的速率大于大群体间的分化速率。由一个小的奠基种群扩张产生的遗传漂变称作**奠基者效应**（founder effect）。

北美三个宗教团体之间的遗传差异说明了遗传漂变如何导致人类群体间的差异。其中两个宗教团体是再洗礼派——老派阿曼门诺派（图14.12）和哈特教派，第三个宗教团体是犹他州的摩门派。这些团体各自间界限很明确。在1847年，大约有2000名摩门派成员首先来到现在的盐湖城，后来教会的其他成员陆续赶来，一直持续到1890年。实际上，所有的移民都是北欧人的后代。到了20世纪初期，大约有25万人生活在这片土地上，而且这些人中有

图14.12

老派阿曼门诺派由一个200人的团体发展而来。这些阿曼门诺派成员衣着简朴，且拒绝大部分现代技术，包括汽车。

70%是摩门派。相反，另外两个再洗礼派的团体很小，人数很少。老派阿曼门诺派成立时只有200人，从团体外来的基因流不多。当代的哈特教派是一个只有443人的奠基种群的后代，且与阿曼门诺派类似，几乎没有外来人迁入。

有科学家对这些团体成员的遗传结构做过研究和调查，结果发现摩门派成员与其他欧洲人具有遗传相似性。因此，尽管摩门派成员与其他欧洲人部分隔离了150年之久，遗传漂变产生的改变似乎很小。考虑到摩门派群体的规模，上述事实正是我们之前预料到的。相反，两个再洗礼派团体与其他欧洲团体的遗传相似性则截然不同。由于这两个团体的成立规模很小且其他群体间存在遗传隔离，在相同的时间段内，遗传漂变产生了大量的遗传改变。

遗传漂变同样能解释为什么有些遗传病在某些群体内很常见而在另外群体中则很罕见。例如，现在南非共和国的白人是17世纪移民到该地的荷兰人的后裔。意外的是，这个团体早年的移民身上携带了大量罕见的遗传病，这些遗传病在殖民地人群中的发病率比在荷兰人群中的发病率更高。随着南非白人人数的快速增长，这类基因被大量保留，导致这些基因在当地白人中的频率比在其他人群中的频率高。例如，一种叫作**变异性卟啉症**（porphyria variegata）的遗传病患者对某种麻醉剂有剧烈反应。大约有3万名南非白人携带该遗传病的显性基因，而这些人的共同祖先是17世纪80年代从荷兰迁移过来的一对夫妇。

遗传变异的总体模式主要反映了人类迁移和人口增长的历史。

人群中许多遗传变异反映了人类的历史。第十三章中遗传变异的地理分布模式表明，在13万年以前，智人在非洲发生了第一次种群扩张，然后在6万年前，智人向全世界扩张。随后也发生了几次种群扩张。4000~1000年前，农业的出现促使智人从中东到欧洲，从东南亚到大洋洲（包括太平洋上的密克罗尼西亚、美拉尼西亚以及波利尼西亚等岛屿），从非洲大陆中西部到非洲大陆其他地区的种群扩张。大约3000~500年前，马的驯化以及相关军事发明导致中亚大草原地区的

人们发生了若干次种群扩张。另外，过去500年里，由于造船业、航海和军事组织的发展，欧洲人也在全世界范围内发生了种群扩张。

第十三章提到，全世界范围的遗传变异模式记录下了这些种群扩张。随着人类种群扩张，当地人群之间出现遗传隔离并开始积累遗传变异。当然，在种群扩张的过程中，本地群体与其他遇到的群体之间会有基因流，并且这些基因流倾向于模糊种群扩张的影响。然而，如果基因流不是太多，现有的遗传变异模式将可以反映过去迁移的模式。

这个假说与各种遗传数据吻合。例如，我们已经了解到如何根据Y染色体和线粒体DNA单倍型的变异模式推测人类向非洲以外地区扩张的过程。我们已经了解6万年前人类从东非到其他地区的扩张路径，其他地区的人群源自东非且基因多样性逐渐减少。如果现代人类的遗传差异分布模式源自当初走出非洲的种群扩张，那么遗传距离应该与迁移距离有关。实际数据正是如此。地理距离能很好地预测人群间的遗传距离（图14.13）。

复杂表型的变异

我们在第三章中看到，大部分人类性状由许多基因同时影响，其中多数基因的影响较小。至今我们仍然无法估测这些基因对该性状的影响。因此，遗传学家

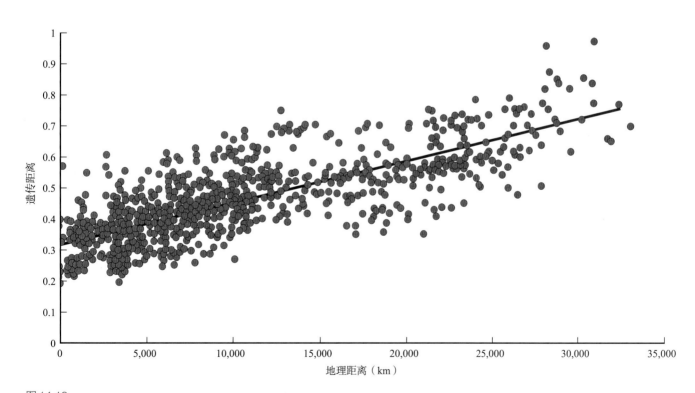

图 14.13

本图展示的是每个标记群体间的遗传距离与走出非洲的地理扩散距离的相关性。这两种距离之间的明显相关表明最初由非洲开始后来遍及全球的种群扩张是不同人群存在遗传差异的重要原因。

设计出一种可以估算遗传因素和环境因素对种群内差异相对重要性的统计方法。由于遗传差异和环境差异均会影响亲代和子代间的相似性，由基因造成的差异叫作表型的**遗传度**（heritability）。技术的进步正在迅速改变我们对许多性状遗传基础的了解。

我们用一个具体的例子来加以说明。身高是个理想的特征，测量很简单，种群间和种群内都会有身高差异，一个人成年以后身高相对稳定，同时我们有大量不同群体的人的身高资料。在任何样本量足够的群体中，身高的变化范围很广。例如，图14.14显示的是1939年英国参军男性的身高数据。这些人中有些高达2米，还有些不到1.5米。

群体内的遗传差异

在一定条件下，我们可以通过计算双胞胎或亲属间的表型相似性，来估算由基因造成的群体内差异的比例。

我们在本书第一部分了解到，亲代和子代之间的基因传递会使得亲代和子代之间存在表型相似性。如果父母的身高大于平均身高，其后代的身高也很可能大于平均身高，反之亦然。你可能会认为身高由基因决定。相反，如果亲代和子代之间的相似性与他们和种群内其他个体的相似性并无差异，你可能认为基因对身高的影响不大。这种推理存在的问题是，非遗传因素也可能使亲代和子代有相似的表型。众所周知，许多环境因素，例如营养水平和疾病的流行程度，也会影响身高。人类亲代可以通过很多方式来影响他们后代的生活环境：提供衣食住行、安排小孩接种疫苗预防疾病和塑造小孩的营养观念。亲代与子代生活环境的相似性叫作**环境协同变异**（environmental covariation），这是计算遗传度时碰到的一个大问题。

可以用研究双胞胎得到的数据区分遗传和环境协同变异的作用。使用的技术涉及比较同卵双胞胎和异卵双胞胎之间的相似性。**同卵双胞胎**

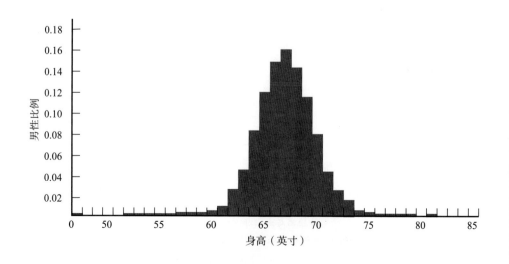

图 14.14

1939年，英国参军男性的身高差异相当大，这说明了该群体内个体间形态特征的差异范围。参军男性中，个子最高的大于2米，最矮的不到1.5米。

（Monozygotic twins）的生命起源于一个精子和一个卵子产生的一个合子。在发育的初期，这个胚胎一分为二，形成遗传物质相同的两个个体。**异卵双胞胎**（Dizygotic twins）的生命起源于两个不同的精子分别使两个不同的卵子受精，形成两个独立的合子。异卵双胞胎大约有一半的遗传物质是相同的，除了受孕时间相同外，他们之间的关系和他们与其他兄弟姐妹的关系一样。同卵双胞胎和异卵双胞胎都是共用一个子宫，所以生活的子宫环境也一样。出生以后，大部分双胞胎在同一个家庭的同样环境中长大。如果身高差异的主要原因是基因，而同卵双胞胎的遗传物质相同，那么同卵双胞胎之间的相似性要多于异卵双胞胎之间的相似性。另一方面，如果大部分差异是环境造成的，且亲代和子代之间有相似的环境，那么同卵双胞胎之间的相似程度与异卵双胞胎之间的相似程度将没有差异。由于相关环境对性状有影响，群体遗传学理论提供了一种方法，可根据异卵双胞胎和同卵双胞胎之间相似性比较来调整相关环境影响的遗传度的估算。

研究双胞胎有助于估算遗传差异和环境差异对表型性状的相对作用强度，但是这些研究数据可能存在某种偏差。例如，如果同卵双胞胎生活环境的相似性大于异卵双胞胎生活环境的相似性，双胞胎研究会高估遗传性。这里有若干个理由说明这一点。在子宫里面时，同卵双胞胎之间比异卵双胞胎之间更亲密。同卵双胞胎个体的性别经常相同。出生以后，父母、亲属、老师和朋友对待同卵双胞胎和异卵双胞胎的方式可能不同。同卵双胞胎常常穿同样的衣服及使用类似的名字，且人们反复强调他们的外形相似性（图14.15）。

同卵双胞胎和异卵双胞胎的研究表明，欧洲人群内的身高差异中有80%是由亲代和子代之间的遗传相似性影响。非洲人和印度人的身高遗传度比较低，大概只有60%。

图14.15

同卵双胞胎是同一个胚胎在胚胎发育早期分裂产生的两个遗传物质一样的个体。

全基因组关联分析表明身高是由许多有微小作用的基因控制的。

现在人类基因的检测费用比以前便宜得多，因此遗传学家可以进行**全基因组关联分析**（genomewide association studies）。这种方法运用单核苷酸多态性芯片来检测复杂特征的遗传基础。成百上千个短的DNA片段被连接到单核苷酸多态性芯片上。这些片段的DNA序列与一个已知的单核苷酸多态性的等位基因周围的序列相同。然后将某个个体样本中的DNA用化学方式剪切成许多小片段，然后应用于这些芯片，DNA碱基与芯片上相匹配的片段结合。通过这种方法，分子生物学家可以同时检测人体50万个单核苷酸多态性的基因型。由于检测费用很低，研究人员可以检测很多人的基因型。

全基因组关联分析通过这些数据来研究复杂性状的遗传基础。基本程序非常简单。为了确定哪个基因影响身高，研究人员首先获取大的样本量，然后测量每个个体的身高，并且检测大量单核苷酸多态性的基因型。然后通过比较确定哪种单核苷酸多态性在高个子个体中出现得最多，哪种单核苷酸多态性在矮个子个体中又更为常见。这些单核苷酸多态性要么是影响身高的基因的DNA序列的一部分，要么就是与影响身高的基因紧密相关。因此，通过研究单核苷酸多态性周围的DNA序列，遗传学家可以确定哪种基因影响身高。

自2007年开始，有许多类似的研究，这些研究鉴定出大约有180个基因影响身高。但是没有一个基因有显著影响作用，其中影响力最大的一个基因平均只增加4毫米的身高。令人好奇的是，只有10%的身高差异来自这180个基因。但是我们知道80%的身高差异来自基因差异，这意味着还有很多影响身高的基因至今没有检测出来。此外，全基因组关联分析鉴定有微弱影响作用的基因时会受到样本量大小的限制。现在样本量一般超过1万的研究仅仅能检测影响若干毫米身高的基因。想要鉴定影响力更小的基因，需要更大的样本量。因此，身高很有可能是由几千个作用微弱的基因影响的。

群体间的遗传差异

群体间的身高差异。

就像群体内个体间存在很多不同，群体间的某些特征也有差异。例如，每个群体的平均身高之间就有相当大的差异。欧洲西北部的人长得很高，平均身高约1.75米。生活在意大利以及欧洲南部其他地区的人的平均身高要矮12厘米。非洲有很高的人，例如努尔人和马赛人，也有个子矮的人，例如昆人。在西半球，生活在北美大草原和巴塔哥尼亚高原的美洲土著的个子相对较高，生活在北美和南美热带地区的土著则相对较矮。

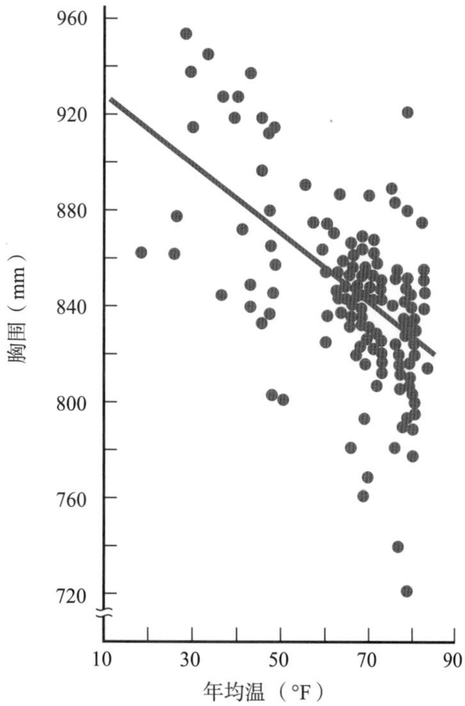

群体间体型的一些差异似乎有适应意义。

在第十二章中我们了解到，在气候越寒冷的地方，自然选择更倾向于保留大体型。高个子的人往往生活在世界上相对寒冷的地方，例如在南美巴塔哥尼亚高原和北美大草原生活的土著，但是矮个子的人一般生活在温暖的区域，比如欧洲南部或者新大陆的热带区域。这种分布模式表明，群体间的体型差异具有适应性，且从大量人群调查得到的关于体型大小与气候关系的数据证实了这种推测（图14.16）。因此，不同人群间的体型差异至少有某种程度的适应性。

群体内差异受遗传影响并不说明群体间差异仅仅是因为遗传差异造成的。

我们知道，群体内部的身高差异和体型差异大多源于遗传差异。我们同样知道，不同群体的群体间身高差异和体型差异似乎存在适应性。根据上述两个事实，我们可以推断出群体间的体型差异是有遗传基础的，并且这种差异代表了对自然选择的应答。

然而，这种逻辑是错误的！所有群体内的身高差异都可能是遗传的，且所有群体间的身高差异都可能是适应性，但是这并不意味着各人群中存在不同的身高

图 14.16

在寒冷地区生活的人比在温暖地区生活的人体型更大。纵轴表示胸围，横轴表示群体生活所在地的年平均温度。由于胸围可以用于衡量整体尺寸，这些数据表明在越寒冷的地区，人的体型越大。

基因分布。事实上，群体间的身高差异也可能仅由环境差异造成。

人们经常误解这一点，并且导致对人类群体间遗传变异本质产生极其错误的看法。用一个简单的例子解释为什么群体内遗传变异不能说明群体间也有遗传变异。假设鲍勃和他的邻居皮特都去种一片新的草坪。他们一起去了园艺店买了一大包的种子，回家后各分了一半的种子。皮特热衷园艺，回家后就精心播种。他给土地施肥，平衡土壤酸碱性，在合适的时间浇适量的水。邻居鲍勃将种子随意撒在后院，浇水不勤，甚至都没有考虑给土地施肥。几个月之后，两个花园里的景象大不相同。皮特花园的草坪是绿油油的一片，草长得旺盛，而鲍勃的草坪杂乱不堪（图14.17）。我们知道这两个草坪的差异不可能是因为草种子的遗传特性，因为鲍勃和皮特使用的是同一包种子。但是，每个草坪内的草的高度和绿色程度的差异很有可能是遗传的，因为它们所在的生活环境相似。皮特给草坪里所有的种子都定时浇水和施肥，鲍勃则无暇照顾草坪里的种子。因此，如果种子公司销售的是有遗传差异的种子，种子的遗传差异会引起草坪内部的差异。

同样的道理适用于人类身高变异。美国人之间的身高差异大多决定于遗传，但并不意味着身高完全由基因控制。意思是，遗传影响美国人的身高，遗传差异造成的影响可能大于其所在的生活环境差异的影响。这不能说美国人与其他国家人身高的差异也是由遗传差异决定的。例如，尽管美国人平均比日本人高，但这种身高差异不一定是遗传的。只有控制两个变量才能证实这一结论。第一，明确身高基因的分布在美国人和日本人中有差异。第二，相比于这两个群体间的文化差异和环境差异，他们的遗传差异更大。美国人内部的遗传差异并不能解释美国人和日本人之间的遗传差异。环境差异和文化差异对美国人身高的影响较小，但这不能说明美国人和日本人生活环境存在怎样的差异。

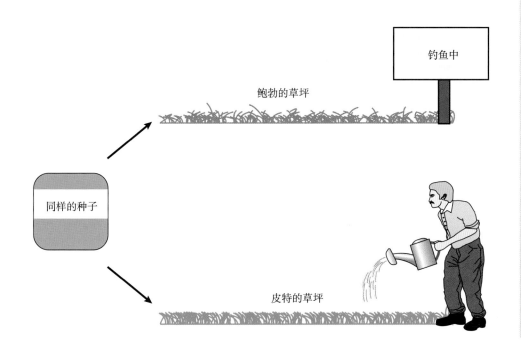

图14.17

由同一包种子长出来的两个不同的草坪的差异肯定是环境造成的。然而，如果这些种子间有遗传差异，每个草坪内部的差异是基因造成的。

全基因组关联分析表明一些身高差异是由遗传差异导致的。

之前，我们讲到北欧人比南欧人的平均身高更高。哈佛大学的乔尔·赫希霍恩（Joel N. Hirschhorn）率领的遗传学家团队通过研究证实上述身高差异部分来自于大量基因位点的遗传差异。全基因组关联研究已经鉴定了许多影响身高的基因位点，在每一个基因位点上，一些基因频繁出现于高个子人群，而另外一些基因则频繁出现于低个子人群。赫希霍恩和同事的研究结果表明"高个子"基因在北欧人群中比较普遍存在，而在南欧人群中则有更多的"矮个子"基因，这个结果表明不同人群间的身高差异部分是由于很多基因位点上的少量遗传差异造成的。

身高增长与现代化发展同步的事实证明了环境变异对身高的影响。

现代化对许多群体的平均身高的影响很明显。例如，图14.18用曲线展示了19世纪到20世纪之间年龄处于5~21岁这一阶段的英国男孩的平均身高。在1833年、1874年和1985年，英国19岁的工人的平均身高分别是160厘米、167厘米和177厘米。纵观过去的100年，我们发现瑞典、德国、波兰和北美的小孩也有类似的身高增长。这种变化来得如此之快，除了自然选择，可能还有其他的影响因素。

在美国生活的移民后代的身高在若干个世代内也发生了巨大的变化。在20世纪初，日本刚刚开始现代化建设，有许多日本人前往夏威夷的糖料种植园做工。

图 14.18

英国人的平均身高随时间增长而增长，但在每一个阶段，越富有的人的身高越高。注意：英国的公立学校相当于美国的私立学校。

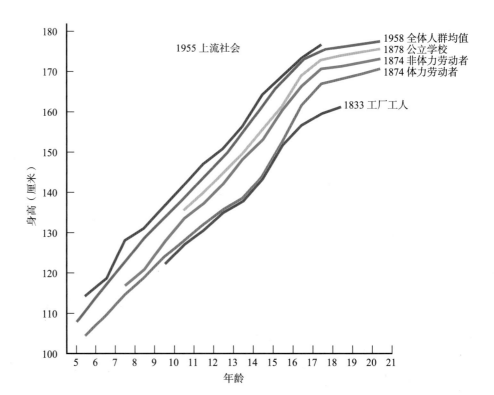

这些移民比在夏威夷出生的日本后裔矮很多（表14.1）。这一身高的快速改变不可能是基因改变的结果。相反，这应该是20世纪初日本与夏威夷的一些环境差异导致的。目前还不完全清楚影响身高的根本环境因素。在19世纪70年代的英国，贫困在某种程度上对身高也有影响。因为相对富裕的公立学校的男孩普遍比不那么富裕的非劳动者的个子更高，而非劳动者比贫困的劳工的个子高。通过观察类似的事件，人类学家得出一个假设：与现代化紧密相连的生活水平的提高改善了儿童早期的营养且加快了他们的生长发育速度。这个解释并不全面。我们注意到，120年前英国最富裕的人的身高也不及现在英国人的平均身高。19世纪70年代，富有的英国人不太可能营养不良，因此肯定还有其他因素导致英国人的身高在过去的120年里发生剧烈变化。有些专家认为儿童期疾病的控制在这些变化中发挥了重要作用。

表14.1

	平均身高（cm）	样本量
到夏威夷日本移民	158.7	171
和移民同一地方但留在日本的日本人	158.4	178
日本移民在夏威夷的后代	162.8	188

在20世纪初移民至夏威夷的日本男性的身高低于出生在夏威夷的日本后裔的身高。这些移民的身高与还在日本生活的同乡的身高相似，因此可将这些人当作日本本土人群的样本。子代比亲代身高更高的事实说明环境对身高有重要作用。

种族概念

种族的生物决定论是不正确的。

种族概念是日常生活的一部分。不管怎样，种族概念影响我们看待世界以及世界看待我们自己的方式，影响我们的社交、择偶、教育以及就业前景。我们可能谴责过种族歧视，但不可否认的是种族概念在生活的方方面面起着重要作用。

不像其他任何被广泛使用的词汇，"种族"这一词对不同的人有不同的含义。然而，许多北美人对于"种族"一词的理解是基于以下三个根本性的错误认识：

1.人类本来就可以被划分成若干个不同的种族。根据这种观点，几乎每个人都确切地属于一个种族，唯一特例就是这些来自不同种族父母的后代，他们属于哪一个种族？例如，许多美国人认为任何人必定属于以下三种种族：欧洲人、北非人和西亚人的后裔；非洲撒哈拉沙漠以南生活的人的后裔；东亚人的后裔。

2. 不同人种个体在多个重要方面存在遗传差异，可以通过所属人种判断某个个体的外形。例如，生物医学研究人员有时指出，种族可以预测人们患有高血压、心脏病以及婴儿死亡率的概率。更可怕的是，一些人认为可以通过所属种族判断该个体的智商或者性格。

3. 种族间的差异是生物遗传造成的。每个种族个体间具有遗传相似性，而不同种族的个体间有遗传差异。大部分美国人认为非洲裔美国人和欧洲裔美国人属于不同的种族，原因是这两个群体的遗传相关特征不同，比如肤色。相反，大部分美国人认为南斯拉夫的塞尔维亚人和克罗地亚人属于同一个种族的不同民族，理由是这两个群体间存在文化差异但没有遗传差异。

尽管许多人赞同以上观点，事实上这些观点与科学观点相悖。在地球上不同地域生活的人之间存在遗传差异，他们的地理距离越近，差异越小。但是，正如我们在下文要了解到的，这些差异并不能意味着所有的人都可以划入一系列没有交叉的类群中，即种族。种族的生物决定论是不正确的。

因为人与人存在差异，所以可以根据某一特征框架将相似的人群进行归类。

生活距离越接近的人，会有更加相似的基因和表型。本章前文提到，许多基因都会表现出这种模式。例如，镰刀状红细胞基因只在非洲中部和印度很常见，很少在其他地方出现，影响消化乳糖能力的乳糖耐受基因在北欧和非洲部分地区很流行，但在其他地方很罕见。我们也已知总体上遗传相似性与地理距离有密切联系。相邻群体的形态更具有相似性。例如，住在赤道附近的人大多皮肤黝黑（图14.19），生活在高纬度的人大多长得粗壮。

图14.19
本图展示不同肤色的人群的分布。从赤道往两边，人群的肤色呈现连续的变化。

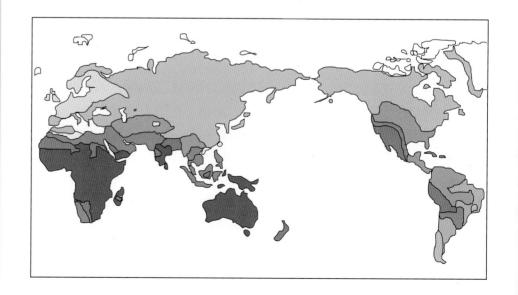

从这些结果我们可以看到一点，即可以根据遗传相似性或者表型相似性将人们划入不同的地理分布群体中。但是，这种分类框架违背了一般的种族概念所需要的两个属性。第一，因为遗传变异是连续的，所以没有自然存在的分类框架。个体属于哪个类别都是主观判断的，通过不同特点进行分类会产生根本上不同的结果。第二，分类框架提供的信息不是非常翔实。世界不同地方的群体间的平均差异比群体内个体间差异小很多，结果就是即使知道一个个体所属的群体，你也无法从中得知该个体的基因型。

根本不存在人种的自然分类。

在第四章，我们认为物种是自然界中可以定义的实体。不同种族的区别很大，且没有自然的分类框架将我们分类。什么是自然的分类框架？请思考以下比喻。假设你是五金店的售货员。老板让你将两个橱柜里的东西进行分类。第一个橱柜装的是来自不同生产商的电钻，每个生产商用自己的电钻模型成批量制造电钻。第二个橱柜装有不同的螺钉。这些电钻的颜色、形状、重量和功率均不尽相同。这些螺钉的长度、直径、螺距和螺盖也各有差异。你可以毫不费力地将电钻根据生产商分类，因为每个品牌有自己的颜色、形状、重量和功率特点。并且，每个模型之间的差别也很明显，没有过渡性的差异。这就是自然的分类系统。但是要将螺钉分类就没有那么简单。你可以根据长度、直径和螺距将螺钉分成三个大类。并且，即使只根据一种特征分类也需要人为判断：分成三种还是四种。1.5英寸的螺钉属于最小号螺钉还是中号螺钉？没有自然的分类方法可以将这些螺钉归类。

你也许会用基因测量的方法将生物划分到不同的分类单元中，再用同样的方法划分人群。然而这并不可取，人类的遗传差异具有连续性。当然，地理位置相距很远的人群之间的遗传差异很明显。例如，如图14.20a所示，分别来自北欧、东亚和非洲撒哈拉沙漠以南的样本之间完全没有重叠，从而可以很简单地划入三个不同的群体中。如图14.20b所示，如果加入分布于欧洲和亚洲之间的印度南部的群体数据，就不可能简单划分出不同的群体。这样的话，回看遗传距离和地理距离的关系图就会发现，没有单独聚类或断层，而单独聚类和断层是形成自然分类系统的基础。剑桥的研究小组用统计方法分析得知，控制基因距离这一变量以后，几乎没有办法预测种族。

不同特征标准划分出的种族群体也不一样。例如，根据乳糖的消化能力划分出的组别与根据抗疟疾能力划分出的组别完全不一样。根据肤色划分出的组别与根据身高划分出的组别也完全不一样。也就是说，以肤色和面部形态为依据的种族分类框架不是总体遗传相似性的可靠预测指标。例如，在巴西，当地人根据葡萄牙语的"cor"进行分类。尽管"cor"的字面意思是"颜色"，巴西人的分类标准除了肤色，还包括嘴唇和眼睛的形态以及发质。巴西使用"cor"进行种族分类的方法与北美地区的种族划分方法相似：巴西对黑人群体存在大量偏见，黑人的平均工资比其他巴西人的低。如果巴西人的划分方法有生物学意义，"cor"可以有效地预测血统，白人群体应该主要是欧洲血统，黑人群体

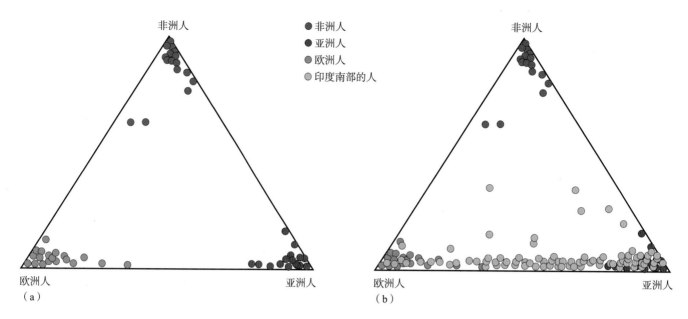

图 14.20

（a）根据来自西欧、非洲撒哈拉以南地区和东亚的三个群体中的247名样本的100个非编码多态位点，绘制的三个不同人群的祖先的组成。所有个体无一例外地很明确地划入三类中的其中一类。当然，这是因为我们人为地选择相隔较远的样本。（b）从印度南部收集另外263个个体的数据。一旦加入地理分布连续的样本，种群的划分就变得更加模糊。

则主要是非洲人的后裔。

　　为了验证这一观点，巴西米纳斯联邦大学（Universidade Federal de Minas Gerais）的芙拉维娅·帕拉（Flavia Parra）和同事收集了三个群体的样本。他们采集生活在非洲海岸的圣多美岛（Sao Tome）居民的血液。这个岛靠近大部分非洲裔巴西人的祖先在被抓去巴西当奴隶之前居住的地方。此外，研究小组还收集了葡萄牙人的血液，大部分欧洲裔巴西人的祖先来自葡萄牙。结果表明，西非人群与欧洲人群之间有一小部分基因位点是不同的，我们可以用该结果计算非洲血统系数。最后，研究人员又收集了当代巴西人的两种信息。根据这些人的表型特征，研究人员将这些人划分成三个类群——"黑""白"及"中间型"。他们收集每个研究对象的血样，提取DNA，并根据遗传位点的差异给每个个体分类。这样研究人员就可以计算每个个体的非洲血统系数。结果很清楚，表型与出生血统没有多少关联（图14.21）。不管是黑人还是白人，他们的基因型都非常接近。

　　种族划分框架无法解释全世界人类的遗传变异。

　　遗传学家曾经尝试解释人类在全世界范围内的变异模式。这些研究认为，同一个地方的人群属于同一个民族、语言群体和国籍。然后这些地方群体又划分到一个更大地理范畴的分类单元中，相当于通常所说的种族。遗传学家计算这些特点在不同地方群体内、同一种族的不同群体间和种族之间等三个维度的差异范

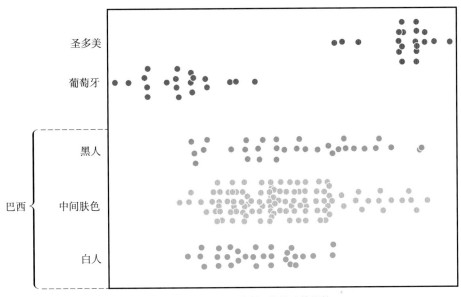

图 14.21

非洲圣多美岛、葡萄牙、巴西当下人群中的非洲血统遗传指数。这一数据表明巴西的民族分类体系不能显示遗传相似性。

围。他们发现，一些地方群体内部的遗传差异甚至大于种族内部群体间的遗传差异或者种族间的遗传差异。当地群体内部的差异占人类所有差异的85%。换个说法就是，假设狠心的外星人消灭了大部分人类，只留下一个当地群体并把他们保留在外星球的动物园里面。外星人随机挑选当地群体，比如非洲的埃菲族人（Efe）、北极的因纽特人（Inuit）、美国的爱荷华州人（AMEs）、南美的巴塔哥尼亚人（Patagonia），然后消灭地球上其他人群。平均来看，存活下来的群体将包含全人类85%的遗传变异。

这个事实表明，我们无法从一个人的所属种群分类中知晓他们的基因型。例如，根据法国人类多态性研究中心（Centre d'Etude du Polymorphisme Humaine，简写为CEPH）提供的数据（前文所述的斯坦福大学和剑桥大学的研究团队用的也是这个数据），华盛顿大学的迈克·巴姆沙德（Michael Bamshad）和他的同事将1064个样本分成四类，这四个类别由美国行政管理和预算办公室定义，分别是欧洲人（包括西亚人）、亚洲人（包括大洋洲人）、非洲人和本土美洲人。然后他们比较发现，从一个群体内部随机挑选的两个个体的遗传相似性大于从两个群体中随机挑选的两个个体的遗传相似性。用不同的群体做的实验结果略有不同，但大概2/3是一致的。这一结果并不令人信服，因为这接近随机估测值。CEPH的数据排除了许多地理分布连续的群体，例如北非及印度的群体，这些群体会明显减弱对这四个类别的检测能力。这些结果使用了样本中所有的377个基因位点，难以通过个体的种族信息判断受少量基因影响的表型特征。

种族分类框架不能代表自然的生物类群。

最根本的是，人可以被划分成不同的类别，这种划分无需主观介入，但也不能反映自然的生物单元。即使知道一个人在某一个分类中的所属类别，也无法明确其外貌。

这个结论与人类演化相吻合。解剖学上的智人似乎是最近才演化出来的物种，线粒体DNA和化石的研究表明演化时间不超过20万年。就是说，自然选择和遗传漂变对人类遗传变异的影响不太可能大于对其他更古老物种的影响。黑猩猩属的不同种之间的遗传变异大于人类不同群体间的遗传变异，这很有可能是因为黑猩猩属是一个古老的属。此外，人类历史中有频繁的基因流，而基因流会消除群体间的遗传差异。

种族代表不同的文化类别，文化类别在社会中发挥着重要但有时候不幸的作用。

许多人认为种族也不是真正地不合理。他们从自身经历中"认识到"种族是真实存在的。已故的马丁·路德·金的"我希望我的四个小孩生活在这样一个地方，人们不以肤色而以个性评价他们"的梦想并没有实现。这是因为种族主义真实存在于社会的方方面面。但是区分种族主义的真实性及种族概念的科学理解非常重要。

许多人将"种族是不合理的科学结构"这一观点比作是当下在学术界很流行的"政治正确"的另一个例子。人类学家也支持这种观点。例如，在1994年的《探索》(*Discover*)杂志中，科罗拉多大学的人类学家爱丽丝·布鲁斯(Alice Brues)指出：

> 现在有个流行的政治说法："世界上没有种族。"我很想知道人们听到这种说法之后会有怎样的想法。他们会想，如果演讲者乘降落伞落到肯尼亚内罗毕的商业区，看到周边环境，难道他无法区别自己是在内罗毕还是瑞典斯德哥尔摩吗？应该不是的。眼见的明显差别可以告诉我们"那儿确实是不一样的"。

但是直觉又会把人引入歧途。眼睛告诉我们地球是平的，但是地球实际上是圆的。直觉告诉我们步枪水平射出的子弹落地的时间远远落后于同时从枪口垂直下落的子弹的落地时间，但是事实是两个子弹同时落地。我们下意识地认为大象不可能是鼩鼱似的食虫动物的后代，但事实就是这样。同理，种族存在也是幻觉。

毫无疑问，布鲁斯教授认为降落在内罗毕的跳伞运动员不太可能认为自己在斯德哥尔摩、东京或者火奴鲁鲁的观点是对的。但是这个运动员能确定自己是在内罗毕而不是在南非约翰内斯堡或者南太平洋的斐济群岛？很有可能是无法确定的。再想象一下有个勇敢的人打算骑自行车从内罗毕到斯德哥尔摩会是怎样。从内罗毕途经刚果的金沙萨、苏丹的喀土穆、埃及的开罗、土耳其的伊斯坦布尔、匈牙利的布达佩斯，然后最终到达瑞典的斯德哥尔摩，他会发现一路上人们的特征都在变化但是变化很微小，没有特别清晰的差异界限。这个骑自行车的人能看到人们之间的变化，但这些变化不足以将这些个体划入不同的且没有重叠的类群中。因此，我们关于种族的认识取决于我们哪个抓住了人类变异的根本特征。科学证据确凿证明，人类群体内部的变异远远多于群体间的变异，这也是上述骑手横跨大陆时候没有发现人类急剧变化的原因。

我们认为，种族属于文化结构的范畴，不具有生物学意义。北美人用于划分种族的特征往往具有生物遗传性，例如肤色及面部特征。但是我们不妨改用文化传承特征，例如宗教信仰、方言或者社会等级。以少数生物遗传为依据的分类方法并不比以宗教信仰、语言或者政治派别为依据的分类法更科学。尽管肤色及面部特征是美国人的显著特征，其他地方的社会群体有更重要的特征。尽管新教徒与天主教徒之间的遗传差异远远小于非洲裔美国人和欧洲裔美国人之间的遗传差异，但是宗教依然是北爱尔兰内部的仇恨基础。过去的25年里，笼罩全球的种族冲突导致大量死亡，例如巴格达的逊尼派和什叶派，斯里兰卡的泰米尔人和僧伽罗人，科索沃的塞尔维亚人和穆斯林。在这些情况中，种族划分的标准是文化而不是基因。

关键术语

转座子

同义替换

非同义替换

正选择

幼态延续

负向选择

遗传差异

群体内差异

群体间差异

特殊语言障碍

选择-突变平衡

恶性疟疾

平衡多态性

非胰岛素依赖型糖尿病/II型糖尿病

胰岛素

乳糖

乳糖分解酶-根皮苷水解酶

乳糖耐受

乳糖酶

牧民

选择性清除

单倍型

单核苷酸多态性

奠基者效应

变异性卟啉症

大洋洲

遗传度

环境协同变异

同卵双胞胎

异卵双胞胎

全基因组关联分析

学与思

1. 人类和其他猿仅有1%~2%的基因组差异，但有巨大的表型差异，如何解释这一事实？

2. 本章描述了哪些导致人类差异的原因？为什么有必要区分这些原因？

3. 思考人类手指数目的表型。多数人的手是五指的，但是有些人的手指数目少于五指。什么原因导致手指数量的差异？

4. 自然选择如何维持人类群体内部的遗传差异？

5. 有哪种证据表明自然选择导致了人类群体间的遗传差异？

6. 为什么很难区分导致人类表型差异的原因？为什么在其他动物中则相对容易确定表型差异的原因？

7. 解释为什么双胞胎研究可以估测遗传因素和环境因素对表型的影响程度。

8. 什么体型的人最适合在湿润气候中生活？为什么？

9. 假设你知道美国白人的IQ与基因有关，那么美国白人和其他美国人之间的IQ不同的事实能够告诉我们什么其他的信息？为什么？

10. 为什么种族不是有意义的生物学分类？

延伸阅读

Bamshad, M., S. Wooding, B. A. Salisbury, and J. C. Stephens. 2004. "Deconstructing the Relationship between Genetics and Race." *Nature Reviews Genetics* 15: 598-609.

Falconer, D. S., and T. F. C. Mackay. 1996. *Introduction to Quantitative Gentics*. 4th ed. Essex, UK: Longman.

Gerbault, P., A. Liebert, Y. Itan, A. Powell, M. Currat, J. Burger, D. M. Swallow, and M. G. Thomas. 2013. "Evolution of Lactase Persistence: An Example of Human Niche Construction." *Philosophical Transactions of the Royal Society* 366: 863-877.

Jobling, M. A., E. Hollox, M. Hurles, T. Kivisild, and C. Tyler-Smith. 2014. *Human Evolutionary Genetics.* 2nd ed. New York: Garland Science.

Mielke, J. H., L. W. Konigsberg, and J. H. Relethford. 2010. *Human Biological Variation.* New York:

Oxford University Press.

O'Bleness, M., V. B. Searles, A. Varki, P. Gagneux, and J. M. Sikela. 2012. "Evolution of Genetic and Genomic Features Unique to the Human Lineage." *Nature Reviews Genetics* 13: 853-866.

本章目标

本章结束后你应该能够掌握

- 评价以下论点：运用演化思想理解现代人类行为并不意味着遗传决定论。

- 理解演化思想为何能够帮助我们理解人类的学习机制。

- 讨论为什么人们通常不与近亲婚配。

- 解释自然选择如何帮助我们理解男女为什么都看重婚姻伴侣的人品，以及为什么男子通常更关注对象年龄，而女子更关注对象的生活资源。

为什么演化与人类行为相关　　　择偶偏好的社会影响
理解我们如何思考　　　　　　　演化理论能在多大程度上解释
　　　　　　　　　　　　　　　人类行为？

为什么演化与人类行为相关

　　将演化思想应用于理解人类行为演化是存在争议的。进化论/演化论是理解自然界的核心。通过研究自然选择、重组、基因突变、遗传漂变以及其他共同导致演化改变的演化过程，我们才可以理解为什么生命体是那个样子。当然，我们对演化的理解并不完善，而且，其他学科对理解生命也有巨大贡献，尤其是化学与物理。正如同伟大的基因学家西奥多修斯·多布赞斯基（Theodosius Dobzhansky）曾经说过的："如果不从进化/演化的角度分析问题，生物学的一切都毫无意义。"（Nothing makes sense except in the light of evolution.）

　　到目前为止，本书所运用演化理论的方式还没有太大争议。从根本上讲，我们对我们人类这个物种的演化史很感兴趣，但是，我们最早是通过演化理论来理解我们的亲缘物种，即非人灵长类的行为。在40年前，对灵长类学家来说演化理论还是新知识，曾经引起了争议，但现在大多数灵长类学家承认了行为的演化解释。在第三部分，我们使用演化理论解释了早期灵长类的行为模式。尽管一些研究人员会对这种分析的细节存在争论，然而，现在用演化理论解释行为适应性已经被普遍接受。也许这是因为早期古人类仅仅是"双足直立行走的猿"，脑容量相当于现代黑猩猩的尺寸。大多数人并不反对对生理特征的演化分析，比如乳糖耐受性，但是他们也许会不同意对那些特征的特定解释。与此相似，大多数人认同有关为什么我们活那么久、成熟得如此缓慢的演化解释。这些特征很显然是人类的生物学特征，演化理论是理解这些特征的根本钥匙，对于这一观点学界已经达成广泛共识。

当我们谈到当代人类行为时，这个共识消失了。大多数社会科学学者承认演化在有限的范围内塑造了我们的身体、思想和行为。但是，许多社会科学学者对将演化理论运用于对现代人类行为的解释一直持批评态度，因为他们认为演化分析暗示了行为是由基因决定的。基因决定人类行为似乎与以下这样一个事实不符：我们的行为是通过学习获得的，我们的许多行为以及许多信仰受到我们的文化和环境强烈影响。演化解释暗示基因决定论这一观点其实是基于对自然世界运作的根本误解。

所有表现型特征，包括行为特征在内，都反映了基因和环境之间的相互作用。

许多人有这样的错误观点：基因遗传和后天学习是互斥的。也就是说，他们相信行为要么是基因决定的，不可改变；要么是后天习得的，全部受环境差异控制。这个假设直击"先天-后天论题"的核心，这是多年以来社会科学中令人懊恼的辩论。

围绕先天-后天决定的辩论基于存在谬误的二分法。二分法假定基因影响（天生）与环境影响（后天）之间有清晰而明确的界线。人们通常认为基因就像成品机器的工程图纸，而个体差异仅仅因为它们的基因携带不同的特定说明书。例如，他们认为姚明个子高是因为他的基因特定为成年身高为2.3米，而厄尔·博伊金斯（Earl Boykins）个子矮是因为他的基因特定为成年身高为1.65米。

然而，基因不是特定表现型的蓝图。每个特征都是基因与环境相互作用的结果。因此，基因更像一个创意厨师手中的食谱，用从自然中可获取的材料设定组构生命体的指令。在每一个步骤，这个复杂的过程都取决于当地的本质条件。任何表现型的表达总是取决于环境。一个人的成年身高由从父母遗传而来的基因、童年期的营养状况，以及成长过程中所患过的疾病等多个因素塑造。

行为特征的表达对环境条件的敏感度通常高于形态和生理特征对环境的敏感度。如第三章所见，在多样的环境中统一发展的特征，比如手指的数目，被认为是特定固化的。根据环境线索而反应的特征，例如生存策略，则被认为具有可塑性。然而，每个特征无论是可塑的还是特定固化的，都是从特定环境下逐步展开发展而来，每一个高度固化的特点都能被自然因素修改，比如胎儿接触到诱变剂或者遭遇事故。

自然选择可塑造发育过程，因此，生命体在不同环境中形成了不同的适应性行为。

有些人即使能够理解特征受基因和环境的共同影响，但他们仍排斥对人类行为的演化解释，因为他们已经落入了第二个更加微妙的误解陷阱。他们认为自然选择不能创造适应性，除非个体之间的行为差异由基因差异造成。如果这是正确的，那么人类行为适应性的解释就说不通了。因为，大多数行为特征的改变，比如觅食策略、婚姻行为与价值观等，毫无疑问并不能归因于基因差异，而是与学习和文化有关。

然而，这种观点是错误的，因为自然选择可以塑造学习机制，因此生命体可以调整其行为去适应当地条件。请回顾一下第三章，这章介绍的椿象的问题正好解释了这一点。当雌性稀少时，俄克拉何马的雄性椿象看管它们的配偶，而当雌性数量充足的时候，它们却不看管配偶。雄性个体根据当地性别比例来改变它们的适应性行为。如果雄性的这种灵活性得到演化，需要保证影响其看管雌性的基因存在个体差异，以及根据性比调整看管行为的相关基因也应该存在个体差异。如果存在这样的差异，那么自然选择就能塑造雄性的行为来让它们适应当地条件。然而，在任何给定的种群中，大多数观察到的行为适应性都可归因于雄性个体对自然信号的适应性反应。

椿象的行为相当简单，但是人类的学习和决策要复杂、灵活得多。相对于椿象配偶守卫行为可塑性的机制，我们对人类行为可塑性机制了解更少。然而，这种机制一定存在，而且很可能是自然选择塑造的。（注意正如我们在第二章中讨论过的，我们不是在争论人类社会所有行为改变都是适应性的，我们知道演化并不在每种情况下产生适应性。）这里的重点是演化理论并不暗示人类的行为差异是个体间基因差别的产物。

在本章和下一章中，我们将思考演化理论如何可以用于理解现代人类的思想和行为。正如你将看到的，不同学科的研究人员采用不同方法努力理解演化如何塑造人类行为。一些研究人员专注于自然选择如何塑造人类大脑，以及自然选择产生的推理和学习机制如何解释行为。另一些人尝试理解人类的文化能力以及想法、信念和价值观的学习能力如何影响了人类行为的演化。在本章接下来的部分，我们将着重阐述前者对人类行为演化的解释。在下一章中，我们将看到这两种方法如何结合在一起并用于理解为什么人类与其他动物如此不同。

理解我们如何思考

演化分析为我们了解大脑是如何设计的提供了重要的帮助。

大而复杂的大脑是最能明确区分人类和其他灵长类的适应性特征。自然选择不仅使我们的大脑变大，还以其独特的方式塑造了我们的认知能力和思考方式。

图 15.1

对于不熟悉的食物，老鼠一开始会进行少量尝试，如果生病，它们就再也不吃这种食物了。

即使最灵活的策略也是基于特殊目的的心理机制。

心理学家们曾经认为人和其他动物有几个通用的学习机制，使得他们能够自适应地修改表型的任何方面。然而，相当多的证据表明动物擅长学习某些事物，而不擅长学习其他事物。例如，老鼠很快就能学会避开让它们生病的新食物。而且，老鼠厌弃这些食物主要基于这些食物的味道，而不是食物的大小、形状或者颜色，之所以如此是因为老鼠在各种环境中存活，频繁地遇到新食物，而且，它们通常在漆黑的夜晚觅食。为了确定一种新食物是否能吃，它们通常先尝一小点，然后再等上几个小时，如果食物有毒，它们便会生病，就再也不吃这种食物了。老鼠注意食物的味道而不是其他方面，也许是因为光线通常太暗，看不到食物的外观（图15.1），然而，这种学习机制的灵活性是有限的。有几种食物是老鼠永远无法尝试的，因此，它们的食谱由基因严格控制。另外，所有环境偶发事件对学习过程的影响并不均等。例如，新口味和胃部不适之间的关系对老鼠的影响比其他关系更大。

自然选择决定了特定物种的大脑善于解决哪些类型的问题，要理解任何物种的心理，我们必须知道它们在自然中需要解决的问题类型。

我们的大脑也许是为解决一些类似于我们的祖先生活在食物匮乏地区时所面临的特殊问题而设计的。

在悠久的人类历史中，人类其实主要生活在小规模的狩猎采集社会中（图15.2）；具有农业和高密度人口的阶层社会只存在了几千年（图15.3）。加利福尼亚大学的约翰·托比（John Tobby）和利达·科思米兹（Leda Cosmides）认为：像脑这样复杂的适应器官的演化非常缓慢，所以我们的大脑是为狩猎采集社会而设计的。他们使用**演化适应环境**（environment of evolutionary adaptedness，简写为EEA，即适应性特征演化过程中所经历的一些环境选择压力）这一术语，用来代指人类心智能力演化的社会、科技和生态条件。托比、科思米兹和他们的同事们发现EEA非常像当代狩猎采集部落所生活的世界。

生活在狩猎采集社会的人们面临一些特定类型的问题，这些问题影响了他们的适应性。例如，在现代狩猎采集社会中，分享食物是生活中必不可少的部分。蔬菜仅局限于在家庭成员中分发，而肉类的分享范围更广。分享食物是一种互惠利他行为。互惠利他行为的一个大问题是与非互惠个体的互动代价高昂。因此，科思米兹和托比假定人类的认知能力应该能很好地分辨出骗子，而且他们开展的大量实验数据表明，人类非常关注社会交换中的不平衡和违反社会契约的行为。

正如我们所了解的，早期人类生活有相当大的不确定性，这给以演化推理为基础的人类心理学的预测增加了分歧。一些权威人士相信，人属早期成员非常像现代狩猎采集部落的人类，即他们在小群体中生活，靠狩猎和采集生存。他们在家庭范围内分享食物。他们会说话，有共同文化信仰和传统。另一些权威人士认为人属早期成员生活与现代狩猎采集部落的人类的生活完全不同。他们认为这些古人类并

图 15.2

演化心理学家相信人类心智能力的演化是为了解决觅食者面临的适应性挑战，因为这是人类在演化历史的大多数时期中采用的生存策略。

不狩猎大的猎物，没有分享食物或公用家庭基地行为。如果古人类像现代狩猎采集部落那样生活，那么我们就有理由认为人类大脑的演化是为了解决一些狩猎采集生活中所面临的问题，例如在社会交换中区分自私吃独食的人。另一方面，如果定义现代狩猎采集部落特定生活方式的特点在4万年前才出现，那么自然选择也许就没有足够时间产生特定心理机制以处理狩猎采集生活所面临的挑战，如食物分享。

图 15.3

2500 到 1300 年前密西西比三角洲的本地人建造了这些纪念性建筑，构建这样的建筑需要有一群人指挥另一群人劳动，这意味着存在社会分层。

演化心理机制造成了人类社会的许多共同特点。

人类学（与其他社会科学）的大部分内容基于人类行为不受生物学限制这一假设。人必须要获取食物、庇护所以及生存和繁殖所必需的其他资源。但除此之外，人类行为是不受约束的。

但是，这种假设从演化视角来看，不是非常有道理。人类大脑中演化出来的一些机制很有可能为人类社会和人类文化提供了演化方向，使得一些结果比另一些结果更有可能产生。所以，正确的问题是：人类有什么类型的心理机制？我们很有可能与其他动物有一些共同的心理机制，但我们也许还有一些特定的心理机制把我们与其他生物区分开来。在下面的讨论中，我们检验了两个我们在所有人类社会中发现的认知机制的例子：避免近亲繁殖和存在婚配偏好。

避免近亲繁殖

近亲繁殖的后代适应性比远亲繁殖的后代低。

遗传学家把亲属之间的婚配叫作**近亲繁殖**（inbred matings），把没有亲缘关系的个体间的婚配叫作**远亲繁殖**（outbred matings）。比起远亲繁殖的后代，近亲繁殖的后代更有可能成为有害隐性等位基因的纯合体。因此，近亲繁殖的后代没有远亲繁殖的后代强壮，近亲繁殖的后代死亡率更高。在第十四章中，我们讨论了几种遗传性疾病，比如由隐性基因导致的苯丙酮尿症、台−萨氏综合征和囊性纤维化。带有这种有害隐性等位基因的杂合体人并不会得病，但是纯合体的人出现严重健康问题，通常会致死。这类等位基因在大多数人群中的出现频率很低，然而，人类基因组中有很多位点。因此，尽管每个基因位点携带有害等位基因的概率很低，但根据遗传学家的估算，每个人仍携带了 2~5 个致死的隐性等位基因。近亲繁殖是有害的，因为这大大增加了配偶双方在同一个基因位点携带有害隐性等位基因的概率。如果近亲繁殖有害，那么也许自然选择会青睐减少近亲繁殖机会的适应性行为。

近亲之间繁殖在非人灵长类中非常罕见。

在第六章中我们曾提到，所有非人灵长类物种，在接近青春期时，会有一个或两个性别的成员离开出生群。成年雄性通常不会长久留在群体中，在自己的女儿达到性成熟年龄之前便会离开。扩散行为很可能是防止近亲交配的一种适应。原则上，灵长类可以留在出生群中，但是必须避免与近亲繁殖。然而，这会限制潜在配偶的数目，而且，如果父系血统存在许多不确定性，也会变得不可靠。

自然选择为一些灵长类提供了另一机制对抗近亲繁殖：强烈抑制与近亲的交配。在母系猕猴群中，一些雄性获得了高等级，并且在迁移出群体之前与成年雌性交配。然而，其与母系亲属间的交配极其罕见。

加利福尼亚大学河滨分校的温迪·萨尔茨曼（Wendy Saltzman）和她的同事们进行的研究表明：在狨科动物中，繁殖抑制的部分原因便是对近亲交配的排斥。年轻雌性与母亲同住，它们不与父亲繁殖，但是，当父亲被外来雄性取代，母亲和女儿都积极繁殖。成年雌性黑猩猩通常有机会与它们的父亲交配（图15.4），但是在贡贝溪国家公园40多年的研究表明，它们实际上很少与父亲交配。雌性黑猩猩似乎普遍厌恶与比它们年长得多的雄性交配，雄性似乎通常对非常年轻的雌性不感兴趣。这些机制也许有利于防止雌性与它们父亲交配，反之亦然。

图 15.4

雌性黑猩猩避免与近亲雄性交配。尽管母亲与它们成年的儿子有亲密关系，但是，母子之间的交配很罕见。

人类很少近亲繁殖。

20世纪前半叶，文化人类学家热衷于到世界各地研究不同民族的生活。他们充满艰苦危险的工作带来了大量有关人类各种神奇生活的珍贵信息。他们发现，不同文化的家庭模式差异很大。有的是一夫多妻制，有的是一夫一妻制，还有少数几个是一妻多夫制。一些人认同母系血统，并且服从母亲的兄弟。在有的社会，已婚夫妇住在丈夫家，而另一些则与妻子的亲属住在一起，或者有的自立门户。一些人必须与他们母亲兄弟的子女结婚，另一些则不允许这样做。

在所有这些家庭模式中，没有任何一个民族志记述有常态化的兄弟姐妹间结婚或父母和子女之间结婚的情况。已知的唯一的兄妹间频繁婚育的个案来自于公元20~259年的调查数据，该数据是由当时管辖埃及的历任罗马总督收集的人口普查资料。根据172份保存下来的人口普查记录可以重构113桩婚姻谱系。其中：12桩婚姻发生在亲生兄妹之间，8桩发生在同父异母或同母异父的兄弟姐妹之间。这些婚姻似乎既得到了法律也得到了社会的认可，因为婚前协议与结婚邀请函都保存了下来。

亲缘关系越远越多变，许多社会允许表亲以及堂兄弟姐妹之间结婚；其他社会则甚至禁止远亲之间的婚姻。再者，许多社会的婚配禁止模式不遵照遗传类别。例如，父系远房亲缘在一些特定的社会中是通婚禁忌，而在同一社会中母系的表亲也许是最受欢迎的婚姻对象。有时，掌控繁殖的规矩与掌控结婚的规矩并不相同。

一起长大的个体间缺乏性吸引力。

非人灵长类普遍存在回避近亲繁殖这一事实表明，人类祖先可能也有防止近亲繁殖的心理机制。这些心理机制在人类演化过程中很难消失，除非该机制不符合自然选择。人类与近亲个体繁殖极其有害，这与其他灵长类一样。理论与数据都预测，现代人类有减少近亲繁殖概率的心理机制，至少在塑造人类心理的小规模社会中如此。

有证据表明这种心理机制存在。19世纪晚期，芬兰社会学家爱德华·韦斯特马克（Edward Westermark）推测童年期的接触会抑制欲望。他的意思是，那些从小就生活在亲密关系中的人，长大后并不觉得彼此有性吸引力。有几个证据支持韦斯特马克的假说：

● **台湾地区的童养媳婚姻**。**童养媳婚姻**（minor marriages）这种特别的婚姻模式曾在中国广为流行，直到最近才消失。在这种婚姻关系中，儿童被当作未来的新娘收养，领养时未来的丈夫还处于婴儿阶段。在家中，婚配的夫妇像姐弟一样长大，根据斯坦福大学人类学家亚瑟·沃尔夫（Arthur Wolf）的调查，童养媳婚姻中的伴侣相互之间没有性兴趣。强烈性冷淡以至于岳父和公公有时不得不动用武力，逼迫新婚夫妇初次洞房完婚。沃尔夫的数据表明童养媳婚姻比其他包办婚姻少生育30%的孩子（图15.5a），而且很有可能以分居或离婚告终（图15.5b）。童养媳婚姻中出轨现象也很普遍。当现代化使得父母的权威性降低后，许多既定童养媳婚姻中的男女打破了婚约，与他人结婚。

● **基布兹的同龄婚配**。第二次世界大战之前，许多移居至以色列的犹太人组建成被称为**基布兹**（kibbutz）的乌托邦式社区。在这些社区中，孩子们在社区托儿所被抚养大，从婴幼儿到成年期一直生活在一小群无血缘的同龄伙伴中。在这样的伙伴群中，基布兹的意识形态并不打击这类同龄群体中孩子们的性尝试或结婚，但是，结果却是孩子们既不进行性尝试，也不结婚。以色列社

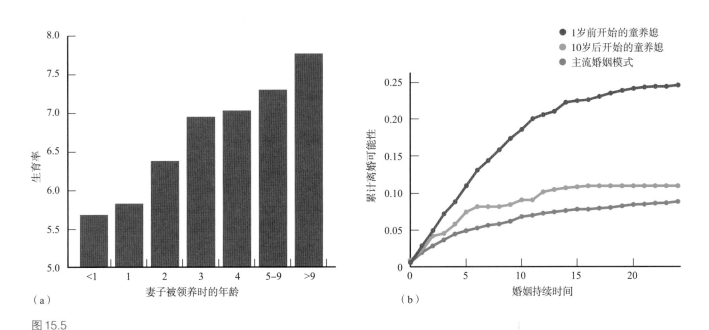

（a）

（b）

图 15.5

童养媳婚姻中，妻子到达未来丈夫家的年龄（被领养时的年龄）既影响生育率，又影响离婚可能性。（a）被收养时年龄较小的女子生育能力也小。（b）女子到达丈夫家的年龄越小，婚姻存续的可能性越小。

会学家约瑟夫·塞弗（Joseph Sepher）本人就是一个基布兹成员，他在211个基布兹农场收集了2769桩婚姻的资料。在所有这些婚姻案例中，只有14桩婚姻是同一伙伴群中的成员，其中有一人是六岁以后加入的伙伴群。在自己所在的基布兹农场收集到的数据中，塞弗发现同一个伙伴群中的成员间没有婚前性行为。

● 对待乱伦的第三方立场。也许你会注意到，对近亲繁殖的厌恶超越了我们对自己婚育行为的态度，这种态度还扩展到了其他人身上。我们不仅对自己与父母或自己与孩子发生性关系这一想法感到恶心，而且还会对别人类似的想法感到恶心。加利福尼亚大学洛杉矶分校的丹尼尔·费斯勒（Daniel Fessler）和密歇根州立大学的卡洛斯·纳瓦雷特（Carlos Navarette）认为这类的第三方厌恶立场是"自我中心移情"的一种形式。韦斯特马克假定童年期间住在一起会引发性反感。如果这是对的，那么对自己行为和他人行为的感受强度便可能与童年时期同异性兄弟姐妹的接触程度有关。费斯勒和纳瓦雷特的研究证实了这些预测，另一个由迈阿密大学的黛博拉·利伯曼（Debra Lieberman）率领的团队也证实了这些预测。两组研究人员让受测试者（本科生）思考虚构的涉及成年人双方自愿的兄弟姐妹乱伦。两个研究的结果都在很大程度上证实了韦斯特马克的假设。那些与兄弟姐妹一起长大的受试者更加强烈地反对这个虚构的场景。而且，女性对这虚构场景的厌恶反应普遍比男性更强烈。

从演化角度对避免近亲繁殖的解读与心理学和文化心理学对避免近亲交配的解读截然不同。

避免乱伦和近亲繁殖是许多人类社会重要理论的核心。思想家弗洛伊德和克劳德·列维–斯特劳斯（Claude Lévi-Strauss）曾断言人类心里埋藏着很深的与亲密家庭成员发生性关系的欲望。根据这种观点，文化赋予的对抗乱伦的法则，将社会从这些破坏性激情中拯救出来。这种观点从演化视角来看是说不通的。更多理论证据表明自然选择会给乱伦设置心理障碍，而且，大量证据表明在人类和其他灵长类中，自然选择已产生这样的结果。理论研究与实际观察结果都表明家庭并不是欲望的焦点，家庭是性冷淡的小岛。

然而，本书的演化分析还不是非常完整。例如，我们也许会预测韦斯特马克的因果关系与自我中心移情会让人们对中国童养媳婚姻产生厌恶感。然而，童养媳婚姻持续了很长一段时间。非常有可能的是，心理机制得到补偿或者也许被有意识的推理所替代。在许多社会中人们相信乱伦会导致疾病和畸形，他们的信念也许引导了他们的行为并塑造他们的文化实践。最后，有关乱伦的态度并不仅仅只基于近亲繁殖的有害影响。如果它只基于近亲繁殖的有害影响，那么所有社会针对谁可以发生性关系这一问题应有相同的规则。然而，我们发现有相当多的变化。例如，一些社会鼓励表亲结婚，而其他社会禁止这样的婚姻。

人类的择偶偏好

结婚

孩子——（如果可能的话）——白头偕老的终身伴侣（或晚年时的老伴），只对对方感兴趣——有相爱与玩耍的对象。——总之，比养条狗好。——有个家，以及有照看房子的人。——有迷人的音乐和女人的闲聊——这些事情对人的健康有益。——但会失去大量时间。——

我的天啊，想想要像工蜂一样度过一生就无法忍受，工作，工作，除此之外别无他物。——不，这行不通。——想象一下，独自一人孤独地生活在烟雾缭绕、脏脏的伦敦房子中是多么痛苦。——再想象一下，与温柔而美丽的妻子坐在沙发上，烧着温暖的火炉，读书或者听听音乐，这是多么惬意——再对比一下阴暗的大万宝路街的景象，心中更加温暖。

结婚——结婚——必须结婚。

不结婚

自由自在，想去哪儿就去哪儿——成为社会中的少数派——可以在俱乐部中和睿智的男人们聊天——不会被逼着去走访亲友，或者为区区小事而折腰。——不必为养儿育女的不安与开销争吵——养了孩子会损失自己的时间——不能在夜间阅读——会变胖且无聊——会感到焦虑以及沉重的责任感——买书的钱少了——如果有很多孩子的话就要被迫挣钱。——（工作量太大会对人的健康不利）

也许我的妻子不喜欢伦敦；那么这个惩罚就是放任自流、自暴自弃而变成个怠惰而散漫的傻瓜。

图 15.6

查尔斯·达尔文向他的表姐艾玛求婚并结婚。这幅肖像画是艾玛在 32 岁时画的，当时她刚生完第一个孩子。

上述这些是查尔斯·达尔文在 29 岁时的想法，他当时刚结束为期 5 年的"小猎犬号"环球考察。写下这些话后不久，达尔文便与他的表姐艾玛结婚了（图 15.6）。艾玛的父亲乔赛亚·韦奇伍德是个思想开明且极其富有的瓷器制造商。综合各方资料，我们可以确定达尔文夫妇非常相爱。艾玛共生了 10 个孩子，还要照顾百病缠身的达尔文。达尔文则勤奋地投入工作，精明地经营投资，让他继承而来的遗产得到增值，让他妻子的殷实家产变得更加可观。

达尔文对婚姻利弊的坦率反思和当时传统的维多利亚时代上流社会绅士的思想基本一致。但每种文化、阶级与性别的人们都面临着选择配偶的问题。有时人们自己选择配偶，另一些情况则由父母包办孩子的婚姻。但是，不管在世界的哪个地方，人们都在意自己将要结婚的对象。

演化理论引发了一些可检测的有关人类择偶偏好心理的预测。

人类在演化历史的大部分时间，都生活在狩猎采集社会。男性和女性面临的适应性挑战很有可能已经塑造了自身的择偶策略。对于女人来说，这意味着选择能提供丰富资源的男人。在第十一章中，我们曾提到在狩猎采集社会中男人和女人之间的相互依赖程度相当高。女人主要负责采集植物性食物，而男人主要负责狩猎，女人一生中的大部分时间其消耗量会超过其采集量。儿童要直到青少年期才开始自

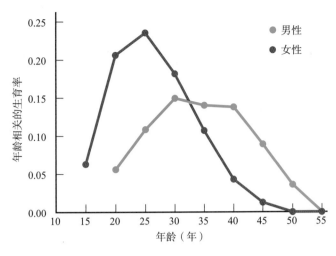

食其力。因此对于女人来说，选择一个好的资源提供者作为配偶也许很重要。

男人的繁殖成功大部分取决于他们配偶的生殖能力，因此，自然选择偏向专注于这种性质的男人。女人的生殖能力在20多岁达到最高峰，到大约50多岁即更年期时衰退到0（图15.7）。因此，自然选择作用应该偏向使男人选择年轻而健康的配偶。选择作用可能塑造了男人的心理，使他们更青睐体现青春与健康的女性特征，诸如光滑的皮肤、弹性好的肌肉、对称的特征和闪亮的头发。

图 15.7

我们可以根据年龄相关的生育率得出女性在某个特定年龄生孩子的可能性。昆人妇女在15~19岁之间生第一个孩子，20多岁生育率最高。女人在50岁时生育率会降至0。男性昆人直到20多岁才开始生孩子，30到40多岁生育率保持稳定，50岁左右时开始降至低水平。

如果演化塑造了人类的择偶心理，那么我们有望在不同社会中发现普遍模式。

得克萨斯大学奥斯汀分校的心理学家大卫·巴斯（David Buss）是最早检验演化逻辑的学者之一。巴斯招募了来自33个国家的合作者，对1万多名男性和女性发放调查理想配偶素质的标准问卷。大部分数据都来自西方工业化国家，代表这些国家城市大学生的观点。在问卷中，人们需要根据自己的意愿给潜在配偶的几个特征打分，比如外貌好、经济前景好、有竞争力等等。同时，研究人员还询问了被调查人员的理想结婚年龄以及配偶与自己之间的最适年龄差。

人们普遍最在意配偶的个人素质。

全世界的男性和女性都把相互吸引或爱情列到了所有其他特征的前面（表15.1），接下来在男性和女性中都高度渴望的特征便是个人特征，比如为人是否可靠、感情是否稳定、成熟程度和是否拥有令人愉快的性格等。健康是男性列出的第5高的特征，女性将健康列在第7位。男性把良好的经济前景列到第13位，女性将它列为第12位。男性把美貌排第10，女性排第13。非常有趣同时也令人吃惊的是，两个性别都似乎没有非常看中贞洁，也许这是因为人们被询问的是评估婚前性经验（即童贞），而非婚姻期间的忠贞。

通过亲代投资理论可以预测男女表现出的择偶偏好差异。

尽管男性和女性在这些排序打分上的分布结果相似，但男性和女性在认为这些特征的可取性方面存在一致的差异。巴斯发现性别对下列特征的影响最大："良好的经济前景""外貌好""好厨子、好管家""上进心、勤奋"。正如同演化模式预测的那样，女子比男子更看重良好的经济前景和上进心，而男子更看重美貌。针对贞洁的评分，性别的影响较小，但也有点不统一。在23个国家中，男子比女子明显更看重贞洁，剩下的国家中男子和女子看重贞洁的程度同等重要，没有一个国家的女子对贞洁的重视程度显著超过男子。

表15.1

特征	特征排序	
	男	女
相互吸引 / 爱情	1	1
可靠、值得信赖	2	2
感情稳定、性格成熟	3	3
令人愉快的性格	4	4
身体健康	5	7
教育与智力	6	5
社交能力	7	6
对家庭和孩子的渴望	8	8
优雅、整洁	9	10
外貌好	10	13
上进心、勤奋	11	9
好厨子、好管家	12	15
良好的经济前景	13	12
相似的教育程度	14	11
良好的社会地位或职位	15	14
贞洁*	16	18
相似的宗教背景	17	16
相似的政治背景	18	17

来自33个国家的男士和女士参与了这项理想伴侣期望特征的调查。表中列出了每一项指标的得分排名情况。排名越靠前说明该指标越重要。

*贞洁是指婚前无性经验。

男性和女性对配偶年龄的偏好不同。

　　演化推理表明预期配偶的繁殖能力将强烈影响男性的择偶偏好。因此，我们预测男性会选择高生育率或有高繁殖价值的伴侣。同样，我们也可以预测女性对配偶年龄的关心程度低于其对男性提供资源能力的关心程度。

　　大量的证据显示男性会不断寻找比自己年轻的女性结为夫妇，而女性则会寻找比自己年长一些的男子结婚。亚利桑那州立大学的道格拉斯·肯瑞克（Douglous Kenrick）和理查德·基夫（Richard Keefe）调查了美国的两个城市、

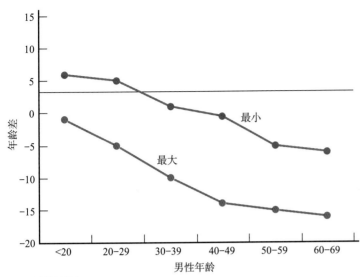

（a）男性的偏好

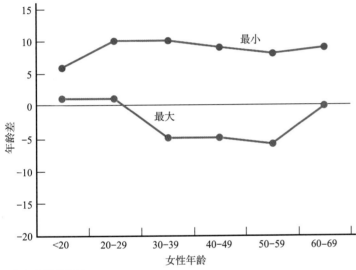

（b）女性的偏好

图 15.8

不同性别的择偶偏好。（a）在个人征婚广告中，除了年轻男性，男性全部偏好比自己年轻的女性。随着男性年龄变大，他们与喜爱的伴侣之间的年龄差也会增加。（b）女性则偏好比自己年长一些的男子，随着女子年龄变大，这些偏好也保持不变。

一个菲律宾小村子的婚姻记录以及来自美国、北欧和印度的个人征婚广告。在这些案例中，他们发现了一个相似的模式。随着男性年龄变大，他们和妻子之间的年龄差也会增加。也就是说，年轻男性与比自己稍微年轻一点的女性结婚，而老一些的男性则会与比自己年轻很多的女性结婚。而随着女性年龄变大，她们和丈夫之间的年龄差却没有多少改变。报纸上刊登的征婚广告正好表明理想伴侣的年龄段具有非常相似的模式（图15.8），犹他大学（University of Utah）的亨利·哈本丁（Henry Harpending）发现生活在博茨瓦纳卡拉哈里沙漠（Kalahari Desert）北部地区的游牧民族赫雷罗人中有相似的模式：婚姻不稳定，离婚普遍，女人经济独立程度高。

尽管男性在征婚广告中通常寻求比自己年轻的女性结婚，但他们伴侣的实际年龄与男性应选择生育力强的伴侣的预测并不相符。较年老的男性寻找比他们自己年轻的女性结婚，但不是因为年轻更好生孩子的缘故。男性选择与谁约会、与谁结婚也许受多个因素驱使，而不只是女性的生育力。年老一些的男性也许渴望更年轻的女性，但他们也许还想找一个能分享自己音乐品味或有相似生活目标的人。而且，男性的偏好与他们的婚姻也许反映了他们在配偶市场上的个人吸引力。年长的男性也许想要和年轻女性结婚，但是，他们也知道自己终将与年龄相仿的伴侣安定下来。总之，个人征婚广告与婚姻记录的数据反映了实用主义导致的个人欲望。

男性和女性的期望伴侣数目不同。

男性和女性除了对理想伴侣有不同的标准，也有不同的交配策略。因为女人每次怀孕都要投入9个月，照顾孩子需要的时间更久，这样就有可能演化出一种心理：谨慎对待性关系从而降低怀孕风险。（当然，现在的节育手段减少了女性怀孕的风险，但有效避孕的方法是最近才发明的。人类性行为策略是在一个没有这种技术的世界中演化的。）女人更倾向于同能够帮助照顾自己和后代的男人建立稳定及忠诚的关系。因为怀孕的代价主要由女性承担，男人可以有更灵活的交配策略，且他们有种心理使得他们愿意寻求那种不需要长期负责的交配机会。然而，我们期待男人形成负责的长期关系，因为孩子得到父母双方照顾才更有可能茁壮成长。

布拉德利大学（Bradley University）的大卫·施密特（David Schimitt）组织

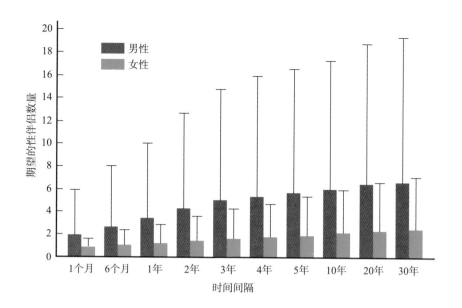

图 15.9

在所有时间段，男性的期望性伴
侣数量都多于女性。但需要注意
的是，男性的期望性伴侣数量变
异程度大于女性。这意味着有一
些男人更喜欢多个性伴侣，而另
一些更喜欢少一些性伴侣。

了一项综合性跨文化研究，取样人群主要是来自62个国家的大学生。在这个问卷调查中，询问人们看重的潜在伴侣的特征，并询问了他们性行为策略的不同方面。例如，取样人群被问到6个月到30年不同时间间隔之间想要有的性伴侣数量。在所有时间段，男性的期望性伴侣数量均大于女性期望的数量（图15.9）。在不同文化中，这个差别似乎也很普遍（图15.10），尽管性别差异和期望伴侣数量的值非常不同。

性行为策略的差异可能会造成男女之间的误解。

当遇到吸引你的某个人，你也许会觉得兴奋，还带有一定程度的不确定性。这个不确定性是因为你不确定对方是否觉得你有吸引力。加州大学洛杉矶分校

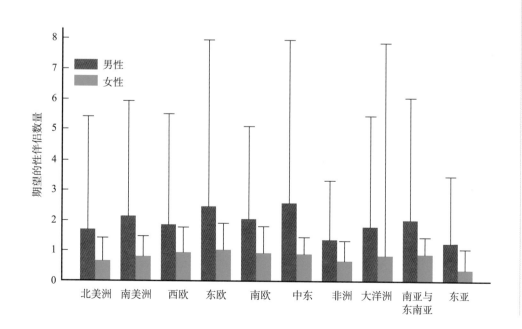

图 15.10

在世界上的每一个地区，男性均
比女性更期望在下个月有更多的
性伴侣。

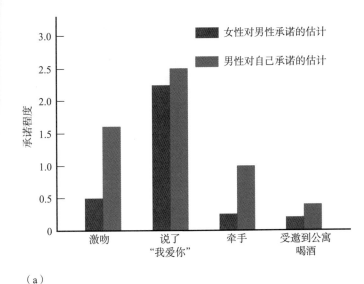

（a）

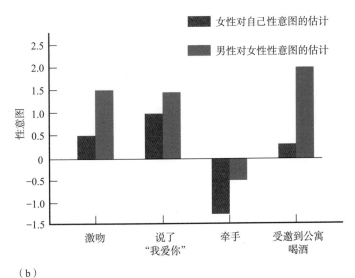

（b）

图15.11

研究人员要求受试的男性和女性说出自己对异性的特定求爱信号的解读，并评估对同性别成员的其他人发出的同样信号，评估赋值的范围从+3（非常可能）到−3（非常不可能）不等。（a）男性和女性对几个不同求爱信号所暗示的承诺程度的评估情况。相较于男性对自己承诺程度的评估，女性倾向于低估男性的承诺程度。（b）男性和女性对同一信号暗示的性意图的评估情况。相较于女性对自己性意图的评估，男性倾向于高估女性的性意图。

的马泰·哈瑟顿（Martie Haselton）与大卫·巴斯指出这种不确定性会给男性和女性带来不同类型的问题。要理解这个论点的逻辑，我们先思考一下，在确定某人是否被你吸引这方面，你会犯什么错误。如果你认为对方被你吸引，而事实并非如此，就会出现假阳性错误，即虚假的肯定。而当对方真的喜欢你，你却认为对方不喜欢你，就会出现假阴性错误，即虚假的否定。这两种典型的错误，代价都很高昂：虚假的肯定会促使你主动搭讪，而此举会遭到拒绝（"对不起，我得洗头发"）；虚假的否定则会阻止你做出任何主动的表示友好的行动（于是，你就只是洗了头发而已）。

现在思考一下，当对另一方的意图不确定时，会造成什么类型的错误。哈瑟顿和巴斯假设自然选择会以不同方式预先设定倾向，让男性与女性对新伴侣的性意图与承诺的判断产生偏差，女性会对伴侣的性意图小心谨慎以避免怀孕，结果她们犯的假阴性错误比假阳性错误多。换种说法，演化推理预期女性更有可能低估男性的责任而非高估。而根据预测，既追逐短期又追逐长期关系的男性则会把错失性机会的概率降到最低，结果，他们犯的假阳性错误比假阴性错误更多，即，他们更有可能高估女性的性兴趣而非低估。

哈瑟顿和巴斯在美国对大学生进行了几个不同研究来检验这个假设。他们让男性和女性评估自己性别以及相反性别的性意图及责任，去想象解读指向自己的不同类型信号（例如牵手和告白）并回忆当自己的意图被另一方误解的情形。结果与哈瑟顿和巴斯的预期一致：男性倾向于高估女性的性意图，而女性倾向于低估男性对承诺的重视（图15.11）。

文化因素比性别能更好地预测人们的择偶偏好。

两个大型跨文化数据集揭示了择偶观在不同国家之间存在很大差异。巴斯和同事们发现除了"良好的经济前景"这一特征外，其他17个特征在不同国家之间有着明显的差异。这意味着一个人生活在哪里比这个人的性别告诉我们更多他/她对伴侣品质的要求。在18个特征中，对贞洁（在巴斯的研究中定义为婚前无性经验）的要求在不同人群中有着最大变化。在一个0（不相关）到3（必不可少）的尺度上，瑞典男性评分为0.25，女性评分为0.28。相比之下，中国男性把贞洁评为2.54，女性评为2.61（图15.12）。这意味着同一国家男女之间的相似度比不同国家的同性别间的相似度高。

这个结果阐明了重要的一点：基于演化心理学的演化解释与基于社会和文化环境的文化解释并不相互排斥。跨文化数据则表明人们的择偶偏好存在着某些

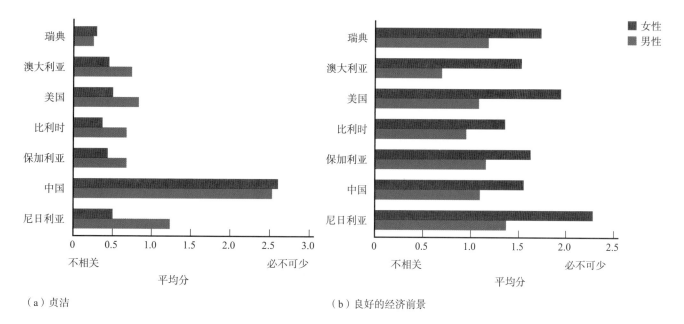

（a）贞洁   （b）良好的经济前景

图 15.12

文化因素解释了择偶偏好的基本变化。图中展示的几个国家的男性和女性在两个问题上的平均评分。（a）不同国家间变化最大的特征（贞洁）与（b）不同国家间变化最小的特征（良好的经济前景）。

一致性，而这些一致性是心理机制演化的结果。世界各地的人都想和一个善良、有同情心且值得信任的人结婚。男性想要和年轻的女性结婚，女性想和富有的男性结婚。但这些不是事情的全部。跨文化数据也表明人们的择偶偏好受到人们生活的文化与经济环境的强烈影响。事实上，文化也萌生自我们演化出的心理，因此，择偶偏好的文化差异也能从演化角度解释。然而，我们演化出的心理塑造文化的方式非常复杂，我们所知不多，还有许多有趣的问题没有解决。例如，演化理论还难以解释为什么贞洁在中国被认为非常重要而在瑞典并不重要。

配偶选择的演化分析引发了大量争议。

正如我们本章开头所说，人类行为的演化分析会产生相当多的争议。人类配偶选择的研究也不例外。许多批评者抱怨演化分析只反映并固化了西方文化的价值观，充满了对女性的年轻貌美以及男性的富有和权力的宣扬。他们认为研究人员并不是在研究偏好的演化而是在学习文化价值观和信念。作为回应，演化分析的支持者认为择偶偏好和性行为策略在不同文化间的统一性反映了心理演化倾向，文化只是改造了心理，而不是创造。

另外一些批评者则已经接受了演化推理的普遍逻辑，但他们对评估择偶偏好和性行为策略的方法提出了质疑。早期工作多数基于书写作答的测试，调查对象通常是本科生。这类数据也许有几个方面的偏差。例如，哪怕是匿名调查，文化规范也许会导致男人夸大他们的性经验，而女人则会有所保留地陈述她们对性多样性的渴望。

择偶偏好的社会影响

也许有人会问：人们的择偶偏好如何影响他们对结婚对象的实际决定和选

择？在这一节中，我们将介绍一个民族志研究的发现，该研究表明这些类型的偏好实际上影响人们在社会中的行为，而且也会塑造他们所在的社会。

吉普赛吉斯人的彩礼

演化理论解释了东非游牧民族吉普赛吉斯人（Kipsigis）的婚姻模式。

肯尼亚的裂谷省生活着一群说卡伦津语的吉普赛吉斯人，女性通常在16~19岁时结婚（图15.13），男性通常在20岁初时初次结婚，这里的婚姻模式为一夫多妻制，男性有几个妻子的情况很普遍。就像其他许多社会一样，新郎的父亲需要准备彩礼并在结婚时支付给新娘的父亲。彩礼通常以牲口和现金的方式支付，以补偿新娘家失去她这个劳动力的损失，这也意味着新娘的劳动力转移到了丈夫家，并且要照顾婚姻期间所生的孩子。这笔费用的数量由新郎和新娘的父亲们通过冗长的谈判决定。在20世纪80年代，彩礼的平均值大致包括6头牛、6只山羊或绵羊以及800肯尼亚先令。这分别占一个人牛群的1/3、山羊或绵羊群的1/2，以及有工资的人2个月的薪水。因为是一夫多妻制，适龄女性是极具竞争力的资源。新娘的父亲在为女儿选新郎之前通常会招待几家竞争提亲的人。新婚夫妇则完全听从各自父亲的决定。

图15.13

这些吉普赛吉斯女性正值适婚年龄，她们的父亲们将与她们未来丈夫的父亲们谈判彩礼。

加州大学戴维斯分校的人类学家莫尼克·伯格霍夫·马尔德（Monique Borgerhoff Mulder）指出，吉普赛吉斯人的彩礼可以作为衡量对未来配偶各方面品质要求的一个具体指标。新郎的父亲可能更喜欢能为家族生很多健康孩子的新娘。他给出的彩礼多少会反映未来新娘的潜在生育价值。新郎的父亲还期待新娘可以投入家务。离娘家近的吉普赛吉斯妇女有可能会被自己的母亲叫回去帮忙劳动，比如收割或者带孩子。因此，新郎的父亲可能会喜欢离自己家很远的姑娘作为儿子的新娘。新娘的父亲则有可能在谈判上站不同的立场，我们可以预见的是新娘的父亲会希望女儿嫁给相对富裕的男人，因为富裕的男人可以给妻子们提供大片的耕地以及更多的资源。同时，如果新娘搬到离娘家远的地方，新娘家就失去了她的劳动力和协助，新娘的父亲则有可能更喜欢住在附近的新郎。双方的父亲们会就未来婚事的彩礼谈判而权衡得失。例如，尽管新娘的父亲也许更喜欢高彩礼，但是，如果对新郎很中意，他也会定一个较低的彩礼。为了确定这些因素是否影响彩礼的数量，马尔德记录了每个新郎家支付给新娘家的牛、绵羊或山羊的数量以及金钱的多少。

月经初潮出现年龄早的丰满女性会赢得更高的彩礼。

马尔德发现彩礼价值随着新娘月经初潮年龄的增长而减少（图15.14），即最高的彩礼付给月经初潮年龄最低的女性。在吉普赛吉斯人中，月经初潮年龄是检

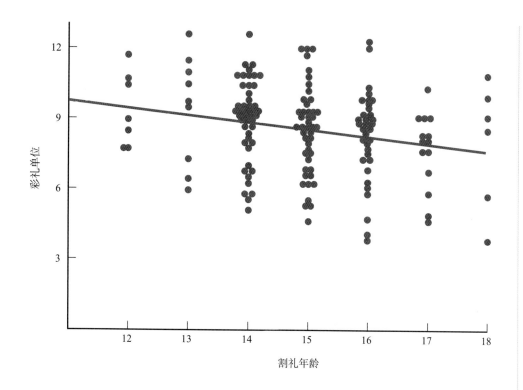

图 15.14

早熟的吉普赛吉斯女孩比晚熟的女孩带来的彩礼多。在吉普赛吉斯人中，女孩在月经初潮之后一年内便施行割礼（切除阴蒂）。月经初潮以及施行割礼越早的女孩能得到更高的彩礼。在本图中，由于牲畜的价值会随时间变化，我们对彩礼进行了标准化处理。

验一个女性生育潜力的可靠指标。月经初潮来得早的吉普赛吉斯女性，其生育寿命较长，年生育力较高，后代存活率比成熟晚的女性后代存活率高。

男性如何评估未来新娘的生育潜力？马尔德对此非常好奇。因为男性通常不知道他们新娘的确切年龄，也不知道她的月经初潮年龄。女性可以通过怀孕或有生育经历来证明自己具有生育能力。然而，支付给这类女性的彩礼通常低于支付给从未怀过孕的女性。彩礼与女性的身体特征相关。丰满新娘提出的彩礼数额大大高于瘦弱的新娘。新娘的丰满程度也许是一个与月经初潮年龄相关的可靠指标，因为月经初潮年龄部分由体重决定。丰满度得到重视也可能是因为女人怀孕的能力与她的营养状况相关。

彩礼的金额也跟新郎与新娘家的距离相关。新娘嫁得越远，就越不可能为她的母亲提供帮助，彩礼数额便越高。彩礼数额与新郎父亲的财产无关。新娘的父亲为了确保女儿选择一个富有的丈夫，不会降低彩礼数额。尽管这个结果出乎意料，马尔德估计这也许与吉普赛吉斯人财产的不稳定有关。一个有许多牲畜的富有男性也许会很快变穷，比如牲畜被猛兽偷袭，或者感染疾病，或者用来支付下一个妻子的彩礼。尽管土地价值更加稳定，但传统上，吉普赛吉斯人对土地没有法律上的所有权契据。

演化理论能在多大程度上解释人类行为？

本章展示的例证表明演化能帮助我们理解人类的思想和行为。在某种程度上，这并不令人吃惊。毕竟，我们与其他灵长类一样，都会遭遇近亲繁殖的生物代价。所以，正如同其他灵长类回避近亲繁殖一样，人类回避近亲结婚也是合理的。稍微让人感到惊讶的是，人和其他灵长类似乎有着减少近亲繁殖的相似机制。例如，我们对青梅竹马长大的个体存在性反感。很有可能这种机制是从我们和其他灵长类的共同祖先那里遗传而来，因为该机制存在重要的适应性意义，所以在人类和其他灵长类中都保存了下来。虽然一些社会在这些共同机制上煞费苦心，例如设立一些规则来确定哪些亲属可以结婚或者哪些不可以结婚，但没有一个允许非常近亲之间的婚姻。对演化更深入的理解可能会改变弗洛伊德和列维-斯特劳斯的思想，并且可能会影响20世纪的人类世界观，想象一下这种可能倒也挺有趣。

演化理论为我们行为的许多方面提供了解释，但是我们也能很容易列举出一些似乎与演化逻辑相矛盾的行为例子。是什么控制一个人从飞机上跳伞或者投入毕生精力去帮助他人？对人类行为的演化分析持批评态度的人很快能立足于这些例子，并利用它们得出论点：演化与现代人类行为无关。为了回应这种批评，演化心理学家的论点是我们的大脑和行为不是适应当前世界，而是适应演化过程中的环境。例如，我们对盐、糖和脂肪的喜好是在这些营养缺乏的环境中塑造的，而不是在当今物质极大丰裕的环境中塑造的。与此类似，我们对不相干的个体的友情和利他行为也许在以往小的亲缘社会部落环境中就已经形成了。而且，合作行为受亲缘选择或互惠性影响。

如今还在营狩猎采集生活的部落，即使其生活方式与我们处于演化过程中的祖先非常相似，他们也与地球上其他任何生物都完全不同。狩猎采集部落曾扩散到地球上每一块陆地。要在多样的环境下生存，他们需要发展出完备的认知能力、解决适应性挑战的能力以及从别人那里获得知识的学习能力。狩猎采集人类比任何其他哺乳动物都更擅长合作。在本书最后一章，我们将讲述演化过程如何塑造了人类与众不同的认知和文化。

关键术语

演化适应环境

近亲繁殖

远亲繁殖

童养媳婚姻

基布兹

彩礼

月经初潮

学与思

1.灵长类的大多数行为都是学习而来的。然而，我们也曾多次提到灵长类的行为是由自然选择塑造的。那么，自然选择如何塑造学习而来的行为？

2.我们做的许多事情与演化理论的推理一致。我们爱我们的孩子，帮助我们的亲属，避免近亲繁殖。但是，我们社会成员的很多行为似乎不大可能增加个人适合度。有哪些行为属于这种情况？

3.灵长类的一些物种反感近亲交配，且雌性反应比雄性更强烈。为什么会是这种情况？在什么情况下这种性别差异会消失？

4.我们在第六章中曾提到，大多数雄性灵长类的繁殖成功情况取决于其与雌性交配的数量。这里我们讨论了巴斯的论点：一个男人的繁殖成功将取决于伴侣的身体健康状况与生育能力。为什么人类与大多数灵长类不同？在哪些其他灵长类中我们可以看到雄性在选择配偶时会看重雌性的生理特点？

5.为什么男性比女性更看重未来伴侣的忠贞？

6.在巴斯的跨文化调查中，促成交配的因素里，男人和女人都认为什么是最重要的？这个结果是否证明他的演化推理是谬误的？

7.伯格霍夫·马尔德对吉普赛吉斯人的观察与巴斯的跨文化调查一致吗？请解释为什么一致或不一致。

延伸阅读

Barkow, J.H., L. Cosmides, and J. Tooby, eds. 1995. *The Adapted Mind: Evolutionary Psychology and the Generation of Culture*. New York: Oxford University Press.

Barrette, L., Robin Dunbar, and J. Lycett. 2002. *Human Evolutionary Psychology*. Princeton, NJ: Princeton University Press.

Buss, D. 2011. *Evolutionary Psychology: The New Science of the Mind*. 4th ed. London: Pearson.

16

本章目标

本章结束后你应该能够掌握

- 描述文化适应性的积累如何使人类比其他哺乳动物更快地演化，来适应更广泛的栖息地。

- 理解可以有不同的学习机制来保持文化传统。

- 讨论为何文化传统在其他物种中比较普遍，但文化适应性的积累却很罕见。

- 讨论为何文化学习的适应模式会导致不适应的行为。

- 比较人类和其他哺乳动物的合作模式及范围。

- 从演化角度，为什么人类合作的模式和尺度是令人惊讶的？对此加以解释。

第十六章　文化、合作与人类的独特性

演化与人类文化

合作

人类的演化结束了吗?

当要总结全书的时候，我们转向最后一个问题：哪些特征使得人类成为一个独特的物种？一些读者认为这个问题不重要，另一些则认为这个问题很值得探讨。之所以说这个问题不重要，是因为每一个物种都是独特的，类似于世界上没有两片完全相同的雪花。而认为这个问题值得探讨是因为人类与地球上的其他生命形式一样都是演化的产物。正如同我们本书中已经强调的，我们中的每一个人都是一亿多年以前与恐龙一起生活的类似鼩鼱的某种小型食虫类的后代。这个小型动物在自然选择的作用下渐渐转变为像猴子一样的动物，在渐新世的非洲森林里攀援，然后又转变成中新世的某种猿类，接着在200万年前成为东非丛林中双足直立行走的南方古猿，后来又变成了走出非洲的人属，最后终于变成了聪明且依赖工具的智人，即如今散居在世界各个角落的人类。我们与黑猩猩和倭黑猩猩共享大约96%的基因，我们的生理和形态也与其他灵长类类似，我们大部分的行为和心理与其他动物的有类似解释。很多人认为强调人类独特性会否认人类起源，并使人类在自然界的位置变得模糊。

但是，人类是自然界的特例。现代人类的生物量（我们总体重之和）是所有其他野生陆生脊椎动物生物量总和的8倍，和地球上14,000多种蚂蚁的总生物量相当。这不仅是农业和现代工业技术发展的结果，即使在农业起源之前，营狩猎采集生活的人类就已经是自然界的特例了。我们在第十三章中曾介绍，晚期智人大约6万年前离开非洲，到1.2万年前占领了除了大洋洲和几个少数遥远的岛屿之外的几乎每一块陆地。人类的地理与生态范围比其他任何生物都大。正如同我们已经看到的，大多数灵长类分布于单个大陆上狭窄范围的栖息地内。例如，黑猩猩分布在非洲中部的森林里，狒狒分布在非洲的林地和稀树草原里，卷尾猴分布在中南美洲的森林里。狼和狮子这样的大型食肉动物有着非常大的活动范围，但是它们的活动范围还是比1.2万年前的人类小得多。狩猎采集人类能做到这一点，是因为在快速适应不同环境这点上，人类比其他任何生物都做得更好。

本章的目标便是解释这种情况是如何产生的以及背后的原因。

人类变得如此成功的原因是我们比其他动物更聪明。在过去200万年中，人类的脑容量已经增加到黑猩猩的3倍，正如同我们在第八章中介绍的，脑容量变大可以促进更复杂的认知。我们擅长推理，具有心智理论以及其他推理能力，这些特点有利于我们学习如何解决新问题。这会帮助人类在新环境中生存。然而，我们想要说服各位读者的是：虽然我们很聪明，但是，我们还没有聪明到能解决在如此广阔栖息地范围内生存和成长所面临的所有问题。人类的独特性还有两点非常重要的部分。第一点是文化。与其他生物不同，人类可以以某种方式相互学习，这促进了适应当地的知识、工具和社会文化的积累，使得人类能够解决一些很难独自解决的适应性问题。第二点是合作。人类的合作比其他任何哺乳类都要多得多。这促进了专业化、交换，以及劳动分工，极大地放大了人类从环境中提取资源的能力。认知、文化和合作（cognition，culture and cooperation）让人类取得了巨大成功。

演化与人类文化

在狩猎采集人群中，群体解决问题的能力超越了个体。

根据第十三章中的介绍，智人曾于4万年前生活在今天的莫斯科附近，在3万年前曾生活在北极圈里的亚纳河口，这两个地方当时都是高寒草原。而在6万年前离开非洲的智人则居住在炎热干燥的沿海环境中。为了适应高纬度的极地生活，他们不得不开创一种全新的生活方式，我们对亚纳河口的人类并不太了解，但我们对中部因纽特人了解较多，他们营狩猎采集生活，生活在加拿大北部的北极圈内，同亚纳河口的纬度大致一致。

中部因纽特人生活在小的社会群里，主要以狩猎和捕鱼为生。为了捕猎，他们设计和制造了复杂、巧妙、高度精良的工具。这里冬天的平均温度约为零下25℃，要想生存下去必须需要暖和的衣服。中部因纽特人的衣服设计得十分巧妙，主要用北美驯鹿的皮制成，又轻又暖和。要做成这样的衣服，需要一套复杂的技巧：必须知道如何加工处理并软化皮毛，如何纺线，如何把骨头雕成针，最后还要把皮剪裁成合身的袍子。哪怕穿最好的袍子，在冬天的暴风雪中也不足以御寒，因此，必须要有避风场所。中部因纽特人因此建造了雪屋，雪屋的设计非常精良，屋内的温度可以维持在10℃左右。

因纽特人生活的环境中没有木材，于是他们雕刻了皂石灯，并用熬化了的海豹脂肪作为燃料，用来照明、做饭和融冰饮水。在冬季，中部因纽特人会在海豹的呼吸孔处埋伏袭击，用多头鱼叉捕猎海豹，同时他们会乘坐雪橇迁移营地。夏季，他们使用一种特制的三叉形鱼叉（中间刺直且往前，外侧两根刺则向后，图16.1）在石坝处捕猎极地红点鲑。他们还会乘坐特制的皮艇到开阔的海域捕猎海豹和海象。从夏末开始到秋季，他们开始转向捕猎北美驯鹿，用的是浮木和用动物肌腱做成的复杂的复合弓。上述这些物品与工具仅仅是中部因纽特人工具中的一部分而已。

然而，拥有一套包罗万象的工具还不足以在北极环境中生存，还需要大量的知识储备。因纽特人需要知道猎物的习性，如何在冰上移动，如何判断天气，以及食物的时空分布变化。另外，还需要一定的社会规则和社会习俗将一群人凝聚在一起，在困难条件下工作。

你也许很聪明，高考成绩也很好，你也许会开车，会操作电脑，懂些物理知识，但你认为单靠自己能学会所有在北极生存的必需知识吗？所以，如果认知能力是人类适应各种环境的唯一关键因素，你应该懂得如何在北极生存下来。这正是其他动物了解它们生存环境的方法——它们依赖镌刻在基因中的本能信息以及个体经验，来弄明白如何寻找食物、搭建庇护所，以及在某些情况下制造工具。

我们非常肯定你会失败，因为这个实验已经被重复过许多次，结果几乎总是相同。我们把这个看作是"迷失的欧洲探险者实验"。在过去的几个世纪，许多欧洲探险者在不熟悉的地方陷入困境。即使经过不断的努力和充分的学习，这些身体强壮的探险者仍然无法找到适当的方法来适应这些新的环境，并最终遭受创伤甚至死亡。1846年的富兰克林北极探险便是一个例证。约翰·富兰克林爵士（Sir John Franklin）是英国皇家学会会员，也是一位经验丰富的北极探险家（图16.2）。他率队出发寻找西北通道并在北极的冰天雪地中待了两年，团队成员最终都因饥饿或坏血病而亡。他们的命运很悲惨，但也颇具教育意义。在第二个冬天探险队成员待在威廉王岛（King William Island）上，中部因纽特人在这个岛上居住了至少700年，这里动物资源丰富，但这些英国探险家们却因为不具备在当地生存的知识而挨饿。尽管他们具有和因纽特人同样的基本认知能力，也有着两年的适应时间，但他们仍不能获得在北极圈生存所需的基本技能。

这一欧洲探险家失踪事件以及其他类似的事件表明，狩猎采集部落或其他"简单社会"的技术超越了个人的创造能力。不难看出，因纽特人的皮划艇、弓和狗拉雪橇等都是由许多不同材料组成的复杂工具。从零开始制作出这些工具，光是构思出来最好的设计方案，甚至是可行的方案都非常困难。因纽特人之所以能够制造并熟练掌握在北极生存所需的工具，是因为他们可以同族群内的其他人进行交流学习。他们可以通过观察他人、问问题或者接受他人教导而获得信息。

图16.1

因纽特人使用许多专门的工具来维持在北极圈的生活。图中的男人手中拿着的是一种特殊的鱼叉。

图16.2

约翰·富兰克林爵士，英国皇家学会会员，探险活动的领队，在探索前往北美洲的西北通道时失踪。

因此，与其他生物不同，人类可以依靠文化上获得的信息，而且，正是这一能力使得我们人类在演化上如此成功。

人类依赖文化习得的信息积累而生存。

在许多人类学家眼中，文化造就了人类。我们每个人都沉浸在一种文化环境中，这种文化环境会影响我们看待世界的方式，塑造我们的是非观，并赋予我们与环境和谐相处的知识与技能。尽管文化在人类学中占核心地位，但对于文化如何或为什么会在人类中演化出来，几乎没有一致意见。在接下来的讨论中，我们将介绍一种人类文化演化的观点，这种观点是由身为本书作者之一的罗伯特·博伊德与加州大学戴维斯分校的彼得·里彻森（Peter Richerson）提出的。尽管我们非常支持这种理解文化演化的方法，但是对于哪种文化起源的观点正确这一问题，在人类学家中仍没有一致意见。

文化有许多不同的定义，当思考文化在人类演化中的作用时，我们认为**文化是个体通过某种形式的社会学习而获得的信息**。例如，小孩子可以通过观看他们父母与祖父母的交往而知道服从长辈很重要。如果他举止不当，可能会受到批评并加以改正。当个体由于某种形式的社会学习而获得不同的行为时，我们便观察到了文化差异。文化的属性有时与其他社会变迁形式的属性相当不同，如果人们通过教育或者模仿他人来习得某些行为，那么生活在相似生态环境的不同人群可能会有非常不同的行为举止，因为他们会从上一代成员中习得不同的行为。

文化在其他动物中很普遍，但是很难积累。

过去几十年，灵长类学家在许多物种中记录到了群体间的行为适应性差异。其中，最著名的是黑猩猩、猩猩和卷尾猴。例如，生活在坦噶尼喀湖西岸的黑猩猩在理毛时会举起胳膊并鼓掌，但生活在东岸的群体却不这样。某些地区的猩猩会使用树枝把种子从果实中挑出来，但其他地方的猩猩却没有掌握此项技术，也不会把种子挑出来。卷尾猴在觅食技巧和社会习俗方面显示出相当多的多样性。例如，一些观测点的卷尾猴有相互嗅闻手的仪式（图16.3）。但是，其他地区的卷尾猴从未出现过这样的行为。在一些案例中，科学家记录了行为差异的出现、扩散与消失。灵长类以外物种也有大量具有文化传统的例子，如鱼类、鸟类、鲸类、獴类和啮齿类等。这些传统包括大量具有生态意义的行为，包括食性偏好、觅食技巧和警告信号等。

图 16.3

卷尾猴的不同群体间具有明显的行为差异。如图所示，哥斯达黎加洛马斯巴布达生物保护区（Lomas de Barbudal Biological Reserve）的卷尾猴正在嗅伴侣的手。

在人类中，文化传承的适应性可以积累数代（图16.4与图16.5），然后形成难以由个体单独发明的复杂行为。在其他动物中，很少有文化演化逐渐积累的例子。记录最完善的文化积累的例子来自于对鸟类鸣唱的研究。牛鹂把蛋下到其他鸟类的巢中，所以，牛鹂幼鸟在成长过程中并没有听过亲生父母的鸣唱。一旦它

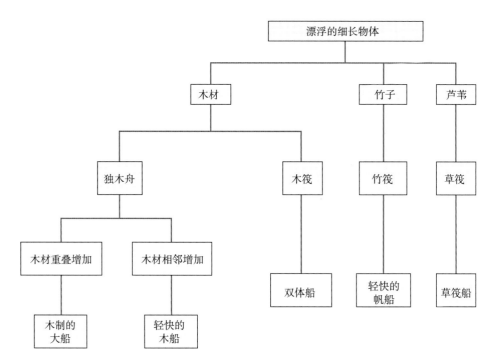

图 16.4

我们可以追踪特定技术创新的历史发展。在中国，第一艘船是一个长的漂浮在水上的筏状结构。有些是由木头做成，还有些是由竹子或芦苇做成。后来这类漂浮的筏子被转换成了有龙骨的独木舟。另外一些类型的船则有着方形的船体，没有龙骨，比如中式帆船。

（a）

（b）

图 16.5

竹筏（a）可能是中式帆船的前身。

们离开养父母的巢，幼鸟便开始模仿附近牛鹂的鸣唱。每一个地区种群的鸣唱形式会随时间改变，不同种群中的鸣唱差异可被用于构建基于鸣唱的系统发育树，如同遗传差异可被用于构建基因树一样，鲸和其他鲸目动物的歌声似乎与鸟类的鸣唱演化方式相同。这虽然令人印象深刻，但在这些例子中，文化积累仅限于鸣唱这一单一的领域，其他行为则不是文化传承的。人类是自然界中文化演化积累的一个特例。

其他物种没有文化积累的原因尚不清楚。

社会学习可以形成传统，因为有经验的个体做某些事情时（展示一些行为、制造工具、发出声音），会引发年轻个体学习做相似的事情。促进形成传统的社会学习机制有很多种，我们可以把这些想成是连续的统一体。在该统一体的一端的机制不能保存创新，因此不能促进积累性的文化演化。例如，当一个动物的行为增加了其他动物个体学会该行为的概率，便可以认为出现了**社会促进**（social facilitation），社会促进可以解释下列场景中工具使用得以保持的情况：当母亲觅食时，年轻的黑猩猩陪伴着母亲。在某些种群中，雌性会使用石头砸开坚果，婴儿和青少年则会花大量时间观察坚果和石锤。年轻的黑猩猩会笨手笨脚地操纵石锤和砧板，直到掌握砸坚果的技巧。它们不是通过观看母亲学会的这种技术，这意味着如果一个有天赋（或幸运）的个体发现了一种改进砸开坚果的方法，这项创新将不会传给群里其他的成员。

在机制统一体的另一端有保持创新的机制。例如，当青年动物通过观看有经验、有技术的动物学习如何做某个动作，这种学习便叫作**观察性学习**（observational learning，有时叫作模仿）。如果一只雌性黑猩猩发明了一项新的砸开坚果的技术，如果它的后代模仿了这个动作，那么这项创新将被保存下来。模仿使得创新得以保存，因为没有技术的个体可以通过观察他者的行动获得技术创新与改进。如果有一系列的创新被发明、复制并在群体中传播，便有可能产生积累性文化演化。

在社会促进和观察学习之间，还有一些其他机制，比如**效仿**（emulation）。效仿指的是个体学习的是行为的终极结果（砸碎坚果），而不是引发终极结果的行为（用锤子敲击）。当个体能学会自己去创造终极结果，这就能促进创新的发展。但是，如果终极结果很难完成，就不会前进。例如，假定一只黑猩猩从研究基地拿了一罐金枪鱼罐头，并试图使用与砸坚果的同样技术去打开罐头。一旦黑猩猩了解了目标（金枪鱼），那么打开金枪鱼罐头的新行为可以得到传播，因为黑猩猩已经知道如何砸开坚果。然而，如果要打开罐头还需要一项新技术，比如说用一块锋利的石头打开罐头盖子，那么效仿将无法保存下创新。

最近几个研究表明猴类和猿类有一种观察学习能力。例如贡贝的黑猩猩会把细长枝条上的叶子捋下来，并使用小树枝去白蚁冢中钓白蚁。富兰克林与马歇尔学院的伊丽莎白·兰斯多夫（Elizabeth Lonsdorf）与她的同事们拍下了年轻雌性和雄性黑猩猩在黑猩猩母亲钓白蚁时的表现。结果发现年轻雌性会仔细地观看母亲钓白蚁，但是，雄性却看得不仔细（图16.6）。兰斯多夫还发现并不是所有雌性都使用

同样的钓白蚁技巧；一些雌性比其他个体使用了长得多的小树枝。雌性倾向于使用母亲使用过的相同类型的工具，但是，雄性往往不采用母亲使用的技术。

　　巴拿马白面卷尾猴（*Cebus imitator*）似乎也通过观察学习来掌握一些觅食技巧。它们在取食 *Luhea* 属植物的果实时，会把果实放在粗糙的表面上砸或者把果实在粗糙的物体表面搓揉。这两种技术似乎同等有效。但是，成年个体倾向于使用两种技术中的一种，要么砸，要么搓揉。加州大学洛杉矶分校的苏珊·佩里对未成年个体学习处理果实技术的过程进行了研究。她发现，这些未成年个体在年幼时两种方法都会尝试，但最终只会使用其中一种。经常和砸果实的年长个体待在一起的未成年个体最终会选择砸这一方式，反之亦然。这意味着巴拿马白面卷尾猴可能是通过观察学会这种觅食技巧的。

　　更多观察学习的证据来自于圣安德鲁斯大学的安德鲁·惠滕对黑猩猩饲养群的一系列实验。在实验中，黑猩猩需要解决一个任务，比如拿到盒子中的奖励。而盒子的打开方式有两种不同方法。在其中一组中，群里未受训练的黑猩猩可以观察群内受过培训个体的行为以一种方法打开盒子；在另外一组中，未受训练的黑猩猩学习的是另一种方法（图16.7），黑猩猩倾向于使用自己观察到的技巧，表明它们一定是通过模仿学会了这项技巧。在黑长尾猴、卷尾猴和狐猴中开展的类似实验，也为社会学习提供了证据。

图 16.7

惠滕实验中的一只年轻的黑猩猩正在尝试打开盒子。

　　为什么黑猩猩不制造石头工具、弓和箭，或者在巢上建个树伞以挡雨？对此我们还不清楚，但有几个可能性。首先，野外观察与实验表明黑猩猩和卷尾猴可以通过观察其他个体而学习，但是这个过程不是完全精确。示范者的行为大多数会被模仿，但一些没有被模仿。经过几代的重复，不准确的社会学习会迅速降低创新。其次，一旦黑猩猩学会一种可以取得盒子里的东西的方法，它们就不会再学习另一种方法，哪怕另一种方法更有效。与此相似的是，卷尾猴似乎也满足于用一种方法食用果实的技能，这就限制了它们不断习得更好技巧和技

术的能力。

限制黑猩猩和其他灵长类发展出复杂行为的第三个因素是，黑猩猩并不盲目模仿它们观察到的所有行为细节。奇怪的是，盲目模仿可能是积累性文化演化的必要条件。在一组黑猩猩观察人类实验者打开盒子的实验中，人类打开盒子的方式包括一些不相干、无功能的行为，同时也有那些能够打开盒子的必要行为。黑猩猩倾向于习得实际打开盒子所必需的行为。在一个由人进行的平行实验中，受测试者严格地模仿了所有的不相关行为以及相关行为。忠实的模仿也许对积累性文化演化很重要，因为我们学习的许多事物非常复杂，并难以理解。（比如做蛋糕时，在把鸡蛋加入面粉之前，为什么要打鸡蛋？）如果人类像黑猩猩一样，只模仿了他们能理解的，那么复杂工具和行为模式就难以得到演化。你看到其他人做某事，你就去做，哪怕你不理解为什么他们那样做，也许很重要。但是，这也可能导致不幸的结果。

假设你正在学习如何在箭上装上羽翼。你的师傅可能会停下来挠痒或者赶走一只苍蝇。学徒需要把这些无关行为与有关行为分开。中欧大学（Central European University）的心理学家乔治·杰尔杰伊（George Gergely）和杰尔杰伊·奇布劳（Gergely Csibra）认为，只要演示者说明哪些行为是重要组成部分，哪些不是，学习者就能解决这个问题。这不需要刻意的语言指导，演示者可以使用比如凝视、用手指指等这些微妙的暗示便可达到目的。

文化是一种适应性

积累性的文化适应不是智力与社会生活的副产品。

黑猩猩与卷尾猴位列世界上最聪明的生物之内。在自然界中，它们使用工具并进行许多复杂行为；在笼养情况下，我们可以教给它们非常复杂的任务。黑猩猩和卷尾猴生活在社会群中，有足够的机会观察其他个体的行为，然而，充分的证据表明，黑猩猩与卷尾猴在日常生活中都没有充分利用观察性学习。因此，有助于产生积累性文化适应的学习机制，不管其具体如何，并不仅仅是智力以及社会生活的副产品。

这个结论反过来表明，因为文化是有益的，使得人类以某种能促进积累性文化演化的方式学习的心理机制是具有适应意义的，且被自然选择所塑造（图16.8）。当然，也不全是这种情况。有些机制也许是人类独特适应性特点的副产品，比如语言。但是，考虑到文化在人类社会中的重要性，有必要思考文化的潜在适应性优势。

文化使得人类用一套通用的心理机制去探索更加多样的环境。

人类可以比其他灵长类生活在更多样的环境中，因为文化使得我们能更好地开发出适应当地环境的策略，这比遗传继承更加高效。狒狒使用各种不同的学习机制适应不同环境。例如，它们会学习如何获得并处理食物。生活在博茨瓦纳

图 16.8

婴儿易于自发模仿自己观察到的行为。如图所示，一个13个月大的婴儿正在用牙线剔她的两颗牙。

奥卡万戈三角洲湿地的狒狒需要学会如何获取水生植物的根以及如何捕猎叉角羚幼崽。生活在纳米比亚沙漠的狒狒则必须学会如何找到水以及处理沙漠食物。所有这些学习机制都需要先前积累的环境知识：到哪里去搜寻食物，哪种策略可以用于处理食物，哪种味道更有营养，等等。细致精确的知识促使了更精确的适应性，因为它能让动物避免犯错，形成特异适应的行为。

在大多数动物中，这些知识是储存在基因里的。想象一下，你在奥卡万戈三角洲抓获一群狒狒，并把它们搬到纳米比亚的沙漠。可以确定的是，狒狒的生活在头几个月会很艰苦，但是过上不长的一段时间，这些狒狒群就会和土著种群一样，吃同样的食物，拥有同样的活动模式，有同样的理毛关系。这是因为新狒狒群和土著狒狒群有很多遗传相似性，有助于其习得行为。当然，新来的狒狒还需要学会找到水源、安全的休息场所、避免取食有毒食物等。但狒狒天生具有较强的学习能力，即使不和当地狒狒种群交流，它们也能自己学会这些事情。

文化使得人类能精确适应更广阔的环境，因为比起遗传传递，积累性的文化适应性能提供更加精确细致的有关当地环境的信息。因纽特人能够制造筏子，并且能够完成在极地严酷环境中生存所需的所有事情，是因为他们能交流共享人群中海量的有用信息。这些海量信息是精确且具有适应性的，因为个体学习与社会学习的结合会迅速促进积累性适应的产生。哪怕大多数个体盲目模仿他人行为，也还是有一些个体能够偶尔想出更好的主意，以提高适应性的方向推进社会传统。观察学习保存了许多小的推动，并将修饰过的传统引入到了下一轮推进中。这个过程能够比遗传更快地产生适应。文化传统的复杂性可以使我们的学习能力达到极限。

文化可以产生常规演化理论所预测不到的演化结果。

文化在人类事务中具有非常重要的作用，这使得许多人类学家认为演化思想对理解人类行为几乎没有贡献。他们认为演化塑造了由基因决定的行为，而不影响后天学习到的行为，并且他们认为文化不依赖于生物学。这个论点便是本能和后天之间矛盾的一个表现。在上一章的开头，我们解释了为什么这个推理有瑕疵。尽管许多人类学家摒弃了有关文化的演化思考，但是许多进化论者也犯了相反的错误。他们不认为文化会像演化那样对人类行为和心理产生本质的影响。如果自然选择塑造了产生人类行为的心理机制的基因，这个机制一定会促进形成有助于提高适合度的行为，至少有助于提高祖先在过去环境下的适应性。如果这一适应并不能提高在现代环境下的适合度，那是因为我们的心理演化是为了适应过去完全不同类型的环境而设计的。

我们认为这两个论点都是错误的。若不理解生物与文化之间的复杂相互作用，就无法理解人类。这是因为积累性文化演化基于一种新的利益与代价之间的演化权衡。人类的社会学习机制是有益的，因为它允许人类在许多代人的时间里积累大量的适应性信息，促进高度适应性行为和技术的累积性文化进化。由于这个过程比遗传演化更快，使得不同人群发展出适应于当地环境的文化适应性：例如，北极的皮划艇和亚马孙的吹箭筒。然而，创造这种收益的心理机制伴随着一种内在的损失。向他人学习的一个益处是不用自己亲自弄明白每一件事。我们只需要做其他人做过的事即可，但是，为了获得社会学习的益处，人们得变得轻信且失去一些质疑精神，并认为别人是在以一种理性和恰当的方式做事。

这种轻信有利于我们学习复杂的事物，但是，也使得我们在错误信念和行为面前很脆弱。如果群体中的每一个人都相信给病人放血是有益的，或者认为用石灰处理玉米是个好主意，那么我们也会相信。这种轻信是我们学习制造皮划艇和吹箭筒的基础。但是，我们对发生不利于适应性变化的抵抗力会因此降低。尽管平均来说，产生文化以及塑造文化内容的能力必须（或者至少已经）具有适应性，在任何特定时期的特定社会观察到的行为可能反映了演化的不良适应性。这些类型的不良适应性例子举不胜数。

不适应的信仰也会传播，因为文化不只是从父母那里获得的。

同对基因的作用方式一样，自然选择对文化传递的信息也有类似的选择作用。不同的信仰会彼此竞争我们的记忆力和注意力，并不是所有的信仰都会均等地被学习或记住。信仰是可继承的，通常会在不经过大的改变的情况下从一个个体传给另一个个体。因此，一些信仰传播了，而另一些则消失了。然而，文化传播的法则与基因传播的法则不同，信仰的选择结果与基因的选择结果也不同。基因传承的基本法则非常简单。除了极个别情况以外，个体携带的每一个基因都有同等机会传递到他的配子中，而这些基因唯一的传播方式就是传给后代。因此，只有增加繁殖成功率的基因才会得到传播。文化传播则要复杂得多。信仰是在一个人的一生中获得和传播的，而且来源广泛，例如祖父母、兄弟姐妹、朋友、同事、老师，甚至完全非人类的来源，比如书籍、电视与互联网。

最重要的是，观点与信仰哪怕不增加繁殖适应性也能被传播。如果像攀岩或使用海洛因这样的危险嗜好从朋友传给朋友，尽管它们会削减个体的生存与繁殖成功，这些危险嗜好仍能得以保留（图16.9）。尽管牧师单身禁欲且没有自己的子嗣，有关天堂与地狱的信仰仍可以从其传给教区居民。此外，文化变体也会在组成宗族、行会、商业公司、宗教教派或政治党派的人群中积累和传播。这个过程可以产生由文化价值与传统而不是由遗传相关性定义的团体。

图 16.9

文化演化也许会允许对繁殖成功无贡献的思想与行为的传播。诸如攀岩这样的危险运动便是一个例子。

文化是人类生物学的一部分，但是文化使得人类演化在性质上有别于其他生物。

文化可以产生传统演化理论无法预测到的结果，这一事实并不意味着人类行为脱离了生物学属性。文化与生物学分离的观点是一个经不住推敲的流行误解。文化是从演化出来的大脑这个器官组织引发而来的。但是，文化传播产生了新的演化过程。因此，要理解完整的人类行为，必须对演化理论加以修改，来解释由这些尚未被充分了解的过程带来的复杂性。

同时，这一事实并不意味着传统演化理论的推理是无用的。虽然有一些过程会促进诸如攀岩这样的冒险行为的传播，但这并不意味着这些是影响文化行为的唯一过程。上一章我们已经介绍过人类心理的许多方面由自然选择塑造，因此人们学会适应性地采取行动。我们爱我们的孩子，同时强烈反感近亲繁殖。毫无疑问这些本性在塑造人类文化中起重要作用。只要是这种情况，传统的演化推理对理解人类行为将非常有用。

合作

人类比其他哺乳类更擅长合作。

　　大多数哺乳动物独居，只是为了交配和抚养后代而待在一起。在社会性物种中，合作局限于亲属之间，或是互惠小团体中。断奶后，个体便开始自力更生。大多数哺乳类没有劳动分工，没有贸易和大规模的冲突。生病、饥饿和残疾的个体必须自己照顾自己。强者会掠夺弱者，并且不用担心第三方的惩罚。17世纪的哲学家托马斯·霍布斯（Thomas Hobbes，图16.10）将自然状态下的生活描述为"所有人对所有人的战争"。霍布斯的这句话稍加修正，基本上便反映了大多数哺乳动物的自然生活状态。

　　与上述情况形成鲜明对比的是，合作是所有狩猎采集社会必不可少的成分。亚利桑那州立大学的人类学家金·希尔（Kim Hill）用下列逸事对此加以说明，狩猎采集人类与非人灵长类都会在树上采集果实。当一群黑猩猩见到一棵结果的树，它们全都爬上树，能采多少就采多少，而营狩猎采集生活的人类则会派几个年轻人爬到树上摇树枝，水果落到地面上，每一个人都能轻易地收获。年轻人愿意爬到树上，因为他们知道当他们下来，会有果子等着他们拿。这种合作安排使得人们可以更有效地收获果实。

　　这种合作活动在人类狩猎采集社会中盛行。希尔花了20多年的时间研究了生活在巴拉圭森林中的狩猎采集部落阿奇人（图16.11）。以下是其记录的一些合作觅食行为：

　　　　斩出一条供他人跟上来行走的小径；建一座供他人过河的桥；爬上树为另一位猎人驱赶猴子；允许别人把标射向自己已经射中的猎物；当自己发现了食物，却允许他人去挖犰狳或取蜂蜜或蜂蛹；喊出逃跑的猎物在哪里；告诉另一个个体资源的位置而自己继续搜寻新的；召唤别人来追西貒、无尾刺豚鼠、猴子或南美浣熊；等待他人加入追逐，从而降低自己的折返次数；当自己没有箭时，追逐西貒（让他人射杀）；帮着扛另一个猎人射杀的猎物；爬上果树敲下果子让他人采集；砍倒棕榈树让其他人取芯或纤维；在树上开"窗"以检测棕榈的淀粉（以便让他人来取）；帮着扛他人收集的棕榈纤维；砍下果树让他人采集果实，在追猎中拿来箭、斧子或其他工具让别人使用；花时间指导他人如何获得资源；自己还在使用弓或斧子的时候，把弓或斧子借给别人；帮助别人寻找箭；在追猎过程中，帮另一个人准备或修理弓箭；

图 16.10

英国哲学家托马斯·霍布斯。

图 16.11

阿奇人生活在巴拉圭的森林里，在20世纪70年代以前，他们一直营狩猎采集生活。如今他们的食物来源也主要来自于采集。图中的两位阿奇妇女正在合作采集棕榈树中的淀粉。

回到路上警告他人有沼泽地；发现美洲豹或毒蛇留下的新鲜足迹或印迹后提醒其他猎人注意。在他人到达之前移走危险的障碍。

在每种情况中，一个个体帮助另一个个体并为此付出了一定的代价。在阿奇人中，这样的帮助行为并不局限于亲缘关系框架内。只有很少一部分帮助行为偏向亲属，男人会帮助无血缘关系的男人，女人倾向于帮助她们的丈夫。群内个体会共同分享合作的成果。

合作提高了我们的适应能力。

虽然在其他哺乳动物中没有劳动分工、贸易、相互帮助以及大规模基础设施建设，但是在动物界中却有一些动物会做这些事情。而且，它们已经成功适应并辐射到多种栖息地中。当成群的单细胞生物演化出了特异性并交换物质，便形成了多细胞生物，而多细胞生物能够占据大量的生态位。它们的成功表明细胞间合作的益处存在于不同的生态位，比如动物和植物各自不同的生态位；存在于不同的生态环境，比如水生、陆生与地下洞穴；存在于不同的气候，比如从热带到极地苔原。相似地，完全社会性昆虫也有多样的生活方式——某种蚂蚁会放牧蚜虫"奶牛"，保护蚜虫免受掠食者攻击，靠精心饲养的家畜产出的甜甜"蜜露"而存活。另一些则像农夫，仔细地照料并为菌类提供肥料。有着不同工种的行军蚁，可以一起协作建桥，保卫家园，管理交通。同人类一样，完全社会性昆虫是非凡的生态成功案例。例如，蚂蚁，虽然只占昆虫种类的2%，但其生物量却超过昆虫生物里的三分之一；在热带森林中，蚂蚁的生物量超过森林中其他所有脊椎动物的总和。

我们认为合作在人类的全球扩张中起着相似作用。专业化有益是因为个体间有一项特长或特定任务劳动分工会让工作更有效率。交换则使得高效产出得以分享。如果某个人擅长盖房子，另一个人擅长耕地，还有一个人擅长作曲，比起每一件事情都试图亲力亲为，相互交换各自的产品，三个人都将享受更好的房子、食物和音乐。这同样适用于相互帮助。当一个个体病了不能觅食，其他人可以在保证自身利益的情况下，为其提供食物，从而大大地提高了生病个体的适应性。合作照顾孩子则可以大大提高父母获取食物和其他资源的能力。

人类可以在非血缘个体组成的大群体中合作。

人类与其他社会性哺乳动物之间最鲜明的区别之一便是人类合作的规模。在大多数其他哺乳动物中，合作局限于有亲缘关系的小群体和互惠利他者之间。但也有例外，最明显的莫过于非洲的裸鼢鼠，裸鼢鼠是一种比较常见的营地下生活的啮齿动物，成群活动，每个群体大概由80个个体构成（图16.12）。裸鼢鼠群体的运作模式类似于蚂蚁或白蚁。只有一个可以繁殖的雌性，群内成员合作觅食，保养洞穴并保卫群体的安全。群内的成员之间关系紧密。其他哺乳类也在成员关系紧密的小群体内合作，比如非洲野犬。人类社会与其他有合作行为的物种

图16.12

裸鼢鼠是一种生活在地下的啮齿类，营群体生活，群内只有一个可繁殖的雌性，群成员之间关系紧密。

不同，因为人类可以动员大量的非血缘个体参与集体活动。现代社会显然更是如此，诸如法院、警察局等政府机构会规范人们的行为。即使没有这样机构的社会，同样可以动员大量合作者。

诸如道路、桥梁这类依赖资本合作的设施，需要依赖大规模的合作行为。每一个工人都投入了大量时间与劳动，但群体内的所有成员将会在路上行走或使用桥梁过河。在现代社会中，由政府执行的合同意味着确保了工人可直接得到补偿。在小规模社会中，工人并不因其劳动而收到薪水或签署具有法律约束力的合同，但同样也可以组织建设大型建筑工程。例如，20世纪以前，在特里尼蒂河、克拉马斯河以及其他美国西海岸河流中有大量洄游的鲑鱼，住在这些河流沿岸的印第安人修建了栅栏一样的大型篱坝，并架跨在河上，当鲑鱼为产卵逆流而上的时候，人们便可以收获鲑鱼（图16.13）。尤罗克人（Yurok）在克拉马斯河的科佩尔段修建了篱坝，修这个篱坝要砍的木头需要几个不同村子成百男性的劳动力，修建篱坝需要70个工人很长一段时间的投入。但是在鲑鱼旺季的10天中，人们可以借助篱坝捕获大量鲑鱼，并将它们晾干保存，以及在部落成员间分享。

战争是一个尤其有趣的大规模合作案例，原因有二。其一，战争在人类历史中起着不可否认的重要作用。其二，我们发动战争的能力很非凡，因为战争创造了一个风险极高的集体行动问题。尽管集体军事行动可以为全体成员提供利益，但个别战士会有战死或受伤的风险。在几乎所有的人类社会中，人们都会参与到与周边群体的武装冲突中。在狩猎采集社会中，战斗人员的数量非常少，但即使在没有任何政府机构的社会中，也能在恰当环境下动员数量相当的战争团体。最近，亚利桑那州立大学的莎拉·马修（Sarah Mathew）研究了非洲图尔卡纳湖边

图16.13

20世纪早期，北加利福尼亚州胡帕的印第安人部落在特里尼蒂河上修建了篱坝。北美的印第安人会在初夏鲑鱼的迁徙旺季期间，在河里短期安放这种篱坝。通过阻挡鲑鱼洄游的通道，印第安人可以用渔网捕获大量鲑鱼。部落中的很多成员都参与到了修筑篱坝和收获鲑鱼中。

图 16.14

图尔卡纳人是生活在肯尼亚北部的游牧民族。

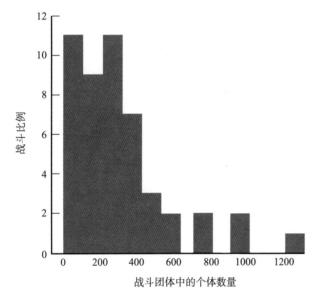

图 16.15

本图为图尔卡纳人战斗团体的大小分布。横轴是参与战斗的武士数目，纵轴是各种大小的战斗团体的战斗比例。战斗团体的平均数量是300个战士，最大的团队可以超过1000人。这意味着单一个体对袭击的成功率只有很小的影响。

上的一个非洲游牧社会的战争，为上面的观点提供了一个很好的例子。

图尔卡纳人在肯尼亚西北的干旱稀树草原放牧牛群和羊群（图16.14），他们生活在几百人的群体中，住所不固定。这些图尔卡纳人的地盘大约可分为20个领地，在每个领地中，该领地的牧人可以自由放牧。男人还被分为由相似年龄的人组成的相近年龄组，一起放牧和战斗。他们没有公认的政治或军事首领，没有选举的官员，没有官方警察或者军事力量。图尔卡纳人频繁地与领地以外的其他种族进行武装战斗。胜利者可以获得牲畜以补充他们的畜群，还可以获得新的牧场，同时还能威慑住其他族群的进攻。然而，参战会给个体带来一定的损失；马修的数据表明，每次参与战斗的战士会有1%的概率死亡。图尔卡纳人开展了大规模合作；平均每次袭击动员起来的人数有300人（图16.15），这些武士来自于几个不同的居民点、不同的领地区域以及不同的年龄团体（图16.16）。这意味着这些大型攻击团体中的大多数男人相互之间没有血缘关系，战争团体的许多成员几乎相互不认识。

需要注意的是，合作并不总是会产生良好的或者符合社会期望的结果。当尤罗克人建好篱坝后，他们能捕获更多的鲑鱼，群内的每个成员都能得到更多的食物。当其他群的成员给病弱不能采集食物的妇女提供食物，该妇女和她的孩子的生活会因此稍微得到改善。当图尔卡纳人结束战斗后，一些人可能会受伤、患病或者死亡。攻击与反击的威胁使得每个人都要投入牧场的保卫工作，因此便浪费了一些能量，这些能量本来可以用来完成更具生产力的工作。

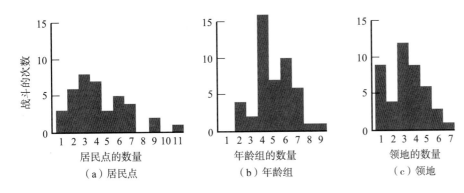

图16.16

图尔卡纳战斗小队的成员来自于几个不同的居民点、不同的年龄组和不同的领地区域。这意味着成员要与他们不太了解的许多个体并肩作战，该情况表明合作不由互惠利他关系维持。

人类合作受忠实于既定社会准则的道德情操以及奖与罚巩固的文化传承规范的调控。

人类比其他哺乳类更具合作性，但人类不是天使。同其他生物一样，人类受自己的利益以及亲属的利益所激励。每一个个体对一个大规模企业的贡献很小。自私的动机将诱使人投机取巧，比如当射击开始的时候，躲在树后，或在该砍木材建篱坝时装病。如果人们听任这些动机摆布，那么就不会有合作。那么，哪些因素能够防止投机取巧从而维系合作呢？

对于大多数动物来说，这一问题的答案便是亲缘和互惠利他的结合。当个体与亲缘个体合作，投机取巧会削减广义适合度。逃避责任的裸鼹鼠削减了亲缘的适合度，因为个体间的亲缘度很高，这个影响足以防止投机取巧。在有的灵长类中，互惠利他起到重要作用。投机取巧者会受到受损方以牙还牙的惩罚。不进行互惠利他理毛的狒狒，下次它的同伴就不会给它理毛了。

毫无疑问，类似动机也在人类合作中起作用，尤其在小范围内，但这并不是全部。忠实于既定社会准则的道德规范，以及第三方对文化演变的道德规范的执行，在维持人类合作中起至关重要的作用。

人类不仅是格外聪明且善于合作的生物，还是非常善良的生物。我们会给慈善机构捐款，献血，送还别人遗失的钱包，给迷路的游客指方向。我们会冒着生命的风险参战，而战争的胜利果实则在更多的人中分享。共情使得我们对他人产生同情，这些人甚至可以是我们不认识和从未谋面的人。我们有忠实于既定社会规则的情操，诸如慷慨与公平感以及为他人的福利忧心。这样的情操会驱使我们做出利他行为，正如亚伯拉罕·林肯（Abraham Lincoln）曾说过的："做善事让我心情愉悦；做坏事则让我心情糟糕。这就是我的宗教信仰。"

然而，一些研究人员相信人类的这类行为大部分是出自自私。他们指出英雄可以在游行中抛头露面，为正义而战的斗士会出名，慷慨的捐赠者会在铜匾上留名。而且，在有些情况下，我们会期待受益方会在将来报恩。为了了解人类社会偏好的本质，行为经济学家设计了一套简单的游戏：个体面临一些将影响自己利益和他人利益的抉择。例如，在独裁者游戏中，先给一个玩家（提议者）一笔

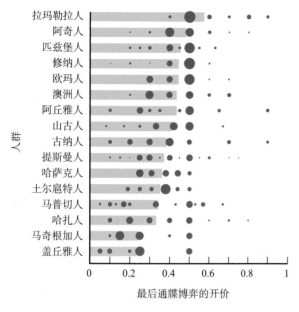

图 16.17

本图展示的是最后通牒博弈的跨文化实验结果。横轴为庄家的开价占总金额的比例，黄色柱是每个社会的平均开价，而蓝圈的直径则是给出该开价的庄家所占的比例。例如，大多数参与该游戏的拉玛勒拉人给出一半的金额，群体的平均开价稍稍高于总金额的一半，盖丘雅人则大多给出总额的25%，平均开价也基本一样。

钱，提议者可以留下所有的钱，也可以分一部分给另一个玩家。在标准游戏形式中，各个参与者匿名轮流坐庄；游戏结束后，这两个玩家再也不相见也没有联系。这样做的目的是使庄家没有机会在互惠的基础上获得声誉上的利益或期望。尽管庄家可以自己留下所有的钱，但并不是所有的人都这样做。实际上，庄家通常会分配20%~30%的额度给另一个玩家。

最后通牒博弈（the ultimatum game）在独裁者游戏的基础上增加了第二个步骤。像先前一样，庄家被赠予金钱形式的资助并做匿名分配，但在这个游戏中，参与者可以决定接受还是拒绝庄家的赠予。如果参与者接受赠予，每个玩家会得到特定数额的金钱；如果参与者拒绝，则双方都得不到钱。参与者如果拒绝0以上的赠予，实际上将会得不到金钱。尽管如此，参与者通常拒绝低于20%的赠予。这非常引人注意，因为参与者拒绝低开价时会给自己带来损失，但他们似乎乐于惩罚开低价的庄家，哪怕他们是陌生人且从此再无联系。

你也许认为这些结果反映的是工业社会或者大学生（这类实验的主要受测试者）的一些特质，但是，如今已经有来自全世界十几个国家的数以千计的人玩过这个游戏。英属哥伦比亚大学的约瑟夫·亨里奇（Joseph Henrich）牵头组织了一个项目，让全世界十几个小规模社会的人玩这个游戏。亨里奇和他的同事们发现，在不同社会中，开价的数目相当不同，低开价遭遇拒绝的概率也不相同（图16.17）。然而，在所有社会中都比较一致的是，开价越不公平越有可能遭到拒绝。

第三方对道德规范的强制执行在维持合作中起着重要的作用。

在最后通牒博弈中，接受者通常愿意惩罚给出低价的庄家，哪怕他们不知道对方的身份，将来也不会再联系互动。他们的动机似乎是基于可接受的报价以及不公平的感觉。行为经济学家曾提出了第三方对道德规范的强制执行这一观点，而他们的行为恰恰可以作为支持该观点的一个例子。第三方对道德规范的强制执行在维持合作中起着重要的作用。要弄明白它的原理，让我们再看一下图尔卡纳的战斗。战士们有许多投机取巧的机会，可以在开战之前溜走，也可以在交战期间躲在后面，降低自己被杀的风险。战斗之后，他们还可以领到超出他们应得份额的牛。而且，近50%的战斗中都存在着投机取巧行为，为什么投机取巧不扩散？答案是懦夫和其他投机取巧者会受到惩罚。马修的研究表明，惩罚有两种形式。第一种形式是直接惩罚，通常由投机取巧者所在的年龄组成员执行。第一次违反规则通常是语言责罚，投机取巧者会被取笑并被告知不能再那样做。再次违反将会引发体罚与罚款——违反者所在年龄组里的同伴会将其绑在树上体罚，并且会杀掉他的一头牛大餐一顿。第二种形式的惩罚是间接惩罚，投机取巧者会失去各种社会支持。对异性的吸引力降低，在需要帮助时也不大可能得到他人的帮助。例如，一个图尔卡纳的男人离开驻地旅行时，可以从其他图尔卡纳人那里获得住处和食物，因为他们有义务提供这样的热情帮助。然而，他们没有义务为一个有懦夫之名的人服务。

哪怕在最简单的狩猎采集社会中，第三方强制执行的规范也可以调控各种行为，人类学家金·希尔调查了大量民族志文献，汇总出一系列的调控行为：

●婚姻。包括了可以结婚的对象，通常是基于年龄、亲缘关系或宗教团体资格等，以及是否允许有多个妻子或者多个丈夫。

●食物生产。包括可以开垦哪些土地，可以收获哪些动植物，以及可以进行哪些经济活动。

●分享食物。包括必须与谁分享，他们能得到多少，以及哪部分肉归谁等。

●食物消费。比如可以吃到的食物，通常基于个体的年龄、性别、生育状况和宗教团体资格。

●展示权利。比如可以参加什么类型的仪式。

●居住。比如住在哪儿以及与哪些人住在一起，这同样基于年龄、性别、生育状况以及宗教团体资格。

●政治。比如谁有政治权利以及谁可以做领导，通常基于亲缘关系、宗教资格、性别以及其他因素。

●冲突。谁是仪式决斗和占卜的合法对手；哪类冲突是公正的，哪类不是；是否有义务参与与其他群体的冲突。

●生活史。什么年龄可以发生性关系以及谁必须照顾后代。

●污染。何时何地可以方便、处置垃圾以及进行其他有潜在污染的活动。

需要注意的是，一些规范中的罪行并没有受害者。例如，规范普遍反对兄弟姐妹之间、父母与后代之间的性关系。这些行为不伤害第三方，但是，第三方会花费极大精力去压制这些行为。

第三方强制执行的规范可能比简单互惠更易于使合作保持下来。原因有几个。第一，它可增加投机取巧者受惩罚的程度。在互惠关系中，欺骗合伙人的人将失去该关系带来的益处。而在第三方强制执行的规范中，违规者会面临更严峻的惩罚，失去群体内几乎每一个人的支持。第二，第三方强制执行的规范能提高违规者被发现的概率。没有第三方的监管，小孩子会装病欺骗妈妈，从而逃避掉采集柴火或照管羊群的任务，以便在母亲出营地后，自己出去与朋友玩。如果有第三方的监管，装病的代价将会变大，因为如果有人在营地附近，他就不能出去玩耍。

人类合作的程度是演化之谜。

所有证据表明，我们上新世的祖先有着与其他灵长类相似的社会结构。在过去几百万年间的某个时间，人类心理发生了重要的变化，使得能够支持更大且更具合作性的社会。鉴于人类社会改变的复杂性和巨大性，最合理的假设便是他们是自然选择的产物。然而，社会行为演化的理论标准与霍布斯的"所有人对所有人的战争"的观点是一致的，并未在人类社会观察到。类人猿合乎这个观点，但人类不行。

科学家们提出了两种不同的假说来解释人类合作的高水平。**错配假说**

（mismatch hypothesis）认为支持人类合作的心理机制是在亲缘关系亲密的小型狩猎采集社会中演化的（图16.18）。而群内个体间亲密的亲缘关系并没有促进其他灵长类间的合作，古人类演化中经历的一些特殊生态环境可能促进了合作演化。例如，狩猎以及生育的婴儿具有高度依赖性，也许促进了父亲投资、食物分享与合作狩猎。在这种社会环境中，自然选择已经偏向形成更合作的心理。忠实于社会准则的情操，如羞耻与愧疚感，也许会被选择，因为它驱使人遵循合作的社会规范。因为群体小且由亲属组成，选择也许会偏向合作以及提高合作的心理机制。我们的演化心理与当代社会不符，因为当代社会中人们的亲缘关系很低。

错配假说有几个弱点。首先，金·希尔和同事们的调查表明现代狩猎采集人类的关系并不密切。人们频繁地从一个集团搬到另一个集团，所以，现代狩猎采集社会一般由500个说相同语言的人组成。所以，只有原始狩猎采集人类像其他灵长类一样生活在小而封闭的群里，而不是像今天狩猎采集人类生活在大的群体里，错配假说才行得通。其次，错配假说不能解释现代社会中观察到的合作规模。即使是小规模社会中的人，也会与不认识的人合作。错配假说认为，人应该对亲缘关系与回报高度敏感。他们应该倾向亲属合作，与他们认识的人合作，而对陌生人则应该充满疑虑。

另外一个假说被称为**文化群体选择假说**（cultural group selection hypothesis），该假说认为人类合作的广泛性是文化适应的副产品。奖惩系统能在很多领域建立稳定的道德规范，包括不合作规范。只要受罚的代价超过遵循规范的代价，遵循规范将对个体有利。规范要求什么并不重要，相互约定的条款也能维持合作或不合作的规范："你可以偷杀邻居的牛来喂养你的家人"或"你不可以偷杀邻居家的牛以喂养你的家人"。同理，惩罚可以在不同程度上维持规范。"不要偷本宗族/部落成员的牲畜，但是其他宗族/部落的牲畜是给勇士去偷的。"这是让群体受益的规范。类似的例子还有很多。因此，不同的群体也许倾向于向不同的均衡

图16.18
狩猎采集群体经常以小群体游动活动。

演化，这个群里可能是一套规范，另一个群里则可能是另一套规范，第三个群又完全不一样，等等。这种情况会遭到移民或其他类型社会联系的反对或者抵触。文化适应比遗传适应更为迅速。如果我们是正确的，这就是我们人类产生文化的原因——允许不同群体针对各自不同的环境产生不同的适应性改变。因此，我们预期，当文化在人类中的作用变得越来越重要时，群体间的行为差异也会越来越多。

在第一章中，我们看到自然选择引发适应性改变需要有三个必要条件：第一，必须有生存斗争，并不是全部个体都能存活并繁殖；第二，必须有适应性改变，一些类型的个体比其他个体更有可能存活和繁殖；第三，适应性改变必须是可遗传的，以便幸存者的后代与父母相像。我们论述过选择作用是在个体层面发生的，因为这三个条件并不适用于群体。群体之间可能存在着竞争，生存及发展能力也可能存在差异，但是导致群体层面竞争力差异的因素不能从在代际间传递，因此群体层面并没有累积的适应性改变。文化群体选择假说强调在人类社会中，一旦快速的文化适应引起稳定（可遗传）的群体间差异，便为在群体层面上产生适应性的各种选择过程奠定了基础。

不同人群有不同的规范和价值观，这些文化特征的传承能造成可持续很长时期的差异。在一个群体里占主导地位的规范和价值观会显著影响群体生存的可能性，比如是否在经济上成功，是否能够发展壮大，是否会被邻居模仿（图16.19）。例如，有提升军事成功规范的群体比缺乏该规范的群体更有可能存活。这就创造了一个有助于该规范传播的选择过程。

这两种假说并不相互排斥。很有可能的是，创造与实施规范所必需的心理机制是在有亲缘关系的小群体中演化出来的，这些机制接着促使形成了更广泛与更大规模合作的规范。然而，仅靠错配假说无法解释人类与其他灵长类之间已经演化的明显差异，也无法解释人类如何演化出如此高的合作水平。

人类的演化结束了吗？

在课堂上，我的学生经常问起：人类的演化是否结束了？在本书的结尾提一下这个问题，倒是颇为合理。正如我们已经看到的，我们这些现代人类是几百万年演化的产物。但是，蟑螂、孔雀和兰花也是如此。我们身边的所有生物，包括我们人类自己，都是演化的产物，但是，它们都还不是成品，仅是加工过程中的作品。

然而，在某种意义上，人类的演化结束了。因为文化改变比遗传改变快得多。从大约1万年前农业起源或者更早一点的时间起，人类社会的大多数改变，都源自于文化的改变，而不是自然选择。大多数人类行为和人类社会的演化并不受自然选择和其他有机演化过程的驱动，而是由学习和塑造文化演化的其他过程驱动。然而，这个事实并不意味着演化理论和人类演化历史对理解现代人类行为没有作用。自然选择塑造了控制学习与文化的心理和生理机制。而且理解人类演化对理解人类的本性和现代人类的行为非常重要。

图16.19

努尔人（Nuer）和丁卡人（Dinka）是生活在苏丹南部的两个人群。每个人群中都包括几个不同的部落，部落间会竞争牧场。19世纪期间，努尔人实现了扩张，而丁卡人则付出了代价，因为所有努尔人部落有共同的规范与义务规范，使得他们组织起来的战争团体比丁卡人的更大。

关键术语

文化

社会促进

观察性学习

效仿

错配假说

文化群体选择假说

学与思

1.动词"to ape"的意思是"模仿或复制",它的意思与我们现在知道的其他灵长类的学习过程一致吗?

2.为什么积累性的文化改变有可能需要效仿或观察性学习?

3.灵长类学家已经记载了许多群体间行为差异的例子,并且有些人认为这些差异是一种文化。这是一个合理的结论吗?为什么?

4.我们人类所做的一些事情是有着不良适应性的(比如高空跳伞,滥用毒品,以及收藏古董汽车),有些人可能会认为这些行为证明自然选择对现代人类没有重要影响。这个观点合理吗?为什么?

5.独裁者与最后通牒博弈游戏如何提供忠实既定社会道德准则的情操?匿名实验以及跨文化研究的结果对于上述结论有多么重要?

6.有哪些证据能够证明人类在大型的、个体间血缘关系的群体里开展合作?从演化理论的视角解释一下为什么这是个谜。

延伸阅读

Boyd, R, and P. J. Richerson. 2009. "Culture and Evolution of Human Cooperation." *Philosophical Transactions of the Royal Society* (B) 364: 3281-3288.

Cronk, L., and B. Leech. 2013. *Meeting at Grand Central: Understanding the Social and Evolutionary Roots of Cooperation.* Princton, NJ: Princeton University Press.

Hill, K., M. Barton, and M. Hurtado. 2009. "The Emergence of Human Uniqueness: Behavioral Characters underlying Behavioral Modernity." *Evolutionary Anthropology* 18: 187-200.

Mesoudi, A. 2010. *Cultural Evolution*. Chicago: University of Chicago Press.

Richerson, P. J., and R. Boyd. 2005. *Not by Genes Alone: How Culture Transformed Human Evolution.* Chicago: University of Chicago Press.

结 语

生命的宏伟历程……

至此我们就完成了关于人类如何演化的叙述。正如我们序言中所述，这不是个简单的故事。我们在第一部分解释了演化的机制：演化过程如何创造精致复杂的有机体，这些过程如何让生命产生令人惊奇的多样性。接下来我们将这些观念应用到第二部分，去阐释非人灵长类的生态和行为：为什么它们会群居生活，为什么雄性与雌性的行为不同，为什么动物会竞争与合作，为什么灵长类比其他种类的动物更加聪明。接着在第三部分，我们将上述演化机制和灵长类知识，与人类谱系历史和化石记录相比较。追踪阐述了从生活在恐龙时代的类似鼩鼱的食虫生物，到渐新世生活在北非沼泽中的类猴生物，到中新世生活在丛林冠层的类猿生物，到上新世遍布于林地和草原的脑容量小、双足行走的古人类，再到扩散至大部分旧世界的脑容量大、更有技巧的早期智人，最终到仅仅十万年前的能够创造艺术、建造住房、捕获大型动物的晚期智人。最后在第四部分，我们转向人类自身——讨论人类遗传多样性的重要性与意义。对人类行为的演化分析一直存在着争议。在达尔文的时代，许多人不了解演化理论的意义。一个维多利亚时代的主妇在听说人类起源于类人猿时，曾联系达尔文说："希望这不是真的，如果是真的，那就不要让众人知道。"达尔文的理论深切地改变了我们看待自身的方式。在达尔文之前，大部分人都认为人与其他动物从根本上是不同的。人类的独特性和优越性是毋庸置疑的。但我们知道人类表型的所有方面都是生物演化的产物——正如产生我们身边生命多样性的过程一样。然而，许多人仍认为我们使用与解释黑猩猩、椿象和雀类行为一样的方法来解释人类行为是在贬低我们自己。

图1

达尔文于1882年逝世，葬于西敏寺修道院，位于艾萨克·牛顿的墓旁边。

恰恰相反，我们认为人类演化的故事在其宏伟历程上是令人惊叹的。通过几个简单的过程，我们可以解释我们是怎么出现，为什么我们之所以是我们，以及我们如何与宇宙的其他部分相联系。这是个令人惊奇的故事。但也许达尔文（图1）在他的《物种起源》最后一段里说得最好：

> 复杂世界是非常有趣的，伴随着许多种类的植物、灌木丛中歌唱的鸟儿、飞来飞去的各种昆虫、爬过潮湿泥土的蠕虫，它们之间是如此不同，又以如此复杂的方式相互依存，且都遵循共同的规律。这些规律伴随繁殖增长；通过繁殖继承；有用或无用的，通过外部环境的直接或间接作用，产生多样性；种群快速增长导致生存斗争和自然选择，带来性状分歧和顽固类型的灭绝。因此从自然界的战争、饥荒和死亡过程中，得到的最好的东西，即随之而来的高等级动物。从这个角度看生命是宏伟壮丽的：某些能量被灌入少数几类或一个生命，同时这个星球按照万有引力定律绕环，最美丽和最奇妙的无穷无尽的形式从如此简单的开端开始，并且仍在演化着［From C. Darwin, 1859, 1964, *On the Origin of Species*, facs. of 1st ed. (Cambridge, Mass: Harvard University Press), p. 490）］。

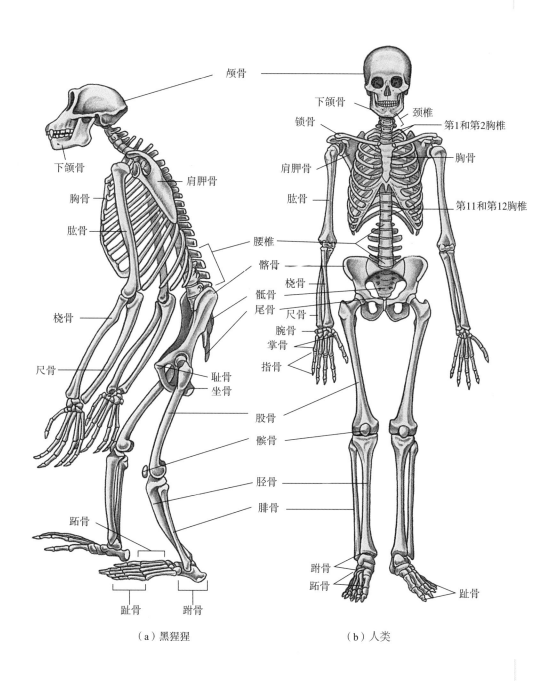

颅骨

下颌骨

锁骨

第1和第2胸椎

肩胛骨

胸骨

肱骨

第11和第12胸椎

下颌骨

肩胛骨

胸骨

肱骨

腰椎

髂骨

桡骨

骶骨

尾骨

尺骨

腕骨

掌骨

指骨

桡骨

尺骨

耻骨

坐骨

股骨

髌骨

胫骨

腓骨

跖骨

跗骨

跖骨

趾骨

趾骨

跗骨

跖骨

趾骨

（a）黑猩猩　　　　　　　　（b）人类

名词解释

A

阿舍利文化 Acheulean：160万到30万年前的遗址发现的第二模式石器工业，与匠人和某些古代智人相关。以最早发现地法国村庄圣阿舍利命名，阿舍利工业最明显的特色是泪滴形手斧和钝刀。

氨基酸 amino acids：连成链并形成蛋白质的分子。氨基酸有20种，不同氨基酸有着相同的主干，但侧链不同。

奥杜威文化 Oldowan：一套仅去除石核上的石片而没有系统塑形的简单石器。石片和石核本身都有可能被用来当工具。发现于非洲，可以追溯到大约250万年前。

B

胞嘧啶 cytosine：DNA的四种碱基之一。与胞嘧啶互补的碱基是鸟嘌呤。

被子植物 angiosperms：即开花的植物。白垩纪时期被子植物的扩散在灵长类的演化中起到了非常重要的作用。

鼻下前突 subnasal prognathism：面部的鼻下部分前突的情况。

比较法 comparative method：一种通过比较不同的物种确定性状功能的方法。

变体 variant：性状的特别形式。例如，蓝色眼睛、棕色眼睛和灰色眼睛是眼睛颜色性状的变体。

变异性卟啉病 porphyria variegata：一种显性基因遗传病，携带该基因的人对于部分麻醉剂有严重反应。

表现型 phenotype：生物可观察到的性状。拥有相同表现型的个体不一定拥有相同的基因型。区别于基因型。

表型匹配 phenotypic matching：动物通过它们自己和其他个体的相似性进行亲缘识别的机制。

哺乳/哺乳期 lactation：雌性的胸腺产生乳汁的过程，也指哺乳动物用乳汁喂养后代的时期。哺乳是哺乳动物的特征之一。

不利适应 maladaptive：指某些特征不利于适应。

不连锁的 unlinked：指基因位于不同的染色体上。区别于连锁的。

C

采集类食物 collected food：一类食物资源，类似叶子或果子，可以采集并能直接食用。

彩礼 bridewealth：结婚时，新郎家送给新娘家的一批贵重物品。

策略/对策 strategy：特定的功能环境下展开的复杂行为，例如交配、育幼或者觅食。

查特佩戎文化 Châtelperronian：一种工具制作工艺，发现于3.6万~3.2万年前法国或者西班牙的旧石器时代晚期遗址中，与尼安德特人的化石遗迹相关。

齿式 dental formula：上下颌门牙、犬齿、前臼齿和后臼齿的数量。

重写 palimpsests：考古用词，用以描述随着时间的推移，由于使用或定居而积累文物的考古遗址的术语。

重组 recombination：已有基因型在染色体随机分离和交叉互换之后形成新的基因型。

初产 primiparous：指第一次生产的雌性。

初级结构 primary structure：组成蛋白质的氨基酸序列。

纯合的 homozygous：指二倍体生物的特定基因位点上带有两个相同等位基因。这类生物被称为"纯合子"。区别于杂合的。

次生化合物 secondary compounds：植物产生的并在组织富集的有毒化学成分，用以防止被动物食用。

错配假说 mismatch hypothesis：该假说认为支持人类合作的心理机制是在亲缘关系亲密的小型狩猎采集社会中演化的，因此会导致在复杂城市社会中的适应不良。

D

打制 knapping：制作石质工具的过程。

大本营 homo base：一个群体成员每天回去的临时营地。

在营地里，群体成员共享、处理、烹饪以及食用食物；制造和维护生存工具；建立社会生活。

大陆漂移 continental drift：形成陆地的巨大地质板块在地球表面的移动。

大洋洲 Oceania：位于南太平洋地区，除澳大利亚之外，还包括波利尼西亚、美拉尼西亚和密克罗尼西亚。

单倍体 haploid：细胞中仅有一套染色体。配子细胞以及一些无性繁殖生物的细胞为单倍体。区别于二倍体。

单倍型 haplotype：是指在遗传学上，在同一染色体上进行共同遗传的多个基因位点上等位基因的组合。

单核苷酸多态性（SNP）single nucleotide polymorphism：指在基因组水平上，由单个核苷酸的变异所引起的DNA序列多态性。

单身雄性 bachelor male：无法在双性群体中生活的雄性。单身雄性可能单独生存或居于全雄群中。

蛋白编码基因 protein coding genes：编码指导形成蛋白质的基因。

蛋白质 protein：一个由长链氨基酸组成的大分子。许多蛋白质都是酶，其他一些则起结构功能。

等级矩阵 dominance matrix：用来追踪群体中个体优势互动的矩阵。矩阵左侧从上到下分别代表优势从高到低，矩阵上侧从左到右分别代表优势从高到低，个体打败另一个个体的次数计入矩阵中对应的单元格中。为了减少对角线的条目，个体在矩阵中是排好序的。这个顺序将会被用来建立优势等级。

等位基因 allele：指位于一对同源染色体相同位置上控制同一性状不同形态的基因。例如 A 等位基因和 S 等位基因是控制血红蛋白一个亚基氨基酸序列的基因的两种形式。

地层 stratum：即地质层，是一层或一组具有某种统一的特征和属性，并和上下层有着明显区别的岩层。

递进 transitive：形容三元关系的一种属性，第一和第二元素的关系将会自然地决定第一与第三元素之间的关系。例如，如果A比B大，B比C大，那么A就比C大。在许多灵长类物种中，等级关系具有递进性。

第三方关系 third-party relationship：其他个体之间的关系。例如，猴和猿被认为能理解其他群体成员之间的亲缘关系。

电子自旋共振测年法 electron-spin-resonance dating：一项通过检测牙齿磷灰石晶体中的电子密度来确定化石牙齿的年代的技术。

奠基者效应 founder effect：遗传漂变的一种形式，出现在一个小群体迁移至新栖息地后快速繁殖的情况中。初始小群体的基因频率决定了后代中的基因频率。

毒素 toxin：有毒的化合物。

独居者 solitary：指没有生活在社会群体且不与同种个体组成稳定联系的动物个体。

E

恶性疟疾 falciparum malaria：疟疾中一种严重的类型。镰刀状红细胞等位基因的杂合体在西非很常见，主要是因为杂合状态对恶性疟疾有抗性。

二倍体 diploid：指含有成对同源染色体的细胞，每对中的单个染色体分别遗传自一个亲本。也可指体细胞为二倍体的生命体。所有的灵长类都是二倍体。区别于单倍体。

F

F$_0$、F$_1$和F$_2$代：在育种实验中用以追踪代数的一套系统。初代称为F$_0$代，F$_0$代的子代称为F$_1$代，F$_1$代的子代称为F$_2$代。

发情期 estrus：指在大多数哺乳动物（包括灵长类）繁殖周期中，雌性能够交配和受孕的时期。

发育 development：所有单细胞受精卵转化成多细胞成体的过程。

繁殖力 fecundity：即生物学上的繁殖能力。在人类中，当人们限制了家庭的大小时，人类的繁殖力比生育率（实际生育的后代个数）稍大。

反光色素层 tapetum：位于视网膜之后，起反光作用，仅见于部分生物。

反密码子 anticodon：转运RNA上一段与特定密码子互补的碱基序列。例如，对于密码子ATC而言，相对应的反密码子就是TAG，因为A对应T，G对应C。

放射性测量法 radiometric method：任何运用某些化学元素自发地以恒定速率变成其他同位素的原理进行测量的测年法。

放射性衰变 radioactive decay：从一个化学元素的同位素到相同元素的其他同位素或完全不同化学元素的自然改变过程。放射性衰变以一个恒定的、能在实验室精确测量的速率发生。

放射性碳测年法 radiocarbon dating：同见碳-14测年法。

非编码RNA noncoding RNA：不编码蛋白质的RNA分子，包括转运RNA、核糖体RNA和微小RNA。

非连续性变异 discontinuous vatiation：表型变异不存在连续性差异，为离散状态。孟德尔实验中豌豆的颜色即为非连续性变异的例子。区别于连续性变异。

非亲缘繁殖 outbred mating：两个非亲缘个体之间的交配。区别于近亲繁殖。

非同义替换 nonsynonymous substitution：DNA序列中用一个核苷酸替换另一个核苷酸后导致编码的氨基酸发生了改变。

非胰岛素依赖型糖尿病（NIDD）non-insulin-dependent diabetes：一种体内的细胞不能适当地回应血液中胰岛素水平的糖尿病类型。NIDD有一定的遗传基础。

分类学 taxonomy：生物学的一个分支，主要研究系统发育在生物命名和分类方面的应用。区别于系统学。

分子钟 molecular clock：分子钟的主要用途是估算祖先顺序演化的时间，确立系统发育树的演化年代。假定基因以一个恒定的速率发生改变，我们便可据此测量两物种从一个共同祖先分化以来的时间。不同物种的分子钟以及同一物种不同基因的分子钟快慢都不相同。

负相关 negatively correlated：描述的是两个变量之间的统计学关系，即一个变量的较大值倾向于与另一个变量的较小值共存。例如，在某些植物种群中，一个植物个体产生的种子大小和数量是负相关的。区别于正相关。

负向选择 negative selection：反对新型突变而保护现存基因型的选择。

复眼 compound eye：由大量分离的小眼（光感受器）形成的眼。常见于昆虫和其他节肢动物。

G

冈瓦纳古陆 Gondwanaland：曾存在于南半球的一个超级大陆，存在于约1.2亿~1亿年前。冈瓦纳古陆包括了现在的非洲、南美洲、南极洲、澳大利亚、新几内亚、马达加斯加和南亚次大陆。

睾丸/精巢 testes：雄性产生精子的器官。

更猴型类群 plesiadapiform：古新世（6500万~5500万年前）生活的类猴哺乳动物。尽管许多古生物学者并不认为它们属于灵长类，更猴型类群可能跟生活在同一时期的早期灵长类更相似。

肱骨 humerus：前肢（手臂）的上部分骨头。

古人类/人亚族 hominin：代指人亚科的成员，包括南方古猿和人属。

古生物学家 paleontologist：研究各种植物和动物化石的科学家。

股骨 femur：大腿骨。

骨缝 suture：骨骼间的波浪状接缝，通过结缔组织啮合并隔开。

固定 fixation：群体中所有个体在特定位点的相同等位基因都是纯合子时的情况。

关联反应 correlated response：由另一个相关性状的选择引起的某一性状的演化改变。例如，如果手臂的长度和腿的长度正相关的话，选择支持长腿也会增加手臂的长度。

观察性学习 observational learning：一种动物通过观察其他个体的行为而学着表现出新行为的学习方法。区别于社会促进作用。

H

哈迪-温伯格平衡 Hardy-Weinberg equilibrium：指有性繁殖的群体其基因型频率稳定不变，发生在自然选择、突变或遗传漂变等其他演化力量缺失的情况下。

海德堡人 Homo heidelbergensis：中更新世生活在非洲和欧亚大陆西部的古人类。他们拥有较大的脑和非常强壮的骨骼。

汉密尔顿法则 Hamilton's rule：该定律预言了亲缘个体间的利他行为在rb > c的情况下会得到自然选择的支持，其中r代表实施者和接受者之间的亲缘系数，在降低实施者适合度的行为中，b是该行为接受者的获利而c则是实施者的消耗。同见亲缘选择。

核糖核酸（RNA）ribonucleic acid：一种在蛋白质翻译过程中起多种作用的长链分子。RNA与DNA稍稍不同的是，DNA在化学主干上有胸腺嘧啶而非尿嘧啶。

核糖体 ribosome：一种由蛋白质和核酸组成的小型细胞器，在蛋白合成过程中短时间将信使RNA和转运RNA结合在一起。

宏演化 macroevolution：新种、属和更高分类单元的演化。区别于微演化。

后肢主导 hind-limb dominated：一种主要依靠后肢作为推动力的移动形式。

互惠利他理论 reciprocal altruism：该理论认为当成对个体在多次相遇过程中轮流实施或接受利他行为时，利他行为便会在演化中保留下来。

化石 fossil：在岩石里保存着的一万年前的生命痕迹。化石可以是矿化的骨头、植物体、身体柔软部位的印记或者足迹。

环境变异 environmental variation：由于在不同的环境中发育导致的个体间表型差异。区别于遗传变异。

环境协同变异 environmental covariation：当亲代和子代的环境相类似时对表型的影响。因为环境协同变异造成了亲代和子代的表型相似，这将会使遗传度的估测虚高。

婚配系统 mating system：某一物种或种群中的求偶、配对以及哺育后代的模式。

J

基布兹 Kibbutz：一种根据集体主义原则组织的以色列农场。

基础代谢率 basal metabolic rate：动物在清醒且安静的状态下的能量代谢率。

基因 gene：生物体携带和传递遗传信息的基本单位，是具有遗传效应的DNA片段（部分病毒的遗传物质为RNA）。

基因多效性 pleiotropic effects：即由一个基因影响多个性状的现象。

基因流 gene flow：基因在杂交之后从一个群体到另一个群体或者从群体的一部分到另一部分的移动过程。

基因频率 gene frequency：指在一个种群基因库中，某个基因占全部等位基因数的比率（因此又叫等位基因频率）。例如，一个含有250个AA个体、200个AS个体和50个SS个体的群体，一共有700个A等位基因的拷贝和300个S等位基因的拷贝，因此S等位基因的基因频率是0.3。

基因树 gene tree：基于单个同源基因差异构建的系统发育树。

基因型 genotype：某个个体在某些遗传位点上的等位基因组合。例如，在血红蛋白位点仅有A和S等位基因的群体中，该位点只有三种可能的基因型：AA、AS和SS（SA与AS相同）。区别于表现型。

基因型频率 genotypic frequency：即某一群体中拥有特定基因型的个体的比例。

基因组 genome：一个生命体携带的全部遗传信息。

激活蛋白 activator：一种促进基因转录的蛋白质。与抑制剂相对。

既定的 canalized：描述发育过程对于环境条件非常不敏感的性状，可以在广阔的环境里产生相似的表型。区别于可塑性。

加工类食物 extracted food：包裹在硬壳或者其他材质中很难提取的食物。这类食物需要一些复杂的技术才能获取。

钾–氩测年法 potassium-argon dating：一种辐射度测量的年代测量方法，通过测定钾的不稳定同位素钾–40转化成氩的速率来确定岩石或矿物质的年代。这种方法可用来测定50万年前的火山岩的年代。

肩胛骨 scapula：肩膀的三角形扁骨。

减数分裂 meiosis：形成单倍体配子（卵子和精子）的细胞分裂过程。区别于有丝分裂。

剪接体 spliceosome：真核生物中具有剪接信使RNA功能的细胞器，把前体信使RNA中的内含子剪掉再将外显子联结，形成成熟信使RNA。

简鼻亚目 haplorrhine：包含眼镜猴及所有类人猿以及人类。将灵长类划分为简鼻亚目和原猴亚目的体系是支序分类学的分类体系，而在演化系统分类学中，灵长类被分为原猴亚目和类人猿亚目，眼镜猴则被归为原猴亚目。区别于原猴亚目。

碱基 base：DNA和RNA的基本组成单位之一，一共有5种，分别为腺嘌呤（A）、鸟嘌呤（G）、胞嘧啶（C）、胸腺嘧啶（T）和尿嘧啶（U），其中DNA中为A、G、C、T四种，RNA中为A、G、C、U四种。不同的碱基序列编码了蛋白质合成所需的必要信息。

交换 crossing over：减数分裂期同源染色体的遗传物质交换。交换造成了相同染色体上的基因重组。

结盟 alliance：两个或多个动物联合起来共同攻击或者对抗一个或多个其他动物的攻击。又称为联盟。

近亲繁殖 inbred mating：亲缘关系非常近的个体之间的交配。又称为近亲交配。区别于非亲缘繁殖。

近亲交配 inbreeding：同见近亲繁殖。

胫股指数 crural index：小腿骨长度与大腿骨长度的比率。

胫骨 tibia：小腿两条长骨中更大的一条。

旧石器时代晚期 Upper Paleolithic：欧洲、北非和亚洲部分地区从4.5万年前到1万年前的时期。这个时期的工具主要为石刀。

臼齿 molars：宽而方的后牙，在灵长类中一般被用于粉碎和研磨食物。类人灵长类上下颌每边各有三个臼齿。

K

科 family：在属之上、目之下的分类层次。一个科可能包含几个属，一个目可能包含几个科。

可塑的 plastic：指某些特征在发育过程中对环境十分敏感，以致在不同环境中会产生不同的表现型。区别于既定的。

矿化 mineralization：死去的动物骨头中的有机物质被周围岩石的矿物质替换的过程，形成化石。

L

LCT：编码乳糖分解酶-根皮苷水解酶的结构基因。

劳亚古陆 Laurasia：存在于1.5亿~1.2亿年前。劳亚古陆包括了现在的北美洲、格陵兰岛、欧洲和亚洲部分地区。

勒瓦娄哇技术 Levallois technique：尼安德特人使用的第三阶段工具制作方法。先敲碎制成有凸起表面的石核，在石核的一端做出打击平台，最后从打击平台敲下石叶。

理毛 grooming：从毛发中理出污渍、死皮、体表寄生虫和其他物质的过程。理毛是灵长类亲和行为的一种常见形式。

立体视觉 stereoscopic vision：由于每只眼睛传送视觉图像的信号到两边大脑而产生了3D图像视觉。立体视觉要求双眼视觉。

利他行为 altruism：降低实施行为的个体（行动者）的适应性但增加被该行为影响的个体（接受者）的适应性的行为。区别于互惠利他行为。

连锁 linked：指位于相同染色体上的基因。两个位点越近，它们越有可能连锁。区别于非连锁。

连续性变异 continuous variation：存在连续性差异的表型变异。人类的身高便是一个连续性变异的例子。区别于非连续性变异。

联盟 coalition：见结盟。

镰刀状红细胞贫血症 sickle-cell anemia：一种严重的贫血症，对镰刀状红细胞基因纯合个体是一种折磨。

两侧对称 bilaterally symmetrical：即通过动物身体的中轴线，只有一个切面将动物分成左右相等的两部分。

两面器 biface：通过对一个石核双面打制形成的全周带刃的扁平石头工具。

猎取类食物 hunted food：被人类或非人灵长类猎获的活的动物。

邻域物种形成 parapatric speciation：一种物种形成过程，共分两步：（1）自然选择导致地理分布不同且部分隔离的同种种群出现差异；（2）随后，各种群的独立繁殖强化该过程。区别于异域物种形成和同域物种形成。

磷灰石晶体 apatite crystal：一种在牙釉质中发现的结晶物质。

领域 territory：动物占领并保卫、抵御其他个体或同种的其他群体入侵的可变区域。

颅底 basicranium：头盖骨的基部或底部。

颅内容积 endocranial volume：脑腔中的容积。

颅下骨骼 postcranium：除了头骨以外的骨骼。

陆栖 terrestrial：主要在陆地上活动。区别于树栖。

裸子植物 gymnosperms：不需要花便可繁殖的一类植物。现存裸子植物包括松树、红杉、冷杉等。

M

埋藏学 taphonomy：研究生命体死后遗体的状态所受影响及变成化石过程的学科。

酶 enzyme：起催化剂作用的蛋白质，在给定温度下提高特定化学反应的速率。酶能通过促使某些化学反应远快于其他反应而控制细胞内的化学成分组成。

门齿 incisors：哺乳动物的前齿。在类人灵长类中，门齿用来切割食物，上下颌各有两颗。

密码子 codon：由DNA分子上三个碱基序列构成的、用以创造特定蛋白质遗传信息的"单词"。一共有64个不同的密码子。区别于反密码子。

模式1 Model 1：一类仅去除石核上的石片而没有系统塑形的简单石质工具。石片和石核本身都会被用来当工具。代表形式为奥杜威工具制造业中的工具。

模式 2 Model 2：一类通过去除石片将石核塑造成双面对称的石质工具。代表形式为阿舍利文化中的工具。

模式 3 Model 3：一类使用勒瓦娄哇技术从精心准备的石核上敲下大而对称的石片并制成石质工具。代表形式有欧洲的莫斯特文化工艺和非洲的中石器时代工艺。

模式 4 Model 4：一类主要以石刀为主的石质工具。模式 4 的工具发现于某些非洲中石器时代遗址，为欧洲旧石器时代晚期的主要工具类型。

模式 5 Model 5：一类主要以细小石器为主的石质工具。代表形式为非洲后石器时代的工具类型。

莫斯特文化 Mousterian：莫斯特文化中的石器主要以尖锐器、单边刮刀和锯齿状石器（边缘有小的齿状缺口的工具）为主，但是没有手斧。莫斯特文化通常与欧洲的尼安德特人有关。

母系血统 matrilineage：个体间通过母系关系相关联。

牧民 pastoralist：通过放牧家畜生存的人。

N

内含子 intron：真核细胞 DNA 上不能被翻译成蛋白质的的一段。区别于外显子。

尼安德特人 Neanderthal：在 12.7 万到 3 万年前生活在欧亚大陆西部的一种早期智人。尼安德特人的脑容量大，颅骨较长，面部较大。另外，他们的躯体大多非常强壮。

鸟嘌呤 guanine：DNA 分子的四碱基之一。鸟嘌呤互补的碱基是胞嘧啶。

尿嘧啶 uracil：RNA 分子的四种碱基之一。在 DNA 中对应的碱基是胸腺嘧啶，因此互补的碱基是腺嘌呤。

颞肌 temporalis muscle：一大块参与咀嚼的肌肉。颞肌附着于颅骨的侧面并延伸到下颌骨。

牛齿型牙根/牛齿根 taurodont root：臼齿中单个的宽齿根，由三个齿根融合而成。牛齿根是尼安德特人的标志。

扭矩 torque：推动旋转运动的扭力。

P

盘古大陆/泛大陆 Pangaea：1.2 亿年前一个巨大的包含了地球上所有陆地的独立大陆。

庞氏表 Punnett square：一个使用基因（或等位基因）

频率来算下一代基因型频率的表格。

配偶守卫 mate guarding：雄性在交配后保卫其配偶，以防止其他雄性与该雌性交配的行为。

配子 gametes：在动物中指卵子和精子。

劈肉刀 cleaver：一种边缘宽且平的两面器。常见于阿舍利文化的遗址中。

平衡 equilibrium：一个群体中的成分基本不变的稳定状态。

平衡多态性 balanced polymorphism：在一个种群中两个或多个等位基因稳定共存的状态。这种状态出现于杂合体拥有比纯合体更高适应性的情况中。

Q

髂骨 ilium：骨盆的三块骨头之一。

前臼齿 premolar：介于犬齿和臼齿之间的牙齿。

嵌合体 chimera：一个个体内存在一个以上遗传谱系的现象。

强化 reinforcement：在强化过程中，选择作用于两个表现型不同的种群成员之间杂交的可能性，导致了一些避免杂交的机制的演化。

亲和的 affiliative：友好的。

亲缘系数（r）coefficient of relatedness：一个测量两个个体之间遗传关系的指数。该指数的范围在 0（无关）到 1（仅在与自身或同卵双胞胎之间出现）之间。例如，一个个体和他的父母或亲兄弟姐妹之间的亲缘系数为 0.5。

亲缘选择 kin selection：该理论认为在利他行为中，当接受者的益处与实施者和接受者之间的亲缘关系（r）的乘积远超实施者的代价时，利他行为将会被选择作用所支持。同见汉密尔顿法则。

亲子冲突 parent-offspring conflict：在亲代对子代投资多少的问题上，亲代与子代之间发生的冲突。这些冲突基于亲代与子代之间的遗传利益对立。

趋同 convergence：不相关的物种在演化过程中产生了相似的适应性改变。脊椎动物和软体动物的相机式眼的演化就是趋同的例子。同见同功。

取样误差 sampling variation：从大群体中取出的小样本时导致的差别。

全基因组关联分析 genomewide association studies：寻找性状和基因组中大量遗传标记之间的统计学联系。特定标记和性状之间的关联表示特定标记附近的基因影响该性状。

颧弓 zygomatic arch：即颊骨。

犬齿 canine：俗称尖牙，位于门齿和前白齿之间。

群间变异 variation among groups：种群之间的平均基因型或表现型的差异。

群内变异 variation within groups：一个种群内不同个体间的基因型或表现型的差异。

R

染色体 chromosome：细胞核内承载着基因的线状体，出现于细胞分裂期。用染液给细胞染色显示不同的染色体有不同的染色带型特征。

热释光测年法 thermoluminescence dating：一项通过测量晶格中的电子密度来确定晶体物质年代的方法。

人总科：包括人类、现存的类人猿以及在中新世、上新世和更新世大量灭绝的类猿和类人物种。

绒毛膜 chorion：子宫内包裹着胎儿的外膜，其中有部分会形成胎盘。

融合遗传 blending inheritance：一种遗传模式，流行于19世纪。该模式认为父母的遗传物质会不可逆地混合（传递）于孩子身上。

乳糖 Lactose：存于比如动物乳汁中的一种糖类。大多数哺乳动物成年之后都失去了消化乳糖的能力，也包括大多数人类成员。

乳糖分解酶-根皮苷水解酶 lactase-phlorizin hydrolase：一种小肠中产生的用以分解牛奶中乳糖的酶。通常简称乳糖酶。

乳糖耐受性：个体在断奶后保留了合成乳糖酶的能力，该能力是消化新鲜牛奶中的主要碳水化合物所必需的。

S

三级结构 tertiary structure：蛋白质的三维立体结构。

上颌骨 maxilla：颌骨的上半部分。区别于下颌骨。

社会促进 social facilitation：年长个体的一个行为增加了年幼个体自行学习该行为的可能性。社会促进作用并不意味着年幼个体模仿年长个体的该行为。例如，年长个体的进食行为可能使年幼个体接触到成年个体吃的食物，因此增加了它们偏好这些食物的可能性。区

别于观察性学习法。

社会智力假说 social intelligence hypothesis：在社群中选择压力下，智力成为获得优势的手段之一，所以高级灵长类具有相对复杂的认知能力。

社会组织 social organization：灵长类社会的大小、年龄性别组成和凝聚程度。

生化路径 biochemical pathway：生物调节其结构和化学性质的化学反应链。

生态位 niche：特定物种的生活方式或"行业"，比如其吃什么以及如何获得食物。

生态学物种概念 ecological species concept：该概念认为自然选择在保持物种之间的不同起到了非常重要的作用，两个种群之间不能相互杂交对于确定它们是不是单独的物种并不是必要条件。区别于生物学物种概念。

生物碱 adenine：由植物产生并储存组织内的次生化合物，能使植物对于食草动物而言不适口甚至有毒。

生物学物种概念 biological species concept：在该概念中，物种被定义为一群在自然状态下不能同其他群体杂交的生物。生物学物种概念的拥护者认为缺乏基因交流对于保持两种相近的物种之间的不同非常重要。区别于生态学物种概念。

生殖隔离 reproductive isolation：指两个种群之间没有任何基因流。

石刀 blade：一种石头工具，由石片制成，长度至少是宽度的两倍。石刀是旧石器时代晚期最为流行的工具。

石核 core：清除了小石片的一块石头。石核与石片都是有用的工具。

石皮面 cortex：用以制造石质工具的石头的原始未改变过的表面。

石片 flake：从大石核上敲下来的一小片石头。

食虫动物 insectivore：主要取食昆虫的动物。

食果动物 frugivore：主要取食水果的动物。

食树胶动物 gummivore：一种以树胶为主食的动物。

食叶动物 folivore：主要取食树叶的动物。

矢状脊 sagittal crest：沿着颅骨中线的尖的鳍状骨，能增加咀嚼肌的附着面积。

矢状龙骨 sagittal keel：颅骨中线形似浅浅的倒V字的结构。矢状龙骨起源于直立人。

适应 adaptation：经自然选择后，生物在生理或者行为

等层面产生的适合在特定环境生存的特征。

适应性辐射 adaptive radiation：一个单世系分化成许多以不同适应为特征的物种的过程。新生代早期哺乳动物的多样性就是一个适应性辐射的例子。

适于抓握的 prehensile：描述手、足或尾巴有抓住如食物或树枝等物体的能力。

手柄 haft：用以固定枪尖、斧头或相似的器物以便手持。手柄极大地增加了可作用于工具上的力量。

手斧 hand ax：阿舍利文化中发现的最常见双面石质工具。扁平泪滴形，窄的一端非常尖锐。

受精卵 zygote：一个由卵子和精子结合而成的细胞。

属 genus：在种之上、科之下的分类层次。一个科可能包含几个属，一个属可能包含几个种。

树胶 gum：某些树种在应对机械损伤时产生的一种黏性碳水化合物。树胶是许多灵长类的重要食物。

树栖 arboreal：主要在树上活动。区别于陆栖。

双眼视觉 binocular vision：双眼都能聚焦到一个远处的物体之上而产生 3D 图像的视觉。同见立体视觉。

双足行走 bipedal：描述动物通过两条（后）腿直立行走。

四足行走的 quadrupedal：描述动物通过四肢行走的移动。区别于双足行走。

T

胎生 viviparity：指动物的受精卵在雌性动物体内的子宫里发育成熟并生产的过程。简单讲即分娩活的幼崽。

碳-14测年法 carbon-14 dating：一个建立在不稳定的原子质量为14的碳原子同位素基础上的测年法。碳-14是宇宙辐射导致，产生于大气层中并被活着的生物吸收。生物死后，存在于它们体内的碳-14以稳定的速率逐渐衰变成稳定的同位素（氮-14）。通过测定有机体残留的碳-14对碳-12的比例，科学家能估测生物死亡之后的时间长度。碳-14测年法对于测定4万年以内的标本非常有效。也叫放射性碳测年法。

碳水化合物 carbohydrates：分子式为 $C_nH_{2n}O_n$ 的特定有机分子，包括常见的糖和淀粉。

特殊语言障碍（SLI）specific language impairment：一种语言障碍，受影响的人在使用语言方面有困难，但其他方面智力正常。有证据表明某些特殊语言障碍是遗传的。

调控基因 regulatory gene：调控结构基因表达的DNA序列，常与激活蛋白或阻遏蛋白绑定。

同功 analogy：由趋同演化而非共同起源产生的特征之间的相似性。例如，人类和袋鼠都是双足行走的这一事实即同功。区别于同源。

同卵双胞胎 monozygotic twins：一个精子和一个卵子结合形成一个受精卵，该受精卵一分为二形成的两个胚胎。区别于异卵双胞胎。

同位素 isotope：同位素是具有相同原子序数的同一化学元素的两种或多种原子之一，各原子的质子数相同但中子数目不同。不稳定的同位素会自发地转化成更稳定的同位素。

同义替换 synonymous substitution：DNA序列中用一个核苷酸替换另一个但不造成编码的氨基酸的改变。

同域物种形成 sympatric speciation：该假说认为在没有地理隔离的情况下，选择压力使群内不同的表现型分化而形成新的物种。区别于异域物种形成和邻域物种形成。

同源 homology：性状的相似性是源于共同的祖先，而不是趋同现象。例如大猩猩和狒狒都四足行走是因为它们都起源于四足行走的祖先。区别于同功。

同源对 homologous pair：同见同源染色体。

同种个体 conspecifics：相同物种的成员。

童养媳婚姻 minor marriage：一种婚姻形式，曾经在中国普遍存在，儿童在婴儿期即订婚并一起养育在准新郎的家中。

突变 mutation：DNA在化学结构上一种自然发生的改变。

脱氧核糖核酸（DNA）deoxyribonucleic acid：承载遗传信息的分子，见于几乎所有生物中。DNA有两条非常长的糖—磷酸主干（又称"链"），腺嘌呤、胞嘧啶、鸟嘌呤、胸腺嘧啶四种碱基连于其上。碱基之间的氢键将两条链结合在一起。

W

挖器 pick：阿舍利遗址中的一种三角形的双面石质工具。

外群 out-group：分类学上与目标群体相关的群体，可用于确定哪些性状是祖先的哪些是衍生的。

外显子 exon：真核细胞DNA上能被翻译成蛋白质的一段。区别于内含子。

外展肌 abductor：一种收缩能使附肢远离躯干中轴的肌肉。外展肌通过连接骨盆和股骨而在双足行走时保持身体直立。

微卫星位点 microsatellite loci：DNA序列中一些非常短的多次重复序列，例如GTGTGT或者ACTACTACT，也被称为短串联重复序列。

微小RNA（miRNA）microRNA：一类短链RNA，参与信使RNA到蛋白质的转移以及基因表达过程。有些miRNA还在复杂的生命体中参与发育调控和细胞分化。

微演化 microevolution：某一物种内的种群演化。区别于宏演化。

位点 locus：染色体上被特定基因占据的位置。

文化 culture：后天通过模仿、教学或其他社会学习方式习得，能影响行为或者个体表型的某些方面并储存于人类大脑的信息。

文化群体选择 cultural group selection：不同文化群体之间的竞争导致成功群体中盛行的文化得以传播的过程。

稳定选择 stabilizing selection：选择压力对一般的表现型有利。稳定选择降低了种群中的变异程度，但没有改变性状的平均值。

X

系统发育/系统发生/种系发生 phylogeny：许多物种之间的演化关系，通常用"演化树"图示。

系统学 systematics：生物学的一个分支，主要研究构建系统发育树的过程。区别于分类学。

细胞核 nucleus：细胞中含有染色体的独特部分。真核生物（真菌、原生动物、植物和动物）的细胞中有细胞核，而原核生物（细菌）则没有。

细胞器 organelle：细胞中被膜包裹、有明确分工的一部分结构。例如线粒体和细胞核。

细小石器 microlith：一种非常小的石片，非洲晚石器时代最常见的工具。细小石器有可能被配上木柄来制成矛或斧。

下颌骨 mandible：颌骨的下半部分。区别于上颌骨。

下目 infraorder：介于目和总科之间的分类层次。一个目可能包含几个下目，一个下目可能包含几个总科。

显性的 dominant：描述一个等位基因无论是在纯合体还是杂合体状况下都导致相同的表现型。区别于隐性的。

现代综合进化论 modern synthesis：一种结合了孟德尔遗传学和达尔文进化论的理论和经验证据、对连续变异性状演化的解释。

线粒体DNA（mtDNA）mitochondrial DNA：线粒体中的DNA，因为以下两个原因而对演化分析非常有意义：（1）线粒体DNA为母系遗传，因此没有基因重组。（2）线粒体DNA以相对高的速率累积变异，因此对于近几百万年的改变而言是一个更加准确的分子钟。

线粒体 mitochondrion：一种存在于大多数细胞中的细胞器，参与基础代谢过程，是细胞进行有氧呼吸的主要场所。

腺嘌呤 adenine：DNA分子的四种碱基之一。腺嘌呤的互补碱基是胸腺嘧啶。

相机式眼 camera-type eye：在该类型的眼睛中，光线穿过透明的开口，被晶状体聚焦于感光组织之上。相机式眼存在于脊椎动物、软体动物和某些节肢动物身上。

效仿 emulation：一种社会学习的形式，未成年个体学习获得的是行为的最终结果，但不是引起最终结果的过程。

心智理论 theory of mind：理解思想、知识或其他个体观念的能力。心智理论是欺骗、模仿、教育和同情的先决条件。一般认为人类，可能还有黑猩猩，是仅有的拥有心智的灵长类。

新皮质 neocortex：大脑皮层的一部分，一般认为与解决问题和行为适应性关系最紧密。在哺乳动物中新皮质几乎覆盖了整个前脑表层。

新皮质比例 neocortex ratio：新皮质与大脑其他部分的比值。

信使RNA（mRNA）messenger RNA：一类在蛋白质合成过程中从DNA到核糖体之间传递遗传信息的RNA。

形态/形态学 morphology：生命体的形式与结构；同时也是一门研究生命体形式与结构的学科。

性比 sex ratio：一个性别的个体数目与另一个性别个体数目的比值。依照惯例性比一般表示为雄性个体数比雌性个体数。

性二型 sexual dimorphism：性成熟的雄性和雌性在体型

大小或形态方面的不同。

性间选择 intersexual selection：一种性选择形式，雌性选择交配对象。导致雄性产生对雌性更具吸引力的性状。区别于性内选择。

性内选择 intrasexual selection：一种性选择形式，雄性与其他雄性竞争以接近雌性。结果是雄性产生在该类竞争中更具优势的性状。类似大的体型、大的犬齿都是被这样选择出来的。区别于性间选择。

性选择 sexual selection：自然选择的一种形式，由一个性别中交配成功率的差异导致。在哺乳动物中性选择常发生在雄性身上，并且常常是由于雄性之间的竞争引起。

性选择杀婴假说 sexual selection infanticide hypothesis：该假说认为性选择有利于杀婴行为，因为在以下情况下雄性杀死未断奶的婴儿会增加自己的繁殖期望：（1）杀死婴儿能加速它们母亲的生殖周期的重新开始；（2）不会杀自己的婴儿；（3）能够与被杀死婴儿的母亲交配，就能够增加它们自己的繁殖期望。

性状 character：一个生命体表型的特点或属性。

性状 trait：生物的特征。

性状替换 character displacement：两个物种之间竞争造成不同物种的个体在形态上或行为上的区别变得更大。

胸腺嘧啶 thymine：DNA分子的四种碱基之一。互补的碱基是腺嘌呤。

嗅觉 olfaction：对气味的感知。

选择−突变平衡 selection-mutation balance：即选择去除有害基因的速率与基因发生突变的速率平衡时的状态。选择−突变平衡中的基因频率往往很低。

选择性清除 selective sweep：由于某一位点受到正选择后，其周围的位点的多态性因受该位点牵连而发生多态性降低的现象。

血红蛋白 hemoglobin：血液中一种能携带氧的蛋白质，含有两个α和两个β亚基。

Y

压制刮削技术 pressure flaking：一种完善石质工具的方法。工具制造者使用锋利的物品如一片骨头或鹿角来压工具的边缘来去除小石片。

牙间隙 diastema：相邻牙齿之间的缝隙。

氩−氩测年法 argon-argon dating：钾−氩测年法的复杂变体，能对非常小的样品准确定年代。

岩洞住所 rock shelter：由伸出垂悬的岩石所遮蔽的地方。

衍生特征 derived trait：出现于一个世系或演化支演化晚期的特征。衍生特征与出现于一个世系或演化支演化早期的祖先特征相反。例如，在灵长类世系中尾巴的消失是衍生特征，而尾巴的出现是祖先特征。构建系统发育时，分类学家应使用衍生特征的相似性。

演化分类学 evolutionary taxonomy：既使用总体相似性模式又使用谱系模式的生物分类体系。区别于支序分类学。

演化适应环境（EEA）environment of evolutionary adaptedness：即适应性演化的环境，指现在观察到的适应性特征在曾经演化过程所经历的环境。例如，造成现代人类过度进食的心理机制有可能是在过度进食几乎不是问题的环境中演化形成的。

夜行性 nocturnal：仅在夜间活动。区别于昼行性。同见间歇性。

一夫多妻制 polygyny：一种单个雄性和多个雌性交配的婚配系统。一夫多妻制在灵长类物种中最为常见。区别于一妻多夫制。

一夫一妻 pair bonding：由一个雄性和一个雌性组成的独占交配关系的婚配系统。大多数成对生活的灵长类都只与对方交配，但有时候也会与外来者交配。因此大多数成对生活的灵长类都不是严格的一夫一妻制。

一妻多夫制 polyandry：一种单个雌性和同时两个不同雄性组成稳定的配对关系的婚配系统。一妻多夫制在哺乳类中比较少见，但在狨猴和绢毛猴的某些物种里存在。区别于一夫多妻制。

胰岛素 insulin：一种由胰腺产生的参与调控血糖的蛋白质。

遗传变异 genetic variation：由于从亲代遗传了不同的基因导致的个体间的表型差异。区别于环境变异。

遗传度 heritability：种群总体表型变异中由遗传变异决定的比例。

遗传距离 genetic distance：物种间或个体间总体遗传相似性的度量。对遗传距离的最佳估测需要运用大量的基因。

遗传漂变 genetic drift：有限种群中由于采样随机性而导致的基因频率的随机改变。遗传漂变在小群体中比大群体中更快。

异卵双胞胎 dizygotic twins：两个单独的卵子分别经过不同的精子受精后产生的双胞胎。异卵双胞胎并不比其他亲兄弟姐妹的亲缘关系更近。区别于同卵双胞胎。

异域物种形成 allopatric speciation：一个物种的两个或多个种群相互之间存在地理隔离并逐渐分化形成两个或多个新物种的过程。区别于邻域物种形成和同域物种形成。

隐性的 recessive：描述仅在纯合状态才会体现在表现型的等位基因。区别于显性的。

优势 dominance：成对比较（二元的）时，一个个体恐吓或打败另一个体的能力。在某些情况下，优势是根据侵略性对抗的结果来评估的，而在另一些情况下，优势是根据竞争性对抗的结果来评估的。

铀－铅测年法 uranium-lead dating：一种根据铀衰变成铅的速率来测定火成岩中锆晶体年代的方法。可被用于测定由石灰岩洞穴沉积作用形成的钟乳石、石笋和流石的年代，同时对于测定南非洞穴中发现的人类遗骸年代特别有效。

有袋类 marsupial：在一个有乳腺的育儿袋生产并哺育幼崽的动物。包括袋鼠和负鼠等。

有丝分裂 mitosis：体细胞分裂形成新的二倍体的过程。区别于减数分裂。

有胎盘类哺乳动物 placental mammal：在一些哺乳动物中，后代在子宫内发育时通过母体输送到胎盘的血液获得营养物质。

幼态延续 neoteny：未成年个体的形状保留至生命后期的其他阶段。

与其他手指（脚趾）相对的 opposable：大多数灵长类，包括人类在内，都有与其他手指相对的大拇指，这意味着它们能用大拇指触碰到同只手的其他手指。除人类之外的大多数灵长类，还拥有与其他脚趾相对的大脚趾，并能弯曲它们的大脚趾去触碰同只脚的其他脚趾。

雨影区 rain shadow：指大型山峰或山脉背风面雨量较少的区域。

原核生物 prokaryotes：细胞中没有细胞核或独立染色体的生物。代表类群为细菌。区别于真核生物。

原猴亚目 strepsirrhine：包括狐猴和懒猴。将灵长类划分为简鼻亚目和原猴亚目的体系是支序分类学的分类体系，而在演化系统分类学中，灵长类被分为原猴亚目和类人猿亚目，眼镜猴被归为原猴亚目。区别于简鼻亚目。

原康修尔猿 proconsulid：中新世早期的类人动物，包括原康修尔属。

月经初潮 menarche：第一次月经来潮。

Z

杂合的 heterozygous：指特定基因位点上带有两种不同等位基因的二倍体生物。这类生物被称为"杂合子"。区别于纯合的。

杂交 cross：遗传学中，被选择的亲本之间的交配。

杂交地带 hybrid zone：来自于一个物种或者两个不同物种的两个或两个以上种群重叠杂交的地理区域。杂交地带通常位于各个种群的栖息地边缘。

早期智人 archaic *Homo sapiens*：这是一个比较旧的术语，指的是大脑更大、头盖骨更现代的古人类，在非洲和欧洲，化石记录最早见于50万年前，东亚地区的化石记录则稍晚一些。

长链非编码 RNA long noncoding RNA：长度超过200碱基的 RNA 分子。长链非编码 RNA 有基因调控等许多功能。

真核生物 eukaryotes：细胞中含有细胞器、细胞核和染色体的生物。所有的植物和动物都是真核生物。区别于原核生物。

枕骨大孔 foramen magnum：颅底后区正中的一个孔，脊髓上端在此与延髓相连。

枕隆凸 occipital torus：匠人、直立人和早期智人头骨背后的水平脊。

正相关 positive correlated：描述了两个变量之间的统计学关系，一个变量的较大值倾向于与另一个变量的较大值共存。例如，在人类种群中，身高和体重是正相关的。区别于负相关。

正选择 positive selection：支持新型突变而导致遗传改变的选择作用。

支序分类学 cladistic taxonomy：以谱系为唯一标准的生物分类体系。区别于演化分类学。

指关节行走 knuckle walking：一种四足动物的移动模式，前肢重量主要支撑于关节之上而不是手掌或伸长的手指。黑猩猩和大猩猩都是指关节行走。

中石器时代（MSA）Middle Stone Age：250万到40万年前，存在于非洲撒哈拉沙漠以南、南亚和东亚的石器制造工艺。与中石器时代相对应的是欧洲的旧石器时代中期（莫斯特文化工艺）。中石器时代有各种各样的工具，但石片工具的生产贯穿其中。

中性理论 neutral theory：该理论认为遗传改变仅由突变和遗传漂变引起。

种群遗传学/群体遗传学 population genetics：生物学的分支，主要研究种群遗传结构随着时间改变的过程。

昼行性 diurnal：仅在白天活动。区别于夜行性。

转向攻击 redirected aggression：冲突接受方威胁或袭击明显无辜成员的行为。例如，如果A袭击B，然后B袭击C，B的攻击就是转向攻击。

转运RNA（tRNA）transfer RNA：RNA的一种，主要作用是携带氨基酸进入核糖体，在mRNA的指导下合成蛋白质。每种氨基酸至少有一种不同形式的转运RNA。

转座子 transposable elements：可以从染色体的一个位置转移到另一个位置或者从一条染色体转移到另一条染色体上的DNA片段。

自然选择 natural selection：产生适应性的过程。自然选择是建立于三个假设之上：（1）资源的可获得性是有限的；（2）生命体在生存和繁殖方面的能力有区别；

（3）影响生存和繁殖的性状能从亲代遗传至子代。当这三条假设成立时，自然选择便能起作用。

自由组合 independent assortment：该法则由孟德尔发现，指一对同源染色体上单个位点的每个基因在产生配子的时候具有相同的遗传可能性。这是因为减数分裂时期特定染色体进入配子的概率是0.5，且不受其他非同源染色体进入同一个配子与否的干扰。因此知道个体从它的母本接收一条特定的染色体并不能知道接收母本其他非同源染色体的可能性。

总科 superfamily：介于下目和科之间的分类层次。一个下目可能包含几个总科，一个总科可能包含几个科。

阻遏蛋白 repressor：降低调节基因翻译的蛋白质。区别于激活蛋白。

组合调控 combinatorial control：一种基因表达的控制方式，至少需要两种调节蛋白参与，且基因仅在特定的条件组合下才能表达。

祖先特征 ancestral trait：在一个类群或演化分支中出现在演化早期的特征。祖先特征与出现于演化晚期的衍生特征相对应。例如，在灵长类中，尾巴是祖先特征，而尾巴的消失则是衍生特征。构建系统发育树时，分类学家应避免使用祖先特征的相似性。

最近共同祖先（tMRCA）the most recent common ancestor：两个不同物种或世系的最近的共同祖先。

图片来源

(middle-right): Robert Boyd; p. 134 (bottom-all): Robert Boyd; p. 139: Tim Davenport/Wildlife Conservation Society; p. 140: Norman Myers/Bruce Coleman Inc./Photoshot.

CHAPTER 6

Photos: p. 144: Roine Magnusson/age footstock; p. 147 (top): Courtesy of Joan Silk; p. 147 (bottom): Arco Images GmbH/Alamy; p. 148 (top): Courtesy of Kathy West; p. 148 (bottom): Rudie H. Kuiter, OSF/Animals Animals; p. 150 (top): Courtesy of Kathy West; p. 150 (bottom): Ardella Reed Stock Photography; p. 154 (top): © Bazuki Muhammed/Reuters/Corbis; p. 154 (bottom): K. G. Preston-Mafham/Premaphotos Wildlife; p. 156: Photograph courtesy of Carola Borries; p. 157: Arco Images GmbH/Alamy; p. 158 (top): © Art Wolfe/artwolfe.com; p. 158 (bottom): BIOS/Peter Arnold, Inc.; p. 159 (top-left): Peter Arnold Inc.; p. 159 (top-right): Courtesy of Robert Boyd; p. 159 (bottom): Courtesy of Joan Silk; p. 162 (top): Martin Harvey/Peter Arnold Inc.; p. 162 (bottom): Erwin and Peggy Bauer/Wildstock; p. 163: Erwin and Peggy Bauer/Wildstock; p. 164: Courtesy of Joan Silk; p. 166: Ryne A. Palombit, Anthropology Dept., Rutgers University; p. 168: Courtesy of Joan Silk.

Drawn art: Figure 6.5: Figure 10.3 from *The Evolution of Primate Societies* by John C. Mitani, et al. © 2012 by The University of Chicago. Reprinted by permission of the University of Chicago Press. Figure 6.10: Figure 3 from S.C. Alberts, et. al (2013) "Reproductive aging patterns in primates reveal that humans are distinct." *Proceedings of the National Academy of Sciences* 110(33), 13440-1344. Reprinted with permission. Figure 6.19: Figure from L. Barrett & S.P. Henzi (2000). "Are baboon infants Sir Philip Sydney's offspring?" Ethology 106(7), 645-658. Reprinted by permission of John Wiley & Sons. Figure 6.35a: Figure from M. Heistermann, et al. (2001). "Loss of oestrus concealed ovulation and paternity confusion in free-ranging Hanuman langurs." *Proceedings of the Royal Society of London. Series B: Biological Sciences* 268:1484, 2445-2451. Reprinted by permission of the Royal Society. Figure 6.35b: Figure from M. Heistermann, et al. (2001). "Loss of oestrus concealed ovulation and paternity confusion in free-ranging Hanuman langurs." *Proceedings of the Royal Society of London. Series B: Biological Sciences* 268:1484, 2445-2451. Reprinted by permission of the Royal Society. Figure 6.36: Figure 2 from E.K. Roberts, et al. (2012) "A Bruce effect in wild geladas." *Science* 335(6073), 1222-1225. Reprinted with permission from AAAS.

CHAPTER 7

Photos: p. 172: Anup Shah/naturepl.com; p. 174 (top): K. G. Preston-Mafham/Premaphotos Wildlife; p. 174 (bottom): AP Photos; p. 175: Courtesy of Joan Silk; p. 180 (left): Courtesy of Kathy West; p. 180 (right): Courtesy of Joan Silk; p. 181 (top): Courtesy of Joan Silk; p. 181 (bottom): Courtesy of Joan Silk; p. 182: 2013 Kazem, Widdig; p. 183 (top-left): Courtesy of Susan Perry; p. 183 (top-right): Courtesy of Marina Cords; p. 183 (bottom-left): Joan Silk; p. 183 (bottom-right): John Mitani; p. 184: Courtesy of Joan Silk; p. 187 (top): credit N/A; p. 187 (bottom): Terry Whitaker; Frank Lake Picture Agency/Corbis; p. 189 (all): Courtesy of Joan Silk.

Drawn art: Figure 7.11b: Figure from A.J. Kazem & A. Widdig (2013) "Visual phenotype matching: cues to paternity

are present in rhesus macaque faces." *PLOS One*, 8(2), e55846. Reprinted by permission of the Public Library of Science.

CHAPTER 8

Photos: p. 192: Frans Lanting/National Geographic Creative; p. 194: Time Life/Getty Images: Photo:AP Photo; p. 195 (top): W. Perry Conway/Corbis; p. 195 (bottom): Courtesy of Joan Silk; p. 196: Gallo Images/Corbis; p. 197: Frans Lanting/Corbis; p. 198 (top): National Geographic/Getty Images; p. 198 (bottom): Wolfgang Kohler; p. 199 (left): Courtesy of Joan Silk; p. 199 (right): Photograph courtesy of Susan Perry; p. 200 (left): Mary Beth Angelo/Science Source; p. 200 (right): Wolfgang Kohler, The Mentality of Apes. Routledge & Kegan Paul, Ltd., London, 1927. Reproduced with permission from the publisher; p. 201: Robert Boyd & Joan Silk; p. 202: Courtesy of Joan Silk; p. 203 (left): Courtesy of Joan Silk; p. 203 (right): Photograph courtesy of Susan Perry; p. 204: Courtesy E. Menzel; p. 206 (left): Photo courtesy of Cognitive Evolution Group, University of Louisiana at Lafayette; p. 206 (middle & right): Figure 1, in E. Hermann, J. Call, M.V. Hernandez-Lloreda, B. Hare, and M. Tomasello, 2007, "Humans Have Evolved Specialized Skills of Social Cognition."

Drawn art: Figure 8.18a & b: Reprinted from *Current Biology*, Vol. 15, Issue 5, Jonathan I. Flombaum and Laurie R. Santos, "Rhesus Monkeys Attribute Perceptions to Others," pp. 447-452, Copyright © 2005 Elsevier Ltd., with permission from Elsevier. http://www.sciencedirect.com/science/journal/09609822.

Part Three
CHAPTER 9

Photos: p. 210: Magdalena Rehova/Alamy; p. 213: © Art Wolfe/artwolfe.com/artwolfe.com; p. 223: SHAUN CURRY/AFP/Getty Images; p. 231 (top): Christophe Ratier/NHPA.UK; p .231 (bottom): Photograph courtesy Laura MacLatchy; p. 234: Photo courtesy Salvador Moya-Sola. Reproduced with permission of Nature, 379: 156–159.

Drawn art: Figure 9.1a & b: Figure from *Mammal Evolution: An Illustrated Guide* by R.J.G. Savage, pp. 38-39, 1986. Copyright © 1986 by Facts On File, Inc., an imprint of Infobase Publishing. Reprinted with permission of the publisher. Figure 9.2: Figure 5.3 from Robert D. Martin. *Primate Origins and Evolution: A Phylogenetic Reconstruction.* © 1990 R.D. Martin. Reprinted by permission of Princeton University Press. Figure 9.7: Figure from *The Cambridge Encyclopedia of Human Evolution*, edited by Steve Jones, Robert Martin, and David Pilbeam, p. 200. Copyright © Cambridge University Press 1992. Reprinted with the permission of Cambridge University Press. Figure 9.8: Artwork of Carpolestes simpsoni by Doug M. Boyer, from "Paleontology: Primate Origins Nailed" by Eric J. Sargis, *Science* 298, Nov. 22, 2002, p. 1564. Reprinted with permission. Figure 9.10a & b: Figure 3 from Kenneth D. Rose, "The Earliest Primates," *Evolutionary Anthropology*, Vol. 3, Issue 5 (1994): 159-173. Copyright © 1994 Wiley-Liss, Inc., A Wiley Company. Reprinted with permission of Wiley-Liss, Inc., a subsidiary of John Wiley & Sons, Inc. Figure 9.11a & b: This figure was published in *Primate Adaptation and Evolution*, J.G. Fleagle, (Academic Press, 1988). Copyright ©

University of Chicago Press. Figure 12.25: Figure 5.32, © 1999 by Kathryn Cruz-Uribe, from *The Human Career: Human Biological and Cultural Origins, Second Edition* by Richard G. Klein. © 1989, 1999 by The University of Chicago. Reprinted by permission of the University of Chicago Press. Figure 12.31: Figure 6.48, © 1999 by Kathryn Cruz-Uribe, from *The Human Career: Human Biological and Cultural Origins, Second Edition* by Richard G. Klein. © 1989, 1999 by The University of Chicago. Reprinted by permission of the University of Chicago Press.

CHAPTER 13

Photos: p. 328: Javier Trueba/MSF/Science Source; p. 344 (left & right): Housed in National Museum of Ethiopia, Addis Ababa . Photo (c) 2001 David L. Brill \ Brill, Atlanta; p. 346 (top): Image courtesy of Prof Christopher Henshilwood/University of Bergen, Norway; p. 346 (bottom): Curtis Marean/Institute of Human Origins, ASU; p. 347: © Chip Clark: Museum of Natural History, Smithsonian; p. 348 (top): Figure 3 from Bouzouggar, A. et al. 2007 "82,000-year-old shell beads from North Africa and implications for the origins of modern human behavior." PNAS 104:9964-9969; p. 348 (bottom): Pierre-Jean Texier, Diepkloof Project (MAE), CNRS, UMR 5199-PACEA; p. 349: Erlend Eidsvik/Centre for Development Studies/University of Bergen; p. 350 (all): Mellars P (2006) Going east: New genetic and archaeological perspectives on the modern human colonization of Eurasia; p. 351: From V. V. Pitulko et al., 2004, "The Yana RHS Site: Humans in the Arctic before the Last Glacial Maximum," Science 303:52-56; p. 352: © Jean-Michel Labat/AUSCAPE All rights reserved; p. 358 (top): © Jean Clottes/DRAC Rhône-Alpes; p. 358 (bottom): Ulmer Museum, Ulm, Germany.

Drawn art: Figure 13.1: Figure 7.2 from *The Human Career: Human Biological and Cultural Origins, Second Edition* by Richard G. Klein. © 1989, 1999 by The University of Chicago. Reprinted by permission of the University of Chicago Press. Figure 13.11: Figure from M. Rasmussen et al. (2011) "An Aboriginal Australian Genome Reveals Separate Human Dispersals into Asia," Science 334(97). Reprinted with permission from AAAS. Figure 13.16: Drawing: "An atlatl is a tool that lengthens the arm," from The Testimony of Hands: Atlatls (http://hands.unm.edu/atlatls.html). Reprinted by permission of James Dixon. Figure 13.21: Figure from P. Mellars (2006) "Going East: New genetic and archaeological perspectives on the modern human colonization of Eurasia." Science 313(5788), 796-800. Reprinted with permission from AAAS. Figure 13.27: Figure 34.8 from Soffer, Olga, "The Middle to Upper Patheolithic Transition on the Russian Plain," from Mellars, Paul; *The Human Revolution.* © 1989 Edinburgh University Press. Reprinted by permission of Edinburgh University Press and Princeton University Press. Figure 13.28: Figure 7.22 from *The Human Career: Human Biological and Cultural Origins, Second Edition* by Richard G. Klein. © 1989, 1999 by The University of Chicago. Reprinted by permission of the University of Chicago Press. Figure 13.29: Figure 13.4 from Paul Mellars. *The Neanderthal Legacy: An Archaeological Perspective from Western Europe.* © 1996 Princeton University Press. Reproduced by permission of Princeton University Press.

Part Four
CHAPTER 14

Photos: p. 362: Mira/Alamy; p. 368: AP Photo/Gregory Bull; p. 369 (top): AP Photo/Chris O'Meara; p. 369 (bottom): Al Tielemans/Sports Illustrated/Getty Images; p. 372 (all): Courtesy of Marion I. Barnhart, Wayne State University Medical School, Detroit, Michigan; p. 377: Sarah Errington/Panos Pictures; p. 380: Jean Higgins/Unicorn Stock; p. 383: Jan Halaska/Science Source.

Drawn art: Figure 14.1: Figure from Jobling et al. (2014) *Human Evolutionary Genetics*, p. 274. Reprinted by permission of Taylor & Francis. Figure 14.8: Figure from Pascale Gerbault, et al. (2011). "Evolution of lactase persistence: an example of human niche construction." *Philosophical Transactions of the Royal Society (B)* 366, 863-877. Reprinted by permission of the Royal Society. Figure 14.13: This figure was published in *Current Biology*, Vol. 5, Issue 15, F. Prugnolle, et al., "Geography predicts neutral genetic diversity of human populations," pp. R159-R160. Copyright © 2005 Elsevier Ltd. All rights reserved. Reprinted by permission. Figure 14.14: With kind permission from Springer Science+Business Media: Figure 2 from Andrea Manica, et al., "Geography is a better determinant of human genetic differentiation than ethnicity," *Human Genetics*, Vol. 118, Number 3 & 4, December 2005. Copyright © 2005, Springer Berlin/Heidelberg. Figure 14.21a & b: Reprinted by permission from Macmillan Publishers Ltd: Figure 1 a-b from Michael Bamshad, Stephen Wooding, Benjamin A. Salisbury, and J. Claiborne Stephens, "Deconstructing the Relationship Between Genetics and Race," *Nature Reviews Genetics*, Volume 5, August 2004: 598-609. Copyright © 2004, Nature Publishing Group.

CHAPTER 15

Photos: p. 396: Jodi Cobb/National Geographic Creative; p. 400 (top): Tom McHugh/Science Source; p. 400 (bottom): Joe Cavanaugh/DDB Stock Photo; p. 401: Oil painting by Martin Pate. Courtesy Cultural Resources, National Park Service; p. 402: Anup Shah/naturepl.com; p. 405: English Heritage Photo Library/G. P. Darwin on behalf of Darwin Heirlooms Trust; p. 412: Courtesy of Monique Borgerhoff Mulder.

CHAPTER 16

Photos: p. 416: O. Cochran/Arcticphoto; p. 419 (top): B&C Alexander/Arcticphoto; p. 419 (bottom): Classic Image/Alamy; p. 420: Courtesy of Susan Perry; p. 423 (top): Anup Shah/naturepl.com; p. 423 (bottom): Reprinted by permission from Macmillan Publishers Ltd: Nature 437:52-55, copyright 2005; p. 424: Robert Boyd; p. 426: Kennan Harvey Photography, Durango, CO; p. 427 (top): National Portrait Gallery London; p. 427 (bottom): Kim Hill and Magdalena Hurtado; p. 428: Raymond Mendez/Animals Animals/Earth Scenes; p. 429: Charles Deering McCormick Library of Special Collections, Northwestern University Library; p. 430: Sarah Mathew; p. 434: Alan Compton/Jon Arnold Images Ltd/Alamy; p. 435 (top): Copyright Pitt Rivers Museum, University of Oxford. Accession Number: 1998.355.395.2; p. 435 (bottom): Copyright Pitt Rivers Museum, University of Oxford. Accession Number: 2005.51.87.1.

Drawn art: Figure 16.10: Figure 4 from S. Matthew & R. Boyd (2011) "Punishment sustains large-scale cooperation in prestate warfare." *Proceedings of the National Academy of Sciences* 108, 11375-11380. Reprinted with permission. Figure 16.11: Figure 5 from S. Matthew & R. Boyd (2011) "Punishment sustains large-scale cooperation in prestate warfare." *Proceedings of the National Academy of Sciences* 108, 11375-11380. Reprinted with permission. Figure 16.12: Figure 1 from J. Henrich et al. (2005) "'Economic Man' in Cross-cultural Perspective: Behavioral Experiments in 15 Small-scale Societies." *Behavioral and Brain Sciences* 28, 795-855. Figure 16.13: Figure 2 from J. Henrich et al. (2005) "'Economic Man' in Cross-cultural Perspective: Behavioral Experiments in 15 Small-scale Societies." *Behavioral and Brain Sciences* 28, 795-855.

图书在版编目（CIP）数据

人类的演化 /（美）罗伯特·博伊德，（美）琼·西
尔克著；张鹏，韩宁译 . —北京：商务印书馆，2021
ISBN 978-7-100-20290-9

Ⅰ.①人⋯ Ⅱ.①罗⋯ ②琼⋯ ③张⋯ ④韩⋯ Ⅲ.①人
类进化 Ⅳ.① Q981.1

中国版本图书馆 CIP 数据核字（2021）第 173780 号

人类的演化

〔美〕罗伯特·博伊德 琼·西尔克 著

张鹏 韩宁 译

商 务 印 书 馆 出 版
（北京王府井大街 36 号 邮政编码 100710）
商 务 印 书 馆 发 行
北京新华印刷有限公司印刷
ISBN 978 - 7 - 100 - 20290 - 9
审 图 号：GS（2021）6409 号

2021 年 11 月第 1 版 开本 889×1194 1/16
2021 年 11 月北京第 1 次印刷 印张 30¼

定价：198.00 元